高等学校"十三五"规划教材

化工原理

廖辉伟　杜怀明　主编

化学工业出版社

·北京·

本书围绕动量、热量和质量三大传递过程的基本原理、基本定律与应用，以传递过程的速率（速度）为重点，从过程衡算、速率和平衡三个方面阐述了化工单元操作的基本原理、计算方法及典型设备，内容包括：流体流动、流体输送机械、非均相物系的分离和固体流态化、热量传递、蒸馏、气体吸收、蒸发和干燥。

本书各章均编有例题和不同类型的习题，同时对主要设备及原理配置了大量的动画与视频演示，可通过扫描二维码观看。为便于教学，本书还配备了电子教学课件和习题解答，亦可通过扫描二维码获取。

本书可作为高等学校化工类专业及相关专业（如石油、能源化工、制药、生物工程、材料、环境、食品等专业）少课时（70～100学时）化工原理课程的教材；教材中纳入了大量的设计参数、设备设计规范与标准，也可作为科研、设计、过程开发及生产企业技术人员的参考书籍。

图书在版编目（CIP）数据

化工原理/廖辉伟，杜怀明主编.—北京：化学工业出版社，2019.10（2024.2重印）
ISBN 978-7-122-34820-3

Ⅰ.①化…　Ⅱ.①廖…②杜…　Ⅲ.①化工原理-高等学校-教材　Ⅳ.①TQ02

中国版本图书馆 CIP 数据核字（2019）第 140390 号

责任编辑：傅聪智　仇志刚　　　　　　　　文字编辑：杨欣欣
责任校对：王素芹　　　　　　　　　　　　装帧设计：刘丽华

出版发行：化学工业出版社（北京市东城区青年湖南街 13 号　邮政编码 100011）
印　　装：北京科印技术咨询服务有限公司数码印刷分部
787mm×1092mm　1/16　印张 25¾　字数 675 千字　2024 年 2 月北京第 1 版第 4 次印刷

购书咨询：010-64518888　　　　　　　　　　售后服务：010-64518899
网　　址：http://www.cip.com.cn
凡购买本书，如有缺损质量问题，本社销售中心负责调换。

定　　价：59.00 元

编写人员名单

主　　编：廖辉伟　杜怀明

副 主 编：刘　瑾　徐慧远　朱学军　李华兰

编写人员（按姓名汉语拼音排序）：

邓秋林　西南科技大学

杜怀明　四川轻化工大学

何　冰　成都师范学院

李　凤　西南科技大学

李鸿波　西南科技大学

李华兰　绵阳师范学院

梁锦平　四川师范大学

梁克忠　重庆三峡学院

廖辉伟　西南科技大学

刘　瑾　西南石油大学

陆爱霞　西南科技大学

任根宽　宜宾学院

时建伟　长江师范学院

吴金婷　西南科技大学

徐慧远　宜宾学院

徐建华　长江师范学院

徐慎颖　宜宾学院

杨　虎　四川轻化工大学

朱学军　攀枝花学院

前言

    "化工原理"课程是为化工类专业及相近专业的本科生开设的一门紧密结合工程实际的专业基础课。课程主要介绍化工生产过程中以物理变化为主的单元操作过程及单元设备的基本原理、参数分析和工程计算。

    本教材围绕动量、热量和质量三大传递过程的基本原理、基本定律与应用，以传递过程的速率（速度）为重点，从过程衡算、速率和平衡三个方面来阐述单元操作过程及设备。教材内容在遵循先进性、通用性和实用性原则基础上，满足工程教育专业认证要求，符合教育部《普通高等学校本科专业类教学质量国家标准》，注重加强理论基础与工程实际结合，兼顾学科发展，努力培养学生具备解决化工过程复杂问题的专业基础知识、工程素养和创新意识。为此，全书安排绪论、流体流动、流体输送机械、非均相物系的分离和固体流态化、热量传递、蒸馏、气体吸收、蒸发与干燥等九个章节的学习内容。

    在教材的编写中，力求语言精练、表达准确、图表清晰。为了方便教学，使学生能更加清晰、深刻地理解单元操作过程的机理与单元设备的工作原理，本教材配置了大量的动画视频，学生通过手机扫描二维码，便可进入观看，实现在线学习。为便于教学，本教材还配备了电子教学课件和习题解答，可扫描书后二维码，登录化学工业出版社微信公众号获取。

    本教材可供化工类专业及相关专业（如石油、应用化学、能源化工、制药、生物工程、材料、环境、食品等专业）学生作为工程专业基础课程教材或教学参考；教材中纳入了大量的设计参数、设备设计规范与标准，也可作为从事科研、设计、过程开发人员及生产企业技术人员的参考书籍。

    本教材的编写得到了川渝地区西南科技大学、西南石油大学、四川轻化工大学等11所高校领导及"化工原理"授课教师的鼎力支持，吸收了多位教师丰富的教学经验与成果，使内容安排、阐述方式方法更趋合理，方便学生理解；也得到了北京东方仿真软件技术有限公司及浙江中控科教仪器设备有限公司的积极配合，并提供了部分素材，使教材内容更加生动、形象，更贴近工程实际。在此向以上单位及人员表示由衷感谢！

    本教材由西南科技大学廖辉伟、四川轻化工大学杜怀明担任主编，西南石油大学刘瑾、宜宾学院徐慧远、攀枝花学院朱学军、绵阳师范学院李华兰担任副主编。

    由于编者水平有限，看待问题、理解问题的角度等因素，书中难免有不妥之处，恳请各位读者海涵并不吝赐教，在此深表感谢！

编者

2019 年 4 月

目录

附录 ·········· **380**

参考文献 ·········· **402**

主要设备及原理素材资源（建议在 wifi 环境下扫码观看）

绪论

0.1 "化工原理"课程性质与目标

0.1.1 课程的性质

"化工原理"课程是面向工程类专业本科学生开设的一门重要的专业基础课程，是高等数学、物理、物理化学等课程的后继课程。它综合以前所学基础知识解决具体实际工程问题，是一门专业技术课程，在大学教学环节中起到了自然学科向应用学科过渡的桥梁作用，属于工程学科，具有工程性、应用性。作为综合性技术学科的一个重要组成部分，"化工原理"课程主要研究化工生产中各单元操作的基本原理、所用的典型设备结构、工艺尺寸设计和设备的选型等共性问题。作为该课程的教材，本书主要按照流体输送、非均相物系分离、传热、蒸馏、吸收、蒸发、干燥等单元操作来安排章节内容。"化工原理"课程是一门实践性很强的工程学科，在长期的发展过程中形成两种基本研究方法，即实验研究方法（经验法）与数学模型法（半经验半理论方法）。本书所述内容，亦涵盖了这两种研究方法的成果。

0.1.2 课程学习的目标

"化工原理"课程的目标是通过组织教学，使学生研究与掌握化工单元操作过程的基本原理，并能进行过程的选择与分析强化过程的途径；能够针对具体的单元操作进行设备工艺尺寸的计算及设备的选型设计；能够根据生产的不同要求进行操作和调节，并具有一定寻找故障原因及排除故障的能力。

"化工原理"是以三个传递过程——"动量传递""热量传递""质量传递"为研究内容。质量传递、热量传递建立在动量传递的基础上。三个传递过程都存在着边界层，边界层中又存在速度梯度、温度梯度、浓度梯度。边界层是阻力所在，消除和减弱边界层特别是层流层的影响，可以提高动量传递、热量传递和质量传递的速率和效率。传递的过程是消除不平衡而达到平衡，平衡（能量平衡、物料平衡、气液平衡、溶解结晶平衡、吸附平衡等）观念贯穿课程始终。过程强化就是提高过程速率，是从提高过程驱动力（速度差、温度差和浓度差）和降低过程阻力两方面实现的。设备的选型是在基于原理的基础上，考虑不同实际过程，以提高速率、效率及经济性为目的而做出选择。"化工原理"课程通过对每一个单元操作主要原理的讲解，启发学生掌握每个单元操作的主要公式，通过分析公式中每个物性参数的意义，让学生思考如果一个参数发生变化，将会导致相关的其他参数发生何种变化及变化的途径与力向。通过该课程的学习，培养学生分析和解决化工生产单元操作中各种复杂问题的能力，即在科学研究和生产实践中对设备应具有操作管理、设计、强化与过程开发的本领。

0.2 "化工原理"课程研究对象与特点

0.2.1 研究对象——单元操作

任何一种化工产品的生产一般都包括三个步骤：首先要对所选择的生产原料进行预处理，以达到化学反应与产品质量指标的要求；然后将处理合格的原料转移至反应系统中进行化学反应并维持反应的条件，比如温度、压强、进料速率等；最后对产物进行分离提纯。中间步骤即化学反应，是物理化学、无机化学、有机化学、化学反应工程等课程的学习内容。而第一与第三步骤有一个共同的特点，即均为物理性操作。这两个步骤没有（或忽略）化学反应发生，物质在这两个步骤中仅发生了聚集状态、组成、温度、压强等物理参数的变化。这两个步骤中包含的各个环节就叫作单元操作，包括流体输送、加热（或冷却）、蒸馏（或精馏）、吸收、蒸发、干燥等。可见化工产品的生产过程就是由化学反应与若干个串联或并联的单元操作所构成。单元操作的研究包括"过程"和"设备"两个方面的内容，故单元操作又称为化工过程和设备。

"化工原理"课程的研究对象就是各种单元操作。在化工产品的生产过程中，一般会同时存在数个单元操作。这些串联或并联的单位操作之间会相互制约与影响，这样就会使得研究对象非常复杂。对于本科阶段的学生来说，只学习研究各个独立的单元操作。

0.2.2 单元操作的分类

根据单元操作所遵循的基本规律，可将其分为以下三类。

（1）动量传递　包括物料的加压、减压和输送，物料的混合，非均相混合物的分离（沉降、过滤），固体流态化等。

（2）热量传递　包括传热、冷凝、蒸发等。

（3）质量传递　包括蒸馏、吸收、萃取、结晶、干燥等。

0.2.3 单元操作的特点

① 均为物理性操作，即只改变物料的状态或物性，并不改变化学性质。

② 它们都是化工生产过程中共有的操作，但不同的化工过程中所包含的单元操作数目、名称与排列顺序各异。

③ 对同样的工程目的，可采用不同的单元操作来实现。

④ 某单元操作用于不同的化工过程，其基本原理并无不同，进行该操作的设备也往往是通用的。具体应用时也要结合各化工过程的特点来考虑，如原材料与产品的理化性质，生产规模等。

0.3 物理量单位制与量纲

0.3.1 单位制

物理量的单位制有厘米-克-秒（CGS）单位制、工程单位制及国际单位制（SI），在不同的单位体制中规定了不同的基本物理量与基本单位。所谓基本物理量就是研究时为了方便而选定的几个独立的物理量（如长度、时间等）；基本单位就是这些选定的基本物理量的单位。而其他相关的物理量就是导出量，其单位称为导出单位，均由基本单位相乘、除而构成。本教材附录 1 中给出了常见物理量的单位及在不同单位制之间的换算。

CGS 单位制规定了三个基本物理量及基本单位，有长度（单位为 cm）、质量（单位为 g）与时间（单位为 s）。工程单位制也规定了三个基本物理量及基本单位，有长度（单位为 m）、力（单位为 kgf）与时间（单位为 s）。教材普遍使用的单位制是国际单位制（SI）。

SI 有 7 个基本物理量：长度 l，单位为米（m）；质量 m，单位为千克（kg）；时间 t，单位为秒（s）；热力学温度 T，单位为开尔文（K）；物质的量 n，单位为摩尔（mol）；电流 I，单位为安培（A）；发光强度 I_v，单位为坎德拉（cd）。

SI 有以下主要优点：

① 通用性　是一套完整的单位制，适合于各个领域。

② 一贯性　数值方程式与相应的量方程式有完全相同的形式。

0.3.2　物理量的量纲

物理量的量纲旧称因次。物理学的研究可以定量地描述各种物理现象，描述中所采用的各类物理量之间有着密切的联系，即它们之间具有确定的函数关系。为了准确地描述这些关系，物理量可分为基本量和导出量，一切导出量均可从基本量中导出，由此建立了所有物理量之间的函数关系，这种关系通常称为量制。以给定量制中基本物理量量纲的幂的乘积表示某物理量量纲的表达式，称为量纲式或量纲积。SI 的 7 个基本物理量长度、质量、时间、热力学温度、物质的量、电流、发光强度的量纲为 L、M、T、Ⓗ、N、I、J。物理量 Q 的量纲可以用量纲积 $\dim Q$ 表示。量纲是物理学中的一个重要概念：可以定性地表示出导出量与基本量之间的关系；可以有效地进行单位换算；可以检查物理公式是否正确；可以推知某些物理规律。本教材附录 1 中给出了常见物理量的量纲表示方法。

除基本物理量以外的物理量的量纲，需要根据物理量方程（物理量的定义）进行推导。比如描述流体性质之一的物理量［动力］黏度，其定义为

$$\mu = \frac{\tau}{\dfrac{\mathrm{d}u}{\mathrm{d}y}}$$

式中，τ 为单位面积上受到的内摩擦力，Pa。内摩擦力不是基本物理量，根据力的定义，为质量与加速度的乘积；加速度也不是基本量，其定义为单位时间内产生的速度差；速度同样不是基本量，其定义为距离（长度）与时间之比。则 τ 的量纲为

$$\dim \tau = \frac{M\dfrac{(L/T)}{T}}{L^2} = ML^{-1}T^{-2}$$

［动力］黏度定义中，$\mathrm{d}u/\mathrm{d}y$ 为速度梯度，即垂直于速度方向的单位距离（长度）的速度差，其量纲为

$$\dim \frac{\mathrm{d}u}{\mathrm{d}y} = \frac{(L/T)}{L} = T^{-1}$$

那么，［动力］黏度的量纲为

$$\dim \mu = \frac{ML^{-1}T^{-2}}{T^{-1}} = ML^{-1}T^{-1}$$

所有量纲指数都等于零的量，其量纲为 1，也常被称为无量纲量。通过物理量之间的一定组合，使一个物理量的量纲积内基本物理量的量纲指数均为零，这样的物理量称为特征数或无量纲数群。特征数是量纲为 1 的量。例如描述流体流道的直径（d）与流体黏度（μ）、密度（ρ）、速度（u）之间的关系的特征数——雷诺数 Re 的定义式为

$$Re = \frac{du\rho}{\mu}$$

其量纲为

$$\dim Re = \dim \frac{du\rho}{\mu} = \frac{\mathrm{L} \times \mathrm{LT}^{-1} \times \mathrm{ML}^{-3}}{\mathrm{ML}^{-1}\mathrm{T}^{-1}} = \mathrm{M}^0\mathrm{L}^0\mathrm{T}^0 = 1$$

0.4 "化工原理" 课程研究的手段与方法

0.4.1 研究手段

（1）物料衡算 物料衡算就是对各单元操作设备中各物料量的变化关系开展计算。在单元操作过程与设备系统中，各组分物料量遵循质量守恒定律。输入系统的物料质量等于从系统输出的物料质量和系统中积累的物料质量。

$$\sum F_{\mathrm{I}} = \sum F_{\mathrm{O}} + F_{\mathrm{A}}$$

式中 F_{I}——进入衡算系统的物料，kg/s；

F_{O}——离开衡算系统的物料，kg/s；

F_{A}——停留在衡算系统中的物料，kg/s。

对于衡算的系统，需要根据衡算对象、范围等具体问题来确定，可以是整个生产过程，也可以是某一具体设备。衡算的对象，需要根据研究的目的与内容来确定，可以是选定系统中的所有物料，也可以是具体的某一组分。

化工过程的操作方式可分为间歇操作和连续操作。间歇操作显然是一种时变（或非定态）的操作方式。连续操作传统地视作是一种非时变（或定态）操作，但这只是一种简化的或不得已的处理方法，因为几乎所有的连续过程在严格意义上都不是定态的：过程不可避免地会有扰动，原料状态可能出现变化，催化剂会失活，热交换器会结垢等。即使经过计算机控制，过程的状态还是不断地变化。特别是，实施先进过程控制的结果必然会不断地使原先并非优化的操作向优化的操作状态过渡，连续过程的非定态性质显而易见。通常意义下的定态只是相对的、简化后的或虚拟的，所以称作拟定态更为确切。定态实际上只是非定态的一个特例。

对于定态过程，积累为零，则

$$\sum F_{\mathrm{I}} = \sum F_{\mathrm{O}}$$

物料衡算步骤：①绘制物流图；②确定衡算对象；③确定衡算基准；④列衡算方程。

【例 0-1】 在两个蒸发器中，每小时将 5000kg 的无机盐水溶液从 12%（质量分数）浓缩到 30%。第二蒸发器比第一蒸发器多蒸出 5% 的水分。试求：

（1）各蒸发器每小时蒸出水分的量；

（2）第一蒸发器送出的溶液浓度。

解：首先画一个简易的流程图表示进行的过程，用方框表示设备，输入输出设备的物流方向用箭头表示，然后划定衡算的范围。为求各蒸发器蒸发的水量，以整个流程为衡算范围，用一圈封闭的虚线画出。

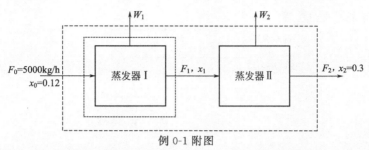

例 0-1 附图

F—总物料量；W—蒸发的水量；x—无机盐质量分数

　　然后选择衡算基准（连续操作以单位时间为基准，间歇操作以一批操作为基准），由于是连续操作，以 1h 为基准。其后确定衡算对象。此题中有两个未知数——蒸发的水量及送出的无机盐溶液量，因此，以不同衡算对象分别对总物料和无机盐列出两个衡算式。

$$F_0 = F_2 + W_1 + W_2 \qquad F_0 x_0 = F_2 x_2$$

由题意知

$$W_2 = 1.05 W_1$$

解得

$$W_1 = 1463.4 \text{kg/h} \qquad W_2 = 1536.6 \text{kg/h}$$

　　求第一个蒸发器送出的溶液浓度，选择第一个蒸发器为衡算范围，分别对无机盐溶液及总物料进行衡算。

$$F_0 x_0 = F_1 x_1 \qquad F_0 = W_1 + F_1$$

代入已知数据，解得

$$F_1 = 3536.6 \text{kg/h}, \quad x_1 = 0.1697 = 16.97\%$$

　　（2）能量衡算　　能量的形式多种多样，"化工原理"课程所涉及的主要是热量。根据能量守恒和转换定律，任何时间内输入系统的总热量等于系统输出的总热量与损失的热量之和，即

$$\sum Q_\text{I} = \sum Q_\text{O} + Q_\text{L}$$

式中　$\sum Q_\text{I}$——输入系统的总热量，kJ；

　　　　$\sum Q_\text{O}$——系统输出的总热量，kJ；

　　　　Q_L——损失的热量，kJ。

　　或写成

$$\sum H_\text{I} = \sum H_\text{O} + Q_\text{L}$$

式中　$\sum H_\text{I}$——随物流输入系统的焓，kJ；

　　　　$\sum H_\text{O}$——随物流带出系统的焓，kJ。

　　热量衡算的基本方法与物料衡算的方法相同，也必须首先划定衡算范围及衡算基准。热量衡算步骤及要点：①物流图（标明温度、比热容）；②确定衡算体系；③确定衡算基准；④确定衡算物料；⑤确定基准温度（焓值：相对值）；⑥列衡算方程；⑦注意热损失。

　　此外应注意焓是相对值，因此必须指明基准温度，习惯上选 0℃为基准温度，并规定 0℃时液态的焓值为零。

　　【例 0-2】 在换热器里将平均比热容（c_{pc}）为 3.56kJ/（kg·℃）的某溶液自 25℃加热到 80℃，溶液流量为 1.0kg/s，加热介质为 120℃的饱和水蒸气，其消耗量为 0.095kg/s，然后水蒸气冷凝成同温度的饱和水排出。试计算此换热器的热损失占水蒸气所提供热量的百分数。

解： 根据题意画出流程图

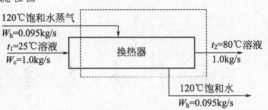

例 0-2 附图

选定衡算基准，根据题意，确定衡算基准为单位时间（s，秒），在图中虚线范围内作热量衡算。利用附录 6 采用内插法得到 120℃饱和水蒸气的焓值 H_{h1} 为 2708.9kJ/kg，从附录 5 中查得 120℃饱和水的焓值 H_{h2} 为 503.67kJ/kg。在此系统中输入的总热量 $\sum Q_1$、水蒸气带入的热量 Q_1、溶液带入的热量 Q_2 分别为

$$Q_1 = W_h H_{h1} = 0.095 \times 2708.9 = 257.3(kW)$$

$$Q_2 = W_c c_{pc}(t_1 - 0) = 1.0 \times 3.56 \times (25 - 0) = 89(kW)$$

$$\sum Q_I = Q_1 + Q_2 = 257.3 + 89 = 346.3(kW)$$

饱和水带出的热量 Q_3、溶液带出的热量 Q_4 分别为

$$Q_3 = W_h H_{h2} = 0.095 \times 503.67 = 47.8(kW)$$

$$Q_4 = W_c c_{pc}(t_2 - 0) = 1.0 \times 3.56 \times (80 - 0) = 284.8(kW)$$

因此，输出的总热量 $\sum Q_O$

$$\sum Q_O = Q_3 + Q_4 = 47.8 + 284.8 = 332.6(kW)$$

根据能量衡算式，有

$$\sum Q_I = \sum Q_O + Q_L$$

$$Q_L = \sum Q_I - \sum Q_O = 346.3 - 332.6 = 13.7(kW)$$

则热量损失的百分数为

$$\frac{Q_L}{Q_1 - Q_3} = \frac{13.7}{257.3 - 47.8} = 6.54\%$$

0.4.2 学习与处理问题的方法

物料衡算、能量衡算、过程的平衡关系、过程速率和经济核算五个基本概念贯穿于各个单元操作的始终。化工过程计算可分为设计型计算和操作型计算两类，处理方法各有特点，但是不管何种计算都是以质量守恒、能量守恒、平衡关系和速率关系为基础的。物料衡算、能量衡算前面已详细介绍，平衡关系（equilibrium relation）可以用来判断过程能否进行，以及进行的方向和能达到的限度。过程的传递速率（rate of transfer process）与推动力成正比，与阻力（resistance）成反比，如同电学中的欧姆定律。为生产定量的某种产品所需要的设备，根据设备的形式和材料的不同，可以有若干设计方案。对同一台设备，所选用的操作参数不同，会影响到设备成本与操作费用。因此，要用经济核算确定最经济的设计方案。

（1）量纲分析法　量纲分析又称因次分析法，其基础是量纲一致性原则和白金汉（Buckingham）定理（π 定理）。量纲一致性的原理表明：凡是根据基本物理规律导出的物理方程，其等式左右两边的量纲必然相同。根据白金汉定理，对于任何物理现象或过程，如果存在 n 个变量互为函数关系，而这些变量含有 m 个基本量，可把这 n 个变量转换成为有

$n-m=i$ 个无量纲量的函数关系式，即

$$f(\pi_1,\pi_2,\pi_3,\cdots,\pi_i)=0$$

一般来说，影响一个物理量的因素非常多，通过假设与理论推导建立多个影响因素间的理论方程很困难，假设太多又会使方程的准确程度与实际偏差太大。若直接通过实验寻求这些影响因素间的关系，实验工作量非常大，甚至无法完成。所以工程上常依据量纲一致性原则和白金汉定理，通过量纲分析法得到数目较少的无量纲量。按无量纲量组织实验，可以大大减少实验次数，使实验简便易行。

量纲分析法解决具体工程问题，建立目标物理量与其他影响因素间数学关联式的步骤是：

① 通过初步实验的结果和系统地分析，找出影响过程的主要因素，也就是找出影响过程的各种变量。

② 利用量纲分析法，将过程的影响因素组合成几个无量纲量（特征数），以期减少实验工作中需要变化的变量数目。建立的无量纲量，一般常采用幂函数形式。

③ 通过大量实验，回归求取关联式中的待定系数。

如流体流动单元操作中，描述流体在管内做湍流流动的阻力损失的时候，将阻力损失与影响该物理量的其他 6 个因素间的关系，通过量纲分析法处理，将其简化为三个特征数之间的关系，大大减少了实验的次数。

（2）当量法　实际工程中，研究对象（比如介质）所接触的固体壁面或所处的环境常常是不规则的，例如流体输送过程中流体在横截面非圆形管道、管件及阀件内流动，过滤过程中滤液通过过滤介质或滤饼层的流动。此时，引入当量长度、当量直径的概念：将流体在非规则流道内流过的距离用当量长度表示；将流道的尺寸用当量直径表示。这样在计算流体流过管件及阀件、进口及出口的流动阻力时，采用当量的概念，计算就方便了。在液-固相过滤单元中，采用当量（虚拟）滤液体积或滤饼厚度、过滤时间来表达滤液通过过滤介质或滤饼层的流动阻力。

（3）类比法　在研究动量传递、热量传递及质量传递三个单元操作的规律时，需要研究传递速率或速度。其实这三个过程也与自然界其他过程一样，过程进行的速度取决于推动力与阻力。可以肯定地说，任何一个过程进行的速度正比于推动力，反比于阻力。研究动量传递、热量传递及质量传递时，找出过程进行的推动力与阻力，可将过程进行的速度写成以下形式

$$单元操作的速度 = \frac{过程进行的推动力}{过程进行的阻力}$$

而一个过程的推动力，往往取决于这一过程的两端的状态，也就是二者之间的差异。比如动量传递的机械能差，热量传递的温度差，质量传递（蒸馏与吸收）的浓度差，这个过程进行的方向就是朝着消除这一差异的方向。把影响某一单元操作速度的，除推动力以外的其他因素看成阻力，同时认为此时阻力与推动力无关，又可以把单元操作的速度关系式写成如下形式

$$单元操作的速度 = 系数 \times 过程进行的推动力$$

这个系数的倒数就是阻力。如此，描述影响因素间关系的公式得到简化，研究与计算起来就方便多了。

第❶章 ▶▶▶

流体流动

　　流体是气体与液体的总称。在化工、石油、生物、制药、食品等工业中，所涉及的原料、半成品及成品多为流体。流体输送是化工生产中不可缺少、普遍的单元操作之一。研究流体流动问题是研究化工单元操作的重要基础。

　　从微观讲，流体是由大量的彼此之间有一定间隙（距离）的单个分子所组成。分子的体积很小，即使是少量物质往往包含大量的分子数，而且分子总是处于随机运动状态。工程上，在研究流体流动时，为了把对流体的研究建立在对大量分子行为宏观表现研究的基础上，人们提出了连续介质假设，即将流体视为由无数流体质点（或微团）组成的连续介质。所谓质点是指由大量分子构成的微团，其尺寸远小于设备尺寸，体现出"点"位置流体的性质；但却远大于分子自由程，包含有大量流体分子，体现出流体的宏观性质。这些质点在流体内部紧紧相连，彼此间没有间隙，即流体充满所占空间，为连续介质。引入该假设后，不仅使对流体的研究可以建立在实验的基础上，而且可以运用连续函数等数学工具对流体进行数理分析，从而使对流体的研究得到快速发展。一般来说连续介质假设对流体是适用的，只是在高度真空时，流体分子的平均自由程大到可与所研究的空间尺度相比拟，该假设就不成立了。

　　流体具有流动性；无固定形状，随容器形状而变化；受外力作用时内部产生相对运动；静止流体不能承受剪应力，亦不能承受张力，只能承受压力。

　　任何一种流体的密度都是随压强和温度的变化而变化的。若体积随压强的变化可近似忽略不计，则称该流体为不可压缩流体。一般液体的体积随压强变化很小，可视为不可压缩性流体；而对于气体，当压强变化时，体积会有较大的变化，常视为可压缩性流体，但压强的变化率不大时，该气体也可当作不可压缩性流体处理。

1.1　流体静力学

1.1.1　密度

　　（1）定义　单位体积流体具有的质量，称为流体的密度，其表达式为

$$\rho = \frac{m}{V} \tag{1-1}$$

式中　ρ——流体的密度，kg/m^3；

　　　　m——流体的质量，kg；

V——流体的体积，m^3。

在不同的单位制中，同一流体密度的单位和数值都不同。流体的密度一般可在相关手册中查得，本教材附录 2～5 中也列出了某些常见气体和液体的密度数值。

对一定的流体，其密度是压强（p）和温度（T）的函数，即

$$\rho = f(p, T)$$

（2）液体密度　通常液体的密度随压强变化很小，仅随温度而变化（极高压强除外），其变化关系可由有关资料手册中查取。

（3）气体密度　气体的密度随压强和温度的改变而变化较大，因此气体的密度数据必须标明测量时的状态。一般在手册中查得的气体密度都是在特定压强与温度下测量的，若条件不同，则密度需进行换算。

当压强不太高、温度不太低时，气体的各状态函数可按理想气体近似处理

$$pV = nRT$$

由此可以推导出

$$\rho = \frac{pM}{RT} \tag{1-2}$$

式中　p——气体的绝对压强，Pa；

$\quad\quad V$——气体的体积，m^3；

$\quad\quad M$——气体的摩尔质量，kg/mol；

$\quad\quad T$——热力学温度，K；

$\quad\quad R$——摩尔气体常数，其值为 8.314J/(mol·K)。

由上式可知，对于一定质量的理想气体，当其发生状态改变时，其始态和终态的体积、压强和温度之间的变化关系为

$$\frac{\rho T}{p} = \frac{\rho' T'}{p'} \tag{1-3}$$

整理可得

$$\rho = \rho' \frac{T' p}{T p'} \tag{1-4}$$

（4）混合物的密度　化工生产中遇到的流体，大多为几种组分构成的混合物，而通常手册中查得的是纯组分的密度，混合物的平均密度 ρ_m 可以通过纯组分的密度进行计算。

① 液体混合物的密度　对于液体混合物，各组分的组成通常用质量分数表示。现以 1kg 混合液体为基准，假设各组分在混合前后体积不变，则有

$$\frac{1}{\rho_m} = \frac{w_1}{\rho_1} + \frac{w_2}{\rho_2} + \cdots + \frac{w_n}{\rho_n} \tag{1-5}$$

式中　$w_1, w_2, \cdots, w_n$——液体混合物中各组分的质量分数；

$\quad\quad \rho_1, \rho_2, \cdots, \rho_n$——液体混合物中各纯组分的密度，$kg/m^3$。

② 气体混合物的密度　对于气体混合物，其组成通常用体积分数表示。现以 $1m^3$ 混合气体为基准，各组分在混合前后质量不变，则有

$$\rho_m = \rho_1 \varphi_1 + \rho_1 \varphi_2 + \cdots + \rho_n \varphi_n \tag{1-6}$$

式中　$\varphi_1, \varphi_2, \cdots, \varphi_n$——气体混合物中各组分的体积分数。

气体混合物的平均密度 ρ_m 也可按式(1-2)计算，但式中的摩尔质量 M 应以气体混合物的平均摩尔质量 M_m 代替，即

$$\rho_m = \frac{pM_m}{RT} \tag{1-7}$$

$$M_m = M_1 y_1 + M_2 y_2 + \cdots + M_n y_n \tag{1-8}$$

式中　$M_1, M_2, \cdots, M_n$——气体混合物中各纯组分的摩尔质量，kg/mol；

　　　　$y_1, y_2, \cdots, y_n$——气体混合物中各组分的摩尔分数。

对于理想气体，其摩尔分数 y 的值与体积分数 φ 的值相同。

（5）比容　指单位质量流体具有的体积，是密度的倒数，单位为 m^3/kg。

$$\upsilon = \frac{V}{m} = \frac{1}{\rho} \tag{1-9}$$

1.1.2　流体的静压强

（1）定义　在静止的流体内，流体垂直作用于单位面积上的压力，称为流体的静压强，简称**压强**，习惯上又称为**压力**。其定义式为

$$p = \frac{F}{A} \tag{1-10}$$

式中　p——流体的压强，Pa；

　　　F——垂直作用于流体表面上的总压力，N；

　　　A——作用面的面积，m^2。

在静止流体中，作用于任意点的不同方向上的压强在数值上均相同。

（2）压强的单位　在 SI 单位中，压强的单位是帕斯卡，以 Pa 表示。此外，压强的大小也可间接地以流体柱高度表示，如用米水柱（mH_2O）或毫米汞柱（mmHg）等。若流体的密度为 ρ，则液柱高度 h 与压强 p 的关系为

$$p = \rho g h \tag{1-11}$$

注意：用液柱高度表示压强时，必须指明流体的种类，如 600mmHg、$10mH_2O$ 等。

此外，在实际应用中压强还常采用其他单位，如 atm（标准大气压）、bar（巴）或 kgf/cm^2 等。换算关系如下：

$$1atm = 1.033kgf/cm^2 = 1.013 \times 10^5 Pa = 760mmHg = 10.33mH_2O = 1.0133bar$$

工程上为了使用和换算方便，常将 $1kgf/cm^2$ 近似地作为 1 个大气压，称为 1 工程大气压（at）。

$$1at = 1kgf/cm^2 = 9.807 \times 10^4 Pa = 735.6mmHg = 10mH_2O = 0.9807bar$$

（3）压强的表示方法　压强的大小常以两种不同的基准来表示：一是绝对零压；另一是大气压强。基准不同，表示方法也不同。以绝对零压为基准测得的压强称为绝对压强，是流体的真实压强；以大气压为基准测得的压强称为表压或真空度。流体的压强可用测压仪表来测量。当被测流体的绝对压强大于外界大气压强时，所用的测压仪表称为压强表。当被测流体的绝对压强小于外界大气压强时，所用的测压仪表称为真空表。

表压＝绝对压强－大气压强

真空度＝大气压强－绝对压强

绝对压强与表压、真空度的关系如图 1-1 所示。显然，设备内流体绝对压强越低，则其真空度就越高。

应当指出，外界大气压强随大气的温度、湿度和所在地区的海拔高度而变。一般为避免混淆，以大气压强为基准时，通常需用"表压""真空度"等文字对压强数据加以标注，如2000Pa（表压），10mmHg（真空度）等，还应指明当地大气压强。在利用理想气体状态方程进行计算时，应代入绝对压强。

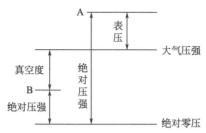

图 1-1 表压、真空度、绝对压强的关系

1.1.3 流体静力学基本方程式

1.1.3.1 静力学基本方程

现讨论流体在重力作用下的平衡规律，此时流体处于相对静止状态。如图 1-2 所示，容器内装有密度为 ρ 的液体。在静止液体中取一段液柱，其截面积为 A，以容器底面为基准水平面，液柱的上、下端面与平面的垂直距离分别为 z_1 和 z_2。作用于液面的大气压强为 p_a，作用在上、下两端面的压强分别为 p_1 和 p_2。

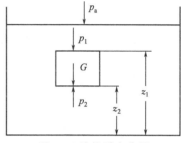

图 1-2 液柱受力分析

重力场中在垂直方向上对液柱进行受力分析：

① 上端面所受总压力 $F_1 = p_1 A$，方向向下；

② 下端面所受总压力 $F_2 = p_2 A$，方向向上；

③ 液柱的重力 $G = \rho g A(z_1 - z_2)$，方向向下。

液柱处于静止时，合力应为零，即

$$F_2 - F_1 - G = 0$$

$$p_2 A - p_1 A - \rho g A(z_1 - z_2) = 0$$

整理并消去面积 A，得

$$p_2 = p_1 + \rho g(z_1 - z_2) \quad \text{（压强形式）} \tag{1-12}$$

变形得

$$\frac{p_1}{\rho} + z_1 g = \frac{p_2}{\rho} + z_2 g \quad \text{（能量形式）} \tag{1-12a}$$

若将液柱的上端面取在容器内的液面上，则液面上方的压强为 p_a，设液柱高度为 h，则式(1-12) 可改写为

$$p_2 = p_a + \rho g h \tag{1-12b}$$

式(1-12)、式(1-12a) 及式(1-12b) 均称为**静力学基本方程式**，说明了在重力场作用下，静止液体内部压强的变化规律。静力学基本方程式适用于在重力场中静止、连续的同种不可压缩流体，如液体。而对于气体来说，密度不可视为常数，其密度除随温度变化外还随压强变化。但若气体的压强变化不大，密度近似地取其平均值而视为常数时，式(1-12)、式(1-12a) 及式(1-12b) 也适用。

讨论：

① 在静止的、连续的同一液体内，处于同一水平面上各点的压强都相等。压强相等的面称为等压面。

② 压强具有传递性，液面上方的压强改变时，液体内部各点的压强也将发生同样大小的变化。

③ 式(1-12a) 中，zg、$\dfrac{p}{\rho}$ 分别为单位质量流体所具有的位能和静压能，二者之和即为流体的总势能。式(1-12a) 反映出在同一静止流体中，处在不同位置流体的位能和静压能各不相同，但总和恒为常量。因此，静力学基本方程也反映了静止流体内部能量守恒与转换的关系。

④ 式(1-12b) 可改写为

$$\frac{p_2-p_a}{\rho g}=h$$

说明压强或压强差的大小可用一定高度的液柱表示，此为前面介绍的压强的单位可用液柱高度表示的依据。但需注明液体的种类，否则就失去了意义。

1.1.3.2 流体静力学基本方程式的应用

利用流体静力学基本原理可以测量流体的压强、容器中液位及计算液封高度等。

(1) 压强及压强差的测量　测量压强的仪表有很多，现仅介绍以流体静力学基本方程式

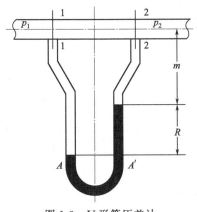

图 1-3　U 形管压差计

为依据的测压仪器。这种测压仪器统称为液柱压差计，可用来测量流体的压强或压强差。常见的液柱压差计有以下几种。

① U 形管压差计　U 形管压差计的结构如图 1-3 所示。它是一根 U 形玻璃管，内装指示液。要求指示液与被测流体不互溶，不起化学反应，且其密度大于被测流体密度。常用的指示液有水银、四氯化碳、水和液体石蜡等，应根据被测流体的种类和测量范围合理选择指示液。

当用 U 形管压差计测量设备内两点的压差时，可将 U 形管两端与被测两点直接相连，利用 R 的数值就可以计算出两点间的压强差。R 称为压差计的读数，其数大小反映 1-1 和 2-2 两截面间的压强差的大小，其大小关系可根据流体静力学基本方程式进行推导。

设指示液的密度为 ρ_0，被测流体的密度为 ρ。由图 1-3 可知，A 和 A' 点在同一水平面上，且处于连通的同种静止流体内，因此，A 和 A' 点的压强相等，即 $p_A=p_{A'}$。

而
$$p_A=p_1+\rho g(m+R)$$
$$p_{A'}=p_2+\rho gm+\rho_0 gR$$

所以
$$p_1+\rho g(m+R)=p_2+\rho gm+\rho_0 gR$$

整理得
$$p_1-p_2=(\rho_0-\rho)gR \tag{1-13}$$

若被测流体是气体，由于气体的密度远小于指示剂的密度，即 $\rho_0-\rho\approx\rho_0$，则上式可简化为

$$p_1-p_2\approx Rg\rho_0 \tag{1-13a}$$

U 形管压差计不仅可用来测量流体的压强差，也可测量流体在任一处的压强。测量时将 U 形管一端与被测点连接，另一端与大气相通，此时测得的是流体的表压或真空度。

【例 1-1】　如附图所示，水在水平管道内流动。为测量流体在某截面处的压强，直接在该处连接一 U 形管压差计，指示液为水银，读数 $R=250\text{mm}$，$m=900\text{mm}$。已知当地大气压为 101.3kPa，水的密度 $\rho=1000\text{kg/m}^3$，水银的密度 $\rho_0=13600\text{kg/m}^3$。试计算该截面处的压强。

解： 图中 $A\text{-}A'$ 面间为静止、连续的同种流体，且处于同一水平面，因此为等压面，即 $p_A = p_{A'}$

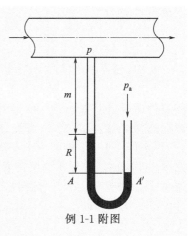

而 $\qquad p_{A'} = p_a \qquad p_A = p + \rho gm + \rho_0 gR$

于是 $\qquad\qquad p_a = p + \rho gm + \rho_0 gR$

则截面处绝对压强

$$p = p_a - \rho gm - \rho_0 gR$$
$$= 101300 - 1000 \times 9.81 \times 0.9 - 13600 \times 9.81 \times 0.25$$
$$= 59117 (Pa)$$

或直接计算该处的真空度

$$p_a - p = \rho gm + \rho_0 gR$$
$$= 1000 \times 9.81 \times 0.9 + 13600 \times 9.81 \times 0.25$$
$$= 42183 (Pa)$$

例 1-1 附图

由此可见，当 U 形管一端与大气相通时，U 形管压差计实际反映的就是该处的表压或真空度。

U 形管压差计在使用时，为防止水银蒸气向空气中扩散，通常在与大气相通的一侧水银液面上充入少量水，计算时其高度可忽略不计。

【例 1-2】 如附图所示，水在管道中流动。为测得 $A\text{-}A$、$B\text{-}B$ 截面的压强差，在管路上方安装

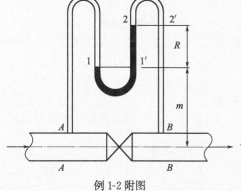

例 1-2 附图

一 U 形管压差计，指示液为水银。已知压差计的读数 $R=150mm$，试计算 $A\text{-}A$、$B\text{-}B$ 截面的压强差。

已知水与水银的密度分别为 $1000kg/m^3$ 和 $13600kg/m^3$。

解： 图中，$1\text{-}1'$ 面与 $2\text{-}2'$ 面间为静止、连续的同种流体，且处于同一水平面，因此为等压面，即

$$p_1 = p_{1'} \qquad p_2 = p_{2'}$$

又 $\quad p_1 = p_A - \rho gm \qquad p_2 = p_B - \rho g(m+R)$

$$p_1 = p_2 + \rho_0 gR = p_{2'} + \rho_0 gR = p_B - \rho g(m+R) + \rho_0 gR$$

所以 $\quad p_A - \rho gm = p_B - \rho g(m+R) + \rho_0 gR$

整理得 $\qquad p_A - p_B = (\rho_0 - \rho)gR$

此结果与式(1-13) 相同，由此可见，U 形压差计所测压差的大小只与被测流体及指示剂的密度、读数 R 有关，而与 U 形压差计放置的位置无关。

代入数据，得到

$$p_A - p_B = (13600 - 1000) \times 9.81 \times 0.15 = 18541 (Pa)$$

② 倒 U 形管压差计　若被测流体为液体，也可选用比其密度小的流体（液体或气体）作为指示剂，采用如图 1-4 所示的倒 U 形管压差计形式。最常用的倒 U 形压差计是以空气作为指示剂，此时有

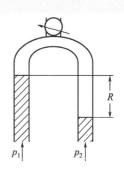

$$p_1 - p_2 = Rg(\rho - \rho_0) \approx Rg\rho \qquad (1\text{-}13b)$$

③ 倾斜液柱压差计　当被测系统压强差较小时，可将压差计倾斜放置，用以放大读数，提高读数精度，即为倾斜液柱压差计或斜管压差计，如图 1 5 所示。此压差计读数 R' 与 U 形管压差计的读数

图 1 1　倒 U 形管压差计

R 的关系为

$$R' = \frac{R}{\sin\alpha} \tag{1-14}$$

式中，α 为倾斜角，其值越小，则读数放大倍数越大。

④ 微差压差计　又称为微压计，用于测量压强较小的场合。由式(1-13)可以看出，当所测得的压强差很小时，U 形管压差计的读数 R 也就很小，有时难以准确读出数值。为了放大读数，在 U 形管上增设两个扩大室，内装密度接近但不互溶的两种指示液 A 和 C（$\rho_A > \rho_C$），且指示液 C 与被测液体 B 也不互溶，扩大室内径与 U 形管内径之比应大于 10，如图 1-6 所示。这样扩大室的截面积比 U 形管截面积大得多，即可认为即使 U 形管内指示液 A 的液面差 R 较大，但两扩大室内指示液 C 的液面变化微小，可近似认为维持等高。

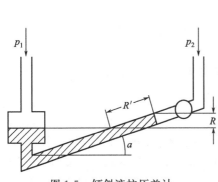

图 1-5　倾斜液柱压差计

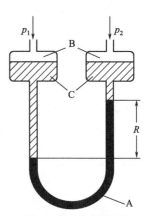

图 1-6　微差压差计

于是压强差可用下式计算

$$p_1 - p_2 = Rg(\rho_A - \rho_C) \tag{1-15}$$

由上式可知，只要选择两种合适的指示液，若（$\rho_A - \rho_C$）较小，就可以保证较大的读数 R。

【例 1-3】　用 3 种压差计测量气体的微小压差，$\Delta p = 100\text{Pa}$。试求：

(1) 用普通压差计，以苯为指示液，其读数 R 为多少？

(2) 用倾斜 U 形管压差计，$\theta = 30°$，指示液为苯，其读数 R' 为多少？

(3) 若用微差压差计，其中加入苯和水两种指示液，扩大室截面积远远大于 U 形管截面积，此时读数 R'' 为多少？R'' 为 R 的多少倍？

计算时可忽略气体密度的影响。已知苯与水的密度分别为 $\rho_C = 879\text{kg/m}^3$，$\rho_A = 998\text{kg/m}^3$。

解：(1) 普通管 U 形管压差计，可根据式(1-13a)计算

$$R = \frac{\Delta p}{\rho_C g} = \frac{100}{879 \times 9.807} = 0.0116(\text{m})$$

(2) 倾斜 U 形管压差计，可根据式(1-14)计算

$$R' = \frac{\Delta p}{\rho_C g \sin 30°} = \frac{100}{879 \times 9.807 \times 0.5} = 0.0232(\text{m})$$

(3) 微差压差计，可根据式(1-15)计算

$$R'' = \frac{\Delta p}{(\rho_A - \rho_C)g} = \frac{100}{(998 - 879) \times 9.807} = 0.0857(\text{m})$$

故放大倍数

$$\frac{R''}{R} = \frac{0.0857}{0.0116} = 7.39$$

（2）液位测量　在化工生产中，经常要了解容器内液体的贮存量，或对设备内的液面进行控制，因此要进行液位的测量。测量液位的装置较多，但大多数遵循流体静力学基本原理。

最原始的液位计是于容器底部器壁及液面上方器壁处各开一小孔，两孔间用透明管相连，如玻璃管。透明管内所示的液位高度即为容器内的液位高度。这种构造易于破损，而且不便于远处观测。

图 1-7 所示的是利用 U 形管压差计进行近距离液位测量的装置。在容器 1 的外边设一个平衡室 2，其中所装的液体与容器中相同，液面高度维持在容器中液面允许到达的最高位置。用一装有指示剂的 U 形管压差计 3 把容器和平衡室连通起来，压差计读数 R 即可指示出容器内的液面高度。根据流体静力学基本方程式，其关系为

$$h = \frac{\rho_0 - \rho}{\rho} R \tag{1-16}$$

若容器或设备的位置离操作室较远或埋在地面以下，可采用图 1-8 所示的远距离液位测量装置。在管内通入压缩氮气，用阀 1 调节其流量，测量时控制流量使在观察器中有少许气泡逸出。管内氮气的流速应控制得很小，只要观察到鼓泡观察器 2 中有气泡缓慢逸出即可。因此，通气管 4 内气体流动的阻力可以忽略不计。用 U 形管压差计测量通气管内的压强，其读数 R 的大小，即可反映出容器内的液位高度，关系为

$$h = \frac{\rho_0}{\rho} R \tag{1-17}$$

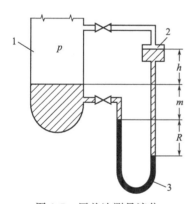

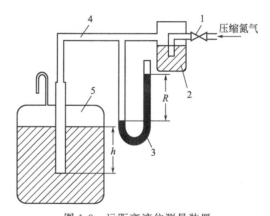

图 1-7　压差法测量液位

1—容器；2—平衡室；3—U 形管压差计

图 1-8　远距离液位测量装置

1—阀；2—鼓泡观察器；3—U 形管压差计；4—通气管；5—容器

（3）液封高度的计算　在化工生产中，常遇到设备的液封问题。各设备内操作条件不同，采用液封的目的也不同。

① 保持设备内压强不超过一定值。当设备内压强超过规定值时，气体从水封管排出，以确保设备操作的安全，常常称为安全液封（或称水封）装置，如图 1-9 所示。

液封的高度可根据静力学基本方程式计算。若要求设备内的压强不超过 $p_表$，则水封管的插入深度 h 为

$$h = \frac{p_表}{\rho g} \tag{1-18}$$

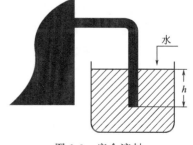

图 1-9　安全液封

式中，$p_表$ 为表压；ρ 为水的密度，kg/m^3。

② 防止气柜内气体泄漏。

1.2 流体动力学

1.2.1 流量与流速

（1）流量　单位时间内流过管道任一截面的流体量。若流体的量用体积来计算，则称为体积流量，以 q_V 表示，单位为 m^3/s 或 m^3/h。若流体的量用质量来计算，则称为质量流量，以 q_m 表示，单位为 kg/s 或 kg/h。

体积流量与质量流量的关系为

$$q_m = q_V \rho \tag{1-19}$$

（2）流速　单位时间内流体在流动方向上所流过的距离，以 u 表示，单位为 m/s。实验发现，流体在管道任一截面上各点的流速并不一致，而是沿管径方向发生变化并形成某种分布，即在管截面中心处的流速最大，越靠近管壁流速将越小，在管壁处的流速为零。在工程计算上为简便起见，常常希望用平均流速表征流体在该截面的流速，其表达式为

$$u = \frac{q_V}{A} \tag{1-20}$$

式中，A 是与流动方向相垂直的管道截面积，m^2。

习惯上，平均流速简称为流速。

由式(1-19) 与式(1-20) 可得流量与流速的关系为

$$q_m = q_V \rho = uA\rho \tag{1-21}$$

（3）质量流速　单位时间内流体流经管道单位截面积的质量，称为质量流速，亦称为质量通量，以 G 表示，单位为 $kg/(m^2 \cdot s)$。

质量流速与流速的关系为

$$G = \frac{q_m}{A} = \frac{q_V \rho}{A} = u\rho \tag{1-22}$$

一般化工管道为圆形，若以 d 表示管道的内径，则式(1-20) 可写成

$$u = \frac{q_V}{\frac{\pi}{4}d^2}$$

则理论管径为

$$d_理 = \sqrt{\frac{4q_V}{\pi u}} \tag{1-23}$$

流量一般由生产任务决定，选定流速 u 后可用上式估算出管径，再圆整到标准规格。

适宜流速的选择应根据经济核算确定，通常可选用经验数据。若流速选得太大，管径虽然可以减小，但流体流过管道的阻力增大，消耗的动力相应就大，操作费随之增加。反之，流速选得太小，操作费可以相应地减少，但管径增加，管路的投资费随之增加。所以应根据具体情况在操作费和投资费之间通过总成本费用大小来确定适宜的流速。通常水及低黏度液体的流速为 $1 \sim 3m/s$，一般常压气体流速为 $10 \sim 20m/s$，饱和蒸汽流速为 $20 \sim 40m/s$ 等。一般，密度大或黏度大的流体，流速取小一些；对于含有固体杂质的流体，流速宜取得大一些，以避免固体杂质沉积在管道中。

【例 1-4】 某厂要求安装一根输水量为 30m³/h 的管道，试选择一合适管径的管道。

解： 取水在管内的流速为 1.8m/s，由式 (1-23)

$$d_{理} = \sqrt{\frac{4q_V}{\pi u_{理}}} = \sqrt{\frac{4 \times 30/3600}{3.14 \times 1.8}} = 0.077(\text{m}) = 77(\text{mm})$$

选用国家标准 GB/T 3091—2015 中系列的 3DN80 管道，该管道外径 88mm，壁厚为 3.25mm，则内径为

$$d_{实} = 88 - 2 \times 3.25 = 81.5(\text{mm})$$

水在管中的实际流速为

$$u_{实} = \frac{q_V}{\frac{\pi}{4}d_{实}^2} = \frac{30/3600}{\frac{3.14}{4} \times 0.0815^2} = 1.60(\text{m/s})$$

在适宜流速范围内，所以该管道合适。

1.2.2　连续性方程

流体流动系统中，若各截面上的温度、压力、流速等物理量仅随位置变化，而不随时间变化，这种流动称之为**定态流动**；若流体在各截面上的有关物理量既随位置变化，也随时间变化，则称为**非定态流动**。

在化工厂中，连续生产的开、停车阶段，属于非定态流动；而正常连续生产时，均属于定态流动。所以本章重点讨论定态流动的问题。

连续性方程式实际上是流动物系的物料衡算式。如图 1-10 所示的定态流动系统，流体连续地从 1-1 截面进入，2-2 截面流出，且充满全部管道。以 1-1、2-2 截面以及管内壁为衡算范围，在管路中流体没有增加和漏失的情况下，根据物料衡算，单位时间内进入截面 1-1 的流体质量与流出截面 2-2 的流体质量必然相等，若以 1s 为基准，则有

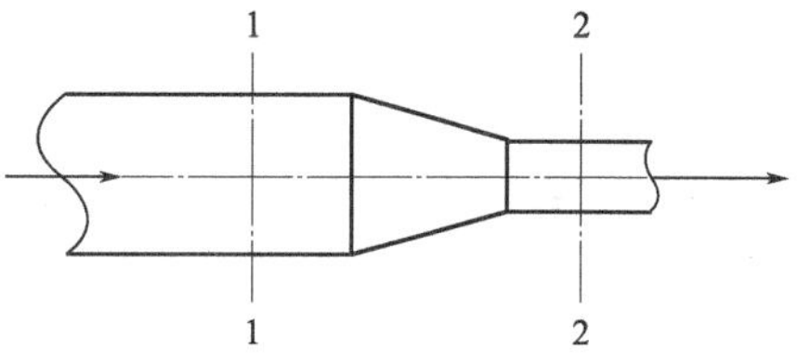

图 1-10　定态流动系统

$$q_{m1} = q_{m2} \tag{1-24}$$

或
$$\rho_1 u_1 A_1 = \rho_2 u_2 A_2 \tag{1-24a}$$

推广至任意截面　　$$q_m = \rho_1 u_1 A_1 = \rho_2 u_2 A_2 = \cdots = \rho_n u_n A_n = 常数 \tag{1-24b}$$

式 (1-24)～式 (1-24b) 均称为连续性方程，表明在定态流动系统中，流体流经各截面时的质量流量恒定。

对不可压缩流体，ρ 为常数，连续性方程可改写为

$$q_V = u_1 A_1 = u_2 A_2 = \cdots = u_n A_n = 常数 \tag{1-24c}$$

式 (1-24c) 表明不可压缩性流体流经各截面时的质量流量和体积流量均不变，流速 u 与管截面积成反比，截面积越小，流速越大；反之，截面积越大，流速越小。式 (1-24b) 与式 (1-24c) 反映了在定态流动系统中，流量一定时，管路各截面上流速的变化规律。此规律与管路的排布及管路上是否安装有管件、阀门或输送设备等无关。

对于圆形管道，由式 (1-24c) 以及 $A = \frac{\pi}{4}d^2$ 可以推导出

$$\frac{u_1}{u_2} = \frac{A_2}{A_1} = \left(\frac{d_2}{d_1}\right)^2 \tag{1-24d}$$

上式说明不可压缩流体在圆形管道中，任意截面的流速与管内径的平方成反比。

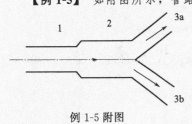

【例 1-5】 如附图所示，管路由一段 $\phi 89mm \times 4mm$ 的管 1、一段 $\phi 108mm \times 4mm$ 的管 2 和两段 $\phi 57mm \times 3.5mm$ 的分支管 3a 及 3b 连接而成。若水以 $9 \times 10^{-3} m^3/s$ 的体积流量流动，且在两段分支管内的流量相等，试求水在各段管内的速度。

例 1-5 附图

解： 管 1 的内径为

$$d_1 = 89 - 2 \times 4 = 81 (mm)$$

则水在管 1 中的流速为

$$u_1 = \frac{q_V}{\frac{\pi}{4} d_1^2} = \frac{9 \times 10^{-3}}{0.785 \times 0.081^2} = 1.75 (m/s)$$

管 2 的内径为

$$d_2 = 108 - 2 \times 4 = 100 (mm)$$

由式(1-24d)，则水在管 2 中的流速为

$$u_2 = u_1 \left(\frac{d_1}{d_2} \right)^2 = 1.75 \times \left(\frac{81}{100} \right)^2 = 1.15 (m/s)$$

管 3a 及 3b 的内径为

$$d_3 = 57 - 2 \times 3.5 = 50 (mm)$$

又水在分支管路 3a、3b 中的流量相等，则有

$$u_2 A_2 = 2 u_3 A_3$$

即水在管 3a 和 3b 中的流速为

$$u_3 = \frac{u_2}{2} \left(\frac{d_2}{d_3} \right)^2 = \frac{1.15}{2} \left(\frac{100}{50} \right)^2 = 2.30 (m/s)$$

1.2.3 柏努利方程

柏努利（Bernoulli）方程反映了不可压缩流体在流动过程中，各种形式机械能的相互转换关系。柏努利方程的推导方法有多种，以下介绍较简便的能量衡算法。

1.2.3.1 流动系统的总能量衡算

如图 1-11 所示的定态流动系统中，流体从 1-1 截面流入，经过不同管径的管道从 2-2 截面流出。管道上装有对流体做功的泵及向流体输入或从流体取出热量的换热器，见图 1-11。

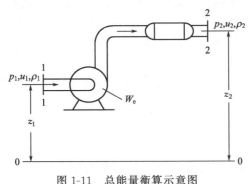

图 1-11 总能量衡算示意图

柏努利方程的推导
及物理意义

衡算范围：1-1、2-2 截面以及管内壁所围成的空间。

衡算基准：1kg 流体。

基准水平面：0-0 水平面。

令：u_1、u_2 为流体分别在 1-1 与 2-2 处的流速，m/s；p_1、p_2 为流体在 1-1 与 2-2 处的压强，Pa；z_1、z_2 为截面 1-1 与 2-2 的中心至基准水平面 0-0 的垂直距离，m；A_1、A_2 为截面 1-1 与 2-2 的面积，m^2；v_1、v_2 为流体在截面 1-1 与 2-2 处的比容，m^3/kg；

如图 1-11 所示的系统中，单位质量（1kg）流体的能量有以下几种形式：

① 内能　物质内部能量的总和称为内能。设单位质量（1kg）流体具有的内能为 U，其单位为 J/kg。

② 位能　流体因处于重力场内而具有的能量称为位能。可以用将质量为 m(kg) 的流体自基准水平面 0-0 升举到某高度 z 处所做的功来表示，即

$$位能 = mgz$$

单位质量（1kg）的流体所具有的位能为 zg，其单位为 J/kg。位能是个相对值，随所选的基准水平面位置而定，在基准水平面以上的位能为正值，以下为负值。

③ 动能　流体以一定速度流动时，便具有一定的动能。质量为 m，流速为 u 的流体所具有的动能为

$$动能 = \frac{1}{2}mu^2$$

单位质量（1kg）的流体所具有的动能为 $\frac{1}{2}u^2$，其单位为 J/kg。

④ 静压能　在静止流体内部，任一处都有一定的静压强。在流动着的流体内部，任一处也有静压强。如果在一内部有液体流动的管壁面上开一小孔，并在小孔处装一根垂直的细玻璃管，液体便会在玻璃管内上升，上升的液柱高度即是管内流体在该截面处液体静压强的表现，如图 1-12 所示。由于在截面处流体具有一定的静压强，流体要使流体通过该截面进入系统，就需要对流体做一定的功，以克服这个静压强，即进入截面后的流体，必定要带着与所需的功相当的能量进入系统，这种能量称为静压能或流动功。

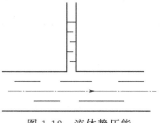

图 1-12　流体静压能

质量为 m、体积为 V_1 的流体，通过该截面所需的作用力为 $F_1 = p_1 A_1$，而流体通过此截面所走的距离为 V_1/A_1，则流体带入系统的静压能为

$$p_1 A_1 \frac{V_1}{A_1} = p_1 V_1$$

单位质量（1kg）的流体所具有的静压能为

$$\frac{p_1 V_1}{m} = \frac{p_1}{\rho_1} = p_1 v_1$$

同理，单位质量（1kg）流体离开系统时输出的静压能为 $p_2 v_2$。

图 1-11 所示的定态流动系统中，流体只能从截面 1-1 流入，从截面 2-2 流出，因此输入与输出系统的四项能量，实际上就是流体在截面 1-1 及截面 2-2 上所具有的各种能量，其中位能、动能及静压能又称为流体的机械能，三者之和称为某截面上的总机械能。

此外，流体在流动过程中，还有通过其他外界条件与衡算系统交换的能量。

⑤ 热　若管路中有换热器等，流体通过时必与之换热。设换热器向单位质量（1kg）流体提供的热量为 Q_e，其单位为 J/kg。若换热器对所衡算的流体加热，则 Q_e 为从外界向系

统输入能量，取正值；若换热器对所衡算的流体冷却，则 Q_e 为系统向外界输出能量，取负值。

⑥ 外功（净功） 在图 1-11 的流动系统中，还有流体输送机械（泵或风机）向流体做功，单位质量（1kg）流体从流体输送机械所获得的能量称为外功或有效功，用 W_e 表示，其单位为 J/kg。

根据能量守恒定律，对于划定的流动范围，连续稳定流动系统的输入总能量必等于输出总能量。在图 1-11 中，在 1-1 截面与 2-2 截面之间的衡算范围内，对于 1kg 流体为基准的能量衡算式有

$$U_1 + z_1 g + \frac{1}{2} u_1^2 + p_1 v_1 + W_e + Q_e = U_2 + z_2 g + \frac{1}{2} u_2^2 + p_2 v_2 \tag{1-25}$$

令 $\Delta U = U_2 - U_1, g\Delta z = gz_2 - gz_1, \frac{1}{2}\Delta u^2 = \frac{1}{2}(u_2^2 - u_1^2), \Delta(pv) = p_2 v_2 - p_1 v_1$。

则上式可表示为

$$W_e + Q_e = \Delta U + g\Delta z + \frac{1}{2}\Delta u^2 + \Delta(pv) \tag{1-25a}$$

式（1-25）和式（1-25a）是定态流动过程的总能量衡算式，也是流动系统中热力学第一定律的表达式。上式中的能量形式可分为两类：①机械能，即位能、动能、静压能及外功，可用于输送流体；②内能与热，不能直接转变为输送流体的机械能。

1.2.3.2 流动系统的机械能衡算式与柏努利（Bernoulli）方程

（1）流动系统的机械能衡算式 在流体输送过程中，主要考虑各种形式机械能的转换。为方便使用式（1-25）和式（1-25a），将其进行变换消去 ΔU 和 Q_e，从而得到适用于计算流体输送系统的机械能变化关系式。将图 1-11 中换热器按照加热器来考虑，则根据热力学第一定律知

$$\Delta U = Q_e' - \int_{v_1}^{v_2} p\,\mathrm{d}v \tag{1-26}$$

式中，$\int_{v_1}^{v_2} p\,\mathrm{d}v$ 为 1kg 流体从截面 1-1 流到截面 2-2 的过程中，因被加热而引起体积膨胀所做的功，J/kg；Q_e' 为 1kg 流体在截面 1-1 与 2-2 之间所获得的热，J/kg。

实际上，Q_e' 应当由两部分组成：一部分是流体与环境所交换的热量，即图 1-11 中换热器所提供的热量 Q_e；另一部分是由于液体在截面 1-1 到截面 2-2 间流动时，为克服流动阻力而消耗的一部分机械能，这部分机械能转变成热量，致使流体的温度略微升高，而不能直接用于流体的输送，因此常称为能量损失。若 1kg 流体在系统中流动，因克服流动阻力而损失的能量为 $\sum h_f$，其单位为 J/kg，即有

$$Q_e' = Q_e + \sum h_f$$

则式（1-26）可改写成

$$\Delta U = Q_e + \sum h_f - \int_{v_1}^{v_2} p\,\mathrm{d}v \tag{1-26a}$$

将式（1-26a）代入式（1-25a），可得

$$W_e - \sum h_f = g\Delta z + \frac{1}{2}\Delta u^2 + \Delta(pv) - \int_{v_1}^{v_2} p\,\mathrm{d}v \tag{1-27}$$

因为

$$\Delta(pv) = \int_{v_1}^{v_2} p\,\mathrm{d}v + \int_{p_1}^{p_2} v\,\mathrm{d}p$$

将上式代入式（1-27）中，可得

$$W_e - \sum h_f = g\Delta z + \frac{1}{2}\Delta u^2 + \int_{p_1}^{p_2} \upsilon \mathrm{d}p \tag{1-28}$$

式(1-28)表示 1kg 流体流动时机械能的变化关系,称为流体定态流动时的机械能衡算式,可压缩流体和不可压缩流体均适用。对于可压缩流体,式中的 $\int_{p_1}^{p_2} \upsilon \mathrm{d}p$ 一项应根据过程的不同(等温、绝热或多变),按照热力学方法处理。在多数情况下,一般化工生产中的输送过程中的流体都可按照不可压缩流体来考虑,因此,后面将着重对其应用于不可压缩流体时的情况进行讨论。

(2)柏努利(Bernoulli)方程 对于不可压缩流体,其比容 υ 或密度 ρ 为常数,故式(1-28)中的积分项可变为

$$\int_{p_1}^{p_2} \upsilon \mathrm{d}p = \upsilon(p_2 - p_1) = \frac{\Delta p}{\rho}$$

于是式(1-28)可改写成

$$W_e - \sum h_f = g\Delta z + \frac{1}{2}\Delta u^2 + \frac{\Delta p}{\rho} \tag{1-29}$$

或

$$gz_1 + \frac{u_1^2}{2} + \frac{p_1}{\rho} + W_e = gz_2 + \frac{u_2^2}{2} + \frac{p_2}{\rho} + \sum h_f \tag{1-29a}$$

理想流体是指没有黏性(即流动中没有摩擦阻力)的不可压缩流体。若流体为理想流体,即流体流动时不产生流动阻力,则流体的能量损失 $\sum h_f = 0$。但实际上这种流体并不存在,是一种假想的流体,但这种假想对解决工程实际问题具有重要意义。对于理想流体,同时又没有外功输入,即 $\sum h_f = 0$、$W_e = 0$ 时,式(1-29a)可简化为

$$gz_1 + \frac{u_1^2}{2} + \frac{p_1}{\rho} = gz_2 + \frac{u_2^2}{2} + \frac{p_2}{\rho} \tag{1-30}$$

式(1-30)称为**柏努利方程**,式(1-29)及式(1-29a)是柏努利方程的引申,习惯上也称为柏努利方程。

(3)柏努利方程的讨论

① 柏努利方程表明理想流体在管道内做定态流动而又没有外功输入时,在任一截面上单位质量流体所具有的位能、动能、静压能之和为一常数,称为总机械能或总压头,即

$$zg + \frac{1}{2}u^2 + \frac{p}{\rho} = 常数 \tag{1-30a}$$

$$z + \frac{1}{2g}u^2 + \frac{p}{\rho g} = 常数 \tag{1-30b}$$

但各截面上每种形式的能量并不一定相等,它们之间可以相互转换。图 1-13 清楚地表明了理想流体在流动过程中三种能量形式的转换关系。

从 1-1 截面到 2-2 截面,由于管道截面积减小,根据连续性方程,流速增加,即动能增大,同时位能增加,但因总机械能为常数,因此 2-2 截面处静压能减小,也即 1-1 截面的静压能转变为 2-2′面的动能和位能。如果系统中的流体处于静止状态,则 $u = 0$,没有流动,自然没有能量损失($\sum h_f = 0$),当然也不需要外加功($W_e = 0$),则柏努利方程变为

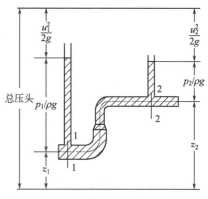

图 1-13 理想流体能量形式的转换关系

$$z_1 g + \frac{p_1}{\rho} = z_2 g + \frac{p_2}{\rho} \qquad (1\text{-}30c)$$

上式即为流体静力学基本方程式。由此可见，柏努利方程除可以表示流体的运动规律外，还可以表示流体静止状态的规律，而流体的静止状态只不过是流体运动状态的一种特殊形式。

② 在柏努利方程〔式(1-30)〕中，zg、$\frac{1}{2}u^2$、$\frac{p}{\rho}$ 分别表示单位质量流体在某截面上所具有的位能、动能和静压能，也就是说，它们是状态函数；而 W_e、$\sum h_f$ 是指单位质量流体在两截面间获得或消耗的能量，可以理解为它们是过程函数。其中，W_e 是输送设备对单位质量流体所做的**有效功**，是选择流体输送设备的重要依据。单位时间输送设备所做的有效功，称为**有效功率**，以 N_e 表示，存在如下关系

$$N_e = q_m W_e \qquad (1\text{-}31)$$

式中　N_e——有效功率，W；

　　　q_m——流体的质量流量，kg/s；

　　　W_e——输送设备对单位质量流体所做的有效功，J/kg。

实际上，输送机械本身也有能量转换效率，则流体输送机械实际消耗的功率应为

$$N = \frac{N_e}{\eta} \qquad (1\text{-}32)$$

式中　N——流体输送机械的轴功率，W；

　　　η——流体输送机械的效率。

③ 式(1-29)、式(1-29a) 适用于不可压缩性流体。对于可压缩性流体的流动，当所取系统中两截面间的绝对压强变化率小于原来绝对压强的 20%，即 $\frac{|p_1 - p_2|}{p_1} < 20\%$ 时，仍可用该方程计算，但式中的密度 ρ 应以两截面的平均密度 ρ_m 代替。这种处理方法所导致的误差，在工程计算上是允许的。

对于非定态流动系统的任一瞬间，柏努利方程仍成立。

④ 不同衡算基准下的柏努利方程的形式略有不同。式(1-29a) 是以单位质量流体为衡算基准推导的柏努利方程，此外还有以单位重量、单位体积表示的柏努利方程式形式。

a. 以单位重量流体为衡算基准：

将式(1-29a) 各项同除重力加速度 g 得

$$z_1 + \frac{1}{2g}u_1^2 + \frac{p_1}{\rho g} + \frac{W_e}{g} = z_2 + \frac{1}{2g}u_2^2 + \frac{p_2}{\rho g} + \frac{\sum h_f}{g}$$

令

$$H_e = \frac{W_e}{g}, \quad H_f = \frac{\sum h_f}{g},$$

则

$$z_1 + \frac{u_1^2}{2g} + \frac{p_1}{\rho g} + H_e = z_2 + \frac{u_2^2}{2g} + \frac{p_2}{\rho g} + H_f \qquad (1\text{-}29b)$$

上式中各项的单位均为 m，表示单位重量（1N）的流体所具有的能量。虽然各项的单位为 m，与长度的单位相同，但在这里却反映了不同的物理意义，表示单位重量的流体所具有的机械能可以把自身从基准水平面升举的高度。习惯上将 z、$\frac{u^2}{2g}$、$\frac{p}{\rho g}$ 分别称为位压头、动压头和静压头，三者之和称为总压头；H_f 称为压头损失；H_e 为单位重量的流体从流体输送机械所获得的能量，称为外加压头或有效压头。

b. 以单位体积流体为衡算基准：

将式(1-29a) 各项同乘以液体的密度 ρ，则

$$\rho g z_1 + \frac{\rho u_1^2}{2} + p_1 + \rho W_e = \rho g z_2 + \frac{\rho u_2^2}{2} + p_2 + \rho \sum h_f \qquad (1\text{-}29c)$$

上式各项的单位为 Pa，表示单位体积流体所具有的能量。

1.2.3.3　柏努利方程的应用

柏努利方程与连续性方程是解决流体流动问题的基础，应用柏努利方程，可以解决流体输送与流量测量等实际问题。在用柏努利方程解题时，一般应先根据题意画出流动系统的示意图，标明流体的流动方向，定出上、下游截面，明确流动系统的衡算范围。解题时需注意以下几个问题：

（1）截面的选取

① 应与流体的流动方向相垂直；

② 两截面间流体应是定态连续流动流体；

③ 截面宜选在已知量多、计算方便处，所求未知量作用点应在截面上或在两截面之间。

（2）基准水平面的选取　选取基准水平面的目的是为了确定流体位能的大小，实际上在柏努利方程中所反映的是位能差的数值。所以基准面可以任意选取，但必须与地面平行。为计算方便，宜选取两截面中位置较低的截面为基准水平面。z 值是指截面中心点与基准水平面间的垂直距离。若截面不是水平面，而是垂直于地面的垂面，则基准面应选管中心线所在的水平面。

（3）注意　计算中要注意各物理量的单位保持一致（使用同一单位制的基本单位），尤其在计算截面上的静压能时，p_1、p_2 不仅单位要一致，同时表示方法也应一致，即同为绝压或同为表压。

【例 1-6】　确定流体的流量：20℃的空气在直径为 80mm 的水平管流过，现于管路中接一文丘里管，如本题附图所示，文丘里管的上游接一水银 U 形管压差计，在直径为 20mm 的喉颈处接一细管，其下部插入水槽中。空气流入文丘里管的能量损失可忽略不计。当 U 形管压差计读数 $R =$ 25mm，$h = 0.5m$ 时，请计算此时空气的流量（m³/h）。

$\rho_{水银} = 13600kg/m^3$，$\rho_{水} = 1000kg/m^3$，当地大气压强为 $101.33 \times 10^3 Pa$。

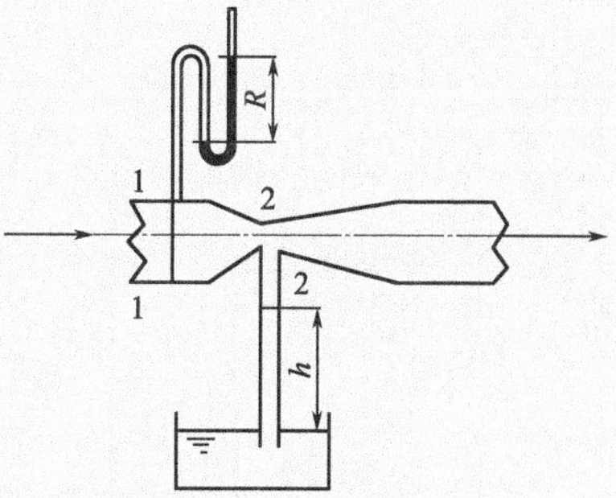

图 1-6 附图

解　取测压处为截面 1-1，喉颈处为截面 2-2，管中心线所在平面为基准水平面。截面 1-1 处压强：

$$p_1 = \rho_{水银}\, g R + p_0 = 13600 \times 9.81 \times 0.025 + 101330$$
$$= 3335 + 101330 = 104665 \ （Pa）$$

截面 2-2 处压强：

$$p_2 = p_0 - \rho_{水}\, g h = 101330 - 1000 \times 9.81 \times 0.5$$
$$= 101330 - 4905 = 96425（Pa）$$

流经截面 1-1 与 2-2 的压强变化为

$$\frac{p_1 - p_2}{p_1} = \frac{104665 - 96425}{104665} = 0.079 = 7.9\% < 20\%$$

在截面 1-1 和 2-2 之间列柏努利方程。以管道中心线作基准水平面。由于两截面无外功加入，所以 $W_e = 0$，能量损失可忽略不计 $\sum h_f = 0$，则柏努利方程可采用式(1-30) 的形式：

$$g z_1 + \frac{u_1^2}{2} + \frac{p_1}{\rho} = g z_2 + \frac{u_2^2}{2} + \frac{p_2}{\rho}$$

由式(1-4) 可得

$$\rho=\rho_m=\rho_0\frac{T_0p_m}{Tp_0}=\frac{M}{V_m}\times\frac{T_0p_m}{Tp_0}=\frac{29}{22.4}\times\frac{273\times[101330+0.5(3335-4905)]}{293\times101330}=1.20(\text{kg/m}^3)$$

$z_1=z_2=0$，所以可得

$$\frac{u_1^2}{2}+\frac{104665}{1.20}=\frac{u_2^2}{2}+\frac{96425}{1.20}$$

化简得

$$u_2^2-u_1^2=13733 \tag{a}$$

由式(1-24d)可得，$u_2=u_1\left(\dfrac{d_1}{d_2}\right)^2=u_1\left(\dfrac{0.08}{0.02}\right)^2$，得到

$$u_2=16u_1 \tag{b}$$

联立 (a)、(b) 两式，可得

$$(16u_1)^2-u_1^2=13733$$

解得 $u_1=7.34\text{m/s}$，从而有

$$q_V=u_1A_1=\frac{\pi}{4}d_1^2u_1=\frac{3.14}{4}\times0.08^2\times7.34=0.0369(\text{m/s})=132.8(\text{m}^3/\text{h})$$

求得流量为 $132.8\text{m}^3/\text{h}$。

【例 1-7】 容器间相对位置的计算：如附图所示，从高位槽向塔内进料，高位槽中液位恒定，高位槽和塔内的压力均为大气压。送液管为 $\phi45\text{mm}\times2.5\text{mm}$ 的钢管，要求送液量为 $3.6\text{m}^3/\text{h}$。设料液在管内的压头损失为 1.2m（不包括出口能量损失），试问高位槽的液位要高出进料口多少米？

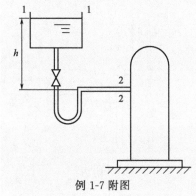
例 1-7 附图

解： 如附图所示，取高位槽液面为 1-1 截面，进料管出口内侧为 2-2 截面，以过 2-2 截面中心线的水平面为基准面。在 1-1 和 2-2 截面间列柏努利方程。由于题中已知压头损失，用式(1-29b)的形式计算比较方便。

$$z_1+\frac{1}{2g}u_1^2+\frac{p_1}{\rho g}+H_e=z_2+\frac{1}{2g}u_2^2+\frac{p_2}{\rho g}+H_f$$

其中，$z_1=h$；因高位槽截面比管道截面大得多，故槽内流速比管内流速小得多，可以忽略不计，即

$u_1\approx0$；$p_1=p_a$；$H_e=0$；$z_2=0$；$p_2=p_a$；$H_f=1.2\text{m}$。

送液管内径

$$d=0.045-2\times0.0025=0.04(\text{m})$$

$$u_2=\frac{q_V}{\frac{\pi}{4}d^2}=\frac{3.6/3600}{\frac{3.14}{4}\times0.04^2}=0.796(\text{m/s})$$

将以上各值代入柏努利方程可得

$$h=\frac{u_2^2}{2g}+H_f$$

$$=\frac{0.796^2}{2\times9.81}+1.2=1.23(\text{m})$$

计算结果表明，动能项数值很小，流体位能主要用于克服管路阻力。

解本题时注意，因题中所给的压头损失不包括出口能量损失，因此 2-2 截面应取管出口内侧。若选 2-2 截面为管出口外侧，计算过程有所不同。

【例 1-8】　管内流体压强的计算：如附图 1-8 所示，某厂利用喷射泵输送氨水。管中稀氨水的质量流量为 $1\times10^4\,kg/h$，密度为 $1000kg/m^3$，入口处的表压为 147kPa。管道的内径为 53mm，喷嘴出口处内径为 13mm，喷嘴能量损失可忽略不计，试求喷嘴出口处的压力。

解：取稀氨水入口为 1-1 截面，喷嘴出口为 2-2 截面，管中心线为基准水平面。在 1-1 和 2-2 截面间列柏努利方程

$$z_1g+\frac{1}{2}u_1^2+\frac{p_1}{\rho}+W_e=z_2g+\frac{1}{2}u_2^2+\frac{p_2}{\rho}+\sum h_f$$

其中，$z_1=0$；　$p_1=147\times10^3\,Pa$（表压）；

$$u_1=\frac{q_m}{\frac{\pi}{4}d_1^2\rho}=\frac{10000/3600}{\frac{3.14}{4}\times0.053^2\times1000}=1.26(m/s)$$

$z_2=0$；喷嘴出口速度 u_2 可直接计算或由连续性方程计算

$$u_2=u_1\left(\frac{d_1}{d_2}\right)^2=1.26\left(\frac{0.053}{0.013}\right)^2=20.94(m/s)$$

同时，$W_e=0$；　$\sum h_f=0$

将以上各值代入柏努利方程，得到

$$\frac{1}{2}\times1.26^2+\frac{147\times10^3}{1000}=\frac{1}{2}\times20.94^2+\frac{p_2}{1000}$$

解得

$$p_2=-71.45kPa（表压）$$

即喷嘴出口处的真空度为 71.45kPa。

例 1-8 附图

　　喷射泵就是利用流体流动时静压能与动能的转换原理进行吸、送流体的设备。当一种流体经过喷嘴时，由于喷嘴的截面积比管道的截面积小得多，流体流过喷嘴时流速迅速增大，使该处的静压力急速减小，造成真空，从而可将支管中的另一种流体吸入，二者混合后在扩大管中速度逐渐降低，压力随之升高，最后将混合流体送出。

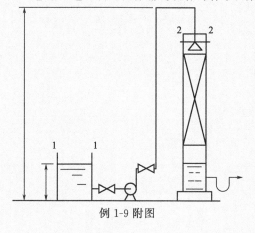

例 1-9 附图

【例 1-9】　确定流体输送设备的功率：某厂用泵将敞口碱液池中的碱液（密度为 $1100kg/m^3$）输送至吸收塔顶，经喷嘴喷出，如附图所示。泵的入口管为 $\phi108mm\times4mm$ 的钢管，管中的流速为 1.2m/s，出口管为 $\phi76mm\times3mm$ 的钢管。贮液池中碱液的深度为 1.5m，池底至塔顶喷嘴入口处的垂直距离为 20m。碱液流经所有管路的能量损失为 30.8J/kg（不包括喷嘴），在喷嘴入口处的压力为 29.4kPa（表压）。设泵的效率为 60%，试求泵所需的功率。

解：如图所示，取碱液池中液面为 1-1 截面，塔顶喷嘴入口处为 2-2 截面，并且以 1-1 截面为基准水平面。

在 1-1 和 2-2 截面间列柏努利方程

$$z_1g+\frac{1}{2}u_1^2+\frac{p_1}{\rho}+W_e=z_2g+\frac{1}{2}u_2^2+\frac{p_2}{\rho}+\sum h_f \quad (a)$$

或

$$W_e=(z_2-z_1)g+\frac{1}{2}(u_2^2-u_1^2)+\frac{p_2-p_1}{\rho}+\sum h_f \quad (b)$$

其中，$z_1=0$；　$p_1=0$（表压）；　$u_1\approx0$；$z_2=20-1.5=18.5\mathrm{m}$；$p_2=29.4\times10^3\mathrm{Pa}$（表压）。

已知泵入口管的尺寸及碱液流速，可根据连续性方程计算泵出口管中碱液的流速

$$u_2=u_\lambda\left(\frac{d_\lambda}{d_2}\right)^2=1.2\left(\frac{100}{70}\right)^2=2.45\,(\mathrm{m/s})$$

$$\rho=1100\mathrm{kg/m^3},\sum h_\mathrm{f}=30.8\mathrm{J/kg}$$

将以上各值代入（b）式，可求得输送碱液所需的外加能量

$$W_\mathrm{e}=18.5\times9.81+\frac{1}{2}\times2.45^2+\frac{29.4\times10^3}{1100}+30.8=242.0\,(\mathrm{J/kg})$$

碱液在出口管中的质量流量

$$q_m=\frac{\pi}{4}d_2^2u_2\rho=\frac{3.14}{4}\times0.07^2\times2.45\times1100=10.37\,(\mathrm{kg/s})$$

泵的有效功率

$$N_\mathrm{e}=W_\mathrm{e}\times q_m=242.0\times10.37=2510\mathrm{W}=2.51\,(\mathrm{kW})$$

泵的效率为60%，则泵的轴功率

$$N=\frac{N_\mathrm{e}}{\eta}=\frac{2.51}{0.6}=4.18\,(\mathrm{kW})$$

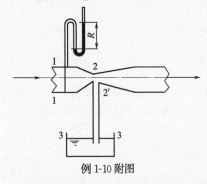

例1-10附图

【例1-10】　流向的判断：如附图所示，在 $\phi45\mathrm{mm}\times3\mathrm{mm}$ 的管路上装一文丘里管，文丘里管上游接一压强表，其读数为137.5kPa，管内水的流速 $u_1=1.3\mathrm{m/s}$，文丘里管的喉径为10mm，文丘里管喉部接一内径为15mm的玻璃管，玻璃管下端插入水池中，池内水面到管中心线的垂直距离为3m，若将水视为理想流体，试判断池中水能否被吸入管中。若能吸入，再求每小时吸入的水量（$\mathrm{m^3/h}$）。

解： 为了判断流体的流向，需要比较各截面上总机械能的大小。

在管路上选1-1和2-2截面，并取基准水平面为3-3截面，设支管中水为静止状态。在1-1截面和2-2截面间列柏努利方程：

$$gz_1+\frac{u_1^2}{2}+\frac{p_1}{\rho}=gz_2+\frac{u_2^2}{2}+\frac{p_2}{\rho}$$

式中，$z_1=z_2=3\mathrm{m}$；$u_1=1.3\mathrm{m/s}$；

$$u_2=u_1\left(\frac{d_1}{d_2}\right)^2=1.3\times\left(\frac{39}{10}\right)^2=19.77\,(\mathrm{m/s})$$

$$p_1=137.5\times10^3\mathrm{Pa}（表压）$$

$$\frac{p_2}{\rho}=\frac{p_1}{\rho}+\frac{u_1^2}{2}-\frac{u_2^2}{2}=-57.08\,(\mathrm{J/kg})$$

所以，2-2截面的总势能为

$$\frac{p_2}{\rho}+gz_2=-57.08+9.81\times3=-27.65\,(\mathrm{J/kg})$$

3-3截面 $p_3=0$（表压），$z_3=0$，其总势能为

$$\frac{p_3}{\rho}+gz_3=0>-27.65\mathrm{J/kg}$$

由于3-3截面的总势能大于2-2截面的总势能，所以水能被吸入管路中。

计算吸入管路的水的流速，可在池面与玻璃管出口内侧间列柏努利方程式计算，

$$gz_3 + \frac{u_3^2}{2} + \frac{p_3}{\rho} = gz_{2'} + \frac{p_{2'}}{\rho} + \frac{u_{2'}^2}{2}$$

式中：$z_3 = 0\text{m}$，$z_{2'} \approx z_2 = 3\text{m}$，$u_3 = 0$，$p_3 = 0$（表压），$\frac{p_{2'}}{\rho} \approx \frac{p_2}{\rho} = -57.08\text{J/kg}$

代入柏努利方程式中，可计算得 $u_{2'} = 7.436\text{m/s}$。

从而，$q_v = u_{2'}A = u_{2'}\frac{\pi}{4}d^2 = 7.436 \times \frac{3.14}{4} \times 0.015^2 = 0.001313(\text{m}^3/\text{s}) = 4.728(\text{m}^3/\text{h})$

【例 1-11】 非定态流动系统的能量衡算：附图所示的开口贮槽内液面与排液管出口间的垂直距离 h_0 为 9m，贮槽内径 D 为 3m，排液管的内径 d_0 为 0.04m，液体流过该系统时的能量损失可按 $\sum h_f = 40u^2$ 公式计算，式中 u 为流体在管内的流速，试求经 4h 后贮槽内液面下降的高度。

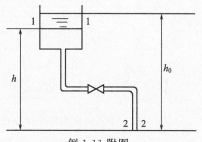

例 1-11 附图

解： 本题属于非定态流动。经 4h 后贮槽内液面下降的高度可通过微分时间内的物料衡算式和瞬间的柏努利方程式求解。

在 $\text{d}\theta$ 时间内对系统作物料衡算，设 F' 为瞬间进料率，D' 为瞬时出料率，$\text{d}A'$ 为在 $\text{d}\theta$ 时间内的积累量，则在 $\text{d}\theta$ 时间内物料衡算式为

$$F'\text{d}\theta - D'\text{d}\theta = \text{d}A'$$

又设在 $\text{d}\theta$ 时间内，槽内液面下降 $\text{d}h'$，液体在管内瞬间流速为 u。

由题意知 $F' = 0$，$D' = \frac{\pi}{4}d_0^2 u$，$\text{d}A' = \frac{\pi}{4}D^2\text{d}h$。

则上式可变为

$$-\frac{\pi}{4}d_0^2 u\text{d}\theta = \frac{\pi}{4}D^2\text{d}h$$

$$\text{d}\theta = -\left(\frac{D}{d_0}\right)^2 \frac{\text{d}h}{u} \tag{a}$$

瞬间液面高度 h（以排液管出口为基准）与瞬间速度 u 的关系，可由瞬间柏努利方程式获得。在瞬时液面 1-1 与管子出口内侧截面 2-2 间列柏努利方程式，并以截面 2-2 为基准水平面，得：

$$gz_1 + \frac{u_1^2}{2} + \frac{p_1}{\rho} = gz_2 + \frac{u_2^2}{2} + \frac{p_2}{\rho} + \sum h_f$$

其中，$z_1 = h$，$z_2 = 0$，$u_1 \approx 0$，$u_2 = u$，$p_1 = p_2$，$\sum h_f = 40u^2$。

则上式可简化为

$$9.81h = 40.5u^2$$

则

$$u = 0.492\sqrt{h} \tag{b}$$

将（b）式代入（a）式，得

$$\text{d}\theta = -\left(\frac{D}{d_0}\right)^2 \frac{\text{d}h}{0.492\sqrt{h}} = -\left(\frac{3}{0.04}\right)^2 \frac{\text{d}h}{0.492\sqrt{h}} = -11433\frac{\text{d}h}{\sqrt{h}}$$

在下列边界条件下积分上式，即

$$\theta_1 = 0, h_1 = 9\text{m}, \theta_2 = 4 \times 3600\text{s}, h_2 = h$$

$$\int_0^{4\times3600}\text{d}\theta = -11433\int_9^h\frac{\text{d}h}{\sqrt{h}}，\text{可解得 } h = 5.62\text{m}。$$

所以，经 4h 后贮槽内液面下降高度为：$9 - 5.62 = 3.38(\text{m})$。

1.3 流体流动现象

1.3.1 流体的黏度

1.3.1.1 牛顿黏性定律

流体的典型特征是具有流动性，即没有固定形状，但不同流体的流动性能不同，这主要是因为流体内部质点间作相对运动时存在不同的内摩擦力（又称为剪切力）。表明流体流动时产生内摩擦力的特性称为黏性。黏性是流动性的反面，流体的黏性越大，其流动性越小。流体的黏性是流体产生流动阻力的根源。

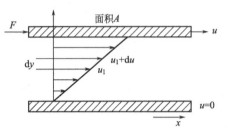

图 1-14　平板间流体的速度分布

如图 1-14 所示，设有上、下两块面积很大且相距很近的平行平板，板间充满某种静止液体。若将下板固定，而对上板施加一个恒定的外力 F，上板就以恒定速度 u 沿 x 方向运动。若 u 较小，则两板间的液体就会分成无数平行的薄层而运动，黏附在上板底面下的一薄层流体以速度 u 随上板运动，其下各层液体的速度依次降低，紧贴在下板表面的一层液体，因黏附在静止的下板上，其速度为零。对任意相邻两层流体来说，上层速度较大，下层速度较小，前者对后者起带动作用，而后者对前者起拖曳作用。流体层之间的这种相互作用，产生内摩擦，而流体的黏性正是这种内摩擦的表现。平行平板间的流体，流速分布曲线为直线；而流体在圆管内流动时，速度分布曲线呈抛物线形（后面将进一步讨论）

实验证明，对于一定的流体，内摩擦力 F 与两流体层的速度差 Δu 成正比，与两层之间的垂直距离 Δy 成反比，与两层间的接触面积 A 成正比，即

$$F \propto A \frac{\Delta u}{\Delta y}$$

式中，F 为内摩擦力，N。

若将上式写成等式，应引入一个比例系数 μ，即

$$F = \mu A \frac{\Delta u}{\Delta y}$$

上式中，比例系数 μ 的值随流体的不同而异，流体的黏性愈大其值愈大，所以称为流体的动力黏度（旧称黏滞系数），简称黏度，其单位为 Pa·s，常见气体与液体的黏度见附录 11。

内摩擦力 F 与作用面平行。单位面积上的内摩擦力称为内摩擦应力或剪应力，以 τ 表示，于是有

$$\tau = \frac{F}{A} = \mu \frac{\Delta u}{\Delta y} \tag{1-33}$$

式(1-33) 只适用于 u 与 y 成直线关系的场合。当流体在管内流动时，径向速度的变化并不是直线关系，而是曲线关系，则式(1-33) 应改写成

$$\tau = \frac{F}{A} = \mu \frac{\mathrm{d}u}{\mathrm{d}y} \tag{1-33a}$$

式中，$\dfrac{\mathrm{d}u}{\mathrm{d}y}$ 为速度梯度，即在与流体流动方向相垂直的 y 方向流体速度的变化率，单位

为 s^{-1}；

式(1-33)、式(1-33a) 称为牛顿黏性定律，表明流体层间的内摩擦力或剪应力与法向速度梯度成正比。

剪应力与速度梯度的关系符合牛顿黏性定律的流体，称为牛顿型流体，包括所有气体和大多数液体；不符合牛顿黏性定律的流体称为非牛顿型流体，如高分子溶液、血液、胶体溶液、油漆及悬浮液等。本章讨论的均为牛顿型流体。

式(1-33a) 可改写成

$$\mu = \frac{\tau}{\dfrac{\mathrm{d}u}{\mathrm{d}y}}$$

所以黏度的物理意义是：流体流动时，在与流动方向垂直的方向上，产生单位速度梯度所需的剪应力。由式(1-33a) 可知，速度梯度最大之处剪应力亦最大，速度梯度为零之处剪应力亦为零。黏度总是与速度梯度相联系，只有在运动时才显现出来。

黏度是反映流体黏性大小的物理量，也是流体固有的物理性质之一，其值由实验测定。液体的黏度，随温度的升高而降低，压强对其影响可忽略不计。气体的黏度，随温度的升高而增大，随压强的增加而增加得很少，在一般情况下也可忽略压强的影响，只有在极高或极低的压力条件下需考虑其影响。

在国际单位制下，黏度单位为

$$[\mu] = \frac{[\tau]}{\left[\dfrac{\mathrm{d}u}{\mathrm{d}y}\right]} = \frac{\mathrm{Pa}}{\left[\dfrac{\mathrm{d}u}{\mathrm{d}y}\right]} = \frac{\mathrm{Pa}}{\dfrac{\mathrm{m/s}}{\mathrm{m}}} = \mathrm{Pa \cdot s}$$

在一些工程手册中，黏度的单位常常用 CGS 单位制下的 P（泊）和 cP（厘泊）表示，它们的换算关系为 $1\mathrm{cP} = 10^{-3}\mathrm{Pa \cdot s} = 0.01\mathrm{P}$。P 是 CGS 单位制中的导出单位。某些常用流体的黏度，可以从有关手册或本教材的附录中查得。

1.3.1.2　运动黏度

流体的黏性还可用黏度 μ 与密度 ρ 的比值表示，称为运动黏度，以符号 ν 表示，即

$$\nu = \frac{\mu}{\rho} \tag{1-34}$$

其单位为 $\mathrm{m^2/s}$。在 CGS 单位制中的单位为 $\mathrm{cm^2/s}$ 或 St（斯托克斯）。$1\mathrm{St} = 100\mathrm{cSt}$（厘斯）$= 10^{-4}\mathrm{m^2/s}$。显然运动黏度也是流体固有的物理性质。

1.3.1.3　剪应力与动量通量

如图 1-14 所示，沿流体流动方向相邻的两流体层，由于速度不同，动量也就不同。高速流体层中的一些分子在随机运动中进入低速流体层，与速度较慢的分子碰撞使其加速，动量增大；同时，低速流体层中的一些分子也会进入高速流体层使其减速，动量减小。流体层之间的分子交换使动量从高速流体层向低速流体层传递。由此可见，分子动量传递是由于流体层之间速度不等，动量从速度大处向速度小处传递。

剪应力可写为以下形式

$$\tau = \frac{F}{A} = \frac{ma}{A} = \frac{m\,\mathrm{d}u}{A\,\mathrm{d}\theta} = \frac{\mathrm{d}(mu)}{A\,\mathrm{d}\theta}$$

式中，mu 为动量；θ 为时间。所以剪应力表示单位时间、通过单位面积的动量。即动量通量。牛顿黏性定律也反映了动量通量的大小，所以流体输送这一单元操作是动量传递操作中的一种。

式(1-33a) 可做如下变换

$$\tau = \mu \frac{du}{dy} = \frac{\mu}{\rho} \times \frac{d(\rho u)}{dy} = \nu \frac{d(\rho u)}{dy} \tag{1-33b}$$

式中，$\rho u = \dfrac{mu}{V}$，为单位体积流体的动量，称为动量浓度；$\dfrac{d(\rho u)}{dy}$为动量浓度梯度。由此可知，动量通量与动量浓度梯度成正比。

1.3.1.4 理想流体

黏度为零的不可压缩流体称为理想流体。实际上，自然界中并不存在理想流体，真实流体流动时都会表现出黏性。引入理想流体的概念对研究实际流体具有重要作用。因为影响黏度的因素很多，给实际流体运动规律的数学描述及处理带来很大困难，故为简化问题，先将其视为理想流体，找出规律后，再考虑黏度的影响，对理想流体的分析结果加以修正后应用于实际流体。

1.3.2 流体的流动类型与雷诺数

1.3.2.1 两种流型——层流和湍流

为了直接观察流体流动时内部质点的运动情况及各种因素对流动状况的影响，可设计如图 1-15 所示的雷诺实验装置。水箱装有溢流装置，以维持水位恒定，箱中有一水平玻璃直管，其出口处有一阀门用以调节流量。水箱上方的小瓶中装有着色的水，有色水经细管注入玻璃管内。

从实验中观察到，当水的流速从小到大变化时，有色液体变化如图 1-16 的（a）～（c）所示。实验表明，流体在管道中流动存在两种截然不同的流型。

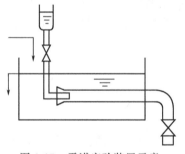

图 1-15 雷诺实验装置示意

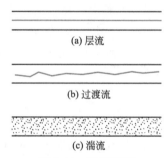

(a) 层流

(b) 过渡流

(c) 湍流

图 1-16 三种流型

（1）层流（旧称滞流） 当水的流速较小时，如图 1.16(a) 所示，流体质点仅沿着与管轴平行的方向作直线运动，质点无径向脉动，质点之间互不混合。

（2）湍流（旧称紊流） 当水的流速增大至某临界值时，如图 1.16(c) 所示，流体质点除了沿管轴方向向前流动外，还有径向脉动，各质点的速度在大小和方向上都随时变化，质点互相碰撞和混合。

介于层流与湍流之间的流型称为过渡流。

1.3.2.2 流型的判据——雷诺数

若用不同管径和不同的流体分别进行实验，可以发现，不仅流速 u 能引起流动状况的改变，而且管径 d、流体的黏度 μ 和密度 ρ 也都能引起流动状况的改变。可见，流体的流动状况是由多方面因素决定的。通过进一步分析研究，可以把这些因素组合成 $\dfrac{d\rho u}{\mu}$ 的形式，称为雷诺数，以 Re 表示。这样就可以根据 Re 的数值大小来分析流动状态。

$$Re = \frac{d\rho u}{\mu} \tag{1-35}$$

Re 是一个无量纲的数群。

大量的实验结果表明，流体在直管内流动时，当 $Re \leqslant 2000$ 时，流动为层流，此区称为层流区；当 $Re \geqslant 4000$ 时，一般出现湍流，此区称为湍流区；当 $2000 < Re < 4000$ 时，流动可能是层流，也可能是湍流，与外界干扰有关，如管道直径或方向的改变带来的轻微震动等，都易促成湍流的发生，所以该区称为不稳定的过渡区。

Re 反映了流体流动中惯性力与黏性力的对比关系，标志着流体流动的湍动程度。其值愈大，流体的湍动愈剧烈，内摩擦力也愈大。

1.3.3　流体在圆管内的速度分布

流体在圆管内的速度分布是指流体流动时管截面上质点的速度随管径方向的变化关系。无论是层流或是湍流，管壁处质点速度均为零，越靠近管中心流速越大，管中心处流层的速度最大。速度在管道截面上的分布规律因流型而异。

1.3.3.1　流体在圆管内层流流动时的速度分布

实验和理论分析都已证明，层流时的速度分布曲线为抛物线形，如图 1-17 所示。

层流流动时，流体层之间的剪应力可用牛顿黏性定律描述。如图 1-18 所示，流体在水平圆形直管内作定态层流流动。在圆管内，以管轴为中心，取半径为 r、长度为 l 的流体柱作为研究对象。

由压力差产生的推动力为 $\qquad (p_1 - p_2)\pi r^2$

流体层间内摩擦力 $\qquad F = -\mu A \dfrac{\mathrm{d}u_r}{\mathrm{d}r} = -\mu(2\pi r l)\dfrac{\mathrm{d}u_r}{\mathrm{d}r}$

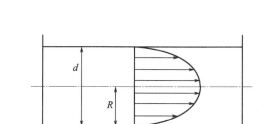

图 1-17　层流时，流速在管道中的分布

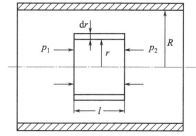

图 1-18　流动方向上受力分析

流体在管内作定态流动，推动力和阻力大小相等，方向相反，即在流动方向上所受合力必定为零。即有

$$(p_1 - p_2)\pi r^2 = -\mu(2\pi r l)\frac{\mathrm{d}u_r}{\mathrm{d}r}$$

整理得 $\qquad \dfrac{\mathrm{d}u_r}{\mathrm{d}r} = -\dfrac{(p_1 - p_2)r}{2\mu l}$

边界条件：当 $r = R$ 时，$u = 0$；当 $r = r$ 时，$u = u_r$。积分可得速度分布方程

$$u_r = \frac{p_1 - p_2}{4\mu l}(R^2 - r^2) \tag{1-36}$$

上式为流体在圆管内作层流流动时的速度分布表达式，表明在某一压降下，u_r 与 r 的关系为抛物线关系。管中心流层的流速最大，即 $r = 0$ 时，$u = u_{\max}$，由上式得

$$u_{max} = \frac{p_1 - p_2}{4\mu l} R^2 \tag{1-37}$$

将上式代入式(1-36) 中，得

$$u_r = u_{max} \left[1 - \left(\frac{r}{R} \right)^2 \right] \tag{1-36a}$$

由图 1-18 可知，厚度为 dr 的环形截面积 $dA = 2\pi r dr + \pi (dr)^2$。由于 dr 很小，$dA \approx 2\pi r dr$，可近似地取流体在 dr 层内的流速为 u_r，则通过此截面的体积流量为 $dq_{Vr} = u_r dA = u_r (2\pi r dr)$。当 $r = 0$ 时，$q_V = 0$；当 $r = R$ 时，$q_V = q_{VR}$。所以整个管截面的体积流量为

$$q_V = \int_0^R 2\pi r u_r dr$$

管截面上的平均速度为

$$\bar{u} = \frac{q_V}{\pi R^2} = \frac{2}{R^2} \int_0^R u_r r dr \tag{1-38}$$

将式(1-36) 代入式(1-38)，进行积分并整理，得

$$\bar{u} = \frac{p_1 - p_2}{2\mu l R^2} \int_0^R (R^2 - r^2) r dr = \frac{p_1 - p_2}{8\mu l} R^2 \tag{1-39}$$

对比式(1-37) 和式(1-39)，可知流体在圆管内作层流流动时的平均速度为管中心最大速度的一半。

$$\bar{u} = \frac{u_{max}}{2}$$

1.3.3.2　流体在圆管内湍流流动时的速度分布

湍流时流体质点的运动状况较层流要复杂得多，其速度分布不再是简单的抛物线关系，如图 1-19 所示。截面上某一固定点的流体质点在沿管轴向前运动的同时，还有径向上的运动，使速度的大小与方向都随时变化。湍流的基本特征是出现了径向脉动速度，使得动量传递较之层流大得多。此时剪应力不服从牛顿黏性定律，但可写成相仿的形式：

$$\tau = (\mu + \varepsilon) \frac{du}{dy} \tag{1-40}$$

式中，ε 称为涡流黏度，单位与 μ 相同。但二者本质上不同：黏度 μ 是流体的物理性质，反映了分子运动造成的动量传递；而涡流黏度 ε 不再是流体的物理性质，它反映的是质点的脉动所造成的动量传递，与流体的流动状况密切相关。

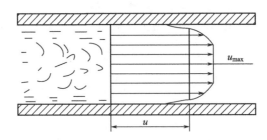

图 1-19　流体在圆管内湍流流动时的速度分布

湍流时的速度分布目前尚不能利用理论推导获得，而是通过实验测定，其分布方程通常表示成以下形式

$$u = u_{max}\left(1 - \frac{r}{R}\right)^{\frac{1}{n}} \tag{1-41}$$

式中，n 与 Re 有关，取值如下：

$$4 \times 10^4 < Re < 1.1 \times 10^5 \qquad n = 6$$
$$1.1 \times 10^5 < Re < 3.2 \times 10^6 \qquad n = 7$$
$$Re > 3.2 \times 10^6 \qquad n = 10$$

当 $n = 7$ 时，推导可得流体的平均速度约为管中心最大速度的 0.82 倍，即

$$\bar{u} \approx 0.82 u_{max} \tag{1-42}$$

1.3.4 边界层

1.3.4.1 边界层的概念

当一个流速均匀的流体与一个固体壁面相接触时，由于壁面对流体的阻碍，与壁面相接触的流体速度降为零。由于流体的黏性作用，紧挨着这层流体的第二层流体速度也有所下降。随着流体的向前流动，流速受影响的区域逐渐扩大，即在垂直于流体流动方向上产生了速度梯度。

工程上一般将流速降为主体流速的 99% 以内的区域称为边界层，边界层外缘与垂直壁面间的距离称为边界层厚度。

1.3.4.2 边界层的发展

边界层的形成，把沿壁面的流动分为两个区域，即边界层区和主流区。边界层区（边界层内）：垂直于流动方向上存在着显著的速度梯度 du/dy，即使黏度 μ 很小，剪应力仍然相当大，不可忽略。主流区（边界层外）：速度梯度 du/dy 很小，剪应力可以忽略，可视为理想流体。

边界层流型也分为层流边界层与湍流边界层。流体流经平板时：在平板的前段，边界层内的流型为层流，称为层流边界层；离平板前沿一段距离后，边界层内的流型转为湍流，称为湍流边界层。

流体在进入圆管前，以均匀的流速流动。进管之初速度分布比较均匀，仅在靠管壁处形成很薄的边界层。在黏性的影响下，随着流体向前流动，边界层厚度逐渐增加，边界层内的流速逐渐减小，直至一段距离（进口段）后，边界层在管中心汇合，占据整个管截面，其厚度不变，等于圆管的半径，管内各截面速度分布曲线形状也保持不变，此为完全发展了的流动。此距离称为进口段长度。由此可知，对于管流来说，只在进口段内才有边界层内外之分。在边界层汇合处，若边界层内流动是层流，则以后的管内流动为层流；若在汇合之前边界层内的流动已经发展成湍流，则以后的管内流动为湍流。

当管内流体处于湍流流动时，由于流体具有黏性和壁面的约束作用，紧靠壁面处仍有一薄层流体做层流流动，称其为**层流内层**（或**层流底层**）。在层流内层与湍流主体之间还存在一过渡层，也即当流体在圆管内作湍流流动时，从壁面到管中心分为层流内层、过渡层和湍流主体三个区域。层流内层的厚度与流体的湍动程度有关，流体的湍动程度越高，即 Re 越大，层流内层越薄。在湍流主体中，径向的传递过程因速度的脉动而大大强化，而在层流内层中，径向的传递主要依靠分子运动，因此层流内层成为传递过程的主要阻力。层流内层虽然很薄，但却对传热和传质过程都有较大的影响。

流体流过平板或在直径相同的管道中流动时，流动边界层是紧贴在壁面上的。如果流体流过曲面，如球体或圆柱体，则边界层的情况有显著不同——无论是层流还是湍流，在一定

条件下都将会存在流体边界层与固体表面脱离的现象，并在脱离处产生漩涡，流体质点相互碰撞加剧，造成大量的能量损失。

1.4 流体流动阻力

流体流动阻力产生的原因与影响因素可以归纳为：流体具有黏性，流动时存在着内摩擦，这是流动阻力产生的根源；固定的管壁或其他形状的固体壁面，促使流动的流体内部发生相对运动，为流动阻力的产生提供了条件。流动阻力的大小与流体本身的物理性质、流动状况及流道的形状及尺寸等因素有关。

化工管路系统主要由两部分组成，一部分是直管，另一部分是管件、阀门等。相应流体流动阻力也分为两种。直管阻力是流体流经一定直径的直管时，由于内摩擦而产生的阻力。局部阻力是流体流经管件、阀门等局部地方时，由于流速大小及方向的改变而引起的阻力。

柏努利方程式中的 $\sum h_{\mathrm{f}}$ 项是指管路系统的总能量损失（或称阻力损失），既包括系统中各段直管阻力损失 h_{f}，也包括系统中各种局部阻力损失 h_{f}'，即

$$\sum h_{\mathrm{f}} = h_{\mathrm{f}} + h_{\mathrm{f}}' \tag{1-43}$$

1.4.1 流体在直管中的流动阻力

1.4.1.1 阻力的表现形式

如图 1-20 所示，流体在水平等径直管中作定态流动，有两个方向相反的力相互作用：一个是促使流体流动的推动力，这个力的方向与流动方向一致；另一个是由内摩擦力而引起的摩擦阻力，其方向与流体的流动方向相反。只有在推动力与阻力达到平衡的条件下，流动速度才能维持不变，即达到定态流动。

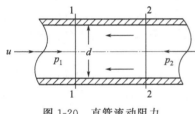

图 1-20 直管流动阻力

在 1-1 和 2-2 截面间列柏努利方程

$$z_1 g + \frac{1}{2} u_1^2 + \frac{p_1}{\rho} = z_2 g + \frac{1}{2} u_2^2 + \frac{p_2}{\rho} + h_{\mathrm{f}}$$

因是直径相同的水平管，$u_1 = u_2$，$z_1 = z_2$，所以有

$$h_{\mathrm{f}} = \frac{p_1 - p_2}{\rho} \tag{1-44}$$

若管道为倾斜管，则

$$h_{\mathrm{f}} = \left(\frac{p_1}{\rho} + z_1 g \right) - \left(\frac{p_2}{\rho} + z_2 g \right) \tag{1-44a}$$

由此可见，无论是水平安装，还是倾斜安装，流体的流动阻力均表现为总势能的减少，仅当水平安装时，流动阻力恰好等于两截面的静压能之差。

1.4.1.2 直管阻力的通式

在图 1-20 中，对 1-1 和 2-2 截面间流体进行受力分析，设水平管段直径为 d、长度为 l，则由压力差而产生的推动力与流体的摩擦力分别为：

推动力 $(p_1 - p_2) \dfrac{\pi d^2}{4}$ 与流体流动方向相同

摩擦力 $F = \tau A = \tau \pi d l$ 与流体流动方向相反

流体在管内作定态匀速流动，在流动方向上所受合力必定为零。则有

$$(p_1 - p_2)\frac{\pi d^2}{4} = \tau \pi d l$$

整理得
$$p_1 - p_2 = \frac{4l}{d}\tau \tag{1-45}$$

将式(1-45)代入式(1-44)中,得

$$h_f = \frac{4l}{\rho d}\tau \tag{1-46}$$

式(1-46)就是流体在圆形直管内流动时能量损失与摩擦应力的关系式,但还不能直接用来计算 h_f。因为内摩擦应力所遵循的规律因流体流动类型而异,直接用 τ 计算 h_f 有困难,且在连续性方程式及柏努利方程中均无此项。

由实验得知,流体只有在流动情况下才产生阻力。由于动能 $u^2/2$ 与 h_f 的单位相同,均为 J/kg,因此可将能量损失 h_f 表示为动能 $u^2/2$ 的函数。则式(1-46)变形得

$$h_f = \frac{4l\tau}{\rho d} \times \frac{2}{u^2} \times \frac{u^2}{2} = \frac{8\tau}{\rho u^2} \times \frac{l}{d} \times \frac{u^2}{2}$$

令
$$\lambda = \frac{8\tau}{\rho u^2}$$

则
$$h_f = \lambda \frac{l}{d} \times \frac{u^2}{2} \tag{1-47}$$

式(1-47)为流体在直管内流动阻力的通式,称为**范宁(Fanning)公式**。式中,λ 为无量纲系数,称为摩擦系数,与流体流动的 Re 及管壁状况有关。

根据柏努利方程式的其他形式,也可写出相应的范宁公式的其他形式,即

压头损失
$$H_f = \lambda \frac{l}{d} \times \frac{u^2}{2g} \tag{1-47a}$$

压力损失
$$\Delta p_f = \lambda \frac{l}{d} \times \frac{\rho u^2}{2} \tag{1-47b}$$

值得注意的是,压力损失 Δp_f 是流体流动能量损失的一种表示形式,与两截面间的压力差 $\Delta p = p_1 - p_2$ 意义不同,只有当流体在一段既无外功加入、直径又相同的水平管内流动时,二者才在绝对数值上相等。

应当指出,范宁公式对层流与湍流均适用,只是两种情况下摩擦系数 λ 不同。以下对层流与湍流时的摩擦系数 λ 分别讨论。

1.4.1.3 层流时的摩擦系数

流体在水平直管中作层流流动时,管截面平均流速如式(1-39)所示。将 $R = \dfrac{d}{2}$ 代入式(1-39)中,可得

$$p_1 - p_2 = \frac{32\mu l \bar{u}}{d^2}$$

在水平直管且无外加功的情况下有 $\Delta p_f = \Delta p = p_1 - p_2$,所以

$$\Delta p_f = \frac{32\mu l u}{d^2} \tag{1-48}$$

式(1-48)称为**哈根-泊谡叶(Hagen-Poiseuille)方程**,是流体在直管内作层流流动时压力损失的计算式。

结合式(1-44),流体在直管内层流流动时能量损失或阻力的计算式为

$$h_f = \frac{32\mu l u}{\rho d^2} \tag{1-49}$$

表明层流时阻力与速度的一次方成正比。

式(1-49) 也可改写为

$$h_f = \frac{32\mu l u}{\rho d^2} = \frac{64\mu}{d\rho u} \times \frac{l}{d} \times \frac{u^2}{2} = \frac{64}{Re} \times \frac{l}{d} \times \frac{u^2}{2} \tag{1-49a}$$

将式(1-49a) 与式(1-47) 比较,可得层流时摩擦系数的计算式

$$\lambda = \frac{64}{Re} \tag{1-50}$$

即层流时摩擦系数 λ 是雷诺数 Re 的函数。若将此式在对数坐标系中进行标绘可得一直线。

1.4.1.4 湍流时的摩擦系数

(1) 量纲分析 根据对摩擦阻力性质的理解和实验研究的综合分析,认为流体在湍流流动时,内摩擦力而产生的压力损失 Δp_f 与流体的密度 ρ、黏度 μ、平均速度 u、管径 d、管长 l 及管壁的粗糙度 ε 有关,即

$$\Delta p_f = f(\rho, \mu, u, d, l, \varepsilon) \tag{1-51}$$

其中 7 个变量的量纲分别为

$$\dim p = MT^{-2}L^{-1}; \qquad \dim \rho = ML^{-3}; \qquad \dim u = LT^{-1}$$

$$\dim d = L; \qquad \dim l = L; \qquad \dim \varepsilon = L; \qquad \dim \mu = MT^{-1}L^{-1}$$

基本量有 3 个。根据 π 定理,无量纲数群的数目为

$$N = n - m = 7 - 3 = 4(\text{个})$$

将式(1-51) 写成幂函数的形式,即

$$\Delta p_f = k d^a l^b u^c \rho^d \mu^e \varepsilon^f$$

量纲关系式为

$$MT^{-2}L^{-1} = L^a L^b (LT^{-1})^c (ML^{-3})^d (ML^{-1}T^{-1})^e L^f$$

根据量纲一致性原则,有

对于 M: $\qquad\qquad 1 = d + e$

对于 L: $\qquad\qquad -1 = a + b + c - 3d - e + f$

对于 T: $\qquad\qquad -2 = -c - e$

设 b、e、f 已知,解得

$$a = -b - e - f$$

$$c = 2 - e$$

$$d = 1 - e$$

$$\Delta p_f = k d^{-b-e-f} l^b u^{2-e} \rho^{1-e} \mu^e \varepsilon^f$$

$$\frac{\Delta p_f}{\rho u^2} = k \left(\frac{l}{d}\right)^b \left(\frac{d\rho u}{\mu}\right)^{-e} \left(\frac{\varepsilon}{d}\right)^f$$

即

$$\frac{\Delta p_f}{\rho u^2} = \varphi\left(\frac{d\rho u}{\mu}, \ \frac{l}{d}, \ \frac{\varepsilon}{d}\right) \tag{1-52}$$

式中 $\dfrac{du\rho}{\mu}$——雷诺数 Re;

$\dfrac{\Delta p_f}{\rho u^2}$——欧拉(Euler)数,也是无量纲数群;

$\dfrac{l}{d}$、$\dfrac{\varepsilon}{d}$——简单的无量纲比值，前者反映了管子的几何尺寸对流动阻力的影响，后者称为相对粗糙度，反映了管壁粗糙度对流动阻力的影响。

式(1-52)具体的函数关系通常由实验确定。根据实验可知，流体流动阻力与管长 l 成正比，该式可改写为：

$$\frac{\Delta p_\mathrm{f}}{\rho u^2}=\frac{l}{d}\varphi\left(Re,\frac{\varepsilon}{d}\right) \tag{1-53}$$

或

$$h_\mathrm{f}=\frac{\Delta p_\mathrm{f}}{\rho}=\frac{l}{d}\varphi\left(Re,\frac{\varepsilon}{d}\right)u^2 \tag{1-53a}$$

与范宁公式(1-47)相对照，可得

$$\lambda=\varphi\left(Re,\frac{\varepsilon}{d}\right) \tag{1-54}$$

即湍流时摩擦系数 λ 是 Re 和相对粗糙度 $\dfrac{\varepsilon}{d}$ 的函数，三者的关系曲线如图 1-21 所示，称为莫狄（Moody）摩擦系数图。

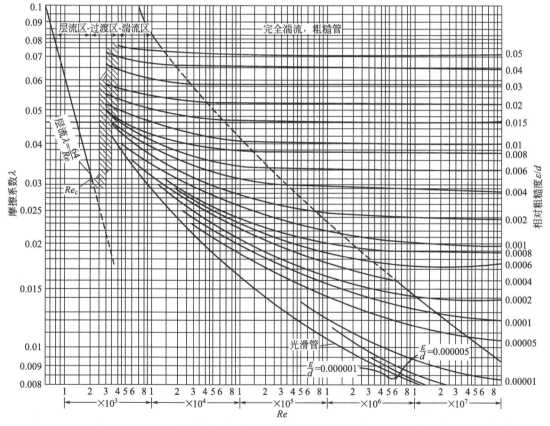

图 1-21　λ 与 Re 及 ε/d 的关系曲线

根据 Re 不同，图 1-21 可分为以下四个区域：

① 层流区（$Re\leqslant2000$）　摩擦系数 λ 与 ε/d 无关，与 Re 为直线关系，如式(1-50)所示，此时 $h_\mathrm{f}\propto u$，即 h_f 与 u 的一次方成正比。

② 过渡区（$2000<Re<4000$）　在此区域内层流或湍流的 λ-Re 曲线均可应用。为安全

考虑，对于阻力计算，一般将湍流时的曲线延伸，以查取 λ 值。

③ 湍流区（$Re \geqslant 4000$ 以及虚线以下的区域） 这个区的特点是摩擦系数 λ 与 Re、ε/d 都有关，当 ε/d 一定时，λ 随 Re 的增大而减小，Re 增大至某一数值后，λ 下降缓慢；当 Re 一定时，λ 随 ε/d 的增加而增大。

④ 完全湍流区（虚线以上的区域），此区域内各曲线都趋近于水平线，即 λ 与 Re 无关，只与 ε/d 有关。对于特定管路 ε/d 一定，λ 为常数，根据直管阻力通式可知，$h_{\mathrm{f}} \propto u^2$，所以此区域又称为阻力平方区。从图 1-21 中也可以看出，相对粗糙度 ε/d 愈大，达到阻力平方区的 Re 值愈低。

对于湍流时的摩擦系数 λ，除了用图 1-21 查取外，还可以利用一些经验公式计算。这里介绍适用于光滑管的柏拉修斯（Blasius）式

$$\lambda = \frac{0.3164}{Re^{0.25}} \tag{1-55}$$

其适用范围为 $Re = 3 \times 10^3 \sim 10^5$。此时能量损失 h_{f} 约与速度 u 的 1.75 次方成正比。

柯尔布鲁克（Colebrook）式

$$\frac{1}{\sqrt{\lambda}} = 2\lg\frac{d}{\varepsilon} + 1.14 - 2\lg\left(1 + 9.35\frac{d/\varepsilon}{Re\sqrt{\lambda}}\right) \tag{1-56}$$

此式适用于粗糙管，且 $\dfrac{d/\varepsilon}{Re\sqrt{\lambda}} > 0.005$。

（2）管壁粗糙度对摩擦系数的影响 化工生产上所铺设的管道，按其材料的性质和加工情况，大致可分为光滑管与粗糙管两大类。通常将玻璃管、铜管、铅管及塑料管等称为光滑管；将钢管、铸铁管等列为粗糙管。

管道壁面凸出部分的平均高度，称为绝对粗糙度，以 ε 表示。绝对粗糙度与管径的比值即 ε/d，称为相对粗糙度。工业管道的绝对粗糙度数值可查看相关手册，表 1-1 列出了常见管道的绝对粗糙度。

表 1-1 常见管道的绝对粗糙度

材质	管道类型	绝对粗糙度 ε/mm
金属	无缝黄铜管、铜管及铝管	$0.01 \sim 0.05$
	新无缝钢管或镀锌铁管	$0.1 \sim 0.2$
	新铸铁管	0.3
	具有轻度腐蚀的无缝钢管	$0.2 \sim 0.3$
	具有显著腐蚀的无缝钢管	0.5
	旧的铸铁管	0.85
非金属	干净的玻璃管	$0.0015 \sim 0.01$
	橡皮软管	$0.01 \sim 0.03$
	陶土排水管	$0.45 \sim 6.0$
	水泥管	0.33
	石棉水泥管	$0.03 \sim 0.8$

管壁粗糙度对流动阻力或摩擦系数产生影响，主要是由于流体在管道中流动时，流体质点与管壁凸出部分相碰撞而增加了流体的能量损失，其影响程度与管径的大小有关，因此在摩擦系数图中使用相对粗糙度 ε/d，而不是绝对粗糙度 ε。

流体做层流流动时，流体层平行于管轴流动，层流层掩盖了管壁的粗糙面，同时流体的流动速度也比较缓慢，对管壁凸出部分没有什么碰撞作用，所以层流时的流动阻力或摩擦系数与管壁粗糙度无关，只与 Re 有关。

流体做湍流流动时，靠近壁面处总是存在着层流内层。如果层流内层的厚度 δ_L 大于管壁的绝对粗糙度 ε，即 $\delta_L > \varepsilon$ 时，如图 1-22(a) 所示，此时管壁粗糙度对流动阻力的影响与层流时相近，此为水力光滑管。随 Re 的增加，层流内层的厚度逐渐减薄，当 $\delta_L < \varepsilon$ 时，如图 1-22(b) 所示，壁面凸出部分伸入湍流主体区，与流体质点发生碰撞，使流动阻力增加。当 Re 大到一定程度时，层流内层可薄得足以使壁面凸出部分都伸到湍流主体中，质点碰撞加剧，致使黏性力不再起作用，而包括黏度 μ 在内的 Re 不再影响摩擦系数的大小，流动进入了完全湍流区，此为完全湍流粗糙管。此时，避免粗糙度对摩擦系数的影响便成为重要的因素。Re 值愈大，层流内层愈薄，这种影响愈显著。

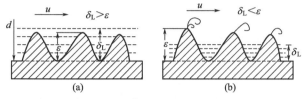

图 1-22 流体流过管壁面的情况

【例 1-12】 分别计算下列情况下，流体流过 $\phi 76\text{mm} \times 3\text{mm}$、长 10m 的水平钢管的能量损失、压头损失及压力损失。

(1) 密度为 910kg/m³、黏度为 72cP 的油品，流速为 1.1m/s；

(2) 20℃的水，流速为 2.2m/s。

解：(1) 油品 $d = 76 - 2 \times 3 = 70\text{mm}$，$\mu_1 = 72\text{cP} = 72 \times 10^{-3}\text{Pa·s}$。

$$Re_1 = \frac{du_1\rho_1}{\mu_1} = \frac{0.07 \times 1.1 \times 910}{72 \times 10^{-3}} = 973 < 2000$$

流动为层流。摩擦系数可从图 1-21 上查取，也可用式(1-50) 计算：

$$\lambda_1 = \frac{64}{Re_1} = \frac{64}{973} = 0.0658$$

所以能量损失

$$h_{f1} = \lambda_1 \frac{l}{d} \times \frac{u_1^2}{2} = 0.0658 \times \frac{10}{0.07} \times \frac{1.1^2}{2} = 5.69(\text{J/kg})$$

压头损失

$$H_{f1} = \frac{h_{f1}}{g} = \frac{5.69}{9.81} = 0.58(\text{m})$$

压力损失

$$\Delta p_{f1} = \rho_1 h_{f1} = 910 \times 5.69 = 5178(\text{Pa})$$

(2) 查附录 5 可得 20℃水的物性为 $\rho_2 = 998.2\text{kg/m}^3$，$\mu_2 = 100.42 \times 10^{-5}\text{Pa·s}$。

$$Re_2 = \frac{d\rho_2 u_2}{\mu_2} = \frac{0.07 \times 998.2 \times 2.2}{100.42 \times 10^{-5}} = 1.53 \times 10^5$$

流动为湍流。求摩擦系数尚需知道相对粗糙度 ε/d，取钢管的绝对粗糙度 ε 为 0.2mm，则

$$\frac{\varepsilon}{d} = \frac{0.2}{70} = 0.00286$$

根据 $Re = 1.53 \times 10^5$ 及 $\varepsilon/d = 0.00286$，查图 1-21 得 $\lambda_2 = 0.027$。所以

能量损失

$$h_{f2} = \lambda_2 \frac{l}{d} \times \frac{u_2^2}{2} = 0.027 \times \frac{10}{0.07} \times \frac{2.2^2}{2} = 9.33(\text{J/kg})$$

压头损失

$$H_{f2} = \frac{h_{f2}}{g} = \frac{9.33}{9.81} = 0.95(\text{m})$$

压力损失

$$\Delta p_{f2} = \rho_2 h_{f2} = 998.2 \times 9.33 = 9313(\text{Pa})$$

1.4.1.5 流体在非圆形管道的流动阻力

对于非圆形管内的湍流流动，仍可用在圆形管内流动阻力的计算式，但需用非圆形管道的当量直径代替圆管直径。当量直径定义为

$$d_e = 4 \times \frac{流通截面积}{润湿周边} = 4 \times \frac{A}{\Pi} \tag{1-57}$$

对于套管环隙，当内管的外径为 d_1，外管的内径为 d_2 时，其当量直径为

$$d_e = 4 \times \frac{\frac{\pi}{4}(d_2^2 - d_1^2)}{\pi d_2 + \pi d_1} = d_2 - d_1$$

对于边长分别为 a、b 的矩形管，其当量直径为

$$d_e = 4 \frac{ab}{2(a+b)} = \frac{2ab}{a+b}$$

在层流情况下，当采用当量直径计算阻力时，还应对式(1-50)进行修正，改写为

$$\lambda = \frac{C}{Re} \tag{1-58}$$

式中，C 为无量纲常数。一些非圆形管的 C 值可查阅相关手册，表1-2列出了常见规则非圆形管道的 C 值。

表 1-2 常见规则非圆形型管道的 C 值

管断面形状	正方形	等边三角形	环形	矩形(2:1)	矩形(4:1)
C	57	53	96	62	73

当量直径只用于非圆形管道流动阻力的计算，而不能用于计算流体通过的截面积、流速及流量。

1.4.2 局部阻力

流体在管路的进口、出口、弯头、阀门、扩大部位、缩小部位等局部位置流过时，其流速大小和方向都发生了变化，且流体受到干扰或冲击，使涡流现象加剧而消耗能量。由实验测知，流体即使在直管中时为层流流动，流过管件或阀门时也容易变为湍流。局部阻力有两种计算方法：阻力系数法和当量长度法。

1.4.2.1 阻力系数法

克服局部阻力所消耗的能量，可以表示为动能的一个函数，即

$$h_{f'} = \xi \frac{u^2}{2} \tag{1-59}$$

或

$$\Delta p_{f'} = \xi \frac{\rho u^2}{2} \tag{1-59a}$$

式中，ξ 称为局部阻力系数，一般由实验测定。

管路流道面积发生突然扩大或突然缩小时的局部阻力系数可根据图1-23查取。常用管件及阀门的局部阻力系数见表1-3，式(1-59)及式(1-59a)中的速度 u 均以小管中的速度计。

当流体自容器进入管内，$\xi_{进口} = 0.5$，称为进口阻力系数，这种损失常称为进口损失；

当流体自管子进入容器或从管子排放到管外空间，$\xi_{出口}=1$，称为出口阻力系数，这种损失常称为出口损失。

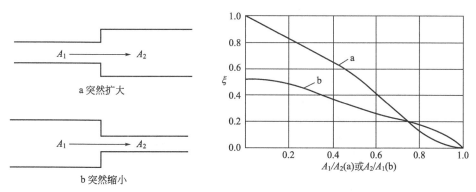

图 1-23　突然扩大和突然缩小的局部阻力系数

当流体从管子直接排放到管外空间时，管出口内侧截面上的压强可取为与管外空间相同，但出口截面上的动能及出口阻力应与截面选取相匹配。若截面取管出口内侧，则表示流体并未离开管路，此时截面上仍有动能，系统的总能量损失不包含出口阻力；若截面取管出口外侧，则表示流体已经离开管路，此时截面上动能为零，而系统的总能量损失中应包含出口阻力。两种选取截面方法计算结果相同。

表 1-3　常用管件及阀门的局部阻力系数

项目		ξ	项目		ξ
标准弯头	45°	0.35	隔膜阀	1/4 开	21
	90°	0.75	截止阀	全开	6.4
90°方形弯头		1.3		1/2 开	9.5
180°回弯头		1.5	旋塞	开启 5°	0.05
标准三通		0.4		开启 10°	0.29
				开启 20°	1.56
		1.5		开启 40°	17.3
				开启 60°	206
		1.3	蝶阀	开启 5°	0.24
				开启 10°	0.52
		1		开启 20°	1.54
活接管		0.4		开启 30°	3.91
闸阀	全开	0.17		开启 40°	10.8
	3/4 开	0.9		开启 50°	30.6
	1/2 开	4.5		开启 60°	116
	1/4 开	24	单向阀	摇板式	2
隔膜阀	全开	2.3		球形式	70
	3/4 开	2.6	角阀(90°)		5
	1/2 开	4.3	水表		7
			底阀		1.5

1.4.2.2 当量长度法

将流体流过管件或阀门的局部阻力，折合成直径相同、长度为 l_e 的直管所产生的阻力，即

$$h_{f'} = \lambda \frac{l_e}{d} \times \frac{u^2}{2} \qquad (1\text{-}60)$$

或

$$\Delta p_{f'} = \lambda \frac{l_e}{d} \times \frac{\rho u^2}{2} \qquad (1\text{-}60a)$$

式中，l_e 称为管件或阀门的当量长度。

同样，管件与阀门的当量长度也是由实验测定，有时也以管道直径的倍数 l_e/d 表示，各管件的 l_e/d 值可从相关手册查取，图 1-24 为常用管件及阀门的当量长度共线图。

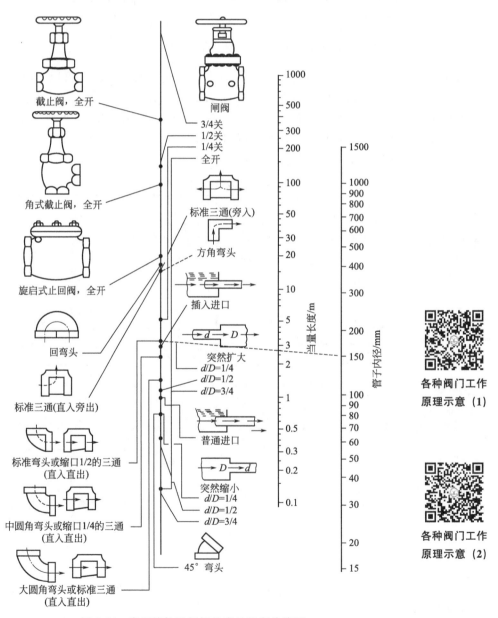

图 1-24　常用管件及阀门的当量长度共线图

1.4.3　流体在管路中的总能量损失

前已说明，化工管路系统是由直管和管件、阀门等构成，因此流体流经管路的总阻力应是直管阻力和所有局部阻力之和。

当管路直径相同时，总阻力为

$$\sum h_f = h_f + h_{f'} = \left(\lambda \frac{\sum l + \sum l_e}{d} + \sum \xi_{i+o} \right) \frac{u^2}{2} \tag{1-61}$$

或

$$\sum h_f = h_f + h_{f'} = \left(\lambda \frac{\sum l}{d} + \sum \xi_e + \sum \xi_{i+o} \right) \frac{u^2}{2} \tag{1-61a}$$

式中，$\sum l$ 为管路系统中所有直管总长度；$\sum l_e$ 为全部管件与阀门等的当量长度之和；$\sum \xi_{i+o}$ 为进口阻力系数与出口阻力系数之和；$\sum \xi_e$ 为全部管件与阀门等的局部阻力系数之和。计算局部阻力时，管件、阀门等的局部阻力可用局部阻力系数法，亦可用当量长度法计算。若用当量长度法，应包含在 $\sum l_e$ 之内；若用阻力系数法，则应包含在 $\sum \xi_e$ 之内。但要注意，不能用两种方法重复计算。

若管路由若干直径不同的管段组成时，各段应分别计算，再求和。

【例 1-13】 用泵把 20℃ 的苯从地下储罐送到高位槽，流量为 300L/min。高位槽液面比储罐液面高 10m。泵吸入管用 $\phi89mm \times 4mm$ 的无缝钢管，直管长为 15m，管路上装有一个底阀（可粗略地按旋启式止回阀全开时计）、一个标准弯头；泵排出管用 $\phi57mm \times 3.5mm$ 的无缝钢管，直管长度为 50m，管路上装有一个全开的闸阀、一个全开的截止阀和三个标准弯头。储罐及高位槽液面上方均为大气压。设储罐液面维持恒定。试求泵的轴功率。设泵的效率为 70%。

解： 取储罐液面为上游截面 1-1，高位槽液面为下游截面 2-2，并以截面 1-1 为基准水平面。在两截面间列柏努利方程。

$$z_1 g + \frac{1}{2} u_1^2 + \frac{p_1}{\rho} + W_e = z_2 g + \frac{1}{2} u_2^2 + \frac{p_2}{\rho} + \sum h_f$$

其中：$z_1 = 0$；　$z_2 = 10m$；　$u_1 = u_2 = 0$；　$p_1 = p_2 = 0$（表压）。所以有

$$W_e = z_2 g + \sum h_f$$

（1）吸入管路上的能量损失 $\sum h_{f,a}$

$$\sum h_{f,a} = h_{f,a} + h_{f,a}' = \left(\lambda_a \frac{l_a + \sum l_{e,a}}{d_a} + \xi_i \right) \frac{u_a^2}{2}$$

式中，$d_a = 89 - 2 \times 4 = 81(mm) = 0.081(m)$，$l_a = 15m$。

查图 1-24 得管件、阀门的当量长度为：底阀（按旋转式止回阀全开时计）6.3m，标准弯头 2.7m。所以

$$\sum l_{e,a} = 6.3 + 2.7 = 9(m)$$

进口阻力系数 $\xi_i = 0.5$。

$$q_V = 300L/min = 0.005m^3/s$$

$$u_a = \frac{q_V}{A_a} = \frac{q_V}{\frac{\pi}{4} d_a^2} = \frac{0.005}{\frac{3.14}{4} \times 0.081^2} = 0.97(m/s)$$

苯的密度为 880kg/m³，黏度为 $6.5 \times 10^{-4} Pa \cdot s$，则有

$$Re_a = \frac{d_a u_a \rho}{\mu} = \frac{0.081 \times 0.97 \times 880}{6.5 \times 10^{-4}} = 1.06 \times 10^5$$

取管壁的绝对粗糙度 $\varepsilon_{\mathrm{a}}=0.3\mathrm{mm}$，$\varepsilon_{\mathrm{a}}/d_{\mathrm{a}}=0.3/81=0.0037$，查图 1-21 得 $\lambda_{\mathrm{a}}=0.029$。所以有

$$\sum h_{\mathrm{f,a}}=\left(0.029\times\frac{15+9}{0.081}+0.5\right)\times\frac{0.97^2}{2}=4.28(\mathrm{J/kg})$$

（2）排出管路上的能量损失 $\sum h_{\mathrm{f,b}}$

$$\sum h_{\mathrm{f,b}}=\left(\lambda_{\mathrm{b}}\frac{l_{\mathrm{b}}+\sum l_{\mathrm{e,b}}}{d_{\mathrm{b}}}+\xi_{\mathrm{o}}\right)\frac{u_{\mathrm{b}}^2}{2}$$

式中，$d_{\mathrm{b}}=57-2\times3.5=50(\mathrm{mm})=0.05(\mathrm{m})$，$l_{\mathrm{b}}=50\mathrm{m}$。

查图 1-24 得管件、阀门的当量长度分别为：

全开的闸阀　　　　　　　　　　　0.33m

全开的截止阀　　　　　　　　　　17m

三个标准弯头　　　　　　　　　　$1.6\mathrm{m}\times3=4.8\mathrm{m}$

所以

$$\sum l_{\mathrm{e,b}}=0.33+17+4.8=22.13(\mathrm{m})$$

出口阻力系数 $\xi_{\mathrm{o}}=1$。

$$u_{\mathrm{b}}=\frac{q_V}{A_{\mathrm{b}}}=\frac{q_V}{\frac{\pi}{4}d_{\mathrm{b}}^2}=\frac{0.005}{\frac{3.14}{4}\times0.05^2}=2.55(\mathrm{m/s})$$

$$Re_{\mathrm{b}}=\frac{d_{\mathrm{b}}u_{\mathrm{b}}\rho}{\mu}=\frac{0.05\times2.55\times880}{6.5\times10^{-4}}=1.73\times10^5$$

仍取管壁的绝对粗糙度 $\varepsilon_{\mathrm{b}}=0.3\mathrm{mm}$，$\varepsilon_{\mathrm{b}}/d_{\mathrm{b}}=0.3/50=0.006$，查图 1-21 得 $\lambda_{\mathrm{b}}=0.0313$。所以有

$$\sum h_{\mathrm{f,b}}=\left(0.0313\times\frac{50+22.13}{0.05}+1\right)\times\frac{2.55^2}{2}=150(\mathrm{J/kg})$$

（3）管路系统的总能量损失

$$\sum h_{\mathrm{f}}=\sum h_{\mathrm{f,a}}+\sum h_{\mathrm{f,b}}=4.28+150=154.3(\mathrm{J/kg})$$

则　　　　　　$W_{\mathrm{e}}=z_2g+\sum h_{\mathrm{f}}=10\times9.81+154.3=252.4(\mathrm{J/kg})$

苯的质量流量为　　$q_m=q_V\rho=0.005\times880=4.4(\mathrm{kg/s})$

泵的有效功率为　　$N_{\mathrm{e}}=W_{\mathrm{e}}q_m=252.4\times4.4=1110.6(\mathrm{W})$

泵的轴功率为　　$N=N_{\mathrm{e}}/\eta=\dfrac{1110.6}{0.7}=1586.6(\mathrm{W})=1.59(\mathrm{kW})$

1.5　管路计算

管路计算实际上是连续性方程、柏努利方程与能量损失计算式的具体运用。化工管路按其连接和配置的情况，可以分为简单管路和复杂管路两类。

1.5.1　简单管路

简单管路是指流体从入口到出口是在一条管路中流动，无分支或汇合的情形。整个管路直径可以相同，也可由内径不同的管子串联组成，如图 1-25 所示。

简单管路的特点有：

① 流体通过各管段的质量流量不变，对于不可压缩流体，则体积流量也不变，即

$$q_{V1}=q_{V2}=q_{V3} \tag{1-62}$$

② 整个管路的总能量损失等于各段能量损失之和，即

$$\sum h_{\mathrm{f}}=h_{\mathrm{f1}}+h_{\mathrm{f2}}+h_{\mathrm{f3}} \tag{1-63}$$

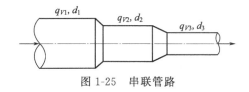

图 1-25　串联管路

管路计算是连续性方程、柏努利方程及能量损失计算式在管路中的应用。

连续性方程式
$$q_V = uA = \frac{\pi}{4}d^2 u = 常数$$

柏努利方程
$$z_1 g + \frac{u_1^2}{2} + \frac{p_1}{\rho} + W_e = z_2 g + \frac{u_2^2}{2} + \frac{p_2}{\rho} + \sum h_f$$

$$\sum h_f = h_f + h_f' = \left(\lambda \frac{\sum l + \sum l_e}{d} + \sum \xi_{i+o} \right) \frac{u^2}{2}$$

摩擦系数
$$\lambda = \varphi\left(\frac{du\rho}{\mu}, \frac{\varepsilon}{d} \right)$$

物性 ρ、μ 一定时，需给定独立的 9 个参数，方可求解其他 3 个未知量。

根据计算目的，通常可分为设计型和计算型两类。

1.5.1.1　设计型计算

设计要求：规定输液量 q_V，确定一经济的管径及供液点的高度 z_1（或压强 p_1）。一般情况给定条件有：

① 供液点与需液点的距离，即管长 l；

② 管道材料与管件的配置，即 ε 及当量长度或局部阻力系数；

③ 需液点的位置 z_2 及压强 p_2；

④ 输送机械有效功 W_e。

此时一般应先选择适宜流速，再进行设计计算。

1.5.1.2　操作型计算

对于已知的管路系统，核算给定条件下的输送能力或某项技术指标。通常有以下类型。

① 已知管径（d）、管长（l）、管件和阀门的设置及流体的输送量，求流体通过管路系统给的能量损失，以便进一步确定输送设备所加入的外功、设备内的压强或设备间的相对位置等。

② 已知管径（d）、管长（l）、管件和阀门的设置及允许的能量损失，求流体的流速或流量。

③ 已知管长（l）、管件和阀门的当量长度、流体的流量及允许的能量损失，求管径（d）。

对于操作型计算中的第①种类型，过程比较简单，计算比较容易。而对于设计型计算求 d 及操作型计算中的第②、③种类型求流速或流量、管径时，在阻力计算时需知摩擦系数 λ，而 $\lambda = f(Re, \varepsilon/d)$，与 u、d 有关，因此无法直接求解，此时工程上常采用试差法求解。若已知流动处于阻力平方区或层流区，则无须试差，可直接由解析法求解。

【例 1-14】　常温水在一根水平钢管中流过，管长为 80m，要求输水量为 40m³/h，管路系统允许的压头损失为 4m，取水的密度为 1000kg/m³，黏度为 1×10^{-3}Pa·s，试确定合适的管子。（设钢管的绝对粗糙度为 0.2mm。）

解： 水在管中的流速
$$u = \frac{q_V}{\frac{\pi}{4}d^2} = \frac{40/3600}{\frac{3.14}{4} \times d^2} = \frac{0.01415}{d^2}$$

代入范宁公式

$$H_f = \lambda \frac{l}{d} \times \frac{u^2}{2g}$$

$$4 = \lambda \times \frac{80}{d} \times \frac{1}{2 \times 9.81} \times \left(\frac{0.01415}{d^2}\right)^2$$

整理得试差方程

$$d^5 = 2.041 \times 10^{-4} \lambda$$

由于 $d(u)$ 的变化范围较宽，而 λ 的变化范围小，试差时宜先假设 λ 进行计算：先假设 λ，由试差方程求出 d，然后计算 u、Re 和 ε/d，由图 1-21 查得 λ，若与原假设相符，则计算正确；若不符，则需重新假设 λ，直至查得的 λ 值与假设值相符为止。

实践表明，湍流时 λ 值多在 $0.02 \sim 0.03$ 之间，可先假设 $\lambda = 0.023$，由试差方程解得

$$d = 0.086\text{m}$$

校核 λ：

$$u = \frac{0.01415}{d^2} = \frac{0.01415}{0.086^2} = 1.91 (\text{m/s})$$

$$Re = \frac{d\rho u}{\mu} = \frac{0.086 \times 1000 \times 1.91}{1 \times 10^{-3}} = 1.64 \times 10^5$$

$$\frac{\varepsilon}{d} = \frac{0.2 \times 10^{-3}}{0.086} = 0.0023$$

查图 1-21，得 $\lambda = 0.025$，与原假设不符。以此 λ 值重新试算，得

$$d = 0.0874\text{m}, \quad u = 1.85\text{m/s}, \quad Re = 1.62 \times 10^5$$

查得 $\lambda = 0.025$，与假设相符，试差结束。

由管内径 $d = 0.0874\text{m}$，选用国家标准 GB 3091—2015 中 DN 100 系列 2 的管子，该管道外径 114mm，壁厚为 3.25mm，则内径为 107.5mm，比所需略大，则实际流速会更小，压头损失不会超过 4m，可满足要求。

试差法不但可用于管路计算，而且在以后的一些单元操作计算中也经常会用到。由上例可知，当一些方程关系较复杂，或某些变量间关系不是以方程的形式而是以曲线的形式给出时，需借助试差法求解。但在试差之前，应对要解决的问题进行分析，确定一些变量的可变范围，以减少试差的次数。

【例 1-15】 如附图所示，黏度为 30cP、密度为 900kg/m³ 的某油品自容器 A 流过内径 40mm 的管路进入容器 B。两容器均为敞口，液面视为不变。管路中有一阀门，阀前管长 50m，阀后管长 20m（均包括所有局部阻力的当量长度）。当阀门全关时，阀前后的压力表读数分别为 8.83kPa 和 4.42kPa。现将阀门打开至 1/4 开度，阀门阻力的当量长度为 30m。试求：管路中油品的流量。

解： 阀关闭时流体静止，由静力学基本方程可得：

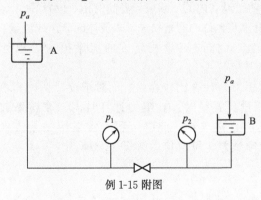

例 1-15 附图

$$z_A = \frac{p_1 - p_a}{\rho g} = \frac{8.83 \times 10^3}{900 \times 9.81} = 1.0 (\text{m})$$

$$z_B = \frac{p_2 - p_a}{\rho g} = \frac{4.42 \times 10^3}{900 \times 9.81} = 0.5 (\text{m})$$

当阀打开 1/4 开度时，在两容器液面间列柏努利方程

$$z_A g + \frac{1}{2} u_A^2 + \frac{p_A}{\rho} = z_B g + \frac{1}{2} u_B^2 + \frac{p_B}{\rho} + \sum h_f$$

其中：$p_A = p_B = p_a$，$u_A = u_B = 0$。则有

$$(z_A - z_B)g = \sum h_f = \lambda \frac{l + \sum l_e}{d} \times \frac{u^2}{2}$$

由于该油品的黏度较大，可设其流动为层流，则

$$\lambda = \frac{64}{Re} = \frac{64\mu}{d\rho u}$$

代入式(a)，有

$$(z_A - z_B)g = \frac{64\mu}{d\rho u} \times \frac{l + \sum l_e}{d} \times \frac{u^2}{2} = \frac{32\mu(l + \sum l_e)u}{d^2 \rho}$$

$$u = \frac{d^2 \rho (z_A - z_B)g}{32\mu(l + \sum l_e)} = \frac{0.04^2 \times 900 \times (1.0 - 0.5) \times 9.81}{32 \times 30 \times 10^{-3} \times (50 + 30 + 20)} = 0.0736 (\text{m/s})$$

校核：

$$Re = \frac{d\rho u}{\mu} = \frac{0.04 \times 900 \times 0.0736}{30 \times 10^{-3}} = 88.32 < 2000$$

假设成立。

可计算出油品的流量

$$q_V = \frac{\pi}{4} d^2 u = \frac{3.14}{4} \times 0.04^2 \times 0.0736 = 9.244 \times 10^{-5} (\text{m}^3/\text{s}) = 0.3328 (\text{m}^3/\text{h})$$

1.5.2　复杂管路

1.5.2.1　并联管路

如图 1-26 所示，在主管 A 处分成两支或多支，然后又在 B 处汇合到一根主管。其特点为：

① 主管中的流量为并联的各支路流量之和，对于不可压缩性流体，则有

$$q_V = q_{V1} + q_{V2} + q_{V3} \tag{1-64}$$

② 并联管路中各支路的能量损失均相等，即

$$\sum h_{f1} = \sum h_{f2} = \sum h_{f3} = \sum h_{f,AB} \tag{1-65}$$

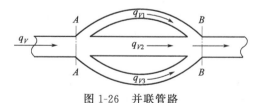

图 1-26　并联管路

图 1-26 中，A-A 至 B-B 两截面之间的机械能差，是由流体在各个支路中克服阻力造成的，因此，对于并联管路而言，单位质量的流体无论通过哪一根支路能量损失都相等。所以，计算并联管路阻力时，可任选任一支路计算，而绝不能将各支管阻力加和在一起作为并联管路的阻力。

并联管路的流量分配关系为

$$h_{fi} = \lambda_i \frac{(l + \sum l_e)_i}{d_i} \times \frac{u_i^2}{2} \qquad u_i = \frac{4q_{Vi}}{\pi d_i^2}$$

$$h_{fi} = \lambda_i \frac{(l + \sum l_e)_i}{d_i} \times \frac{1}{2}\left(\frac{4q_{Vi}}{\pi d_i^2}\right)^2 = \frac{8\lambda_i q_{Vi}^2 (l + \sum l_e)_i}{\pi^2 d_i^5} \tag{1-66}$$

$$q_{V1} : q_{V2} : q_{V3} = \sqrt{\frac{d_1^5}{\lambda_1(l+\sum l_e)_1}} : \sqrt{\frac{d_2^5}{\lambda_2(l+\sum l_e)_2}} : \sqrt{\frac{d_3^5}{\lambda_3(l+\sum l_e)_3}} \tag{1-66a}$$

由此可知，支管越长、管径越小、阻力系数越大，流量越小；反之，流量越大。

1.5.2.2 分支管路与汇合管路

分支管路是指流体由一根总管分流为几根支管的情况，如图 1-27(a) 所示。其特点为：

① 总管内流量等于各支管内流量之和，对于不可压缩性流体，有

$$q_V = q_{V1} + q_{V2} \tag{1-67}$$

② 虽然各支路的流量不等，但在分支处 O 点的总机械能为一定值，表明流体在各支管流动终了时的总机械能与能量损失之和必相等。

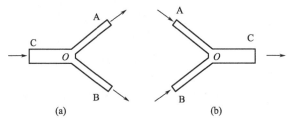

图 1-27 分支管路 (a) 与汇合管路 (b)

$$\frac{p_B}{\rho} + z_B g + \frac{1}{2}u_B^2 + \sum h_{f,OB} = \frac{p_C}{\rho} + z_C g + \frac{1}{2}u_C^2 + \sum h_{f,OC} \tag{1-68}$$

汇合管路是指几根支路汇总于一根总管的情况，如图 1-27(b) 所示，其特点与分支管路类似。

【例 1-16】 如附图所示，从自来水总管接一管段 AB 向实验楼供水，在 B 处分成两路各通向一楼和二楼。两支路各安装一球形阀，出口分别为 C 和 D。已知管段 AB、BC 和 BD 的长度分别为 100m、10m 和 20m（仅包括管件的当量长度），管内径皆为 30mm。假定总管在 A 处的表压为 0.343MPa，不考虑分支点 B 处的动能交换和能量损失，且可认为各管段内的流动均进入阻力平方区，摩擦系数皆为 0.03，试求：

(1) D 阀关闭，C 阀全开（$\xi=6.4$）时，BC 管的流量为多少？

(2) D 阀全开，C 阀关小至流量减半时，BD 管的流量为多少？总管流量又为多少？

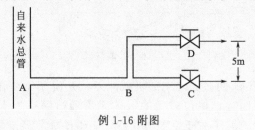

例 1-16 附图

解： (1) 在 A 至 C 截面（出口内侧）列柏努利方程

$$gz_A + \frac{p_A}{\rho} + \frac{u_A^2}{2} = gz_C + \frac{p_C}{\rho} + \frac{u_C^2}{2} + \sum h_{f,AC}$$

$$z_A = z_C, \quad u_A \approx 0, \quad p_C = 0(\text{表})$$

$$\sum h_{f,AC} = \left(\lambda \frac{l_{AB} + l_{BC}}{d} + \xi_{\text{入口}} + \xi_{\text{阀}}\right)\frac{u_C^2}{2}$$

代入柏努利方程可得

$$\frac{p_{A表}}{\rho} = \left(\lambda \frac{l_{AB}+l_{BC}}{d} + \xi_{入口} + \xi_{阀} + 1\right)\frac{u_C^2}{2}$$

$$u_C = \sqrt{\frac{3.43\times10^5\times2}{1000}\Big/\left(0.03\times\frac{100+10}{0.03}+0.5+6.4+1\right)} = 2.41(m/s)$$

$$q_{v,c} = u_C \frac{\pi}{4}d^2 = 2.41\times\frac{3.14}{4}\times0.03^2 = 1.70\times10^{-3}(m^3/s)$$

（2）在 A 至 D 截面（出口内侧）列柏努利方程式（不计分支点 B 处能量损失）

$$gz_A + \frac{p_A}{\rho} + \frac{u_A^2}{2} = gz_D + \frac{p_D}{\rho} + \frac{u_D^2}{2} + \sum h_{f,AD}$$

$$z_A = 0, z_D = 5m, \quad u_A \approx 0, \quad p_D = 0(表压)$$

$$\sum h_{f,AD} = \left(\lambda \frac{l_{AB}}{d} + \xi_{入口}\right)\frac{u^2}{2} + \left(\lambda \frac{l_{BD}}{d} + \xi_{阀}\right)\frac{u_D^2}{2}$$

代入柏努利方程可得

$$\frac{p_A}{\rho} = z_D g + \left(\lambda \frac{l_{AB}}{d} + \xi_{入口}\right)\frac{u^2}{2} + \left(\lambda \frac{l_{BD}}{d} + \xi_{阀} + 1\right)\frac{u_D^2}{2} \tag{a}$$

$$u_D = q_{v,D}\Big/\frac{\pi}{4}d^2 = 4q_{v,D}/0.03^2\pi = 1415.4 q_{v,D}$$

$$u = \frac{\frac{q_{v,c}}{2}+q_{v,D}}{\frac{\pi}{4}d^2} = \frac{0.85\times10^{-3}+q_{v,D}}{\frac{3.14}{4}\times0.03^2} = 1415.4 q_{v,D} + 1.20$$

则式（a）化简得

$$1.28\times10^8 q_{v,D}^2 + 1.7\times10^5 q_{v,D} - 221.59 = 0$$

解得

$$q_{v,D} = 8.10\times10^{-4}(m^3/s)$$

总管流量

$$q_{v总} = q_{v,c} + q_{v,D} = \frac{q_{v,c}}{2} + q_{v,D} = \frac{1.70\times10^{-3}}{2} + 8.1\times10^{-4} = 1.66\times10^{-3}(m/s)$$

对于分支管路，调节支路中的阀门（阻力），不仅改变了各支路的流量分配，同时也改变了总流量。但对于总管阻力为主的分支管路，改变支路的阻力，总流量变化不大。

1.6 流速与流量测量

流速与流量测量发展的源头可追溯到古代的水利工程和城市供水系统。古罗马恺撒时代已采用孔板测量居民的饮用水水量；公元前 1000 年左右古埃及用堰法测量尼罗河的流量；我国著名的都江堰水利工程应用宝瓶口的水位观测水量大小，等等。17 世纪托里拆利奠定差压式流量计的理论基础，这是流量测量的里程碑。自那以后，18~19 世纪流量测量的许多类型仪表的雏形开始形成，如堰、皮托管、文丘里管、涡轮及靶式流量计等。20 世纪，过程工业、能量计量、城市公用事业对流量测量的需求急剧增长，促使仪表迅速发展，微电子技术和计算机技术的飞跃发展极大地推动仪表更新换代，新型流量计如雨后春笋般涌现出来。

化工生产过程中，流量和流速的测量方法很多，主要是以流体的动能与势能之间的转换原理制造的测量装置。这些装置可分为两类：一类为定截面、变压差的流量计或流速计，它的流道截面是固定的，当流过截面的流体流量改变时，造成动能与压力能之间的转换，表现为压强差的改变，通过压强差的变化来确定流速的变化，皮托（Pitot）测速计、文丘里流量计及孔板流量计均属此类；另一类为定压差、变截面流量计，即流道的截面随流量的大小而变化，而流体流过流道截面的压强降则为固定值，常见的有转子流量计等。

1.6.1 皮托测速计

皮托测速计的结构如图 1-28 所示，由两根直径不同且弯成直角的同心套管组成，其内管与外套管的直径均很小。皮托测速计内管的前端 A 处敞口，与流体流动方向平行，外套管前端封闭，在离前端点一定距离的 B 处一周均匀开有若干测压孔，开孔方向与流体流动方向垂直；内管与外套管的另一端分别与 U 形管压差计的两臂连接。

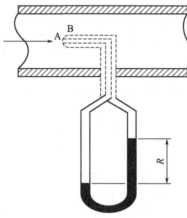

测速计工作原理

图 1-28　皮托测速计

皮托测速计可安装在管道截面的任一点上。图 1-28 中，密度为 ρ、压强为 p 的某一点流体以流速 u_t 向皮托测速计口流动且达 A 处时，因内管中已充满被测流体，故流体在 A 处被遏制住，使其速度降为零，即流体的动能转变成压力能，所以内管口 A 处所测得的压力能为流体动能与静压能之和，称为冲压能，即

$$\frac{p_A}{\rho}=\frac{u_t^2}{2}+\frac{p}{\rho}$$

冲压能（即 A 点的压强）通过皮托测速计内管传至 U 形管压差计的左端，而流体沿皮托测速计四周平行流过测压小孔时，测速计内管直径较小，流速可视为不变，压强通过外套管侧壁小孔传递至 U 形管压差计的右端，此时，$p_B=p$。

U 形管压差计的读数为 R，指示液与被测流体的密度分别为 ρ_0、ρ，所测得的 A、B 两点的压强差

$$p_A-p_B=R(\rho_0-\rho)g$$

测量点的流速为

$$u_t=\sqrt{\frac{2R(\rho_0-\rho)g}{\rho}}$$

实际中，应考虑皮托测速计的尺寸与制造精度等因素对测量值的影响，需要引入修正系数 C 进行修正，其数值范围一般为 0.98～1.0，即

$$u_t=C\sqrt{\frac{2R(\rho_0-\rho)g}{\rho}} \tag{1-69}$$

1.6.2　文丘里流量计

文丘里流量计的结构如图 1-29 所示，由渐缩管、喉管、渐扩管组成。当流体流过时，由于喉管截面面积缩小，流速增大，导致动能的增大，使喉管处的压强降低。如在渐缩管前截面 1-1 和喉管截面 2-2 处安装一 U 形管压差计，则可由压差计上所测得的 R 值求得管路中的流量大小。

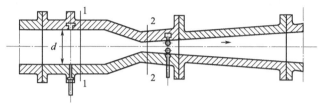

文丘里流量计
工作原理

图 1-29　文丘里流量计

设截面 1-1 处的平均流速为 u_1，压强为 p_1，高度为 z_1；截面 2-2 上的平均流速为 u_2，压强为 p_2，高度为 z_2。若暂不考虑能量损失，在 1-1 截面至 2-2 截面间列柏努利方程

$$\frac{p_1}{\rho}+\frac{u_1^2}{2}=\frac{p_2}{\rho}+\frac{u_2^2}{2}$$

由连续性方程有，$u_1 A_1 = u_2 A_2$，$u_1 = \dfrac{u_2 A_2}{A_1}$；连接在 1-1、2-2 截面间的 U 形管压差计的读数为 R，指示液的密度为 ρ_0，流体密度为 ρ，则有，$p_1 - p_2 = R(\rho_0 - \rho)g$，代入上式，则有

$$u_2 = \frac{1}{\sqrt{1-\left(\dfrac{A_2}{A_1}\right)^2}}\sqrt{\frac{2R(\rho_0-\rho)g}{\rho}} \tag{1-70}$$

实际中，应考虑流体流过文丘里流量计的能量损失，需引入一修正系数 C，则上式变为

$$u_2 = \frac{C}{\sqrt{1-\left(\dfrac{A_2}{A_1}\right)^2}}\sqrt{\frac{2R(\rho_0-\rho)g}{\rho}}$$

令

$$C_V = \frac{C}{\sqrt{1-\left(\dfrac{A_2}{A_1}\right)^2}}$$

则

$$u_2 = C_V \sqrt{\frac{2R(\rho_0-\rho)g}{\rho}} \tag{1-70a}$$

流体流过喉管处的体积流量（m^3/s）为

$$q_V = u_2 A_2 = C_V\,\frac{\pi}{4}d_2^2\sqrt{\frac{2R(\rho_0-\rho)g}{\rho}} \tag{1-71}$$

式中，d_2 为喉管的内径，m。

文丘里流量计能量损失小，测量精度高，但造价较高，限制其广泛应用，在许多场合被孔板流量计代替。

1.6.3 孔板流量计

孔板流量计是一种应用很广泛的节流式流量计，在管道里插入一片与管轴垂直并带有通常测量点孔的金属板，孔的中心位于管道中心线上，如图 1-30 所示，这样构成的装置，称为孔板流量计，孔板称为节流元件。当流体流过小孔以后，由于惯性作用，流动截面并不立即扩大到与管道截面相等，而是继续收缩一定距离后才逐渐扩大到整个管道截面，流动截面最小处称为缩脉。流体在缩脉处（图中 0-0）的流速最高，即动能最大，而相应的静压力就最低。因此，当流体以一定的流量流经小孔时，就产生一定的压力差，流量愈大，所产生的压力差也就愈大，所以可根据测量所得的压力差的大小来度量流体流量。

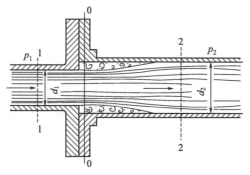

孔板流量计
工作原理

图 1-30　孔板流量计

假设管内流动的为不可压缩流体，密度为 ρ，由于缩脉位置及截面积难以确定（随流量而变），故在上游未收缩处 1-1 截面与 0-0 截面间列柏努利方程（忽略能量损失），得

$$gz_1 + \frac{u_1^2}{2} + \frac{p_1}{\rho} = gz_0 + \frac{u_0^2}{2} + \frac{p_0}{\rho}$$

对于水平管，$z_1 = z_0$，得

$$u_0^2 - u_1^2 = \frac{2(p_1 - p_0)}{\rho} \tag{1-72}$$

式(1-72) 中，未考虑能量损失。在孔板前后的管壁上各有一测量孔，需要接压差计测量两孔处压强差，即用孔板前后两孔处压强差代替 0-0 与 1-1 截面间的压强差，因此引入一系数 C，设压差计的读数为 R，指示液密度为 ρ_0，根据连续性方程，$u_0 A_0 = u_1 A_1$，则式(1-72) 可推导转化为

$$u_0 = \frac{C'}{\sqrt{1 - \left(\frac{A_0}{A_1}\right)^2}} \sqrt{\frac{2R(\rho_0 - \rho)g}{\rho}} = C \sqrt{\frac{2gR(\rho_0 - \rho)}{\rho}} \tag{1-73}$$

式中，A_0、A_1 分别为空口与管道截面积，m^2。根据式(1-73)，体积流量为

$$q_V = C A_0 \sqrt{\frac{2gR(\rho_0 - \rho)}{\rho}} \tag{1-74}$$

式(1-73) 与式(1-74) 中的系数 C 称为孔流系数，量纲为 1，其值一般通过实验测定，生产厂家会在说明书中给出，对于设计计算可在 0.6～0.7 之间选取。

1.6.4 转子流量计

转子流量计是在一根截面积自下而上逐渐扩大的竖直锥形硬玻璃管内，装有一个能够旋转自如的由金属或其他材质制成的转子（或称浮子）。被测流体从玻璃管底部进入，从顶部流出，如图 1-31 所示。

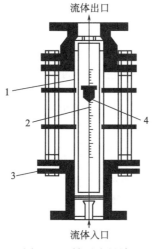

流体出口

1

2 ———— 4

3

流体入口

图 1-31 转子流量计
1—锥形硬玻璃管；2—刻度；3—突缘填函盖板；4—转子

转子流量计

转子流量计
工作原理

当流体自下而上流过垂直的锥形硬玻璃管时，转子受到两个力的作用：一是竖直向上的推动力，等于流体流经转子与锥形管之间的环形截面时在转子上下两端所产生的压力差；另一是竖直向下的净重力，等于转子所受的重力减去流体对转子的浮力。当流量加大使压力差大于转子的净重力时，转子就上升。当压力差与转子的重力相等时，转子处于平衡状态，即停留在一定位置上。在锥形硬玻璃管外表面上刻有读数，根据转子的停留位置，即可读出被测流体的流量。

转子流量计是变截面定压差流量计。作用在转子上下两端的压力差为定值，而转子与锥形硬玻璃管间环形截面积随流量而变，转子在锥形硬玻璃管中的位置高低即反映流量的大小。

设 V_f 为转子的体积，A_f 为转子最大部分的截面积，ρ_f 为转子材质的密度，ρ 为被测流体的密度。若上游（转子下端）环形截面为 1-1，下游（转子上端）环形截面为 2-2，则流体流经环形截面所产生的压力差为 $p_1 - p_2$。当转子在流体中处于平衡状态时，转子承受的压力等于转子所受重力减去流体对转子的浮力，即

$$(p_1 - p_2)A_f = V_f \rho_f g - V_f \rho g$$

则有

$$p_1 - p_2 = \frac{V_f g (\rho_f - \rho)}{A_f} \tag{1-75}$$

从上式可以看出，当用固定的转子流量计测量某流体的流量时，式中的 V_f、A_f、ρ_f、ρ 均为定值，所以流体流经环形截面所产生的压力差也为定值，与流量无关。

仿照孔板流量计的流量公式可写出转子流量计的流量公式，即

$$q_V = C_R A_R \sqrt{\frac{2(p_1 - p_2)}{\rho}} = C_R A_R \sqrt{\frac{2g V_f (\rho_f - \rho)}{A_f \rho}} \tag{1-76}$$

式中　A_R——转子与锥形玻璃管的环形截面积，m^2；

　　　C_R——转子流量计的流量系数，量纲为 1。

C_R 的值与流体 Re 及转子形状有关，可由仪器测定或从有关仪表手册中查取，当 $Re > 10^4$ 时，C_R 可取为 0.98。

习 题

一、填空题

1. 理想流体是指_____的流体。

2. 处于同一水平面的液体，维持等压面的条件是_____、_____、_____。

3. 流体流动的连续性方程是_____；适用于圆形直管的不可压缩流体流动的连续性方程为_____。

4. 流体在变径管中作稳定流动，在管径缩小的地方其静压能_____。

5. 柏努利方程实验中，在一定流速下某测压管显示的液位高度为_____，当流速再增大时，液位高度_____，因为_____。

6. 雷诺数的表达式为_____。当密度 $\rho = 1000 \text{kg/m}^3$，黏度 $\mu = 1 \text{mPa·s}$ 的水，在内径为 $d = 100 \text{mm}$，以流速 1m/s 在管中流动时，其雷诺数等于_____，其流动类型为_____。

7. 并联管路中各管段压强降_____；管子长、直径小的管段通过的流量_____。

8. 当地大气压为 750mmHg 时，测得某体系的表压为 100mmHg，则该体系的绝对压强为_____ mmHg，真空度为_____ mmHg。

9. 在大气压为 101.3kPa 的地区，某真空蒸馏塔塔顶真空表的读数为 $9.81 \times 10^4 \text{Pa}$，若在大气压为 $8.73 \times 10^4 \text{Pa}$ 的地区使塔内绝对压强维持相同的数值，则真空表读数为_____ Pa，相当于_____ kgf/cm^2。

10. 牛顿黏性定律的表达式为_____，动力黏度（简称为黏度）μ 的 SI 单位为_____。运动黏度 ν 的 SI 单位为_____。

11. 流体流动时产生摩擦阻力的根本原因是流体具有_____。

12. 流体在圆形管道中作层流流动，如果只将流速增加一倍，则阻力损失为原来的_____倍；如果只将管径增加一倍而流速不变，则阻力损失为原来的_____倍。

13. 流体在等径管中作稳定流动，由于流动而有摩擦阻力损失。流体的流速沿管长_____。

14. 当 Re 为已知时，流体在圆形管内呈层流时的摩擦系数 $\lambda = $_____，在管内呈湍流时摩擦系数 λ 与_____、_____有关。

15. 管出口的局部阻力系数等于_____，管入口的局部阻力系数等于_____。

16. 水由敞口恒液位的高位槽通过一管道流向压力恒定的反应器，当管道上的阀门开度减小后，水流量将_____，摩擦系数_____，管道总阻力损失_____。

17. 流体在管内流动时，如要测取管截面上的流速分布，应选用_____流量计测量。

18. 如果流体为理想流体且在无外加功的情况下，则：

单位质量流体的机械能衡算式为_____；

单位重量流体的机械能衡算式为_____；

单位体积流体的机械能衡算式为_____。

19. 量纲分析法的原理是_____，其主要目的是_____。

20. 测流体流量时，随流量增加，孔板流量计两侧压差值将_____。若改用转子流量计，随流量增加，转子两侧压差值将_____。

二、选择题

1. 在稳定连续流动系统中，单位时间通过任一截面的（　　）流量都相等。

A. 体积 　　　　　　　　　B. 质量 　　　　　　　　　C. 体积和质量

2. 从流体静力学基本方程了解到 U 形管压力计测量得到的压强差（　　）

A. 与指示液密度、液面高度有关，与 U 形管粗细无关

B. 与指示液密度、液面高度无关，与 U 形管粗细有关

C. 与指示液密度、液面高度无关，与 U 形管粗细无关

3. 设备内的真空度愈高，即说明设备内的绝对压强（　　）。

A. 愈大 　　　　　　　　　B. 愈小 　　　　　　　　　C. 愈接近大气压

4.层流和湍流的本质区别是（　　　）。

A.湍流流速大于层流流速　　　　　　　　　　B.流动阻力大的为湍流，流动阻力小的为层流

C.层流的雷诺数小于湍流的雷诺数　　　　　　D.层流无径向脉动，而湍流有径向脉动

5.一般情况下，温度升高，液体的黏度（　　　）；气体的黏度（　　　）。

A.增大　　　　　　　　　　B.减小　　　　　　　　　　C.不变

6.流体流动时的摩擦阻力损失 h_f，所损失的是机械能中的（　　　）项。

A.动能　　　　　　　　B.位能　　　　　　　　C.静压能　　　　　　　　D.总机械能

7.在完全湍流时（阻力平方区），粗糙管的摩擦系数 λ 数值（　　　）

A.与光滑管一样　　　　　　　　　　　　　　B.只取决于 Re

C.取决于相对粗糙度　　　　　　　　　　　　D.与粗糙度无关

8.水由敞口恒液位的高位槽通过一管道流向压力恒定的反应器，当管道上的阀门开度减小后，管道总阻力损失（　　　）。

A.增大　　　　　　　B.减小　　　　　　　C.不变　　　　　　　D.不能判断

9.已知列管换热器外壳内径为 600mm，壳内装有 269 根 $\phi25\text{mm}\times2.5\text{mm}$ 的换热管，每小时有 $5\times10^4\text{kg}$ 的溶液在管束外侧流过，溶液密度为 810kg/m^3，黏度为 $1.91\times10^{-3}\text{Pa·s}$，则溶液在管束外流过时的流型为（　　　）。

A.层流　　　　　　　B.湍流　　　　　　　C.过渡流　　　　　　　D.无法确定

10.某液体在内径为 d_0 的水平管路中稳定流动，其平均流速为 u_0，当它以相同的体积流量通过等长的内径为 $d_2(d_2=d_0/2)$ 的管子时，若流体为层流，则压降 Δp 为原来的（　　　）倍。

A.4　　　　　　　　　B.8　　　　　　　　　C.16　　　　　　　　　D.32

11.水在内径一定的圆管中稳定流动，若水的质量流量保持恒定，当水温度升高时，Re 值将（　　　）。

A.变大　　　　　　　B.变小　　　　　　　C.不变　　　　　　　D.不确定

12.在流体阻力实验中，以水作工质所测得的直管摩擦阻力系数与雷诺数的关系不适用于（　　　）在直管中的流动。

A.牛顿型流体　　　　　B.非牛顿型流体　　　　　C.酒精　　　　　　D.空气

13.在计算局部阻力损失时，使用的速度 u 是指（　　　）。

A.小管中流速 u_1

B.大管中流速 u_2

C.小管中流速 u_1 与大管中流速 u_2 的平均值

D.与流向有关

14.流体在圆管内流动时，管中心流速最大，若为湍流时，平均流速与管中心的最大流速的关系为（　　　）

A.$\overline{u}=0.5u_{\max}$　　　　　B.$\overline{u}=0.8u_{\max}$　　　　　C.$\overline{u}=1.5u_{\max}$

15.流体流动产生阻力的根本原因是，因为流体流动（　　　）。

A.遇到了障碍物；　　　B.与管壁产生摩擦　　　C.产生了内摩擦切向力

16.将管路上的阀门关小时，其阻力系数（　　　）。

A.变小　　　　　　　　B.变大　　　　　　　　C.不变

17.水在圆形直管中作层流流动，流速不变，若管子直径增大一倍，则阻力损失为原来的（　　　）。

A.1/4　　　　　　　　B.1/2　　　　　　　　C.2 倍

18.当 Re 增大时，孔板流量计的孔流系数 C_0 的值（　　　）。

A.总在增大　　　　　B.先减小，后保持为定值　　　C.总在减小　　　　　D.不定

三、判断题

1.化工单元操作是一种物理操作，只改变物质的物理性质而不改变其化学性质。（　　　）

2.当输送流体的管径一定时，增大流体的流量，雷诺数减少。（　　　）

3.当流体充满导管（圆形）作稳态流动时，单位时间通过任一截面的体积流量相等。（　　　）

4.牛顿黏性定律是：流体的黏度越大，其流动性就越差。（　　　）

5.经过大量实验得出，$Re<2000$ 时，流型肯定是层流，这是采用国际单位制得出的值，采用其他单位

制应有另外数值。（　　）

6.表压强代表流体的真实压强。（　　）

7.流体流动状态的判断依据是雷诺数 Re。（　　）

8.一般情况下气体的黏度随温度的升高而增大；液体的黏度随温度的升高而减小。（　　）

9.流体在圆管内流动时，管的中心处速度最大，而管壁处速度为零。（　　）

10.流体阻力产生的根本原因是流体与壁面之间的摩擦而引起的。（　　）

11.原油在圆形管中作湍流流动时，其他条件不变，而管长增加一倍，则阻力损失增加一倍。（　　）

12.在并联的各条管路中稳定流动时，流体的能量损失皆相等。（　　）

13.液体的相对密度是指液体的密度与水的密度的比值。（　　）

14.稳定流动时，液体流经各截面的质量流量相等，则流经各截面处的体积流量也相等。（　　）

四、简答题

1.如习题附图 1-1 所示，有一敞口高位槽，由管线与密闭的低位水槽相连接，在什么条件下，水由高位槽向低位槽流动？为什么？

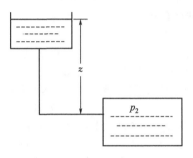

习题附图 1-1

2.理想流体和实际流体如何区别？

3.下面两个静力学方程式说明些什么？

$$z_1 + \frac{p_1}{\rho g} = z_2 + \frac{p_2}{\rho g} \tag{1}$$

$$p = p_a + \rho g h \tag{2}$$

4.何谓牛顿型流体？何谓非牛顿型流体？

5.何谓层流流动？何谓湍流流动？用什么量来区分它们？

6.如习题附图 1-2 所示的某一输水管路中，高位槽液位保持恒定，输水管径不变。有人说：由于受到重力的影响，水在管路中会越流越快，即水通过 2-2 截面的流速 u_2 大于通过 1-1 截面的流速 u_1。这种说法对吗？为什么？

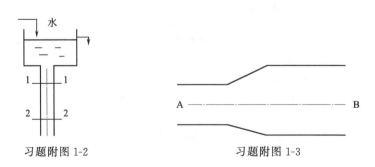

习题附图 1-2　　　　　　　　　习题附图 1-3

7.如习题附图 1-3 所示，水在水平管中作稳定连续流动，从 A 流向 B，问：

（1）体积流量 $q_{V,A}$ 和 $q_{V,B}$ 哪个大？为什么？

（2）流速 u_A 和 u_B 哪个大？为什么？

（3）静压头 $p_A/(\rho g)$ 和 $p_B/(\rho g)$ 哪个大？为什么？

8.在有一个稳压罐的一条管径不变的输送管上的 A、B 处分别装上一个相同规格的压力表（如习题附图 1-4 所示）。问：

（1）当管路上的阀门 C 关闭时，两个压力表的读数是否一致？为什么？

（2）当管路上阀门 C 打开时，两个压力表的读数是否相同？为什么？（设 A、B 处的气体密度近似相等）

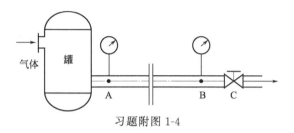

习题附图 1-4

五、计算题

1.将水银倒入习题附图 1-5 所示的均匀管径的 U 形管内，水银高度 $h_1=0.25\text{m}$。然后将水从左支管倒入，测得平衡后左支管的水面比右支管的水银面高出 0.40m。试计算 U 形管内水与水银的体积比。

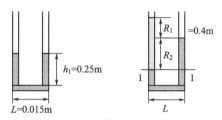

习题附图 1-5

2.用泵将贮槽中的石油，经 $\phi108\text{mm}\times4\text{mm}$ 的管子输送到高位槽，油的流量为 $40\text{m}^3/\text{h}$，如习题附图 1-6 所示，两槽液位相差 20m，管子总长为 450m（含各种管件及阀门的当量长度）。试计算输送 50℃石油所需的有效功率。设两槽液位差恒定不变，50℃石油的密度为 890kg/m³，黏度为 0.187Pa·s。

3.为测量腐蚀性液体贮槽中的存液量，采用习题附图 1-7 所示的装置。测量时通入压缩空气，控制调节阀使空气缓慢地鼓泡通过观察瓶。今测得 U 形压差计读数为 $R=130\text{mm}$，通气管距贮槽底面 $h=20\text{cm}$，贮槽直径为 2m，液体密度为 980kg/m³。试求贮槽内液体的贮存量为多少吨？

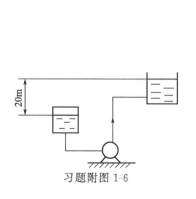

习题附图 1-6

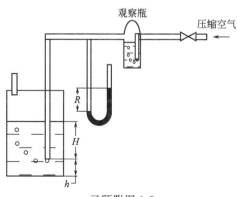

习题附图 1-7

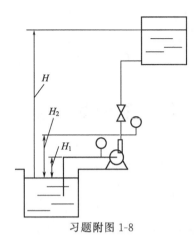

习题附图 1-8

4. 如习题附图 1-8 所示，用泵将水从贮槽送至敞口高位槽，两槽液面均恒定不变，输送管路尺寸为 $\phi83mm\times3.5mm$，泵的进出口管道上分别安装有真空表和压力表，真空表安装位置离贮槽的水面高度 H_1 为 4.8m，压力表安装位置离贮槽的水面高度 H_2 为 5m。当输水量为 $36m^3/h$ 时，进水管道全部阻力损失为 1.96J/kg，出水管道全部阻力损失为 4.9J/kg，压力表读数为 2.452×10^5Pa，泵的效率为 70%，水的密度 ρ 为 $1000kg/m^3$，试求：（1）两槽液面的高度差 H 为多少？（2）泵所需的实际功率为多少（kW）？（3）真空表的读数为多少（kgf/cm^2）？

5. 如习题附图 1-9 所示，两敞口贮槽的底部在同一水平面上，其间由一内径 75mm 长 200m 的水平管和局部阻力系数为 0.17 的全开闸阀彼此相连。一贮槽直径为 7m，盛水深 7m；另一贮槽直径为 5m，盛水深 3m。若将闸阀全开，问：大罐内水平面降到 6m，需多长时间？设管道的流体摩擦系数 λ 为 0.02。

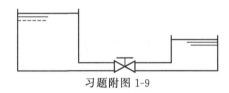

习题附图 1-9

6. 如习题附图 1-10 所示，用泵将 20℃水从敞口贮槽送至表压为 1.5×10^5Pa 的密闭容器，两槽液面均恒定不变，各部分相对位置如图所示。输送管路为 $\phi108mm\times4mm$ 的无缝钢管，吸入管长为 20m，排出管长为 100m（各段管长均包括所有局部阻力的当量长度）。当阀门为 3/4 开度时，真空表读数为 42700Pa，两测压口的垂直距离为 0.5m，忽略两测压口之间的阻力，摩擦系数可取为 0.02。试求：

（1）阀门 3/4 开度时管路的流量（m^3/h）；

（2）压强表读数（Pa）；

（3）泵的压头（m）；

（4）若泵的轴功率为 10kW，求泵的效率；

（5）若离心泵运行一年后发现有气缚现象，试分析其原因。

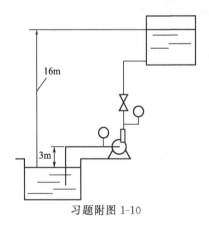

习题附图 1-10

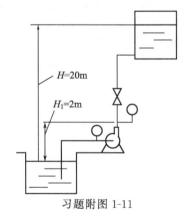

习题附图 1-11

7. 如习题附图 1-11 所示输水系统，已知管路总长度（包括所有当量长度，下同）为 100m，压力表之后管路长度为 80m，管路摩擦系数为 0.03，管路内径为 0.05m，水的密度为 $1000kg/m^3$，泵的效率为 0.8，输水量为 $15m^3/h$。求：

（1）整个管路的阻力损失，J/kg；

（2）泵轴功率，kW；

（3）压力表的读数，Pa。

8.某石油化工厂每小时将 40t 重油从地面油罐输送到 20m 高处的贮槽内，输油管路为 $\phi108mm\times4mm$ 的钢管，其水平部分的长度为 430m。已知在输送温度下，重油的部分物性数据如下：

物料	密度/(kg/m³)	黏度/cP	平均比热容/[kJ/(kg·℃)]
15℃的冷油	960	3430	1.675
50℃的热油	890	187	1.675

（1）试比较在 15℃ 及 50℃ 两种温度下输送时，泵所消耗的功率（该泵的效率为 0.60）。

（2）假设电价为 0.20 元/(kW·h)，1.0atm（绝压）废热蒸汽 1.80 元/t，试比较用废热蒸汽将油加热到 50℃ 再输送，比直接输送 15℃ 冷油的经济效果如何？（1atm 蒸汽潜热为 2257.6kJ/kg）

9.内截面为 1000mm×1200mm 的矩形烟囱的高度为 30m。平均摩尔质量为 30kg/kmol、平均温度为 400℃ 的烟道气自下而上流动。烟囱下端维持 49Pa 的真空度。在烟囱高度范围内大气的密度可视为定值，大气温度为 20℃，地面处的大气压强为 101.3×10^3Pa。流体流经烟囱时的摩擦系数可取为 0.05，试求烟道气的流量（kg/h）。

10.某工业燃烧炉产生的烟气由烟囱排入大气。烟囱的直径 $d=2m$，$\varepsilon/d=0.0004$。烟气在烟囱内的平均温度为 200℃，在此温度下烟气的密度 $\rho_{烟}=0.67kg/m^3$，黏度 $\mu=0.026mPa\cdot s$，烟气流量为 $q_V=80000m^3/h$。在烟囱高度范围内，外界大气的平均密度为 $\rho_a=1.15kg/m^3$，设烟囱内底部的压强低于地面大气压 0.2kPa，试求烟囱应有多少高度？试讨论用烟囱排气的条件是什么？增高烟囱对烟囱内底部压强有何影响？

第❷章

流体输送机械

2.1　概述

　　流体输送不仅是化工生产中最基本的单元操作，也是其他行业（如食品、医药、生物等）生产中不可缺少的一门技术。如果说管路是设备与设备之间、车间与车间之间、工厂与工厂之间联系的通道的话，则流体输送机械是这种联系的动力所在。尽管流体性质千差万别，但是流体流动与输送过程具有共同的规律。连续的化工生产过程，从原料输入到成品输出的每一道工序都在一定流动状态下进行，整个工厂的生产设备由流体输送管道构成体系。装置中的传热、传质和化学反应情况与流体流动状态密切相关，流动参数的任何改变都将迅速波及整个系统，直接影响所有设备的操作状态。因此，往往选择流体的流量、压强和温度等参数作为化工系统的主要控制参数。流体输送过程不仅要满足工艺设备位能和反应过程的压力需要，而且也要抵消流体输送过程中的能量消耗。用于流体输送的一类通用机械称之为输送机械，而流体输送机械其功能在于将电动机或其他原动机的能量传递给被输送的流体，以提高流体所具有的机械能。

　　液体输送机械俗称为泵；气体输送机械因为压力高低不同，分为通风机、鼓风机、压缩机以及真空泵。单位流体经输送机械获得的能量大小是流体输送机械的重要性能。一般用扬程或压头来表示液体输送机械使单位重量液体所获得的机械能；用风压来表示气体输送机械使单位体积气体所获得的机械能。气、液两类输送机械的原理相似，但由于气体密度小，且有可压缩性，故两者在结构上有所不同。

　　化工生产系统中，流体输送的主要任务是满足生产工艺对流体流量和压强的要求。流体输送系统包括：流体输送管路、流体输送机械以及流动参数的控制。本章将应用流体流动的基本规律、流动过程的能量转换、机械能损失以及固体壁面与流体流动的相互作用等基本原理，结合工程实际，解决流体输送过程与系统的基本计算问题。

　　随着现代科学技术的快速发展，对流体输送的要求逐渐提高，很多场合需要流体输送机械能够承受高强度和耐腐蚀，还有很多复杂管路输送场合。在这些场合，传统的流体输送机械变得局限性非常大。采用创新科技和新型材料的高科技改进型流体输送机械应运而生。

　　磁力驱动泵是最近新兴的一种流体输送机械。磁力驱动泵的技术还很不成熟，但是与普通泵相比，磁力驱动泵具有非常明显的无泄漏的优点。有些特殊流体有毒性、有爆炸性甚至辐射性，在输送这些特殊流体时必须保证没有任何泄漏，否则会有安全隐患。磁力驱动泵适用于此类特殊流体的输送。磁力驱动泵在运行时非常平稳，噪声低，振动小。工作人员在操作时能得到更好的工作环境。因为内外转子分离，磁力驱动泵的维护和检修也相对简便。

2.2　离心泵

用于输送液体的机械通称泵。在工业生产中，被输送液体的性质各不相同，所需的流量和压头也千差万别。为满足多种输送任务的要求，泵的形式繁多。根据泵的工作原理划分为：

① 动力式泵　包括离心泵、轴流泵和旋涡泵等，由这类泵产生的压头随输送流量而变化。

② 容积式泵　包括往复泵、齿轮泵和螺杆泵等，由这类泵产生的压头几乎与输送流量无关。

③ 流体作用泵　包括以高速射流为动力的喷射泵。

离心泵是工业上应用最为广泛的液体输送机械，因此下面主要以离心泵为对象讲解流体输送机械。

2.2.1　离心泵的基本结构

离心泵的外形见图 2-1，基本结构如 2-2 所示。离心泵主要由叶轮、泵体、泵轴、支座及驱动机构（如电动机）等部件构成。在离心泵内部，由若干个弯曲的叶片组成的叶轮置于具有蜗壳通道的泵壳之内。叶轮紧固于泵轴上，泵轴与电动机相连，可由电动机带动旋转。吸入口位于泵壳中央与吸入管路相连，并在吸入管底部装一止逆阀。泵壳的侧边为排出口，与排出管路相连，其上装有调节阀。

图 2-1　离心泵

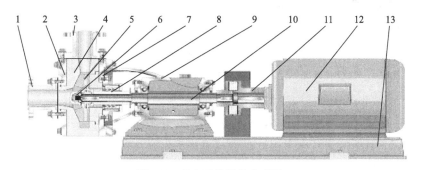

离心泵结构与部件

图 2-2　离心泵的结构与部件

1—进口管；2—前夹板；3—出口管；4—泵体；5—叶轮；6—叶轮端组合件；7—后夹板；
8—密封组合件；9—轴承座；10—主轴；11—联轴器；12—电动机；13—底板

2.2.1.1 叶轮

叶轮是离心泵直接对液体做功的部件，紧固于与电动机相连的泵轴上，随电动机高速旋转。叶轮上一般有 6～12 片叶片，两叶片之间构成流体的流道。叶片形状可分为径向叶片、后弯叶片和前弯叶片，为了减少流体的摩擦损失，叶轮的内外表面要求光滑。

（1）叶轮的作用　叶轮的作用是将电动机产生的机械能传递给液体，使液体的静压能和动能都有所提高。

（2）叶轮分类　分类方法较多，按其结构可分为闭式、半开式（或半闭式）和开式三种，如图 2-3 所示。闭式叶轮的叶片带有前后盖板，适于输送干净流体，效率较高；开式叶轮没有前后盖板，适合输送含有固体颗粒的液体；半开式叶轮只有后盖板，可用于输送浆料或含固体悬浮物的液体，效率较低。

按吸液方式分类，有单吸式叶轮、双吸式叶轮。图 2-4 为双吸式叶轮与双吸式叶轮泵。单吸式叶轮工作时，液体只能从叶轮一侧被吸入，结构简单。双吸式叶轮，相当于两个没有盖板的单吸式叶轮背靠背并在了一起，可以从两侧吸入液体，具有较大的吸液能力，而且可以较好地消除轴向推力。

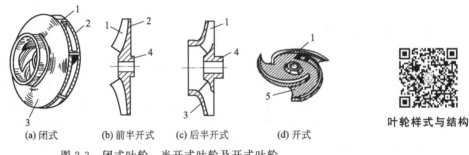

叶轮样式与结构

图 2-3　闭式叶轮、半开式叶轮及开式叶轮
1—叶片；2—后盖板；3—前盖板；4—轴套；5—加强筋

（a）闭式　（b）前半开式　（c）后半开式　（d）开式

（a）　　　　　　　　　　（b）

图 2-4　双吸式叶轮（a）与双吸式叶轮泵（b）

2.2.1.2 泵体

泵体也称泵壳，是汇集液体并使其发生机械能转化的部件。泵壳通常为蜗壳形，这样可以在叶轮与泵壳间形成逐渐扩大的流道，使得由叶轮外缘抛出的液体的流速逐渐减小，有效地将液体的大部分动能转化为静压能，从而减少能量损失。

为了减少液体直接进入蜗壳时的碰撞，在叶轮与泵壳之间有时还装有一个固定不动的带有叶片的圆盘，称为导叶轮，导叶轮上的叶片的弯曲方向与叶轮上叶片的弯曲方向相反，其弯曲角度正好与液体从叶轮流出的方向相适应，引导液体在泵壳的通道内平缓地改变方向，使能量损失减小，使动能向静压能的转换更为有效。

2.2.1.3　泵轴

对叶轮起到支撑固定作用，并与安装轴承的托架相连接。泵轴的作用是借联轴器与电动机相连接，将电动机的转矩传给叶轮，它是传递机械能的主要部件。泵运行过程中轴承的温度最高在 85℃，一般运行在 60℃ 左右。

2.2.1.4　轴封装置

轴封装置是为了防止高压液体从泵壳内沿轴的四周缝隙漏出，或者防止外界空气漏入泵壳内。轴封装置固定在泵轴一端，与泵轴一同旋转。泵轴的另一端需要穿过静止的泵壳与电动机的旋转轴相连。旋转的泵轴与泵壳上的轴承之间的间隙中应有密封结构，称为轴封，见图 2-5。

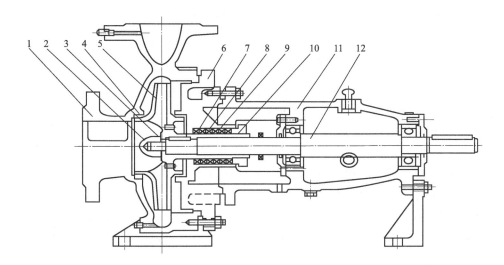

图 2-5　离心泵的轴封

1—泵体；2—叶轮螺母；3—止动垫圈；4—密封环；5—叶轮；6—泵盖；7—轴套；
8—填料函；9—填料；10—填料压盖；11—悬架轴承；12—转轴

常有的轴封装置有填料密封和机械密封。

填料密封主要由填料函、软填料和填料压盖组成。填料函的作用主要是为了封闭泵壳与泵轴之间的空隙，不让泵内的流体流到外面来，也不让外面的空气进入到泵内，始终保持泵内的真空状态。当泵轴与填料摩擦产生热量，就要靠水封管注水到水封圈内使填料冷却，保持水泵的正常运行。所以在泵的运行巡回检查中，对填料函的检查是特别要注意的地方。普通离心泵采用这种密封方式。

机械密封又称端面密封，主要由装在泵轴上随之转动的动环和固定于泵壳上的静环组成，两个环形端面由弹簧的弹力使其互相贴紧而做相对运动，起到密封作用。与填料密封比较，机械密封具有结构紧凑、摩擦功率消耗小和使用时间长等优点，较多地应用于输送有特殊要求液体的离心泵中。

2.2.2　离心泵的工作原理

离心泵一般由电动机带动，在启动泵前，泵体及吸入管路内应充满液体。当叶轮高速旋转运动时，迫使叶片间的流体做近于等角速度的旋

离心泵工作原理

转运动，由于离心作用，液体从叶轮中心向外缘做径向运动。在高速叶轮的带动下，流体获得了高动能。当液体进入泵壳后，由于蜗壳形泵壳中的流道逐渐扩大，液体流速逐渐降低，一部分动能转变为静压能，于是液体以较高的压强沿排出口流出。与此同时，叶轮中心处由于液体被甩出而形成一定的真空，而自由液面处的压强比叶轮中心处要高，因此，液体在压差作用下由吸入管路进入泵内。叶轮不停旋转，液体也连续不断地被吸入和压出。在启动之前，为了使离心泵中叶轮间充满液体，必须先灌泵。

离心泵启动时，如果泵壳与吸入管路没有充满液体，则泵壳内存有空气，从叶轮中心甩出的液体减少，叶轮中心处被少量空气占据，所形成的低压（真空度）不足以将贮槽内的液体吸入泵内，此时虽启动离心泵也不能输送液体，此种现象称为**气缚**。因此，离心泵在启动之前一定要先灌泵排气。

为了使泵内充满液体，通常在吸入管底部安装一带滤网的底阀，该底阀为止逆阀，滤网的作用是防止固体物质进入泵内损坏叶轮或妨碍泵的正常操作。

离心泵之所以能输送液体，主要是依靠高速旋转叶轮所产生的离心作用，因此称为离心泵。

2.2.3 离心泵的主要性能参数

离心泵的性能参数，即表征离心泵特性的参数，主要有流量、压头、功率、效率、转速，这些参数都标注于泵的铭牌上。一台特定的离心泵，其性能参数可以通过简单的装置对其进行测定，见图 2-6。

2.2.3.1 离心泵的流量

流量（q_V）显示了离心泵的送液能力，是指单位时间内泵所输送到管道系统的液体体积，常用单位为 m^3/h 或 m^3/s。泵的流量取决于泵的结构、尺寸和转速等。操作时，泵实际所能输送的液体量还与管路阻力及所需压力有关。

2.2.3.2 泵的扬程

又称为泵的压头，是指单体重量流体经泵所获得的能量，以 H 表示，单位为 m（液柱）。泵的扬程不仅取决于泵的结构及转速，还与输送流体的流量有关。目前对泵的压头尚不能从理论上作出精确的计算，一般用实验方法测定。

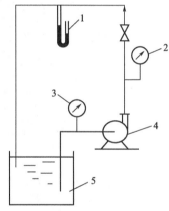

图 2-6　离心泵性能参数测定装置
1—流量计；2—压强表；3—真空计；
4—离心泵；5—贮槽

2.2.3.3 泵的轴功率

泵的轴功率是指电动机传给泵轴所发挥的功率，以 N 表示，单位为 W 或 kW。这一参数是离心泵选配电动机的主要依据。泵在实际输送液体过程中，由于泵在运转过程中能量的损失，使泵从电动机获得的轴功率仅有一部分转化为流体的机械能，输送流体获得的实际功率为泵的有效功率 N_e，可以通过泵的流量和压头计算

$$N_e = q_V H \rho g \tag{2-1}$$

2.2.3.4 离心泵的效率

泵的效率反映泵对外加能量的利用程度。泵的效率 η 与泵的类型、大小、结构、制造精度和输送液体的性质有关。大型泵效率值高些，小型泵效率值低些。泵的效率 η 值小于100%，是反映离心泵能量损失大小的参数。泵的效率为有效功率与轴功率的比值，即

$$\eta = \frac{N_e}{N} = \frac{q_V H \rho g}{N} \tag{2-2}$$

泵从电动机获得的功率（轴功率）大于排送到管道中的液体从叶轮处获得的功率。

2.2.3.5 能量损失

在离心泵输送流体过程中，由于泵内流体泄漏、摩擦阻力等造成能量的损失。主要能量损失包括容积损失、机械损失和水力损失。

（1）容积损失　容积损失是指一部分已经获得能量的高压液体由叶轮的出口处通过叶轮与泵壳间的间隙或从平衡孔返回到叶轮入口处的低压区造成的损失或液体泄漏所造成的损失。离心泵可能发生泄漏的地方很多，例如密封环、平衡孔及密封压盖等，使已获得能量的高压液体通过这些部位被泄漏，致使泵排送到管路系统的液体流量少于吸入量，多消耗了部分能量，也造成了离心泵的能量损失。容积损失主要与泵的结构及液体在泵进、出口处的压强差有关。容积损失可由容积效率 η_v 来表示，一般闭式叶轮的容积效率为 $0.85\sim0.95$。

（2）机械损失　由泵轴与轴承之间、泵轴与填料函之间以及叶轮盖板外表面与液体之间产生摩擦而引起的能量损失称为机械损失，可用机械效率 η_m 来反映这种损失，其值一般为 $0.96\sim0.99$。

（3）水力损失　黏性液体流经叶轮通道和蜗壳时产生的摩擦阻力以及在泵局部处因流速和方向改变引起的环流和冲击而产生的局部阻力造成的损失，统称为水力损失。水力损失与泵的结构、流量及液体的性质等有关，水力损失可用水力效率 η_h 来表示。

应予指出，离心泵在一定转速下运转时，容积损失和机械损失可近似地视为与流量无关，但水力损失则随流量变化而改变。在水力损失中，摩擦损失 h_f 大致与流量的平方成正比。若在某一流量 q_V 下，液体的流动方向恰与叶片的入口角相一致，这时损失最小；当流量小于或大于 q_V 时，损失都将增大。额定流量 q_V 下离心泵的水力效率一般为 $0.8\sim0.9$。

离心泵的效率反映上述三项能量损失的总和，故又称总效率。因此总效率为上述三个效率的乘积，即

$$\eta = \eta_v \eta_m \eta_h \tag{2-3}$$

由上面的定性分析可知，离心泵的效率在某一流量（对正确设计的泵，该流量与设计流量相符合）下为最高，小于或大于该流量时 η 都将降低。通常将最高效率下的流量称为额定流量。

离心泵的效率与泵的类型、尺寸、制造精密程度、液体的流量和性质等有关。一般小型离心泵的效率为 $50\%\sim70\%$，大型泵可高达 90%。

2.2.4 离心泵的特性曲线

2.2.4.1 三种离心特性曲线

描述压头、轴功率、效率与流量的关系曲线称为离心泵的特性曲线，而离心泵特性曲线反映了泵的基本性能，是正确选择和使用离心泵的主要依据。离心泵特性曲线一般由厂家通过实验测定后，附于产品样本或说明书中。不同型号泵的特性曲线也不同。图 2-7 为 4B20 水泵在 2900r/min 下的特性曲线，与其他离心泵特性曲线有所差别，但总体变化趋势基本一样。

（1）H-q_V 曲线　表示的是在一定转速下流体流经离心泵所获得的能量与流量的关系，是最重要的一条特性曲线。从图 2-7 可以看到，离心泵的压头 H 在流量的较大范围内，随流量的增加而减少。但是有的泵的曲线形状平坦，适用于流量变化比较大的场合；有的泵的曲线比较陡峭，适用

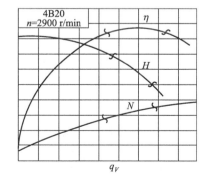

图 2-7　4B20 水泵在 2900r/min 下的特性曲线

于压头变动大而要求流量变化较小的场合。

（2）N-q_V 曲线　表示泵轴功率和流量的关系。轴功率 N 一般随着流量的增加而增加，当流量为零时，轴功率最小。

因此在离心泵启动之前应将出口阀关闭，以防止电动机过载而烧毁，待启动后再将阀门打开。

（3）η-q_V 曲线　表示泵的效率和流量的关系。由图 2-7 可以看到，效率随流量的增大而增大，当达到一定程度后，又随流量的增大而减少。因此，在效率曲线上存在一个极大值，该值为效率最高点，称为设计点。在该效率下工作所对应的流量、压头以及轴功率为最佳工作状态参数。根据输送流体的管路要求，离心泵不可能正好在最佳工作状态下运行，而是在最高效率点附近一个小的范围内运行，这个范围就是离心泵的高效区，即不低于最高效率的 92％的范围。选用泵时，应尽量使离心泵在高效区工作。

离心泵的特性曲线均在一定转速下测定，故特性曲线图上标注出离心泵的转速 n 值。特性曲线采用如图 2-6 的实验装置测定。

实验中每改变一个流量，测定一组离心泵进口和出口的压强 p_1 和 p_2，流量 q_V 和泵的轴功率 N，并计算其效率 η，然后在同一张坐标纸上绘制性能曲线。

【例 2-1】　采用图 2-6 的实验装置来测定离心泵的性能。泵的吸入管与排出管具有相同的直径，两测压口间垂直距离为 0.5m。泵的转速为 2900r/min。以 20℃清水为介质测得以下数据：流量为 54m³/h，泵出口处表压为 255kPa，入口处真空表读数为 26.7kPa，功率表测得所消耗功率为 6.2kW，泵由电动机直接带动，电动机的效率为 93 ％，试求该泵在输送条件下的扬程、轴功率、效率。

解：（1）泵的扬程

在真空表和压力表所处位置的截面分别以 1-1 和 2-2 表示，列柏努利方程式，即

$$z_1 + \frac{p_1}{\rho g} + \frac{u_1^2}{2g} + H = z_2 + \frac{p_2}{\rho g} + \frac{u_2^2}{2g} + \sum H_{f,1-2}$$

其中，$z_2 - z_1 = 0.5$m，$p_1 = -26.7$kPa（表压），$p_2 = 255$kPa（表压），$u_1 = u_2$
因两测压口的管路很短，其间流动阻力可忽略不计，即

$$\sum H_{f,1-2} = 0$$

所以

$$H = z_2 - z_1 + \frac{p_2 - p_1}{eg} = 0.5 + \frac{255 \times 10^3 + 26.7 \times 10^3}{1000 \times 9.81} = 29.2 \text{（m）}$$

（2）泵的轴功率

功率表测得的功率为电动机的消耗功率，由于泵由电动机直接带动，传动效率可视为 100％，所以电动机的输出功率等于泵的轴功率。因电动机本身消耗部分功率，其效率为 93％，于是电动机输出功率为

电动机消耗功率×电动机效率＝6.2×0.93＝5.77（kW）

即

$$N = 5.77 \text{（kW）}$$

（3）泵的效率

$$\eta = \frac{N_e}{N} \times 100\% = \frac{q_V H \rho g}{N} \times 100\% = \frac{54 \times 29.2 \times 1000 \times 9.807}{3600 \times 5.77 \times 1000} \times 100\% = 74.4\%$$

2.2.4.2　各因素对特性曲线的影响

离心泵生产厂所提供的特性曲线是以清水作为工作介质测定的，当输送其他液体时，要考虑液体密度和黏度的影响。

（1）液体黏度对特性曲线的影响　当输送液体的黏度大于实验条件下水的黏度时，泵体

内的能量损失增大，泵的流量、压头减小，效率下降，轴功率增大，因此，H-q_V、N-q_V、η-q_V 曲线将随着黏度的变化而变化。对运动黏度 $<20\times10^{-6}\,\mathrm{m}^2/\mathrm{s}$ 的液体，黏度变化对离心泵特性曲线的影响不大，可不考虑黏度的影响；当液体黏度 $>20\times10^{-6}\,\mathrm{m}^2/\mathrm{s}$ 时则应对离心泵特性进行校正。

（2）液体密度对特性曲线的影响　离心泵的流量、压头和效率均与流体密度无关，即 H-q_V 和 η-q_V 不随液体的密度而改变，所以 H-q_V 与 η-q_V 曲线保持不变。但是泵的轴功率与液体密度成正比。

（3）泵的转速对特性曲线的影响　对于同一台离心泵，若叶轮的直径不变，但转速变化，其特征曲线也将发生变化。泵的效率近似保持不变，即当泵的转速变化小于 20% 时，泵的流量、压头、轴功率与转速可近似用下式所示的比例定律换算。

$$\frac{q_{V1}}{q_{V2}}=\frac{n_1}{n_2} \qquad \frac{H_1}{H_2}=\left(\frac{n_1}{n_2}\right)^2 \qquad \frac{N_1}{N_2}=\left(\frac{n_1}{n_2}\right)^3 \tag{2-4}$$

式中　q_{V1}、H_1、N_1——转速为 n_1 时的泵的性能参数；

　　　q_{V2}、H_2、N_2——转速为 n_2 时的泵的性能参数。

（4）泵的叶轮直径对特性曲线的影响　当转速一定时，泵的压头、流量均和叶轮直径有关。对同一型号的泵，可采用切削法改变泵的特性曲线。当叶轮直径变化不大、叶轮外径的减小变化不大于 5% 的情况下，叶轮出口速度三角形相似，泵的效率近似保持不变。叶轮直径和流量、压头、轴功率之间的近似关系按切割定律来校核。

$$\frac{q_V'}{q_V}=\frac{D_2'}{D_2} \qquad \frac{H'}{H}=\left(\frac{D_2'}{D_2}\right)^2 \qquad \frac{N'}{N}=\left(\frac{D_2'}{D_2}\right)^3 \tag{2-5}$$

式中　q_V'、H'、N'——叶轮直径为 D_2' 时泵的性能；

　　　q_V、H、N——叶轮直径为 D_2 时泵的性能。

2.2.5　离心泵的管路特性曲线与工作点

在泵的叶轮转速一定时，一台泵在具体操作条件下所提供的液体流量和压头可用 H-q_V 特性曲线上的一点来表示。至于这一点的具体位置，应视泵前后的管路情况而定。讨论泵的工作情况，不应脱离管路的具体情况。泵的工作特性由泵本身的特性和管路的特性共同决定。

2.2.5.1　管路特性曲线

管路特性曲线是流体通过某特定管路时所需的压头与液体流量的关系曲线。如图 2-8 所示，通过输送机械把单位重量的流体从低位槽输送到高位槽所需补加一定的能量才能满足工艺过程的要求。为了求取需要补加的能量，在 1-1 和 2-2 间列柏努利方程，即

$$H_e=\Delta z+\frac{\Delta p}{\rho g}+\frac{\Delta u^2}{2g}+\sum H_f \tag{2-6}$$

上述单位重量流体输送过程的压头损失

$$\sum H_f=\lambda\frac{l+l_e}{d}\times\frac{u^2}{2g}=\frac{8\lambda}{\pi^2 g}\times\frac{l+l_e}{d^5}q_V^2 \tag{2-7}$$

若忽略上、下游截面的动压头差，则式(2-6)转化为

$$H_e=\Delta z+\frac{\Delta p}{\rho g}+\frac{8\lambda}{\pi^2 g}\left(\frac{l+l_e}{d^5}\right)q_V^2 \tag{2-8}$$

若把 λ 看成常数，令

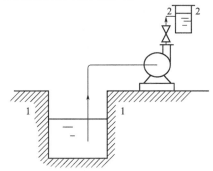

图 2-8　流体输送系统示意图

$$A = \Delta z + \frac{\Delta p}{\rho g} \qquad B = \frac{8\lambda}{\pi^2 g}\left(\frac{l + l_e}{d^5}\right)$$

则式(2-8)转化为

$$H_e = A + B q_V^2 \qquad (2-9)$$

上式称为管路的特性方程,表达了管路所需要的外加压头与管路流量之间的关系。在 H_e-q_V 坐标中对应的曲线称为管路特性曲线,如图 2-9 所示。式中,A 为管路特性曲线在 H_e 轴上的截距,表示管路系统所需要的最小外加压头。当流动处于阻力平方区时,摩擦系数与流量无关。高阻管路的特性曲线较陡;低阻管路的特性曲线较平缓。

2.2.5.2 离心泵的工作点

将泵的 H-q_V 曲线与管路的 H_e-q_V 曲线绘在同一坐标系中,两曲线的交点称为泵的工作点,见图 2-9。由图可见,具有以下特点:

① 泵的工作点由泵的特性和管路的特性共同决定,可通过联立求解泵的特性方程和管路的特性方程得到。

② 安装在管路中的泵,其输液量即为管路的流量;在该流量下泵提供的扬程也就是管路所需要的外加压头。因此,泵的工作点对应的泵压头既是泵提供的,也是管路需要的。

③ 工作点对应的各性能参数(q_V、H、η、N_e)反映了一台泵的实际工作状态。

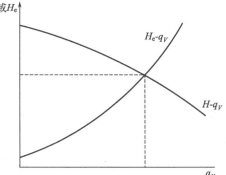

图 2-9 管路特性曲线及离心泵的工作点

2.2.5.3 离心泵的流量调节

由于生产任务的变化,管路需要的流量有时是需要改变的,这实际上就是要改变泵的工作点。由于泵的工作点由管路特性和泵的特性共同决定,因此改变泵的特性和管路特性均能改变工作点,从而达到调节流量的目的。

(1) 改变出口阀开度(改变管路特性曲线) 如图 2-10 所示,阀门关小时,管路局部阻力加大,管路特性曲线变陡,工作点由原来的 M 点移到 M_1 点,流量由 $q_{V,M}$ 降到 $q_{V,M1}$;当阀门开大时,管路局部阻力减小,管路特性曲线变得平坦一些,工作点由 M 移到 M_2,流量加大到 $q_{V,M2}$。该调节方法的优点是调节迅速方便,流量可连续变化;缺点是流动阻力加大,要多消耗动力,不经济。

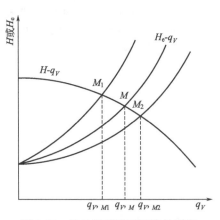

图 2-10 出口阀开度对流量的影响

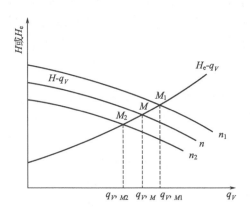

图 2-11 转速对流量的影响

（2）改变叶轮转速（改变泵的特性曲线） 通过调节叶轮转速，可以改变离心泵特性曲线，如图 2-11 所示。若把泵的转速提高到 n_1，则 H-$q_{V,M}$ 线上移，工作点由 M 移至 M_1，流量由 $q_{V,M}$ 加大到 $q_{V,M1}$；若把泵的转速降至 n_2，则 H-q_V 线下移，工作点移至 M_2，流量减小到 $q_{V,M2}$。该调节方法的优点是，流量随转速下降而减小，动力消耗也相应降低；缺点是，需要变速装置或价格较高的变速电动机，难以做到流量连续调节，化工生产中很少采用。

【例 2-2】 将浓度为 95% 的硝酸自常压罐输送至常压设备中去，要求输送量为 $36\text{m}^3/\text{h}$，液体的扬升高度为 7m。输送管路由内径为 80mm 的钢化玻璃管构成，总长为 160m（包括所有局部阻力的当量长度）。现采用某种型号的耐酸泵，其性能列于本题附表 1 中。已知：酸液在输送温度下黏度为 $1.15 \times 10^{-3}\text{Pa·s}$；密度为 1545kg/m^3。摩擦系数可取为 0.015。

（1）通过计算，判断该泵是否合用？

（2）实际的输送量、压头、效率及功率消耗各为多少？

例 2-2 附表 1 耐酸泵性能

$q_V/(\text{L/s})$	H/m	$\eta/\%$
0	19.5	0
3	19	17
6	17.9	30
9	16.6	42
12	14.4	46
15	12	44

解：（1）对于本题，管路所需要压头通过在储槽液面（1-1）和常压设备液面（2-2）之间列柏努利方程求得。

$$\frac{u_1^2}{2g} + z_1 + \frac{p_1}{\rho g} + H_e = \frac{u_2^2}{2g} + z_2 + \frac{p_2}{\rho g} + \sum H_f$$

式中 $z_1 = 0$，$z_2 = 7\text{m}$，$p_1 = p_2 = 0$，$u_1 = u_2 \approx 0$，所以柏努利方程可化简为

$$H_e = (z_2 - z_1) + \sum H_f$$

管内流速

$$u = \frac{q_V}{\frac{\pi}{4}d^2} = \frac{36}{3600 \times \frac{3.14}{4} \times 0.080^2} = 1.99(\text{m/s})$$

管路压头损失

$$\sum H_f = \lambda \frac{l + \sum l_e}{d} \times \frac{u^2}{2g} = 0.015 \times \frac{160}{0.08} \times \frac{1.99^2}{2 \times 9.81} = 6.06(\text{m})$$

则管路所需要的压头

$$H_e = (z_2 - z_1) + \sum H_f = 7 + 6.06 = 13.06(\text{m})$$

以 L/s 计的管路所需流量

$$q_V = \frac{36 \times 1000}{3600} = 10(\text{L/s})$$

由附表可以看出，该泵在流量为 12L/s 时所提供的压头即达到了 14.4m，高于管路所需要的 13.06m。因此我们说该泵对于该输送任务是可用的。

另一个值得关注的问题是该泵是否在效率较高区域工作。由附表可以看出，该泵的最高效率为 46%，高效区为 42.32%～46%。流量为 10L/s 时该泵的效率大约为 43%。因此我们说该泵是在效率较高区域工作的。

（2）实际的输送量、功率消耗和效率取决于泵的工作点，而工作点由管路特性和泵的特性共同决定。

由柏努利方程及式(2-8)可得管路的特性方程为

$$H_e = (z_2 - z_1) + \frac{8\lambda}{\pi^2 g} \times \frac{l + l_e}{d^5} q_V^2 = 7 + \frac{8 \times 0.015}{3.14^2 \times 9.81} \times \frac{160}{0.08^5} q_V^2$$
$$= 7 + 6.058 \times 10^4 q_V^2$$

将流量数据代入其中(代入时需换算成以 m^3/s 为单位),可以计算出各流量下的所需压头,如附表2所示。

例 2-2 附表 2　由各流量数据计算所得 H_e

q_V		H_e/m	q_V		H_e/m
/(L/s)	/(m³/s)		/(L/s)	/(m³/s)	
0	0	7	9	9×10^{-3}	11.91
3	3×10^{-3}	7.545	12	12×10^{-3}	15.72
6	6×10^{-3}	9.181	15	15×10^{-3}	20.63

由本题附表1和附表2两表中数据,可绘制出本题附图所示的曲线图。

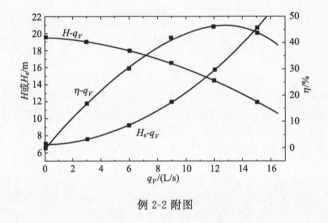

例 2-2 附图

H-q_V 与 H_e-q_V 两曲线的交点为工作点,其对应的压头为 14.8m,流量为 11.4L/s,效率为 45%。则可由式(2-2)计算轴功率。由式(2-2)得

$$N = \frac{q_{V实} H_实 \rho g}{\eta} = \frac{11.4 \times 10^{-3} \times 14.8 \times 1545 \times 9.81}{0.45} = 5683(W) = 5.68(kW)$$

通过例 2-2 可知:

① 判断一台泵是否合用,关键是要计算出与要求的输送量对应的管路所需压头,然后将此压头与泵能提供的压头进行比较,即可得出结论。另一个判断依据是泵是否在效率较高区域工作,即实际效率不低于最高效率的92%。

② 泵的实际工作状况由管路的特性和泵的特性共同决定,此即工作点的概念。它所对应的流量不一定是原本所需要的。此时,还需要调整管路的特性以适用其原始需求。

2.2.5.4　离心泵的并联和串联

(1) 并联操作　当两台泵的型号相同,而且各自吸上管路相同,则两泵并联后的流量和压头必然相同。因此,在同样的压头下,并联泵的流量为单台泵的两倍。这样,将单

台泵的特性曲线的横坐标加倍，纵坐标保持不变，便可得到两泵并联后的合成特性曲线，见图 2-12。

并联泵的流量和压头由合成特性曲线与管路特性曲线的交点确定，并联泵的总效率与单台泵的效率相同。由图 2-12 可知，两台泵并联之后的总输送量 $q_{V并}$，小于原单泵输送量 q_{V0} 的 2 倍。

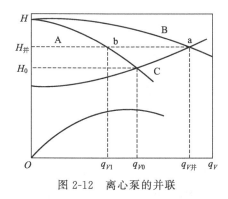
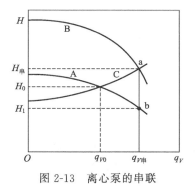

图 2-12 离心泵的并联   图 2-13 离心泵的串联

（2）串联操作 两台型号相同的泵串联后，两泵的流量和压头也相同。因此，在同样的流量下，串联泵的压头为单台泵的两倍。这样，将单台泵的特性曲线的横坐标保持不变，纵坐标加倍，便可得到两泵串联后的合成特性曲线，见图 2-13。

串联泵的流量和压头由合成特性曲线与管路特性曲线的交点确定，串联泵的总效率与单台泵的效率相同。由图 2-13 可以看到，两台泵串联的总压头 $H_串$ 低于单台泵压头 H_0 的两倍。

（3）组合方式的选择 若管路两端的 A 值 ［式(2-9)］大于泵所能提供的最大扬程，则必须采用串联操作。对低阻型管路（即管路特性曲线比较平缓），并联泵输送的流量、压头均大于串联泵。对高阻型管路（即管路特性曲线比较陡峭），串联泵输送的流量、压头均大于并联泵。因此，在低阻力输送管路中，并联优于串联组合；在高阻力管路中，采用串联组合比并联组合更适合。

2.2.6 离心泵的安装高度

2.2.6.1 离心泵的汽蚀现象

汽蚀和气缚现象

离心泵的吸液是靠液面与吸入口间的压差完成的。离心泵不同位置处压力不同，分布关系如图 2-14 所示。当吸入液面压力一定时，泵的安装高度越大，则吸入口处的压力将越小，当吸入口压力小于操作条件下被输送液体的饱和蒸气压时，液体将会汽化产生气泡，含有气泡的液体进入泵体后，在旋转叶轮的作用下进入高压区，气泡在高压的作用下又会凝结为液体。由于原气泡位置的空出造成局部真空，周围液体在高压的作用下，迅速填补原气泡所占空间。这种高速冲击频率很高，可以达到每秒几千次，冲击压强可以达到数百个大气压甚至更高。这种高速冲击频率很高，轻可造成叶轮疲劳，重则造成叶轮与泵壳破坏，甚至能把叶轮打成蜂窝状。这种因为被运输液体在泵内汽化再液化造成叶轮损坏的现象叫离心泵的汽蚀现象。

汽蚀现象发生时，会产生噪声和引起振动，流量、扬程及效率均会迅速下降。严重时，不能吸液。工程上当扬程下降 3% 时就认为进入了汽蚀状态。

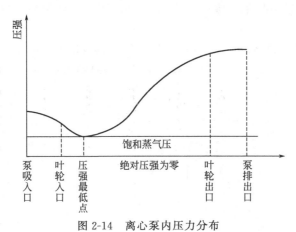

图 2-14　离心泵内压力分布

2.2.6.2　离心泵的安装高度

离心泵的允许吸上高度又称为允许安装高度，指泵的吸入口与吸入贮槽液面间可允许达到的最大垂直距离，以 H_g 表示，如图 2-15 所示。若贮槽上方与大气相通，则 p_0 即为大气压强 p_a，在贮槽液面 0-0 与入口处 1-1 两截面间列柏努利方程，得到

$$H_g = \frac{p_0 - p_1}{\rho g} - \frac{u_1^2}{2g} - H_{f,0-1} \tag{2-10}$$

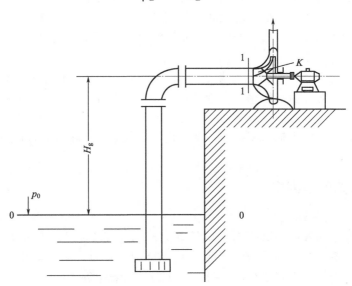

图 2-15　离心泵的安装高度

为防止汽蚀现象发生，在离心泵入口处液柱的静压头 $\dfrac{p_1}{\rho g}$ 与动压头 $\dfrac{u_1^2}{2g}$ 之和必须大于液体在操作温度下的饱和蒸气压头 $p_v/\rho g$ 的一个最小值，即

$$\Delta h = \frac{p_1}{\rho g} + \frac{u_1^2}{2g} - \frac{p_v}{\rho g} \tag{2-11}$$

式中，Δh 定义为汽蚀余量。

当叶轮入口附近（K-K）最小压强等于液体的饱和蒸气压 p_v 时，在 1-1 和 K-K 间列柏

努利方程

$$\frac{p_1}{\rho g}+\frac{u_1^2}{2g}=\frac{p_\text{v}}{\rho g}+\frac{u_K^2}{2g}+H_{\text{f},1-K}$$

即
$$\Delta h=\frac{u_K^2}{2g}+H_{\text{f},1-K} \tag{2-12}$$

上式表明，当流量一定且流体流动进入阻力平方区时，汽蚀余量仅与泵的结构和尺寸有关，是泵的抗汽蚀性能参数。

将式(2-11)、式(2-12)代入式(2-10)，得到离心泵允许吸上高度的计算式

$$H_\text{g}=\frac{p_0}{\rho g}-\frac{p_\text{v}}{\rho g}-\Delta h-H_{\text{f},0-1} \tag{2-13}$$

离心泵的汽蚀余量也是由生产泵的工厂通过实验测定的。Δh 随 q_V 增大而增大，计算允许安装高度时应取高流量下的 Δh 值。泵性能表上所列的 Δh 值也是按输送 20℃的清水测定的，当输送其他液体时应乘以校正系数予以校正。但因一般校正系数小于1，故把输送 20℃清水时的 Δh 作为外加的安全系数，不再校正。

在计算泵的允许安装高度时，应采用使用过程中可能达到的最大流量计算。由式(2-13)可知，减少吸入管路系统的阻力，可提高离心泵的安装高度。因此，一般离心泵的吸入管路直径都要大于出口管径。此外，液体温度越高，饱和蒸气压也就越高，允许安装高度则越低，因此在输送高温液体时，更应该注意离心泵的安装高度。

为安全起见，泵的实际安装高度通常比允许安装高度低 0.5~1m。

【例 2-3】 型号为 IS65-40-200 的离心泵，转速为 2900r/min，流量为 25m³/h，扬程为 50m，Δh 为 2.0m，此泵用来将敞口水池中 50℃的水送出。已知吸入管路的总阻力损失为 2m 水柱，当地大气压强为 100kPa，求泵的安装高度。

解： 查附录 5 得 50℃水的饱和蒸气压为 12.34kPa，水的密度为 988.1kg/m³。已知 $p_0=100\text{kPa}$，$\Delta h=2.0\text{m}$，$\sum H_{\text{f},0-1}=2\text{m}$，则

$$H_\text{g}=\frac{p_0}{\rho g}-\frac{p_\text{v}}{\rho g}-\Delta h-\sum H_{\text{f},0-1}=\frac{100\times1000-12.34\times1000}{988.1\times9.81}-2.0-2=5.04(\text{m})$$

因此，泵的安装高度不应高于 5.04m。

【例 2-4】 用油泵从密闭容器里送出 30℃的丁烷。容器内丁烷液面上的绝对压力为 $3.45\times10^5\text{Pa}$。液面降到最低时，在泵入口中心线以下 2.8m。丁烷在 30℃时密度为 580kg/m³，饱和蒸气压为 $3.05\times10^5\text{Pa}$，泵吸入管路的压头损失为 1.5mH₂O。所选用泵的汽蚀余量为 3m。试判断这个泵能否正常工作？

解： 按所给条件考虑这个泵能否正常操作，就必须计算出它的安装高度，再与题中所给数值相比较，看它是否发生汽蚀。

已知：$p_0=3.45\times10^5\text{Pa}$；$p_\text{v}=3.05\times10^5\text{Pa}$；$\Delta h=3\text{m}$；$\rho=580\text{kg/m}^3$；$H_{\text{f},0-1}=1.5\text{m}$。代入式(2-13)中得

$$H_\text{g}=\frac{p_0}{\rho g}-\frac{p_\text{v}}{\rho g}-\Delta h-\sum H_{\text{f},0-1}=\frac{(3.45-3.05)\times10^5}{580\times9.81}-3-1.5=2.53(\text{m})$$

题中指出，容器内液面降到最低时，实际安装高度为 2.8m，而泵的允许安装高度为 2.53m，说明泵安装位置太高，不能保证整个输送过程中不产生汽蚀现象。为了保证泵的正常操作，应使泵入口中心线不高于最低液面 2.53m，即从原来的安装位置至少降低 2.8-2.53=0.27(m)，或者提高容器的压力。

2.2.7 离心泵的类型和选用及安装操作

2.2.7.1 离心泵的类型

离心泵的分类方式很多，按输送液体的性质不同，可分为清水泵、耐腐蚀泵、油泵、污水泵、杂质泵等；按叶轮的吸液方式不同，分为单吸泵、双吸泵；按叶轮的数目不同，可分为单级泵、多级泵。常用的还有液下泵、屏蔽泵等。常用 IS 型单级单吸离心泵及 AY 型离心油泵的性能参数参见附录 14。

（1）清水泵 适用于输送清水以及物理、化学性质类似水的清洁液体，是最常用的离心泵，一般泵体和泵盖都是用铸铁制成。应用最广泛的清水泵是单级单吸式，其结构如图 2-2 所示。如果要求的压头较高而流量并不太大，可采用多级泵，如图 2-16 所示，其内部结构见图 2-17。在一根轴上串联多个叶轮，从一个叶轮流出的液体通过泵壳内的导轮改变流向，同时将一部分动能转化为静压能，然后进入下一个叶轮入口。液体从几个叶轮中多次接受能量，故可达到较高的压头。一般自 2 级到 9 级，最多可达 12 级。当要求输送液量较大而所需要的压头并不高时，则可采用双吸式离心泵。单级单吸式离心泵系列代号为 IS，多级离心泵系列代号为 D，双吸式离心泵系列代号为 Sh。

图 2-16 多级离心泵

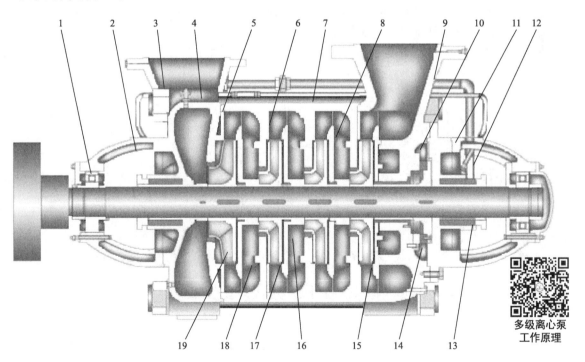

图 2-17 多级离心泵的内部结构

1—轴承；2—填料压盖；3—填料；4—进水段；5—首级密封环；6—转轴；7—中段；8—导叶；
9—出水段；10—平衡板；11—尾盖；12—轴套；13—O 形圈；14—平衡盘；
15—平衡套；16—导叶轮；17—叶轮；18—密封环；19—首级叶轮

例如，某型号 IS50-32-125 的清水泵，其中：IS 代表单级单吸悬臂式；50 表示泵入口直径，mm；32 为泵出口直径，mm；125 为泵叶轮直径，mm。型号为 100S90A 的离心泵，其中 100 表示泵入口直径，mm；S 为单级双吸式；90 为设计点的扬程，m；A 表示叶轮外径经第一次切削。

(2) 耐腐蚀泵　输送酸碱等腐蚀性液体应采用耐腐蚀泵。耐腐蚀泵内所有与液体接触的部件都需要用耐腐蚀材料制造，其系列代号为 F。用玻璃、橡胶等材料制造的耐腐蚀泵，多为小型泵，不属于 F 系列。例如某型号为 25FB-16A 的离心泵，其中，25 表示吸入口的直径，mm；B 为铬镍合金钢。耐腐蚀泵用于常温低浓度酸碱的输送。

(3) 油泵　输送石油产品的泵称为油泵。油品易燃易爆，因此要求油泵必须有良好的密封性能。输送高温油的热油泵还应具有良好的冷却措施，其轴承盒轴封装置都带有冷却水的夹套，运行时通冷却水冷却。

(4) 液下泵　液下泵在化工生产中作为一种化工过程泵或流程泵有着广泛的应用。泵体安装在液体贮槽内，对轴封要求不高，适用于输送化工过程中各种腐蚀性液体，既节省了空间，又改善了操作环境。其缺点是效率不高。图 2-18 为液下泵外形，其内部结构见图 2-19。

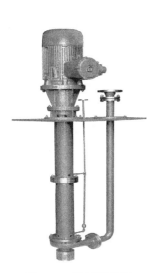

图 2-18　液下泵外形

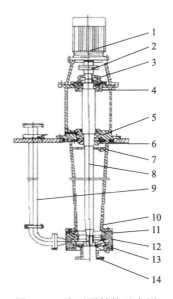

图 2-19　液下泵结构示意图

1—电动机；2—联轴器；3—上轴承盖；4—轴承盒；5—轴承盖；
6—下轴承盖；7—密封环；8—泵轴；9—出液管；10—接管；
11—后盖；12—泵体；13—叶轮；14—前盖

(5) 屏蔽泵　又称为无密封泵。普通离心泵的驱动是通过联轴器将泵的叶轮轴与电动轴相连接，使叶轮与电动机一起旋转而工作。而屏蔽泵是一种无密封泵，泵和驱动电动机都被密封在一个被泵送介质充满的压力容器内，此压力容器只有静密封，并由一个电线组来提供旋转磁场并驱动转子。这种结构取消了传统离心泵具有的旋转轴密封装置，故能做到完全无泄漏。在化工生产中常用于输送易燃易爆、剧毒及具有放射性的液体，但其效率较低。

2.2.7.2　离心泵的选用原则与步骤

离心泵的种类较多，应根据被输送物料的物理化学性质、流量要求及环境条件等，结合经济因素进行选择，必须满足使用流量和扬程的要求，即要求泵的工作点（管路特性曲线与泵的性能曲线的交点）经常保持在高效区间运行，这样既省动力又不易损坏机件。具体原则与步骤为：

（1）确定输送系统的流量和压头 一般情况下液体的输送量是生产任务所规定的，如果流量在一定范围内波动，选泵时按最大流量考虑，然后，根据输送系统管路的安排，用柏努利方程计算出在最大流量下管路所需压头。

（2）选择泵的类型与型号 首先根据被输送液体的性质和操作条件确定泵的类型，按已确定的流量和压头从泵样本或产品目录中选出适合的型号。

若是没有一个型号的 H、q_V 与所要求的刚好相符，则在邻近型号中选用 H 和 q_V 都稍大的一个；若有几个型号的 H 和 q_V 都能满足要求，那么除了考虑 H 和 q_V 外，还应考虑效率等其他因素，选用综合指标高的作为最终的选择。综合指标包括效率、汽蚀余量、质量、价格等方面。

（3）核算轴功率 若输送液体的密度大于水的密度时，按 $N = q_V H \rho g / \eta$ 计算泵的轴功率。

2.2.7.3 离心泵安装与操作应注意的问题

离心泵安装与日常操作应注意以下几方面的问题：

① 安装高度不能太高，应小于允许安装高度。

② 为了不致启动时电流过大而烧坏电动机，泵启动时要将出口阀完全关闭，等电动机运转正常后，再逐渐打开出口阀，并调节到所需的流量。

③ 启动前先"灌泵"。这主要是为了防止"气缚"现象的发生。在泵启动前，向泵内灌注液体直至泵壳顶部排气嘴处在打开状态下有液体冒出时为止。

④ 关泵时，一定要先关闭泵的出口阀，再停电动机。否则，压出管中的高压液体可能反冲入泵内，造成叶轮高速反转，使叶轮被损坏。

⑤ 运转时应定时检查泵的响声、振动、滴漏等情况，观察泵出口压力表的读数，以及轴承是否过热等。

2.3 其他类型液体输送机械

2.3.1 往复泵

2.3.1.1 往复泵的工作原理

往复泵包括活塞泵、计量泵和隔膜泵，通称往复泵，是正位移泵的一种，应用比较广泛。往复泵是通过活塞的往复运动直接以压力能形式向液体提供能量的输送机械。按驱动方式，往复泵分为机动泵（电动机驱动）和直动泵（蒸汽、气体或液体驱动）两大类。往复泵是依靠外界与泵内压强差而吸入或压出流体的，因此和离心泵一样，往复泵的吸上高度受到一定程度的限制。

单动往复泵
工作原理

往复泵工作时，其活塞经曲柄连杆机构在外力驱动下做往复运动，当活塞往外运动时，泵缸内形成低压而使排出阀关闭，吸入阀开启，液体被吸入泵缸内；活塞达到外端点后，开始向内移动，通过挤压使缸内液体压强升高，吸入阀关闭，而排出阀打开，迫使液体排出泵外，进入到管路系统。活塞往复运动一次，完成一次吸入和排出的往复泵，称为

双动及三动往复
泵工作原理与
流量曲线

单动往复泵。显然，单动往复泵对液体的输送是不连续的，流量曲线与活塞排液冲程的速度变化规律一致，为半周正弦曲线。单动往复泵的供液不均匀性是此类往复泵的严重缺陷，它使整个管路中的液体处于变速运动状态，引起流体的惯性阻力损失，增加能量消耗，而且会诱发管路系统的机械振动。采用双动往复泵对此有所改善，如图 2-20 所示。双动往复泵泵缸两端各有一组吸入、排出单相阀，活塞运行时，其两侧同时进行吸液和排液，因此可以实现对液体的连续性输送，其流量曲线见图 2-21。采用多缸并联且使活塞运动相差一定相位，可以改善往复泵输送的不均匀性。

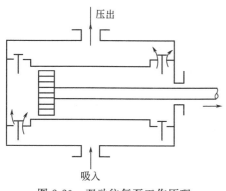

图 2-20　双动往复泵工作原理

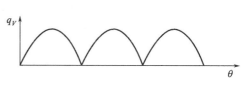

图 2-21　双动往复泵的流量曲线

2.3.1.2　往复泵的特性曲线及工作点

往复泵的理论平均流量可按下式计算

单动泵
$$q_{V\infty} = \frac{Asn}{60} \tag{2-14}$$

双动泵
$$q_{V\infty} = \frac{(2A-a)sn}{60} \tag{2-15}$$

式中　$q_{V\infty}$——往复泵的平均理论流量，m^3/s；

$\quad\quad A$——活塞面积，m^2；

$\quad\quad s$——活塞的冲程，m；

$\quad\quad n$——活塞往复频率，min^{-1}；

$\quad\quad a$——活塞杆截面积，m^2。

往复泵运行过程中，常存在吸入或排出阀不能及时启闭、活塞环密封不严等现象，造成能量的损失（容积损失）在所难免，因此往复泵的实际流量一般小于理论平均流量。其与平均理论流量和效率的关系为

$$q_V = \eta_v q_{V\infty} \tag{2-16}$$

式中，η_v 为容积效率，通过实验测定。一般小型泵的容积效率在 $0.85 \sim 0.90$ 之间，而中型泵的容积效率在 $0.90 \sim 0.95$，大型泵的容积效率为 $0.90 \sim 0.99$。

从式（2-14）至式（2-16）可知，往复泵输出的流量仅与活塞所扫过的体积以及泵的容积效率有关，而与泵所提供的压头和泵所在管路特性无关。当容积效率不变时，往复泵的平均流量恒定不变，即

$$q_V = 常数 \tag{2-17}$$

式（2-17）为往复泵的特性曲线方程。结合管路特性曲线，可确定往复泵的工作点，如图 2-22 所示。实际上往复泵的平均流量在压头较高时，会随着压头的升高略微减少，这是由于容积损失增大造成的。

由往复泵的工作点可确定泵的压头。若工作点处泵的流量为 q_V，压头为 H，则往复泵的功率为

$$N = \frac{H q_V \rho g}{\eta} \tag{2-18}$$

2.3.1.3 往复泵的流量调节

往复泵的流量与管路特性无关，而所提供的压头则完全取决于管路情况，因此若在往复泵出口安装调节阀，不仅不能调节流量，且随着阀门开度减少，需要泵提供的压头增加。则如果操作不当，出口阀完全关闭，将会使往复泵的压头急剧增大，一旦超过泵的机械强度或超过电动机的功率限制，设备将受到损坏。因此，往复泵不能采用出口阀进行流量的调节。与其他的正位移泵一样，往复泵通常采用旁路或通过改变曲柄转速和活塞行程来调节流量，如图 2-23 所示。旁路调节流量没有改变泵的总流量，只是部分流体经过旁路又返回到吸入管路，从而达到主管流量减少的目的。这种方法由于能耗损失大，经济性差，一般适用于流量变化幅度不大而且需要经常调节的场合。通过变速装置改变泵的往复频率，可以达到流量调节的目的。改变转速调节法是一种经济而常用的方法。

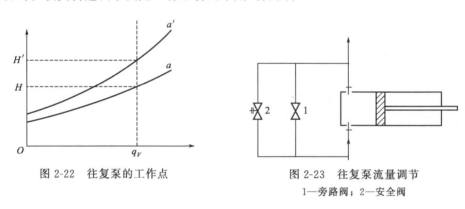

图 2-22　往复泵的工作点　　　　图 2-23　往复泵流量调节
1—旁路阀；2—安全阀

2.3.2　计量泵

化工生产中，有时要求精确地输送流量恒定的液体或将几种液体按比例输送。计量泵能够很好地满足这些要求。计量泵又称比例泵，其工作原理和基本构造与往复泵相同，但是有一套可以准确而方便地调节活塞行程的机构。计量泵的传动装置是通过偏心轮把电动机轴的旋转运动转变成柱塞的往复运动。偏心轮的偏心距可调，以此来改变柱塞往复行程，从而达到调节和控制泵流量的目的。

计量泵是流体输送机械的一种，其突出特点是可以保持与排出压力无关的恒定流量。使用计量泵可以同时完成输送、计量和调节的功能，从而可简化生产工艺流程。使用多台计量泵，可以将几种介质按准确比例输入生产系统中进行混合。由于其自身的突出优点，计量泵如今已被广泛地应用于石油化工、制药、食品等各工业领域中。

2.3.2.1　计量泵分类与特点

（1）按液力端结构形式分类　分为柱塞式计量泵和隔膜式计量泵。

① 柱塞式计量泵　柱塞式计量泵主要分为有阀泵和无阀泵两种。柱塞式计量泵因其结构简单和耐高温高压等优点而被广泛应用于石油化工领域。针对高黏度介质在高压力工况下普通柱塞泵的不足，无阀旋转柱塞式计量泵受到愈来愈多的重视，被广泛应用于糖浆、巧克力和石油添加剂等高黏度介质的计量添加。因被计量介质和泵内润滑剂之间无法实现完全隔

离这一结构性缺点，柱塞式计量泵在高防污染要求流体输送计量应用中受到诸多限制。

②隔膜式计量泵　该类型泵就是在柱塞的前端加上了柔性隔膜，由于隔膜的隔离作用，在结构上真正实现了被输送介质的无泄漏。这在腐蚀性介质、含固体颗粒介质的输送和高防污染要求的场合非常适用。随着高科技的结构设计和新型材料的选用，隔膜的使用寿命被大大提高了，加上复合材料优异的耐腐蚀特性，隔膜式计量泵目前已经成为流体计量应用中的主力泵型。在隔膜式计量泵家族成员里，又有机械隔膜式计量泵（图 2-24）、液压隔膜式计量泵（图 2-25）和波纹管计量泵三种。

图 2-24　机械隔膜式计量泵　　　　　　　图 2-25　液压隔膜式计量泵

机械隔膜式计量泵的隔膜与柱塞机构连接，无液压油系统，柱塞的前后移动直接带动隔膜前后挠曲变形。

液压隔膜式计量泵是通过液压油均匀地驱动隔膜，克服了机械直接驱动方式下泵隔膜受力过分集中的缺点，提升了隔膜寿命和工作压力上限。为了克服单隔膜式计量泵可能出现的因隔膜破损而造成的工作故障，有的计量泵配备了隔膜破损传感器，实现隔膜破裂时自动连锁保护。具有双隔膜结构的计量泵进一步提高了其安全性，适合对安全保护特别敏感的应用场合。

波纹管计量泵与机械隔膜式计量泵相似，只是以波纹管取代隔膜，柱塞端部与波纹管连接在一起。当柱塞往复运动时，波纹管被拉伸和压缩，从而改变液缸腔内的容积，以达到输液与计量的目的。

（2）按驱动形式分类　可分为电磁驱动计量泵和电机驱动计量泵。

①电磁驱动计量泵　作为计量泵的一种，电磁驱动式计量泵以电磁铁产生脉动驱动力，省却了电动机和变速机构，使得系统小巧紧凑，是小流量低压计量泵的重要分支。

②电动机驱动计量泵　该类型计量泵，其动力驱动装置是电动机。电动机输出转矩以后经由减速机构减速，再由机械连杆系统带动柱塞或隔膜（活塞）实现往复运动，从而实现被输送流体吸入与排出。机动泵的传动端，通常由减速机构、调节机构以及曲柄连杆机构等部分组成。它的减速机构通常采用蜗杆减速机构，也有的采用摆线针轮减速机构和减速轴承等减速形式。有时，为了实现通过改变往复运动频率来达到调节流体输送量的目的，也有的采用各种结构的无级变速机构来代替减速结构。

由于计量泵的功率比较小，行程调节机构大都布置在曲柄连杆机构内，最常见的有偏心滑块调节机构（即 N 型轴、L 型轴）、弹簧凸轮机构和改变蜗轮倾斜角及改变连杆支点的结构，这些都是通过改变行程长度而达到调节流体输送量。

2.3.2.2　计量泵的选型

根据不同场合的使用要求，在选择计量泵时主要考虑：被计量液体的流量及对计量精确度的要求；被计量液体的主要特性，例如化学腐蚀性、黏度、浓度和密度等；环境对设备的要求等。然后按以下步骤选定种类及型号。

（1）确定压力　所选取计量泵的额定压力要略高于所需要的实际最高压力，一般高出10%～20%。不要选择过高。压力过高会浪费能源，增加设备的投资和运行费用。

（2）确定流量　所选取的计量泵流量应等于或略大于工艺所需流量。计量泵流量的使用范围在计量泵额定流量范围的30%～100%较好，此时计量泵的重复再现精度高。考虑到经济实用，建议选择计量泵时使实际需要流量为计量泵额定流量的70%～90%。

（3）确定泵头（液力端）材质　计量泵的具体型号规格确定后，再根据过流介质的属性选择液力端部分的材质。这一步非常重要，若选择不当，将会造成介质腐蚀损坏过流部件或介质泄漏污染系统等。严重时还可能造成重大事故。

（4）其他　在选择计量泵时，还需要考虑所需计量泵的精度级别，精度级别越高投入越大。计量泵一般工作温度在-30～100℃，特殊计量泵其工作温度范围更宽（如带保温夹套的高温液体计量泵，其输送温度可达500℃）。对于介质的粒度，要求应小于0.1mm，对于大于0.1mm的介质，可针对性地对泵的液力端结构进行改变，以满足需要。

2.3.3　隔膜泵

由于容易造成泄漏和损坏活柱及缸体，柱塞往复泵不适宜输送腐蚀性液体或悬浮液。在图2-26所示的隔膜泵中，用弹簧金属片或耐腐蚀性橡胶等制成的隔膜将被输液体与活柱和泵缸隔开，从而保护了活柱和泵缸。隔膜与液体接触的部分以及泵体内部均由耐腐蚀材料制造或涂一层耐腐蚀物质。隔膜受外力作用交替向两侧弯曲时，即可将液体吸入和排出。隔膜泵的独特结构，使输送液体的种类增加，从而使泵的使用范围得以拓宽。

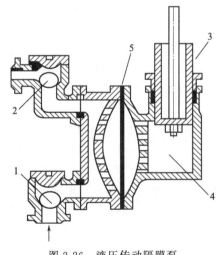

隔膜泵工作原理

图 2-26　液压传动隔膜泵
1—吸入活门；2—压出活门；3—活柱；4—泵缸；5—隔膜

2.3.3.1　隔膜泵的结构与工作原理

隔膜泵主要由传动部分和隔膜缸头两大部分组成。传动部分是带动隔膜片来回鼓动的驱动机构，它的传动形式有机械传动、液压传动和气压传动等，其中应用较为广泛的是液压传动。

液压传动隔膜泵的工作部分主要由曲柄连杆机构、柱塞、液缸、隔膜、泵体、吸入阀和排出阀等组成，其中，由曲轴连杆、柱塞和液缸构成的驱动机构与往复柱塞泵十分相似。隔膜泵工作时，曲柄连杆机构在电动机的驱动下，带动柱塞作往复运动，柱塞的运动通过液缸内的工作液体（一般为油）传递到隔膜，使隔膜来回鼓动。当隔膜片向传动机构一侧弯曲，泵缸内工作部分为负压而吸入液体；当隔膜片向另一侧弯曲时，则排出液体。被输送的液体在泵缸内被膜片与工作液体隔开，只与泵缸工作部分、吸入阀、排出阀及膜片的泵内一侧接触，而不接触柱塞以及密封装置，这就使柱塞等重要零件完全在工作液中工作，处于良好的工作状态。

隔膜片要有良好的柔韧性，还要有较好的耐腐蚀性能，通常用聚四氟乙烯、橡胶等材质制成。隔膜片两侧一般装有带网孔的锅底状零件，是为了防止隔膜片局部产生过大的变形而设置的，称为隔膜片限制器。

气动隔膜泵的密封性能较好，能够较为容易地达到无泄漏运行，可用于输送酸、碱、盐等腐蚀性液体及高黏度液体。

2.3.3.2　隔膜泵的性能参数

隔膜泵按其所配执行机构使用的动力，可以分为气动、电动、液动三种，即以压缩空气为动力源的气动隔膜泵、以电为动力源的电动隔膜泵、以液体介质（如油等）压力为动力源的液动隔膜泵。性能参数主要有流量、扬程、出口压力、吸程、最大允许通过颗粒等。不同种类的隔膜泵性能有所差异，表 2-1 给出了气动隔膜泵的性能参数。

表 2-1　部分气动隔膜泵的性能参数

型号	流量 /(m/h)	扬程 /m	出口压力 /(kgf/cm²)[①]	吸程 /m	最大允许通过颗粒 ϕ/mm	最大供气压 /(kgf/cm²)[①]	最大空气消耗量 /(m³/min)
QBY-10	0~0.8	0~50	6	5	1	7	0.3
QBY-15	0~1	0~50	6	5	1	7	0.3
QBY-25	0~2.4	0~50	6	7	2.5	7	0.6
QBY-32	0~6	0~50	6	7	4.0	7	0.6
QBY-40	0~8	0~50	6	7	4.5	7	0.6
QBY-50	0~12	0~50	6	7	8	7	0.9

① $1kgf/cm^2 = 98.0665kPa$。

2.3.4　齿轮泵

齿轮泵（图 2-27）属于旋转类正位移泵，是依靠泵缸与啮合齿轮间所形成的工作容积变化和移动来输送液体或使之增压的回转泵。齿轮泵具有结构简单、价格便宜、工作要求低、应用广泛等特点，但端盖和齿轮的各个齿间槽组成了许多固定的密封工作腔，故只能用作定量泵。

齿轮泵工作原理

图 2-27　齿轮泵

2.3.4.1 工作原理

齿轮泵中，由两个齿轮、泵体与前后盖组成两个封闭空间，当齿轮转动时，齿轮脱开侧的空间的体积从小变大，形成真空，将液体吸入，齿轮啮合侧的空间的体积从大变小，而将液体挤入管路中去。吸入腔与排出腔是靠两个齿轮的啮合线来隔开的。齿轮泵的排出口的压力完全取决于泵出口处阻力的大小。齿轮泵可产生高的扬程，但流量小，适用于输送高黏度液体或糊状物料，但不宜输送含固体颗粒的悬浮液。

齿轮泵由一个独立的电动机驱动，可有效地阻断上游的压力脉动及流量波动。在齿轮泵出口处的压力脉动可以控制在1%以内。在挤出生产线上采用一台齿轮泵，可以提高流量输出速度，减少物料在挤出机内的剪切及驻留时间。

齿轮泵具有自吸能力且流量与排出压力无关，泵壳上无吸入阀和排出阀，具有结构简单、流量均匀、工作可靠等特性，但效率低、噪声和振动大、易磨损，主要用来输送无腐蚀性、无固体颗粒并且具有润滑能力的各种油类，温度一般不超过70℃，例如润滑油、食用植物油等。一般流量范围为 $0.045\sim30\mathrm{m^3/h}$，压力范围为 $0.7\sim20\mathrm{MPa}$，工作转速为 $1200\sim4000\mathrm{r/min}$。

2.3.4.2 齿轮泵的类型及其特点

按泵的核心组成部件齿轮不同，分为公法线齿轮泵和圆弧齿轮泵。公法线齿轮泵输送含杂质的介质比圆弧齿轮泵要耐用；而圆弧齿轮泵结构特殊，输送干净的介质，噪声低，寿命长，各有各的优点。根据齿轮泵的结构，常分为外啮合齿轮泵和内啮合齿轮泵。

外啮合齿轮泵是应用最广泛的一种齿轮泵，一般齿轮泵通常指的就是外啮合齿轮泵，主要由主动齿轮、从动齿轮、泵体、泵盖和安全阀等组成。泵体、泵盖和齿轮构成的密封空间就是齿轮泵的工作室。两个齿轮的轮轴分别装在两泵盖上的轴承孔内，主动齿轮轴伸出泵体，由电动机带动旋转。外啮合齿轮泵结构简单、重量轻、造价低、工作可靠、应用范围广。

内啮合齿轮泵，它由一对相互啮合的内齿轮及它们中间的月牙形件、泵壳等构成。月牙形件的作用是将吸入室和排出室隔开。当主动齿轮旋转时，在齿轮脱开啮合的地方形成局部真空，液体被吸入泵内充满吸入室各齿间，然后沿月牙形件的内外两侧分两路进入排出室。在轮齿进入啮合的地方，存在于齿间的液体被挤压而送进排出管。

2.3.5 螺杆泵

螺杆泵，亦称阿基米德螺旋泵，是利用螺旋叶片的旋转，使液体沿轴向螺旋状运动的一种泵。由轴、螺旋叶片、外壳组成，见图2-28。输送液体时，将泵斜置液体中，使泵主轴的倾角小于螺旋叶片的倾角，螺旋叶片的下端与液体接触。当原动机通过变速装置带动螺

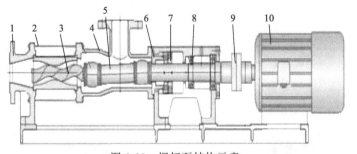

螺杆泵工作原理

图 2-28 螺杆泵结构示意

1—出料口；2—拉杆；3—螺杆轴；4—进体体；5—联轴器；6—填料座；

7—填料压盖；8—轴承；9—联轴器；10—电动机

旋泵轴旋转时，液体就进入叶片，沿螺旋形流道上升，直至流出。结构简单、压头损失小、效率较高，无噪声、无振动、流量均匀，适用于输送高黏度流体，便于维修和保养；但扬程低，转速低，需设变速装置。多用于灌溉、排涝，以及提升污水、污泥等场合。

2.3.5.1　分类及其特点

螺杆泵按螺杆的数目，分为单螺杆泵、双螺杆泵、三螺杆泵和五螺杆泵。

单螺杆泵是一种单螺杆式输运泵，它的主要工作部件是偏心螺旋体的螺杆（称转子）和内表面呈双线螺旋面的螺杆衬套（称定子）。其工作原理是当电动机带动泵轴转动时，螺杆一方面绕本身的轴线旋转，另一方面它又沿衬套内表面滚动，于是形成泵的密封腔室。螺杆每转一周，密封腔内的液体向前推进一个螺距，随着螺杆的连续转动，液体以螺旋形方式从一个密封腔压向另一个密封腔，最后挤出泵体，如图 2-28 所示。螺杆泵是一种新型的输送液体的机械，具有结构简单、工作安全可靠、使用维修方便、出液连续均匀、压力稳定等优点。

三螺杆泵主要是由固定在泵体中的衬套（泵缸）以及安插在泵缸中的主动螺杆和与其啮合的两根从动螺杆所组成。三根互相啮合的螺杆，在泵缸内按每个导程形成一个密封腔，造成吸排口之间的密封。

三螺杆泵工作时，由于两从动螺杆与主动螺杆左右对称啮合，故作用在主动螺杆上的径向力完全平衡，主动螺杆不承受弯曲负荷。从动螺杆所受径向力沿其整个长度都由泵缸衬套来支承，因此，不需要在外端另设轴承，基本上也不承受弯曲负荷。在运行中，螺杆外圆表面和泵缸内壁之间形成的一层油膜，可防止金属之间的直接接触，使螺杆齿面的磨损大大减少。

螺杆泵工作时，两端对螺杆要产生轴向推力。对于压差小于 $10\mathrm{kgf/cm^2}$（0.98MPa）的小型泵，可以采用止推轴承。此外，还通过主动螺杆的中央油孔将高压油引入各螺杆轴套的底部，从而在螺杆下端产生一个与轴向推力方向相反的平衡推力。

螺杆泵和其他容积泵一样，当泵的排出口完全封闭时，泵内的压力就会上升到使泵损坏或使电动机过载的危险程度。所以，在泵的吸排口处，就必须设置安全阀。螺杆泵的轴封，通常采用机械轴封，并可根据工作压力的高低采取不同的形式。

2.3.5.2　螺杆泵的选用及应用

螺杆泵因其有可变量输送、自吸能力强、可逆转、能输送含固体颗粒的液体等特点，在污水处理厂中，广泛地被使用在输送水、湿污泥和絮凝剂药液方面。螺杆泵选用应遵循经济、合理、可靠的原则。如果在设计选型方面考虑不周，会给以后的使用、管理、维修带来麻烦。选用一台符合生产实际需要、合理可靠的螺杆泵，既能保证生产顺利进行，又可降低修理成本。

螺杆泵的流量与转速呈线性关系，相对于低转速的螺杆泵，高转速的螺杆泵虽能增加流量和扬程，但功率明显增大。高转速加速了转子与定子间的磨耗，必定使螺杆泵过早失效。而且高转速螺杆泵的定转子长度很短，极易磨损，因而缩短了螺杆泵的使用寿命。可以通过减速机构或无级调速机构来降低转速，使其转速保持在 300r/min 以下较为合理的范围内，与高速运转的螺杆泵相比，使用寿命能延长几倍。

螺杆泵用于污泥输送时，应保证杂物不进入泵体。湿污泥中混入的固体杂物会对螺杆泵的橡胶材质定子造成损坏，所以确保杂物不进入泵的腔体是很重要的。很多污水厂在泵前加装了粉碎机，也有的安装格栅装置或滤网，阻挡杂物进入螺杆泵。对于格栅应及时清捞以免造成堵塞。

螺杆泵工作时，绝不允许在断料的情形下运转。如发生断料，橡胶定子由于干摩擦，将会瞬间产生高温而烧坏。所以，粉碎机完好、格栅畅通是螺杆泵正常运转的必要条件之一。为此，有些螺杆泵还在泵身上安装了断料停机装置，当发生断料时，由于螺杆泵其有自吸的特性，腔体内会产生真空，真空装置会使螺杆泵停止运转。

稳定出口压力，保证螺杆泵正常工作。螺杆泵是一种容积式回转泵，当出口端受阻时，压力会逐渐升高，以至于超过预定的压力值。此时电动机负荷急剧增加，传动机械相关零件的负载也会超出设计值，严重时会发生电动机烧毁、传动零件断裂。为了避免螺杆泵损坏，一般可在螺杆泵出口处安装回油阀，用以稳定出口压力，保持泵的正常运转。

2.4 气体输送机械

气体输送机械的结构和原理与液体输送机械基本上相同。但是气体具有可压缩性且密度较小，从而使气体输送具有某些不同于液体输送的特点。

对一定的质量流量，由于气体的密度小，其体积流量很大。因此气体输送管中的流速比液体要大得多，前者经济流速（15～25m/s）约为后者（1～3m/s）的 10 倍。这样，以各自的经济流速输送同样的质量流量，经相同的管长后气体的阻力损失约为液体的 10 倍。因而气体输送机械的动力消耗往往很大。此外，气体具有可压缩性，故在输送机械内部气体压力变化的同时，体积和温度也将随之发生变化。这些变化对气体输送机械的结构、形状有很大影响。

气体输送机械按工作原理分为离心式、旋转式、往复式以及喷射式等。按出口压力（终压）和压缩比不同分为如下几类：

① 风机：终压（表压）不大于 15kPa（约 1500mmH$_2$O），压缩比 1～1.15。
② 鼓风机：终压（表压）为 15～294kPa，压缩比小于 4。
③ 压缩机：终压（表压）为 294kPa 以上，压缩比大于 4。
④ 真空泵：在设备内造成负压，终压为大气压，压缩比由真空度决定。

2.4.1 真空泵

2.4.1.1 真空泵的类型及工作原理

真空泵就是在负压下吸气，在大气压下排气的输送机械，用来维持生产系统要求的真空状态。对于仅在几十帕斯卡到上千帕斯卡的真空度，普通的通风机和鼓风机就可以达到要求。但是当工艺系统要求的真空度较高时，如绝对压强在 20kPa 以下至几百帕斯卡，这时就需要专门的真空泵来维持。对于维持绝对压强在 0.1kPa 以下的超高真空，就需应用扩散、吸附等原理制造的专门设备。下面就化工常用的几种真空泵做一个简单的描述。

（1）往复式真空泵　往复式真空泵的构造原理与往复式压缩机基本上相同，结构上也相似，见图 2-29。只是因抽吸的气体压强变化很小，要求排出和吸入阀门更加轻巧灵活，易于启动。此外，当往复真空泵达到较高真空度时，泵的压缩比很高（约为 20），为了减少余隙的不利影响，真空度气缸设有一连通活塞左、右两端的平衡气道。在排气终了时让平衡气道短时间连通，使余隙中残留气体从活塞的一侧流至另一侧，从而减少余隙的影响。往复式真空泵属于干式真空泵，不适宜抽吸含有较多可凝性蒸气的气体。

（2）旋转式真空泵　常用的旋转式真空泵有水环式真空泵、旋转片真空泵和喷射式真空泵。

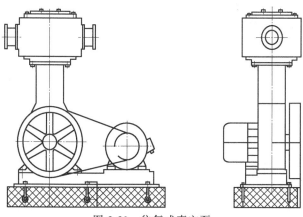

图 2-29　往复式真空泵

① 水环式真空泵　主要由呈圆形的泵壳和带有辐射状叶片的叶轮组成。水环式真空泵的叶轮偏心安装，如图 2-30 所示。泵内充有一定量的水，当叶轮旋转时，水在离心力作用下形成水环。水环具有密封作用，将叶片间的空隙密封分隔为大小不等的气室。随叶轮的旋转，密封气室由小变大形成真空时，将气体由吸入口吸入；当密封气室由大到小时，气体被压缩，由排气口排出。

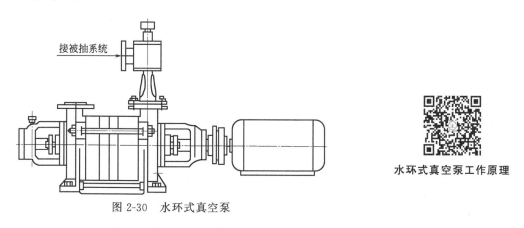

水环式真空泵工作原理

图 2-30　水环式真空泵

水环式真空泵属湿式真空泵，可用于抽吸夹带有少量液体的气体，最高真空度可达 83kPa。该泵结构简单紧凑，操作可靠，使用寿命长，但效率较低，一般为 30%～50%，所产生的真空度还受到泵体内水温下水的饱和蒸气压的制约。水环式真空泵运转时应保持液封水的置换流动，这样既可不断地补充水以维持泵内的液封，又可带走热量保持较低的水温。

② 旋转片真空泵（旋片泵）　主要由泵壳、带有两个旋片的偏心转子和排气阀片组成。当转子旋转时，旋片在弹簧及自身惯性的作用下，紧贴壁面随转子滑动，这样使吸气工作室扩大，形成真空，气体被吸入。当旋片转子转至垂直状态时，吸气完毕。随转子的继续旋转，气体被压缩，当气体压强超过排气阀上方的压强时，阀门打开，气体通过油层经排气口排出。泵在工作时，旋片始终将泵腔分为吸气、排气两个工作室，即转子每转一周，完成两次吸、排气过程。

旋片泵的主要部分浸入真空油中，以确保对各部件缝隙的密封和对相互摩擦部件的润滑。旋片泵属于干式真空泵，适用于抽取干燥或含有少量可凝性蒸气的气体，不适宜抽取含尘和对润滑油起化学反应的气体。旋片式真空泵可达到较高的真空度，如能有效控制管路与泵等接口处的空气漏入，且采用高质量的真空油，真空度可达 101.315kPa 以上。

③ 喷射式真空泵（喷射泵） 可用于抽送气体、液体或产生真空，用于抽真空时称为真空喷射泵。在过程工业中，喷射泵主要用于抽真空。喷射泵是利用高速流体射流时压强能向动能转换所造成的真空，将气体吸入泵内，并在混合室通过碰撞、混合以提高吸入气体的机械能，然后将气体工作流体一并排出泵外。

喷射泵工作流体可以是水蒸气，也可以是水。前者称为蒸汽喷射泵，后者称为水喷射泵。如图 2-31 所示，动力介质（如水或水蒸气）高速喷射进入喷嘴后，产生低压，将气体吸入并在气体混合器中混合，经扩大管后，动能转变为静压能。单级蒸汽喷射泵仅能达到 91kPa 的真空度。为了获得更高的真空度，常采用多级蒸汽喷射泵，工程上最多采用五级蒸汽喷射泵，其极限真空度可以达到 1.3Pa。喷射泵的优点是工作压强范围广，抽气量大，结构简单，适应性强，而缺点是效率很低，一般只有 10%～25%。因此，喷射泵多用于抽取真空，很少用于输送流体。

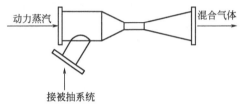

图 2-31　喷射式真空泵工作原理示意

蒸汽喷射泵工作原理

2.4.1.2　真空泵的主要参数

真空泵主要参数是极限真空和抽气速率。这两个参数是选择真空泵的依据。

（1）极限真空　真空泵所能达到稳定的最低压强，习惯上以绝对压强表示，单位为 Pa。

（2）抽气速率（抽率）　单位时间内真空泵吸入口吸进的气体体积，这里是指在吸入口的温度与压强（极限真空）条件下的体积流量，常用 m^3/h 或 L/s 表示。

与液体和气体输送机械的选用类似，真空泵的选用也应先选择泵类型、再确定规格。也就是首先根据被抽气体的种类、固体杂质含量、带液量以及系统对油蒸气有无限制等情况确定真空泵的类型，如湿式或干式、机械式或流体喷射式等，而后根据系统对真空度和抽气速率的要求确定真空泵的型号。通常所选真空泵的极限真空度应比系统要求的真空度高 0.5～1 个数量级。

2.4.2　压缩机

压缩机是输送气体并提高气体压力的机械，在石油化工企业中，压缩机主要用于压缩原料气、空气或中间过程气体，以满足工业生产的需要。压缩机按照工作原理可分为速度型和容积型两种。速度型压缩机是使气体在高速旋转叶轮的作用下获得巨大的动能，随后在扩张器中流速急剧降低，使气体的动能变为势能，也就是转化为压力能。容积式压缩机主要是通过气缸内作往复或回转运动的活塞，使气体的容积缩小而提高气体压强。

化工企业中常用的压缩机有往复式压缩机（容积式压缩机）和离心式压缩机（速度型压缩机）。

2.4.2.1　往复式压缩机

往复式压缩机的基本结构和工作原理与往复泵相似，也是通过曲轴连杆机构将曲轴旋转运动转化为活塞往复运动。当曲轴旋转时，通过连杆的传动，驱动活塞作往复运动，使工作容积发生周期性的变化。曲轴旋转一周，活塞往复一次，气缸内实现气体进气、压缩、排气过程，完成一个工作循环。

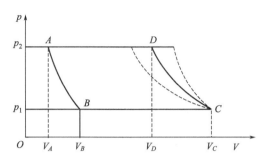

图 2-32 为往复式压缩机的工作过程（p-V 曲线）。当活塞运动至气缸的最左端，压出行程结束。因为机械结构上的原因，虽然活塞已达到行程的最左端，气缸左侧还有一些容积，为余隙容积。由于余隙容积的存在，吸入行程开始阶段为余隙内压强为 p_2 的高压气体膨胀过程，直至气压降为吸入气压 p_1 时，吸入活门才开启，压强为 p_1 的气体被吸入缸内。在整个吸气过程中，压强 p_1 基本上不变，直至活塞移动到最右端，吸入行程结束。当压缩行程开始，吸入活门关闭，缸内气体被压缩。当缸内气体的压强稍大于 p_2，排出活门开启，气体从缸内排出，直至活塞移动至最左端，排出过程结束。

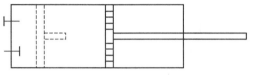

图 2-32　往复式压缩机工作过程示意

由上述分析可知，压缩机一个工作循环由膨胀、吸入、压缩和排出四个阶段组成。根据稳态流体热力学第一定律，可以证明在一个工作循环中活塞对气体所做的功即为图 2-32 中封闭曲线 $ABCD$ 所包围的面积。若气缸没有余隙容积，则压缩机的一个工作循环仅由吸入-压缩-排出三个阶段构成，此过程称为理论循环过程。

根据气体和外界的换热情况，压缩过程可分为等温、绝热和多变三种情况。等温压缩消耗的功最小，因此压缩过程中希望能较好冷却，使其接近等温压缩。实际上，等温和绝热条件都很难做到，所以压缩过程一般都是介于两者之间的多变过程。

压缩机在工作时，余隙内气体无益地进行压缩膨胀循环，消耗能量且使吸入气量减少。余隙的这个影响在压缩比 p_2/p_1 较大时更为显著。当压缩比增大至某一极限值时，活塞扫过的全部容积恰好使余隙内气体由 p_2 膨胀到 p_1，此时压缩机已不能吸入气体，即流量为零。这是压缩机的极限压缩比。此外，压缩比较高时，气体温升很高，甚至可能导致润滑油变质，机件损坏。因此当生产过程的压缩比大于 8 时，尽管离压缩极限尚远，也采用多级压缩。

图 2-33 为两级压缩机示意（p-q_V 曲线）。在第一级中气体沿多变线 ab 被压缩至中间压强 p，以后进入中间冷却器等压冷却到原始温度，体积缩小，图中以 bc 线表示。第二级压

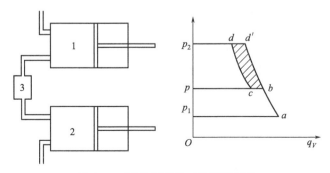

图 2-33　两级压缩机工作原理示意

缩从中间压强开始，图中以 *cd* 线表示。这样，由一级压缩变为二级压缩后，总的压缩过程较为接近于等温压缩，所节省的功即为 *bcdd′* 所围的阴影面积。

在多级压缩中，每级压缩可减小余隙的不良影响。往复式压缩机的选用主要依据生产能力和排出压强两个指标。生产能力用 m^3/min 表示，以吸入常压空气来测定。在实际选用时，首先根据所输送气体的特殊性质，决定压缩机类型，然后再根据生产能力和排出压强，从产品样本中选用适宜的压缩机。

与往复泵一样，往复式压缩机的排气量也是脉动的。为使管路内流量稳定，压缩机出口应连接气柜。气柜兼有沉降器作用，气体中夹带的油沫和水沫在气柜中沉降，定期排放。为安全起见，气柜要安装压力表和安全阀。压缩机的吸入口需安装过滤器，以免吸入灰尘等杂物，造成机件磨损。

2.4.2.2 离心式压缩机

离心式压缩机又称透平压缩机，其工作原理与离心鼓风机完全一样。离心压缩机之所以产生高压强，除了级数较多外，更主要的是采用高转速。由于压缩比较高，气体体积收缩大，温升也高，压缩机也常分成几段，每段又包括若干级，叶轮直径逐渐减少，且在各段之间设有中间冷却器。离心式压缩机流量大，供气均匀，体积小，维护方便，且机体内无润滑油污染气体。离心式压缩机在现代大型合成氨工业和石油化工企业中有很多的应用，其压强可达几十兆帕。

习　题

一、填空题

1.在离心泵工作时，用于将动能转变为压力能的部件是_____。

2.离心泵的轴封装置主要有两种：_____和_____。

3.离心泵在启动时应先将出口阀_____，目的是_____。

4.离心泵的流量调节阀安装在离心泵_____管路上，关小出口阀门后，真空表的读数_____，压力表的读数_____。

5.离心泵铭牌上标明的流量和扬程指的是_____时的流量和扬程。

6.当离心泵出口阀门开大时，流量_____，泵出口压力_____。

7.离心泵启动时，如果泵内没有充满液体而存在气体时，离心泵就不能输送液体。这种现象称为_____现象。

8.离心泵的安装高度超过允许吸上高度时，会发生_____现象。

9.离心泵输送的液体密度变大，则其扬程_____，流量_____，效率_____，轴功率_____。

10.若被输送的流体黏度增高，则离心泵的压头_____，流量_____，效率_____，轴功率_____。

11.某输水的水泵系统，经管路计算得需泵提供的压头为 $H_e = 19mH_2O$，输水量为 $0.0079m^3/s$，则泵的有效功率为_____。

12.某一离心泵在运行一段时间后，发现吸入口真空表读数不断下降，管路中的流量也不断减少直至断流。经检查，电动机、轴、叶轮都处在正常运转状态，可以断定泵内发生_____现象；应检查进口管路有否_____。

13.用离心泵向锅炉供水，若锅炉中的压力突然升高，则泵提供的流量_____，扬程_____。

二、选择题

1.离心泵是依靠做旋转运动的（　　）进行工作的。

A.齿轮　　　　　　　　　B.叶轮　　　　　　　　　C.活塞

2.在下面几种叶轮中，（　　）的效率最高。

A. 开式叶轮　　　　　　　　B. 半开式叶轮　　　　　　　C. 闭式叶轮

3. 离心泵启动时，应把出口阀关闭，以降低启动功率，保护电动机，不致超负荷工作，这是因为（　　）

A. $q_V=0$，$N\approx0$　　　　B. $q_V>0$，$N>0$　　　　C. $q_V<0$，$N<0$

4. 为减少电动机的启动功率，离心泵在启动前应将（　　）。

A. 出口阀关闭　　　　B. 进口阀关闭　　　　C. 出口阀打开　　　　D. 进口阀打开

5. 用离心泵将水池的水抽吸到水塔中，设水池和水塔水面维持恒定，若离心泵在正常操作范围内工作，开大出口阀门将导致（　　）。

A. 送水量增加，泵的压头下降　　　　　　　B. 送水量增加，泵的压头升高

C. 送水量增加，泵的轴功率不变　　　　　　D. 送水量增加，泵的轴功率下降

6. 离心泵性能曲线中的 H-q_V 线是在（　　）的情况下测定的。

A. 效率一定　　　　B. 功率一定　　　　C. 转速一定　　　　D. 管路布置一定

7. 由离心泵和某一管路组成的输送系统，其工作点（　　）。

A. 由泵铭牌上的流量和扬程所决定　　　　B. 即泵的最大效率所对应的点

C. 由泵的特性曲线所决定　　　　　　　　D. 是泵的特性曲线与管路特性曲线的交点

8. 在一输送系统中，改变离心泵出口阀开度，不会影响（　　）。

A. 管路特性曲线　　　　　　　　B. 管路所需压头

C. 泵的特性曲线　　　　　　　　D. 泵的工作点

9. 某离心泵运行一年后发现有气缚现象，应（　　）。

A. 停泵，向泵内灌液　　　　　　B. 降低泵的安装高度

C. 检查进口管路是否有泄漏现象　　D. 检查出口管路阻力是否过大

10. 离心泵的调节阀开大时，（　　）。

A. 吸入管路阻力损失不变　　　　B. 泵出口的压力减小

C. 泵入口的真空度减小　　　　　D. 泵工作点的扬程升高

11. 离心泵的允许吸上真空度随泵的流量增大而（　　）。

A. 增大　　　　B. 减少　　　　C. 不变

12. 由于泵内存有气体，启动离心泵而不能送液的现象，称为（　　）现象。

A. 汽蚀　　　　B. 气缚　　　　C. 喘振

13. 离心泵开动以前必须充满液体是为了防止发生（　　）。

A. 气缚现象　　　　B. 汽蚀现象　　　　C. 汽化现象　　　　D. 气浮现象

14. 离心泵的吸液高度与（　　）无关。

A. 排出管路的阻力大小　　　　B. 吸入管路的阻力大小

C. 当地大气压　　　　　　　　D. 被输送液体的密度

15. 离心泵的实际安装高度，应（　　）允许吸上高度。

A. 高于　　　　B. 低于　　　　C. 等于

16. 用离心泵向某设备供液，如果设备内的压强突然增大，则泵扬程会（　　），流量会（　　）。

A. 变大　　　　B. 变小　　　　C. 不变

17. 用离心泵从河中抽水，当河面水位下降时，泵提供的流量减少了，其原因是（　　）。

A. 发生了气缚现象　　B. 泵特性曲线变了　　C. 管路特性曲线变了

18. 离心泵铭牌上所标的性能参数是指（　　）时的值。

A. 工作点　　　　B. 最高效率　　　　C. 最大扬程　　　　D. 最大功率

19. 离心泵输水管路在操作过程中若关小输水阀，则下列叙述有错误的是（　　）。

A. 泵的特性曲线方程不变　　　　B. 管路阻力系数上升

C. 管路总阻力不变　　　　　　　D. 压头上升

20. 一台试验用离心泵，启动不久，泵入口处的真空表读数逐渐降低为零，泵出口处的压力表读数也逐渐降低为零，此时离心泵完全打不出水。发生故障的原因是（　　）。

A. 忘了灌水　　　B. 吸入管路堵塞　　　C. 压出管路堵塞　　　D. 吸入管路漏气

21. 当管路的特性曲线写为 $H_e = A + Bq_V^2$ 时，（   ）。

A. A 只包括单位重量流体增加的位能

B. A 只包括单位重量流体增加的位能与静压能之和

C. Bq_V^2 代表管路系统损失的阻力

D. Bq_V^2 代表单位重量流体增加的动能

22. 4B 型水泵中的 4 是代表（   ）。

A. 扬程 4m   B. 流量 4m/s   C. 吸入口径为 4in

23. B 型离心泵属（   ）泵。

A. 耐腐蚀泵   B. 清水泵   C. 油泵

24. 试选择适宜的输送机械完成如下输送任务：

(1) 输送含有纯碱颗粒的水悬浮液（   ）；

(2) 输送高分子聚合物黏稠液体（   ）；

(3) 输送黏度为 0.8mPa·s 的有机液（要求 $q_V = 1m^3/h$, $H = 30m$）（   ）。

A. 离心泵   B. 旋涡泵   C. 往复泵   D. 开式碱泵

25. 用一汽蚀余量为 2m 的离心泵输送处于沸腾状态下的塔底液体，若泵前管路的全部流动阻力为 1.5m 液柱，则此泵的安装位置必须为（   ）。

A. 高于塔底液面 3.5m 的上方   B. 高于塔底液面 1.5m 的上方

C. 低于塔底液面 4m 的下方   D. 低于塔底液面 2m 的下方

三、判断题

1. 离心泵启动时，为减小启动功率，应将出口阀门关闭，这是因为流量增加而功率增大。（   ）

2. 离心泵的特点之一是有很大的操作弹性，能在相当广泛的流量范围内操作。泵的铭牌上标明的数值是该泵在效率最高点上的性能。（   ）

3. 离心泵的扬程又称压头，即升扬高度。（   ）

4. 将同一转速的同一型号离心泵分别装在一条阻力很大、一条阻力很小的管路中进行性能测量时，其测出泵的性能曲线不一样；其实际供给管路的最大流量也不一样。（   ）

5. 当关小离心泵的出口阀时，泵的扬程增大了，其升扬高度提高了。（   ）

6. 用离心泵输送密度比水大的液体时，泵的流量不会减少，但扬程却会减少。（   ）

7. 为减少吸入管路的阻力损失，一般应使吸入管径小于排出管径。（   ）

四、简答题

1. 离心泵的主要部件有哪些？各有什么作用？

2. 为什么离心泵在启动前要关闭出口阀门？

3. 什么是离心泵的"气缚"和"汽蚀"现象，它们对泵的操作有何危害？应如何防止？

4. 为什么离心泵可用出口阀来调节流量？往复泵可否采用同样方法调节流量？为什么？

5. 离心泵的扬程和升扬高度有什么不同？

6. 当离心泵启动后不吸液，其原因可能有哪些？

7. 现想测定某一离心泵的性能曲线，将此泵装在不同的管路上进行测试时，所得性能曲线是否一样？为什么？

8. 原用以输送水的离心泵，现改用来输送相对密度为 1.2 的水溶液（其黏度与水相近）。若管路布局不变，泵的前后两个开口容器液面间的垂直距离不变，试说明泵的流量、扬程、出口处压力表的读数和轴功率有何变化？

五、计算题

1. 某离心泵在转速为 1450r/min 下测得流量为 65m³/h，压头为 30m。若将转速调至 1200r/min，试估算此时泵的流量和压头。

2. 要求将 20℃水（黏度为 1cP）从一贮水池打入水塔中，每小时送水量不低于 75t，贮水池和水塔的水位设为恒定，且与大气相通，水塔水面与贮水池水面的垂直距离为 13m，输水管为 $\phi140mm \times 4.5mm$ 的钢管，所需铺设的管长为 50m，管线中的所有局部阻力当量长度为 20m，摩擦系数 $\lambda = 0.3164Re^{-0.25}$。现库存有两台不同型号的清水泵 A、B，它们的性能如习题附表 1 所示，试从中选一台合适的泵。

习题附表 1

泵	流量/(m³/h)	扬程/m	轴功率/kW	效率/%
A	80	15.2	4.35	76
B	79	14.8	4.10	78

3. 某输水管路系统，要求水流量 $q_V = 10\text{m}^3/\text{h}$，管路特性方程为：$H_e = 16 + 0.04q_V^2$（式中，$H_e$ 的单位为 m），现有三种型号离心泵列于习题附表 2 中，求：

(1) 计算后从习题附表 2 中选择一台合适的离心水泵。

(2) 若该管路吸入管直径为 50mm，吸入管路压头损失为 1.5m，操作温度为 20℃，当地大气压为 $9.81 \times 10^4\text{Pa}$，求该泵的允许安装高度 H_g（该泵在转速为 2900r/min 下，输送 20℃清水时，允许吸上真空度为 6m）。

习题附表 2

型号	$q_V/(\text{m}^3/\text{h})$	H/m
A	29.5	17.4
B	15	18.5
C	11	21

4. 用泵将常压贮槽中的稀碱送进蒸发器浓缩，如习题附图 2-1 所示，泵的进口为 $\phi 87\text{mm} \times 3.5\text{mm}$ 的钢管，碱液在进口管中的流速为 1.4m/s，泵的出口为 $\phi 75\text{mm} \times 2.5\text{mm}$ 的钢管，贮槽中碱液的液面距离蒸发器入口的垂直距离为 8m，碱液在管路系统中的能量损失为 50J/kg，蒸发器内碱液蒸发压力保持为 19.6kPa（表压），碱液密度 1100kg/m³，试计算泵的有效功率。

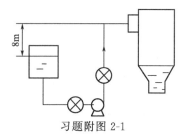

习题附图 2-1

第❸章 ▶▶▶

非均相物系的分离和固体流态化

3.1 概述

在工业生产中，经常遇到非均相混合物的分离及流动问题，其中常见的有：①从含有粉尘或液滴的气体中分离出粉尘或液滴；②从含有固体颗粒的悬浮液中分离出固体颗粒；③流体通过由大量固体颗粒堆积而成的颗粒床层的流动（如过滤、离子交换等）。

非均相物系包括分散相和连续相：如气体中的粉尘、悬浮液中的颗粒，称为分散相或分散物质；其中的气体或液体则为连续相。非均相物系的分离目的主要有：①回收分散物质，例如从催化反应器出来的气体中分离回收催化剂颗粒；②净化连续相，例如除去含尘气体中的粉尘，获得净化后的气体；③劳动保护和环境卫生等。非均相物系的分离，在工业生产中具有重要意义。

非均相物系的分离，其原理是使两相间产生相对运动，从而实现不同相之间的分离。分散相和连续相的物理性质是分离的基础。本章重点讨论沉降和过滤分离操作的原理、过程计算，典型设备的结构、特性和选型，同时简要介绍流态化的基本概念。

3.2 颗粒及颗粒床层的特性

流体相对于颗粒或颗粒床层的流动规律与颗粒性质有关，也与流体性质和颗粒与流体间的相互作用有关。因此，首先讨论颗粒及颗粒群（床层）的特性。

3.2.1 单个颗粒的性质

描述颗粒的参数主要有大小、形状和表面积（或比表面积）。

对于形状规则的颗粒来说，其大小可用一个或几个特征参数表示。例如球形颗粒的尺寸可用其直径 d 表示，其体积为

$$V = \frac{\pi}{6} d^3 \tag{3-1}$$

表面积为

$$S = \pi d^2 \tag{3-2}$$

颗粒比表面积 a 的定义为：单位体积颗粒所具有的表面积，单位为 m^2/m^3。对球形颗粒为

$$a = \frac{S}{V} = \frac{\pi d^2}{\frac{\pi d^3}{6}} = \frac{6}{d} \tag{3-3}$$

对于形状不规则的颗粒，但其形状和大小的表示较困难，工程上一般用形状系数和当量直径表示。

3.2.1.1　颗粒的形状系数

颗粒的形状可用形状系数表示。球形度 φ 是常用的形状系数，其定义为

$$\varphi = \frac{\text{与颗粒等体积的球形颗粒的表面积}}{\text{颗粒表面积}} = \frac{S_{球}}{S_p} \tag{3-4}$$

由于等体积的不同形状颗粒中，球形颗粒的表面积最小，所以对非球形颗粒而言，其形状系数 $\varphi < 1$，球形颗粒 $\varphi = 1$。

3.2.1.2　颗粒的当量直径

颗粒的尺寸也可用与其某种几何量相等的球形颗粒的直径表示，称为当量直径。根据所用几何量的不同，常用的有等体积当量直径和等比表面积当量直径。一般等体积当量直径用得较多，在无特殊说明时，d_e 一般指等体积当量直径。

（1）等体积当量直径 d_{eV}　即用与颗粒等体积的球形颗粒的直径表示

$$d_{eV} = \left(\frac{6V}{\pi}\right)^{1/3} \tag{3-5}$$

（2）等比表面积当量直径 d_{ea}　即用比表面积等于颗粒比表面积的球形颗粒的直径表示

$$d_{ea} = \frac{6}{a} \tag{3-6}$$

根据球形度的定义，d_{eV} 和 d_{ea} 之间有如下关系

$$d_{ea} = \varphi d_{eV} \tag{3-7}$$

所以颗粒的球形度也可表示为

$$\varphi = \frac{d_{ea}}{d_{eV}} \tag{3-7a}$$

3.2.2　混合颗粒的特性

工业生产中遇到的颗粒一般是大小不等的混合颗粒，此时一般认为这些颗粒的形状是一致的，只考虑其大小的不同。常用筛分的方法测量粒度分布。

3.2.2.1　颗粒的筛分尺寸

工业上常见的混合颗粒，一般采用一套标准筛进行测量，这种方法称为筛分。标准筛有不同的系列，其中泰勒（Tyler）标准筛是较为常见的标准筛之一，其孔径的大小以目表示，目数的定义为每英寸长度上所具有的筛孔数目。

进行筛分时，将一套标准筛按筛孔尺寸上大下小地重叠起来，即筛孔尺寸最大的放在最上面，筛孔尺寸最小的放在最下面，在整套筛底下放一个无孔的底盘。将已称量的混合颗粒放在最上面的筛子上，用振荡器振动过筛。通过筛孔的颗粒量称为筛过量，截留在筛面上的颗粒量称为筛余量。称取各号筛面上的颗粒筛余量即可得到筛分分析的基本数据。

筛分分析的结果可用各种图或表的方式表示。表 3-1 和图 3-1 即为某种混合颗粒的筛分分析结果。

表 3-1 混合颗粒的筛分结果 (取样 500g)

序号	筛号/(目/in)	筛孔直径 d_i/mm	筛网上颗粒质量/g	筛网上颗粒质量分数 w_i
1	10	1.651	0	0
2	14	1.168	20.0	0.04
3	20	0.833	40.0	0.08
4	28	0.589	80.0	0.16
5	35	0.417	130	0.26
6	48	0.295	110	0.22
7	65	0.208	60.0	0.12
8	100	0.147	30.0	0.06
9	150	0.104	15.0	0.03
10	200	0.074	10.0	0.02
11	270	0.053	5.0	0.01

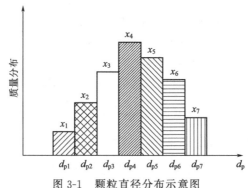

图 3-1 颗粒直径分布示意图

3.2.2.2 颗粒群的平均特性参数

颗粒的平均粒径有不同的表示方法，但对于流体与颗粒之间的相对运动，通常采用比表面积当量直径来表示颗粒的平均直径，混合颗粒的平均比表面积为

$$\overline{a} = \sum w_i a_i = \sum w_i \frac{6}{d_{ea,i}} \tag{3-8}$$

由此，颗粒群的比表面积平均当量直径为

$$\overline{d}_{ea} = \frac{6}{\overline{a}} = \frac{1}{\sum w_i \dfrac{1}{d_{ea,i}}} \tag{3-9}$$

3.2.3 颗粒床层的特性

当流体流过由颗粒堆积成的床层时，与流动有关的颗粒床层的几何特性如下。

3.2.3.1 床层的空隙率

床层的空隙率 ε 是指单位体积颗粒床层中空隙的体积，即

$$ε=(床层体积-颗粒所占体积)/床层体积$$

ε 是颗粒床层的一个重要特性，反映了床层中颗粒堆积的紧密程度。其影响因素非常复杂，主要与颗粒形状、粒度分布、装填方式、床层直径等有关。一般颗粒床层的空隙率为 0.37~0.7。ε 可以用充水法和称量法测定。

3.2.3.2 床层比表面积

单位体积床层中颗粒的表面积称为床层的比表面积，床层比表面积 a_b 与颗粒的比表面积 a 的关系为

$$a_b = (1-\varepsilon)a \tag{3-10}$$

a_b 主要与颗粒尺寸及形状有关，颗粒越小，a_b 越大。a_b 也可根据床层表观密度 ρ_b 估算，即

$$a_b = \frac{6\rho_b}{d\rho_p} \tag{3-11}$$

$$\rho_b = (1-\varepsilon)\rho_p \tag{3-12}$$

式中，ρ_p 为颗粒的真密度；下角标 p 表示"颗粒"。

3.2.3.3　床层的自由截面积

床层中的某一床层截面上空隙所占的截面积与床层截面积的比值称为床层的自由截面积，即

$$s_b = \frac{S-S_p}{S} = 1-\frac{S_p}{S} \tag{3-13}$$

式中，s_b 为床层的自由截面积；S 为床层截面积；S_p 为颗粒所占截面积。

对于乱堆的颗粒床层，颗粒的位向是随机的，所以堆成的床层可以近似认为是各向同性。对于这样的床层，其 s_b 在数值上与 ε 相等。同样，由于壁效应的影响，壁面附近 s_b 较大。

3.2.4　流体通过床层流动的压降

在流体与颗粒组成的非均相物系中，流体与颗粒间的相对运动有三种：①流体流过静止颗粒；②颗粒在静止流体中运动；③颗粒与流体均处于运动状态，但二者之间维持一定的相对速度。流体与颗粒相对运动速度相同时，上述三者之间并无本质区别。因此，分析流体通过颗粒间的运动时，可以假定颗粒静止，流体以一定的速度流过，或相反。

固定床层中颗粒间的空隙形成可供流体通过的细小、曲折、相互交联的复杂通道。流体通过这些复杂通道的阻力很难进行理论推算。这里采用数学模型法进行研究。

3.2.4.1　床层的简化模型

细小而密集的固体颗粒床层具有很大的比表面积，简化模型将床层中不规则的通道假设成长度（即床层厚度）为 L、当量直径为 d_e 的一组平行细管，并且满足：①细管的全部流动空间等于颗粒床层的空隙率；②细管的内表面积等于颗粒床层的全部表面积。

在此简化条件下，以单位体积床层为基准，细管的当量直径 d_e 可表示为 ε 及 a 的函数，即

$$d_e = \frac{4\times 床层流动通道空间}{细管的全部内表面积} = \frac{4\varepsilon}{a_b} = \frac{4\varepsilon}{(1-\varepsilon)a} \tag{3-14}$$

3.2.4.2　流体通过床层的压降

在以上简化模型下，流体通过颗粒层的阻力可简化为流体通过一组平行细管的压降 Δp_f，即

$$\Delta p_f = \lambda \frac{L}{d_e} \times \frac{u_1^2}{2}\rho \tag{3-15}$$

式中，u_1 为流体的实际流速；ρ 为流体的密度。u_1 与空床流速 u 之间的关系为

$$u_1 = \frac{u}{\varepsilon} \tag{3-16}$$

将式(3-16)、式(3-14)代入式(3-15)，得

$$\frac{\Delta p_f}{L} = \lambda' \frac{(1-\varepsilon)a}{\varepsilon^3} \rho u^2 \tag{3-17}$$

式(3-17)即为流体通过固定床压降的数学模型,其中 λ' 为流体通过床层流道的摩擦系数,称为模型参数,由实验测定。

3.2.4.3 模型参数的实验测定

(1)康采尼(Kozeny)的研究结果 在流速较低,床层雷诺数 $Re_b < 2$ 的层流情况下,模型参数 λ' 较好地符合下式

$$\lambda' = K'/Re_b \tag{3-18}$$

式中,K' 称为康采尼常数,其值为 5.0;Re_b 为床层雷诺数。

$$Re_b = \frac{d_e u_1 \rho}{4\mu} = \frac{\rho u}{a(1-\varepsilon)\mu} \tag{3-19}$$

将式(3-18)、式(3-19)以及 K' 的数值代入式(3-17),即得**康采尼方程**

$$\frac{\Delta p_f}{L} = 5 \frac{(1-\varepsilon)^2 a^2}{\varepsilon^3} \mu u \tag{3-20}$$

式中,L 为床层厚度。

(2)欧根(Ergun)的研究结果 欧根在较宽的床层雷诺数范围内进行了实验,获得了如下关联式

$$\lambda' = \frac{4.17}{Re_b} + 0.29 \tag{3-21}$$

将式(3-19)、式(3-21)代入式(3-17),得

$$\frac{\Delta p_f}{L} = 4.17 \frac{(1-\varepsilon)^2 a^2}{\varepsilon^3} \mu u + 0.29 \frac{(1-\varepsilon)a\rho u^2}{\varepsilon^3} \tag{3-22}$$

由式(3-6)和式(3-7)可得 $a = 6/(\varphi d_e)$,代入式(3-22)得

$$\frac{\Delta p_f}{L} = 150 \frac{(1-\varepsilon)^2}{(\varphi d_e)^2 \varepsilon^3} \mu u + 1.74 \frac{(1-\varepsilon)\rho u^2}{(\varphi d_e)\varepsilon^3} \tag{3-23}$$

式(3-23)称为**欧根方程**,适用于 Re_b 为 0.17~330 的范围。当 $Re_b < 20$ 时,流动基本为层流,式(3-23)中等号右边的第二项可忽略;当 $Re_b > 1000$ 时,流动为湍流,式(3-23)中等号右边第一项可忽略。

3.3 沉降

沉降是工业中常用的从含有固体颗粒的流体中将固体和液体分离开的操作,其基本原理是利用流体和颗粒之间的密度差,在质量力的作用下使颗粒和流体之间产生相对运动,从而实现二者的分离。由于沉降操作的作用力可以是重力或离心力,故沉降分为重力沉降和离心沉降。

3.3.1 重力沉降

3.3.1.1 球形颗粒的自由沉降

以光滑球形颗粒在静止流体中沉降为例,考查单个颗粒的自由沉降。在沉降过程中,重力向下,浮力向上,颗粒所受到的曳力与运动方向相反,如图 3-2 所示。

对于一定的流体和颗粒,重力与浮力是恒定的,而阻力会随着颗粒沉降速度的改变而改

变。若颗粒的密度为 ρ_p，直径为 d，流体的密度 ρ，则

重力：
$$G=\frac{\pi}{6}d_p^3\rho_p g$$

浮力：
$$F_b=\frac{\pi}{6}d_p^3\rho g$$

阻力：
$$F_d=\xi A\frac{\rho u^2}{2}$$

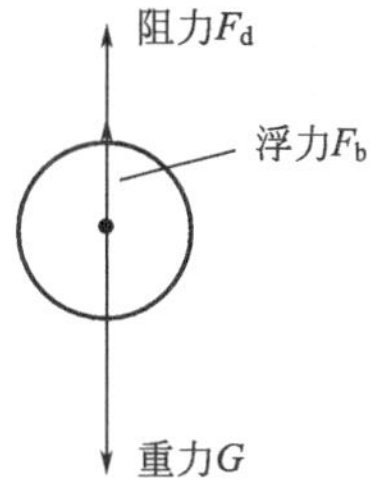

根据牛顿第二定律，以上三个力的合力等于颗粒的质量 m
与加速度 a 的乘积，即

图 3-2　沉降颗粒的受力情况

$$G-F_b-F_d=ma \tag{3-24}$$

则有

$$\frac{\pi d_p^3}{6}(\rho_p-\rho)g-\xi\frac{\pi d_p^2}{4}\times\frac{\rho u^2}{2}=\frac{\pi d_p^3\rho_p}{6}\times\frac{du}{d\theta} \tag{3-25}$$

颗粒开始沉降的瞬间，速度 u 为零，阻力 F_d 也为零，合力最大，故加速度 a 具有最大值。颗粒开始沉降后，随着运动速度 u 的增加，阻力增大，直至 u 达到某一数值 u_t 后，阻力、浮力与重力平衡，即合力为零，此时颗粒具有最大运动速度。之后，颗粒开始以 u_t 作匀速沉降。

由以上分析可见，静止流体中颗粒的沉降过程可分为两个阶段，起初的加速段和加速后的匀速段。

由于小颗粒具有相当大的比表面积，颗粒与流体间的接触表面很大，阻力在很短的时间内便与颗粒所受的净重力（重力减浮力）平衡。因此，加速段的时间很短，在沉降过程中往往可以忽略。

匀速段颗粒相对于流体的速度 u_t 称为沉降速度。由于这个速度是加速阶段终了时颗粒相对于流体的速度，故又称为"终端速度"。由式(3-25)，当 $a=0$ 时，$u=u_t$，有

$$u_t=\sqrt{\frac{4gd_p(\rho_p-\rho)}{3\xi\rho}} \tag{3-26}$$

用上式计算沉降速度时，需要首先确定阻力系数 ξ 的值。通过量纲分析可知，ξ 是颗粒与流体相对运动时雷诺数 Re_t 的函数，由实验获得的综合结果见图 3-3。图中雷诺数的定义为

$$Re_t=\frac{d_p u_t\rho}{\mu}$$

由图 3-3 可以看出，球形颗粒的曲线按 Re_t 大致可分为三个区，各区的曲线可分别用相应的关系式表达：

① 层流区或斯托克斯（Stokes）定律区（$10^{-4}<Re_t\leqslant1.0$）

$$\xi=\frac{24}{Re_t} \tag{3-27}$$

② 过渡区或阿伦（Allen）定律区（$1<Re_t\leqslant10^3$）

$$\xi=\frac{18.5}{Re_t^{0.6}} \tag{3-28}$$

③ 湍流区或牛顿（Newton）定律区（$10^3<Re_t\leqslant2\times10^5$）

$$\xi=0.44 \tag{3-29}$$

将式(3-27)、式(3-28)、式(3-29)分别代入式(3-26)，即可得到颗粒在各区的沉降速度公式

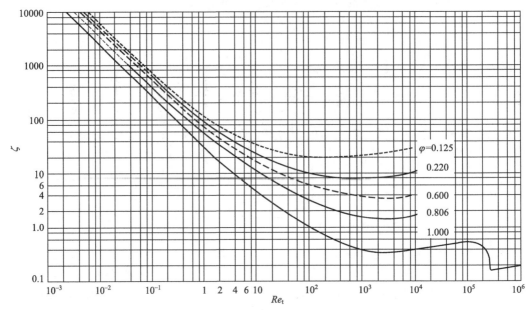

图 3-3 ξ-Re_t 关系曲线

层流区
$$u_t = \frac{d_p^2 g(\rho_p - \rho)}{18\mu} \tag{3-30}$$

过渡区
$$u_t = 0.27\sqrt{\frac{g d_p(\rho_p - \rho) Re_t^{0.6}}{\rho}} \tag{3-31}$$

湍流区
$$u_t = 1.74\sqrt{\frac{d_p(\rho_p - \rho) g}{\rho}} \tag{3-32}$$

将 $Re_t = \dfrac{d_p u_t \rho}{\mu}$ 代入式(3-31)，可得过渡区直接计算 u_t 的关系式

$$u_t = 0.78 \frac{d_p^{1.143}(\rho_p - \rho)^{0.715}}{\rho^{0.286}\mu^{0.428}} \tag{3-31a}$$

上面的讨论，都是针对自由沉降的情形。所谓自由沉降是指在沉降过程中，颗粒分散较好，任一颗粒的沉降不受到其他颗粒的干扰，以及容器壁面的影响可以忽略。单个颗粒在流体中的沉降可视为自由沉降。若分散相的体积分数较高，颗粒间有显著的相互作用，容器壁面对颗粒沉降的影响不可忽略，则称为干扰沉降或受阻沉降。沉降操作中，影响沉降速度的因素如下：

① 流体的黏度 在层流沉降区内，由流体黏性引起的表面摩擦力占主要地位。在湍流区，流体黏性对沉降的影响可忽略，由流体在颗粒后半部出现的边界层分离所引起的形体阻力占主要地位。在过渡区，表面摩擦力和形体阻力二者均不可忽略。在整个过程中，随 Re_t 的增大，表面摩擦阻力的作用逐渐减小，而形体阻力的作用逐渐增大。当 Re_t 超过 2×10^5 时，出现湍流边界层，此时反而不易发生边界层分离，故阻力系数 ξ 的值突然下降，但在沉降操作中很少达到这个区域。

② 颗粒的浓度 前述各种沉降速度关系式中，当颗粒浓度低（体积分数小于 0.2%）时，理论计算的偏差在 1.0% 以内。当颗粒浓度较高时，由于颗粒间相互作用明显，会发生

干扰沉降，偏差会增大。

③ 器壁效应　容器的壁面和底面会增加颗粒沉降时的阻力，使颗粒的实际沉降速度较自由沉降速度低。当容器尺寸远远大于颗粒尺寸时，器壁效应可忽略，否则需加以修正。在层流区，器壁对沉降速度的影响可用下式修正

$$u_t' = \frac{u_t}{1 + 2.1(d_p/D)} \tag{3-33}$$

式中，u_t' 为颗粒的实际沉降速度；u_t 为层流区的计算值；d_p 为颗粒直径；D 为容器直径。

④ 颗粒形状的影响　同一种固体物质，球形和接近球形颗粒比同体积非球形颗粒的沉降速度要快。非球形颗粒的形状及其相位均对沉降速度有影响。

几种 φ 值下的阻力系数 ξ 与 Re_t 的关系曲线，已根据实验结果绘于图 3-3 中。对于非球形颗粒，Re_t 中颗粒的直径 d_p 要用颗粒的当量直径 d_e 代替。

由图 3-3 可见：颗粒的球形度愈小，对应于同一 Re_t 值的阻力系数 ξ 愈大；但球形度 φ 值对 ξ 的影响在层流区并不显著，随着 Re_t 的增大，这种影响逐渐增大。

另外，上述各区沉降速度关系式，既可用于颗粒密度大于流体密度的沉降操作，也可用于颗粒密度小于流体密度的颗粒上浮运动。但是，自由沉降速度的计算公式并不适用于非常微细的颗粒沉降的计算，这是由于流体分子热运动使得颗粒发生布朗运动。当 $Re_t > 10^{-4}$ 时，便可忽略布朗运动的影响。

3.3.1.2　沉降速度的计算

从式(3-30)～式(3-32)可确定沉降速度与各种相关因素的关系。对于一定的物系，若物性参数 ρ_p、ρ、μ 已知，则颗粒的沉降速度只与颗粒的直径有关，因此可通过这些公式由颗粒直径求沉降速度，也可在已知沉降速度的情况下求颗粒的直径。

(1) 试差法　利用式(3-30)～式(3-32)计算沉降速度时，必须先知道沉降属于哪一区，即用哪一个公式计算。但在没有求出 u_t 以前还无法确定沉降属于哪一区。因此应用式(3-30)～式(3-32)计算沉降速度时需要用试差法。其计算步骤为：先假设沉降属于某一区域，按此区内的公式求出 u_t，再核算 Re_t 以校核最初的假设是否正确，如不正确，需重新计算，直到求得 u_t 算出的 Re_t 值恰好与所选公式的 Re_t 值范围相符为止。

(2) 摩擦数群法　该法是将图 3-3 加以转换，使两个坐标轴之一变成不包含 u_t 的量纲为 1 的数群，进而求得 u_t。摩擦数群法对于已知 u_t 求 d_p 或对于非球形颗粒的沉降速度的计算非常方便。

由式(3-26) 可得阻力系数的表达式

$$\xi = \frac{4g d_p(\rho_p - \rho)}{3\rho u_t^2} \tag{3-34}$$

又有

$$Re_t^2 = \frac{d_p^2 u_t^2 \rho^2}{\mu^2}$$

令 ξ 与 Re_t^2 相乘，便可消去 u_t，即

$$\xi Re_t^2 = \frac{4 d_p^3 \rho(\rho_p - \rho)g}{3\mu^2} \tag{3-35}$$

再令 $K = d_p \sqrt[3]{\dfrac{\rho(\rho_p - \rho)g}{\mu^2}}$，则得

$$\xi Re_t^2 = \frac{4}{3}K^3 \tag{3-35a}$$

因 ξ 是 Re_t 的函数，则 ξRe_t^2 必然也是 Re_t 的函数，故图 3-3 的 ξ-Re_t 曲线便可转化为图 3-4 的 ξRe_t^2-Re_t 曲线。计算 u_t 时，可先由已知数据算出 ξRe_t^2 的值，再由 ξRe_t^2-Re_t 曲线查得 Re_t，最后根据 Re_t 的值反算 u_t 即可。

如果要计算在一定介质中具有某一沉降速度 u_t 的颗粒的直径，也可用类似的方法解决。将 ξ 与 Re_t^{-1} 相乘，即得

$$\xi Re_t^{-1} = \frac{4\mu(\rho_p - \rho)g}{3\rho^2 u_t^3} \tag{3-36}$$

ξRe_t^{-1}-Re_t 曲线也绘于图 3-4 中。由 ξRe_t^{-1} 从图中查得 Re_t，再根据沉降速度 u_t 计算 d_p，即

$$d_p = \frac{\mu Re_t}{\rho u_t}$$

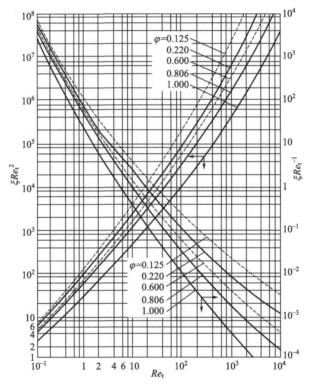

图 3-4　ξRe_t^2-Re_t 及 ξRe_t^{-1}-Re_t 关系曲线

（3）用量纲为 1 的数群 K 值判别流型　将式(3-27) 代入式(3-35)，得

$$Re_t = \frac{d_p^3(\rho_p - \rho)\rho g}{18\mu^2} = \frac{K^3}{18}$$

因式(3-30) 的适用范围是 $10^{-4} < Re_t \leqslant 1.0$，由上式可求出 $K = 2.62$ 即为层流区的上限，故当 $0.122 < K \leqslant 2.62$ 时，可用式(3-30) 计算沉降速度。由于求 K 时不需要沉降速度 u_t，所以此法可避免试差计算。

将相对应的 ξ、Re 值代入式(3-35a)，可得到适用于式(3-31) 和式(3-32) 的 K 值范围：
$2.62 < K \leqslant 69.1$ 时采用式(3-31)；
$69.1 < K \leqslant 2364$ 时采用式(3-32)。

【例 3-1】 固体颗粒在 30℃ 常压空气中的自由沉降,已知固体颗粒的密度为 2670kg/m³。

试求:

(1) 直径 30μm 球形颗粒的沉降速度;

(2) 直径 0.5mm 球形颗粒的沉降速度。

解: 由附录 4 查得 30℃ 常压空气的物性为:密度 $\rho = 1.165 \text{kg/m}^3$,黏度 $\mu = 1.86 \times 10^{-5} \text{Pa·s}$。

(1) 利用试差法

设 30μm 颗粒的沉降处于层流区,由于 $\rho_p \gg \rho$,则 $\rho_p - \rho \approx \rho_p$,根据式(3-30) 有

$$u_t = \frac{d_p^2(\rho_p - \rho)g}{18\mu} \approx \frac{(30 \times 10^{-6})^2 \times 2670 \times 9.81}{18 \times 1.86 \times 10^{-5}} = 0.07(\text{m/s})$$

校核 Re_t。

$$Re_t = \frac{d_p u_t \rho}{\mu} = \frac{30 \times 10^{-6} \times 0.07 \times 1.165}{1.86 \times 10^{-5}} = 0.132 < 1.0$$

与原假设相符,故计算结果正确。

(2) 利用判据法

由 K 的定义,得

$$K = d_p \sqrt[3]{\frac{g\rho(\rho_p - \rho)}{\mu^2}} \approx 0.5 \times 10^{-3} \sqrt[3]{\frac{9.81 \times 1.165 \times 2670}{(1.86 \times 10^{-5})^2}} = 22.3$$

可知沉降处于过渡区,可按式(3-31a) 计算沉降速度

$$u_t = 0.78 \frac{d_p^{1.143}(\rho_p - \rho)^{0.715}}{\rho^{0.286}\mu^{0.428}} \approx 0.78 \times \frac{(0.5 \times 10^{-3})^{1.143} \times 2670^{0.715}}{1.165^{0.286} \times (1.86 \times 10^{-5})^{0.428}} = 3.76(\text{m/s})$$

3.3.2 重力沉降设备

重力沉降的特征是沉降速度较小,因此沉降所需的时间长。为使颗粒能分离出来,流体在设备内所需的停留时间相应也长。因此这类设备的基本特征是体积大。

3.3.2.1 降尘室

利用重力从气体中分离出尘粒的设备称为降尘室。图 3-5 是典型的降尘室示意图。气体从降尘室入口流向出口的过程中,气体中的颗粒随气体向出口流动,同时向下沉降。如颗粒在到达降尘室出口前已沉到室底而落入集尘斗内,则颗粒从气体中分离出来,否则将被气体带出。

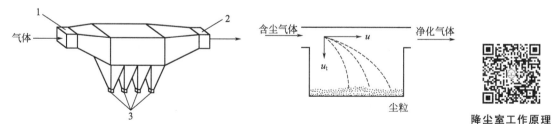

图 3-5 降尘室示意图

1—气体入口;2—气体出口;3—集尘斗

降尘室简化为高 H、宽 b、长 l 的矩形方体设备。流量为 q_V 的气体进入室后,在入口端立刻均匀分布在降尘室整个截面上,并以均匀的速度 u 平行流向出口端,然后收缩进入出口管。

由图 3-5 可见,直径为 d_p 的颗粒在降尘室中沉降的时间为

$$\theta_t = \frac{H}{u_t} \tag{3-37}$$

颗粒在降尘室中的停留时间为

$$\theta = \frac{l}{u} = \frac{l}{\dfrac{q_V}{Hb}} = \frac{lHb}{q_V} \tag{3-38}$$

则颗粒能被分离下来的条件为：$\theta \geqslant \theta_t$，即

$$\frac{lHb}{q_V} \geqslant \frac{H}{u_t} \tag{3-39}$$

化简后为

$$q_V \leqslant blu_t \tag{3-39a}$$

式(3-39a) 表明，降尘室的生产能力 q_V 仅与其底面积（bl）及颗粒的沉降速度 u_t 有关，而与降尘室的高度无关。所以降尘室一般采用扁平的几何形状，也可在室内加多层隔板，形成多层降尘室，如图 3-6 所示。常用的隔板间距为 $40 \sim 100\text{mm}$。

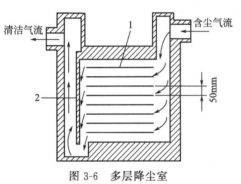

图 3-6 多层降尘室
1—隔板；2—挡板

若降尘室设置 n 层水平隔板，则多层降尘室的生产能力为

$$q_V \leqslant (n+1)blu_t \tag{3-40}$$

以上分析是基于颗粒处在降尘室顶端时能被分离的条件。显然，若满足此条件，则处于其他位置的同直径颗粒也都能被除去。由于所处理的气体中粉尘颗粒的大小不均，因此，做设计时应以所需分离的最小颗粒直径为基准。同时，降尘室中的气体流速不能过高，防止将已沉降下来的颗粒重新卷起。

降尘室结构简单、阻力小，但体积庞大、分离效率低，通常用于分离直径在 $50\mu m$ 以上的粗粒，一般作预除尘用。

【例 3-2】 采用降尘室除去出口炉气中含有的粉尘，要求将直径大于 $100\mu m$ 的粉尘全部除去。已知操作条件下气体的处理量为 20000m^3/h，气体的密度为 0.6kg/m^3、黏度为 $2 \times 10^{-5}\text{Pa·s}$，粉尘的密度为 2800kg/m^3。试求：

(1) 所需降尘室的底面积及高度；

(2) 炉气中直径大于 $75\mu m$ 的尘粒能否除去，若能，能除去多少？

(3) 用上述计算确定的降尘室，要求将炉气中直径 $75\mu m$ 的尘粒完全除掉，则炉气的最大处理量为多少？

解： (1) 计算降尘室的底面积及高度

按除去直径为 $100\mu m$ 的尘粒设计降尘室，则直径大于 $100\mu m$ 的尘粒也能被除去。设沉降处于过渡区，则由式(3-31a)，得

$$u_t = 0.78 \frac{d_p^{1.143}(\rho_p - \rho)^{0.715}}{\rho^{0.286}\mu^{0.428}} \approx 0.78 \times \frac{(100 \times 10^{-6})^{1.143} \times 2800^{0.715}}{0.6^{0.286}(2 \times 10^{-5})^{0.428}} = 0.73(\text{m/s})$$

校验雷诺数

$$Re_t = \frac{d_p u_t \rho}{\mu} = \frac{100 \times 10^{-6} \times 0.73 \times 0.6}{2 \times 10^{-5}} = 2.2 < 1000$$

故以上计算正确。

降尘室的底面积

$$bl = \frac{q_V}{u_t} = \frac{20000}{3600 \times 0.73} = 7.61 (\text{m}^2)$$

若取降尘室的宽度为 2.0m，则其长为 $7.61/2.0 = 3.81(\text{m})$

取气体在降尘室中的流速为 2.5m/s，则降尘室的高度为

$$H = \frac{q_V}{bu} = \frac{20000/3600}{2.0 \times 2.5} = 1.11 (\text{m})$$

（2）直径 75μm 尘粒的除尘效果

设在入口端处于距室底为 h、直径为 75μm 的尘粒正好在气体流到出口时沉到室底，则其沉降时间与气体在室内的停留时间相等：

$$\theta_t = \theta = \frac{h}{u_t} = \frac{l}{u} = \frac{3.81}{2.5} = 1.52 (\text{s})$$

设直径为 75μm 的尘粒的沉降属层流区，则由式(3-30) 有

$$u_t \approx \frac{(75 \times 10^{-6})^2 \times 2800 \times 9.81}{18 \times 2 \times 10^{-5}} = 0.43 (\text{m/s})$$

校核雷诺数

$$Re_t = \frac{d_p u_t \rho}{\mu} = \frac{(75 \times 10^{-6}) \times 0.43 \times 0.6}{2 \times 10^{-5}} = 0.97 < 1$$

故假设在层流区沉降是正确的。故

$$h = u_t \theta_t = 0.43 \times 1.52 = 0.65 (\text{m})$$

即在入口端处，距室底 0.65m 以下的直径为 75μm 的尘粒均能除去，所以直径为 75μm 的尘粒的除尘效率为：

$$\eta = \frac{h}{H} \times 100\% = \frac{0.65}{1.11} \times 100\% = 58.6\%$$

（3）要求 75μm 的尘粒能完全除去的最大气体处理量

$$q_{V,\text{max}} = lbu_t = 7.61 \times 0.43 = 3.27 (\text{m}^3/\text{s}) = 11780 (\text{m}^3/\text{h})$$

3.3.2.2　沉降槽

沉降槽是利用重力沉降来提高悬浮液浓度并同时得到澄清液体的设备，所以，沉降槽又称为增浓器或澄清器。沉降槽可间歇操作也可连续操作。间歇沉降槽通常是带有锥底的圆槽。需要处理的悬浮液在槽内静置足够时间后，增浓的沉渣由槽底排出，清液则由槽上部排出管抽出。

连续沉降槽是底部略成锥状的大直径浅槽，如图 3-7 所示。悬浮液经中央进料口送到液

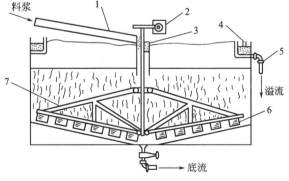

图 3-7　连续沉降槽

1—进料槽道；2—转动机构；3—料井；4—溢流堰；5—溢流管；6—叶片；7—转耙

面以下 0.3～1.0m 处，在尽可能减小扰动的情况下，迅速分散到整个横截面上，液体向上流动，清液经由槽顶端四周的溢流堰连续流出，称为溢流；固体颗粒下沉至底部，槽底有缓慢旋转的转耙将沉渣聚拢到底部中央的排渣口连续排出，排出的稠浆称为底流。在沉降槽的增浓段中，大都发生颗粒的干扰沉降，所进行的过程称为沉聚过程。连续沉降槽适合于处理量大、固相含量不高、颗粒较大的悬浮液，常用于污水处理。

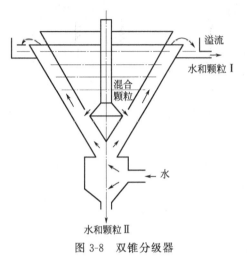

图 3-8 双锥分级器

3.3.2.3　分级器

利用重力沉降可将悬浮液中不同粒度的颗粒进行粗略的分离，或将两种不同密度的颗粒进行分类，这样的过程统称为分级。实现分级操作的设备称为分级器。

图 3-8 为双锥分级器示意图，利用它可将密度不同或尺寸不同的粒子混合物分开。将混合粒子放入分级器后由下部加入，水经可调锥与外壁的环形间隙向上流动。沉降速度大于水在环隙处上升流速的颗粒进入底流，而沉降速度小于该流速的颗粒则被溢流带出。

3.3.3　离心沉降

质量一定的颗粒在重力场中所受的重力是一定的，所以一般的重力沉降设备都比较庞大，特别是一些密度小或直径较小的颗粒，重力沉降的效率很低。在这种情况下采用离心沉降会收到较好的效果。依靠离心作用实现沉降的过程称为离心沉降。

如图 3-9 所示，离心沉降是利用沉降设备使流体和颗粒旋转，在离心作用下，由于流体和颗粒间存在密度差，所以颗粒沿径向与流体产生相对运动，从而使颗粒和流体分离。由于在高速旋转的流体中，颗粒所受的离心力比重力大得多，且可依需要调节，所以其分离效果好于重力沉降。

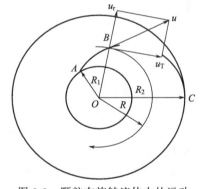

图 3-9　颗粒在旋转流体中的运动

当流体带着颗粒旋转时，如果颗粒的密度大于流体的密度，则离心作用将会使颗粒在径向上与流体发生相对运动而飞离中心。与颗粒在重力场中受到三个力相似，惯性离心力场中颗粒在径向上也受到三个力的作用，即惯性场力、向心力（与重力场中的浮力相当，其方向指向旋转中心）和阻力（与颗粒运动方向相反，其方向指向沿半径指向中心）。若球形颗粒的直径为 d_p、密度为 ρ_p，流体密度为 ρ，颗粒与中心轴的距离为 R，切向速度为 u_T，则上述三个力分别为：

$$惯性场力 = \frac{\pi}{6}d_p^3\rho_p\frac{u_T^2}{R}$$

$$向心力 = \frac{\pi}{6}d_p^3\rho\frac{u_T^2}{R}$$

$$阻力 = \xi \frac{\pi}{4} d_p^2 \frac{\rho u_r^2}{2}$$

当上述三个力达到平衡时，颗粒便会产生匀速离心沉降，即

$$\frac{\pi}{6} d_p^3 (\rho_p - \rho) \frac{u_T^2}{R} - \xi \frac{\pi}{4} d_p^2 \frac{\rho u_r^2}{2} = 0 \tag{3-41}$$

平衡时，颗粒在径向上相对于流体的运动速度 u_r 即为该位置上的离心沉降速度。求解 (3-41) 得

$$u_r = \sqrt{\frac{4 d_p (\rho_p - \rho)}{3 \rho \xi} \times \frac{u_T^2}{R}} \tag{3-42}$$

比较式(3-42) 和式(3-26) 可以看出，颗粒的离心沉降速度 u_r 与重力沉降速度 u_t 具有相似的关联式，若将重力加速度 g 改成离心加速度 $\frac{u_T^2}{R}$，则式(3-26) 即变为 (3-42)。但二者又有明显不同。首先，离心沉降速度 u_r 不是颗粒运动的绝对速度，而是绝对速度在径向上的分量，且方向不是向下而是沿半径向外；其次，离心沉降速度 u_r 不是定值，随着颗粒在离心场中位置 (R) 而变，而重力沉降速度 u_t 是恒定的。

在离心沉降过程中，一般颗粒的直径都比较小，故基本上属于在层流区操作，所以可将 $\xi = 24 / Re_t$ 代入式(3-42) 中，得

$$u_r = \frac{d_p^2 (\rho_p - \rho)}{18 \mu} \times \frac{u_T^2}{R} \tag{3-43}$$

也可改为用颗粒圆周运动角速度 ω ($u_T = \omega R$) 来表示离心加速度，则上式变为

$$u_r = \frac{d_p^2 (\rho_p - \rho)}{18 \mu} R \omega^2 \tag{3-43a}$$

式(3-43) 和式(3-43a) 说明，在角速度 ω 一定的情况下，离心沉降速度与颗粒旋转半径呈正比；而在颗粒圆周运动的线速度恒定的情况下，离心沉降速度与颗粒旋转的半径呈反比。

将式(3-43) 与式(3-30) 相比可以得到同一颗粒在同种介质中的离心沉降速度与重力沉降速度的比值，称为离心分离因数，用 K_c 表示：

$$K_c = \frac{u_r}{u_t} = \frac{u_T^2}{g R} \tag{3-44}$$

离心分离因数是离心分离设备的重要性能指标。在某些高速离心机上，离心分离因数可高达数十万。旋风或旋液分离器的分离因数一般在 5～2500 之间。如当旋转半径 $R = 0.3\text{m}$，颗粒旋转速度 $u_T = 20\text{m/s}$，则离心分离因数为

$$K_c = \frac{u_T^2}{g R} = \frac{20^2}{9.81 \times 0.3} = 136$$

这表明颗粒在上述条件下的离心沉降速度比重力沉降速度约大 136 倍，可见离心沉降设备的分离效果远比重力沉降设备好。

3.3.4　离心沉降设备

3.3.4.1　旋风分离器的操作原理

旋风分离器是利用离心作用从气流中分离尘粒的设备。图 3-10 所示是具有代表性的结构类型，称为标准旋风分离器，主要由进气管、上圆筒、下部的圆锥筒、中央升气管等组成。

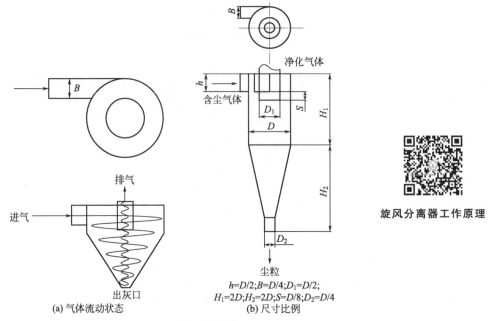

净化气体

含尘气体

尘粒

$h=D/2;B=D/4;D_1=D/2;$
$H_1=2D;H_2=2D;S=D/8;D_2=D/4$

(a) 气体流动状态　　　　(b) 尺寸比例

旋风分离器工作原理

图 3-10　标准旋风分离器

含尘气体从进气管沿切向进入，受圆筒壁的约束旋转，做向下的螺旋运动，气体中的粉尘随气体旋转向下，同时在离心作用下向器壁移动，沿器壁落下，沿锥底排入灰斗；气体旋转向下到达圆锥底部附近时转入中心升气管而旋转向上，最后从顶部排出。通常，把下行的螺旋气流称为外旋流，上行的螺旋形的气流称为内旋流（或气芯）。内、外旋流气体的旋转方向相同，外旋流的上部是主要的除尘区。

旋风分离器内的静压力在器壁附近最高，仅稍低于气体进口处的压力，往中心逐渐降低，在气芯处可降至气体出口压力以下。旋风分离器内的低压气芯由气管入口一直延伸到底部出灰口。因此，如果出灰口或集尘室密封不良，易漏入气体，把已收集在锥底的粉尘重新卷起，严重降低分离效果。

旋风分离器在工业上应用已有近百年的历史，由于它结构简单、造价低廉、操作方便、分离效率高，目前仍是工业上常用的分离和除尘设备。

3.3.4.2　旋风分离器的性能

旋风分离器性能指标主要有三项：临界粒径、分离效率和阻力。

（1）临界粒径　旋风分离器能被完全分离出来的最小颗粒直径称为临界粒径。临界粒径是评价旋风分离器分离效率的重要依据。

临界粒径的大小很难准确测定，一般可在下列的简化条件下推导出来：①假设进入旋风分离器的气流严格按螺旋形路线作匀速运动，其切向速度等于进口气速 u_i；②颗粒在沉降过程中，穿过气流的最大厚度为进气口宽度 B 时，才能到达壁面被分离；③颗粒自由沉降速度服从式(3-43)。

由于在气固系统中，颗粒的密度远大于气体的密度，有 $\rho_p - \rho \approx \rho_p$。现以气体进口气速 u_i 和颗粒平均旋转半径 R_m 代入式(3-43)，可得

$$u_r = \frac{d_p^2 \rho_p u_i^2}{18\mu R_m} \tag{3-45}$$

颗粒到达器壁所需的沉降时间为

$$\theta_t = \frac{B}{u_r} = \frac{18\mu R_m B}{d_p^2 \rho_p u_i^2} \tag{3-46}$$

若气体在筒内的有效旋转圈数为 n_e，则气体在旋风分离器中的运行距离为 $2\pi R_m n_e$，所以，气体在分离器内的停留时间为

$$\theta = \frac{2\pi R_m n_e}{u_i} \tag{3-47}$$

若某种尺寸的颗粒所需的沉降时间 θ_t 恰好等于停留时间 θ，该颗粒就是理论上能够被完全分离下来的最小颗粒，即临界粒径，以 d_{pc} 表示，则

$$\frac{2\pi R_m n_e}{u_i} = \frac{18\mu R_m B}{d_{pc}^2 \rho_p u_i^2}$$

解得

$$d_{pc} = \sqrt{\frac{9\mu B}{\pi n_e u_i \rho_p}} \tag{3-48}$$

式(3-48)中的圈数 n_e 与进口气速有关，对常用形式的旋风分离器，当风速在 $12\sim25\text{m/s}$ 范围时，一般可取 $n_e = 3\sim4.5$，风速越大，则 n_e 也越大，对标准旋风分离器，可取 $n_e = 5$。

一般旋风分离器都以圆筒直径 D 为参数，其他尺寸都与 D 呈一定比例。由式(3-48)可见，在气体处理量一定的情况下，由于气体进口气速与进气口宽度及高度成反比，故临界粒径随分离器尺寸增大而增大。所以当气体处理量很大时，常将若干个小尺寸的旋风分离器关联使用，称旋风分离器组（图 3-11），以维持较高的除尘效果。

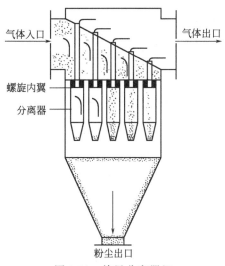

图 3-11　旋风分离器组

（2）分离效率　旋风分离器的分离效率有两种表示方法，一是总效率，以 η_0 表示；二是分级效率，又称粒级效率，以 η_i 表示。

总效率即进入旋风分离器中能被分离出来的粉尘占全部粉尘的质量分数，即

$$\eta_0 = \frac{C_进 - C_出}{C_进} \times 100\% \tag{3-49}$$

式中，$C_{进}$、$C_{出}$ 分别为旋风分离器进口和出口中的总含尘量，g/m^3。

总效率是工程上最常用的，也是最容易测定的分离效率。此表示法的最大缺点是不能表明旋风分离器对各种尺寸颗粒的不同分离效果。

含尘气体中的颗粒大小不均，通过旋风分离器之后，各种尺寸的颗粒被分离下来的质量分数各不相同。按各种粒度分别表明其被分离下来的颗粒所占的质量分数，称为粒级效率。通常是把气体中所含颗粒的尺寸范围等分成 n 个小段，在第 i 个小段范围内的颗粒（平均粒径 d_{pi}）的粒级效率定义为

$$\eta_i = \frac{C_{进,i} - C_{出,i}}{C_{进,i}} \times 100\% \tag{3-50}$$

粒级效率 η_i 与颗粒直径 d_{pi} 的对应关系可用曲线表示，称为粒级效率曲线。这种曲线可通过实测旋风分离器进、出气流中所含尘粒的浓度及粒度分布而获得。

工程上通常把旋风分离器的粒级效率 η_i 标绘成粒径比 d_p/d_{p50} 的函数曲线。d_{p50} 是粒级效率恰好为 50% 的颗粒直径，称为分割粒径。图 3-10 所示的标准旋风分离器，其 d_{p50} 可用下式估算

$$d_{p50} = 0.27 \sqrt{\frac{\mu D}{u_i(\rho_p - \rho)}} \tag{3-51}$$

式中，D 为旋风分离器直径。

标准旋风分离器的 η_i-d_p/d_{p50} 曲线见图 3-12。对于同一结构形式且尺寸比例相同的旋风分离器，可通用同一条 η_i-d_p/d_{p50} 曲线。

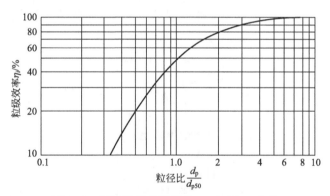

图 3-12　标准旋风分离器的 η_i-d_p/d_{p50} 曲线

如果已知粒级效率曲线，并且已知气体含尘的粒度分布数据，则可按下式计算总效率，即

$$\eta_0 = \sum_{i=1}^{n} \eta_i x_i \tag{3-52}$$

（3）旋风分离器的阻力　阻力是评价旋风分离器性能好坏的重要指标。仿照第 1 章的方法，将压强降看作与进口气体动能成正比，即

$$\Delta p = \xi \frac{\rho u_i^2}{2} \tag{3-53}$$

式中，ξ 为比例系数，也称阻力系数。ξ 与旋风分离器的结构和尺寸有关，对于同一结构形式的旋风分离器，ξ 为常数。如图 3-10 所示的标准型旋风分离器，其阻力系数 $\xi = 8.0$。旋风分离器的压强降一般为 $0.5 \sim 2kPa$。

【例 3-3】 已知含尘气体中，尘粒密度为 2300kg/m³，气体温度为 500℃、黏度 $\mu = 3.6 \times 10^{-5}$ Pa·s，气体处理量为 1000m³/h。采用图 3-10 所示的标准型旋风分离器，取 $D = 400$mm，其他尺寸按图上所列的比例确定。试估计临界直径；若气体密度为 $\rho = 0.46$kg/m³，求该旋风分离器的阻力。

解： 按图 3-10 所示的比例，$B = D/4 = 100$mm，$h = D/2 = 200$mm，$D_1 = D/2 = 200$mm，则进口气速为

$$u_i = \frac{q_V}{hB} = \frac{1000/3600}{0.2 \times 0.1} = 13.9 \text{(m/s)}$$

取 $n_e = 5$，则

$$d_{pc} = \sqrt{\frac{9\mu B}{\pi n_e u_i \rho_p}} = \sqrt{\frac{9 \times 3.6 \times 10^{-5} \times 0.1}{3.14 \times 5 \times 13.9 \times 2300}} = 8.03 \times 10^{-6} \text{(m)} = 8.03 \text{(μm)}$$

标准型旋风分离器的阻力系数 $\xi = 8.0$，因此阻力为

$$\Delta p = \xi \frac{\rho u_i^2}{2} = 8 \times \frac{0.46 \times 13.9^2}{2} = 356 \text{(Pa)}$$

【例 3-4】 用图 3-10 所示的标准旋风分离器除去气体中所含固体颗粒。已知固体密度为 1100kg/m³，颗粒直径为 4.5μm；气体密度为 1.2kg/m³，黏度为 1.8×10^{-5}Pa·s，流量为 0.40m³/s；允许压降为 1780Pa。试求采用以下方案时的设备尺寸及分离效率：

(1) 一台旋风分离器；

(2) 四台相同的旋风分离器串联；

(3) 四台相同的旋风分离器并联。

解： (1) 一台旋风分离器

已知图 3-10 所示的标准旋风分离器的阻力系数 $\xi = 8.0$，由式(3-53)，得

$$1780 = 8 \times \frac{1.2 \times u_i^2}{2}$$

解得，进口气速为 $u_i = 19.26$m/s。

旋风分离器进口截面积为

$$hB = \frac{D^2}{8}，\text{同时 } hB = \frac{q_V}{u_i}$$

故设备直径为

$$D = \sqrt{\frac{8q_V}{u_i}} = \sqrt{\frac{8 \times 0.4}{19.26}} = 0.408 \text{(m)}$$

由式(3-51) 计算分割粒径，即

$$d_{p50} = 0.27 \sqrt{\frac{\mu D}{u_i(\rho_p - \rho)}} = 0.27 \sqrt{\frac{0.408 \times 1.8 \times 10^{-5}}{19.26 \times (1100 - 1.2)}}$$

$$= 5.029 \times 10^{-6} \text{(m)} = 5.029 \text{(μm)}$$

$$d_p / d_{p50} = 4.5/5.029 = 0.895$$

查图 3-12，得 $\eta = 44\%$。

(2) 四台旋风分离器串联

当四台相同的旋风分离器串联时，忽略级间连接管的阻力，则每台旋风分离器允许的压强降为

$$\Delta p = \frac{1}{4} \times 1780 = 445 \text{(Pa)}$$

则各级旋风分离器的进口气速为

$$u_i = \sqrt{\frac{2\Delta p}{\xi \rho}} = \sqrt{\frac{2 \times 445}{8 \times 1.2}} = 9.63 (\text{m/s})$$

则每台旋风分离器的直径为

$$D = \sqrt{\frac{8q_v}{u_i}} = \sqrt{\frac{8 \times 0.4}{9.63}} = 0.5765 (\text{m})$$

又

$$d_{p50} = 0.27 \sqrt{\frac{\mu D}{u_i (\rho_p - \rho)}} = 0.27 \sqrt{\frac{0.5765 \times 1.8 \times 10^{-5}}{9.63 \times (1100 - 1.2)}} = 8.46 \times 10^{-6} (\text{m}) = 8.46 (\mu m)$$

$$d_p/d_{p50} = 4.5/8.46 = 0.532$$

查图 3-12，得每台旋风分离器的效率为 22%，则串联四级后的总效率为

$$\eta = 1 - (1 - 0.22)^4 = 63\%$$

(3) 四台旋风分离器并联

当四台旋风分离器并联时，每台旋风分离器的气体流量为 $\frac{0.4}{4} = 0.1 \text{m}^3$，而每台旋风分离器的允许压降仍为 1780Pa，则进口气速为

$$u_i = \sqrt{\frac{2\Delta p}{\xi \rho}} = \sqrt{\frac{2 \times 1780}{8 \times 1.2}} = 19.26 (\text{m/s})$$

因此，每台分离器的直径为

$$D = \sqrt{\frac{8q_v}{u_i}} = \sqrt{\frac{8 \times 0.1}{19.26}} = 0.2038 (\text{m})$$

$$d_{p50} = 0.27 \sqrt{\frac{\mu D}{u_i (\rho_p - \rho)}} = 0.27 \sqrt{\frac{0.2038 \times 1.8 \times 10^{-5}}{19.26 \times (1100 - 1.2)}}$$

$$= 3.55 \times 10^{-6} (\text{m}) = 3.55 (\mu m)$$

$$d_p/d_{p50} = \frac{4.5}{3.55} = 1.268$$

查图 3-12，得 $\eta = 61\%$。

由上面的计算结果可以看出，在处理气量及压强降相同的条件下，本例中串联四台与并联四台的效率大体相同，但并联时所需的设备小、投资省。

3.3.4.3 常用旋风分离器的类型

旋风分离器的性能不仅与含尘系统的物性、含尘浓度、粒度分布以及操作条件有关，还与设备本身的结构尺寸密切相关。只有各部分的结构尺寸适当，才能获得较高的效率和较低的阻力。

(1) 旋风分离器的改进方向　近年来，在旋风分离器的结构设计中，主要对以下几个方面进行改进，以提高分离效率或降低气流助力。

① 采用细而长的器身　减小器身直径可增大惯性离心力，增加器身长度可延长气体停留时间，所以，细而长的器身有利于颗粒的离心沉降，提高分离效率。

② 减小涡流的影响　含尘气体进入旋风分离器后，有一部分气体向顶盖流动，然后沿排气管外侧向下流动，当到达排气管下端时汇入上升的内旋气流中，这部分气流称为上涡流。分散在上涡流中的颗粒被带出器外，这是造成旋风分离器低效的主要原因之一。采用带有旁路分离室或异形进气管的旋风分离器，可以改善上涡流的影响。

旋风分离器的进气口有四种方式：切向进口、倾斜螺旋面进口、蜗壳形进口及轴向进口，如图 3-13 所示。切向进口由于方式简单，使用较多；倾斜面进口，便于使流体进入旋风分离器后产

生向下的螺旋运动，但其结构较为复杂，设计制造都不太方便，近年来已较少使用；蜗壳形进口可以减小气体对筒体内气流的冲击干扰，有利于颗粒的沉降，加工制造也较为方便，因此也是一种较好的进口方式；轴向进口常用于多管式旋风分离器，为使气流产生旋转，在筒体与排气管之间设有各种形式的叶片。前三种进气口的截面形状多采用稍窄而高的矩形。

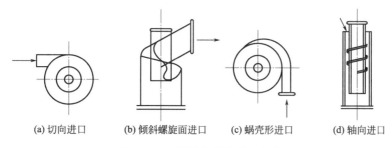

(a) 切向进口　　(b) 倾斜螺旋面进口　　(c) 蜗壳形进口　　(d) 轴向进口

图 3-13　旋风分离器的进口方式

鉴于以上考虑，可对标准旋风分离器加以改进，设计出新的结构类型，如 CLT、CLT/A、CLP 等，其详细尺寸及主要性能可查阅有关资料及手册。

（2）几种化工中常用的旋风分离器类型

① 标准型旋风分离器　图 3-10 所示为一标准型的旋风分离器，其各部位尺寸比例如图所示。这种旋风分离器的结构简单、容易制造、处理量大，适用于捕集密度大且颗粒尺寸也较大的粉尘。

② CLT/A 型　CLT/A 型是具有螺旋面进口的旋风分离器，如图 3-14 所示。其结构与标准型旋风分离器相似。

③ CLP 型　CLP 型采用蜗壳形进口，进气口位置较低且带有旁路分离室。根据气体及分离室的形状不同，又分为 A 型和 B 型。含尘气体进入分离器后分成上、下两股旋流，较大的颗粒随旋转向下的主气流运动，达到筒壁落下；细微尘粒则由一小股旋转向上的气流带到顶部，在筒盖下面形成强烈旋转的灰尘环，促进细微尘粒的聚结，然后由气流携带经旁路分离室下行，沿切向进入主体下部，粉尘沿壁面落入灰斗，气体则与内部主气流汇合。

④ 扩散式　扩散式旋风分离器圆筒下部为一上小下大的外壳，底部有中央带孔的倒锥形分隔屏，气流在其上部转向排气管，少量气体在分隔屏与外壳之间的环隙，将粉尘送入灰斗后再从中央小孔上升，这样就减少了粉尘重新卷起的可能性，提高分离效率。这种形式的旋风分离器适用于净化颗粒浓度较高的气体。

⑤ 旋液分离器　旋液分离器用于从液体中分离出固体颗粒，其结构和操作原理与旋风分离器类似，如图 3-15 所示。悬浮液在旋液分离器中被分为顶部溢流和底部底流两部分，由于液体黏度大、密度也大，颗粒沉降分离比较困难，所以溢流中往往带有部分颗粒。旋液分离器可用于悬浮液的增稠或分级，也可用于液液萃取等操作中形成的乳浊液的分离。

与旋风分离器相比，旋液分离器的特点是：形状细长、直径小；圆锥部分长，以利于分离；中心经常有一个处于负压的气柱，有利于提高分离效率。

旋液分离器结构简单，没有运动部件，体积小、处理量大；但由于颗粒沿器壁面高速运动，产生较大阻力，同时也会造成设备严重磨损，一般应采用耐磨材料制造。

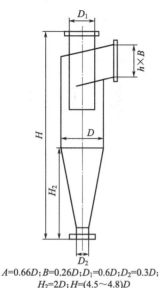

$A=0.66D$；$B=0.26D$；$D_1=0.6D$；$D_2=0.3D$；
$H_2=2D$；$H=(4.5\sim4.8)D$

图 3-14　CLT/A 型旋风分离器

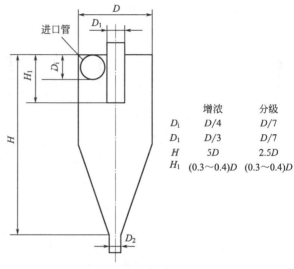

	增浓	分级
D_i	$D/4$	$D/7$
D_1	$D/3$	$D/7$
H	$5D$	$2.5D$
H_1	$(0.3\sim0.4)D$	$(0.3\sim0.4)D$

图 3-15　旋液分离器

3.4　过滤

过滤是分离悬浮液最普遍和最有效的单元操作之一。通过过滤操作可获得清洁的液体或固相产品。与沉降分离相比，过滤操作可使悬浮液的分离更迅速更彻底。在某些场合下，过滤是沉降的后续操作。过滤属于机械分离操作，与蒸发、干燥等非机械分离相比，其能量消耗较低。

3.4.1　过滤的基本概念

过滤是用多孔物质作介质从悬浮液中分离出固体颗粒的一种操作。在外力的作用下，悬浮液中的液体通过多孔介质的孔道而固体颗粒被截留下来，从而实现固、液分离。过滤操作所处理的悬浮液称为滤浆或料浆；所用的多孔物质称为过滤介质（当过滤介质是织物时，也称为滤布）；通过介质孔道的液体称为滤液；被截留的物质称为滤饼或滤渣。

3.4.1.1　过滤方式

工业上的过滤方式基本上有两种：深床过滤和饼层过滤。

深床过滤一般用介质层较厚的滤床（如沙层、硅藻土等）作为过滤介质，其特点是固体颗粒小于介质空隙进入到介质内部，在长而曲折的孔道内被黏附于孔道壁面上，如图 3-16(a) 所示。深床过滤无滤饼形成，主要用于悬浮液中颗粒含量甚微的场合。如自来水净化、烟气除尘等。

饼层过滤的特点是固体颗粒呈饼层状沉积于过滤介质的上游一侧，形成滤饼层，如图 3-16(b) 所示。当过滤刚开始进行时，特别小的颗粒可能会通过过滤介质，故得到的滤液呈浑浊状；但随着过滤过程的进行，较小的颗粒会在过滤介质的表面产生"架桥"现象，形成饼层，其后，滤饼成为主要的"过滤介质"，从而使通过滤饼层的液体变为清液，固体颗粒得到有效分离。滤饼过滤主要用于颗粒含量较高（＞1％）的场合。

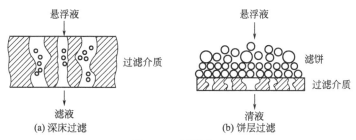

图 3-16　过滤方式

3.4.1.2　过滤介质

过滤过程中所选用的过滤介质应依不同的情况有所不同。但对其基本的要求是具有适宜的孔径、过滤阻力小；同时因过滤介质是滤饼的支撑物，应具有足够的机械强度和耐腐蚀性。工业上常用的过滤介质是棉麻或合成纤维的织物或金属丝织成的金属网，常称为滤布。

3.4.1.3　过滤推动力

在过滤过程中，流体在通过过滤介质和滤饼层时，都需要克服流动阻力，因此过滤过程必须施加外力，可以是重力、离心力或压力差，称为过滤推动力。由于流体所受的重力较小，所以一般重力过滤用于过滤阻力较小的场合。由于压力差可根据需要而定，故化工生产上常用的推动力是压力差，这也是本节重点讨论的内容。

3.4.1.4　滤饼的压缩性和助滤剂

滤饼是由截留下来的固体颗粒堆积而成的床层，随着操作的进行，滤饼的厚度与流动阻力都逐渐增大。构成滤饼的颗粒特性对流动阻力的影响很大。颗粒如果是不易变形的坚硬固体，则当滤饼两侧的压力差增大时，颗粒的形状和颗粒间的空隙都不发生明显变化，单位厚度床层的流动阻力可视为恒定，这类滤饼称为不可压缩滤饼。相反，如果滤饼两侧的压力差增大时，颗粒的形状和颗粒间的空隙都有明显的改变，单位厚度滤饼的流动阻力随着压力差的增大而增大，这种滤饼称为可压缩滤饼。

为防止过滤介质孔道的堵塞或降低可压缩滤饼的过滤阻力，可使用助滤剂。适于作助滤剂的物质应能较好地悬浮于料液中，且颗粒大小合适。另外，助滤剂中不应含有可溶于滤液的物质，以免污染滤液。常用于作助滤剂的物质有硅藻土、珍珠岩粉、炭粉和石棉粉等。助滤剂的使用可采用预涂法或预混法。对助滤剂的基本要求如下：

① 应是能形成多孔饼层的刚性颗粒，使滤饼有良好的渗透性、较高的空隙率及较低的流动阻力。

② 应具有化学稳定性，不与悬浮液发生化学反应，也不溶于液相中。

必须指出，当滤饼是产品时不能使用助滤剂。一般以获得清洁滤液为目的时，采用助滤剂才是适宜的。

3.4.2　过滤过程的物料衡算

对给定的滤浆，获得滤液的同时相应形成一定量的滤饼，它们之间的对应关系可由物料衡算求得。假设所得滤液体积为 V，所得滤饼体积为 V'，对固体颗粒进行质量衡算，则有

$$[V\rho_L + \varepsilon V'\rho_L + V'(1-\varepsilon)\rho_p]w = V'(1-\varepsilon)\rho_p \tag{3-54}$$

式中，ρ_L 为流体的密度，kg/m^3；ε 为滤饼的空隙率；ρ_p 为颗粒密度，kg/m^3；w 为悬浮液中颗粒的质量分数，%。

单位体积滤液所形成的滤饼体积 v 为

$$v = \frac{V'}{V} = \frac{\rho_L x}{\rho_p (1-\varepsilon)(1-x)\varepsilon\rho_L x} \tag{3-55}$$

式中，x 为悬浮液中颗粒的体积分数。

若以滤饼为衡算范围，则滤饼总质量应等于滤饼中颗粒质量与滤饼中液体的质量之和。

$$V'\rho' = \varepsilon\rho_L V' + (1-\varepsilon)\rho_p V' \tag{3-56}$$

由此可得滤饼的空隙率与滤饼表观密度 ρ' 的关系

$$\varepsilon = \frac{\rho_p - \rho'}{\rho_p - \rho_L} \tag{3-57}$$

【例 3-5】 现在一过滤机上过滤由水与固体颗粒组成的悬浮液。已知每获得 $1m^3$ 滤液的同时可获得滤饼 $0.06m^3$，实验测得滤饼的表观密度为 $\rho' = 1180kg/m^3$，颗粒和水的密度分别为 $1600kg/m^3$ 和 $1000kg/m^3$，试求：

(1) 滤饼的空隙率；

(2) 悬浮液中固体颗粒的质量分数。

解： (1) 按式(3-57)求滤饼的空隙率

$$\varepsilon = \frac{\rho_p - \rho'}{\rho_p - \rho_L} = \frac{1600 - 1180}{1600 - 1000} = 0.7$$

(2) 以 $1m^3$ 滤液为基准，则由式(3-54) 得

$$w = \frac{V'(1-\varepsilon)\rho_p}{V\rho_L + \varepsilon V'\rho_L + V'(1-\varepsilon)\rho_p}$$

$$= \frac{0.06 \times (1-0.7) \times 1600}{1 \times 1000 + 0.7 \times 0.06 \times 1000 + 0.06 \times (1-0.7) \times 1600} = 0.027 = 2.7\%$$

3.4.3 过滤基本方程式

过滤基本方程式是描述过滤速率（或过滤速度）与过滤推动力、过滤面积、料浆性质、介质特性及滤饼厚度等诸因素关系的数学表达式。

3.4.3.1 滤液通过饼层的流动

滤液通过滤饼层流动具有以下特点：

① 滤液流经的滤饼空隙细小曲折，形成不规则的网状结构。

② 随着过滤过程的进行，滤饼厚度不断增加，流动阻力逐渐增大，因而过滤属非稳态操作。

③ 细小而密集的颗粒层提供了很大的液-固接触表面，滤液的流动大都在层流区。

对于滤液通过平行细管的层流流动，由康采尼方程 [式(3-20)] 得到

$$u = \frac{\varepsilon^3}{5a^2(1-\varepsilon)^2} \times \frac{\Delta p_f}{\mu L} \tag{3-58}$$

式中，L 为滤饼厚度。

3.4.3.2 过滤速度和过滤速率

设过滤面积为 A，过滤到某一时刻时所得的累积滤液体积为 V，则定义单位时间通过单位面积的滤液体积为过滤速度，可表示为 $u = \dfrac{dV}{A d\theta}$，单位为 m/s。通常将单位时间所得滤液

体积称为过滤速率，可表示为 $\dfrac{dV}{d\theta}$，单位为 m^3/s。

过滤速度实际上是滤液通过滤饼层的流速，一般处于层流区，根据过滤速度的定义和式(3-58)得

$$u = \frac{dV}{A\,d\theta} = \frac{\varepsilon^3}{5a^2(1-\varepsilon)^2} \times \frac{\Delta p_f}{\mu L} \tag{3-58a}$$

而过滤速率为

$$\frac{dV}{d\theta} = \frac{\varepsilon^3}{5a^2(1-\varepsilon)^2} \times \frac{A\Delta p_f}{\mu L} \tag{3-58b}$$

3.4.3.3 滤饼的阻力

对于不可压缩滤饼，滤饼层的空隙率 ε 和颗粒比表面积 a 可视为常数。式(3-58a)、式(3-58b) 中的 $\dfrac{\varepsilon^3}{5a^2(1-\varepsilon)^2}$ 反映颗粒的特性，其值随物料的不同而不同。以 r 代表其倒数，则有

$$r = \frac{5a^2(1-\varepsilon)^2}{\varepsilon^3} \tag{3-59}$$

式中，r 为滤饼的比阻，m^{-2}，其含义为单位厚度的滤饼层所具有的阻力，其在数值上等于黏度为 $1Pa \cdot s$ 的滤液以 $1m/s$ 的平均流速通过厚度为 $1m$ 的滤饼层所产生的阻力损失（或压强降）。比阻反映了颗粒形状、尺寸及滤饼空隙率对滤液流动的影响，则过滤速度可表示为

$$u = \frac{dV}{A\,d\theta} = \frac{\Delta p_c}{r\mu L} = \frac{\Delta p_c}{\mu R} \tag{3-60}$$

式中，Δp_c 为滤饼产生的压强降。

式(3-60) 具有"速度＝推动力/阻力"的形式，其中 $r\mu L$ 及 μR 均为过滤阻力。显然 $r\mu$ 应为比阻，但因 μ 代表滤液的影响，$rL(=R)$ 代表滤饼的影响，因此，习惯上将 r 称为比阻，R 称为滤饼阻力。

3.4.3.4 过滤介质的阻力

式(3-60) 仅考虑了由滤饼造成的阻力，然而在实际过程中，过滤介质的阻力有时也不可忽略。过滤介质的阻力与其自身的材质、结构及厚度有关。通常，将过滤介质的阻力折合成厚度为 L_e 的滤饼阻力 $r\mu L_e$（称为当量介质阻力）。若过滤介质两侧的压力差为 Δp_m，则过滤速度也可表示为

$$u = \frac{dV}{A\,d\theta} = \frac{\Delta p_m}{r\mu L_e} = \frac{\Delta p_m}{\mu R_m} \tag{3-61}$$

由于很难划分过滤介质与滤饼之间的分界面，更难测定分界面处的压强，因而过滤介质的阻力与所形成的滤饼阻力往往是无法分开的，所以过滤操作中总是把过滤介质与滤饼联合起来考虑。结合式(3-60) 和式(3-61) 可得

$$u = \frac{dV}{A\,d\theta} = \frac{\Delta p_c + \Delta p_m}{r\mu(L+L_e)} = \frac{\Delta p}{\mu(R+R_m)} \tag{3-62}$$

式中，$\Delta p = \Delta p_c + \Delta p_m$，代表滤饼与滤布两侧的总压强降，称为过滤压强差。式(3-62) 表明：可用滤液通过串联的滤饼与过滤介质的总压强降来表示过滤推动力，用两层的阻力之和 $r\mu(L+L_e)$ 来表示总阻力。

在一定的操作条件下，以一定过滤介质过滤一定的悬浮液时，L_e 为定值；但同一介质

在不同的过滤操作中，L_e 值不同。

【例 3-6】 直径为 0.1mm 的球形颗粒物质悬浮在水中，用过滤的方法予以分离。过滤时形成的滤饼不可压缩，其空隙率为 60%。

(1) 试求滤饼的比阻值 r。

(2) 又知此悬浮液中固相所占的体积分数为 10%，求单位过滤面积上获得 0.5m³ 滤液时的滤饼阻力。

解： (1) 求滤饼的比阻 r

由式(3-3)，球形颗粒的比表面积为

$$u = \frac{6}{d} = \frac{6}{0.1 \times 10^{-3}} = 6 \times 10^4 \, (\text{m}^2/\text{m}^3)$$

又已知滤饼的空隙率 $\varepsilon = 0.6$，则由式(3-59) 可得

$$r = \frac{5a^2(1-\varepsilon)^2}{\varepsilon^3} = \frac{5 \times (6 \times 10^4)^2(1-0.6)^2}{0.6^3} = 1.333 \times 10^{10} \, (\text{m}^{-2})$$

(2) 求滤饼的阻力 R

滤饼阻力：$R = rL$

设单位过滤面积上获得 0.5m³ 滤液时的滤饼厚度为 L，可通过对单位面积（1m²）滤饼、滤液及悬浮液中水的物料衡算求得。过滤时水的密度没有变化，故有

滤液体积＋滤饼中水的体积＝悬浮液中水的体积

即

$$0.5 \times 1 + L \times 1 \times 0.6 = (0.5 \times 1 + L \times 1)(1 - 0.1)$$

解得，

$$L = 0.1667\text{m}$$

则

$$R = rL = 1.333 \times 10^{10} \times 0.1667 = 2.22 \times 10^9 \, (\text{m}^{-1})$$

3.4.3.5 过滤基本方程式

设每获得 1m³ 滤液的滤饼体积为 v [v 为量纲为一的量，也可以 m³（滤饼）/m³（滤液）为单位]，则任一瞬间得到的滤液体积 $V(\text{m}^3)$ 与滤饼厚度 L 之间的关系为：

$$LA = Vv$$

则滤饼厚度为：

$$L = \frac{Vv}{A} \tag{3-63}$$

同理，如生成厚度为 L_e 的滤饼所应获得的滤液体积为 V_e，则

$$L_e = \frac{V_e v}{A} \tag{3-64}$$

在一定的操作条件下，以一定介质过滤一定的悬浮液时，V_e 为定值，但同一介质在不同过滤操作中，V_e 值不同。

于是，式(3-62) 可写成

$$\frac{dV}{A d\theta} = \frac{\Delta p}{\mu r v \left(\dfrac{V + V_e}{A} \right)} \tag{3-65}$$

整理可得

$$\frac{dV}{d\theta} = \frac{A^2 \Delta p}{\mu r v (V + V_e)} \tag{3-65a}$$

式（3-65a）是过滤速率与各有关因素之间的一般关系式。

当滤饼可压缩时，比阻 r 将随着 Δp 的增大而增大，一般有如下的经验关系

$$r=r'\Delta p^s \tag{3-66}$$

式中，r' 和 s 均为实验常数，其中的 r' 为单位压差下的滤饼比阻，单位为 m^{-2}；s 称为滤饼的压缩性指数，一般 $s=0\sim1$，对特定的物料可查有关资料或通过实验确定。几种典型物料的压缩性指数值，列于表 3-2 中。

表 3-2　典型物料的压缩性指数

物料	硅藻土	碳酸钙	钛白	高岭土	滑石	黏土	硫酸锌	氢氧化铝
s	0.01	0.19	0.27	0.33	0.51	0.56~0.6	0.69	0.9

对不可压缩滤饼，比阻 r 与 Δp 无关，$s=0$。

将式（3-66）代入式（3-65a），得到

$$\frac{dV}{d\theta}=\frac{A^2\Delta p^{1-s}}{\mu r' v(V+V_e)} \tag{3-67}$$

式（3-67）称为过滤基本方程式，表示过滤过程中任一瞬间过滤速率与各有关因素之间的关系，是过滤操作的基本依据。该式适用于可压缩及不可压缩滤饼。

应用过滤基本方程时，需针对操作具体方式而积分。过滤操作有两种典型的方式，即恒压过滤和恒速过滤。间歇操作的过滤机（如板框压滤机）可以恒压、恒速或先恒速后恒压操作；而连续操作的过滤机（如转筒真空过滤机）都在恒压下操作。

3.4.4　恒压过滤

若过滤操作在恒定压强差下进行，则称为恒压过滤。恒压过滤是最常见的过滤方式。恒压过滤时滤饼不断变厚，致使阻力逐渐增加，但推动力 Δp 恒定，因而过滤速率逐渐减小。

对于一定的悬浮液，μ、r' 及 v 均可视为常数，令

$$k=\frac{1}{\mu v r'} \tag{3-68}$$

式中，k 为过滤物料的**特性常数**，$m^2/(Pa\cdot s)$。

将式（3-68）代入式（3-67），得

$$\frac{dV}{d\theta}=\frac{kA^2\Delta p^{1-s}}{V+V_e} \tag{3-67a}$$

再令

$$K=2k\Delta p^{1-s} \tag{3-69}$$

恒压过滤时，K 也为常数。将上式代入（3-67a），得

$$\frac{dV}{d\theta}=\frac{KA^2}{2(V+V_e)} \tag{3-67b}$$

虚拟过滤阶段，没有获得滤液，$V=0$，式（3-67b）简化为以过滤介质阻力表达的速率方程，即

$$\frac{dV}{d\theta}=\frac{KA^2}{2V_e} \tag{3-67c}$$

如前所述，与过滤介质相对应的虚拟滤液体积为 V_e，对应的虚拟过滤时间为 θ_e，则式（3-67c）的积分边界条件为：过滤时间 $0\to\theta_e$；滤液体积 $0\to V_e$。积分（3-67c），得

$$V_e^2=KA^2\theta_e \tag{3-70}$$

有效过滤阶段，V_e、θ_e 为常数，式(3-67b) 的积分边界条件为：过滤时间 $0+\theta_e \rightarrow \theta + \theta_e$；滤液体积 $0+V_e \rightarrow V+V_e$。则其积分结果为

$$V^2+2VV_e=KA^2\theta \tag{3-71}$$

式(3-70) 加上式(3-71)，得

$$(V+V_e)^2=KA^2(\theta+\theta_e) \tag{3-72}$$

式(3-72) 称为**恒压过滤方程式**，它表明恒压过滤时滤液体积与过滤时间的关系为抛物线方程，如图 3-17 所示。图中 ab 段表示实际过滤时间 θ 与实际所得滤液 V 之间的关系，而 Oa 段则表示过滤介质相对应的虚拟过滤时间 θ_e 与虚拟滤液体积 V_e 之间的关系。

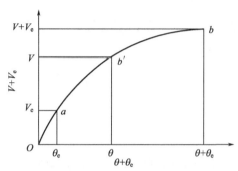

图 3-17 恒压过滤的滤液体积与过滤时间关系曲线

当过滤介质阻力可以忽略时，$V_e=0$，$\theta_e=0$，则式(3-72) 简化为

$$V^2=KA^2\theta \tag{3-73}$$

又令 $q=V/A$ 及 $q_e=V_e/A$，则式(3-70)、式(3-71)、式(3-72) 和式(3-73) 可写为：

$$q_e^2=K\theta_e \tag{3-70a}$$

$$q^2+2qq_e=K\theta \tag{3-71a}$$

$$(q+q_e)^2=K(\theta+\theta_e) \tag{3-72a}$$

$$q^2=K\theta \tag{3-73a}$$

式(3-72a) 也称为恒压过滤方程式。恒压过滤方程式中的 K 是由物料特性及过滤压强差所决定的常数，称为**过滤常数**，其单位为 m^2/s；q_e 与 θ_e 为反映过滤介质阻力大小的常数，均称为过滤介质常数，其单位分别为 m^3/m^2 及 s。三者总称为过滤常数，其数值由实验测定。

【例 3-7】 拟在 9.81kPa 的恒定压差下过滤例 3-6 中的悬浮液。已知水的黏度为 1.0×10^{-3}Pa·s，过滤介质阻力可以忽略，试求：

(1) 单位过滤面积上获得 1.5m^3 滤液所需的过滤时间；

(2) 若将此过滤时间延长一倍，可再获得滤液多少？

解：(1) 过滤时间

已知过滤介质阻力可忽略的恒压过滤方程式为：$q^2=K\theta$

单位面积上获得滤液量为 $q=1.5m^3/m^2$

过滤常数 $K=2k\Delta p^{1-s}=\dfrac{2\Delta p^{1-s}}{\mu r'v}$

对于不可压缩滤饼，$s=0$，$r'=r=$常数，则

$$K=\frac{2\Delta p}{\mu rv}$$

已知：$\Delta p=9.81$kPa，$\mu=1.0\times10^{-3}$Pa·s，$r=1.333\times10^{10}m^{-2}$。

根据例 3-6 的结论，滤饼体积与滤液体积之比为：$v=\dfrac{0.1667}{0.5}=0.333$

因此，$\quad K=\dfrac{2\Delta p}{\mu rv}=\dfrac{2\times9.81\times10^3}{1.0\times10^{-3}\times1.333\times10^{10}\times0.333}=4.42\times10^{-3}(m^2/s)$

所以，$\quad \theta=\dfrac{q^2}{K}=\dfrac{1.5^2}{4.42\times10^{-3}}=509(s)$

（2）过滤时间加倍时增加的滤液量

$$\theta'=2\theta=2\times509=1018(\text{s})$$

则

$$q'=\sqrt{K\theta'}=\sqrt{4.42\times10^{-3}\times1018}=2.12(\text{m}^3/\text{m}^2)$$

$$q'-q=2.12-1.5=0.62(\text{m}^3/\text{m}^2)$$

即每平方米过滤面积上将再获得 0.62m^3 滤液。

3.4.5　恒速过滤与先恒速后恒压过滤

过滤设备内部空间的容积是一定的，当料浆充满此空间后，供料的体积流量就等于滤液流出的体积流量，即过滤速率。所以，当用排出量固定的位移泵向过滤机供料而未打开支路阀门时，过滤速率是恒定的。这种维持速率恒定的过滤方式称为恒速过滤。

恒速过滤时的过滤速度为

$$\frac{\mathrm{d}V}{A\mathrm{d}\theta}=\frac{V}{A\theta}=\frac{q}{\theta}=u_\mathrm{R}=\text{常数} \tag{3-74}$$

所以

$$q=u_\mathrm{R}\theta \tag{3-75}$$

或

$$V=Au_\mathrm{R}\theta \tag{3-75a}$$

式中，u_R 为恒速阶段的过滤速度，m/s。

式（3-75）表明，恒速过滤时，V（或 q）与 θ 的关系是通过原点的直线。

对于不可压缩滤饼，由式（3-65）可得

$$\frac{\mathrm{d}q}{\mathrm{d}\theta}=\frac{\Delta p}{\mu rv(q+q_\mathrm{e})}=u_\mathrm{R}$$

在一定条件下，式中的 μ、r、v、u_R 及 q_e 均为常数，仅 Δp 及 q 随 θ 而变化，于是得到

$$\Delta p=\mu rvu_\mathrm{R}^2\theta+\mu rvu_\mathrm{R}q_\mathrm{e} \tag{3-76}$$

或写成

$$\Delta p=a\theta+b \tag{3-76a}$$

式中常数：$a=\mu rvu_\mathrm{R}^2$，$b=\mu rvu_\mathrm{R}q_\mathrm{e}$。

式（3-76a）表明，对不可压缩滤饼进行恒速过滤时，其操作压强差随过滤时间成直线增加。所以，实际上很少采用把恒速过滤进行到底的操作方法，而是采用先恒速后恒压的复合式操作方法。这种复合式的装置如图 3-18 所示。

由于采用正位移泵，过滤初期维持恒定速率，泵出口压强逐渐升高。经过时间 θ_R 后，获得体积为 V_R 的滤液，若此时压强恰已升至能使支路阀门开启的设定值，则开始有部分料浆通过支路返回泵入口，进入过滤机的料浆流量逐渐减小，而过滤机入口压强维持恒定。后一阶段的操作为恒压过滤。

对于恒压阶段的 $V\text{-}\theta$ 关系，仍用过滤基本方程求得，即

$$\frac{\mathrm{d}V}{\mathrm{d}\theta}=\frac{kA^2\Delta p^{1-s}}{V+V_\mathrm{e}}$$

则有

$$(V+V_\mathrm{e})\mathrm{d}V=kA^2\Delta p^{1-s}\mathrm{d}\theta$$

若令 V_R、θ_R 分别表示恒速终点时瞬间的滤液体积及过滤时间，则上式的积分式为

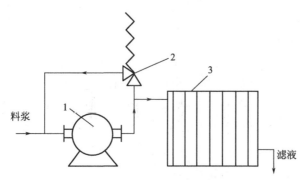

图 3-18　先恒速后恒压的过滤装置
1—正位移泵；2—支路阀门；3—过滤机

$$\int_{V_R}^{V}(V+V_e)dV=\int_{\theta_R}^{\theta}kA^2\Delta p^{1-s}d\theta$$

积分上式，并将式(3-69)代入，得

$$(V^2-V_R^2)+2V_e(V-V_R)=KA^2(\theta-\theta_R) \tag{3-77}$$

式(3-77)即为恒压阶段的过滤方程式，式中 $(V-V_R)$、$(\theta-\theta_R)$ 分别为转入恒压操作后所获得的滤液体积及所经历的过滤时间。

【例 3-8】 采用 BMAS4/420-U 型板框压滤机过滤颗粒浓度为 40kg/m³，颗粒密度为 2450kg/m³ 的悬浮液。已通过实验测得过滤压强差 $\Delta p=0.1\sim0.6$MPa 范围，测得滤饼的比阻 $r_0=5.86\times10^{12}$m⁻²，压缩指数 $s=0.2$，过滤介质的当量滤饼体积 $q_e=0.05$m³/m²。同时也测得滤饼含水的质量分数为 30%。该型号板框过滤机的面积为 4m²，滤框尺寸为 300mm×340mm，滤框厚度为 30mm，共有滤框 20 个。悬浮液的温度为 30℃，水的密度为 996kg/m³，黏度为 80.1×10⁻⁵Pa·s。过滤首先在 $\Delta p=0.2$MPa 恒压下进行，在得到 1m³ 滤液后，再将过滤压强差升至 0.5MPa。试求滤饼充满滤框时的过滤时间。

解： 根据该过滤机的型号参数，滤框充满滤饼时的滤饼体积为

$$V'=0.3\times0.34\times0.03\times20=0.0612(m^3)$$

而 1m³ 悬浮液所得滤饼质量为：$\dfrac{40}{1-0.3}=57.14$(kg)

1m³ 悬浮液所得滤饼体积为：$\dfrac{40}{2450}+\dfrac{57.14-40}{996}=0.03354$(m³)

那么，滤饼与滤液体积比为：$v=\dfrac{0.03354}{1-0.03354}=0.0347$(m³/m³)

滤框充满时，所得滤液量：$V=\dfrac{V'}{v}=\dfrac{0.0612}{0.0347}=1.76$(m³)

$\Delta p=0.2$MPa 时

$$K=2k\Delta p^{1-s}=\dfrac{2\Delta p^{1-s}}{r_0\mu v}=\dfrac{2\times(0.2\times10^6)^{1-0.2}}{5.86\times10^{12}\times80.1\times10^{-5}\times0.0347}=2.138\times10^{-4}(m^2/s)$$

根据恒压过滤方程 [式(3-71)]，在 $\Delta p=0.2$MPa 下，$V_1=1.0$m³ 所需的过滤时间为

$$\theta_1=\dfrac{V^2+2VV_e}{KA^2}=\dfrac{1+2\times1\times0.05\times4}{2.138\times10^{-4}\times4^2}=409.3(s)$$

又在 $\Delta p=0.5$MPa 下

$$K=2.138\times10^{-4}\times\left(\dfrac{0.5\times10^6}{0.2\times10^6}\right)^{1-0.2}=4.45\times10^{-4}(m^2/s)$$

所以，在 $\Delta p = 0.5\text{MPa}$ 下，滤液量从 $V_1 = 1.0\text{m}^3$ 到 $V_2 = 1.76\text{m}^3$ 所需的时间为

$$\theta_2 = \frac{(V_2^2 - V_1^2) + 2Aq_e(V_2 - V_1)}{KA^2} = \frac{(1.76^2 - 1) + 2 \times 0.05 \times 4 \times (1.76 - 1.0)}{4.45 \times 10^{-4} \times 4^2}$$
$$= 337.3(\text{s})$$

故过滤总时间为：

$$\theta = \theta_1 + \theta_2 = 409.3 + 337.3 = 746.6(\text{s})$$

3.4.6 过滤常数的测定

用实验测定过滤常数是进行过滤计算的基础，有时也可用已有的生产数据计算。实验测定一般在恒压下进行。

根据恒压过滤方程式(3-71a) 可知，只要测得两个过滤时间下的滤液量，即可获得两个方程式，求出过滤常数 K 和 q_e。但这样做会产生较大的误差，为减少误差，需在恒压下测得一组数据来确定 K 和 q_e。

将式(3-71a) 两侧各项均除以 qK，得：

$$\frac{\theta}{q} = \frac{1}{K}q + \frac{2}{K}q_e \tag{3-78}$$

式(3-78) 表明，在恒压过滤时，θ/q 与 q 呈直线关系，直线的斜率为 $1/K$，截距为 $2q_e/K$。由此可知，只要测出不同过滤时间时单位过滤面积所得的滤液量，即可由式(3-78) 求得 K 和 q_e。因为 $K = 2k\Delta p^{1-s}$，两侧取对数，得

$$\lg K = \lg(2k) + (1-s)\lg\Delta p \tag{3-79}$$

式(3-79) 说明，如在直角坐标上将 $\lg K$ 对 $\lg\Delta p$ 作图可得一直线，该直线的斜率为 $(1-s)$，截距为 $\lg(2k)$，因此在不同的压差下进行恒压过滤，求出不同压差下的 K，即可由式(3-79) 求出过滤常数 k 与压缩指数 s。

【例 3-9】 在恒定压力下，对某种滤浆进行过滤实验，测得如下所列数据，试求过滤常数 K 及 q_e 和 θ_e。

θ/s	38.2	114.4	228	379.4
$q/(\text{m}^3/\text{m}^2)$	0.1	0.2	0.3	0.4

解：依题中所给的数据可求得 θ/q 和 q 的对应关系如下

$q/(\text{m}^3/\text{m}^2)$	0.1	0.2	0.3	0.4
$(\theta/q)/(\text{s/m})$	382	572	760	949

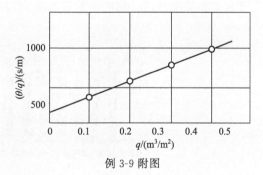

例 3-9 附图

以 θ/q 对 q 作图，如例 3-9 附图所示。由图中可得 θ/q-q 线斜率为 $1/K = 1890$、截距为 $2q_e/K = 200\text{s/m}$，故

$$K = \frac{1}{1890} = 5.291 \times 10^{-4}(\text{m}^2/\text{s})$$

$$q_e = \frac{200K}{2} = 5.291 \times 10^{-2}(\text{m}^3/\text{m}^2)$$

$$\theta_e = \frac{q_e^2}{K} = \frac{(5.291 \times 10^{-2})^2}{5.291 \times 10^{-4}} = 5.291(\text{s})$$

3.4.7　滤饼的洗涤

为了除去滤饼里存留的滤液，或者为了回收滤饼中存留的滤液，在过滤终了时，有时需要对滤饼进行洗涤。

洗涤速度是单位时间通过单位面积的洗涤液量，用 $\left(\dfrac{\mathrm{d}V}{A\,\mathrm{d}\theta}\right)_{\mathrm{w}}$ 表示；洗涤速率是单位时间通过的洗涤液量，用 $\left(\dfrac{\mathrm{d}V}{\mathrm{d}\theta}\right)_{\mathrm{w}}$ 表示。

如果洗涤液量为 V_{w}，则滤饼的洗涤时间为：

$$\theta_{\mathrm{w}}=\frac{V_{\mathrm{w}}}{\left(\dfrac{\mathrm{d}V}{\mathrm{d}\theta}\right)_{\mathrm{w}}} \tag{3-80}$$

洗涤液用量取决于对滤渣的质量要求或对滤液的回收要求。

在洗涤过程中，滤饼的厚度不再增加所以洗涤速率基本上为常数，其大小与洗涤液的性质及洗涤方法有关，后者又与所用的过滤设备结构有关。

3.4.8　过滤机及其生产能力

工业生产需要分离的悬浮液的性质有很大的不同，过滤的目的、原料的处理量也各不相同，为适应不同的要求，过滤设备的形式也是多种多样的。典型的过滤设备是以压力差为推动力的过滤机，包括板框式压滤机、叶滤机和转筒过滤机。此外，还有离心过滤机。下面择要介绍以压差为推动力的过滤机。

3.4.8.1　板框式压滤机

（1）主要结构及操作　板框式压滤机是历史最久、目前仍最普遍使用的一种过滤机，由许多块滤板和滤框交替排列组合而成，如图 3-19 所示。滤板和滤框共同支承在两侧的架上并可在架上滑动，用一端的压紧装置将它们压紧。

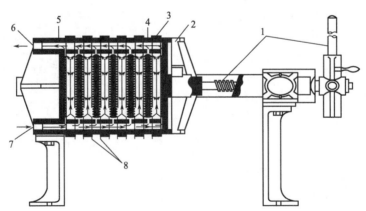

图 3-19　板框式压滤机

1—压紧装置；2—可动头；3—滤框；4—滤板；5—固定头；6—滤液出口；7—料浆进口；8—滤布

滤板和滤框多做成正方形，其结构如图 3-20 所示。在板与框的角上均开有孔，组合后即构成供滤浆和洗涤水流通的孔道。滤框上角的孔有小通道与框内的空间相通，为滤浆的进入口。滤框的两侧覆以滤布，围成容纳滤浆和滤饼的空间。滤板有洗涤板和非洗涤板两种，它们的结构与作用有所不同，图 3-20 中（a）表示的为非洗涤板，（c）为洗涤板。洗涤板右下角的孔与板面两侧相通，可排出洗涤液；洗涤板左上角的孔与板面的两侧相通，洗涤液可以由此通入。

板框压滤机的操作是间歇的，每个操作循环由组装、过滤、洗涤、卸渣、整理 5 个阶段组成。过滤时滤浆由泵送入板框右上角的滤浆通道，由通道进入各个滤框［图 3-21(a)］。滤液穿过滤布沿滤板上的凹槽流至滤液出口排出。固体物则积存于框内形成滤饼，直到框内充满滤饼为止。当需要对滤饼进行洗涤时，先将洗涤板上的滤液出口关闭，洗涤液经洗板上角的孔进入板侧，穿过滤布到达滤框，然后穿过滤饼及滤布，再经过非洗涤板下角的孔排出［图 3-21(b)］。这种洗涤方法称为横穿洗涤法。

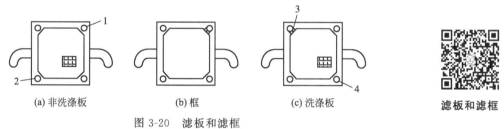

(a) 非洗涤板　　　　　(b) 框　　　　　(c) 洗涤板　　　　　滤板和滤框

图 3-20　滤板和滤框

1—滤浆进口；2—滤液通路；3—洗水进口；4—洗水通路

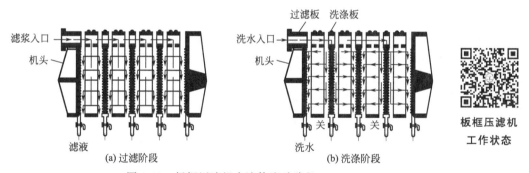

(a) 过滤阶段　　　　　(b) 洗涤阶段　　　　　板框压滤机工作状态

图 3-21　板框压滤机内液体流动路径

板框压滤机的板、框可用铸铁、碳钢、不锈钢、铝、塑料、木材等制造，操作压力一般为 0.3～0.8MPa，最高可达 1.5MPa。我国编制的压滤机系列标准及规定代号（GB/T 7780—2016），如 BLMJY 20/810×810-G，其中，B 表示板框压滤机，L 表示立式，M 表示明流（A 为暗流），J 表示机械压紧（S 表示手动压紧），Y 表示接液小车，20 表示过滤面积为 20m²，810 表示框内每边长 810mm，G 表示与料液接触材料为碳钢。框的厚度为 25～50mm，框的每边长 320～1000mm，框数可从几个到 50 个以上，随生产能力而定。

板框压滤机的优点是结构简单、制造容易、设备紧凑、过滤面积大而占地面积小、操作压强高、滤饼含水量少、对各种物料的适应能力强。缺点是间歇操作、劳动强度大、生产效率低。近年，各种大型压滤机的自动化与机械化发展很快，使上述缺点在一定程度上得到改善。

（2）板框压滤机的生产能力　过滤机的生产能力可用单位时间内所得的滤液量或滤渣量表示。板框压滤机是间歇式设备，其生产能力应以一个操作周期 T（包括过滤时间 θ、洗涤时间 θ_w 和由卸渣、整理、重装等过程组成的辅助时间 θ_D）为基准进行计算。若在一个操作

周期内获得的滤液量为 V，则生产能力可表示为

$$Q_h = \frac{V}{T} = \frac{V}{\theta + \theta_w + \theta_D} \tag{3-81}$$

如前所述，板框压滤机常用横穿洗涤法，其洗涤面积是过滤面积的 $1/2$，洗涤液所穿过的滤板厚度是最终滤饼厚度的 2 倍。若洗涤压差与最终过滤压差相同，洗涤液黏度与滤液黏度相近，则洗涤速率将变为最终过滤速率的 $1/4$，即

$$\left(\frac{dV}{d\theta}\right)_w = \frac{1}{4}\left(\frac{dV}{d\theta}\right)_E \tag{3-82}$$

最终过滤速率可用式（3-67b）计算

$$\left(\frac{dV}{d\theta}\right)_E = \frac{K\Lambda^2}{2(V + V_e)}$$

所以，有

$$\left(\frac{dV}{d\theta}\right)_w = \frac{KA^2}{8(V + V_e)} \tag{3-83}$$

若以 a_w 表示洗涤液量 V_w 与最终过滤所得滤液量 V 的比值，即 $a_w = V_w/V$，则洗涤时间为

$$\theta_w = \frac{8a_w(V^2 + VV_e)}{KA^2} \tag{3-84}$$

若过滤介质的阻力可忽略不计，则

$$\theta_w = \frac{8a_w V^2}{KA^2} = 8a_w\theta \tag{3-85}$$

（3）最佳操作周期　在一个过滤操作循环中，辅助时间 θ_D 是固定的，而过滤及洗涤时间却要随产量的增加而增加。若一个操作周期中过滤时间短，则形成的滤饼薄，过滤速率大，但非过滤时间所占的比例相对较大，生产能力不一定就大。相反，过滤时间长，形成的滤饼则厚，过滤速率小，生产能力也可能小。所以，一个循环中，过滤时间应有一最佳值，使生产能力最大。在此最佳过滤时间内所形成的滤饼厚度，应是设计压滤机时决定框厚的依据。

对于恒压操作的板框式压滤机，依式（3-71）可知，过滤时间为

$$\theta = \frac{V^2 + 2VV_e}{KA^2}$$

将上式及式（3-84）代入式（3-81），得

$$Q_h = \frac{V}{\dfrac{V^2 + 2VV_e}{KA^2} + \dfrac{8a_w(V^2 + 2VV_e)}{KA^2} + \theta_D} \tag{3-86}$$

将上式微分，并取 $\dfrac{dQ_h}{dV} = 0$，则可得

$$(1 + 8a_w)\frac{V^2}{KA^2} = \theta_D \tag{3-87}$$

显然满足上式条件时，过滤机的生产能力最大。由式（3-71）可知，若过滤介质的阻力可忽略不计，则

$$\frac{V^2}{KA^2} = \theta$$

故有

$$(1 + 8a_w)\theta = \theta_D \tag{3-88}$$

式(3-88)表明：在过滤介质阻力不计（$V_e \approx 0$）的情况下，若过滤时间和洗涤时间之和等于辅助时间，则过滤机的生产能力最大，即

$$\theta + \theta_w = \theta_D \tag{3-89}$$

【例 3-10】　在实验装置中过滤 TiO_2 的水悬浮液，过滤压差为 300kPa，测得过滤常数如下：$K = 5 \times 10^{-5} m^2/s$，$q_e = 0.01 m^3/m^2$，$\theta_e = 2s$。又测得滤渣体积与滤液体积之比 $v = 0.08 m^3/m^3$。现改用工业型压滤机过滤同样的料液，过滤压差及所用的滤布与试验时相同。若压滤机的滤框空处的长与宽均为 810mm，框厚为 45mm，共有 26 个框，试计算：

（1）过滤进行到框内全部充满滤渣所需的过滤时间；

（2）过滤后用相当于滤液量 1/10 的清水进行横穿洗涤的洗涤时间；

（3）若洗涤后卸渣、清理、重装等共需 40min，则每台压滤机的生产能力多大（以每小时平均得到的滤渣计）？

解： 该压滤机的过滤面积为

$$A = 框数 \times (框宽 \times 框长 \times 2) = 26 \times 0.81 \times 0.81 \times 2 = 34 (m^2)$$

框内全部充满滤渣时，滤饼体积等于框内总容积，为

$$V' = 框数 \times (框长 \times 框宽 \times 框厚) = 26 \times (0.81 \times 0.81 \times 0.045) = 0.768 (m^3)$$

（1）过滤时间　根据式(3-55)，滤渣全部充满滤框时所得滤液量为：

$$V = \frac{V'}{v} = \frac{0.768}{0.08} = 9.6 (m^3)$$

单位面积的滤液量为：

$$q = \frac{V}{A} = \frac{9.6}{34} = 0.282 (m^3/m^2)$$

将已知过滤常数代入式(3-72a)中得：$(q + 0.01)^2 = 5 \times 10^{-5}(\theta + 2)$

将求出的 q 值代入上式中，解出过滤时间为

$$\theta = \frac{(0.282 + 0.01)^2}{5 \times 10^{-5}} - 2 = 1703 (s) = 28.4 (min)$$

（2）洗涤时间　根据式(3-84)，求出洗涤时间为

$$\theta_w = \frac{8a_w(V^2 + VV_e)}{KA^2} = \frac{8a_w(q^2 + qq_e)}{K}$$

$$= \frac{8 \times 0.1 \times (0.282^2 + 0.282 \times 0.01)}{5 \times 10^{-5}}$$

$$= 1317.5 (s) = 22.0 (min)$$

（3）生产能力　一个操作周期的总时间

$$T = \theta + \theta_w + \theta_D = 28.4 + 22.0 + 40 = 90.4 (min) \approx 1.51 (h)$$

生产能力（以滤渣计）为

$$Q_h = \frac{V}{T} = \frac{0.768}{1.51} = 0.51 (m^3/h)$$

3.4.8.2　叶滤机

（1）主要结构及操作　叶滤机的主要构件是矩形或圆形的滤叶。滤叶由金属丝网组成的框架上覆以滤布构成，见图 3-22，滤布紧紧贴覆在金属网表面。将若干个平行排列的滤叶组装成一体，安装在密闭的机壳内，即构成叶滤机。

过滤时，滤浆由泵压入或用真空泵吸入，在压力差的作用下，滤液穿过滤布进入滤叶内部，再从排出管引出，颗粒则沉积于滤布外形成滤饼。当滤饼累积到一定厚度后，停止过

滤。通常滤饼厚度为 5~35mm，视滤浆性质及操作条件而定。若滤饼需要洗涤，则在过滤完成后，在机壳内改充洗水，洗水路径与滤液相同。这种洗涤方法称为置换洗涤法。洗涤完成后，打开机壳上盖，拔出滤叶卸除滤饼。

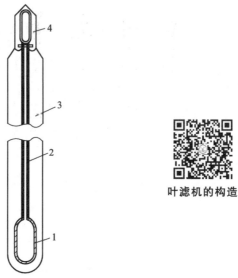

图 3-22 叶滤机滤叶的构造
1—空框；2—金属网和滤布；3—滤饼；4—顶盖

叶滤机设备紧凑，密闭操作，劳动条件较好，每次循环滤布不需装卸，较省劳动力。缺点是结构相对较复杂，造价较高，更换滤布比较麻烦。

（2）叶滤机的生产能力　叶滤机也是间歇操作设备，其生产能力同样可用式(3-81)计算。其中过滤时间和辅助时间的确定均与板框式压滤机类同。但叶滤机的洗涤方法为置换洗涤法，洗涤液流过滤饼的通道与过滤终了时滤液流过的通道相同，故在洗涤压差与过滤压差相同、洗涤液黏度与滤液黏度相近时，有

$$\left(\frac{dV}{d\theta}\right)_w = \left(\frac{dV}{d\theta}\right)_E = \frac{KA^2}{2(V+V_e)} \tag{3-90}$$

即洗涤速率和最终过滤速率相同，将上式代入式(3-80)，并令 $a_w = V_w/V$，得

$$\theta_w = \frac{2a_w(V^2 + VV_e)}{KA^2} \tag{3-91}$$

若过滤介质阻力可忽略不计，则有

$$\theta_w = \frac{2a_w V^2}{KA^2} = 2a_w\theta \tag{3-92}$$

（3）最佳操作周期　与板框压滤机相同，对于叶滤机也存在最佳操作周期。利用同样的方法可得叶滤机满足如下关系时其生产能力最大

$$(1+2a_w)\frac{V^2}{KA^2} = \theta_D \tag{3-93}$$

当过滤介质阻力可忽略不计时，上式变为：

$$(1+2a_w)\theta = \theta_D \tag{3-94}$$

即过滤时间与洗涤时间之和等于辅助时间时，叶滤机的生产能力最大。

3.4.8.3　回转真空过滤机

（1）主要结构和工作原理　回转真空过滤机是工业上应用最广的一种连续操作的过滤设备，如图 3-23 所示。回转真空过滤机依靠真空系统造成的转筒内外压差进行过滤。它的主体是能转动的圆筒，安装在中空的转轴上，如图 3-24 所示。筒的表面有一层金属网，网上覆以滤布，筒的下部浸入滤浆，其浸没的面积占整个转筒表面积的 30%～40%，转筒的转速为 0.1～3r/min。转筒沿圆周分隔成若干个互不相通的扇形格，每格都有单独的孔道与分配头的转动盘上相应的孔相连。圆筒旋转时，其表面的每一格，可以依次与处于真空下的滤液罐或鼓风机（正压下）相通。每旋转一周，转筒表面的每一部分，都依次经历过滤、洗涤、吸干、吹松、卸渣等阶段。

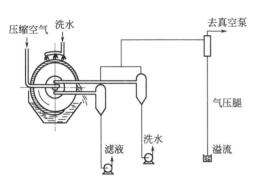
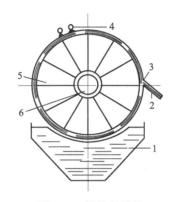

图 3-23　回转真空过滤机示意

图 3-24　转筒的结构
1—悬浮液槽；2—刮刀；3—滤饼；
4—洗涤液喷嘴；5—转筒；6—分配头

回转真空过滤机

分配头由紧密贴合的转动盘和固定盘构成，转动盘随着转筒一起旋转，转动盘上的每一孔各与转筒表面的一格相通。固定盘固定在机架上，它与转动盘贴合的一面有三个凹槽，分别与通至滤液罐、洗液罐的两个真空管路及鼓风机稳定罐的吹气管路连通。当转动盘上的某几个孔与固定盘上的凹槽相遇时，则转筒表面与这些孔相连的几格便与凹槽所连的罐体相通。某个扇形格与滤液罐相通时，滤液便可以从这个格被吸入，同时滤饼即沉积于其上。转动盘转动使这个扇形格与洗液罐连通，则吸入洗水。某扇形格连通鼓风机时，有空气吹向转筒的这部分表面，将沉积在其上的滤饼吹松。随着转筒的转动，这些滤饼又与刮刀相碰而被刮下，这部分表面再往前转便重新浸入滤浆中，开始下一个操作循环。

回转过滤机的突出优点是操作连续、自动。其缺点是转筒体积庞大而过滤面积不大。且真空操作所形成的推动力有限，悬浮液温度也不允许过高；此外，回转过滤机的滤饼难以充分洗涤。所以，回转过滤机适用于固体物含量大的悬浮液的过滤。

（2）回转真空过滤机的生产能力　回转真空过滤机是连续操作的设备，其每一部分面积，都顺序地经过过滤、洗涤、卸料等操作，转筒每旋转一周即完成一个操作循环。

转筒表面浸入滤浆中面积占圆柱曲面总面积的分数称为浸没度，以 ψ 表示，即

$$\psi = \frac{\text{浸没角度 } \alpha}{360°} \tag{3-95}$$

因转筒以匀速旋转，故浸没度 ψ 就是转筒表面任何一小块过滤面积每次浸入滤浆中的时间（即过滤时间）θ 与转筒旋转一周所用时间 T(s) 的比值。若转筒转速为 n(r/min)，则

$$T = 60/n \tag{3-96}$$

在此时间内，整个转筒表面上任何一块过滤面积所经历的过滤时间为

$$\theta = \psi T = 60\psi/n \tag{3-97}$$

若转筒总过滤面积为 A，则由恒压过滤方程式(3-72)，可得出每转一周的滤液量V(m^3) 为

$$V = \sqrt{KA^2(\theta + \theta_e)} - V_e = \sqrt{KA^2\left(\frac{60\psi}{n} + \theta_e\right)} - V_e \tag{3-98}$$

于是每小时的滤液量（即生产能力）Q_h(m^3/h) 为

$$Q_h = \frac{V}{T} = \frac{3600nV}{60} = 60nV \tag{3-99}$$

$$= 60\left[\sqrt{KA^2(60n\psi + n^2\theta_e)} - nV_e\right]$$

若忽略介质阻力，则得

$$Q_h = 60nV = 60n\sqrt{KA^2\frac{60\psi}{n}} = 465A\sqrt{Kn\psi} \tag{3-100}$$

可见，提高转筒的浸没度ψ及转速 n 均可提高其生产能力，但这种提高只能在一定范围内实现。若转速过大，则每一周期中的过滤时间更短，以致滤饼太薄，不易从鼓面卸料。又若浸没度提高，则剩余的洗涤、吸干、吹松等区域的面积分数相应减小，过分提高浸没度会导致操作上的困难。

【例 3-11】 有一质量分数为 9.3% 的水悬浮液，固相的密度为 3000kg/m^3，于一小型过滤机中测得此悬浮液的过滤常数 $k = 1.1 \times 10^{-6}$ m^2/(s·kPa)，滤饼的空隙率为 0.4。现采用一台回转真空过滤机进行生产，此过滤机的转筒直径为 1.75m，长度为 0.98m，浸没角度为 120°，生产时采用的速度为 0.5r/min，真空度为 80.0kPa，试求此时过滤机的生产能力（以滤液量计）和滤饼的厚度。

假设滤饼为不可压缩性滤饼，过滤介质阻力可忽略不计。

解：（1）求生产能力

过滤推动力 $\Delta p = 80.0$kPa

转筒的浸没度 $\psi = \dfrac{\alpha}{360°} = \dfrac{120°}{360°} = 0.333$

过滤常数 $K = 2k\Delta p^{1-s} = 2 \times 1.1 \times 10^{-6} \times 80 = 1.74 \times 10^{-4}$ (m^2/s)

转速 $n = 0.5$r/min

过滤面积 $A = \pi dL = 3.14 \times 1.75 \times 0.98 = 5.385$ (m^2)

则过滤机的生产能力为

$$Q_h = 465A\sqrt{Kn\psi} = 465 \times 5.385 \times \sqrt{1.74 \times 10^{-4} \times 0.5 \times 0.333} = 13.5 \text{(m}^3\text{/h)}$$

（2）求滤饼厚度

设滤饼体积与滤液体积之比为 v(m^3/m^3)。

以 1m^3 滤液为基准，作固体物料的衡算

$$3000 \times 0.6v = (1000 + 3000 \times 0.6v + 1000 \times 0.4v) \times 0.093$$

解得，$v = 0.0583$(m^3/m^3)

旋转一周生产的滤液体积为

$$V = \frac{Q_h}{60n} = \frac{13.5}{60 \times 0.5} = 0.45 \text{(m}^3\text{)}$$

于是旋转一周所得滤饼体积为，$V' = 0.0583 \times 0.45 = 0.0262$(m^3)

过滤面积为：$A = 5.385$m^2

滤饼厚度为：$\delta = \dfrac{0.0262}{5.385} = 0.00486$(m) $= 4.86$(mm)

3.4.8.4 其他过滤设备

过滤机的种类很多，除以上介绍的三种设备之外，还有一些类型的设备在生产上也有广泛应用。另外，近些年来，生产上又陆续出现一些新型的过滤设备，它们在生产的自动化和提高过滤过程效率等方面都较以前的设备有所进步。

管式压滤机由一根或多根钻孔管组成，这些管由支撑板支撑排列在受压的筒体容器内，有卧式和立式两种类型，如图 3-25 所示。它的操作类似于可变容积过滤机。过滤操作时先将悬浮液送入机壳内，滤叶穿过滤布进入叶内，汇集至总管后排出机外，颗粒则积于滤布外侧形成滤饼，等到滤饼充满后停止加料，通过液压系统加以 1.5～10MPa 的压力，使滤饼的含湿量大大降低。若滤饼需要洗涤，则于过滤完毕后通入洗水，洗水的路径与滤液相同，这种洗涤方式称为置换洗涤。洗涤过后打开机壳上盖，拔出滤液卸除滤饼。

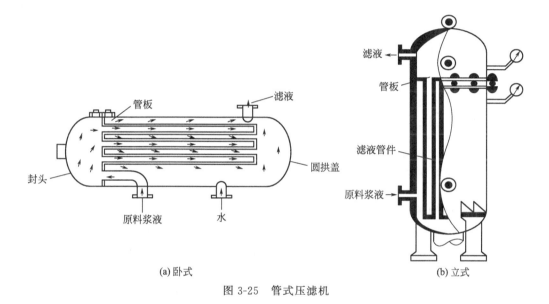

(a)卧式

(b)立式

图 3-25 管式压滤机

管式压滤机的优点是更换过滤介质容易，过滤周期可根据需要调节，滤饼损失量小，滤液在壳内容易排净，得到的滤饼含湿量小且维修方便。缺点是更换介质等需人工操作，密度大的颗粒可能沉积在封头与管板组成的加料室内。管式压滤机主要用于小型工厂和中试场合，过滤较细颗粒物料。

3.5 离心过滤

3.5.1 基本概念

离心机是利用惯性离心作用分离液态非均相混合物的机械。它与旋液分离器的主要区别在于离心力是由设备本身旋转而产生的。由于离心机可产生很大的离心力，故可用于分离一般方法难以分离的悬浮液或乳浊液。

利用惯性离心作用，使送入离心机转鼓内的滤浆与转鼓一起旋转产生径向压力差，并以此作为过滤的推动力来分离液相非均相混合物的方法，即离心过滤。离心机的转鼓上钻有许多小孔，内壁衬有滤布，操作过程中，滤液穿过滤布排出，颗粒则沉积于转鼓内壁，形成滤饼。

根据离心分离因数的大小，可将离心机分为以下三类：

常速离心机：$K_c < 3000$（一般为 $600 \sim 1200$）

高速离心机：$K_c = 3000 \sim 50\ 000$

超速离心机：$K_c > 50\ 000$

最先进的离心机，其分离因数可高达 $500\ 000$ 以上，用于分离胶体颗粒等。分离因数的极限值取决于转动部件的材料强度。

在离心机内，由于离心力远远大于重力，所以重力的作用可以忽略不计。

3.5.2 离心过滤计算

在离心作用下，滤浆在转鼓内形成一中空的垂直圆筒状液柱，如图 3-26 所示。图中虚线为转鼓中心线，根据对称性，图中只给出了圆筒状液柱一侧的纵向剖面。在距半径 R 处取厚度为 dR 的薄圆筒形液体，作用在其上的离心力为

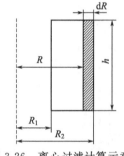

$$dF_c = 2\pi Rh(dR)\rho(\omega^2 R)$$

由此产生的径向压力为：$dp = \dfrac{dF_c}{2\pi Rh} = \rho\omega^2 R(dR)$

转鼓内由液面半径 R_1 到转鼓半径 R_2 处的压力差为

$$\Delta p = \int_{p_1}^{p_2} dp = \int_{R_1}^{R_2} \rho\omega^2 R\, dR = \frac{1}{2}\rho\omega^2(R_2^2 - R_1^2)$$

图 3-26　离心过滤计算示意图

(3-101)

由于转鼓外壁面处的压力与转鼓内垂直液面 R_1 处的压力相同，所以，若滤饼厚度与转鼓半径 R_2 相比可忽略不计时，由式（3-101）确定的 Δp 即为离心过滤的推动力。

为简化计算，假设过滤介质的阻力可忽略不计，则过滤基本方程式（3-65）可变为

$$\frac{dV}{d\theta} = \frac{\Delta p A^2}{\mu r v V}$$

(3-102)

若滤饼厚度相对转鼓半径可忽略不计，则过滤面积可视为常数，将式（3-101）代入式（3-102）可得

$$\frac{dV}{d\theta} = \frac{\rho\omega^2(R_2^2 - R_1^2)A^2}{2\mu r v V}$$

(3-103)

令 $K' = \rho\omega^2(R_2^2 - R_1^2)/\mu r v$，积分式（3-103）得

$$V^2 = K'A^2\theta$$

(3-104)

离心过滤机有多种形式，也有间歇与连续之分，还可以根据转鼓轴线的方向将离心机分为立式和卧式。下面介绍几种典型的离心过滤机。

3.5.3 离心过滤设备

3.5.3.1 三足式离心机

三足式离心机（图 3-27）是一种常用的人工卸料的间歇式离心机。离心机的主要部件是一篮式转鼓，壁面钻有许多小孔，内壁衬有金属丝网及滤布。整个机座和外罩借三根拉杆弹簧悬挂于三足支柱上，以减轻运转时的振动。料液加入转鼓后，滤液穿过转鼓上的滤布在机座下部排出，滤渣则沉积于转鼓内壁。待一批料液处理完毕，或转鼓内滤渣量达到设备允许最大值时，停止加料，继续转动一段时间，沥干滤液。必要时，也可于滤饼表面浇以清水进行洗涤。然后停车卸料，清洗设备。

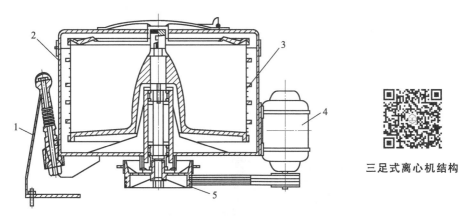

图 3-27　三足式离心机

1—支脚；2—外壳；3—转鼓；4—电动机；5—皮带轮

三足式离心机的转鼓直径一般在 1m 左右，转速不高（<2000r/min），过滤面积 0.6～2.7m²。与其他形式的离心机相比，具有构造简单、运转周期灵活等优点。一般可用于间歇生产中的小批量物料处理，尤其适用于各种盐类结晶的过滤和脱水，晶体较少受到破损。缺点是卸料时的劳动条件较差，转动部件位于机座下部，检修不方便。

3.5.3.2　刮刀卸料式离心机

刮刀卸料式离心机的结构如图 3-28 所示。料液从加料管进入连续运转的卧式转鼓，机内设有耙齿以使沉积的滤渣均布于转鼓内壁，待滤饼形成一定厚度时，停止加料，进行洗涤、沥干，然后借液压传动的刮刀将滤饼卸出机外。继而清洗转鼓，进入下一个操作周期。整个周期的运转均采用自动控制的液压操作。

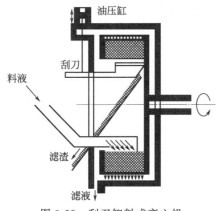

图 3-28　刮刀卸料式离心机

刮刀卸料式离心机的每一操作周期为 35～90s，可连续运转，生产能力较大，劳动条件好，适宜于连续在生产过程中过滤直径在 0.1mm 以上的颗粒。这种离心机用于细、黏颗粒的过滤时，往往需要较长的过滤时间，不够经济，而且刮刀卸渣也不够彻底。刮刀卸料离心机用刮刀卸渣，造成颗粒破碎严重，所以对于必须保持晶粒完整的物料，不宜采用。

3.5.3.3　活塞往复式卸料离心机

活塞往复式卸料离心机的结构如图 3-29 所示，它也是自动操作离心机中的一种。平卧的转鼓内衬以金属网板，由水平轴带动转动。料浆由加料管送到一个旋转的圆锥形漏斗中，此斗将滤浆加速后送到滤筐内。沉积在筐壁上的固体物迅速脱水，形成饼状物。一个往复运动的推渣器将固体渣向筐边缘推送 30～50mm，然后退回，以空出新的过滤面来接纳新产生的滤渣。锥形加料斗与推渣器一齐作往复运动。滤渣在推到筐边缘落下之前，有喷头向其洒水进行洗涤。

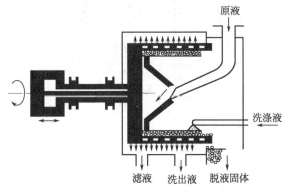

图 3-29　活塞往复式卸料离心机

活塞往复式卸料离心机的转速多在 1000r/min 以内，适用于颗粒直径较大（＞0.15mm）、浓度较大（＞30％）的滤浆，适用于食盐、硫酸铵、尿素等的生产中。

在活塞往复式卸料离心机中，卸料时晶体较少受到破损。

3.6　固体流态化

依靠流体流动的作用使固体颗粒悬浮在流体中或随流体一起流动的过程称为固体流态化。化学工业中广泛使用固体流态化技术以强化传热、传质，并实现某些化学反应、物理加工或颗粒的输送等过程。固体流态化可以用气体或液体进行，目前工业上用得较多的是气体。

3.6.1　床层的流态化过程

在垂直装填有固体颗粒的床层中，流体自下而上通过颗粒床层，随着流速从小到大变化，床层将出现三种不同的状态，如图 3-30 所示。

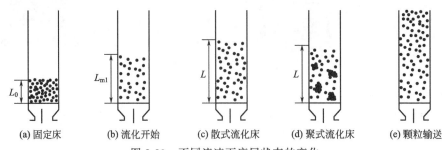

图 3-30　不同流速下床层状态的变化

3.6.1.1　固定床阶段

当床层空隙中流体的实际流速 u 小于颗粒的沉降速度 u_t，则颗粒静止不动，颗粒层为固定床，如图 3-30(a) 所示，床层高度为 L_0。流体通过床层的阻力随流速而变，其关系可

以用欧根公式 [式(3-23)] 表示。

3.6.1.2　流化床阶段

当流体速度增加到一定值时，流体对颗粒的曳力增加到与颗粒的净重力（重力减去浮力）相等时，颗粒开始浮动，如图 3-30(b) 所示。此时流体在床层空隙中的流速等于颗粒的沉降速度。若在此状态时再稍稍增大流速，颗粒便互相离开，床层的高度也会有所提高，则这时的状态称为临界流化状态，对应的流速称为最小流化速度 u_{mf}。

在临界流化状态时，若继续增大流速，则颗粒间的距离增大，颗粒在床层中进行剧烈的随机运动，这个阶段称为流化床阶段。在此阶段，随着流体空床流速的增加，床层高度增高，床层的空隙率也增大；同时，床层的阻力保持不变，等于单位截面床层的重量。流化床阶段还有一个特点是床层有明显的上界面，如图 3-30(c)、(d) 所示。

3.6.1.3　颗粒输送阶段

当流体流速增加到大于颗粒的沉降速度后，颗粒被流体带出器外，床层的上界面消失，此时的流速称为流化床的带出速度，流速高于带出速度后为颗粒输送阶段，如图 3-30(e) 所示。

3.6.2　流化床类似液体的特性

流化床中的流-固运动很像沸腾着的液体，并且在很多方面表现出类似于液体的性质，如图 3-31 所示：密度比床层密度小的物体能浮在床层的上面，见图 (a)；床层倾斜时，床层表面仍能保持水平，见图 (b)；有流动性，颗粒能像液体一样从器壁小孔流出，见图 (c)；联通两个高度不同的床层时，床层能自动调整趋于同一平面，见图 (d)；床层中任意两截面间的压差可用静力学关系式表示（$\Delta p = \rho g L$，其中 ρ 和 L 分别为床层的密度和高度），见图 (e)。

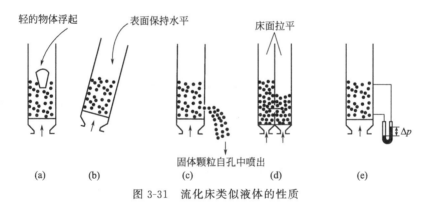

图 3-31　流化床类似液体的性质

利用流化床的这种似液性，可以设计出不同的流-固接触方式，易于实现过程的连续化与自动化。

3.6.3　流体通过流化床的阻力

流体通过颗粒床层的阻力与流体表观流速（空床流速）之间的关系可由实验测得。图 3-32 是以空气通过砂粒堆积的床层测得的床层阻力（Δp）与空床气速（u）之间的关系。由图可见，最初流体速度较小时，床层内固体颗粒静止不动，属固定床阶段，在此阶段，床层阻力与流体速度间的关系符合欧根方程；当流体速度达到最小流化速度后，床层处于流化床阶段，在此阶段，床层阻力基本上保持恒定。作为近似计算，可以认为流化颗粒所受的总

曳力与颗粒所受的净重力（重力与浮力之差）相等，而总曳力等于流体流过流化床的阻力与床层截面积之积，即

$$\Delta p_f A = AL(1-\varepsilon)(\rho_p - \rho)g$$

式中，Δp_f 为流体流过流化床的阻力；A 为床层截面积；ε 为固定床空隙率；ρ_p 为颗粒密度；ρ 为流体密度；L 为床面高度。

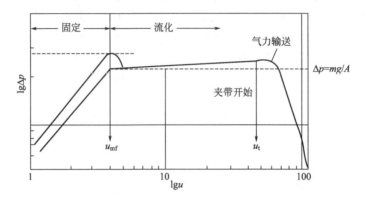

图 3-32　流化床阻力与流速的关系（空气-砂粒系统）

所以，单位高度流化床层的阻力可表示为：

$$\frac{\Delta p_f}{L} = (1-\varepsilon)(\rho_p - \rho)g \tag{3-105}$$

对于气-固流化床，由于颗粒与流体的密度差较大，故又可近似表示为

$$\Delta p_f = L(1-\varepsilon)\rho_p g \tag{3-106}$$

式(3-106)表明，气体通过流化床的阻力与单位截面床层颗粒所受的重力相等。

3.6.4　流化床的流化类型与不正常现象

由于流体与颗粒的性质、颗粒的尺寸及床层结构、流速等条件的不同，流化床中可以出现两种流化类型：散式流化和聚式流化。当设计不当或操作不当时，还会出现两种不正常现象：腾涌现象和沟流现象。

3.6.4.1　散式流化

散式流化的特点是固体颗粒均匀地分散在流动的流体中。当流速增大时，床层逐渐膨胀而没有气泡产生，颗粒彼此分开，床层中各处的空隙率均匀增大，床层高度上升，并有一稳定的上界面。通常两相密度差小的系统趋向散式流化，故大多数液-固流化属于散式流化。

3.6.4.2　聚式流化

聚式流化的特点是床层中存在两个不同的相：一个是固体浓度大而分布比较均匀的连续相，称为乳化相；另一个是夹带少量固体颗粒以气泡形式通过床层的不连续的气泡相。一般来说，超过流化所需最小气量的那部分气体以气泡形式通过流化床层，气泡在床层上界面处破裂，造成上界面的波动，因此床层也不像散式流化那样平稳，流体通过床层的阻力的波动也较大。随着气体流量的增大，通过乳化相的流体流速几乎不变，增加的气量都以气泡的形式通过床层，所以气泡的尺寸和生成频率增加，床层上界面和阻力的波动增大。一般气-固流态化系统多为聚式流化。

一般可用弗劳德数（Fr）作为判断流化形式的依据：

散式流化：$Fr<1$

聚式流化：$Fr>1$

式中 $Fr=u_{mf}/\sqrt{gd_p}$，为临界条件下的弗劳德数。其中，u_{mf} 为临界流化速度（按空床截面积计算）；d_p 为颗粒直径；g 为重力加速度。

3.6.4.3　腾涌

腾涌现象主要发生在气-固流化床中，如果床层高度与直径的比值过大，或气速过高时，就会发生小气泡合并成为大气泡的现象。当气泡直径长到与床径相等时，则将床层分成几段，形成相互分开的气泡和颗粒层。颗粒层像活塞那样被气泡向上推动，在达到床层上界面后气泡崩裂，颗粒分散下落，这种现象称为腾涌现象，见图 3-33。

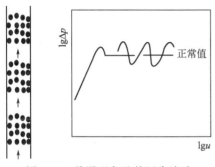

图 3-33　腾涌现象及其压降波动

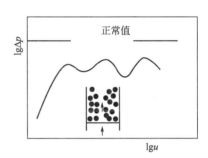

图 3-34　沟流现象及其压降波动

出现腾涌现象时，气体通过床层的阻力大幅度波动，床层也起伏波动很大，引起设备震动，器壁的磨损加剧，甚至将床中构件冲坏。因此，在设计和操作时，应避免发生腾涌现象。

3.6.4.4　沟流

沟流是指气体通过床层时形成"短路"，大量气体没有能与固体颗粒很好地接触而直接穿过沟道上升（图 3-34）。发生沟流现象时，床层内密度分布不均匀，而且气、固接触不良，不利于气、固间的传质、传热及化学反应；同时部分床层变成"死床"。沟道部分床层的空隙率很大，颗粒不悬浮在气流中，故气体通过床层的压降较正常值（即单位床层截面的重量）低。

通过测定流化床的压降并观察其变化情况，可以帮助判断操作是否正常。流化床正常操作时的阻力波动较小，若发现床层阻力比正常值低，则说明发生了沟流现象；若发现压降直线上升，然后又突然下降，则表明发生了腾涌现象。

3.6.5　流化床的操作范围

流化床的正常操作范围为气速高于临界流化速度 u_{mf}，低于颗粒的带出速度 u_t（即终端沉降速度）。

3.6.5.1　临界流化速度

确定临界流化速度的方法有实测法和计算法两种。实测法是既准确又可靠的一种方法，在此仅介绍计算法。

由于临界点是固定床与流化床的共同点，故临界点的压降既符合流化床的规律也符合固定床的规律，因此有

$$\frac{\Delta p_{\mathrm{f}}}{L_{\mathrm{mf}}} = (1 - \varepsilon_{\mathrm{mf}})(\rho_{\mathrm{p}} - \rho)g$$

由式(3-23)得：

$$\frac{\Delta p_{\mathrm{f}}}{L_{\mathrm{mf}}} = 1.74 \frac{1 - \varepsilon_{\mathrm{mf}}}{\varphi \varepsilon_{\mathrm{mf}}^3} \times \frac{\rho u_{\mathrm{mf}}^2}{d_{ea}} + 150 \frac{(1 - \varepsilon_{\mathrm{mf}})^2}{\varphi^2 \varepsilon_{\mathrm{mf}}^3} \times \frac{\mu u_{\mathrm{mf}}}{d_{ea}^2}$$

式中，L_{mf} 为起始流化点处的床层高度；$\varepsilon_{\mathrm{mf}}$ 为起始流化点处的床层空隙率。

将上两式联立，并以颗粒的等体积当量直径 d_{eV} 代替等比表面积当量直径，则有

$$\frac{1.74}{\varphi \varepsilon_{\mathrm{mf}}^3} Re_{\mathrm{mf}}^2 + \frac{150(1 - \varepsilon_{\mathrm{mf}})}{\varphi^2 \varepsilon_{\mathrm{mf}}^3} Re_{\mathrm{mf}} - \frac{d_{eV}^3 \rho (\rho_{\mathrm{p}} - \rho)g}{\mu^2} = 0 \qquad (3-107)$$

$$Re_{\mathrm{mf}} = \frac{d_{eV} u_{\mathrm{mf}} \rho}{\mu}$$

式中，Re_{mf} 是颗粒的临界雷诺数。

若已知 $\varepsilon_{\mathrm{mf}}$ 和颗粒球形度 φ，则可根据式(3-107)求得最小流化速度。但实际上，$\varepsilon_{\mathrm{mf}}$ 和 φ 的可靠数据不易获得，所以一般可由实验确定 $\dfrac{1}{\varphi \varepsilon_{\mathrm{mf}}^3}$ 和 $\dfrac{1 - \varepsilon_{\mathrm{mf}}}{\varphi^2 \varepsilon_{\mathrm{mf}}^3}$。对于工业上常见的流化床来说，一般有下述关系

$$\frac{1}{\varphi \varepsilon_{\mathrm{mf}}^3} \approx 14 \qquad (3-108)$$

$$\frac{1 - \varepsilon_{\mathrm{mf}}}{\varphi^2 \varepsilon_{\mathrm{mf}}^3} \approx 11 \qquad (3-109)$$

将式(3-108)、式(3-109)代入式(3-107)中，有

$$Re_{\mathrm{mf}} = \left[33.9^2 + 0.0411 \frac{d_{eV}^3 \rho (\rho_{\mathrm{p}} - \rho)g}{\mu^2} \right]^{0.5} - 33.9 \qquad (3-110)$$

式(3-110)在 Re_{mf} 为 0.001～4000 范围内的平均偏差为 ±25%。

在实际使用时，可做适当简化处理，如当 Re_{mf} 较小时，式(3-107)中左边第一项常可忽略，则有

$$u_{\mathrm{mf}} = \frac{d_{eV}^2 (\rho_{\mathrm{p}} - \rho)g}{1650 \mu} \qquad (3-111)$$

当 Re_{mf} 较大时，式(3-107)中左边第二项可忽略，于是有

$$u_{\mathrm{mf}}^2 = \frac{d_{eV} (\rho_{\mathrm{p}} - \rho)g}{24.36 \rho} \qquad (3-112)$$

上述简单的处理方法只适用于粒度分布较为均匀的混合颗粒床层，对粒度差异很大的颗粒群用此方法误差较大。必要时，应以实验的方法确定 u_{mf} 较为可靠。

3.6.5.2　带出速度

流化床的带出速度等于颗粒在流体中的沉降速度 u_{t}，因此可用式(3-30)～式(3-32)计算。

需要指出的是，当粒度不均匀的混合颗粒进行流化时：计算临界流化速度时应用颗粒的平均直径；而计算带出速度时，则必须用较小颗粒的直径。

3.6.5.3　流化床的操作范围

流化床的操作范围，可用 $u_{\mathrm{t}}/u_{\mathrm{mf}}$（称为**流化数**）来衡量。对于细颗粒，由式(3-30)和式(3-111)可得

$$\frac{u_t}{u_{mf}} \approx 91.6$$

对于大颗粒，有

$$\frac{u_t}{u_{mf}} \approx 9$$

实际上，对于不同的生产工艺过程，流化数 u_t/u_{mf} 可在很大的幅度上变化，有些流化床的流化数可高达数百，远远超过上述 u_t/u_{mf} 的最高理论值。

3.6.6　流化床的高度与直径

流化床的直径与高度是流化床设备的两个主要尺寸。床径由操作气速确定，床高由两段高度决定，即由流化床床层本身（床层上界面以下的床层，也称浓相区）和床层上界面以上的分离高度（称为稀相区）组成。

3.6.6.1　流化床的直径

确定好流化床的操作气速后，即可根据气体的处理量确定流化床所需的直径 D

$$D = \sqrt{\frac{4q_V}{\pi u}} \tag{3-113}$$

式中，q_V 为气体的处理量，m^3/s；u 为流化床的实际操作气速，m/s。

3.6.6.2　床层高度（浓相区高度）

流化床的浓相区高度与气体的实际速度有关，也与床层的空隙率有关。即当气体速度大于最小流化速度时，流速越大，则床层也越高。由于床层内颗粒质量是恒定的，所以浓相区高度 L 与床层的起始流化高度 L_{mf} 之间有如下关系

$$AL_{mf}(1-\varepsilon_{mf})\rho_p = AL(1-\varepsilon)\rho_p$$

所以

$$\frac{L}{L_{mf}} = \frac{1-\varepsilon_{mf}}{1-\varepsilon} \tag{3-114}$$

由此可见，流化床的浓相区高度与空隙率有关。

也可以将流化床中流体流动近似看作通过具有相同空隙率的固定床的流体流动，在颗粒雷诺数 Re_p 较小的情况下，由欧根方程 [式(3-23)] 可推导出（忽略极小项）床层流动阻力为

$$F_f = 150(1-\varepsilon)/Re_p$$

而处于流化阶段的床层阻力为

$$\frac{\Delta p_f}{L} = (1-\varepsilon)(\rho_p-\rho)g$$

对于流速不大的床层，流体在颗粒间的流动为层流，此时式(3-23)等号右边的第二项可以忽略，与上式联立即可得到

$$u = \frac{\varphi^2 d_{eV}^2(\rho_p-\rho)g}{150\mu} \times \frac{\varepsilon^3}{1-\varepsilon}$$

令 $k = \dfrac{\varphi^2 d_{eV}^2(\rho_p-\rho)g}{150\mu}$，则

$$u = k\frac{\varepsilon^3}{1-\varepsilon} \tag{3-115}$$

式中，k 是反映物系特性的系数。式(3-115)表明了流化床操作的空床气速与床层空隙率的关系。由式(3-114)及式(3-115)即可将流化床操作气速、床层空隙率及浓相区高度关联起来：

$$\frac{L}{L_{mf}} = \frac{1-\varepsilon_{mf}}{k\varepsilon^3} u \qquad (3-116)$$

应当注意，式(3-114)和式(3-115)只是近似地表示流化床空床气速与床层空隙率及浓相区高度之间的关系。对于 $\varepsilon < 0.8$ 的液-固流化床，误差不大，但对于气-固流化床，则有较大的误差。

3.6.6.3 分离高度

气体通过流化床时，气泡在床层表面上破裂并将固体颗粒抛向空中，因大部分颗粒沉降速度远大于气体流速，因此这些颗粒在达到一定高度后就落回床层。离开床面距离越远，固体颗粒的浓度就越小，到床层表面一定距离以后，固体浓度基本不变。从床层上界面至固体颗粒浓度保持不变的最小距离称为分离高度，这个区域称稀相区。

分离高度主要取决于颗粒的粒度分布、密度，气体的密度、黏度，以及床层的结构尺寸和气速等，目前尚无可靠的计算公式。一般来说气速愈大，分离高度愈大。

3.6.7 气力输送的一般概念

由前面的讨论可知，当流体自下而上通过颗粒床层时，如果流体的速度增加到流体对颗粒的曳力大于颗粒所受的净重力，则颗粒将被流体从床层带出而与流体一起流动，这种过程称为颗粒的流体输送。

利用气体进行颗粒输送的过程即为气力输送，气力输送的主要优点是：

① 系统密闭，可避免物料飞扬，减少物料损失，改善劳动条件。

② 输送管线受地形与设备布置的限制小，在无法铺设道路或安装输送机械的地方选择气力输送尤为适宜。

③ 在输送的同时易于进行物料的干燥、加热、冷却等操作。

④ 设备紧凑，易于实现过程的连续化与自动化，便于与连续的生产过程衔接。

气力输送的缺点是动力消耗大、颗粒尺寸受一定限制，在输送过程中颗粒易破碎，管壁也受到一定程度的磨损；对含水量大、有黏附性或高速运动时易产生静电的物料不宜用气力输送，而以机械输送为宜。

目前气力输送在工业上已有较多的应用，在此仅介绍相关的概念。

3.6.8 气力输送的类型

根据颗粒在管内的密集程度不同，可将气力输送分为稀相输送和密相输送。一般用固气比的大小来衡量颗粒在管内的密集程度，固气比即单位质量气体所输送的固体质量，用 R 表示。

3.6.8.1 稀相输送

固气比在 25 以下（通常为 0.1～5）时的气力输送为稀相输送。它的输送距离不长，一般为 100m 以下，目前在我国应用较多。在稀相输送中气流的速度较高（一般为 18～30m/s），颗粒呈悬浮状态。稀相输送装置主要有真空吸引式和低压压送式两种。

（1）真空吸引式　典型装置流程如图 3-35 所示。这种装置的入口处常设有带吸嘴的挠性管以将分散于各处的散装物料收集于贮仓，根据气源真空度高低可分为低真空与高真空两类。

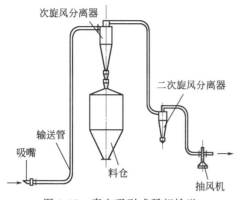

真空吸引式稀相输送

图 3-35　真空吸引式稀相输送

低真空吸引　　　　　　　　　气源真空度＜13kPa
高真空吸引　　　　　　　　　气源真空度＜60kPa

（2）低压压送式　典型流程见图 3-36。一般气源表压为 0.05～0.2MPa，它可将同一个粉料贮仓内的物料分别输送到几个供料点。

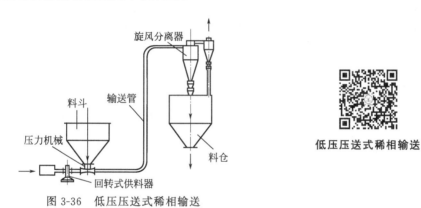

低压压送式稀相输送

图 3-36　低压压送式稀相输送

3.6.8.2　密相输送

固气比大于 25 的输送为密相输送。它用高压气体压送物料，气源表压可高达 0.7MPa，常用的设备分充气式和脉冲式两种。

图 3-37 为脉冲式密相输送流程。一股压缩空气通过罐内的喷气环将物料吹松，另一股

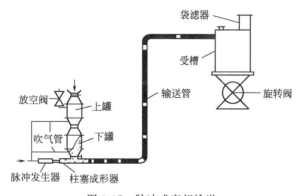

图 3-37　脉冲式密相输送

表压为 150～300kPa 的气流通过脉冲发生器以 20～40 次/min 的频率间断地吹入输料管的入口处，将物料切割成料柱与气柱相间的状态，依靠空气的压差推动料柱在管道中向前移动。

习　题

一、填空题

1.球形颗粒在静止流体中作重力沉降，经历_____和_____两个阶段。沉降速度是指_____阶段，颗粒相对于流体的运动速度。

2.一球形石英颗粒，在空气中按斯托克斯定律沉降，若空气温度由 20℃升至 50℃，则其沉降速度将_____。

3.在层流区，颗粒的沉降速度与颗粒直径的_____次方成正比；在湍流区，颗粒的沉降速度与颗粒直径的_____次方成正比。

4.在除去某粒径的颗粒时，若降尘室的高度增加一倍，则沉降时间_____，气流速度_____，生产能力_____。

5.降尘室内，颗粒可被分离的必要条件是_____；而气体的流动应控制在_____流型。

6.板框过滤机在过滤阶段结束的瞬间，设框已充满，则在每一框中滤液穿过厚度为_____的滤饼，而洗涤时，洗涤液则穿过厚度为_____的滤饼。洗涤液穿过的滤布面积等于_____。

7.板框过滤机的洗涤速率为最终过滤速率的_____。叶滤机的洗涤速率为最终过滤速率的_____。

8.过滤常数 K 是由_____及_____决定的常数；而介质常数 q_e 与 θ_e 是反映_____的常数。

9.过滤操作有_____和_____两种典型方式。

10.旋风分离器性能的好坏，主要以_____来衡量。旋风分离器的_____越小，说明其分离性能越好。

11.工业上常用的过滤方式有_____和滤饼过滤；在悬浮液中加入助滤剂进行过滤的目的是_____。

12.间歇过滤操作包括_____。

13.在过滤操作中，真正发挥拦截颗粒作用的主要是_____而不是_____。

14.除去气流中尘粒的设备类型有_____、_____、_____等。

15.工业上应用较多的压滤型间歇过滤机有_____与_____；吸滤型连续操作过滤机有_____。

二、选择题

1.恒压过滤且介质阻力忽略不计时，如黏度降低 20%，则在同一时刻滤液增加（　　）。
A.11.8%　　　　　　　B.9.54%　　　　　　　C.20%　　　　　　　D.44%

2.板框式压滤机由板与滤框构成，板又分为过滤板和洗涤板，为了便于区别，在板与框的边上设有小钮标志，过滤板以一钮为记号，洗涤板以三钮为记号，而滤框以二钮为记号，组装板框压滤机时，正确的钮数排列是（　　）。
A.1—2—3—2—1　　　B.1—3—2—2—1　　　C.1—2—2—3—1　　　D.1—3—2—1—2

3.与沉降相比，过滤操作使悬浮液的分离更加（　　）。
A.迅速、彻底　　　　　B.缓慢、彻底　　　　　C.迅速、不彻底　　　　D.缓慢、不彻底

4.多层隔板降尘室的生产能力跟下列因素（　　）无关。
A.高度　　　　　　　　B.宽度　　　　　　　　C.长度　　　　　　　　D.沉降速度

5.降尘室的生产能力（　　）。
A.与沉降面积 A 和沉降速度 u_t 有关
B.与沉降面积 A、沉降速度 u_t 和沉降室高度 H 有关
C.只与沉降面积 A 有关
D.只与沉降速度 u_t 有关

6.现采用一降尘室处理含尘气体，颗粒沉降处于层流区，当其他条件都相同时，比较降尘室处理200℃与20℃的含尘气体的生产能力 q_V 的大小（　　）。

A. $q_{V,200℃} > q_{V,20℃}$

B. $q_{V,200℃} = q_{V,20℃}$

C. $q_{V,200℃} < q_{V,20℃}$

D. 无法判断

7.有效的过滤操作是（　　）。

A. 刚开始过滤时

B. 过滤介质上形成滤饼层后

C. 过滤介质上形成比较厚的滤渣层

D. 加了助滤剂后

8.当固体粒子沉降时，在层流情况下，$Re=1$，其 ξ 为（　　）。

A. $64/Re$

B. $24/Re$

C. 0.44

D. 1

9.含尘气体通过降尘室的时间是 t，最小固体颗粒的沉降时间是 t_0，为使固体颗粒都能沉降下来，必须（　　）。

A. $t < t_0$

B. $t = t_0$

C. $t > t_0$

10.颗粒作自由沉降时，Re_t 在（　　）区时，颗粒的形状系数对沉降速度的影响最大。

A. 斯托克斯定律区

B. 阿伦定律区

C. 牛顿定律区

D. 不确定

11.恒压过滤，单位面积累积滤液量 q 与时间 θ 的关系为（　　）。

A.　B.　C.　D.

12.旋风分离器的分割粒径 d_{p50} 是（　　）。

A. 临界粒径 d_{pc} 的 1/2 倍

B. 临界粒径 d_{pc} 的 2 倍

C. 粒级效率 $\eta_i = 0.5$ 的颗粒直径

13.对不可压缩滤饼，当过滤两侧的压强差增大时，单位厚度床层的流动阻力将（　　）。

A. 增大

B. 不变

C. 减小

D. 不确定

14.对可压缩滤饼，当过滤两侧的压强差增大时，单位厚度床层的流动阻力将（　　）。

A. 增大

B. 不变

C. 减小

D. 不确定

15.恒压过滤中，随滤时间的增加，滤饼厚度将（　　），过滤阻力将（　　），过滤速率将（　　）。

A. 增大

B. 不变

C. 减小

D. 不确定

16.恒压过滤中，当过滤介质阻力可以忽略时，滤液体积与过滤时间的（　　）成正比。

A. 2 次方

B. 4 次方

C. 1/2 次方

D. 1/4 次方

17.型号为 BMS20/635×635，共 25 个框的板框压滤机，其过滤面积约为（　　）m^2。

A. 20

B. 635

C. 25

D. 0.4

18."板框压滤机洗涤速率为恒压过滤终了的速率的 1/4"这一规律只在（　　）时才成立。

A. 过滤时的压差与洗涤时的压差相同

B. 滤液的黏度与洗涤液的黏度相同

C. 过滤时的压差与洗涤时的压差相同，且滤液的黏度与洗涤液的黏度相同

D. 过滤时的压差与洗涤时的压差相同，滤液的黏度与洗涤液的黏度相同，而且过滤面积与洗涤相同

19.恒压过滤且介质阻力忽略不计，如物料黏度降低 20%，则在同一时刻滤液增加（　　）。

A. 11.8%

B. 9.54%

C. 20%

D. 44%

20.含尘气体通过边长为 4m，宽为 2m，高为 1m 的降尘室，若颗粒的沉降速度为 0.2m/s，则降尘室的生产能力为（　　）。

A. 4m^3/s

B. 2.4m^3/s

C. 6m^3/s

D. 1.6m^3/s

21.在板框压滤机中，如滤饼的压缩性指数 $s=0.4$，且过滤介质阻力可忽略不计，则当过滤的操作压强增加到原来的 2 倍后，过滤速率将为原来的（　　）倍。

A. 1.3

B. 1.2

C. 1.4

D. 1.5

22.若沉降室高度降低，则沉降时间（　　）；生产能力（　　）。

A. 不变

B. 增加

C. 下降

D. 不确定

23.在讨论旋风分离器分离性能时，"临界直径"这一术语是指（　　）。

A. 分离效率最高时的旋风分离器的直径

B. 旋风分离器允许的最小直径

C. 旋风分离器能够全部分离出来的最小颗粒的直径

D. 能保持层流流型时的最大颗粒直径

24. 旋风分离器的总的分离效率是指（　　　　）。

A. 颗粒群中具有平均直径的粒子的分离效率

B. 颗粒群中最小粒子的分离效率

C. 不同粒级（直径范围）粒子分离效率之和

D. 全部颗粒中被分离下来的部分所占的质量分数

25. 在离心沉降中球形颗粒的沉降速度（　　　　）。

A. 只与 d_p、ρ_p、ρ、u_T、R 有关　　　　　　　B. 只与 d_p、ρ_p、u_T、R 有关

C. 只与 d_p、ρ_p、u_T、R、g 有关　　　　　　　D. 只与 d_p、ρ_p、u_T、R、K_c 有关

（题中，u_T 为颗粒的圆周速度；R 为旋转半径；K_c 为分离因数）

26. 在板框压滤机中，如滤饼不可压缩，介质阻力不计，过滤时间增加一倍时，其过滤速率为原来的（　　　　）。

A. 2 倍　　　　　　　　　B. 1/2 倍　　　　　　　　　C. $\dfrac{1}{\sqrt{2}}$ 倍　　　　　　　　　D. 4 倍

27. 物料黏度增加一倍时，过滤速率为原来的（　　　　）。

A. 2 倍　　　　　　　　　B. 1/2 倍　　　　　　　　　C. 1/3 倍　　　　　　　　　D. 4 倍

28. 在重力场中，含尘气体中固体粒子的沉降速度随温度升高而（　　　　）。

A. 增大　　　　　　　　　B. 减小　　　　　　　　　C. 不变

29. 降尘室的生产能力与（　　　　）有关。

A. 降尘室的底面积和高度　　　　　　　　　B. 降尘室的底面积和沉降速度

C. 降尘室的高度和宽度

30. 当洗涤条件与过滤条件相同时，板框压滤机的洗涤速率为最终过滤速率的（　　　　）倍。

A. 1/4　　　　　　　　　B. 1/2　　　　　　　　　C. 1　　　　　　　　　D. 2

31. 过滤常数 K 与操作压强差的（　　　　）次方成正比。

A. 1　　　　　　　　　B. s　　　　　　　　　C. $s-1$　　　　　　　　　D. $1-s$

32. 过滤介质阻力忽略不计，滤饼不可压缩进行恒速过滤，如滤液量增大一倍，则（　　　　）。

A. 操作压差增大至原来的 0.5 倍　　　　　　　B. 操作压差增大至原来的 4 倍

C. 操作压差增大至原来的 2 倍　　　　　　　D. 操作压差保持不变

33. 助滤剂应具有以下性质（　　　　）。

A. 颗粒均匀、柔软、可压缩　　　　　　　　B. 颗粒均匀、坚硬、不可压缩

C. 粒度分布广、坚硬、不可压缩　　　　　　D. 颗粒均匀、可压缩、易变形

34. 在重力场中，微小颗粒的沉降速度与下列因素（　　　　）无关。

A. 粒子几何形状　　　　　　　　　　　　　B. 粒子几何尺寸

C. 流体与粒子的密度　　　　　　　　　　　D. 流体的流速

35. 在过滤操作中，实际上起到主要拦截固体颗粒作用的是（　　　　）。

A. 滤饼层　　　　　　　　　　　　　　　　B. 过滤介质

C. 滤饼层与过滤介质　　　　　　　　　　　D. 滤浆、滤饼层与过滤介质

36. 在转筒真空过滤机上过滤某种悬浮液，若将转筒转速提高一倍，其他条件保持不变，则生产能力将为原来的（　　　　）。

A. 2 倍　　　　　　　　　B. $\sqrt{2}$ 倍　　　　　　　　　C. 4 倍　　　　　　　　　D. 1/2 倍

三、判断题

1. 一台转筒真空过滤机，其他条件不变，则：

提高真空度，不利于提高生产能力。（　　　　）

提高悬浮液的温度，有利于提高生产能力。（　　）

增加浸没度，有利于提高生产能力。（　　）

2.一个过滤操作周期中，过滤时间越长，生产能力越大。（　　）

3.一个过滤操作周期中，过滤时间越短，生产能力越大。（　　）

4.沉降器的生产能力与沉降速度及沉降面积有关，与沉降高度无关。（　　）

5.气相与液相所组成的物系称为气相非均相物系。（　　）

6.用板框式压滤机进行恒压过滤操作，随着过滤时间的增加，滤液量不断增加，生产能力也不断增加。（　　）

7.球形微粒在静止流体中作自由沉降，计算其沉降速度 u_t 时，必须采用试差法，而且这是唯一的方法。（　　）

8.在降尘室里，颗粒可被分离的必要条件是颗粒的沉降时间 θ_t 应大于或等于气体在室内的停留时间 θ。（　　）

9.连续过滤机中进行的过滤都是恒压过滤，间歇过滤机中也多为恒压过滤。（　　）

10.离心沉降速度 u_r 与重力沉降速度 u_t 的主要区别之一是 u_r 不是定值，而 u_t 则是恒定的。（　　）

11.球形颗粒在静止流体中作自由沉降时，其沉降速度 u_t 可用斯托克斯公式计算。（　　）

12.过滤操作属于定态操作。（　　）

四、简答题

1.球形颗粒在静止流体中作重力沉降时都受到哪些力的作用？它们的作用方向如何？

2.简述工业上对过滤介质的要求及常用的过滤介质种类。

3.简述提高连续过滤机生产能力的措施。

4.简述评价旋风分离器性能的主要指标。

5.影响旋风分离器性能最主要的因素可归纳为哪两大类？为什么工业上广泛采用旋风分离器组操作？

6.简述选择旋风分离器的主要依据。

7.因某种原因使进入降尘室的含尘气体温度升高，若含尘气体含量不变，降尘室出口气体的含量将有何变化？结合理论说明。

五、计算题

1.用落球法测定某液体的黏度（落球黏度计），将待测液体置于玻璃容器中测得直径为 6.35mm 的钢球在此液体内沉降 200mm 所需的时间为 7.32s。已知钢球的密度为 7900kg/m³，液体的密度为 1300kg/m³。试计算液体的黏度。

2.拟采用底面积为 14m² 的降沉室回收常压炉气中所含的球形固体颗粒。操作条件下气体的密度为 0.75kg/m³，黏度为 2.6×10^{-5} Pa·s；固体的密度为 3000kg/m³；要求生产能力为 2.0m³/s。求理论上能完全捕集下来的最小颗粒直径 $d_{p,min}$。

3.若铅微粒（$\rho_{p1}=7800kg/m^3$）和石英微粒（$\rho_{p2}=2600kg/m^3$）以同一沉降速度在（1）空气中（2）水中作自由沉降，假设沉降在层流区。分别求它们的直径之比。取水的密度为 1000kg/m³。

4.气流中悬浮某种球形微粒，其中最小粒为 $10\mu m$，沉降处于斯托克斯定律区。今用一多层隔板降尘室以分离此气体悬浮物。已知降尘室长度 10m，宽度 5m，共 21 层，每层高 100mm，气体密度为 1.1kg/m³，黏度为 0.0218cP，微粒密度为 4000kg/m³。试问：（1）为保证最小微粒的完全沉降，可允许的最大气流速度为多少？（2）此降沉室最多每小时能处理多少立方米气体？

5.用一多层降尘室以除去炉气中的矿尘。矿尘最小粒径为 $8\mu m$，密度为 4000kg/m³。降尘室内长 4.1m，宽 1.8m，高 4.2m；气体温度为 427℃，黏度为 3.4×10^{-5} Pa·s，密度为 0.5kg/m³。若每小时的炉气量为 2160m³，试求降尘室内的隔板间距及层数。

6.用一个截面为矩形的沟槽，从炼油厂的废水中分离所含的油滴。拟回收直径为 $200\mu m$ 以上的油滴。槽的宽度为 4.5m，深度为 0.8m。在出口端，除油后的水可不断从下部排出，而汇聚成层的油则从顶部移去。油的密度为 870kg/m³，水温为 20℃。若每分钟处理废水 20m³，求所需槽的长度 L。

7.采用标准型旋风分离器除去炉气中的球形颗粒。要求旋风分离器的生产能力为 2.0m³，直径 D 为 0.4m，适宜的进口气速为 20m/s。炉气的密度为 0.75kg/m³，黏度为 2.6×10^{-5} Pa·s（操作条件下的），固相密度为 3000kg/m³。求：(1) 需要几个旋风分离器并联操作；(2) 临界粒径 d_{pc}；(3) 分割直径 d_{p50}；(4) 压强降 Δp。

8. 用板框压滤机在 9.81×10^4 Pa 恒压差下过滤某种水悬浮液。要求每小时处理料浆 8m³。已测得 1m³ 滤液可得滤饼 0.1m³，过滤方程式为：$V^2 + V = 5 \times 10^{-4} A^2 \theta$（$\theta$ 单位为 s）。求：(1) 过滤面积 A；(2) 恒压过滤常数 K、q_e、θ_e。

9. 某板框式压滤机，在表压为 $2 \times 101.33 \times 10^3$ Pa 下以恒压操作方式过滤某悬浮液，2h 后得滤液 10m³；过滤介质阻力可略。求：(1) 若操作时间缩短为 1h，其他情况不变，可得多少滤液？(2) 若表压加倍，滤饼不可压缩，2h 可得多少滤液？

10. 已知某板框压滤机过滤某种滤浆的恒压过滤方程式为：$q^2 + 0.04q = 5 \times 10^{-4} \theta$（$\theta$ 单位为 s）。求：(1) 过滤常数 K、q_e 及 θ_e；(2) 若要在 30min 内得到 5m³ 滤液（滤饼正好充满滤框），则需框内每边长为 810mm 的滤框多少个？

11. 现用一台 GP5-1.75 型转筒真空过滤机（转鼓直径为 1.75m，长度 0.98m，过滤面积 5m²，浸没角 120°）在 66.7kPa 真空度下过滤某种悬浮液。已知过滤常数 $K = 5.15 \times 10^{-6}$ m²/s，每获得 1m³ 滤液可得 0.66m³ 滤饼，过滤介质阻力忽略，滤饼不可压缩，转鼓转速为 1r/min。求过滤机的生产能力及转筒表面的滤饼厚度。

12. 拟在 9.81×10^3 Pa 的恒定压强差下过滤悬浮液。滤饼为不可压缩，其比阻 r 为 1.33×10^{10} m⁻²，滤饼体积与滤液体积之比 v 为 0.333m³/m³，滤液的黏度 μ 为 1.0×10^{-3} Pa·s，且过滤介质阻力可略。求：(1) 每平方米过滤面积上获得 1.5m³ 滤液所需的过滤时间 θ；(2) 若将此过滤时间延长一倍可以再获得多少滤液？

13. 在 3×10^5 Pa 的压强差下对钛白粉在水中的悬浮液进行实验，测得过滤常数 $K = 5 \times 10^{-5}$ m/s，$q = 0.01$ m³/m²，又测得滤饼与滤液体积之比 $v = 0.08$。现拟用有 38 个框的 BMY50/810×810 型板框压滤机（滤框厚度 25mm）处理此料浆，过滤推动力及所用滤布也与实验用的相同。试求：(1) 过滤至框内全部充满滤渣所需的时间；(2) 过滤完毕以相当于滤液量 1/10 的清水进行洗涤，求洗涤时间；(3) 若每次卸渣重装等全部辅助操作共需 15min，求每台过滤机的生产能力（以每小时平均可得多少立方米滤饼计）。

14. 某悬浮液中固相质量分数为 9.3%，固相密度为 3000kg/m³，液相为水。在一小型压滤机中测得此悬浮液的物料特性常数 $k = 1.1 \times 10^{-4}$ m²/(s·atm)，滤饼的空隙率为 40%。现采用一台 GP5-1.75 型转筒真空过滤机进行生产（此过滤机的转鼓直径为 1.75m，长度 0.98m，过滤面积为 5m²，浸没角度为 120°），转速为 0.5r/min，操作真空度为 80.0kPa。已知滤饼不可压缩，过滤介质可以忽略。试求此过滤机的生产能力及滤饼厚度。

15. 用一台 BMS50/810×810 型板框压滤机过滤某悬浮液，悬浮液中固相质量分数为 0.139，固相密度为 2200kg/m³，液相为水。每立方米滤饼中含 500kg 水，其余全为固相。已知操作条件下的过滤常数 $K = 2.72 \times 10^{-5}$ m²/s，$q_e = 3.45 \times 10^{-3}$ m³/m²。滤框厚度为 25mm，共 38 个框。试求：(1) 过滤到滤框内全部充满滤渣所需的时间及所得滤液体积；(2) 过滤完毕用 0.8m³ 清水洗涤滤饼，求洗涤时间。洗水温度及表压与滤浆的相同。

第❹章

热量传递

由热力学第二定律可知，凡是有温差的地方就有热量传递。传热不仅是自然界普遍存在的现象，而且在科学技术、工业生产以及日常生活中都有很重要的地位，与化学工业的关系尤为密切。

化工生产中的化学反应通常是在一定的温度下进行的，为此需将反应物加热到适当的温度；而反应后的产物常需冷却以移去热量。在其他单元操作中，如蒸馏、吸收、干燥等，物料都有一定的温度要求，需要加入或输出热量。此外，高温或低温下操作的设备和管道都要求保温，以便减少它们和外界的传热。近十多年来，随能源价格的不断上升和对环保要求的增加，热量的合理利用和废热的回收越来越得到人们的重视。

化工对传热过程有两方面的要求：

(1) 强化传热过程 在传热设备中加热或冷却物料，希望以高传热速率来进行热量传递，使物料达到指定温度或回收热量，同时使传热设备紧凑，节省设备费用。

(2) 削弱传热过程 如对高低温设备或管道进行保温，以减少热损失。

一般来说，传热设备在化工厂设备投资中的比例可占到 40% 左右。传热是化工中重要的单元操作之一，了解和掌握传热的基本规律，在化学工程中具有很重要的意义。

4.1 概述

4.1.1 传热的三种基本方式

任何热量的传递只能以热传导、对流、辐射三种方式进行。

4.1.1.1 热传导

热量从物体内温度较高的部分传递到温度较低的部分，或传递到与之接触的另一物体的过程称为热传导，又称导热。

在纯的热传导过程中，物体各部分之间不发生相对位移，即没有物质的宏观位移。

从微观角度来看，气体、液体、导电固体和非导电固体的导热机理各不相同。

(1) 气体 对于气体，导热是气体分子做不规则热运动时相互碰撞的结果。

(2) 固体 对于导电固体，导热由自由电子在晶格间的运动来完成。良好的导电体中有相当多的自由电子在晶格之间运动，正如这些自由电子能传导电能一样，它们也能将热能从高温处传到低温处。非导电固体的导热是通过晶格结构的振动来实现的。

(3) 液体 对液体导热的机理，存在两种不同的观点，类似于气体和非导电固体。

4.1.1.2 对流传热

指流体内部质点发生相对位移而引起的热量传递过程。对流传热只能发生在流体中。

由于引起质点发生相对位移的原因不同，可分为自然对流和强制对流。流体原来是静止的，当其内部由于某些因素而产生了温度、密度的不均匀分布，造成流体内部上升下降运动而发生的对流，就称为自然对流。流体在如风机、泵或其他外力的强制作用下运动而发生的对流，就称为强制对流。

4.1.1.3 热辐射

辐射是一种以电磁波传播能量的现象。物体会因各种原因发射出辐射能，其中物体因热的原因发出辐射能的过程称为热辐射。物体放热时，热能变为辐射能，以电磁波的形式在空间传播，当遇到另一物体，则部分或全部被吸收，又重新转变为热能。热辐射不仅是能量的转移，而且伴有能量形式的转化。此外，辐射能可以在真空中传播，不需要任何物质作媒介。

4.1.2 传热过程中冷、热流体的接触方式

化工生产中常见的情况是冷、热流体进行热交换。根据冷、热流体的接触情况，工业上的传热过程可分为三大类：直接接触式、蓄热式、间壁式。

4.1.2.1 直接接触式传热

在这类传热中，冷、热流体在传热设备中通过直接混合的方式进行热量交换，又称为混合式传热。

优点：方便和有效，而且设备结构较简单，常用于热气体的水冷或热水的空气冷却。

缺点：在工艺上必须允许两种流体能够相互混合。

4.1.2.2 蓄热式传热

蓄热式换热器是由热容量较大的蓄热室构成。室中充填耐火砖作为填料，当冷、热流体交替通过同一室时，就可以通过蓄热室的填料将热流体的热量传递给冷流体，达到两流体换热的目的，流程见图 4-1。

优点：结构较简单，可耐高温，常用于气体的余热或冷量的利用。

缺点：由于填料需要蓄热，所以设备的体积较大，且两种流体交替时难免会有一定程度的混合。

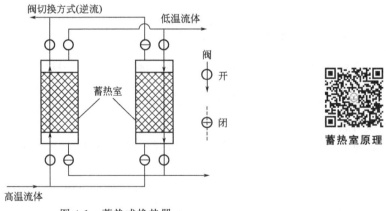

图 4-1 蓄热式换热器

4.1.2.3 间壁式传热

在多数情况下，化工工艺上不允许冷热流体直接接触，故直接接触式传热和蓄热式传热

在工业上应用并不多。工业上应用最多的是间壁式传热过程。这类换热器的特点是在冷、热两种流体之间用一金属壁（或石墨等导热性能好的非金属壁）隔开，以便使两种流体在不相混合的情况下进行热量传递。

间壁式换热的特点是冷、热流体被一固体壁面隔开，分别在壁的两侧流动，不相混合，通过固体壁进行热量传递。

壁的面积称为传热面，是间壁式换热器的基本尺寸。这类换热器中以套管式换热器和列管式换热器为典型设备。

套管式换热器是由两根不同直径的直管组成的同心套管。一种流体在内管内流动，而另一种流体在内外管间的环隙中流动，见图 4-2，两种流体通过内管的管壁传热，即传热面为内管壁的表面积。

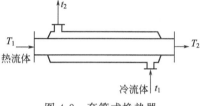

套管式换热器

图 4-2　套管式换热器

列管式换热器，见图 4-3，又称为管壳式换热器，由壳体、管束、管板、折流挡板和封头等组成。列管式换热器是最典型的间壁式换热器，历史悠久，占据主导地位。工作时，一种流体在管内流动，其行程称为管程；另一种流体在管外流动，其行程称为壳程。管束的壁面即为传热面。壳体内往往安装若干块与管束相垂直的折流挡板。流体在管束内只通过一次的，称为单程列管式换热器。若在换热器封头内设置隔板，将管束的全部管子平均分隔成若干组，流体通过一组管子后折回进入另一组管子，如此往复多次，最后从封头接管流出换热器，这种换热器称为多管程列管式换热器。

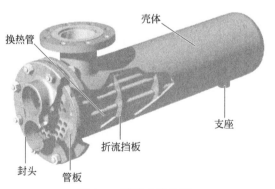

列管式换热器

图 4-3　列管式换热器

4.1.3　热源、冷源及其选择

为了将冷流体加热或使热流体冷却，必须用另一种流体或物体供给或取走热量，此流体或物体称为热载体。起加热作用的热载体称为热源；而起冷却作用的热载体称冷源。

4.1.3.1　热源

（1）电热　特点是加热能达到的温度范围广，而且便于控制，使用方便，比较清洁。但费用比较高。

（2）**热流体** 工业中常用的热流体有热水（40～100℃）、饱和水蒸气（100～180℃）、矿物油或联苯或二苯醚混合物等低熔混合物（180～540℃）、烟道气（500～1000℃）等。

用饱和水蒸气冷凝放热来加热物料是最常用的加热方法。其优点是饱和水蒸气的压强和温度——对应，调节其压强就可以控制加热温度，使用方便。其缺点是饱和水蒸气冷凝传热能达到的温度受压强的限制。附录6给出了饱和水蒸气的温度、压强及相变焓等参数。

4.1.3.2 冷源

工业中常用的有水、空气、冷冻盐水、液氨等，水的物理性质见附录5。

水的传热效果好，应用最为普遍。在水资源较缺乏的地区，宜采用空气冷却，但空气传热速度慢。

4.1.4 间壁式换热器的传热过程

4.1.4.1 基本概念

（1）**传热速率 Q** 又称热流量，单位时间内通过传热面传递的热量，J/s 或 W。

（2）**热流密度 q** 又称热通量，单位时间内通过单位传热面传递的热量，J/(m²·s) 或 W/m²，即

$$q = \frac{\mathrm{d}Q}{\mathrm{d}A} \tag{4-1}$$

式中，A 为总传热面积，m²。

4.1.4.2 定态与非定态传热

传热系统中传热速率、热通量及温度等有关物理量分布规律不随时间而变，仅为位置的函数，称为定态传热。连续生产过程的传热多为定态传热。此时

$$Q, q, t \cdots = f(x, y, z) \tag{4-2}$$

传热系统中传热速率、热通量及温度有关物理量分布规律不仅要随位置而变，也是时间的函数，则称为非定态传热，此时

$$Q, q, t \cdots = f(x, y, z, \theta)$$

4.1.4.3 间壁式传热过程

如图 4-2 所示的套管换热器，是由两根不同直径的管子套在一起组成的，热冷流体分别通过内管和环隙，热量自热流体传给冷流体，热流体的温度从 T_1 降至 T_2，冷流体的温度从 t_1 上升至 t_2。

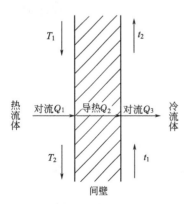

图 4-4 间壁式传热过程示意图

如图 4-4 所示，这种热量传递过程包括三个步骤：

① 热流体以对流传热方式把热量 Q_1 传递给管壁内侧；

② 热量 Q_2 从管壁内侧以热传导方式传递给管壁的外侧；

③ 管壁外侧以对流传热方式把热量 Q_3 传递给冷流体。

对于稳态传热

$$Q_1 = Q_2 = Q_3 = Q$$

总传热速率方程

$$Q = KA\Delta t_{\mathrm{m}} = \frac{\Delta t_{\mathrm{m}}}{1/KA} = \frac{总传热推动力}{总热阻} \tag{4-3}$$

式中　　K——总传热系数或比例系数，$W/(m^2 \cdot ℃)$ 或 $W/(m^2 \cdot K)$；

　　　　Q——传热速率，W 或 J/s；

　　　　A——总传热面积，m^2；

　　　　Δt_m——两流体的平均温差，℃ 或 K。

4.2　热传导

热传导是起因于物体内部分子微观运动的一种传热方式，虽然其微观机理非常复杂，但热传导的宏观规律可用傅里叶定律来描述。由于只有固体中有纯导热，本节讨论的对象仅为各向同性、质地均匀固体物质的热传导。

4.2.1　有关热传导的基本概念

4.2.1.1　温度场和等温面

温度场：某一时刻，物体（或空间）各点的温度分布，见图 4-5。

$$t = f(x,y,z,\theta) \tag{4-4}$$

式中　　　　t——某点的温度，℃；

　x，y，z——某点的坐标；

　　　　　　θ——时间，s。

不稳定温度场：各点的温度随时间而改变的温度场。

$$t = f(x,y,z,\theta)$$

稳定温度场：任一点的温度均不随时间而改变的温度场。

$$t = f(x,y,z)$$

当物体温度场是定态的，而且仅沿一个坐标方向发生变化，则此温度场称为定态一维稳定温度场，即 $t = f(x)$。

等温面：在同一时刻，温度场中所有温度相同的点组成的面。不同温度的等温面不相交。

4.2.1.2　温度梯度

温度梯度：两等温面的温度差 Δt 与其间的垂直距离 Δn 之比，见图 4-6。在 Δn 趋近于零时的极限（即表示温度场内某一点等温面法线方向的温度变化率）。

$$\mathrm{grad}\, t = \lim_{\Delta n \to 0} \frac{\Delta t}{\Delta n} = \frac{\partial t}{\partial n} \tag{4-5}$$

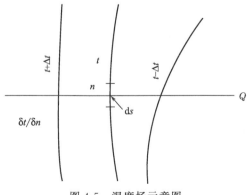

图 4-5　温度场示意图

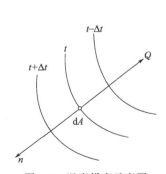

图 4-6　温度梯度示意图

4.2.2 傅里叶定律

某一微元的热传导速率（单位时间内传导的热量）与该微元等温面的法向温度梯度及该微元的导热面积成正比，此即傅里叶定律。

$$dQ = -\lambda \, dA \, \frac{\partial t}{\partial n} \qquad (4-6)$$

式中 dQ——热传导速率，W 或 J/s；

dA——导热面积，m^2；

$\partial t / \partial n$——温度梯度，℃/m 或 K/m；

λ——热导率，W/(m·℃) 或 W/(m·K)。

热导率表征材料的导热性能，λ 越大，导热性能越好。

傅里叶定律可以用热通量来表示，即

$$q = \frac{dQ}{dA} = -\lambda \, \frac{\partial t}{\partial n} \qquad (4-7)$$

对于一维定态热传导

$$dQ = -\lambda \, dA \, \frac{dt}{dx} \qquad (4-8)$$

4.2.3 热导率

热导率定义由傅里叶定律得出，即

$$\lambda = -\frac{q}{\partial t / \partial n} \qquad (4-9)$$

物理意义：温度梯度为 1 时，单位时间内通过单位传热面积的热通量。热导率在数值上等于单位温度梯度下的热通量。需要强化传热时，应选用 λ 大的材料；相反，要削弱传热时，应选用 λ 小的材料。

与 μ 相似，λ 是分子微观运动的宏观表现，与分子运动和分子间相互作用力有关，数值大小取决于物质的结构及组成、温度和压力等因素。

各种物质的热导率可用实验测定。常见物质可查手册，本教材附录 7、附录 8 给出了常见液体与气体的热导率。

4.2.3.1 固体

纯金属的热导率随温度升高而下降；纯金属的热导率一般大于合金的热导率。非金属的热导率随温度的升高而增大；同样温度下；非金属材料的密度 ρ 越大，λ 越大。

在一定温度范围内（温度变化不太大），大多数均质固体的 λ 与 t 呈线性关系，可用下式表示

$$\lambda = \lambda_0 (1 + at) \qquad (4-10)$$

式中 λ——温度为 t(℃) 时的热导率，W/(m·℃) 或 W/(m·K)；

λ_0——0℃时的热导率，W/(m·℃) 或 W/(m·K)；

a——温度系数，对大多数金属材料为负值（$a < 0$），对大多数非金属材料为正值（$a > 0$）。

4.2.3.2 液体

液体分为金属液体和非金属液体两类，金属液体热导率较高，非金属液体较低。而在非金属液体中，水的热导率最大。

除水和甘油等少量液体物质外，绝大多数液体的热导率随温度的升高，略微降低。一般

来说，纯液体的 λ 大于溶液的 λ。

4.2.3.3 气体

气体的热导率随温度的升高而增大。在通常压力范围内，压力 p 对 λ 的影响一般不考虑。

由于气体的热导率都较小，一般不利用气体来导热，但可利用气体来保温或隔热。固体保温材料的热导率之所以小，是因为其结构呈纤维状或多孔状，其空隙率很大，孔隙中含有大量空气的缘故。

一般来说，λ（金属固体）$>\lambda$（非金属固体）$>\lambda$（液体）$>\lambda$（气体）。λ 的大概范围如下（在工程计算中取热导率的平均值）：

金属固体	$10^1 \sim 10^2 \, \mathrm{W/(m \cdot K)}$
建筑材料	$10^{-1} \sim 10^0 \, \mathrm{W/(m \cdot K)}$
绝缘材料	$10^{-2} \sim 10^{-1} \, \mathrm{W/(m \cdot K)}$
液体	$10^{-1} \, \mathrm{W/(m \cdot K)}$
气体	$10^{-2} \sim 10^{-1} \, \mathrm{W/(m \cdot K)}$。

4.2.4 平壁的热传导

4.2.4.1 单层平壁的定态热传导

假设平壁内温度只沿 x 方向变化，y 和 z 方向上无温度变化，且各点的温度不随时间而变，即属于一维定态温度场，见图 4-7。

对于一维稳定的温度场，$t = f(x)$。

在平壁内取厚度为 $\mathrm{d}x$ 的薄层，并对其作热量衡算，即

$$Q_x = Q_{x+\mathrm{d}x} + A \rho c_p \mathrm{d}x \frac{\partial t}{\partial \theta}$$

对于定态温度场，$\dfrac{\partial t}{\partial \theta} = 0$，薄层内无热量积累，则

$$Q_x = Q_{x+\mathrm{d}x} = Q = 常数$$

在稳定温度场中，各传热面的传热速率相同，不随 x 而变，统一用 Q 来表示，代入式（4-6）中，有

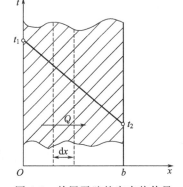

图 4-7　单层平壁的定态热传导

$$Q = -\lambda A \frac{\mathrm{d}t}{\mathrm{d}x} \tag{4-11}$$

边界条件为：$x = 0$ 时，$t = t_1$；$x = b$ 时，$t = t_2$。积分上式得

$$\int_0^b Q \mathrm{d}x = -\int_{t_1}^{t_2} \lambda A \mathrm{d}t$$

设 λ 不随 t 而变则

$$Q = \frac{\lambda}{b} A (t_1 - t_2) = \frac{t_1 - t_2}{\dfrac{b}{\lambda A}} \tag{4-12}$$

式中　Q——热流量，即单位时间通过平壁的热量，W 或 J/s；

　　　A——平壁的面积，m^2；

　　　b——平壁的厚度，m；

　　　λ——平壁的热导率，$\mathrm{W/(m \cdot K)}$；

　t_1、t_2——平壁两侧的温度，℃。

若将积分式上限从"$x=b$ 时，$t=t_2$"改为"$x=x$ 时，$t=t$"，则积分得到

$$Q=\frac{\lambda}{x}A(t_1-t)$$

则得到 t 与 x 的关系

$$t=t_1-\frac{Qx}{\lambda A}$$

从上式可知，当 λ 不随 t 变化时，t 与 x 呈线性关系；当 λ 随 t 变化的关系式为 $\lambda=\lambda_0(1+at)$ 时，则 t 与 x 呈抛物线关系。

4.2.4.2 多层平壁的定态热传导

在工业及建筑行业，经常遇到多层平面壁。如高温炉的保温层一般由耐火砖层、绝热保温材料层、普通砖层构成。图 4-8 所示为三层平壁的定态热传导。

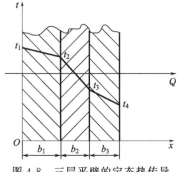

图 4-8 三层平壁的定态热传导

假设其为一维定态温度场，同时各层接触良好，接触面两侧温度相同，则根据傅里叶定律，有

$$Q=\frac{t_1-t_2}{\dfrac{b_1}{\lambda_1 A}}=\frac{t_2-t_3}{\dfrac{b_2}{\lambda_2 A}}=\frac{t_3-t_4}{\dfrac{b_3}{\lambda_3 A}} \qquad (4\text{-}13)$$

$$Q=\frac{\sum \Delta t_i}{\sum \dfrac{b_i}{\lambda_i A}}=\frac{t_1-t_4}{\displaystyle\sum_{i=1}^{3}\dfrac{b_i}{\lambda_i A}}=\frac{t_1-t_4}{\sum R_i}=\frac{总推动力}{总热阻}$$

推广至 n 层，有

$$Q=\frac{t_1-t_{n+1}}{\displaystyle\sum_{i=1}^{n}\dfrac{b_i}{\lambda_i A}}=\frac{t_1-t_{n+1}}{\displaystyle\sum_{i=1}^{n}R_i} \qquad (4\text{-}14)$$

由式(4-13) 可以推出

$$(t_1-t_2):(t_2-t_3):(t_3-t_4)=\frac{b_1}{\lambda_1 A}:\frac{b_2}{\lambda_2 A}:\frac{b_3}{\lambda_3 A}=R_1:R_2:R_3$$

上式说明，在稳定多层壁导热过程中，哪层热阻大，哪层温差就大；反之，哪层温差大，哪层热阻一定大。当总温差一定时，传热速率的大小取决于总热阻的大小。

【例 4-1】 某焚烧炉的炉壁由 500mm 厚的耐火砖、380mm 厚的保温砖及 250mm 厚的普通建筑砖砌成，各层材料的热导率 λ 依次分别为 1.40W/(m·K)、0.10W/(m·K)、0.92W/(m·K)。已知耐火砖内壁面温度为 1000℃，外壁温度为 50℃。试计算保温砖层及普通建筑砖所承受的最高温度。

解： 设耐火砖两侧与普通砖两侧温度由高到低分别为 t_1、t_2、t_3、t_4，则

$$q=\frac{t_1-t_4}{\dfrac{b_1}{\lambda_1}+\dfrac{b_2}{\lambda_2}+\dfrac{b_3}{\lambda_3}}=\frac{t_1-t_2}{\dfrac{b_1}{\lambda_1}}=\frac{t_3-t_4}{\dfrac{b_3}{\lambda_3}}$$

代入数据，得到

$$\frac{1000-50}{\dfrac{0.5}{1.40}+\dfrac{0.38}{0.10}+\dfrac{0.25}{0.92}}=\frac{1000-t_2}{\dfrac{0.5}{1.40}}=\frac{t_3-50}{\dfrac{0.25}{0.92}}$$

求解，得到保温砖层及普通建筑砖层所承受的最高温度分别为 $t_2=923.4℃$，$t_3=108.3℃$。

4.2.5　圆筒壁的定态热传导

4.2.5.1　单层圆筒壁的定态热传导

　　设有一圆筒壁，壁内各等温面都是以该圆筒壁轴心
线为共同轴线的圆筒面，壁内温度仅是径向坐标 r 的函
数（即圆筒壁长度与壁厚之比很大，忽略从圆筒壁的边
缘传递的热量），则在径向方向的同一等温面上温度梯
度值是相同的，热流方向仅沿径向由高温圆筒面传至低
温圆筒面，见图 4-9。这时的导热只沿径向坐标 r 传递，
同时假设各点温度不随时间而变故属一维定态导热
过程。

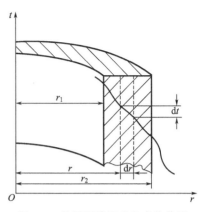

图 4-9　单层圆筒壁的定态热传导

　　对于一维定态的温度场，$t=f(r)$，以柱坐标表示。
此时的傅里叶定律可写为

$$Q=-\lambda A \frac{\mathrm{d}t}{\mathrm{d}r} \tag{4-15}$$

　　在圆筒壁内取厚度为 $\mathrm{d}r$ 同心薄层圆筒，并对其作热量衡算

$$Q_r=Q_{r+\mathrm{d}r}+2\pi rl\rho c_p\,\mathrm{d}r\,\frac{\partial t}{\partial \theta}$$

定态温度场，$\dfrac{\partial t}{\partial \theta}=0$，薄层内无热量积累

$$Q_r=Q_{r+\mathrm{d}r}=Q=\text{常数}$$

　　即在定态温度场中，各传热面的传热速率相同，不随 x 而变，统一用 Q 来表示。传热
面积的计算式代入式(4-15) 中可得

$$Q=-\lambda A \frac{\mathrm{d}t}{\mathrm{d}r}=-2\pi rl\lambda \frac{\mathrm{d}t}{\mathrm{d}r}$$

边界条件为：$r=r_1$ 时，$t=t_1$；$r=r_2$ 时，$t=t_2$。积分得

$$\int_{r_1}^{r_2}Q\,\mathrm{d}r=-\int_{t_1}^{t_2}2\pi rl\lambda\,\mathrm{d}t \tag{4-15a}$$

设 λ 不随 t 而变，则

$$Q=\frac{2\pi\lambda l(t_1-t_2)}{\ln \dfrac{r_2}{r_1}}=\frac{2\pi l(t_1-t_2)}{\dfrac{1}{\lambda}\ln \dfrac{r_2}{r_1}} \tag{4-16}$$

式中　　Q——热流量，即单位时间通过圆筒壁的热量，W 或 J/s；

t_1、t_2——圆筒壁两侧的温度，℃；

r_1、r_2——圆筒壁内外半径，m。

　　讨论：

　　① 上式可以变为：

$$Q=\frac{2\pi\lambda l(t_1-t_2)(r_2-r_1)}{(r_2-r_1)\ln \dfrac{r_2}{r_1}}=\frac{\lambda(t_1-t_2)(A_2-A_1)}{b\ln \dfrac{A_2}{A_1}}=\frac{(t_1-t_2)}{\dfrac{b}{\lambda A_m}}=\frac{\Delta t}{R}=\frac{\text{推动力}}{\text{热阻}}$$

　　其中，$A_m=\dfrac{A_2-A_1}{\ln A_2/A_1}$，为对数平均面积。

② 对于 $\dfrac{r_2}{r_1} < 2$ 的圆筒壁，以算术平均值代替对数平均值导致的误差 $<4\%$。作为工程计算，这一误差可以接受，此时 $A_{\mathrm{m}} = \dfrac{A_1 + A_2}{2}$。

③ 分析圆筒壁内的温度分布情况。

若将积分上限从 "$r = r_2$ 时，$t = t_2$" 改为 "$r = r$ 时，$t = t$"，积分得

$$Q = 2\pi\lambda l(t_1 - t)\ln\frac{r_1}{r}$$

$$t = t_1 - \frac{Q}{2\pi\lambda l}\ln\frac{r}{r_1}$$

从上式可知，t 与 r 呈对数曲线变化关系（假设 λ 不随 t 变化）。

④ 通过平壁的热传导，各处的 Q 和 q 均相等；而在圆筒壁的热传导中，圆筒的内外表面积不同，各层圆筒的传热面积不相同，所以在各层圆筒的不同半径 r 处传热速率 Q 相等，但各处热通量 q 却不等。

4.2.5.2 多层圆筒壁的定态热传导

工程或生活实际中用于输送蒸汽或其他高温物料的圆形管道，为了安全及减小热损，管外总包有绝热层、保护层，工程上称为保温处理。这些均属多层圆筒壁导热问题，现以三层为例予以说明，见图 4-10。

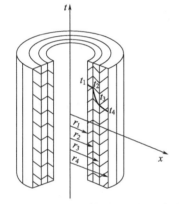

仿照多层平壁导热计算式的推导方法，可列出三层圆筒壁导热规律，即

$$Q = \frac{2\pi l(t_1 - t_4)}{\dfrac{1}{\lambda_1}\ln\dfrac{r_2}{r_1} + \dfrac{1}{\lambda_2}\ln\dfrac{r_3}{r_2} + \dfrac{1}{\lambda_3}\ln\dfrac{r_4}{r_3}} \tag{4-17}$$

将三层推广到 n 层，则有

$$Q = \frac{t_1 - t_{n+1}}{\sum\limits_{i=1}^{n}\dfrac{b_i}{\lambda_i A_{\mathrm{m}i}}} = \frac{t_1 - t_{n+1}}{\sum\limits_{i=1}^{n} R_i} = \frac{2\pi l(t_1 - t_{n+1})}{\sum\limits_{i=1}^{n}\dfrac{1}{\lambda_i}\ln\dfrac{r_{i+1}}{r_i}} \tag{4-18}$$

图 4-10 多层圆筒壁的定态热传导

多层圆筒壁导热的总推动力也为总温度差，总热阻也为各层热阻之和，但是计算时与多层平壁不同的是其各层热阻所用的传热面积不相等，所以应采用各层各自的平均面积 $A_{\mathrm{m}i}$。

由于各层圆筒的内外表面积均不相同，所以在稳定传热时，单位时间通过各层的传热量 Q 虽然相同，但单位时间通过各层内外壁单位面积的热通量 q 却不相同，其相互的关系为

$$Q = 2\pi r_1 l q_1 = 2\pi r_2 l q_2 = 2\pi r_3 l q_3$$

或

$$r_1 q_1 = r_2 q_2 = r_3 q_3$$

式中，q_1、q_2、q_3 分别为半径 r_1、r_2、r_3 处的热通量。

【例 4-2】 在外部直径为 140mm、温度为 390℃的某高温液体管道外包扎一层保温材料，要求保温层外壁温度不大于 40℃，该保温材料的热导率为 0.143W/(m·K)，若要求每米复合管道的热损失不超过 450W/m，求所需保温层的厚度。

解： 已知 $r_1 = 0.07$m，$t_1 = 390$℃，$t_2 = 40$℃。管中的热损失即为在保温层中传递的热量。由式(4-16) 可得

$$\ln\frac{r_2}{r_1}=\frac{2\pi\lambda(t_1-t_2)}{\dfrac{Q}{l}}$$

代入已知，得到

$$\ln\frac{r_2}{0.07}=\frac{2\times3.14\times0.143\times(390-40)}{450}$$

解得　$r_2=0.141\text{m}$

所以，所需保温层的厚度为 $r_2-r_1=0.141-0.07=0.071(\text{m})=71$（mm）

【例 4-3】　现需要为蒸发系统输送蒸汽，管道的规格为 $\phi170\text{mm}\times5\text{mm}$，管道材料热导率为 $50\text{W}/(\text{m}\cdot\text{K})$，在管道外包扎两层保温层，第一层材料厚度为 30mm、热导率为 $0.15\text{W}/(\text{m}\cdot\text{K})$，第二层材料厚度为 50mm、热导率为 $0.08\text{W}/(\text{m}\cdot\text{K})$，蒸汽管道外壁温度为 300℃，保温层间界面温度为 223℃。（1）求蒸汽管每米管长的热损失及蒸汽管道内壁与最外层温度。（2）若将保温层互换位置，其他条件保持不变，求此时每米管长的热损失。

解：依题意，第一保温层两侧温度分别为 $t_2=300℃$、$t_3=223℃$，$r_2=\dfrac{170\text{mm}}{2}=85\text{mm}$，$r_3=85\text{mm}+30\text{mm}=115\text{mm}$。$r_1=85\text{mm}-5\text{mm}=80\text{mm}$，$r_4=115\text{mm}+50\text{mm}=165\text{mm}$。由式（4-16）可得每米管长的热损失为

$$\frac{Q}{l}=\frac{t_2-t_3}{\dfrac{1}{2\pi\lambda_2}\ln\dfrac{r_3}{r_2}}=\frac{300-223}{\dfrac{1}{2\times3.14\times0.15}\ln\dfrac{115}{85}}=240(\text{W}/\text{m})$$

蒸汽管道内壁温度为

$$t_1=t_2+\frac{\dfrac{Q}{l}}{2\pi\lambda_1}\ln\frac{r_2}{r_1}=300+\frac{240}{2\times3.14\times50}\ln\frac{85}{80}=300.05(℃)$$

由此可见，蒸汽管的热损失很小，可以忽略。主要是相对于保温材料，蒸汽管的热导率很大。

最外层温度为

$$t_4=t_3-\frac{\dfrac{Q}{l}}{2\pi\lambda_3}\ln\frac{r_4}{r_3}=223-\frac{240}{2\times3.14\times0.08}\ln\frac{165}{115}=50.5(℃)$$

若将保温层互换位置，$r_3'=85\text{mm}+50\text{mm}=135\text{mm}$。忽略蒸汽管的热损失，由式（4-17）可得

$$\frac{Q'}{l}=\frac{2\pi(t_2-t_4)}{\dfrac{1}{\lambda_2'}\ln\dfrac{r_3'}{r_2}+\dfrac{1}{\lambda_3'}\ln\dfrac{r_4}{r_3'}}=\frac{2\times3.14\times(300-50.5)}{\dfrac{1}{0.08}\ln\dfrac{135}{85}+\dfrac{1}{0.15}\ln\dfrac{165}{135}}=220(\text{W}/\text{m})$$

从例 4-3 可以看出，对于圆形管道的保温，尤其是小管道的保温处理，适宜将热导率小的保温材料置于温度较高的内层，保温效果好。

4.3　对流传热

对流传热是指流体中质点发生相对位移而引起的热交换。对流传热仅发生在流体中，与流体的流动状况密切相关。实质上对流传热是流体的对流与热传导共同作用的结果。

4.3.1 对流传热过程分析

　　流体在平壁上流过时，流体和壁面间将进行换热，引起壁面法向方向上温度分布的变化，形成一定的温度梯度。近壁处，流体温度发生显著变化的区域，称为热边界层或温度边界层。

　　由于对流是依靠流体内部质点发生位移来进行热量传递，因此对流传热的快慢与流体流动的状况有关。在流体流动一章中曾讲了流体流动形态有层流和湍流。层流流动时，由于流体质点只在流动方向上作一维运动，在传热方向上无质点运动，此时主要依靠热传导方式来进行热量传递，但由于流体内部存在温差还会有少量的自然对流，此时传热速率小，应尽量避免此种情况。

　　流体在换热器内的流动大多数情况下为湍流，下面我们来分析流体作湍流流动时的传热情况。流体作湍流流动时，靠近壁面处流体流动形态分为层流底层、过渡层（缓冲层）、湍流核心，见图 4-11。

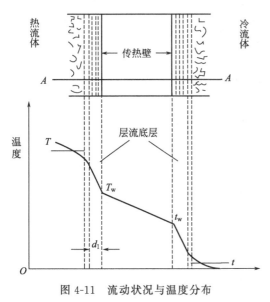

　　层流底层：流体质点只沿流动方向上作一维运动，在传热方向上无质点的混合，温度变化大，传热主要以热传导的方式进行。导热为主，热阻大，温差大。

　　湍流核心：在远离壁面的湍流中心，流体质点充分混合，温度趋于一致（热阻小），传热主要以对流方式进行。质点相互混合交换热量，温差小。

　　过渡区域：温度分布不像湍流主体那么均匀，也不像层流底层变化那么明显，传热以热传导和对流两种方式共同进行。质点混合、分子运动共同作用，温度变化平缓。

　　根据在热传导中的分析，温差大热阻就大。所以，流体作湍流流动时，热阻主要集中在层流底层中。如果要强化传热，必须采取措施来减少层流底层的厚度。

图 4-11　流动状况与温度分布

4.3.2 对流传热速率方程

　　对流传热大多是指流体与固体壁面之间的传热，其传热速率与流体性质及边界层的状况密切相关。在靠近壁面处形成温度边界层，温度差主要集中在层流底层中。假设流体与固体壁面之间的传热热阻全集中在厚度为 δ_t 的有效膜中，在有效膜之外无热阻存在，在有效膜内传热主要以热传导的方式进行。该膜既不是热边界层，也非流动边界层，而是一集中了全部传热温差并以导热方式传热的虚拟膜模型。

　　建立膜模型：

$$\delta_t = \delta_e + \delta$$

式中　δ_t——总有效膜厚度；

　　　δ_e——湍流区虚拟膜厚度；

　　　δ——层流底层膜厚度。

　　使用傅里叶定律表示在虚拟膜内的传热速率

冷流体被加热：$Q = \dfrac{\lambda}{\delta_t} A(t_w - t)$

热流体被冷却：$Q' = \dfrac{\lambda'}{\delta_t'} A(T - T_w)$

设 $\alpha = \dfrac{\lambda}{\delta_t}$，对流传热速率方程可用牛顿冷却定律来描述，即

冷流体被加热：$\qquad\qquad\qquad Q = \alpha A(t_w - t)$ $\qquad\qquad\qquad$ (4-19)

热流体被冷却：$\qquad\qquad\qquad Q' = \alpha' A(T - T_w)$ $\qquad\qquad\qquad$ (4-20)

式中 Q'、Q——对流传热速率，W；

$\qquad$ α'、α——对流传热系数，W/(m^2·℃) 或 W/(m^2·K)；

$\qquad$ T_w、t_w——壁温，℃；

$\qquad$ T、t——流体（平均）温度，℃；

$\qquad$ A——对流传热面积，m^2。

牛顿冷却定律并非从理论上推导的结果，而只是一种推论，是一个实验定律，假设 $Q \propto \Delta t$。式(4-19) 可变化为

$$Q = \alpha A(t_w - t) = \dfrac{t_w - t}{\dfrac{1}{\alpha A}} = \dfrac{\Delta t}{R} = \dfrac{推动力}{热阻}$$

对流传热一个非常复杂的物理过程，实际上由于有效膜厚度难以测定，牛顿冷却定律只是给出了计算传热速率的简单的数学表达式，并未简化问题本身，只是把诸多影响过程的因素都归结到了 α 当中，即，将复杂问题简单化表示。

4.3.3 影响对流传热系数的因素

对流传热是流体在具有一定形状及尺寸的设备中流动时发生的热流体到壁面或壁面到冷流体的热量传递过程，因此它必然与下列因素有关。

（1）引起流动的原因

① 自然对流　由于流体内部存在温差引起密度差形成的浮升力，造成流体内部质点的上升和下降运动，一般 u 较小，α 也较小。

② 强制对流　在外力作用下引起的流动运动，一般 u 较大，故 α 较大。

一般情况下，$\alpha_{强} > \alpha_{自}$。

（2）流体的物性　当流体种类确定后，根据温度、压力（气体）查对应的物性，影响 α 较大的物性有：ρ、μ、λ、c_p。一般情况下，λ 升高，α 增大；ρ 与 Re 增大，α 会随之增大；c_p 增大，单位体积流体的热容量 ρc_p 增大，则 α 增大；黏度 μ 升高与 Re 降低，α 会随之减小。

（3）流动形态

① 层流　热流主要依靠热传导的方式传热。由于流体的热导率比金属的热导率小得多，所以热阻大。

② 湍流　质点充分混合且层流底层变薄，α 较大。Re 增大可以降低滞流层厚度，但单纯提高 Re 会使动力消耗大。一般情况下，$\alpha_{湍} > \alpha_{层}$。

（4）传热面的形状、大小和位置　不同的壁面形状、尺寸会造成边界层分离，产生旋涡，增加湍动，使 α 增大。

① 形状　如管、板、管束等。

② 大小　如管径和管长等。

③ 位置　如管子的排列方式（如管束有正四方形和三角形排列）；管或板是垂直放置还是水平放置。

对于一种类型的传热面，常用一个对对流传热系数有决定性影响的特性尺寸 l 来表示其大小。

（5）是否发生相变　主要有蒸汽冷凝和液体沸腾。发生相变时，由于汽化或冷凝的潜热远大于温度变化的显热，有相变化时对流传热系数较大，机理各不相同。一般情况下，$\alpha_{相变} > \alpha_{无相变}$。

4.3.4　对流传热系数关联式的建立

由于对流传热本身是一个非常复杂的物理问题，现在用牛顿冷却定律把复杂情况简单表示，把复杂问题转到计算对流传热系数上面。所以，对流传热系数大小的确定成为了一个复杂问题，其影响因素非常多。目前还不能对对流传热系数从理论上来推导它的计算式，只能通过实验得到其经验关联式。

由上面的分析，对流传热系数 α 与各影响因素见的关系可以表示为

$$\alpha = f(u, l, \mu, \lambda, c_p, \rho, g\beta\Delta t) \tag{4-21}$$

式中　l——特性尺寸，mm；

　　　u——特征流速，m/s。

式(4-21) 中，基本量纲共 4 个，分别为长度（L），时间（T），质量（M），温度 Θ，变量总数共 8 个。

量纲分析之后，所得特征数关联式中共有 4 个无量纲数群（由 π 定理，无量纲数群数目 $i=8-4=4$）。

量纲分析结果为

$$Nu = CRe^m Pr^n Gr^h \tag{4-22}$$

式中，C 为引入的系数。其中各特征数的定义分别为：

$Nu = \dfrac{\alpha l}{\lambda}$，努塞尔（Nusselt）数，包含对流传热系数；

$Re = \dfrac{lu\rho}{\mu}$，雷诺（Reynolds）数，表征流体流动形态对对流传热的影响；

$Pr = \dfrac{c_p\mu}{\lambda}$，普朗特（Prandtl）数，反映流体物性对对流传热的影响；

$Gr = \dfrac{\beta g\Delta t l^3 \rho^2}{\mu^2}$，格拉晓夫（Grashof）数，表征自然对流对对流传热的影响。

将各特征数的定义式代入式(4-22)，则有

$$\frac{\alpha l}{\lambda} = C\left(\frac{lu\rho}{\mu}\right)^m \left(\frac{c_p\mu}{\lambda}\right)^n \left(\frac{\beta g\Delta t l^3 \rho^2}{\mu^2}\right)^h \tag{4-23}$$

（1）定性温度　由于沿流动方向流体温度的逐渐变化，在处理实验数据时就要取一个有代表性的温度以确定物性参数的数值，这个确定物性参数数值的温度称为定性温度。

定性温度的取法有两种：一是取流体进出口温度的平均值 t_m；二是取壁温 t_w。

（2）特性尺寸 l　它是代表换热面几何特征的长度量，通常选取对流动与换热有主要影响的某一几何尺寸。

另外，实验范围是有限的，特征数关联式的使用范围也就是有限的。

4.3.5 无相变时的对流传热系数

4.3.5.1 流体在管内强制湍流

（1）圆形直管内的湍流

$$Nu = 0.023 Re^{0.8} Pr^n \tag{4-24}$$

将各特征数定义式代入，以管径作为特征尺寸，则有

$$\alpha = 0.023 \frac{\lambda}{d} \left(\frac{du\rho}{\mu} \right)^{0.8} \left(\frac{c_p\mu}{\lambda} \right)^n \tag{4-25}$$

使用范围：$Re > 10000$，$0.7 < Pr < 160$，$\mu < 2 \times 10^{-5} Pa \cdot s$，管的长径比 $l/d > 60$。

注意：a. 定性温度取流体进出温度的算术平均值 t_m；b. 特征尺寸为管内径 d_i；c. 流体被加热时 $n = 0.4$，流体被冷却时 $n = 0.3$；d. 特征速度为管内平均流速。

上述 n 取不同值的原因主要是温度对近壁层流底层中流体黏度的影响。当管内流体被加热时，靠近管壁处层流底层的温度高于流体主体温度；而流体被冷却时，情况正好相反。对于液体，其黏度随温度升高而降低。液体被加热时层流底层减薄，大多数液体的热导率随温度升高也有所减少，但不显著，总的结果使对流传热系数增大。液体被加热时的对流传热系数必大于冷却时的对流传热系数。大多数液体的 $Pr > 1$，即 $Pr^{0.4} > Pr^{0.3}$，因此，液体被加热时，n 取 0.4；冷却时，n 取 0.3。对于气体，其黏度随温度升高而增大，气体被加热时层流底层增厚，气体的热导率随温度升高也略有升高，总的结果使对流传热系数减少。气体被加热时的对流传热系数必小于冷却时的对流传热系数。由于大多数气体的 $Pr < 1$，即 $Pr^{0.4} < Pr^{0.3}$，故同液体一样，气体被加热时 n 取 0.4，冷却时 n 取 0.3。

通过以上分析可知，温度对层流底层内流体黏度的影响，会引起近壁流层内速度分布的变化，故整个截面上的速度分布也将产生相应的变化。

实际传热中，介质的黏度、流动状况、流道形状等与经验公式使用范围差别较大，需对其进行修正。

① 高黏度流体

$$\alpha = 0.027 \frac{\lambda}{d} \left(\frac{du\rho}{\mu} \right)^{0.8} \left(\frac{c_p\mu}{\lambda} \right)^{0.33} \left(\frac{\mu}{\mu_w} \right)^{0.14} \tag{4-26}$$

要考虑壁面温度变化引起黏度变化对 α 的影响（μ 是在 t_m 下流体的黏度；μ_w 是在 t_w 下流体的黏度）。在实际中，由于壁温难以测得，工程上近似处理为：对液体加热时，$\left(\frac{\mu}{\mu_w} \right)^{0.14} = 1.05$，对液体冷却时，$\left(\frac{\mu}{\mu_w} \right)^{0.14} = 0.95$。

② 过渡区 当流体 $2300 < Re < 10000$ 时，先按湍流计算 α，然后乘以校正系数 f

$$f = 1.0 - \frac{6 \times 10^5}{Re^{0.8}} < 1$$

过渡区内流体比剧烈的湍流区内的流体的 Re 小，流体流动的湍动程度减少，层流底层变厚，α 减小。

③ 流体在弯管内的对流传热系数 先按直管计算，然后乘以校正系数 f

$$f = 1 + 1.77 \frac{d}{R}$$

式中 d——管内径，mm；

R——弯管的曲率半径，mm。

由于弯管外受离心作用的影响，存在二次环流，湍动加剧，α 增大。

（2）非圆形直管内强制对流　采用圆形管内相应的公式计算，特征尺寸采用当量直径。

$$\alpha=0.023\frac{\lambda}{d_e}\left(\frac{d_e u\rho}{\mu}\right)^{0.8}\left(\frac{c_p\mu}{\lambda}\right)^n \qquad (4\text{-}27)$$

式中，d_e 为流道当量直径。

流体在套管环隙中流动时，其对流传热系数可用下式计算

$$\alpha=0.02\frac{\lambda}{d_e}Re^{0.8}Pr^{\frac{1}{3}}\left(\frac{d_2}{d_1}\right)^{0.53}$$

式中，d_2、d_1 分别为套管外管内径和内管外径。

适用范围：$\dfrac{d_2}{d_1}=1.65\sim17$，$Re=1.2\times10^4\sim2.2\times10^5$。

当 $l/d<60$ 时，则为短管，由于管入口扰动增大，α 较大，乘上校正系数 f。

$$f=1+\left(\frac{d}{l}\right)^{0.7}>1$$

4.3.5.2　流体在圆形直管内强制层流

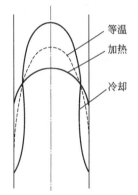

图 4-12　热流方向对层流
速度分布的影响

热流方向对层流速度分布的影响见图 4-12。流体在圆形直管内作层流流动具有以下特点：

① 物性特别是黏度受管内温度不均匀性的影响，导致速度分布受热流方向影响；

② 层流的对流传热系数受自然对流影响严重使得对流传热系数提高；

③ 层流要求的进口段长度长，实际进口段小时，对流传热系数提高。

影响层流时的对流传热系数的主要因素为 Gr，下面分别讨论。

（1）$Gr<25000$ 时　此时自然对流影响较小，可忽略。

$$Nu=1.86\left(RePr\frac{d}{l}\right)^{1/3}\left(\frac{\mu}{\mu_w}\right)^{0.14} \qquad (4\text{-}28)$$

适用范围：$Re<2300$，$\left(RePr\dfrac{d}{l}\right)>10$，$l/d>60$。

定性温度、特征尺寸取法与前相同，μ_w 按壁温确定，工程上可近似处理为：对液体加热时，$\left(\dfrac{\mu}{\mu_w}\right)^{0.14}=1.05$；对液体冷却时，$\left(\dfrac{\mu}{\mu_w}\right)^{0.14}=0.95$。

（2）$Gr>25000$ 时　此时自然对流的影响不能忽略，乘以校正系数 $f=0.8(1+0.015Gr^{1/3})$

在换热器设计中，应尽量避免在强制层流条件下进行传热，因为此时对流传热系数小，从而使总传热系数也很小。

4.3.5.3　流体在管外的强制对流

（1）流体垂直流过管束　流体垂直流过管束时，管束的排列情况可以有直列和错列两种，见图 4-13。

各排管 α 的变化规律：第一排管，直列和错列基本相同；第二排管，直列和错列相差较大；第三排管以后（直列第二排管以后），基本恒定；错列传热效果比直

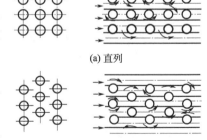

(a) 直列

(b) 错列

图 4-13　流体流过管束的流动情况

列好。

单列的对流传热系数用下式计算

$$Nu = C\varepsilon Re^m Pr^{0.4} \tag{4-29}$$

适用范围：$5000 < Re < 70000$。

应用条件：

① 特性尺寸取管外径 d_o；定性温度取法与前相同，取 t_m。

② 流速 u 取每列管子中最窄流道处的流速，即最大流速。

③ C、ε、m 取决于排列方式和管排数，可由实验测定。

④ 对某一排列方式，由于各列的 α 不同，应按下式求平均对流传热系数

$$\alpha_m = \frac{\alpha_1 A_1 + \alpha_2 A_2 + \alpha_3 A_3 + \cdots}{A_1 + A_2 + A_3 + \cdots} = \frac{\sum \alpha_i A_i}{\sum A_i}$$

式中　α_i——各列的对流传热系数，$W/(m^2 \cdot ℃)$；

　　　A_i——各列传热管的外表面积，m^2。

（2）流体在换热器管壳间流动　一般在列管换热器的壳程加折流挡板，折流挡板分为圆形和圆缺形两种。流体在换热器的管壳之间受到折流挡板的阻挡，流动方向不断改变，在较小的 Re 下（$Re = 100$）即可达到湍流。

圆缺形折流挡板，当缺口面积为壳体内截面积的 25% 时，α 用下式计算

$$Nu = 0.36 Re^{0.55} Pr^{\frac{1}{3}} \left(\frac{\mu}{\mu_w}\right)^{0.14} \tag{4-30}$$

适用范围：$Re = 2 \times 10^3 \sim 10^6$。

定性温度：进、出口温度平均值。

特征尺寸：取当量直径 d_e。

换热管排列方式主要有正方形、正三角形等，见图 4-14。

当量直径分别为

正方形排列 $d_e = \dfrac{4(x^2 - 0.785 d_o^2)}{\pi d_o}$

正三角形排列 $d_e = \dfrac{4\left(\frac{\sqrt{3}}{2} x^2 - 0.785 d_o^2\right)}{\pi d_o}$

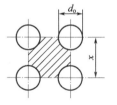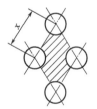

(a) 正方形排列　　(b) 正三角形排列

图 4-14　换热管排列方式

式中　x——管间距；

　　　d_o——管外径。

流速 u 根据流体流过的最大截面积 S_{max} 计算

$$S_{max} = hD\left(1 - \frac{d_o}{x}\right) \tag{4-31}$$

式中　h——相邻挡板间的距离，m；

　　　D——壳体的内径，m。

通过以上介绍可知，提高壳程 α 的措施有：提高壳程流体流速，会使 α 增大，但由于 $h_f \propto u^2$，会导致阻力损失增大；降低管道直径、提高壳程的湍动程度，如加折流挡板或填充物，可提高 α。

（3）大空间的自然对流传热　所谓大空间自然对流传热是指冷表面或热表面（传热面）放置在大空间内，并且四周没有其他阻碍自然对流的物体存在，如沉浸式换热器的传热过程、换热设备或管道的热表面向周围大气的散热。

对流传热系数仅与反映自然对流的 Gr 和反映物性的 Pr 有关，依以下经验式计算

$$Nu = A(Gr\ Pr)^b \tag{4-32}$$

应用上式计算时，应注意：

① 特性尺寸对水平管取外径 d_o；垂直管或板取管长和板高 H。

② 定性温度取膜温 $(t_m + t_w)/2$；

③ A、b 的值与传热面的形状和位置及 Gr、Pr 有关，见表 4-1。

表 4-1 式(4-32) 中的系数 A 和 b 的取值

段数	$Gr\ Pr$	A	b
1	$1 \times 10^{-3} \sim 5 \times 10^2$	1.18	0.125
2	$5 \times 10^2 \sim 2 \times 10^7$	0.54	0.25
3	$2 \times 10^7 \sim 1 \times 10^{13}$	0.135	1/3

4.3.6 冷凝时的对流传热系数

4.3.6.1 冷凝方式

当蒸气与温度低于其饱和温度的冷壁接触时，蒸气放出潜热，在壁面上冷凝为液体。根据冷凝液能否润湿壁面所造成的不同流动方式，可将蒸气冷凝分为膜状冷凝和滴状冷凝。

(1) 膜状冷凝 在冷凝过程中，冷凝液若能润湿壁面（冷凝液和壁面的润湿角 $\theta < 90°$），在壁面上形成连续的冷凝液膜，这种冷凝称为膜状冷凝。膜状冷凝时，壁面总被一层冷凝液膜所覆盖，这层液膜将蒸气和冷壁面隔开，蒸气冷凝只在液膜表面进行，冷凝放出的潜热必须通过液膜才能传给冷壁面。冷凝液膜在重力作用下沿壁面向下流动，逐渐变厚，最后由壁的底部流走。因为纯蒸气冷凝时气相不存在温差，即气相不存在热阻，则液膜集中了冷凝传热的全部热阻。

(2) 滴状冷凝 当冷凝液不能润湿壁面（$\theta > 90°$）时，由于表面张力的作用，冷凝液在壁面上形成许多液滴，并随机地沿壁面落下，这种冷凝称为滴状冷凝。

滴状冷凝时大部分冷壁面暴露在蒸气中，冷凝过程主要在冷壁面上进行。由于没有冷凝液膜形成的附加热阻，滴状冷凝对流传热系数比膜状冷凝对流传热系数大 5～10 倍。在工业用冷凝器中，即使采取了促使产生滴状冷凝的措施，也很难持久地保持滴状冷凝，所以，工程中基本都以膜状冷凝传热公式为依据进行冷凝器的设计。

4.3.6.2 垂直管外冷凝

冷凝液在重力作用下沿壁面由上向下流动，由于沿程不断汇入新冷凝液，故冷凝液量逐渐增加，液膜不断增厚。在壁面上部液膜因流量小、流速低，呈层流流动，并随着膜厚增大，α 减小。若壁的高度足够高，冷凝液量较大，则壁下部液膜会变为湍流流动，对应的冷凝对流传热系数又会有所提高。冷凝液膜从层流到湍流的临界 Re 值为 1800。

(1) 层流时对流传热系数

$$\alpha = 0.943 \left[\frac{r\rho^2 g\lambda^3}{\mu L (t_s - t_w)} \right]^{0.25} \tag{4-33}$$

式中 L——垂直管高度，m；

λ——冷凝液的热导率，W/(m·K)；

ρ——冷凝液的密度，kg/m³；

μ——冷凝液的黏度，Pa·s；

r——冷凝潜热，kJ/kg；

t_s——饱和蒸气温度，℃；

t_w——换热管外壁温度，℃。

适用范围：$Re < 1800$

定性温度：r 取饱和温度下的值，其余物性取膜温 $\left(\dfrac{t_s + t_w}{2}\right)$ 下的值。

特征尺寸：取垂直管高度。

对向下流动的液膜因表面张力导致波动，而使液膜产生扰动，减小热阻，使对流传热系数增大，其修正公式为

$$\alpha = 1.13 \left[\frac{r\rho^2 g\lambda^3}{\mu L(t_s - t_w)} \right]^{0.25} \tag{4-33a}$$

（2）湍流时对流传热系数　对于 $Re > 1800$ 的湍流液膜，除靠近壁面的层流底层仍以导热方式传热外，主体部分增加了对流传热，与层流相比，传热有所增强。巴杰尔（Badger）根据实验整理出的计算湍流时冷凝对流传热系数的关联式为

$$\alpha = 0.0077 \left(\frac{\rho^2 g\lambda^3}{\mu^2} \right)^{1/3} Re^{0.4} \tag{4-34}$$

4.3.6.3　水平管外冷凝

因为管子直径通常较小，膜层总是处于层流状态。努塞尔利用数值积分方法求得水平圆管外表面冷凝的平均对流传热系数为

$$\alpha = 0.725 \left(\frac{r\rho^2 g\lambda^3}{n^{2/3} \mu l \Delta t} \right)^{1/4} \tag{4-35}$$

式中　n——水平管束在垂直列上的管子数；

$\quad\quad r$——冷凝潜热，kJ/kg；

$\quad\quad \rho$——冷凝液的密度，kg/m³；

$\quad\quad \lambda$——冷凝液的热导率，W/(m·K)；

$\quad\quad \mu$——冷凝液的黏度，Pa·s。

特征尺寸取管外径 d_o，mm。

定性温度取膜温 $t = \dfrac{t_s + t_w}{2}$。

4.3.6.4　冷凝传热的影响因素

饱和蒸气冷凝时，热阻主要集中在冷凝液膜内，液膜的厚度及其流动状况是影响冷凝传热的关键。所以，影响液膜状况的所有因素都将影响到冷凝传热。

（1）冷凝液膜两侧的温度差 Δt　当液膜呈层流流动时，若 Δt 加大，蒸气冷凝速率增加，液膜厚度增厚，冷凝对流传热系数降低。

（2）流体物性　液膜的密度、黏度、热导率，蒸气的冷凝潜热，都影响冷凝传热系数；

（3）蒸气的流速和流向　若蒸气和液膜同向流动，厚度减薄，使 α 增大；若蒸气和液膜逆向流动，α 减小，但当蒸气与液膜间的摩擦力超过液膜重力时，液膜被蒸气吹离壁面，此时随着蒸气流速增加 α 急剧增大。

（4）蒸气中不凝气体含量的影响　蒸气中含有空气或其他不凝气体时，壁面可能为气体层所遮盖，增加了一层附加热阻，使 α 急剧下降。

（5）冷凝壁面的影响　若沿冷凝液流动方向积存的液体增多，液膜增厚，使传热系数下降。例如管束，冷凝液面从上面各排流动至下面各排，使液膜逐渐增厚，因此下面管子的 α 要比上排的为低。冷凝面的表面情况对 α 影响也很大，若壁面粗糙不平或有氧化层，使膜层

加厚，增加膜层阻力，α 下降。

强化传热措施：对于纯蒸气冷凝，恒压下 t_s 为一定值。即在气相主体内无温差也无热阻，α 的大小主要取决于液膜的厚度及冷凝液的物性。所以，在流体一定的情况下，一切能使液膜变薄的措施将强化冷凝传热过程。

减小液膜厚度最直接的方法是从冷凝壁面的高度和布置方式入手。如在垂直壁面上开纵向沟槽，以减薄壁面上的液膜厚度。还可在壁面上安装金属丝或翅片，使冷凝液在表面张力的作用下，流向金属丝或翅片附近集中，从而使壁面上的液膜减薄，使冷凝传热系数得到提高。

4.3.7 沸腾时的对流传热系数

对液体加热时，液体内部和表面同时发生剧烈汽化，产生大量气泡的现象称为沸腾。化工生产中的沸腾，按设备的尺寸和形状可分为以下两种情况：

① 大容器沸腾 加热壁面浸入液体，液体被加热而引起的无强制对流的沸腾现象。

② 管内沸腾 在一定压差下流体在流动过程中受热沸腾（强制对流）。此时液体流速对沸腾过程有影响，而且加热面上气泡不能自由上浮，被迫随流体一起流动，出现了复杂的气液两相的流动结构。

工业上有再沸器、蒸发器、蒸汽锅炉等都是通过沸腾传热来产生蒸气。管内沸腾的传热机理比大容器沸腾更为复杂。本节仅讨论大容器的沸腾传热过程。

4.3.7.1 沸腾对流传热系数

当温度差较小时，液体内部产生自然对流，α 较小，且随温度升高较慢。随着 Δt 逐渐升高，在加热表面的局部位置产生气泡，该局部位置称为汽化核心。气泡产生的速度随 Δt 上升而增加，α 急剧增大，称为泡核沸腾或核状沸腾。当 Δt 继续增大，由于加热面具有很高温度，辐射的影响愈来愈显著，α 又随之增大，这段称为稳定的膜状沸腾。由核状沸腾向膜状沸腾过渡的转折点称为临界点。临界点所对应的温差、热通量、对流传热系数分别称为临界温差，临界热通量和临界对流传热系数。工业生产中，一般应维持在核状沸腾区域内操作，此时对流传热系数

$$\alpha = 1.163 Z (\Delta t)^{2.33} \tag{4-36}$$

$$\Delta t = t_w - t_s$$

$$Z = \left[0.10 \times \left(\frac{p_c}{9.81 \times 10^4} \right) (1.8 R^{0.17} + 4 R^{1.2} + 10 R^{10}) \right]^{1/3}$$

$$R = \frac{p}{p_c}$$

式中，p 为操作压强；p_c 为冷流体一侧压强。

4.3.7.2 沸腾传热的影响因素

（1）液体性质的影响 一般情况下，α 随 λ、ρ 的增加而加大，而随 μ 增加而减小。一般来说，有机物的 μ 大，在同样的 p 和 Δt 下，比水的 α 小；而且表面张力小、润湿能力大的液体，有利于气泡形成和脱离壁面，此时 α 大。但在液体中加入少量添加剂，可减小其表面张力。

（2）温差 Δt 温差 Δt 是影响和控制沸腾传热过程的重要因素，应尽量控制在核状沸腾阶段进行操作。

（3）操作压力 提高操作压力，相当于提高液体的饱和温度 t_s，使液体的黏度 μ 与表面张力降低，有利于气泡形成和脱离壁面，强化了沸腾传热，在同温差下，α 增大。

（4）加热面的状况　加热面越粗糙，提供汽化核心多，越有利于传热。新的、洁净的、粗糙的加热面，α 大；当壁面被油脂沾污后，会使 α 下降。此外，加热面的布置情况，对沸腾传热也有明显的影响。例如在水平管束外沸腾时，其上升气泡会覆盖上方管的一部分加热面，导致 α 下降。

4.4　传热过程的计算

在实际生产中，需要冷、热两种流体进行热交换，但一般不允许它们相互混合，为此需要采用间壁式的换热器。此时，冷、热两流体分别处在间壁两侧，两流体间的热交换包括了固体壁面的导热和流体与固体壁面间的对流传热。关于导热和对流传热在前面已介绍过，本节主要在此基础上进一步讨论间壁式换热器的传热计算。

化工生产中，因固体壁面温度不高，辐射传热量很小，故除热损失外，热辐射通常不予考虑。而更多的是导热和对流串联传热过程，例如换热器中冷、热两流体通过间壁的热量传递就是这种串联传热的典型例子。如图 4-15 所示，冷、热流体通过间壁传热的过程分三步进行：①热流体通过对流传热将热量传给固体壁；②固体壁内以热传导方式将热量从热侧传到冷侧；③热量通过对流传热从壁面传给冷流体。

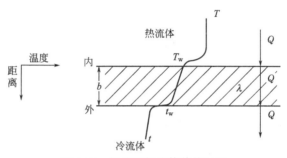

图 4-15　间壁两侧流体传热过程

传热计算根据工程项目的不同阶段，分为设计计算与校核计算。

（1）设计计算　根据生产任务的要求，确定换热器的传热面积及换热器的其他有关尺寸，以便设计或选用换热器。

（2）校核计算　判断一个换热器能否满足生产任务的要求，或预测生产过程中某些参数的变化对换热器传热能力的影响。

设计计算与校核计算的计算依据是总传热速率方程和热量恒算。

4.4.1　热量衡算

热量衡算反映了两流体在换热过程中温度变化的相互关系。若换热器绝热良好，热损失可忽略，则在单位时间内的换热器中的流体放出的热量等于冷流体吸收的热量。

如图 4-16 所示的换热过程，热流体走管外，冷流体走管内。假设换热器绝热良好，热损失可以忽略，则两流体流经换热器时，单位时间内热流体放出的热等于冷流体吸收的热。

$$Q = W_h(H_{h1} - H_{h2}) = W_c(H_{c2} - H_{c1}) \tag{4-37}$$

式中，W_h、W_c 为热、冷液体质量流量，kg/s；下角标 h 表示热流体；下角标 c 表示冷流体；H_{h1}、H_{h2}、H_{c1}、H_{c2} 为进出口热、冷流体的单位质量焓，kJ/kg；下角标 1 表示进口；下角标 2 表示出口。

若换热器中的两流体的比热容不随温度而变或可取平均温度下的比热容，有

$$Q=W_h c_{ph}(T_1-T_2)=W_c c_{pc}(t_2-t_1) \tag{4-38}$$

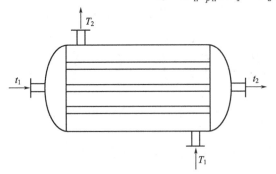

式中，c_{ph}、c_{pc} 为热、冷流体恒压比热容，$kJ/(kg \cdot K)$；T_1、T_2、t_1、t_2 为热、冷流体进出口温度，K。

将上式中 $W_c c_{pc}$、$W_h c_{ph}$ 的值称作冷、热流体热容量流率，若换热器中热流体有相变化，例如饱和蒸气冷凝，冷凝液在饱和温度下离开，可用下式计算

$$Q=W_h \times r=W_c c_{pc}(t_2-t_1) \tag{4-39}$$

式中，r 为相变潜热，kJ/kg。

若冷凝液的温度低于饱和温度离开换热

图 4-16 间壁式换热器换热过程

器，则

$$Q=W_h[r+c_{ph}(t_s-T_2)]=W_c c_{pc}(t_2-t_1) \tag{4-40}$$

式中，t_s 为饱和温度，K。

4.4.2 总传热速率方程与热阻

4.4.2.1 总传热速率方程

冷热量流体通过间壁两侧实现热量交换，包括两个热对流与一个热传导的三个串联过程。在如图 4-17 所示的间壁式换热器中截取一段微元来进行研究，其传热面积为 dA，微元壁内、外的热、冷流体温度分别为 T、t（平均温度）。

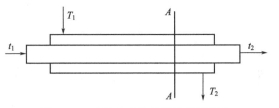

图 4-17 对间壁式换热器传热的研究

单位时间通过 dA 冷、热流体交换的热量 dQ 应正比于壁面两侧流体的温差，仿照对流传热速率方程写出总传热速率方程，即

$$dQ=K\,dA(T-t) \tag{4-41}$$

上式可以改写为

$$dQ=\frac{T-t}{\dfrac{1}{K\,dA}} \tag{4-41a}$$

式中，$1/K\,dA$ 即为传热总热阻；$(T-t)$ 为传热过程总推动力。

前已述及，两流体的热交换过程由三个串联的传热过程组成，按图 4-15，假设冷流体走管内，热流体走管外，管壁厚为 b，管内、管外流体的对流传热系数分别为 α_i、α_o。换热管内外壁之间的热传导的面积用两侧壁面积的对数平均值 A_m 表示，传热速率分别为

管外对流 $dQ=\alpha_o\,dA_o(T-T_w)$

管壁热传导 $dQ=\dfrac{\lambda}{b}\,dA_m(T_w-t_w)$

管内对流 $dQ=\alpha_i\,dA_i(t_w-t)$

对于串联的定态传热，三种传热速率相等，即

$$dQ = \frac{T - T_w}{\dfrac{1}{\alpha_o dA_o}} = \frac{T_w - t_w}{\dfrac{b}{\lambda dA_m}} = \frac{t_w - t}{\dfrac{1}{\alpha_i dA_i}} = \frac{T - t}{\dfrac{1}{\alpha_o dA_o} + \dfrac{b}{\lambda dA_m} + \dfrac{1}{\alpha_i dA_i}} \tag{4-42}$$

与（4-41a）对比，得到传热总热阻

$$\frac{1}{K dA} = \frac{1}{\alpha_1 dA_1} + \frac{b}{\lambda dA_m} + \frac{1}{\alpha_2 dA_2} \tag{4-43}$$

式中，K 为换热器局部总传热系数，常简称为总传热系数，$W/(m^2 \cdot K)$。

讨论：

① 当传热面为平面，或换热管壁厚较小时，$dA = dA_o = dA_i = dA_m$，则

$$\frac{1}{K} = \frac{1}{\alpha_o} + \frac{b}{\lambda} + \frac{1}{\alpha_i}$$

② 当传热面为圆筒壁时，两侧的传热面积不等，在换热器系列化标准中常以外表面为基准，即，取上式中 $dA = dA_o$，则

$$\frac{1}{K_o} = \frac{1}{\alpha_o} + \frac{b}{\lambda} \times \frac{dA_o}{dA_m} + \frac{1}{\alpha_i} \times \frac{dA_o}{dA_i} \tag{4-44}$$

或

$$\frac{1}{K_o} = \frac{1}{\alpha_o} + \frac{b}{\lambda} \times \frac{d_o}{d_m} + \frac{1}{\alpha_i} \times \frac{d_o}{d_i} \tag{4-44a}$$

式中，K_o 为以换热管的外表面为基准的总传热系数，$W/(m^2 \cdot K)$；d_m 为换热管的对数平均直径。

$$d_m = (d_1 - d_2)/\ln \frac{d_1}{d_2} \tag{4-44b}$$

以内表面为基准，则有

$$\frac{1}{K_i} = \frac{1}{\alpha_o} \times \frac{d_i}{d_o} + \frac{b}{\lambda} \times \frac{d_i}{d_m} + \frac{1}{\alpha_i} \tag{4-45}$$

式中，K_i 称为基于内表面积的总传热系数。

以壁表面为基准，则有

$$\frac{1}{K_m} = \frac{1}{\alpha_o} \times \frac{d_m}{d_o} + \frac{b}{\lambda} + \frac{1}{\alpha_i} \times \frac{d_m}{d_i} \tag{4-46}$$

式中，K_m 称为基于平均表面积的总传热系数，对于薄层圆筒壁 $\dfrac{d_1}{d_2} < 2$，近似用平壁计算（误差 $< 4\%$，工程计算可接受）。

③ $1/K$ 值的物理意义：$\dfrac{1}{K_1} = \dfrac{1}{\alpha_1} + \dfrac{b}{\lambda} \times \dfrac{d_1}{d_m} + \dfrac{1}{\alpha_2} \times \dfrac{d_1}{d_2}$，即为单位换热面积的热阻。

若想求出整个换热器的 Q，需要对 $dQ = K dA (T - t)$ 积分，因为 K 和 $(T - t)$ 均具有局部性，因此积分有困难。为此，可以将该式中 K 取整个换热器的平均值 K，$(T - t)$ 也取为整个换热器上的平均值 Δt_m，则积分结果如下

$$Q = KA \Delta t_m \tag{4-47}$$

此式即为总传热速率方程，式中 K 为平均总传热系数；Δt_m 为流体仅出口温度的平均温度差。

工业生产中，常用的管壳式换热器的传热系数的大致范围如表 4-2 所示，附录 16 给出了管壳式换热器的总传热系数的推荐值供学习与设计时参考。

表 4-2 管壳式换热器的传热系数 K 的大致范围

热流体	冷流体	传热系数 K $[W/(m^2 \cdot K)]$	热流体	冷流体	传热系数 K $[W/(m^2 \cdot K)]$
水	水	850~1700	低沸点烃类蒸气冷凝(常压)	水	455~1140
轻油	水	340~910	高沸点烃类蒸气冷凝(减压)	水	60~170
重油	水	60~280	水蒸气冷凝	水沸腾	2000~4250
气体	水	17~280	水蒸气冷凝	轻油沸腾	455~1020
水蒸气冷凝	水	1420~4250	水蒸气冷凝	重油沸腾	140~425
水蒸气冷凝	气体	30~300			

4.4.2.2 污垢热阻

换热器使用一段时间后，传热速率 Q 会下降，这往往是由于传热表面有污垢积存的缘故，污垢的存在增加了传热热阻。虽然此层污垢不厚，但由于其热导率小，热阻大，在计算 K 值时不可忽略。

通常根据经验直接估计污垢热阻值，将其考虑在 K 中，即

$$\frac{1}{K} = \frac{1}{\alpha_o} + R_o + \frac{b}{\lambda} \times \frac{d_o}{d_m} + R_i + \frac{1}{\alpha_i} \times \frac{d_o}{d_i} \tag{4-48}$$

式中，R_o、R_i 为传热面两侧的污垢热阻，$m^2 \cdot K/W$。为消除污垢热阻的影响，应定期清洗换热器。附录 10 给出常见换热系统的污垢热阻，可供学习与设计时参考。

讨论：

当管壁热阻和污垢热阻均可忽略时，有

$$\frac{1}{K} = \frac{1}{\alpha_o} + \frac{1}{\alpha_i} \tag{4-49}$$

若 $\alpha_o \gg \alpha_i$，则有

$$\frac{1}{K} \approx \frac{1}{\alpha_i} \tag{4-49a}$$

总热阻是由热阻大的那一侧的对流传热所控制。提高 K 值，关键在于提高对流传热系数较小一侧的 α；两侧的 α 相差不大时，则必须同时提高两侧的 α，才能提高 K 值；污垢热阻为控制因素时，则必须设法减慢污垢形成速率或及时清除污垢。

换热器在经过一段时间运行后，壁面往往积有污垢，对传热产生附加热阻，使传热系数降低。在计算传热系数时，一般污垢热阻不可忽略。由于污垢层厚度及其热导率难以测定，通常根据经验选用污垢热阻值。某些常见流体的污垢热阻经验值如表 4-3 所示。

表 4-3 污垢热阻经验值

流体	污垢热阻 $/(m^2 \cdot K/kW)$	流体	污垢热阻 $/(m^2 \cdot K/kW)$
水($u<1m/s, t>50℃$)		处理后的盐水	0.264
蒸馏水	0.09	其他液体	
海水	0.09	某些有机物	0.176
清洁河水	0.21	燃料油	1.06
未处理的凉水塔用水	0.58	焦油	1.76
处理后的凉水塔用水	0.26	气体	
硬水、静水	0.58	空气	0.26~0.53
处理后的锅炉用水	0.26	溶剂蒸气	0.14

【例 4-4】　有一列管换热器，由 $\phi 25\text{mm} \times 2.5\text{mm}$ 的钢管组成。CO_2 在管内流动，冷却水在管外流动。已知管外、管内流体的对流传热系数分别为 $\alpha_o = 2500\text{W}/(\text{m}^2 \cdot \text{K})$、$\alpha_i = 50\text{W}/(\text{m}^2 \cdot \text{K})$。

(1) 试求传热系数 K；

(2) 若 α_o 增大一倍，其他条件与前相同，求传热系数增大的百分数；

(3) α_i 若增大一倍，其他条件与 (1) 相同，求传热系数增大的百分数。

解: (1) 求以外表面积为基准时的传热系数

取钢管的热导率 $\lambda = 45\text{W}/(\text{m} \cdot \text{K})$，冷却水测的污垢热阻 $R_o = 0.58 \times 10^{-3}\text{m}^2 \cdot \text{K/W}$，$CO_2$ 侧污垢热阻 $R_i = 0.5 \times 10^{-3}\text{m}^2 \cdot \text{K/W}$。

由式(4-44b)

$$d_m = \frac{25 - 20}{\ln \dfrac{25}{20}} = 22.4 (\text{mm})$$

由式(4-48)，有

$$\frac{1}{K} = \frac{1}{\alpha_o} + R_o + \frac{b}{\lambda} \times \frac{d_o}{d_m} + R_i + \frac{1}{\alpha_i} \times \frac{d_o}{d_i}$$

$$= \frac{1}{2500} + 0.58 \times 10^{-3} + \frac{0.0025}{45} \times \frac{0.025}{0.0224} + 0.5 \times 10^{-3} + \frac{1}{50} \times \frac{0.025}{0.020}$$

$$= 0.0265 (\text{m}^2 \cdot \text{K/W})$$

则，$K = 37.7\text{W}/(\text{m}^2 \cdot \text{K})$

(2) α_o 增大一倍，即 $\alpha_o = 5000\text{W}/(\text{m}^2 \cdot \text{K})$ 时的传热系数 K_1

$$\frac{1}{K_1} = \frac{1}{5000} + 0.58 \times 10^{-3} + \frac{0.0025}{45} \times \frac{0.025}{0.0224} + 0.5 \times 10^{-3} + \frac{1}{50} \times \frac{0.025}{0.020}$$

$$= 0.0263 (\text{m}^2 \cdot \text{K/W})$$

则，$K_1 = 38.0\text{W}/(\text{m}^2 \cdot \text{K})$

K 值增加的百分率

$$\frac{K_1 - K}{K} \times 100\% = \frac{38.0 - 37.7}{37.7} \times 100\% = 0.79\%$$

(3) α_i 增大一倍，即 $\alpha_i = 100\text{W}/(\text{m}^2 \cdot \text{K})$ 时的传热系数 K_2

$$\frac{1}{K_2} = \frac{1}{2500} + 0.58 \times 10^{-3} + \frac{0.0025}{45} \times \frac{0.025}{0.0224} + 0.5 \times 10^{-3} + \frac{1}{100} \times \frac{0.025}{0.020}$$

$$= 0.0140 (\text{m}^2 \cdot \text{K/W})$$

则，$K_2 = 71.4\text{W}/(\text{m}^2 \cdot \text{K})$

K 值增加的百分率为

$$\frac{K_2 - K}{K} \times 100\% = \frac{71.4 - 37.7}{37.7} \times 100\% = 89.4\%$$

4.4.3　平均温差的计算

前已述及，在沿管长方向的不同部分，冷、热流体温度差不同，本节讨论如何计算其平均值 Δt_m。就冷、热流体的相互流动方向而言，可以有不同的流动形式，传热平均温差 Δt_m 的计算方法因流动形式而异。按照参与热交换的冷、热流体在沿换热器传热面流动时各点温度变化情况，可分为恒温差传热和变温差传热。

（1）恒温差传热　两侧流体均发生相变，且温度不变，则冷热流体温差处处相等，不随换热器位置而变化。如间壁的一侧液体保持恒定的温度 t 下蒸发；而间壁的另一侧，饱和蒸气在温度 T 下冷凝，此时传热面两侧的温度差保持均一不变，称为恒温差传热。

$$\Delta t_m = T - t$$

（2）变温差传热　传热温度随换热器位置而变化。当间壁传热过程中一侧或两侧的流体沿着传热壁面在不同位置点温度不同，传热温度差也必随换热器位置而变化。可分为单侧变温和双侧变温两种情况。

① 单侧变温　如用蒸汽加热一冷流体，蒸汽冷凝放出潜热，冷凝温度 T 不变，而冷流体的温度从 t_1 上升到 t_2。或者热流体温度从 T_1 下降 T_2，放出显热去加热另一较低温度 t 下沸腾的液体，后者温度始终保持在沸点 t。

② 双侧变温　此时平均温度差 Δt_m 与换热器内冷热流体流动方向有关。

工业上常见的几种流动形式有逆流和并流、错流和折流，见图 4-18。

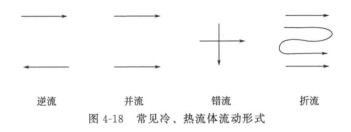

逆流　　　　并流　　　　错流　　　　折流

图 4-18　常见冷、热流体流动形式

4.4.3.1　逆流和并流

并流与逆流是两种简单的流动形式。并流是指参与换热的两种流体沿传热面平行而同向的流动；逆流是指参与换热的两种流体沿传热面平行而反向的流动，流程见图 4-19。

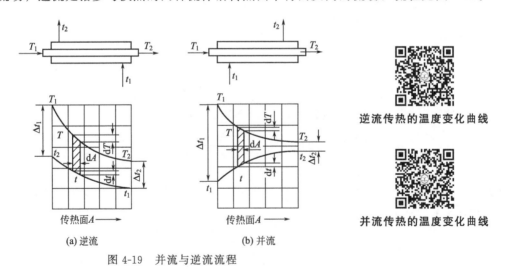

(a) 逆流　　　　　　　　(b) 并流

逆流传热的温度变化曲线

并流传热的温度变化曲线

图 4-19　并流与逆流流程

沿传热面的局部温度差（$T-t$）是变化的，所以在计算传热速率时必须用积分的方法求出整个传热面上的平均温度差 Δt_m。下面以逆流操作（两侧流体无相变）为例，推导 Δt_m 的计算式。

如图 4-19 所示，热流体的质量流量 W_1，比热容 c_{p1}，进出口温度为 T_1、T_2；冷流体的质量流量 W_2，比热容 c_{p2}，进出口温度为 t_1、t_2。

对传热过程做如下简化假定（定态传热过程）：

① 定态操作，W_1、W_2 为定值；

② c_{p1}、c_{p2} 及 K 沿传热面为定值；

③ 换热器无损失。

现取换热器中一微元段为研究对象，其传热面积为 $\mathrm{d}A$，在 $\mathrm{d}A$ 内热流体因放出热量温度下降 $\mathrm{d}T$，冷流体因吸收热量温度升高 $\mathrm{d}t$，传热量为 $\mathrm{d}Q$。

$\mathrm{d}A$ 段热量衡算的微分式为

$$\mathrm{d}Q = W_1 c_{p1} \mathrm{d}T = W_2 c_{p2} \mathrm{d}t$$

$\mathrm{d}A$ 段传热速率方程的微分式为

$$\mathrm{d}Q = K(T-t)\mathrm{d}A$$

即

$$\mathrm{d}Q = W_1 c_{p1} \mathrm{d}T = W_2 c_{p2} \mathrm{d}t = K(T-t)\mathrm{d}A$$

分离变量得到

$$K(T-t)\mathrm{d}A = \frac{\mathrm{d}T}{1/W_1 c_{p1}} = \frac{-\mathrm{d}t}{-1/W_2 c_{p2}} = \frac{\mathrm{d}(T-t)}{1/W_1 c_{p1} - 1/W_2 c_{p2}}$$

逆流时的边界条件：$A=0$ 时，$\Delta t_1 = T_1 - t_2$；$A=A$ 时，$\Delta t_2 = T_2 - t_1$。代入上式中，得

$$\int_0^A K\mathrm{d}A = \int_{\Delta t_1}^{\Delta t_2} \frac{\mathrm{d}(T-t)}{(T-t)(1/W_1 c_{p1} - 1/W_2 c_{p2})}$$

$$= \int_{\Delta t_1}^{\Delta t_2} \frac{\mathrm{d}\Delta t}{\Delta t(1/W_1 c_{p1} - 1/W_2 c_{p2})}$$

所以，

$$KA = \frac{1}{(1/W_1 c_{p1} - 1/W_2 c_{p2})} \ln \frac{\Delta t_2}{\Delta t_1} \tag{4-50}$$

对整个换热器做热量衡算，即

$$Q = W_1 c_{p1}(T_1 - T_2) = W_2 c_{p2}(t_2 - t_1) \tag{4-51}$$

整理得到

$$\frac{1}{W_1 c_{p1}} = \frac{T_1 - T_2}{Q} \qquad \frac{1}{W_2 c_{p2}} = \frac{t_2 - t_1}{Q}$$

代入式(4-50) 中，即

$$\ln \frac{\Delta t_1}{\Delta t_2} = KA \frac{(T_1 - T_2) - (t_2 - t_1)}{Q} = KA \frac{(T_1 - t_2) - (T_2 - t_1)}{Q}$$

$$= KA \frac{\Delta t_1 - \Delta t_2}{Q}$$

处理得到

$$Q = KA \frac{\Delta t_1 - \Delta t_2}{\ln \dfrac{\Delta t_1}{\Delta t_2}} = KA \Delta t_{\mathrm{m}} \tag{4-52}$$

其中

$$\Delta t_{\mathrm{m}} = \frac{\Delta t_1 - \Delta t_2}{\ln \dfrac{\Delta t_1}{\Delta t_2}} \tag{4-53}$$

Δt_{m} 为流体进出口端温的对数平均温度差，简称为对数平均温差。

讨论：

① 上式虽然是从逆流推导来的，但也适用于并流。对于并流，$\Delta t_1 = T_1 - t_1$，$\Delta t_2 = T_2 - t_2$。

② 习惯上将较大温差记为 Δt_1，较小温差记为 Δt_2。

③ 当 $\Delta t_1/\Delta t_2 < 2$，则可用算术平均值代替 $\Delta t_m = (\Delta t_1 + \Delta t_2)/2$（误差 $<4\%$，工程计算可接受）。

【**例 4-5**】 在一单壳单管程无折流挡板的列管式换热器中，用冷却水将热流体由 $100\,^\circ\mathrm{C}$ 冷却至 $40\,^\circ\mathrm{C}$，冷却水进口温度 $15\,^\circ\mathrm{C}$，出口温度 $30\,^\circ\mathrm{C}$，试求在这种温度条件下，逆流和并流的平均温度差。

解：

热流体　　$T_1 = 100\,^\circ\mathrm{C} \longrightarrow T_2 = 40\,^\circ\mathrm{C}$

冷流体　　$t_1 = 15\,^\circ\mathrm{C} \longrightarrow t_2 = 30\,^\circ\mathrm{C}$

逆流时有

$$\Delta t_1 = T_1 - t_2 = 100 - 30 = 70(^\circ\mathrm{C})$$

$$\Delta t_2 = T_2 - t_1 = 40 - 15 = 25(^\circ\mathrm{C})$$

$$\Delta t_{m,逆} = \frac{\Delta t_1 - \Delta t_2}{\ln\dfrac{\Delta t_1}{\Delta t_2}} = \frac{70 - 25}{\ln\dfrac{70}{25}} = 43.7(^\circ\mathrm{C})$$

并流时有

$$\Delta t_1' = T_1 - t_1 = 100 - 15 = 85(^\circ\mathrm{C})$$

$$\Delta t_2' = T_2 - t_2 = 40 - 30 = 10(^\circ\mathrm{C})$$

$$\Delta t_{m,并} = \frac{\Delta t_1' - \Delta t_2'}{\ln\dfrac{\Delta t_1'}{\Delta t_2'}} = \frac{85 - 10}{\ln\dfrac{85}{10}} = 35.0(^\circ\mathrm{C})$$

可见，在冷、热流体初、终温度相同的条件下，逆流的平均温度差大。

4.4.3.2　错流和折流

在大多数的列管换热器中，两流体并非简单的逆流或并流，因为传热的好坏，除考虑温度差的大小外，还要考虑到影响传热系数的多种因素以及换热器的结构是否紧凑合理等。所以实际上两流体的流向，是比较复杂的多程流动，或是相互垂直的交叉流动。

错流：两种流体的流向垂直交叉。

折流：一流体只沿一个方向流动，另一流体反复来回折流；或者两流体都反复折流。

复杂流：几种流动形式的组合。

对于这些情况，通常采用 Underwood 和 Bowan 提出的图算法（也可采用理论求解 Δt_m 的计算式，但形式太复杂）。具体步骤为，先按逆流计算此种流动形式的对数平均温差 $\Delta t_{m逆}$，并求平均温差校正系数 φ，然后计算平均传热温差

$$\Delta t_m = \varphi \Delta t_{m,逆} \tag{4-54}$$

平均温差校正系数 φ 的值取决于 P 与 R，即

$$\varphi = f(P, R) \tag{4-54a}$$

式中，P 与 R 的定义为

$$P = \frac{t_2 - t_1}{T_1 - t_1} = \frac{冷流体温升}{两流体最初温差}$$

$$R = \frac{T_1 - T_2}{t_2 - t_1} = \frac{热流体温降}{冷流体温升}$$

平均温差校正系数的值可以从图 4-20 进行查取。

平均温差校正系数 $\varphi < 1$，这是由于在列管换热器内增设了折流挡板及采用多管程，使得换热的冷、热流体在换热器内呈折流或错流，导致实际平均传热温差恒低于纯逆流时的平均传热温差。

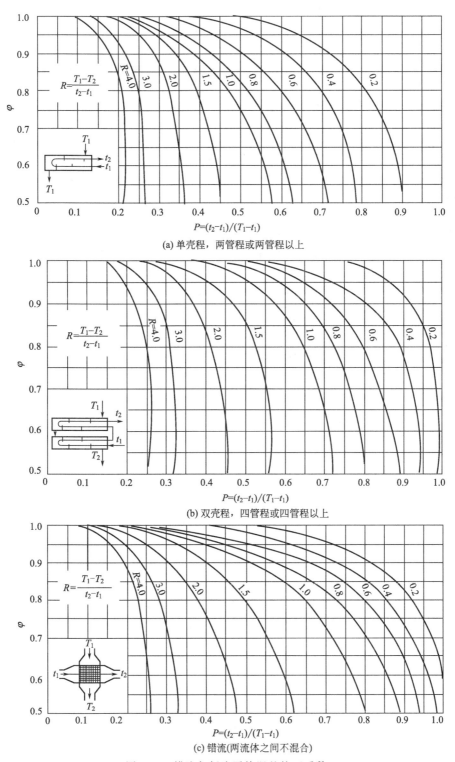

(a) 单壳程，两管程或两管程以上

(b) 双壳程，四管程或四管程以上

(c) 错流(两流体之间不混合)

图 4-20　错流与折流平均温差校正系数

4.4.3.3 不同流动形式比较

① 在进、出口温度相同的条件下，逆流的平均温度差最大，并流的平均温度差最小，其他形式流动的平均温度介于逆流和并流之间。因此，就提高传热推动力而言，逆流优于并流及其他流动形式。当换热器的传热量 Q 及总传热系数 K 相同的条件下，采用逆流操作，所需传热面积最小。

② 逆流可以节省冷却介质或加热介质的用量。所以，换热器应当尽量采用逆流流动，尽可能避免并流流动。在某些生产工艺有特殊要求时，如要求冷流体被加热时不得超过某一温度或热流体冷却时不得低于某一温度，应采用并流操作。

当换热器有一侧流体发生相变而保持温度不变时，就无所谓并流和逆流了。不论何种流动形式，只要进出口温度相同，平均温度就相等。

③ 采用折流和其他复杂流动的目的是为了提高传热系数，其代价是平均温度差相应减小。温差校正系数 φ 是用来表示某种流动形式在给定工况下接近逆流的程度。综合利弊，一般在设计或选用换热器时最好使 $\varphi > 0.9$，至少不能使 $\varphi < 0.8$。否则应另选其他流动形式，以提高传热推动力。

【例 4-6】 通过一单壳程双管程的列管式换热器，用冷却水冷却热流体。两流体进出口温度与例 4-5 相同，问此时的传热平均温差为多少？又为了节约用水，将水的出口温度提高到 35℃，平均温差又为多少？

解： 前面已计算出逆流时的平均温度差为 $\Delta t_{m,逆} = 43.7℃$，

$$P = \frac{t_2 - t_1}{T_1 - t_1} = \frac{30 - 15}{100 - 15} = 0.176$$

$$R = \frac{T_1 - T_2}{t_2 - t_1} = \frac{100 - 40}{30 - 15} = 4.0$$

根据 P 与 R 的值，查图 4-20，得到 $\varphi = 0.92$，所以

$$\Delta t_m = \varphi \Delta t_{m,逆} = 0.92 \times 43.7 = 40.2℃$$

当冷却水终温提到 35℃ 时有

热流体　　$T_1 = 100℃ \longrightarrow T_2 = 40℃$

冷流体　　$t_1 = 15℃ \longrightarrow t_2' = 35℃$

逆流时有

$$\Delta t_1' = T_1 - t_2' = 100 - 35 = 65 (℃)$$

$$\Delta t_2' = T_2 - t_1 = 40 - 15 = 25 (℃)$$

$$\Delta t_{m,逆}' = \frac{65 - 25}{\ln \frac{65}{25}} = 41.9 (℃)$$

$$P' = \frac{35 - 15}{100 - 15} = 0.235, \quad R' = \frac{100 - 40}{35 - 15} = 3.0$$

查图 4-20 得到，$\varphi' = 0.86$，$\Delta t_m' = 0.86 \times 41.9 = 36.0 (℃)$

【例 4-7】 有一列管换热器由 $\phi 25mm \times 2.5mm$、长为 3m 的 60 根钢管组成。热水走管内，其进、出口温度分别为 70℃ 和 30℃；冷水走管间，其进、出口温度分别为 20℃ 和 40℃，冷水流量为 1.2kg/s。两流体作逆流流动，假设热水和冷水的平均比热容均为 $4.2kJ/(kg \cdot ℃)$，换热器的热损失可略。求总传热系数 K。

解：由总传热速率方程可知

$$K_o = \frac{Q}{A_o \Delta t_m}$$

当 $Q_{损} = 0$ 时，$Q = W_c c_{pc}(t_2 - t_1) = 1.2 \times 4.2 \times 10^3 \times (40 - 20) = 1.01 \times 10^5$（W）
传热面积 A_o。

$$A_o = n\pi d_o L = 60 \times 3.14 \times 0.025 \times 3 = 14.13 (m^2)$$

根据题意，$\Delta t_1 = (70 - 40)℃ = 30℃$，$\Delta t_2 = (30 - 20)℃ = 10℃$。所以有

$$\Delta t_m = \frac{\Delta t_1 - \Delta t_2}{\ln\dfrac{\Delta t_1}{\Delta t_2}} = \frac{30 - 10}{\ln\dfrac{30}{10}} = 18.2(℃)$$

则总传热系数 K_o

$$K_o = \frac{Q}{A_o \Delta t_m} = \frac{1.01 \times 10^5}{14.13 \times 18.2} = 393 [W/(m^2 \cdot K)]$$

4.4.4　传热面积的计算

换热器传热面积的计算是换热器选型计算或校核型计算的基本内容，仍然可以依据总传热速率方程式与热量衡算式进行。如将总传热系数视作常数，计算就非常简单。但一般情况下，总传热系数与温度及传热方向、换热面积等因素有关，计算就非常复杂，常采用分段计算法与传热效率-传热单元数法。分段计算法，理论简单，但工作量较大。

4.4.4.1　总传热系数为常数

前面的总传热速率方程式是在假设冷、热两流体的热容量流率与总传热系数沿整个换热器的换热面为常量下推导出来的。换热过程中，流体的物性随温度变化不大，此时总传热系数的变化也就很小，工程上可将换热器进出口处的总传热系数的算术平均值按常量来处理，这样换热器的传热面积可按下式进行计算。

$$A = \frac{Q}{K \Delta t_m} \tag{4-55}$$

其中 Q 的值为

$$Q = W_c c_{pc}(t_2 - t_1) = W_h c_{ph}(T_1 - T_2)$$

4.4.4.2　总传热系数线性变化

如换热器冷热两流体在换热过程中温度变化较大，同时流体的物性随之发生较大的改变，则将总传热系数视作常数来进行计算，误差将会较大。

当总传热系数随温度呈线性改变时，可用下式进行计算，结果较为准确。

$$Q = A \frac{K_1 \Delta t_2 - K_2 \Delta t_1}{\ln\dfrac{K_1 \Delta t_2}{K_2 \Delta t_1}} \tag{4-56}$$

式中，K_1、K_2 分别为换热器两端处的局部总传热系数，$W/(m^2 \cdot K)$；Δt_1、Δt_2 分别为换热器两端处两流体的温度差（端温差），$℃$。

4.4.4.3　分段积分法

当总传热系数随温度不呈线性改变时，换热器可分段计算，即将温度变化范围分为若干小段，这样每小段的温度变化就小了，在此范围内，就可将总传热系数视为常量，将换热器

分为 n 段来进行计算，然后将每段面积相加，就得到总的面积 A，则每一段的传热速率方程可以写为

$$Q_i = K_i(\Delta t_m)_i \Delta A_i$$

同时有

$$Q = \sum_{i=1}^{n} \Delta Q_i$$

$$A = \sum_{i=1}^{n} \frac{\Delta Q_i}{K_i(\Delta t_m)_i} \tag{4-57}$$

4.4.4.4 传热效率-传热单元数法

传热效率-单元数法（ε-NTU）在换热器的选型计算、操作型计算中广泛应用。例如，换热器的操作型计算通常是对于一定尺寸和结构的换热器确定流体的出口温度，但温度为未知项，如直接采用对数平均温度差法求解，就必须反复试算（试差法），工作量大，此时，采用 ε-NTU 法就较为方便。

（1）传热效率 ε 与传热单元数（NTU） 换热器的传热效率 ε 定义为

$$\varepsilon = \frac{实际传热量(Q)}{最大可能的传热量(Q_{max})} \tag{4-58}$$

假设换热器换热过程中流体无相变化，同时热损失可以忽略，则

$$Q = W_h c_{ph}(T_1 - T_2) = W_c c_{pc}(t_2 - t_1)$$

理论上，换热器中热流体能被冷却的最低温度为冷流体的进口温度 t_1，同样冷流体能被加热的最高温度为热流体的进口温度 T_1，也就是说，冷热两流体的进口温度差 $(T_1 - t_1)$ 为换热器中可能达到的最大温度差。如果某一流体经换热器的温度变化等于最大温度差 $(T_1 - t_1)$，那么该流体便可以达到最大可能的传热量 (Q_{max})。由热量衡算可知，若忽略换热器热损失，冷、热两流体交换的热量相等，所以，两流体中热容量流率 Wc_p 值较小的流体将会发生较大的温度变化，这样最大可能的传热量可用下式表示，即

$$Q_{max} = (Wc_p)_{min}(T_1 - t_1)$$

式中，下标"min"表示冷、热两流体中热容量流率较小者，该流体称为最小值流体。

当热流体的热容量流率较小时，$(Wc_p)_{min} = W_h c_{ph}$，此时传热效率 ε 用 ε_h 表示

$$\varepsilon_h = \frac{W_h c_{ph}(T_1 - T_2)}{W_h c_{ph}(T_1 - t_1)} = \frac{T_1 - T_2}{T_1 - t_1} \tag{4-59}$$

同样，若冷流体的热容量流率较小时，$(Wc_p)_{min} = W_c c_{pc}$，此时传热效率 ε 用 ε_c 表示

$$\varepsilon_c = \frac{W_c c_{pc}(t_2 - t_1)}{W_c c_{pc}(T_1 - t_1)} = \frac{t_2 - t_1}{T_1 - t_1} \tag{4-60}$$

那么

$$Q = \varepsilon Q_{max} = \varepsilon(Wc_p)_{min}(T_1 - t_1)$$

由于

$$dQ = -W_h c_{ph} dT = W_c c_{pc} dt = K(T - t)dA$$

如果冷流体为最小值流体，上式可写为

$$\frac{dt}{T - t} = \frac{K dA}{W_c c_{pc}} \tag{4-61}$$

对式(4-61) 积分，即

$$\int_{t_1}^{t_2} \frac{\mathrm{d}t}{T-t} = \int_0^A \frac{K \mathrm{d}A}{W_c c_{pc}} = \mathrm{NTU}_c \tag{4-62}$$

NTU_c 称为基于冷流体的传热单元数，就可以按以下方法计算传热面积，即

$$A = \frac{W_c c_{pc}}{K} \int_{t_1}^{t_2} \frac{\mathrm{d}t}{T-t} \tag{4-63}$$

或者用换热器总管长 L 表示

$$L = \frac{W_c c_{pc}}{n\pi dK} \int_{t_1}^{t_2} \frac{\mathrm{d}t}{T-t} \tag{4-64}$$

令 $H_c = \dfrac{W_c c_{pc}}{n\pi dK}$，则

$$L = H_c \mathrm{NTU}_c \tag{4-65}$$

式中，d 为换热管的直径，根据冷流体在换热器的哪一侧流动而定，m；n 为换热器中换热管的根数；L 为换热器中换热管的总长度，m；H_c 为基于冷流体的传热单元长度，m。

如热流体为最小值流体，同样可以根据以上方法计算出传热面积及与之相关的参数，如 d、n、L、基于热流体的传热单元数 NTU_h 及基于热流体的传热单元长度 H_h。

讨论：

① 基于 Wc_p 值较小的流体的传热单元长度，可视为最小值流体的温度变化与传热温差相等时的换热器的管长。

② 传热系数 K 愈大，即热阻愈小，传热单元长度愈小，换热时所需要的传热面积也愈小。

③ 换热器的长度（对于一定的管径）等于传热单元数和传热单元长度的乘积。一个传热单元可视为换热器的一段。

(2) ε 与 NTU 的关系　对于冷热两流体在换热器内作并流流动时

$$\Delta t_m = \frac{(T_1-t_1)-(T_2-t_2)}{\ln \dfrac{T_1-t_1}{T_2-t_2}} \quad 结合 \quad A = \frac{Q}{K\Delta t_m}，则$$

$$\frac{T_2-t_2}{T_1-t_1} = \exp\left[-KA\left(\frac{T_1-T_2}{Q}+\frac{t_2-t_1}{Q}\right)\right]$$

将上式代入 $Q = W_1 c_{p1}(T_1-T_2) = W_2 c_{p2}(t_2-t_1)$，可得

$$\frac{T_2-t_2}{T_1-t_1} = \exp\left[-\frac{KA}{W_c c_{pc}}\left(1+\frac{W_c c_{pc}}{W_h c_{ph}}\right)\right] \tag{4-66}$$

如冷流体为最小值流体，并令 $C_{\min} = W_c c_{pc}$、$C_{\max} = W_h c_{ph}$，则有

$$\mathrm{NTU}_{\min} = \frac{KA}{C_{\min}}$$

结合冷热两流体热量衡算，那么

$$\frac{T_2-t_2}{T_1-t_1} = 1-\left(1+\frac{C_{\min}}{C_{\max}}\right) \qquad \left(\frac{t_2-t_1}{T_1-t_1}\right) = 1-\varepsilon\left(1+\frac{C_{\min}}{C_{\max}}\right)$$

因此，可以求出传热效率与传热单元数二者的关系，即

$$\varepsilon = \frac{1-\exp\left[-\mathrm{NTU}_{\min}\left(1+\dfrac{C_{\min}}{C_{\max}}\right)\right]}{1+\dfrac{C_{\min}}{C_{\max}}} \tag{4-67}$$

如热流体为最小值流体，可以得到与上式相同的结果，但此时有 $C_{\min}=W_h c_{ph}$、$C_{\max}=W_c c_{pc}$。

同理，采用相同的方法与程序可以推导出冷热两流体在换热器中作逆流流动时，传热效率与传热单元数二者之间的关系为

$$\varepsilon = \frac{1-\exp\left[-\mathrm{NTU}_{\min}\left(1-\dfrac{C_{\min}}{C_{\max}}\right)\right]}{1-\dfrac{C_{\min}}{C_{\max}}\exp\left[-\mathrm{NTU}_{\min}\left(1-\dfrac{C_{\min}}{C_{\max}}\right)\right]} \tag{4-68}$$

当两流体之一有相变化时，$(Wc_p)_{\max}$ 趋于无穷大，此时，无论并流还是逆流，均有

$$\varepsilon = 1-\exp\left[-\mathrm{NTU}_{\min}\right] \tag{4-69}$$

当两流体的热容量流率相等时，并流与逆流情况下，二者的关系分别为

$$\varepsilon = \frac{1-\exp\left[-2\mathrm{NTU}\right]}{2} \tag{4-70}$$

$$\varepsilon = \frac{\mathrm{NTU}}{1+\mathrm{NTU}} \tag{4-71}$$

ε 与 NTU 的关系，也可通过查图求取，图 4-21、图 4-22、图 4-23 分别给出了单程并流与逆流换热器以及折流换热器的 ε 与 NTU 的关系。

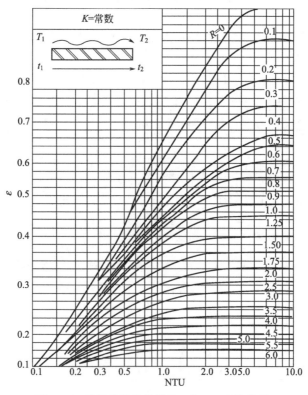

图 4-21　单程并流换热器的 ε 与 NTU 的关系

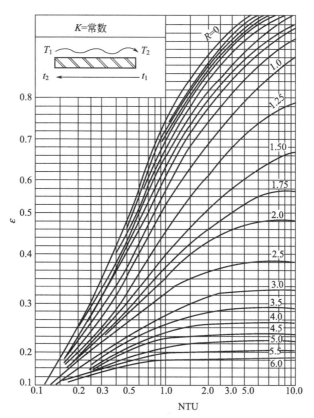

图 4-22　单程逆流换热器的 ε 与 NTU 的关系

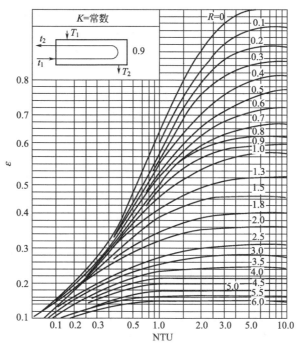

图 4-23　折流换热器的 ε 与 NTU 的关系

4.5 热辐射

任何物体，只要其热力学温度大于 0K，都会不停地以电磁波的形式向外辐射能量；同时，又不断吸收来自外界其他物体的辐射能。当物体向外界辐射的能量与其从外界吸收的辐射能不等时，该物体与外界就产生热量的传递，这种传热方式称为热辐射。

此外，辐射能可以在真空中传播，不需要任何物质作媒介，这是区别于热传导、对流的主要不同点。因此，辐射传热的规律也不同于对流传热和导热。

4.5.1 基本概念

辐射：物体通过电磁波来传递能量的过程。热辐射：物体由于热的原因以电磁波的形式向外辐射能量的过程。电磁波的波长范围极广，从理论上说，固体可同时辐射波长从 0 到 ∞ 的各种电磁波。但能被物体吸收而转变为热能的辐射能主要为可见光（$0.38 \sim 0.76\mu m$）和红外线（$0.76 \sim 100\mu m$）两部分。

与可见光的光辐射一样，当来自外界的辐射能投射到物体表面上，也会发生吸收、反射和穿透现象，服从光的反射和折射定律，在均一介质中作直线传播，在真空和大多数气体中可以完全透过，但热射线不能透过工业上常见的大多数固体和液体。

如图 4-24 所示，假设外界投射到物体表面上的总能量 Q，其中一部分进入表面后被物体吸收 Q_a，一部分被物体反射 Q_R，其余部分穿透物体 Q_d。按能量守恒定律有

$$Q = Q_a + Q_R + Q_d \text{ 或}$$

$$\frac{Q_a}{Q} + \frac{Q_R}{Q} + \frac{Q_d}{Q} = 1 \tag{4-72}$$

式中，$\dfrac{Q_a}{Q}$ 为吸收率，用 a 表示；$\dfrac{Q_R}{Q}$ 为反射率，用 R 表示；$\dfrac{Q_d}{Q}$ 为穿透率，用 d 表示。

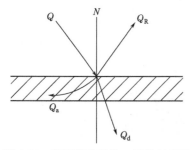

图 4-24　辐射能的吸收、反射与透过

吸收率、反射率和透过率的大小取决于物体的性质、温度、表面状况和辐射线的波长等。一般来说，表面粗糙的物体吸收率大。

对于固体和液体不允许热辐射透过，即 $d=0$；而气体对热辐射几乎无反射能力，即 $R=0$。黑体是能全部吸收辐射能的物体，即 $a=1$。黑体是一种理想化物体，实际物体只能或多或少地接近黑体，但没有绝对的黑体。如没有光泽的黑漆表面，其吸收率为 $a=0.96 \sim 0.98$。引入黑体的概念是理论研究的需要。

白体是能全部反射辐射能的物体，即 $R=1$。实际上白体也是不存在的，实际物体也只能或多或少地接近白体。如表面磨光的铜，其反射率为 $R=0.97$。

透热体是能透过全部辐射能的物体，即 $d=1$。一般来说，由单原子和对称双原子构成的气体，如 He、O_2、N_2 和 H_2 等，可视为透热体。而多原子气体和不对称的双原子气体则能有选择地吸收和辐射某些波段范围的辐射能。

灰体指能够以相同的吸收率吸收所有波长的辐射能的物体。

工业上遇到的多数物体，能部分吸收所有波长的辐射能，但吸收率相差不多，可近似视为灰体。

4.5.2　辐射能力和辐射基本定律

物体在一定温度下，单位表面积、单位时间内所辐射的全部辐射能（波长从 0 到∞），称为该物体在该温度下的辐射能力，以 E 表示，单位 W/m^2。

4.5.2.1　黑体的辐射能力

斯蒂芬-波耳兹曼（Stefan-Boltzmann）定律：黑体的辐射能力与其表面的热力学温度的四次方成正比。

$$E_b = \sigma_0 T^4 \tag{4-73}$$

式中，E_b 为黑体的辐射能力，W/m^2；σ_0 为黑体辐射常数，其值为 5.67×10^{-8} $W/(m^2 \cdot K^4)$；T 为黑体表面的热力学温度，K。

为了方便，通常将上式表示为：

$$E_b = C_0 \left(\frac{T}{100}\right)^4$$

式中，C_0 为黑体辐射系数，其值为 $5.67 W/(m^2 \cdot K^4)$。

斯蒂芬-波耳兹曼定律表明黑体的辐射能力与其表面的热力学温度的四次方成正比，也称为四次方定律。显然热辐射与对流和传导遵循完全不同的规律。斯蒂芬-波耳兹曼定律表明辐射传热对温度异常敏感，低温时热辐射往往可以忽略，而高温时则成为主要的传热方式。

4.5.2.2　实际物体的辐射能力

在工程上常需要确定实际物体的辐射能力。在同一温度下，实际物体的辐射能力（E）恒小于同温度下黑体的辐射能力（E_b）。不同物体的辐射能力也有较大的差别。引入物体的黑度 ε

$$\varepsilon = \frac{E}{E_b} \tag{4-74}$$

物体的黑度 ε 表示为实际物体的辐射能力与黑体的辐射能力之比。由于实际物体的辐射能力小于同温度下黑体的辐射能力，黑度表示实际物体接近黑体的程度，所以 $\varepsilon < 1$。

物体的黑度 ε 的影响因素：物体的种类、表面温度、表面状况（如粗糙度、表面氧化程度等）、波长。物体的黑度是物体的一种性质，只与物体本身的情况有关，与外界因素无关，其值可用实验测定。

某些工业材料的黑度 ε 值见表 4-4。从表中可看出，不同的材料黑度 ε 值差异较大。氧化表面的材料比磨光表面的材料 ε 值大，说明其辐射能力也大。

表 4-4　某些工业材料的黑度

材料	温度/℃	黑度	材料	温度/℃	黑度
红砖	20	0.93	铝（磨光的）	225～573	0.039～0.057
耐火砖	—	0.8～0.9	铜（氧化的）	200～600	0.57～0.87
钢板（氧化的）	200～600	0.8	铜（磨光的）	—	0.03
钢板（磨光的）	940～1100	0.55～0.61	铸铁（氧化的）	200～600	0.64～0.78
铝（氧化的）	200～600	0.11～0.19	铸铁（磨光的）	300～910	0.6～0.7

为了简化工程计算，引入灰体的概念。由于多数工程材料对波长 $0.76～20\mu m$ 范围内辐射能的吸收率随波长变化不大，可把这些物体视为灰体。

灰体的辐射能力为

$$E = \varepsilon E_b = \varepsilon C_0 \left(\frac{T}{100}\right)^4 = C \left(\frac{T}{100}\right)^4 \tag{4-75}$$

式中，C 为灰体的辐射系数，$W/(m^2 \cdot K^4)$。C 值一般在 $0 \sim 5.67$ 范围内变化，与物质性质、温度、表面情况等有关。C 总小于同温度下的 C_0。

4.5.2.3 克希霍夫定律

克希霍夫定律表明了物体的辐射能力和吸收率之间的关系。

如图 4-25 所示，设有两块很大，且相距很近的平行平板，两板间为透热体，一板为黑体，一板为透过率为 0 的灰体。现以单位表面积、单位时间为基准，讨论两物体间的热量平

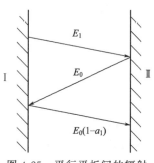

图 4-25 平行平板间的辐射

衡。设灰体的吸收率、辐射能力及表面的热力学温度为 a_1、E_1、T_1；黑体的吸收率、辐射能力及表面的热力学温度为 a_0、E_0、T_0；且 $T_1 > T_0$。

灰体 I 所辐射的能量 E_1 投射到黑体 II 上被全部吸收；

黑体 II 所辐射的能量 E_b 投射到灰体 I 上只能被部分吸收，即 $a_1 E_b$ 的能量被吸收，其余部分 $(1-a_1) E_b$ 被反射回黑体后被黑体 II 吸收。

因此，两平板间热交换的结果，以灰体 I 为例，辐射的能量为 E_1，吸收的能量为 $a_1 E_b$。当两平壁间的热交换达到平衡时，温度相等 $T_1 = T_0$，且灰体 I 所辐射的能量与其吸收的能量必然相等，即 $E_1 = a_1 E_b$。把这一结论推广到任一平壁，即

$$\frac{E}{a} = \frac{E_1}{a_1} = E_b \tag{4-76}$$

上式称为克希霍夫定律，此定律说明任何物体的辐射能力与其吸收率的比值恒为常数，且等于同温度下黑体的辐射能力，故其数值与物体的温度有关。与前面的公式相比较，得

$$\frac{E}{E_b} = a = \varepsilon \tag{4-77}$$

上式说明在同一温度下，物体的吸收率与其黑度在数值上相等。这样实际物体难以确定的吸收率可用其黑度的数值表示。

前面提到，多数工程材料可视为灰体。对于灰体，在一定温度范围内，其黑度为一定值，所以灰体的吸收率在此温度范围内也为一定值。

以上介绍了关于热辐射的两个定律，下面讨论工业上常遇到的辐射传热。

4.5.3 两固体间的相互辐射

工业上常遇到两固体间的相互辐射传热，一般可视为灰体间的热辐射。

两灰体间由于热辐射而进行热交换时，从一个物体辐射出来的能量只能部分到达另一物体，而达到另一物体的这部分能量由于还有反射出的一部分能量，从而不能被另一物体全部吸收。同理，从另一物体反射回来的能量，也只有一部分回到原物体，而反射回的这部分能量又部分地反射和部分地吸收，这种过程被反复进行，直到继续被吸收和反射的能量变得微不足道。

两固体间的辐射传热总的结果是热量从高温物体传向低温物体。它们之间的辐射传热计算非常复杂，与两固体的吸收率、反射率、形状及大小有关，还与两固体间的距离和相对位置有关。

工业上常遇到两种情况的固体之间的相互辐射：一是两平行物面之间的辐射；二是一物体被另一物体包围时的辐射。

假设从板 1 辐射出的能量 E_1，被板 2 吸收了 $a_2 E_1$，其余部分 $R_2 E_1$ 被反射到板 1。这部分辐射能又被板 1 吸收 $a_1 R_2 E_1$ 和反射 $R_1 R_2 E_1$，如此无穷往返进行，直到 E_1 被完全吸收为止。从板 2 辐射出的能量 E_2，也同样经历反复吸收和反射的过程，如图 4-26 所示。两平行板间单位时间内、单位面积上净的辐射传热量即为两板间的总能量之差，即

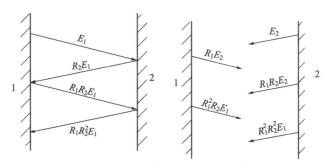

图 4-26 平行灰体平板间的辐射

$$q_{1-2} = E_1(1 + R_1 R_2 + R_1^2 R_2^2 + \cdots) + R E_2(1 + R_1 R_2 + R_1^2 R_2^2 + \cdots)$$

式中，q_{1-2} 为由板 1 向板 2 传递的净辐射热通量，W/m^2。

上式中 $(1 + R_1 R_2 + R_1^2 R_2^2 + \cdots) = \dfrac{1}{1 - R_1 R_2}$，所以

$$q_{1-2} = \frac{E_1 + R E_2}{1 - R_1 R_2} \tag{4-78}$$

结合前面所述定律、定义，并代入上式，得到

$$q_{1-2} = \frac{E_1 - E_2}{\dfrac{1}{\varepsilon_1} + \dfrac{1}{\varepsilon_2} - 1} = \frac{C_0}{\dfrac{1}{\varepsilon_1} + \dfrac{1}{\varepsilon_2} - 1} \left[\left(\frac{T_1}{100} \right)^4 - \left(\frac{T_2}{100} \right)^4 \right] \tag{4-79}$$

如平行板的面积均为 A 时，则，两固体之间的辐射传热可用下式表示

$$Q_{1-2} = C_{1-2} \left[\left(\frac{T_1}{100} \right)^4 - \left(\frac{T_2}{100} \right)^4 \right] \tag{4-80}$$

式中，C_{1-2} 称为总辐射系数，对两块很大的平行板，则

$$C_{1-2} = \frac{C_0}{\dfrac{1}{\varepsilon_1} + \dfrac{1}{\varepsilon_2} - 1} = \frac{1}{\dfrac{1}{C_1} + \dfrac{1}{C_2} - \dfrac{1}{C_0}} \tag{4-81}$$

当两壁面的大小与其距离相比不够大时，一个壁面所辐射出的能量，可能只有一部分能达到另一壁面，为此，需引入几何因素（角系数 φ）进行修正，则

$$Q_{1-2} = C_{1-2} \varphi A \left[\left(\frac{T_1}{100} \right)^4 - \left(\frac{T_2}{100} \right)^4 \right] \tag{4-82}$$

式中 Q_{1-2}——净的辐射传热速率，W；

       C_{1-2}——总辐射系数，$W/(m^2 \cdot K^4)$；

       φ——几何因子或角系数（总能量被拦截分数）；

       A——辐射面积，m^2；

   T_1、T_2——高温物体、低温物体表面的热力学温度，K。

其中总辐射系数 C_{1-2} 和角系数 φ 的数值与物体黑度、形状、大小、距离及相互位置有关，在某些具体情况下其数值见表 4-5。

表 4-5 角系数与总辐射系数的计算式

序号	辐射情况	面积 A	角系数 φ	总辐射系数 C_{1-2}
1	极大的两平行面	A_1 或 A_2	1	$\dfrac{C_0}{\dfrac{1}{\varepsilon_1}+\dfrac{1}{\varepsilon_2}-1}$
2	面积有限的两相等平行面	A_1	<1	$\varepsilon_1\varepsilon_2C_0$
3	很大的物体 2 包住物体 1	A_1	1	ε_1C_0
4	物体 2 恰好包住物体 1 $A_2\approx A_1$	A_1	1	$\dfrac{C_0}{\dfrac{1}{\varepsilon_1}+\dfrac{1}{\varepsilon_2}-1}$
5	在 3、4 两种情况之间	A_1	1	$\dfrac{C_0}{\dfrac{1}{\varepsilon_1}+\dfrac{A_1}{A_2}\left(\dfrac{1}{\varepsilon_2}-1\right)}$

【例 4-8】 车间内有一高和宽各为 3m 的铸铁炉门，其温度为 227℃，室内温度为 27℃。为了减少热损失，在炉门前 50mm 处设置一块尺寸和炉门相同的而黑度为 0.11 的铝板，试求放置铝板前、后因辐射而损失的热量。

解：（1）放置铝板前因辐射损失的热量

$$Q_{1-2}=C_{1-2}\varphi A\left[\left(\frac{T_1}{100}\right)^4-\left(\frac{T_2}{100}\right)^4\right]$$

取铸铁的黑度 ε_1 为 0.78

$$A=A_1=3\times3=9(\text{m}^2)$$
$$C_{1-2}=C_0\varepsilon_1=5.67\times0.78=4.423[\text{W}/(\text{m}^2\cdot\text{K}^4)]$$

本题中 $\varphi=1$，则

$$Q_{1-2}=4.423\times1\times9\times\left[\left(\frac{227+273}{100}\right)^4-\left(\frac{27+273}{100}\right)^4\right]$$
$$=2.166\times10^4(\text{W})$$

（2）放置铝板后因辐射损失的热量

用下标 1、2 和 i 分别表示炉门、房间和铝板。假定铝板的温度为 T_i，则铝板向房间辐射的热量

$$Q_{i-2}=C_{i-2}\varphi A\left[\left(\frac{T_i}{100}\right)^4-\left(\frac{T_2}{100}\right)^4\right]$$

式中，$A=A_i=3\times3=9(\text{m}^2)$，$C_{i-2}=C_0\varepsilon_i=5.67\times0.11=0.624[\text{W}/(\text{m}^2\cdot\text{K}^4)]$，$\varphi=1$，则

$$Q_{i-2}=0.624\times9\times\left[\left(\frac{T_i}{100}\right)^4-81\right]$$

炉门对铝板的辐射传热可视为两无限大平板之间的传热，故放置铝板后因辐射损失的热量

$$Q_{1-i}=C_{1-i}\varphi A\left[\left(\frac{T_1}{100}\right)^4-\left(\frac{T_i}{100}\right)^4\right]$$

式中，$A=A_1=9\text{m}^2$，$\varphi=1$，则

$$C_{1-i}=\frac{C_0}{\dfrac{1}{\varepsilon_1}+\dfrac{1}{\varepsilon_i}-1}=\frac{5.67}{\dfrac{1}{0.78}+\dfrac{1}{0.11}-1}=0.605[\text{W}/(\text{m}^2\cdot\text{K}^4)]$$

$$Q_{1-i}=0.605\times9\times\left[625-\left(\frac{T_i}{100}\right)^4\right]$$

当传热达到稳定时，$Q_{1-i} = Q_{i-2}$，解得 $T_i = 432\text{K}$，则

$$Q_{1-i} = 0.605 \times 9 \times \left[625 - \left(\frac{T_i}{100} \right)^4 \right] = 1507(\text{W})$$

放置铝板后因辐射的热损失减少百分率为

$$\frac{Q_{1-2} - Q_{1-i}}{Q_{1-2}} \times 100\% = \frac{21660 - 1507}{21660} \times 100\% = 93\%$$

从例 4-8，可以看出设置隔热挡板是减少辐射散热的有效方法，而且挡板材料的黑度愈低，挡板的层数愈多，则热损失愈少。

4.6　换热器

换热器是化工、石油、食品及其他许多工业部门的通用设备，在生产中占有重要地位。由于生产规模、物料的性质、传热的要求等各不相同，故换热器的类型也是多种多样。

按具体应用场合或用途，换热器可分为加热器、冷却器、冷凝器、蒸发器和再沸器等，根据冷、热流体热量交换的原理和方式可分为三大类，即混合式、蓄热式与间壁式换热器。

混合式换热器是依靠冷、热流体直接接触而进行传热的，这种传热方式避免了传热间壁及其两侧的污垢热阻，只要流体间的接触情况良好，就有较大的传热速率。故凡允许流体相互混合的场合，都可以采用混合式热交换器，例如气体的洗涤与冷却、循环水的冷却、气-水之间的混合加热、蒸气的冷凝等。它的应用遍及化工和冶金企业、动力工程、空气调节工程以及其他许多生产部门中。

混合式换热器有其致命的缺点，就是冷、热两流体的混合造成相互污染，影响了其广泛应用。下面重点介绍蓄热式与间壁式换热器。

4.6.1　蓄热式换热器

蓄热式换热器，是一种应用历史比较久远的换热装置，是按照大类划分的换热器的一种形式，具有能够在高温条件下运行的优点。在超过 1300℃ 的高温下，蓄热式换热器往往是唯一可以选择的换热器类型，其优势还在于能够使用各种形状和类型的材料。但是，蓄热式换热器在中低温条件的使用范围较小。

蓄热式换热器通过多孔填料或基质的短暂能量储存，将热量从一种流体传递到另外一种流体。首先，在习惯上称为加热周期的时间内，热流体流过蓄热式换热器中的填料，热量从流体传递到填料，填料温度升高，流体温度随之降低。在这个周期结束时，流动方向进行切换，冷流体流经蓄热体。在冷却周期，冷流体从蓄热填料吸收热量，被加热，而使填料温度降低。因此，对于常规的流向变换，蓄热体内的填料交替性地与冷热流体进行换热，蓄热体内以及流体在任意位置的温度都不断随时间波动。启动后，经过数个切换周期，蓄热式换热器进入稳定运行时状态，蓄热体内某一位置随时间的波动在相继的周期内都是相同的。从运行的特性上很容易区分蓄热式换热器和回热式换热器：回热式换热器中两种流体的换热是通过各个位置的固定边界进行的，在稳定运行时换热器的内部温度只与位置有关；而在蓄热式换热器中热量的传递都是动态的，同时依赖于位置和时间

蓄热式换热器的两种主要类型是固定床型和旋转型。固定床型蓄热式换热器，通常需要两个床体维持连续的热量传递，因此在任意时刻总是一个床体运行在加热周期，而另一床体

运行在冷却周期。蓄热式换热器内的流向变换是通过切换阀实现的。在旋转型蓄热式换热器中，通常冷热两种流体连续地流经蓄热体，所流经的圆柱形填料蓄热体沿着与流体的流向平行的轴从一侧转动到另一侧。另外一种旋转型蓄热式换热器的设计中，冷热流体进行旋转切换，而填料蓄热体则固定不动。旋转型蓄热式换热器在实际的连续性换热中，不再需要两个蓄热室，也不再需要切换阀。进一步研究可以发现，旋转型蓄热式换热器的圆柱形填料蓄热体沿着流动方向被分成多个平行的部分。由于旋转型蓄热式换热器每个部分在连续性的换热中的作用和固定床型蓄热式换热器中的单个床体的作用是相同的，因此，虽然有切换方式上的差异，但二者的基本原理是类似的。

蓄热式换热器在很多工业过程中都有应用，燃烧中空气的预热就是一个典型的应用领域。其可以利用燃烧排气中的热能，用于换热未燃气，从而达到燃烧低品位燃料、提高燃烧过程的热效率、实现更高的燃烧反应温度等目的。按照这种方式，蓄热式换热器可以用于金属还原和热处理过程，以及玻璃窑炉装置、发电厂的锅炉、高温空气燃烧装置和燃气轮机装置。早期固定床型蓄热式换热器应用最为广泛的领域是钢铁制造工业中的热风炉，以及电厂中的回转式空气预热器。

间壁式换热器应用最多，下面重点讨论此类换热器的类型、计算等。

4.6.2　间壁式换热器

4.6.2.1　夹套式换热器

夹套式换热器是在容器外壁安装夹套制成，结构简单，见图 4-27。但其加热面受容器壁面限制，传热系数也不高。为提高传热系数且使釜内液体受热均匀，可在釜内安装搅拌器。当夹套中通入冷却水或无相变的加热剂时，亦可在夹套中设置螺旋隔板或其他增加湍动的措施，以提高夹套一侧的对流传热系数。为补充传热面的不足，也可在釜内部安装蛇管。夹套式换热器广泛用于反应过程的加热和冷却。

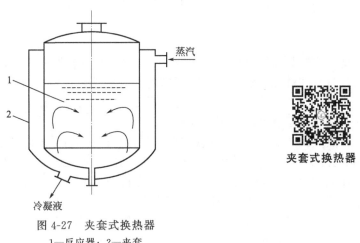

图 4-27　夹套式换热器
1—反应器；2—夹套

夹套装在容器的外部，夹套与容器之间形成的密封空间为加热或冷却介质的通道。夹套通常用钢和铸铁制成，可焊接在器壁上或者用螺钉固定在容器的法兰上。夹套式换热器主要用于加热或冷却。当用蒸汽进行加热时，蒸汽由上部接管进入夹套，冷凝水则由下部接管排出。

夹套式换热器常配合小规模生产，使用较为方便，但传热系数较小，传热面积又受容器限制，因此，适用于传热量不太大的场合。

4.6.2.2　蛇管式换热器

蛇管式换热器是由金属或非金属管子，按需要弯曲成所需的形状，如圆形、螺旋形和长的蛇形管。它是最早出现的一种换热设备，具有结构简单和操作方便等优点。按使用状态不同，蛇管式换热器又可分为沉浸式蛇管和喷淋式蛇管两种。

（1）沉浸式蛇管换热器　使用时，沉浸在盛有被加热或被冷却介质的容器中，两种流体分别在管内、外进行换热。它的特点是结构简单、造价低廉、操作敏感性较小、管子可承受较大的流体介质压力。但是，由于管外流体的流速很小，因而传热系数小、传热效率低、需要的传热面积大、设备显得笨重。沉浸式蛇管换热器常用于高压流体的冷却，以及反应器的传热元件。

（2）喷淋式蛇管换热器　将蛇管成排地固定在钢架上，被冷却的流体在管内流动，冷却水由管排上方的喷淋装置均匀淋下。与沉浸式相比较，喷淋式蛇管换热器主要优点是管外流体的传热系数大，且便于检修和清洗。其缺点是体积庞大、冷却水用量较大、有时喷淋效果不够理想。

4.6.2.3　套管式换热器

套管式换热器是目前石油化工生产上应用最广的一种换热器。它主要由壳体（包括内壳和外壳）、U 形肘管、填料函等组成。所需管材可分别采用普通碳钢、铸铁、铜、钛、陶瓷玻璃等制作。管子一般被固定在支架上。两种不同介质可在管内逆向流动（或同向）以达到换热的目的。在进行逆向换热时，热流体由上部进入，而冷流体由下部进入，热量通过内管管壁由一种流体传递给另一种流体。热流体由进入端到出口端流过的距离称之为管程；冷流体由壳体的接管进入，从壳体上的一端引入到另一端流出，流过的距离称为壳程。

套管式换热器广泛用于超高压生产过程中，可用于流量不大，所需传热面积不多的场合。

由于套管式换热器被广泛应用在石油化工、制冷等工业部门，原本单一的传热方式和传热效率已经不能满足实际工作和生产，目前国内外研究者对套管式换热器提出了很多种改进方案，以延长套管式换热器的使用寿命，加强其使用效率。

4.6.2.4　列管式换热器

列管式换热器又称为管壳式换热器，是最典型的间壁式换热器，历史悠久，占据主导地位。主要由壳体、管束、管板、折流挡板和封头等组成。管束的壁面即为传热面。

列管式换热器工作时，一种流体由封头的进口管进入器内，流经封头与管板的空间分配至各管内（称为管程，该流体称为管程流体），通过管束后，从另一端封头的出口流出换热器。另一种流体则由壳体的接管流入，在壳体与管束间的空隙流过（称为壳程，该流体称为壳程流体），从壳体的另一端接管流出。壳体内往往安装若干块与管束相垂直的折流挡板，见图 4-28。

流体在管束内只通过一次，称为单程列管式换热器。若在换热器封头内设置隔板，将管束的全部管子平均分隔成若干组，流体每次只通过一组管子，然后折回进入另一组管子，如此往复多次，最后从封头接管流出换热器，这种换热器称为多管程列管式换热器。

该类型换热器，单位体积设备所能提供的传热面积大，传热效果好，结构坚固，可选用的结构材料范围宽广，操作弹性大，大型装置中普遍采用。为提高壳程流体流速，往往在壳体内安装一定数目与管束相互垂直的折流挡板。折流挡板不仅可防止流体短路、增加流体流速，还迫使流体按规定路径多次错流通过管束，使湍动程度大为增加。

常用的折流挡板有圆缺形和圆盘形两种，前者更为常用。

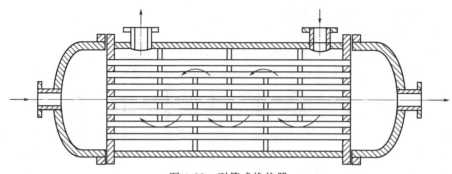

图 4-28　列管式换热器

　　壳体内装有管束，管束两端固定在管板上。由于冷热流体温度不同，壳体和管束受热不同，其膨胀程度也不同，如两者温差较大，管子会扭弯，从管板上脱落，甚至毁坏换热器。所以，列管式换热器必须从结构上考虑热膨胀的影响，采取各种补偿的办法，消除或减小热应力。

　　根据所采取的温差补偿措施，列管式换热器可分为以下几种形式。

　　(1) 固定管板式　壳体与传热管壁温度之差大于 50 ℃，加补偿圈，也称膨胀节，当壳体和管束之间有温差时，依靠补偿圈的弹性变形来适应它们之间的不同的热膨胀，见图 4-29。

　　特点：结构简单，成本低；壳程检修和清洗困难，壳程必须是清洁、不易产生垢层和腐蚀的介质。

**固定管板式
换热器**

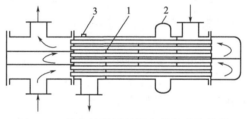

图 4-29　具有补偿圈的固定管板式换热器
1—挡板；2—补偿圈；3—放气嘴

具有补偿圈的换热器

　　(2) 浮头式　浮头式换热器，两端管板中只有一端与壳体固定，另一端可相对壳体自由移动，称为浮头。浮头由浮动管板、钩圈和浮头端盖组成，是可拆连接件，管束可从壳体内抽出，见图 4-30。管束与壳体的热变形互不约束，因而不会产生热应力。其优点是管间与管内清洗方便，不会产生热应力。但其结构复杂，造价比固定管板式换热器高，设备笨重，材料消耗量大；且浮头端小盖在操作中无法检查，制造时对密封要求较高。适用于壳体和管束之间壁温差较大或壳程介质易结垢的场合。

　　浮头式换热器具有高度的可靠性和广泛的适应性，在长期使用过程中人们积累了丰富的经验，不断促进其发展。故迄今为止，浮头式换热器在各种换热器中仍占主导地位。随着经济的发展，各种不同形式和种类的换热器发展很快，新结构、新材料的换热器不断涌现。

　　(3) U 形管式　在同样直径情况下，U 形管式换热器的换热面积最大。它结构简单、紧凑、密封性能高、检修、清洗方便、在高温、高压下金属耗量最小、造价最低。U 形管换热器只有一块管板，热补偿性能好、承压能力较强，适用于高温、高压工况下操作。

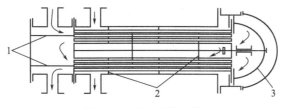

图 4-30　浮头式换热器

1—管程隔板；2—壳程隔板；3—浮头

U 形管式换热器的主要结构包括管箱、筒体、封头、换热管、接管、折流板、防冲板和导流筒、防短路结构、支座及管壳程的其他附件等，见图 4-31。

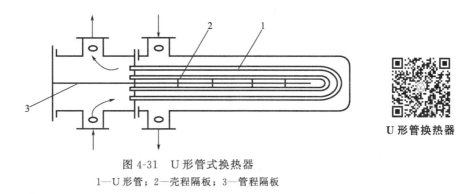

图 4-31　U 形管式换热器

1—U 形管；2—壳程隔板；3—管程隔板

U 形管式换热器的换热管有普通换热管与高效换热管两种。

普通换热管通常采用较高级冷拔换热管和普通级冷拔换热管，前者适用于无相变的传热和易振动场合，后者适用于重沸、冷凝传热和无振动的一般场合。管子的材料来源很广，有碳钢、不锈钢、铝、铜、黄铜及其合金、铜镍合金、镍铬合金、石墨、玻璃等及其他特殊材料。换热管除采用单一材料制造外，为满足生产要求，也常采用复合管。

高效换热管是为了同时扩大管内、外的有效传热面积或强化传热，最大程度地提高管程的传热系数，将换热管的内外表面轧制成各种不同的表面形状，或在管内插入扰流元件，使管内、外流体同时产生湍流，提高换热管的性能，现已开发出多种高效换热管。根据换热管形状和强化传热机理，可划分为表面粗糙管、翅片管、自支撑管、内插件管等类型。多数高效换热管在管内和管外同时都具有强化传热作用。根据不同工况，采用高效换热管与新型管束支撑物的不同组合，可达到比较理想的传热效果。

由于受弯管曲率半径的限制，U 形管式换热器的换热管排布较少，管束最内层管间距较大，管板的利用率较低，壳程流体易形成短路，对传热不利。当管子泄漏损坏时，只有管束外围处的 U 形管才便于更换，内层换热管坏了不能更换，只能堵死，而且坏一根 U 形管相当于坏两根管，报废率较高。

4.6.2.5　板式换热器

板式换热器是由一系列具有一定波纹形状的金属片叠装而成的一种高效换热器。各种板片之间形成薄矩形通道，通过板片进行热量交换。板式换热器是液-液、液-气进行热交换的理想设备。它具有换热效率高、热损失小、结构紧凑轻巧、占地面积小、应用广泛、使用寿命长等特点。在相同压力损失情况下，其传热系数比管式换热器高 3～5 倍，占地面积为管式换热器的三分之一，热回收率可高达 90% 以上。

板式换热器的形式主要有框架式（可拆卸式）和钎焊式两大类，板片形式主要有人字形波纹板、水平平直波纹板和瘤形板片三种。

（1）夹套式换热器　夹套式换热器是最简单的板式换热器，它是在容器外壁安装夹套制成，夹套与容器之间形成的空间为加热介质或冷却介质的通路。这种换热器主要用于反应过程的加热或冷却。在用蒸汽进行加热时，蒸汽由上部接管进入夹套，冷凝水由下部接管流出。作为冷却器时，冷却介质（如冷却水）由夹套下部接管进入，由上部接管流出。

夹套式换热器结构简单，但其加热面积受容器大小的限制，且传热系数也不高。为提高传热系数，可在器内安装搅拌器；为补充传热面的不足，也可在器内安装蛇管。

（2）螺旋板式换热器　螺旋板式换热器是由两张间隔一定的平行薄金属板卷制而成，在其内部形成两个同心的螺旋形通道。换热器中央设有隔板，将螺旋形通道隔开，两板之间焊有定距柱以维持通道间距。在螺旋板两侧焊有盖板。冷热流体分别通过两条通道，在器内逆流流动，通过薄板进行换热，见图 4-32。

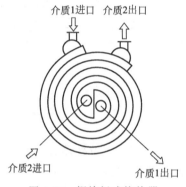

图 4-32　螺旋板式换热器

螺旋板式换热器的优点主要表现在以下几方面。

① 传热系数高　螺旋流道中的流体由于惯性作用和定距柱的干扰，在较低的雷诺数（一般 $Re=1400\sim1800$ 或更低些）下即达到湍流，并且允许选用较高的流速（对液体为 2m/s，气体为 20m/s），故传热系数较高。如水对水的换热，其传热系数可达 $2000\sim3000W/(m^2\cdot K)$，而列管式换热器一般为 $1000\sim2000W/(m^2\cdot K)$。

② 不易结垢和堵塞　由于流体的速度较高，又有惯性作用，流体中悬浮的颗粒被抛向螺旋形通道的外缘而受到流体本身的冲刷，故螺旋板换热器不易结垢和堵塞，适合处理悬浮液及黏度较大的介质。

③ 能利用温度较低的热源　由于流体流动的流道较长和两流体可进行完全逆流，故可在较小的温差下操作，能充分利用温度较低的热源。

④ 结构紧凑　单位体积的传热面积为列管式的 3 倍，可节约金属材料。

螺旋板换热器的主要缺点是操作压强和温度不宜太高，目前最高操作压强不超过 2MPa，温度不超过 $300\sim400℃$；同时不易检修，因整个换热器被焊成一体，一旦损坏，修理很困难。

（3）翅片式换热器

① 翅片管换热器　如图 4-33 所示，翅片管换热器是在管的表面加装翅片制成，翅片与管表面的连接应紧密无间，否则连接处的接触热阻很大，影响传热效果。常用的连接方法有

热套、镶嵌、张力缠绕和焊接等方法。此外，翅片管也可采用整体轧制、整体铸造或机械加工等方法制造。

当两种流体的对流传热系数相差较大时，在传热系数较小的一侧加翅片可以强化传热。

例如用水蒸气加热空气，该过程的主要热阻是空气侧对流传热热阻。在空气侧加装翅片，可以起到强化换热器传热的效果。当然，加装翅片会使设备费提高，但一般，当两种流体的对流传热系数之比超过 3：1，采用翅片管换热器经济上是合算的。近年来

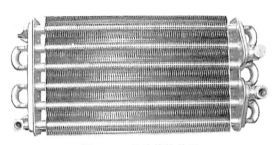

图 4-33　翅片管换热器

用翅片管制成的空气冷却器（简称空冷器）在化工生产中应用很广。用空冷代替水冷，不仅在缺水地区适用，而且在水源充足的地方，采用空冷也可取得较大的经济效益。

② 板翅式换热器　板翅式换热器是一种更为高效、紧凑、轻巧的换热器，过去由于制造成本较高，仅用于航天、电子、原子能等少数部门，现在已逐渐用于石油化工及其他工业部门，取得了良好效果。

板翅式换热器的结构形式很多，但是基本结构元件相同，即在两块平行的薄金属板之间，加入波纹状或其他形状的金属翅片，将两侧面封死，即成为一个换热基本元件。将各基本元件进行不同的叠积和适当的排列，并用钎焊固定，即可制成并流、逆流或错流的板束（或称芯部），然后再将带有流体进出口接管的集流箱焊在板束上，即成为板翅式换热器，见图 4-34。

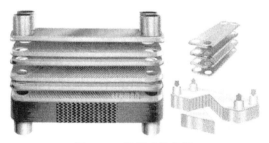

图 4-34　板翅式换热器

板翅式换热器的优点是结构高度紧密、轻巧，单位体积设备所提供的传热面一般能达到 $2500m^2/m^3$，最高可达 $4300m^2/m^3$。通常用铝合金制造，故重量轻，在相同的传热面下，其重量约为列管式的十分之一。由于翅片促进了流体的湍动并破坏了热边界层的发展，故其传热系数较高；另外铝合金不仅热导率高，而且在 0℃ 以下操作时，其延性和抗拉强度都很高，适用于低温和超低温的场合，故操作范围广，可在 0～473K 范围内使用。同时因翅片对隔板有支撑作用，板翅式换热器允许的操作压强也比较高，可达 5MP。

这种换热器的缺点是设备流道很小，易堵塞，且清洗和检修困难，故所处理的物料应较洁净或预先净制；另外由于隔板的翅片均由薄铝板制成，故要求介质对铝不腐蚀。

4.6.2.6　热管

热管是 20 世纪 60 年代中期发展起来的一种新型传热元件。它是由一根抽除不凝性气体的密封金属管内充以一定量的某种工作液体而制成。工作液体在热端吸收热量而沸腾汽化，产生的蒸汽流至冷端冷凝放出潜热，冷凝液回流至热端，再次沸腾汽化。如此反复循环，热

量不断从热端传至冷端。冷凝液的回流可以通过不同的方法（如毛细管作用、重力、离心力）来实现，目前应用最广的方法是将具有毛细结构的吸液芯装在管的内壁，利用毛细管的作用使冷凝液由冷端回流至热端。采用不同的工作液体（氨、水、汞等），热管可以在很宽的温度范围内使用。

热管的传热特点是热管中的热量传递通过沸腾汽化、蒸气流动和蒸气冷凝三步进行，由于沸腾和冷凝的对流传热强度都很大，两端管表面比管截面大很多，而蒸气流动阻力损失又较小，因此热管两端温差可以很小，即能在很小的温差下传递很大的热流量。与截面相同的金属壁面的导热能力比较，热管的导热能力可达最良好的金属导热体的 $10^3 \sim 10^4$ 倍。因此它特别适用于低温差传热以及某些等温性要求较高的场合。

热管的这种传热特性为器（或室）内外的传热强化提供了极有利的手段。例如器两侧均为气体的情况，通过器壁装热管，增加热管两端的长度，并在管外装翅片，就可以大大加速器内外的传热。此外，热管还具有结构简单，使用寿命长，工作可靠，应用范围广等优点。

热管最初主要应用于航天和电子工业部门，近年来在很多领域都受到了广泛的重视，尤其在工业余热的利用上取得了很好的效果。

4.6.3 列管式换热器的设计和选用

4.6.3.1 选用步骤

① 根据工艺任务，计算热负荷。

② 计算平均温度差。先按单壳程多管程计算，如果校正系数 $\varphi < 0.8$，应增加壳程数。

③ 依据经验选取总传热系数，估算传热面积。

④ 确定冷热流体流经管程或壳程，选定流体流速。由流速和流量估算单管程的管子根数，由管子根数和估算的传热面积，估算管子长度，再由系列标准选适当型号的换热器。

⑤ 核算总传热系数。分别计算管程和壳程的对流传热系数，确定垢阻，求出总传热系数，并与估算的总传热系数进行比较。如果相差较多，应重新估算。

⑥ 计算传热面积。根据计算的总传热系数和平均温度差，计算传热面积。与选定的换热器传热面积相比，应有 10%～25% 的裕量。

4.6.3.2 选用换热器中的有关问题

（1）流体流经管程或壳程的选择原则　总的原则要求传热效果好、结构简单、清洗方便。具体如下：

① 不洁净或易结垢的液体宜在管程，因管内清洗方便。

② 腐蚀性流体宜在管程，以免管束和壳体同时受到腐蚀。

③ 压力高的流体宜在管内，以免壳体承受压力。

④ 饱和蒸汽宜走壳程。饱和蒸汽比较清洁，而且冷凝液容易排出。

⑤ 流量小而黏度大的流体一般以壳程为宜。

⑥ 需要被冷却物料一般选壳程，便于散热。

（2）流体的流速　流体在管程或壳程中的流速，不仅直接影响表面传热系数，而且影响污垢热阻，从而影响传热系数的大小。特别对于含有泥沙等较易沉积颗粒的流体，流速过低甚至可能导致管路堵塞，严重影响到设备的使用；但流速增大，又将使流体阻力增大。因此选择适宜的流速是十分重要的。根据经验，表 4-6 列出了一些工业上常用的流速范围，表 4-7 为考虑了流体黏度的影响因素情况下，适宜的流速范围。

表 4-6　列管换热器内常用的流速范围

流体种类	流速/(m/s)	
	管程	壳程
一般液体	0.5～0.3	0.2～1.5
宜结垢液体	>1	>0.5
气体	5～30	3～15

表 4-7　黏度与流速（在钢管中）

液体黏度/mPa·s	最大流速/(m/s)	液体黏度/mPa·s	最大流速/(m/s)
>1500	0.6	100～53	1.5
1000～500	0.75	35～1	1.8
500～100	1.1	>1	2.4

（3）流动方式的选择　除逆流和并流之外，在列管式换热器中冷、热流体还可以做各种多管程多壳程的复杂流动。当流量一定时，管程或壳程越多，对流传热系数越大，对传热过程越有利。但是，采用多管程或多壳程必导致流体阻力损失，即输送流体的动力费用增加。因此，在决定换热器的程数时，需权衡传热和流体输送两方面的损失。当采用多管程或多壳程时，列管式换热器内的流动形式复杂，应对对数平均温差加以修正。

（4）换热管的规格与排列　工业生产中，常用于制作换热器的管材的规格主要有两种，即 $\phi 19\text{mm} \times 2\text{mm}$ 和 $\phi 25\text{mm} \times 2.5\text{mm}$。换热管管长有 1.5m、2.0m、3.0m、6.0m。管子在换热器中的排列方式常用的有三种，即正三角形排列、正方形排列和错列排列，见图 4-14。

（5）折流挡板　安装折流挡板的目的是为提高壳程对流传热系数，为取得良好的效果，挡板的形状和间距必须适当。

对圆缺形挡板而言，弓形缺口的大小对壳程流体的流动情况有重要影响。弓形缺口太大或太小都会产生"死区"，既不利于传热，又往往增加流体阻力。挡板的间距对壳体的流动亦有重要的影响。间距太大，不能保证流体垂直流过管束，使管外表面传热系数下降；间距太小，不便于制造和检修，阻力损失亦大。一般取挡板间距为壳体内径的 0.2～1.0 倍。

（6）换热器进、出口管设计　换热器管、壳两侧流体的进、出口管若设计不当，会对传热和流动阻力带来不利影响。

① 管程进、出口管设计　换热器平卧时水平布置的进、出口管不利于管程流体的均匀分布；换热器竖立时，进、出口管布置在换热器底部和顶部使流体向上流动，则流体分布较均匀。进、出口管的直径按所采用的管程流体流速来确定。一般流速在符合表 4-6 与表 4-7 要求下，同时考虑流体密度的影响，使 $\rho u^2 < 3300\text{Pa}$。

② 壳程进、出口管设计　壳程接管设计的优劣对管束寿命影响较大，壳程流体在入口处横向冲刷管束，使管束发生磨损和振动。当流速高且流体含固体颗粒时尤为严重，应安装防冲板。壳程流体进、出口管直径设计按所采用的壳程流体流速来确定。一般流速在符合表 4-6 与表 4-7 要求下，同时考虑流体密度的影响，使 $\rho u^2 < 2200\text{Pa}$。

4.6.3.3　换热器压强降的核算

一般情况下，液体流经换热器的压降为 10～100kPa，气体为 1～10kPa。

（1）管程流体压强降的计算　多管程换热器的管程总压强降等于各管程压强降 Δp_1、回弯压强降 Δp_2 及进出口压强降之和，但其中的进出口压强降相对较小，可以忽略。

管程压强降 Δp_1 的计算公式为

$$\Delta p_1 = \lambda \frac{l}{d_i} \times \frac{\rho u^2}{2}$$

回弯压强降 Δp_2 可根据如下经验公式进行计算

$$\Delta p_2 = 1.5\rho u^2 \tag{4-83}$$

故管程总压强降可按下式计算。

$$\sum \Delta p_i = (\Delta p_1 + \Delta p_2)F_t N_s N_p \tag{4-84}$$

式中，F_t 为结垢校正系数；N_s 为壳程数；N_p 为管程数。对于换热管规格为 $\phi25\text{mm} \times 2.5\text{mm}$ 的管程，F_t 可取为 1.4；对于换热管规格为 $\phi19\text{mm} \times 2\text{mm}$ 的管程，F_t 可取为 1.5。

（2）壳程流体压强降的计算　　计算壳程流体压强降的方法较多，但因为折流挡板等因素，导致壳程流体的流道形状、结构复杂，各种方法计算得到的计算值差别较大。目前能普遍接受的计算方法是埃索法，壳程流体总阻力可按下式计算。

$$\sum \Delta p_o = (\Delta p_1' + \Delta p_2')F_s N_s \tag{4-85}$$

$$\Delta p_1' = F f_o n_c (N_B + 1)\frac{\rho u_o^2}{2} \tag{4-85a}$$

$$\Delta p_1' = N_B(3.5 - \frac{2h}{D})\frac{\rho u_o^2}{2} \tag{4-85b}$$

式中，$\Delta p_1'$ 为壳程流体通过管束的压强降；$\Delta p_2'$ 为壳程流体通过折流挡板缺口的压强降；F_s 为壳程流体压强降校正系数，对于液体可取为 1.15，对于气体或可凝蒸气常取为 1.0；F 为管子排列方式对压降的校正系数，正三角形排列为 0.5，正方形排列为 0.4，正方形直列为 0.3；f_o 为壳程流体的摩擦系数，当壳程流体的雷诺数 $Re_o > 500$ 时，$f_o = 5.0 Re^{-0.223}$；n_c 为横过管束中心线的管子数，换热管的总根数为 n，换热管按正三角形排列时 $n_c = 1.1 \times n^{0.5}$，换热管按正方形排列时 $n_c = 1.19 \times n^{0.5}$；$N_B$ 为折流挡板数；h 为折流挡板间距，m；u_o 为按壳程最大流通截面积 A_o 计算的流速，$A_o = h(D - n_c d_o)$。

4.6.4　传热过程的强化措施

（1）增大传热平均温度差 Δt_m

① 两侧变温情况下，尽量采用逆流流动。

② 提高加热剂 T_1 的温度（如用蒸汽加热，可提高蒸汽的压力来达到提高其饱和温度的目的）；降低冷却剂 t_1 的温度。但一般情况来说依靠利用提高 Δt_m 来强化传热是有限的。

（2）增大总传热系数 K　　由式(4-47)可知提高总传热系数 K 有以下途径：

① 尽可能利用有相变的热载体（α 大）；

② 用 λ 大的热载体，如液体金属 Na 等；

③ 减小金属壁、污垢及两侧流体热阻中较大者的热阻；

④ 提高 α 较小一侧的 α。

在无相变传热的过程中可以通过增大流速、在管内加装扰流元件及改变传热面形状和增加粗糙度来提高 α。

（3）增大单位体积的传热面积 A

① 在工艺允许情况下，采用直接接触传热，可增大 A 和湍动程度，实现强化传热；

② 采用高效新型换热器。在传统的间壁式换热器中，除夹套式外，其他都为管式换热

器。管式的共同缺点是结构不紧凑，单位换热面积所提供的传热面小，金属消耗量大。随工业的发展，陆续出现了不少的高效紧凑的换热器并逐渐趋于完善。这些换热器基本可分为两类：一类是在管式换热器的基础上加以改进；另一类是采用各种板状换热表面。

习　　题

一、填空题

1. 热量传递的方式主要有三种：_____、_____、_____。热传导的基本定律是傅里叶定律，其表达式为_____。

2. 稳定热传导是指_____。

3. 间壁换热器中总传热系数 K 的数值接近于热阻_____（大、小）一侧的 α 值。间壁换热器管壁温度 t_w 接近于 α 值_____（大、小）一侧的流体温度。由多层等厚平壁构成的导热壁面中，所用材料的热导率愈小，则该壁面的热阻愈_____（大、小），其两侧的温差愈_____（大、小）。

4. 由多层等厚平壁构成的导热壁面中，所用材料的热导率愈大，则该壁面的热阻愈_____，其两侧的温差愈_____。

5. 厚度不同的三种材料构成三层平壁，各层接触良好，已知 $b_1 > b_2 > b_3$，热导率 $\lambda_1 < \lambda_2 < \lambda_3$，在稳定传热过程中，各层的热阻_____，各层导热速率_____。

6. 某大型化工容器的外层包上隔热层，以减少热损失，若容器外表温度为 500℃，而环境温度为 20℃，采用某隔热材料，其厚度为 240mm，$\lambda = 0.57$W/（m·K），此时单位面积的热损失为_____。（注：大型容器可视为平壁）

7. 牛顿冷却定律的表达式为_____，对流传热系数 α 的单位是_____。

8. 两流体进行传热，冷流体从 10℃ 升到 30℃，热流体从 80℃ 降到 60℃。当它们逆流流动时，平均传热温差 $\Delta t_m =$ _____；当并流时，$\Delta t_m =$ _____。

9. 两流体的间壁换热过程的计算式 $Q = \alpha A \Delta t$ 中，A 表示_____。

10. 在两流体通过圆筒间壁换热过程的计算式 $Q = KA\Delta t$ 中，A 表示_____。

11. 一列管换热器，列管规格为 $\phi 38\text{mm} \times 3\text{mm}$，管长 4m，管数 127 根，则外表面积_____，而以内表面积计的传热面积_____。

12. 当水在圆形直管内作无相变强制湍流对流传热时，若仅将其流速提高 1 倍，则其对流传热系数可变为原来的_____倍。

13. 对流传热中的努塞尔数的表达式是_____，它反映了_____。

14. 水在管内作湍流流动，若使流速提高到原来的 2 倍，则其对流传热系数约为原来的_____倍；管径改为原来的 1/2 而流量相同，则其对流传热系数约为原来的_____倍。（设条件改变后仍在湍流范围）

15. 在无相变的对流传热过程中，热阻主要集中在_____，减少热阻的最有效措施是_____。

16. 在传热实验中用饱和水蒸气加热空气，总传热系数 K 接近于_____侧的对流传热系数，而壁温接近于_____侧流体的温度值。

17. 在设计列管式换热器时，设置_____，以提高壳程的传热系数；设置_____，以提高管程的传热系数。如该换热器用水蒸气冷凝来加热原油，那么水蒸气应在_____程流动。

18. 消除列管式换热器温差应力常用的方法有三种，即在壳体上加_____，或采用_____、_____结构；翅片管换热器安装翅片的目的是_____。

二、选择题

1. 热量传递的基本方式是（　　）。
   A. 恒温传热和稳态变温传热　　　　　　　　B. 热传导和热交换
   C. 汽化、冷凝与冷却　　　　　　　　　　　D. 传导传热、对流传热与辐射传热

2. 物体各部分之间不发生相对位移，仅借分子、原子和自由电子等微观粒子的热运动而引起的热量传递称为（　　）。
   A. 热传导　　　　　B. 热传递　　　　　C. 热放射　　　　　D. 热流动

3.流体各部分之间发生相对位移所引起的热传递过程称为（　　）。

A. 对流　　　　　　　　B. 流动　　　　　　　　C. 传递　　　　　　　　D. 透热

4.因热的原因而产生的电磁波在空间的传递，称为（　　）。

A. 热传导　　　　　　　B. 热传递　　　　　　　C. 热放射　　　　　　　D. 热辐射

5.对流传热仅发生在（　　）中。

A. 固体　　　　　　　　B. 静止的流体　　　　　C. 流动的流体

6.通过三层平壁的定态热传导过程，各层界面接触均匀，第一层两侧面温度分别为120℃和80℃，第二层外表面温度为40℃，则第一层热阻 R_1，与第二、三层热阻 R_2、R_3 的大小关系为（　　）。

A. $R_1 > R_2 + R_3$　　　　　　　　　　　　　B. $R_1 < R_2 + R_3$

C. $R_1 = R_2 + R_3$　　　　　　　　　　　　　D. 无法确定

7.稳定的多层平壁的导热中，某层的热阻愈大，则该层的温度差（　　）。

A. 愈大　　　　　　　　B. 愈小　　　　　　　　C. 不变

8.流体与固体壁面间的对流传热，当热量通过层流内层时，主要是以（　　）方式进行的。

A. 热传导　　　　　　　B. 对流传热　　　　　　C. 热辐射

9.湍流流体与器壁间的对流传热（即给热过程）其热阻主要存在于（　　）。

A. 流体内　　　　　　　B. 器壁内　　　　　　　C. 湍流体层流内层中　　　D. 流体湍流区域内

10.在比较多的情况下，尤其是液-液热交换过程中，热阻通常较小可以忽略不计的是（　　）。

A. 热流体的热阻　　　　　　　　　　　　　　　B. 冷流体的热阻

C. 冷热两种流体的热阻　　　　　　　　　　　　D. 金属壁的热阻

11.有一列管换热器，用饱和水蒸气（温度为120℃）将管内一定流量的氢氧化钠溶液由20℃加热到80℃，该换热器的平均传热温度差 Δt_m 为（　　）。

A. $-60/\ln 2.5$　　　　B. $60/\ln 2.5$　　　　C. $120/\ln 5$

12.某一套管换热器，管间用饱和水蒸气加热管内空气（空气在管内作湍流流动），使空气温度由20℃升至80℃，现需空气流量增加为原来的2倍，若要保持空气进出口温度不变，则此时的传热温差应为原来的（　　）倍。

A. 1.149　　　　　　　　B. 1.74　　　　　　　　C. 2　　　　　　　　　　D. 不定

13.公式 $q = KA\Delta t_m$ 中，Δt_m 的物理意义是（　　）。

A. 器壁内外壁面的温度差　　　　　　　　　　　B. 器壁两侧流体对数平均温度差

C. 流体进出口的温度差　　　　　　　　　　　　D. 器壁与流体的温度差

14.某两流体在套管换热器中进行逆流换热（无相变），今使热流体进口温度降低，而其他条件不变，则热流体出口温度（　　），平均推动力 Δt_m（　　）。

A. 上升　　　　　　　　B. 下降　　　　　　　　C. 不变　　　　　　　　D. 不确定

15.冷热流体在换热器中进行无相变逆流传热，换热器用久后形成垢层，在同样的操作条件下，与无垢层相比，结垢后的换热器的 K（　　），Δt_m（　　）。

A. 变大　　　　　　　　B. 变小　　　　　　　　C. 不变　　　　　　　　D. 不确定

16.用饱和水蒸气加热空气时，传热管的壁温接近（　　）

A. 蒸汽的温度　　　　　B. 空气的出口温度　　　C. 空气进、出口平均温度

17.在间壁式换热器内用饱和水蒸气加热空气，此过程的总传热系数 K 值接近于（　　）

A. $\alpha_{蒸汽}$　　　　　　　B. $\alpha_{空气}$　　　　　　　C. $\alpha_{蒸汽}$ 与 $\alpha_{空气}$ 的平均值

18.一定流量的液体在一 $\phi 25mm \times 2.5mm$ 的直管内作湍流流动，其对流传热系数 $\alpha_i = 1000W/(m^2 \cdot ℃)$；如流量与物性都不变，改用一 $\phi 19mm \times 2mm$ 的直管，则其 α 将变为（　　）。

A. 1259　　　　　　　　B. 1496　　　　　　　　C. 1585　　　　　　　　D. 1678

19.对流传热系数关联式中普朗特数是表示（　　）的特征数。

A. 对流传热　　　　　　B. 流动状态　　　　　　C. 物性影响　　　　　　D. 自然对流影响

20.对一台正在工作的列管式换热器，已知 $\alpha_o = 116W/(m^2 \cdot K)$，$\alpha_i = 11600W/(m^2 \cdot K)$，要提高总传热系数 K，最简单有效的途径是（　　）。

A. 设法增大 α_o。   B. 设法增大 α_i C. 同时增大 α_o 和 α_i。

21. 当壳体和管束之间温度大于 50℃时，考虑热补偿，列管换热器应选用（   ）

A. 固定管板式   B. 浮头式   C. 套管式

22. 强化传热的主要途径是（   ）。

A. 增大传热面积   B. 提高 K 值   C. 提高 Δt_m

23. 当换热器中冷热流体的进出口温度一定时，判断下面的说法哪一个是错误的（   ）。

A. 逆流时的 Δt_m 一定大于并流、错流或折流时的 Δt_m

B. 采用逆流操作时可以节约热流体（或冷流体）的用量

C. 采用逆流操作可以减少所需的传热面积

D. 温度差校正系数 $\varphi_{\Delta t}$ 的大小反映了流体流向接近逆流的程度

24. 在蒸汽-空气间壁换热过程中，为强化传热，下列方案中的（   ）在工程上可行。

A. 提高蒸汽流速   B. 提高空气流速

C. 采用过热蒸汽以提高蒸汽温度   D. 在蒸汽一侧管壁加装翅片，增加冷凝面积

25. 在设计固定管板式列管换热器时，危险性大（有毒、易燃易爆、强腐蚀性）的流体应走（   ）。

A. 壳程   B. 管程   C. 壳程和管程均可

26. 在管壳式换热器中，不洁净和易结垢的流体宜走管内，因为管内（   ）。

A. 清洗比较方便   B. 流速较快

C. 流通面积小   D. 易于传热

27. 在管壳式换热器中，腐蚀性的流体宜走管内，以免（   ），而且管子也便于清洗和检修。

A. 壳体和管子同时受腐蚀   B. 流速过快   C. 流通面积过小   D. 传热过多

28. 在管壳式换热器中，压强高的流体宜走管内，以免（   ），可节省壳程金属消耗量。

A. 壳体受压   B. 流速过快   C. 流通面积过小   D. 传热过多

29. 在管壳式换热器中，饱和蒸汽宜走管间，以便于（   ），且蒸汽较洁净，它对清洗无要求。

A. 及时排除冷凝液   B. 流速不太快   C. 流通面积不太小   D. 传热不过多

30. 在管壳式换热器中，有毒流体宜走管内，使（   ）。

A. 泄漏机会较少   B. 流速很快   C. 流通面积变小   D. 传热增多

31. 在管壳式换热器中，被冷却的流体宜走管间，可利用外壳向外的散热作用，（   ）。

A. 以增强冷却效果   B. 以免流速过快   C. 以免流通面积过小   D. 以免传热过多

32. 在管壳式换热器中，黏度大的液体或流量较小的流体宜走（   ），因流体在有折流挡板的壳程流动时，由于流速和流向的不断改变，在低 Re 值（$Re > 100$）下即可达到湍流，以提高对流传热系数。

A. 管内   B. 管间   C. 管径   D. 管轴

33. 在管壳式换热器中安装折流挡板的目的，是为了加大壳程流体的（   ），使湍动程度加剧，以提高壳程对流传热系数。

A. 黏度   B. 密度   C. 速度   D. 高度

三、判断题

1. 凡稳定的圆筒壁传热，热通量为常数。（   ）

2. 传导和对流传热的传热速率与温度的一次方之差成正比，而辐射的传热速率与温度的四次方之差成正比。（   ）

3. 凡稳态的圆筒壁传热过程，单位时间单位面积所传递的热量相等。（   ）

4. 热量传递过程的规律与流体流动过程相似，流速越大，则其过程的阻力越大。（   ）

5. 当保温材料的厚度加大时，内外壁面的总温度差增大，总的热阻也增大，总推动力与总阻力之比为定值，即导热速率不变。（   ）

6. 多层平壁导热过程中，传热总推动力为各壁面温度差之和。（   ）

7. 在稳定的多层平壁导热中，若某层的热阻较大，则这层的导热温度差就较小。（   ）

8. 傅里叶定律适用于流体与壁面间的传热计算。（   ）

9. 热导率是物质的一种物理性质。（   ）

10.无相变的折流、错流换热器,其平均温度差 Δt_m 都比逆流时为小。( )

11.对于间壁两侧流体稳定变温传热来说,载热体的消耗量逆流时大于并流时的用量。( )

12.换热器的导热管,应选用热导率值大的材料。( )

13.为了提高间壁式换热器的总传热系数 K 值,必须设法提高 α 值大的那一侧流体的对流传热系数。( )

14.在对流传热中,传热管壁的温度接近 α 值小的那一侧流体的温度。( )

15.维持膜状沸腾操作,可获得较大的沸腾传热系数。( )

16.强化传热的途径主要是增大传热面积。( )

17.在列管换热器管间装设了两块横向折流挡板,则该换热器变成为双壳程的换热器。( )

18.列管式热交换器内用饱和水蒸气加热管程的空气,为提高换热器的 K 值,在管外装设折流挡板。( )

19.蛇管换热器是属于间壁式换热器的一种。( )

20.列管换热器采用多管程的目的是提高管内流体的对流传热系数 α。( )

四、简答题

1.在化工生产中,传热有哪些要求?

2.传导传热、对流传热和辐射传热,三者之间有何不同?

3.传热有哪几种方法?各有何特点?试就锅炉墙的传热分析其属哪些传热方式?

4.各种传热方式相比较,对流的主要特点是什么?

5.试述对流传热的机理?

6.什么是稳定传热和不稳定传热?

7.热导率受哪些因素影响?现有建筑砖($\rho = 1800 kg/m^3$)和煤灰砖($\rho = 700 kg/m^3$)两种材料,哪种保温性能好?

8.强化传热过程应采取哪些途径?

9.当间壁两侧流体稳定变温传热时,工程上为何常采用逆流操作?简要定性分析主要原因。

10.换热器的散热损失是如何产生的?应如何来减少此热损失?

11.说明流体流动类型对对流传热系数的影响。

12.对流传热系数受哪些因素影响?

13.列管换热器由哪几个基本部分组成?各起什么作用?

14.在一套管换热器中,若两流体的进、出口温度不变,应选择并流换热还是逆流换热?为什么?

15.在设计换热器时,如何安排不洁净和易结垢的流体的流径(管内或是管间)?简述理由。

16.在设计换热器时,如何安排腐蚀性流体的流径(管内或是管间)?简述理由。

17.在设计换热器时,如何安排压强高的流体的流径(管内或是管间)?简述理由。

18.在设计换热器时,如何安排饱和蒸汽的流径(管内或是管间)?简述理由。

19.在设计换热器时,如何安排被冷却的流体的流径(管内或是管间)?简述理由。

20.在设计换热器时,如何安排黏度大的流体的流径(管内或是管间)?简述理由。

21.在强化传热的过程中,为什么要想办法提高流体的湍动程度?

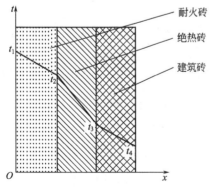

习题附图 4-1

五、计算题

1.如习题附图 4-1 所示,某燃烧炉的平壁由耐火砖、绝热砖和建筑砖三种材料砌成,各层材料的厚度和热导率依次为:$b_1 = 200mm$, $\lambda_1 = 1.2 W/(m \cdot K)$; $b_2 = 250mm$, $\lambda_2 = 0.15 W/(m \cdot K)$; $b_3 = 200mm$, $\lambda_3 = 0.85 W/(m \cdot K)$。若已知耐火砖内侧温度为 900℃,绝热砖和建筑砖接触面上的温度为 280℃。试求

(1)各种材料以单位面积计的热阻;

(2)燃烧炉热通量及导热总温差;

(3)燃烧炉平壁中各材料层的温差分布。

2.有一外径为 150mm 的钢管,为减少热损失,今在管外

包以两层绝热层。已知两种绝热材料的热导率之比 $\lambda_2/\lambda_1=2$；两层绝热层厚度相等，皆为 30mm。试问应把哪一种材料包在里层时，管壁热损失小。设两种情况下两绝热层的总温差不变。

3. 热气体在套管换热器中用冷水冷却，内管为 $\phi25mm\times2.5mm$ 钢管，热导率 $\lambda=45W/(m\cdot K)$。冷水在管内湍流流动，对流传热系数 $\alpha_1=2000W/(m^2\cdot K)$，热气在环隙中湍流流动，对流传热系数 $\alpha_2=50W/(m^2\cdot K)$。不计垢层热阻，试求管壁热阻占总热阻的百分数。

4. 有一换热器，管内通 90℃ 的热流体，$\alpha_i=1100W/(m^2\cdot K)$；管外有某种液体沸腾，沸点为 50℃，$\alpha_o=5800W/(m^2\cdot K)$。试求以下两种情况下的壁温：(1) 管壁清洁无垢；(2) 外侧有污垢产生，污垢热阻为 $0.005m^2\cdot K/W$。

5. 水流过 $\phi60mm\times3.5mm$ 的钢管，由 20℃ 被加热至 60℃。已知 $l/d>60$，水流速为 1.8m/s，试求水对管内壁的对流传热系数。

6. 一套管换热器，用热柴油加热原油，热柴油与原油进口温度分别为 155℃ 和 20℃。已知逆流操作时，柴油出口温度 50℃，原油出口温度 60℃。若采用并流操作，两种油的流量、物性数据、初温和传热系数皆与逆流时相同，试问并流时柴油可冷却到多少温度？

7. 某列管换热器由 $\phi25mm\times2.5mm$ 的钢管组成。热空气流经管程，冷却水在管外与空气逆流流动。已知管内空气一侧的 α_i 为 $50W/(m^2\cdot K)$，污垢热阻 R_{si} 为 $0.5\times10^{-3}m^2\cdot K/W$；水侧的 α_o 为 $1000W/(m^2\cdot K)$，污垢热阻 R_{so} 为 $0.2\times10^{-3}m^2\cdot K/W$。(1) 求基于管外表面积的总传热系数 K_0。(2) 若管壁和污垢热阻可略，①将 α_i 提高一倍或②将 α_o 提高一倍，分别计算 K_0 值。

8. 用一传热面积为 $3m^2$ 由 $\phi25mm\times2.5mm$ 的管子组成的单程列管式换热器，用初温 10℃ 的水将机油由 200℃ 冷却至 100℃，水走管内，油走管间。已知水和机油的质量流量分别为 1000kg/h 和 1200kg/h，其比热容分别为 4.18kJ/(kg·K) 和 2.0kJ/(kg·K)；水侧和油侧的对流传热系数分别为 $2000W/(m^2\cdot K)$ 和 $250W/(m^2\cdot K)$，两流体呈逆流流动，忽略管壁和污垢热阻。(1) 计算说明该换热器是否合用？(2) 夏天当水的初温达到 30℃，而油的流量及冷却程度不变时，该换热器是否合用？(假设传热系数不变)

9. 在单程逆流列管式换热器中用水冷却空气，水和空气的进口温度分别为 20℃ 及 110℃，在换热器使用的初期，冷却水及空气的出口温度分别为 45℃ 及 40℃。使用一年后，由于污垢热阻的影响，在冷热流体的流量及进口温度不变的情况下，冷却水出口温度降至 38℃。热损失可以忽略不计。求：(1) 空气出口温度变为多少？(2) 总传热系数为原来的多少倍？

10. 有一列管换热器由 $\phi25mm\times2.5mm$，长为 3m 的 60 根钢管组成。热水走管内，其进、出口温度分别为 70℃ 和 30℃；冷水走管间，其进、出口温度分别为 20℃ 和 40℃，冷水流量为 1.2kg/s。两流体作逆流流动，假设热水和冷水的平均比热容均为 4.2kJ/(kg·K)，换热器的热损失可略。求：总传热系数 K。

11. 流量为 2000kg/h 的某气体在列管式换热器的管程流过，温度由 150℃ 降至 80℃；壳程冷却用水，进口温度为 15℃，出口温度为 65℃，与气体作逆流流动，两者均处于湍流状态。已知气体侧的对流传热系数远小于冷却水侧的对流传热系数，管壁热阻、污垢热阻和热损失均可忽略不计，气体平均比热容为 1.02kJ/(kg·℃)，水的比热容为 4.17kJ/(kg·℃)。不计温度变化对比热容的影响，试求：(1) 冷却水用量；(2) 如冷却水进口温度上升为 20℃，仍用原设备达到相同的气体冷却程度，此时对数平均温差为多少？(3) 此时的出口水温将为多少？(4) 此时的冷却水用量为多少？

12. 在套管换热器中用 120℃ 的饱和蒸汽于环隙间冷凝以加热管内湍流的苯。苯的流量为 4000kg/h，比热容为 1.9kJ/(kg·℃)，温度从 30℃ 升至 60℃。蒸汽冷凝传热系数为 $1\times10^4W/(m^2\cdot℃)$，换热管内侧污垢热阻为 $4\times10^{-4}m^2\cdot℃/W$，忽略管壁热阻、换热管外侧污垢热阻及热损失。换热管为 $\phi54mm\times2mm$ 的钢管，有效长度为 12m。试求：(1) 饱和蒸汽流量（其冷凝潜热为 2204kJ/kg）；(2) 管内苯的对流传热系数 α_i。

13. $\phi68mm\times4mm$ 的无缝钢管内通过表压为 0.2MPa 的饱和蒸汽，管外包 30mm 厚的保温层 $\lambda=0.080W/(m\cdot K)$。该管设置于温度 20℃ 的大气中，已知管内壁与蒸汽的对流传热系数 $\alpha_1=5000W/(m^2\cdot K)$，保温层外表面与大气的对流传热系数 $\alpha_2=10W/(m^2\cdot K)$。求蒸汽流经每米管长的冷凝量 W。

14. 用两台结构完全相同的单程列管换热器，按并联的方式加热某料液，每台换热器由 44 根 $\phi25mm\times2.5mm$，有效长 2m 的管子所组成。料液的总流量为 $1.56\times10^{-3}m^3/s$，比热容为 4.01kJ/(kg·℃)，密度为 1000kg/m³。料液在两换热器的管程内呈湍流流动，并由 22℃ 被加热至 102℃，用 122℃ 的饱和蒸汽分别在两换热器的壳程冷凝（冷凝液为饱和液体），蒸汽冷凝的对流传热系数为 8×10^3 W/(m^2·℃)，管壁及污垢热阻均可忽略不计。

试求：（1）料液的对流传热系数；（2）料液的总流量与加热条件不变，将两台换热器由并联改为串联使用，料液由 22℃ 加热到多少摄氏度？

15.在某列管式换热器中，用 $T = 120$℃ 的水蒸气饱和冷凝预热在管内流动的某种水溶液，水溶液的初始温度为 20℃，在换热器使用的初期，测得溶液的出水口温度为 80℃，总传热系数为 800W/(m^2·℃)，在换热器使用一段时间后，由于列管内壁的结垢，造成水溶液的出口温度降低 10℃。若不考虑物性参数随温度的变化及垢层对流通截面的影响，且管壁很薄，管壁热阻可忽略。试求：热器使用一段时间后，列管内壁面的污垢热阻 R_{si}。

16.一单管程列管式换热器，采用 110℃ 的饱和水蒸气冷凝加热管内呈湍流流动的某低黏度液体，管内液体的进出口温度分别是 $t_1 = 80.0$℃、$t_2 = 90.0$℃，经测得管外冷凝传热系数为 5000W/(m^2·℃)，管内对流传热系数为 1500W/(m^2·℃)。若将换热器由单管程改为双管程，其他条件不变。

试求：（1）改造后换热器的总传热系数；（2）改造后管程流体的出口温度。（假设在操作温度范围内流体的物性参数为常数，管外冷凝传热系数不变，忽略管壁热阻及可能的污垢热阻）

17.在由 68 根直径 $\phi 25$mm$\times 2.5$mm，长为 3m 的钢管组成的列管式换热器中用饱和水蒸气加热工艺气体，工艺气体走管程。已知加热蒸汽的温度为 132.9℃，冷凝传热系数为 1×10^4 W/(m^2·℃) 左右。工艺气体的质量流量为 3000kg/h，进、出口温度分别为 20℃ 和 60℃，操作条件下的平均比热容均为 2.1kJ/(kg·℃)，对流传热系数约为 80W/(m^2·℃)。假定管壁热阻、垢层热阻及热损失可忽略不计。

试求：（1）加热空气需要的热量 Q 为多少？（2）以管子外表面为基准的总传热系数 K 为多少？（3）此换热器能否完成生产任务？

18.常压下空气在内径为 30mm 的管中流动，温度由 170℃ 升高到 230℃，平均流速为 15m/s。试求：（1）空气与管壁之间的对流传换热系数；（2）若流速增大为 25m/s，则结果如何？

19.温度为 99℃ 的热水进入一个逆流式换热器，并将 4℃ 的冷水加热到 32℃。冷水的流量为 1.3kg/s，热水的流量为 2.6kg/s，总传热系数 830W/(m^2·℃)，试计算所需的换热器面积。

20.在一钢制套管式换热器中，用冷却水将 1kg/s 的苯由 65℃ 冷却至 15℃，冷却水在 $\phi 25$mm$\times 2.5$mm 的内管中逆流流动，其进出口温度为 10℃ 和 45℃。已知苯和水的对流传热系数分别为 0.82×10^3 W/(m^2·℃) 1.7×10^3 W/(m^2·℃)，在定性温度下水和苯的比热容分别为 4.18×10^3 J/(kg·℃) 和 1.88×10^3 J/(kg·℃)，钢材热导率为 45W/(m·℃)，又两侧的污垢热阻可忽略不计。试求：（1）冷却水消耗量；（2）所需的总管长。

21.用 25℃、流量为 330kg/h 的水将 180℃ 的油降温到 72℃，已知油的比热容为 2.1×10^3 J/(kg·℃)，其流量为 396kg/h，今有以下两个列管式换热器，传热面积均为 0.8m^2。换热器 1：总传热系数为 650W/(m^2·℃)，单壳程、双管程。换热器 2：总传热系数为 520W/(m^2·℃)，单壳程、单管程。为满足传热需要，应选择哪一个换热器？

第 5 章

蒸馏

5.1 概述

在化工和其他行业生产中，经常遇到均相液体混合物的分离问题。例如，甲醇生产中甲醇的精制；天然气中轻烃的稳定；原油馏分的分离；乙烯装置中乙烯、丙烯的分离；废液的达标处理等。虽然均相液体混合物的分离有很多方法，但蒸馏及精馏是最成熟和最常用的方法。

液体中的分子由于分子运动有从表面溢出的倾向。这种倾向随着温度的升高而增大。如果把液体置于密闭的真空体系中，液体分子继续不断地溢出而在液面上部形成蒸气，最后使得分子由液体逸出的速度与分子由蒸气中回到液体的速度相等，蒸气保持一定的压力。此时液面上的蒸气达到饱和，称为饱和蒸气，它对液面所施的压力称为饱和蒸气压。实验证明，液体的饱和蒸气压只与温度有关，即液体在一定温度下具有一定的蒸气压。这是指液体与它的蒸气平衡时的压力，与体系中液体和蒸气的绝对量无关。

将液体加热至沸腾使液体变为蒸气，然后使蒸气冷却再凝结为液体，这两个过程的联合操作称为蒸馏。很明显，蒸馏可将易挥发和不易挥发的物质分离开来，也可将沸点不同的液体混合物分离开来。但液体混合物各组分的沸点必须相差很大（至少 30℃ 以上）才能得到较好的分离效果。

5.1.1 蒸馏分离的依据

蒸馏操作是利用液体混合物中各组分挥发能力（挥发度）的差异，以热能为媒介，使混合液体中较易挥发的组分汽化，而难挥发组分仍然停留在液相之中，从而实现液体混合物各组分的分离。

液体均具有挥发而成为蒸气的能力，但各种液体的挥发能力不同。通常用挥发度 ν 来表征液体的挥发能力的大小，其定义为该组分在气相中的平衡蒸气压 p 与其在液相中的摩尔分数 x 之比，即

$$\nu = \frac{p}{x} \tag{5-1}$$

对纯液体，其挥发度就等于该温度下液体的饱和蒸气压 p°，即

$$\nu = p^\circ \tag{5-2}$$

习惯上，将混合物中易挥发的（挥发度大的）组分称为轻组分，难挥发的（挥发度小的）组分称为重组分，本章中统一将易挥发组分用 A 表示，难挥发组分用 B 表示。

设有一双组分混合液，组分 A 的挥发能力大于组分 B，即 $\nu_A > \nu_B$。当将混合液加热至沸腾并使之部分气化，所产生的气、液两相的组成必有如下关系

$$\frac{y_A}{y_B} > \frac{x_A}{x_B} \quad 及 \quad y_A > x_A \tag{5-3}$$

式中　y_A、y_B——气相中组分 A、B 的摩尔分数；

　　　x_A、x_B——液相中组分 A、B 的摩尔分数。

即轻组分在气相中的相对含量比液相中的高，而重组分在液相中的相对含量比气相中的高，这样使原来的混合物得到一定程度的分离。同样，混合气部分冷凝时，冷凝液中所含的重组分将比气相中多，也能使原来的混合物得到一定程度的分离。

5.1.2　蒸馏操作的分类

蒸馏操作通常以如下方法分类。

（1）按混合物的组分数　分为双组分（二元）蒸馏和多组分（多元）蒸馏。工业上的蒸馏过程绝大多数为多组分（多元）蒸馏。

（2）按操作压强　分为常压蒸馏、加压蒸馏和减压（真空）蒸馏。蒸馏过程需要同时加热和冷却，以提供汽化或冷凝的能量，能耗较高。一般情况下采用常压蒸馏。当常压下物系的沸点较高，使用高温加热介质不经济，或待分离的物系为热敏性物质时，采用减压蒸馏以降低操作温度。而对常压沸点很低的物系，蒸气相的冷凝不能使用常温水和空气等廉价的冷却剂，或者需对常温常压下为气体的物系（如空气）进行蒸馏分离，则采用加压蒸馏以提高混合物的沸点。

（3）按操作过程是否连续　分为间歇蒸馏和连续蒸馏。连续蒸馏操作稳定，工业生产中以连续蒸馏或精馏为主。间歇蒸馏灵活，适用于小批量生产过程或某些有特殊要求的场合。

（4）按操作方式　分为简单蒸馏、平衡蒸馏和精馏，如图 5-1～图 5-3 所示。简单蒸馏和平衡蒸馏只能实现混合物的初步分离，一般用于混合物各组分挥发度相差较大且对分离要求不高的场合。精馏能实现混合物的高纯度分离，在工业上广泛使用。精馏又可分为普通精馏和特殊精馏，特殊精馏是在普通精馏的基础上辅以一定的特殊手段或与其他方法结合，如恒沸精馏、萃取精馏、加盐精馏、反应精馏等。

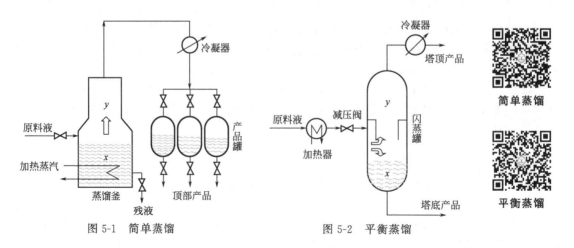

图 5-1　简单蒸馏　　　　　　　　　图 5-2　平衡蒸馏

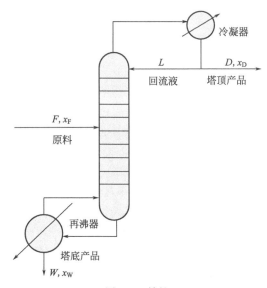

图 5-3　精馏

由于多组分和双组分精馏的基本原理及计算方法没有本质区别，就精馏原理而言，常压连续普通精馏最具代表性，因此，本章重点讨论双组分常压连续普通精馏的原理和计算方法。

5.2　双组分溶液的气、液两相平衡

在蒸馏或精馏过程中，物系由加热至沸腾的液相和产生的气相构成，即物系处于气、液两相共存状态。相平衡关系是物系中各组分在两相中分配的依据，也是确定传质推动力必需的条件。因此，相平衡关系是蒸馏或精馏过程分析和计算的重要基础。

5.2.1　相平衡条件和物系的自由度

5.2.1.1　相平衡条件

由热力学知识可知，共存的气、液两相处于平衡状态的条件是：两相的温度、压力和各组分在两相中的化学位都相等。即

$$T^{V}=T^{L}$$
$$p^{V}=p^{L} \tag{5-4}$$
$$\mu_{i}^{V}=\mu_{i}^{L}$$

式中　T^{V}、T^{L}——气、液相的温度，K；

　　　　p^{V}、p^{L}——气、液相的压力，kPa；

　　　　μ_{i}^{V}、μ_{i}^{L}——组分 i 在气、液相的化学位。

由式（5-4）可知，对有 n 个独立组分组成的体系，共有（$n+2$）个热力学平衡关系式，对双组分体系，有 4 个热力学平衡关系式。当体系达到相平衡时，热量、动量和质量的传递速率为零，因为各项推动力为零。

由于化学位的数值难以确定，而逸度和活度是由化学位导出的，其数值计算较容易，因此，工程上相平衡的计算常使用逸度和活度，这样，相平衡条件转化为

$$T^{V}=T^{L}$$
$$p^{V}=p^{L}$$

$$\hat{f}_i^{\mathrm{V}} = \hat{f}_i^{\mathrm{L}} \tag{5-5}$$

式中，$\hat{f}_i^{\mathrm{V}}$、$\hat{f}_i^{\mathrm{L}}$ 为组分 i 在气、液相的逸度，单位为 kPa。

5.2.1.2 物系的自由度

在研究相平衡时，首先需要判断描述物系状态的独立变量数，即自由度。根据相律，平衡物系的自由度 f 为

$$f = n - \varphi + 2 \tag{5-6}$$

式中，n 为独立组分数；φ 为物系的相数；2 表示外界只有温度和压力可以影响物质的平衡状态。

对双组分气、液平衡体系，$n=2$，$\varphi=2$，故平衡物系的自由度为 2。平衡物系涉及的参数为温度 T、压力 p 和气、液两相的组成 y、x。蒸馏过程通常在恒压下操作，压力一旦被确定，物系的自由度则为 1，而一相中某一组分的组成确定后，另一组分的组成也随之确定，所以，在双组分平衡物系中，当压力 p 一定时，y-T、x-T、y-x 和之间存在一一对应关系。

5.2.2 拉乌尔（Raoult）定律

在处理混合液体的蒸馏或精馏过程中常将混合液体看作理想溶液。

从分子模型上讲，所谓理想溶液，是指溶液中各组分分子的大小及作用力彼此相似，当一种组分的分子被另一种组分的分子取代时，没有能量的变化或空间结构的变化。或者说，当各组分混合成溶液时，没有热效应和体积的变化。除了光学异构体的混合物、同位素化合物的混合物、立体异构体的混合物以及紧邻同系物的混合物等可以（或近似地）算作理想溶液外，一般溶液大都不具有理想溶液的性质。但是理想溶液所服从的规律较简单，并且实际上，许多溶液在一定的浓度区间的某些性质常表现得很接近理想溶液。理想溶液具有如下热力学性质：

① 理想溶液各组分的蒸气压和蒸气总压都与组成呈直线关系。

② 理想溶液由于各组分的体积相差不大，而且混合时相互吸引力没有变化，因此混合前后体积不变。

③ 由于理想溶液各组分分子间的相互作用力不变，其混合热等于零。

④ 理想溶液的混合熵与溶液各组元的本性无关。

理想溶液的气、液两相平衡服从拉乌尔定律。因此对含有 A、B 两组分的理想溶液，服从如下关系

$$p_{\mathrm{A}} = p_{\mathrm{A}}^{\circ} x_{\mathrm{A}}$$
$$p_{\mathrm{B}} = p_{\mathrm{B}}^{\circ} x_{\mathrm{B}} = p_{\mathrm{B}}^{\circ}(1 - x_{\mathrm{A}})$$

式中　p_{A}、p_{B}——溶液上方 A 和 B 两组分的平衡分压，Pa；

　　p_{A}°、p_{B}°——同温度下，纯组分 A 和 B 的饱和蒸气压，Pa；

　　x_{A}、x_{B}——混合液中组分 A 和 B 的摩尔分数。

理想物系气相服从道尔顿分压定律，既总压等于各组分分压之和。

对双组分物系有

$$p = p_{\mathrm{A}} + p_{\mathrm{B}} \tag{5-7}$$

式中　　p——气相总压，Pa；

　　p_{A}、p_{B}——A、B 组分在气相中的分压，Pa。

根据拉乌尔定律和道尔顿分压定律，可得泡点方程，即

$$x_{\mathrm{A}} = \frac{p - p_{\mathrm{B}}^{\circ}}{p_{\mathrm{A}}^{\circ} - p_{\mathrm{B}}^{\circ}} \tag{5-7a}$$

该方程描述平衡物系的温度与液相组成的关系。

同理，可得露点方程

$$y_A = \frac{p_A^\circ}{p} \times \frac{p - p_B^\circ}{p_A^\circ - p_B^\circ} \tag{5-7b}$$

该方程描述平衡物系的温度与气相组成的关系。

在总压一定的条件下，对于理想溶液，只要溶液的饱和温度已知，根据 A、B 组分的蒸气压数据查出饱和蒸气压 p_A°、p_B°，则可以采用泡点方程确定液相组成 x_A，采用露点方程确定与液相呈平衡的气相组成 y_A。

5.2.3　气、液两相平衡关系表达形式

5.2.3.1　温度-组成图

将不同组成的两组分理想溶液加热，记录下出现第一个气泡时的温度（泡点），绘制在 T-x 坐标系中，得到 $AEBC$ 曲线；将不同组成的两组分理想气体冷凝，记录下出现第一个液滴时的温度（露点），绘制在 T-y 坐标系中，得到 $ADFC$ 曲线，见图 5-4，该图称为温度-组成图（T-x-y 图）。

图 5-4 表示的是在一定总压 $p_总$ 下，气、液相平衡浓度 y、x（以轻组分的摩尔分数表示）与温度 T 的关系。曲线 $AEBC$ 和 $ADFC$ 分别称为泡点线（表示 T-x 关系）和露点线（表示 T-y 关系）。处于泡点线上的液体为饱和液体，处于泡点线以下的为过冷液体；处于露点线上的气体为饱和蒸气，处于露点线以上的为过热蒸气。两条曲线之间的区域为气、液共存区。组成为 x 的液体在给定的总压下升温至 B 点，产生第一个气泡的组成为 y_1。一定组成的气相冷却至 D 点，凝结出的第一个液滴的组成为 x_1。当混合物的温度和组成位于 G 点时，物系必分成互成平衡的气、液两相，气相的组成在 F 点，液相的组成在 E 点，两相的量的相对大小可用

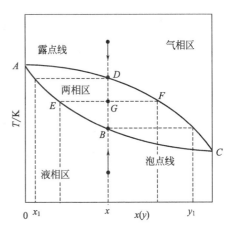

图 5-4　双组分气-液体系的 T-x-y 图

"杠杆"定律表示。在 A 点，$x = 0$，即为纯的重组分，故 A 点对应的温度为重组分的沸点，同理，C 点对应的温度为轻组分的沸点。

气液两相处于平衡时，两相温度相同，此时，气相组成大于液相组成；当气液两相组成相同时，气相露点温度总是高于液相的泡点温度。

5.2.3.2　y-x 图

上述 T-x-y 图在计算与分析中，使用不方便，需要引入 y-x 图。

将气相中某一组分的蒸气分压与之平衡的液相中的该组分摩尔分数之比，称为该组分的挥发度，以符号 ν 表示。

对于 A 和 B 组成的双组分混合液有

$$\nu_A = \frac{p_A}{x_A} \tag{5-8a}$$

$$\nu_B = \frac{p_B}{x_B} \tag{5-8b}$$

式中　ν_A、ν_B——组分 A、B 的挥发度；

p_A、p_B——气液平衡时，组分 A、B 在气相中的分压；

x_A、x_B——气液平衡时，组分 A、B 在液相中的摩尔分数。

在理想溶液中，各组分的挥发度在数值上等于其饱和蒸气压。将两组分挥发度之比称为相对挥发度，以符号 α 表示

$$\alpha = \frac{\nu_A}{\nu_B} = \frac{\dfrac{p_A}{x_A}}{\dfrac{p_B}{x_B}} \tag{5-9}$$

或写成

$$\frac{y_A}{y_B} = \alpha \frac{x_A}{x_B} \tag{5-10}$$

相对挥发度表示气相中两组分的摩尔分数比是液相中两组分摩尔分数的 α 倍数。所以 α 值可作为混合物采用蒸馏法分离的难易标志：若 α 大于 1，$y > x$，说明该溶液可以用蒸馏方法来分离，α 越大，A 组分越易分离；若 $\alpha = 1$，则说明混合物的气相组分与液相组分相等，则普通蒸馏方式将无法分离此混合物。

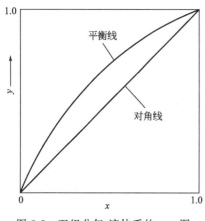

图 5-5 双组分气-液体系的 y-x 图

对于二元混合物，有 $y_A + y_B = 1$、$x_A + x_B = 1$，当总压不高时气相组分符合道尔顿分压定律，可以得到 A 或 B 的气相组成与相同组分的液相组成之间的关系，即

$$y = \frac{\alpha x}{1 + (\alpha - 1)x} \tag{5-11}$$

上述方程称为相平衡方程，将其描绘在 y-x 坐标系中，即得到双组分气-液体系的 y-x 图，见图 5-5，将此曲线称为平衡线。由于 α 大于 1，$y > x$，所以平衡线始终位于对角线上方，挥发度越大，平衡线与对角线的距离越远。当 α 等于 1，平衡线与对角线重合，说明此时，两组分不能利用挥发度的差异而采用蒸馏的方法来实现分离。

对于非理想物系，温度-组成图和 y-x 图的曲线有所不同，如图 5-6、图 5-7 所示。

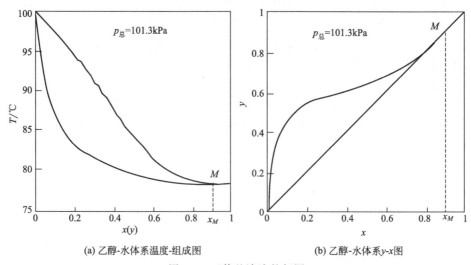

(a) 乙醇-水体系温度-组成图   (b) 乙醇-水体系 y-x 图

图 5-6 正偏差溶液的相图

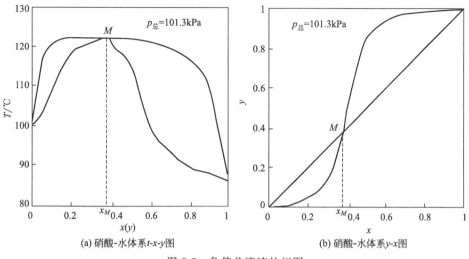

图 5-7　负偏差溶液的相图

图中的 M 点称为恒沸点，对应的组成就是恒沸组成。对给定物系，恒沸点的位置与总压有关，即不同总压下，恒沸点的组成不同。在 M 点处相平衡线与对角线相交，表明此时的相对挥发度 $\alpha=1$，因此若该体系初始组成在这一点，已无法用常规的蒸馏方法进一步分离，即在恒沸点处不能用常规的蒸馏和普通精馏方法进行分离。

5.3　简单蒸馏与平衡蒸馏

5.3.1　简单蒸馏

图 5-1 为简单蒸馏流程示意图。将一定量的原料液投入蒸馏釜中，在恒压下加热至沸腾使液体不断汽化，产生的蒸气经冷凝器冷凝后作为顶部产品按不同的要求放入不同的产品罐中。过程结束后，釜内液体作为底部产品排出釜外。

在简单蒸馏过程中，随着釜内液体的不断蒸发，其轻组分的含量不断降低，相应的泡点温度升高，与之平衡的蒸气中轻组分的浓度也随之降低。因此，简单蒸馏是一个不稳定的过程，各物理量随时间而变化，也称为微分蒸馏。但在简单蒸馏过程中，任一时刻釜内的气、液两相互成平衡。

简单蒸馏的分离程度不高，仅适用于相对挥发度大和分离要求不高的场合，工业上一般用于混合液的初步分离。

设任一时刻 τ 釜内的液体量为 $W(\mathrm{kmol})$，轻组分 A 的摩尔分数为 x，与之平衡的气相中 A 的摩尔分数为 y，馏出液量为 D。经微元时间段 $\mathrm{d}\tau$ 后，蒸出的釜液量为 $\mathrm{d}W$，釜液中 A 的摩尔分数由 x 变为 $(x-\mathrm{d}x)$。

对微元时间段作轻组分 A 的物料衡算可得

$$Wx=(W-\mathrm{d}W)(x-\mathrm{d}x)+y\,\mathrm{d}W$$

略去高阶微分项，整理得

$$\frac{\mathrm{d}W}{W}=\frac{\mathrm{d}x}{y-x}$$

若蒸馏操作从初始的 W_1、x_1 变至终止时的 W_2、x_2，积分上式得

$$\ln \frac{W_1}{W_2} = \int_{x_2}^{x_1} \frac{\mathrm{d}x}{y-x} \tag{5-12}$$

由于任一时刻釜内的气、液两相互成平衡，所以

$$y = f(x) \tag{5-13}$$

即可计算出任意时刻的釜液量和组成。

当物系可视为理想物系，且 α 为常数时，将式（5-11）代入式（5-12）积分可得

$$\ln \frac{W_1}{W_2} = \frac{1}{\alpha-1} \left(\alpha \ln \frac{1-x_2}{1-x_1} + \ln \frac{x_1}{x_2} \right) \tag{5-14}$$

上式可改写为

$$\ln \frac{W_1 x_1}{W_2 x_2} = \alpha \ln \frac{W_1(1-x_1)}{W_2(1-x_2)}$$

即

$$\ln \frac{W_{A1}}{W_{A2}} = \alpha \ln \frac{W_{B1}}{W_{B2}} \tag{5-15}$$

式中 W_{A1}、W_{A2}——轻组分 A 在原料液和残液中的量，kmol；

W_{B1}、W_{B2}——重组分 B 在原料液和残液中的量，kmol。

对蒸馏过程作总物料和轻组分 A 的物料衡算，有

$$W_1 = D + W_2$$

$$W_1 x_1 = D \overline{x}_D + W_2 x_2$$

联立两式可计算出馏出液量 D 以及馏出液的平均组成 $\overline{x}_D$。

$$D = W_1 - W_2 \tag{5-16}$$

$$\overline{x}_D = \frac{W_1 x_1 - W_2 x_2}{W_1 - W_2} \tag{5-17}$$

5.3.2 平衡蒸馏

图 5-2 为平衡蒸馏流程示意图。将原料液连续地送入加热炉加热至一定的温度，然后经节流阀减压至预定压力进入分离器，由于压力降低，部分液体汽化，气液混合物在分离器中分开，一般可认为气、液两相达到平衡。气相经冷凝器冷凝后作为顶部产品，其中轻组分得到富集；液相为底部产品，其中重组分获得增浓。

平衡蒸馏只经过一次平衡，也称为闪蒸操作，分离能力有限。但由于其为连续稳定过程，工业生产中经常使用。

平衡蒸馏过程可通过物料衡算、热量衡算和相平衡关系进行计算。

5.3.2.1 物料衡算

总物料衡算 $\qquad\qquad\qquad\qquad F = D + W \tag{5-18}$

轻组分 A 的衡算 $\qquad\qquad\quad Fx_F = Dx_D + Wx_W \tag{5-19}$

式中 F、D、W——原料、气相产物、液相产物的流率，kmol/s；

x_F、x_D、x_W——原料、气相产物、液相产物中 A 的摩尔分数。

联立式（5-18）和式（5-19）解得

$$\frac{D}{F} = \frac{x_F - x_W}{x_D - x_W} \tag{5-20}$$

令 $q = W/F$，称为液化率，则汽化率 $D/F = (1-q)$，代入式（5-19）得

$$x_D = \frac{x_F}{1-q} - \frac{q x_W}{1-q} \tag{5-21}$$

5.3.2.2 相平衡关系

气、液两相达到平衡，则 x_D、x_W 满足

$$x_D = f(x_W) \tag{5-22}$$

若为理想物系，则

$$x_D = \frac{\alpha x_W}{1 + (\alpha - 1)x_W} \tag{5-23}$$

5.3.2.3 热量衡算

如果不计过程的热损失，则加热炉提供的热量 Q 为

$$Q = F c_{pm}(T - T_F) \tag{5-24}$$

式中　T_F、T——原料进、出加热炉的温度，K；

　　　c_{pm}——原料的平均摩尔热容，kJ/(kmol·K)。

节流后，料液放出的显热全部用于部分料液的汽化，故

$$F c_{pm}(T - T_e) = Dr \tag{5-25}$$

式中　T_e——闪蒸后平衡温度，K；

　　　r——原料的平均摩尔汽化热，kJ/kmol。

【例 5-1】 将含苯 50%（摩尔分数）的苯-甲苯的混合液在 101.3kPa 下进行闪蒸分离，馏出液的量为进料量的一半，已知苯-甲苯的混合液的平均摩尔热容为 160.2kJ/(kmol·K)，气相的汽化热为 3.21×10^4 kJ/kmol。该体系可看成完全理想体系，物系的平均相对挥发度为 2.47，纯组分的苯与甲苯蒸气压分别为

$$\lg p_A^\circ = 6.031 - \frac{1211}{t + 220.8} \qquad \lg p_B^\circ = 6.080 - \frac{1345}{t + 219.5}$$

式中，p_A°、p_B° 的单位为 kPa，t 的单位为℃。

试求：

(1) 气、液两相的组成和加热炉出口料液的温度；

(2) 如果进行简单蒸馏，汽化率不变，馏出液的平均组成和残液的组成。

解：(1) 平衡蒸馏

$x_F = 0.5$，因为 $D/F = 0.5$，所以 $q = 0.5$

物料衡算式 $\quad x_D = \dfrac{x_F}{1-q} - \dfrac{q x_W}{1-q} = \dfrac{0.5}{1-0.5} - \dfrac{0.5 x_W}{1-0.5} = 1 - x_W$

相平衡方程 $\quad x_D = \dfrac{\alpha x_W}{1 + (\alpha - 1)x_W} = \dfrac{2.47 x_W}{1 + (2.47 - 1)x_W} = \dfrac{2.47 x_W}{1 + 1.47 x_W}$

联立两式解得 $\quad x_D = 0.611, x_W = 0.389$

平衡温度即为 $x_W = 0.389$ 时的泡点温度。

将 $x_W = 0.389$，$p = 101.3$kPa，代入泡点方程式(5-7a) 得

$$0.389 = \frac{101.3 - p_B^\circ}{p_A^\circ - p_B^\circ}$$

结合以下两式采用试差法可求出泡点温度 t。

$$\lg p_A^\circ = 6.031 - \frac{1211}{t + 220.8} \qquad \lg p_B^\circ = 6.080 - \frac{1345}{t + 219.5}$$

假设 $t = 95.5$℃，则

$$\lg p_A^\circ = 6.031 - \frac{1211}{95.5 + 220.8} = 2.202 \Rightarrow p_A^\circ = 159.35 \text{kPa}$$

$$\lg p_B^\circ = 6.080 - \frac{1345}{95.5 + 219.5} = 1.810 \Rightarrow p_B^\circ = 64.59 \text{kPa}$$

$$\frac{p_{\text{总}} - p_{\text{B}}^{\circ}}{p_{\text{A}}^{\circ} - p_{\text{B}}^{\circ}} = \frac{101.3 - 64.59}{159.35 - 64.59} = 0.387$$

假设正确，所以釜液的泡点温度为 95.5℃，即平衡温度为 95.5℃。

加热炉出口料液的温度 t 为

$$t = t_e + \frac{Dr}{Fc_{pm}} = 95.5 + 0.5 \times \frac{3.21 \times 10^4}{160.2} = 195.7(℃)$$

(2) 简单蒸馏

$$x_1 = 0.5, \quad \frac{W_1}{W_2} = \frac{1}{1-q} = \frac{1}{1-0.5} = 2$$

将数据代入式(5-14)，整理得

$$2.47 \times \ln \frac{1-x_2}{0.5} + \ln \frac{0.5}{x_2} = 1.47 \times \ln 2$$

解出 $x_2 = 0.348$，即为残液的组成。

气相产物的平均组成为

$$\overline{x}_D = \frac{W_1 x_1 - W_2 x_2}{W_1 - W_2} = \frac{\dfrac{W_1}{W_2} x_1 - x_2}{\dfrac{W_1}{W_2} - 1} = \frac{2 \times 0.5 - 0.348}{2 - 1} = 0.652$$

将简单蒸馏与平衡蒸馏进行比较可知：在原料和汽化量相同的条件下，简单蒸馏得到的气相产品轻组分的浓度较高，液相产品中重组分的浓度较高，即简单蒸馏的效果比平衡蒸馏好。

5.4　精馏

5.4.1　精馏流程与原理

图 5-3 为精馏流程示意图。一定组成的原料液自塔身某适当位置连续地加入精馏塔内，塔的底部设有再沸器，将塔底液体加热并使之部分汽化，蒸气沿塔高上升，未汽化的部分（称为釜液）作为塔底产品连续排出；塔的顶部设有冷凝器，将塔顶蒸气冷凝为液体，一部分冷凝液（称为回流液）从塔顶返回塔内并沿塔往下流，另一部分（称为馏出液）作为塔顶产品连续排出。通常，混合原料液通过精馏加工后，可以得到轻组分含量很高的馏出液和重组分含量很高的釜液，实现混合物的高纯度分离。

精馏塔可采用微分接触式设备（如填料塔），也可采用分级接触式设备（如板式塔）。

根据生产方式，精馏塔可分为简单塔和复杂塔。简单塔是指只有一股进料、塔顶和塔底各有一股产品的精馏塔；复杂塔指有多股进料，或有侧线采出，或有中间能量引入（中间再沸）以及有中间能量引出（中间冷凝），或兼而有之的精馏塔。本节重点讨论分级接触的简单板式塔。

精馏塔内，塔釜上升的蒸气（包括进料中的蒸气）和塔顶下流的回流液（包括进料中的液体）构成了沿塔高逆流接触的气、液两相。

假设从塔顶至塔底轻组分含量逐渐降低，则全塔的温度由上往下逐渐升高。那么，对图 5-8 所示的多级逆流接触的板式塔中的相邻几块板的温度有如下关系

$$t_{n-1} < t_n < t_{n+1} \tag{5-26}$$

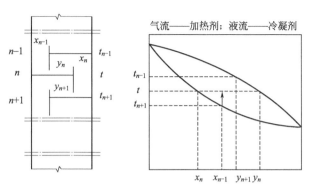

图 5-8　板式精馏塔中的相邻塔板的浓度与温度

式中，n 为从塔顶算起的塔板的编号数。在第 n 板上，从第 $n-1$ 板流下的组成为 x_{n-1} 的液体被加热而发生部分汽化，其中部分轻组分转入气相；与此同时，从第 $n+1$ 板来的组成为 y_{n+1} 的蒸气被部分冷凝，部分重组分转入液相，因此在塔板上气、液两相同时进行着热量传递和质量传递过程。这样，离开第 n 板的蒸气组成 $y_n > y_{n+1}$，而离开第 n 板的液体组成 $x_n < x_{n-1}$。在稳定操作情况下，各板上液层的温度和组成将保持不变，即来自第 $n+1$ 板的蒸气部分冷凝放出的热量用于来自第 $n-1$ 板液体的部分汽化。

沿塔流动的气、液两相每经过一块塔板都将发生一次气相的部分冷凝和液相的部分汽化，使气相中的轻组分和液相中的重组分得到一次增浓。从塔底上升的蒸气经过多次部分冷凝到达塔顶，变为轻组分含量很高的塔顶产品；同样，从塔顶下流的液体经过多次部分汽化到达塔釜，变为重组分含量很高的塔釜产品。

精馏过程与蒸馏过程的区别在于回流，包括塔顶的液相回流和塔釜的气相回流。但精馏过程的分离依据仍然是混合物中各组分的挥发度的差异，回流只是为气、液两相的多次接触提供必要条件，是实现高纯度分离的工程手段。

通常，原料从精馏塔中部某一位置加入，引入料液的塔板称为加料板。加料板以上的塔段主要完成上升蒸气的精制，即除去其中的重组分，因而称为精馏段；加料板以下的塔段主要完成下降液体中重组分的提浓，因而称为提馏段。如果要在一个塔内同时获得高纯度的轻组分和重组分两个产品，必须使用具有精馏段和提馏段的完整精馏塔。但根据生产中的不同要求，可以采用只有精馏段或只有提馏段的精馏塔。

5.4.2　理论板假设和板效率

板式精馏塔中，每一块塔板为一个气、液接触单元，气、液两相在塔板上同时进行传热和传质，要对其进行数学描述，需要列出物料衡算、热量衡算以及表示过程特征的传热速率和传质速率方程。但由于该传递过程十分复杂，很难写出其特征方程。研究时引入理论板的概念进行简化，即认为气、液两相在板上充分接触混合，塔板上不存在温度差和浓度差；离开塔板的两相温度相等，组成互成平衡。这样，表达塔板上传递过程的特征方程可用泡点方程和相平衡方程，即

泡点方程　　　　　　　　　　　　$t_n = g(x_n)$

相平衡方程　　　　　　　　　　　$y_n = f(x_n)$

当然，一块实际板不同于一块理论板，实际板和理论板的差别用板效率来衡量。板效率的表示方法常用的有单板效率和全塔效率两种。

单板效率 E_m 又称为默弗里（Murphree）板效率，可用气相单板效率 E_{mV} 和液相单板

效率 E_{mL} 表示，其定义分别为

$$E_{mV} = \frac{y_n - y_{n+1}}{y_{ne} - y_{n+1}} \tag{5-27}$$

$$E_{mL} = \frac{x_{n-1} - x_n}{x_{n-1} - x_{ne}} \tag{5-28}$$

式中　　y_{ne}——与离开第 n 板的液相组成 x_n 成平衡的气相组成；

　　　　x_{ne}——与离开第 n 板的气相组成 y_n 成平衡的液相组成。

以上两式中的分子表示经过一块实际塔板后汽相或液相组成的增浓程度，分母则为经过一块理论板后的增浓程度。

单板效率 E_m 为某一块板的平均效率。其值通常靠实验测定。

全塔效率 E_T 又称为总板效率，定义为完成一定分离任务所需的理论板数 N 和实际板数 N_T 之比。即

$$E_T = \frac{N}{N_T} \tag{5-29}$$

全塔效率 E_T 为全塔所有塔板的平均效率，显然其值恒小于1。一般由实验测定或用经验公式计算。

引入理论板和板效率的概念后，确定精馏塔达到规定的分离任务所需的实际塔板数就转化为确定所需的理论板数和板效率两个问题，即把精馏计算问题分解为工艺与设备两部分。对于具体的分离任务，所需的理论板数只取决于物系的相平衡和两相的流率，而与物系的其他性质、两相的接触情况以及塔板的结构形式等复杂因素无关。这样在解决具体精馏问题时，可以在塔板结构形式尚未确定之前方便地计算出所需的理论板数，事先了解分离任务的难易程度。然后根据分离任务的难易，选择适当的塔型和操作条件，并根据具体的塔型和操作条件确定塔板效率及所需的实际塔板数。这种处理方法和吸收过程中将填料层高度分解为传质单元数和传质单元高度一样，理论板数 N 类似于传质单元数 N_{OG}，板效率 E_T 或 E_m 类似于传质单元高度 H_{OG}。

5.4.3　恒摩尔流假设

以精馏段内任意第 n 板（加料板除外）作为考察单元，如图 5-9 所示。V、L 分别表示精馏段内气、液相的摩尔流率，kmol/s；H、h 分别为气、液相的焓，kJ/kmol。对该板作衡算可得

总物料衡算　　　　　　　　$V_{n+1} + L_{n-1} = V_n + L_n \tag{5-30}$

轻组分物料衡算　　　$V_{n+1} y_{n+1} + L_{n-1} x_{n-1} = V_n y_n + L_n x_n \tag{5-31}$

热量衡算（忽略热损失）$V_{n+1} H_{n+1} + L_{n-1} h_{n-1} = V_n H_n + L_n h_n \tag{5-32}$

因为饱和蒸气的焓 H 为饱和液体的焓 h 与汽化潜热 r（kJ/kmol）之和，故式（5-32）可改写为

$$V_{n+1}(h_{n+1} + r_{n+1}) + L_{n-1} h_{n-1} = V_n(h_n + r_n) + L_n h_n \tag{5-33}$$

若忽略组成和温度造成的饱和液体焓与汽化潜热的差异，即假设

$$h_{n+1} = h_n = h_{n-1} = h \qquad\qquad r_{n+1} = r_n = r$$

则式（5-33）简化为

$$(V_{n+1} - V_n)r = (L_n + V_n - L_{n-1} - V_{n+1})h \tag{5-34}$$

联立式（5-30）和式（5-34），得

$$V_{n+1} = V_n = V \tag{5-35}$$

$$L_{n-1}=L_n=L \tag{5-36}$$

如以 V'、L' 分别表示提馏段内气、液相的摩尔流率（kmol/s），同理，当提馏段满足上述的假定条件时，有

$$V'_{n+1}=V'_n=V' \tag{5-37}$$
$$L'_{n-1}=L'_n=L' \tag{5-38}$$

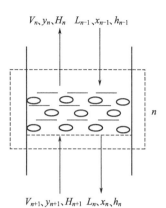

$V_n、y_n、H_n$　　$L_{n-1}、x_{n-1}、h_{n-1}$

n

$V_{n+1}、y_{n+1}、H_{n+1}$　$L_n、x_n、h_n$

图 5-9　塔板上的物料、
热量衡算

可见，经过简化后，精馏塔内的精馏段和提馏段的各塔板上的气相流率、液相流率各为恒定值。上述的简化假定称为恒摩尔流假设。满足恒摩尔流假设的精馏过程，当气、液两相在塔板上接触时，有多少摩尔的蒸汽冷凝相应就有多少摩尔的液体汽化，故这种精馏过程为等物质的量反向扩散传质过程。

恒摩尔流假设使精馏过程的计算大为简化，但恒摩尔流假设只适用于被分离的组分沸点和汽化潜热相差不大的情况。通常显热的影响比潜热的影响小得多，所以只要被分离组分的汽化潜热接近，可认为恒摩尔流假定成立。

综上所述，引入理论板和恒摩尔流假定后，塔板（加料板除外）的物料、热量和传递速率方程简化为

物料衡算方程　　　　　$$Vy_{n+1}+Lx_{n-1}=Vy_n+Lx_n \tag{5-39}$$

相平衡方程　　　　　　　　$$y_n=f(x_n) \tag{5-40}$$

式（5-39）和式（5-40）对精馏段和提馏段的每一塔板都适用，如是提馏段的塔板只需将式中的 V、L 换成 V'、L' 即可。但对有物料进、出的塔板（如加料板）不适用。

5.4.4　加料板与加料热状况

加料板因有物料自塔外引入，与塔内的其他板不同，设第 m 块板为加料板，进、出该板的各物流的摩尔流率、组成和焓如图 5-10 所示。

如果认为加料板也为理论板，且满足恒摩尔流假定，则可用以下方程描述该板。

总物料衡算　　　　　　　　$$F+V'+L=V+L' \tag{5-41}$$

轻组分物料衡算　　$$Fx_F+V'y_{m+1}+Lx_{m-1}=Vy_m+L'x_m \tag{5-42}$$

热量衡算　　　　　$$Fh_F+V'H+Lh=VH+L'h \tag{5-43}$$

相平衡方程　　　　　　　　$$y_m=f(x_m) \tag{5-44}$$

联立式（5-41）和式（5-43），可得

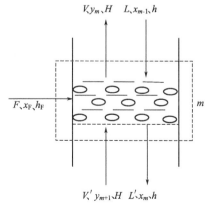

$V、y_m、H$　$L、x_{m-1}、h$

m

$F、x_F、h_F$

$V'、y_{m+1}、H$　$L'、x_m、h$

图 5-10　加料板的物料、热量衡算

$$\frac{L'-L}{F}=\frac{H-h_F}{H-h} \tag{5-45}$$

若定义

$$q=\frac{H-h_F}{H-h}=\frac{1\text{kmol 进料变成饱和蒸气所需的热}}{\text{进料液的摩尔汽化热}} \tag{5-46}$$

则由式（5-45）可得

$$L'=L+qF \tag{5-47}$$

将式（5-47）代入式（5-41）得

$$V=V'+(1-q)F \tag{5-48}$$

从定义式（5-46）可知 q 值与进料的焓值有关，故称之为进料热状况参数。

由式(5-47) 和式(5-48) 可知原料的加入会影响提馏段的液相流率和精馏段的气相流率。通常，加入精馏塔加料板的原料有以下五种情况：

(1) 过冷液体　由于进料液的温度 t_F 低于液体的泡点温度 t_b，所以 $h_F < h$，此时有

$$q > 1, L' > L + F, V < V'$$

(2) 饱和液体　由于 $t_F = t_b$，所以 $h_F = h$，此时有

$$q = 1, L' = L + F, V = V'$$

(3) 气-液混合物　由于进料液的温度 t_F 高于液体的泡点温度 t_b，但低于蒸气的露点温度 t_d，所以 $h < h_F < H$，此时有

$$0 < q < 1, L < L' < L + F, V' < V < V' + F$$

(4) 饱和蒸气　由于 $t_F = t_d$，所以 $h_F = H$，此时有

$$q = 0, L' = L, V = V' + F$$

(5) 过冷蒸气　由于进料液的温度 t_F 高于蒸气的露点温度 t_d，所以 $h_F > H$，此时有：

$$q < 0, L' < L, V > V' + F$$

各种进料情况下的精馏段和提馏段气、液相流量变化如图 5-11 所示。过冷液体进料时，来自提馏段的蒸气有一部分被冷凝以释放热量将冷液升温至泡点，冷凝出的液体下流提馏段，故 $L' > L + F$；过热蒸气进料时，来自精馏段的液体有一部分被汽化以吸收热量将过热蒸气降温至露点，被汽化的蒸气上流提馏段，故 $V > V' + F$。饱和液体、气液混合物、饱和蒸气进料时，q 值即等于进料中的液体摩尔分数。

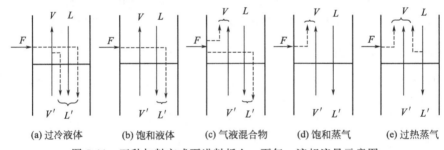

(a) 过冷液体　　(b) 饱和液体　　(c) 气液混合物　　(d) 饱和蒸气　　(e) 过热蒸气

图 5-11　五种加料方式下进料板上、下气、液相流量示意图

5.5　双组分连续精馏塔的计算

5.5.1　物料衡算与操作线方程

5.5.1.1　全塔物料衡算

对稳定操作的精馏塔，不管塔内的操作情况如何，加料、馏出液和釜液的流率与组成之间的关系受全塔物料衡算的约束。如图 5-12 所示，以整个双组分精馏装置为控制体，作全塔物料衡算有

总物料衡算　　$F = D + W$　　　　　(5-49)

轻组分物料衡算　$Fx_F = Dx_D + Wx_W$　　(5-50)

式中　F、D、W——原料、馏出液和釜液的流率，

kmol/s；

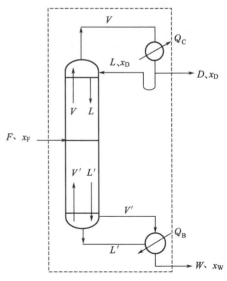

图 5-12　全塔物料衡算

x_F、x_D、x_W——原料、馏出液和釜液的摩尔分数。

由式(5-45)和式(5-50)联立可求得

馏出液采出率
$$\frac{D}{F} = \frac{x_F - x_W}{x_D - x_W}$$
(5-51)

釜液采出率
$$\frac{W}{F} = 1 - \frac{D}{F}$$
(5-52)

组分的回收率 η 定义为其回收的量与原料中该组分总量的比值，即

轻组分回收率
$$\eta_1 = \frac{Dx_D}{Fx_F}$$
(5-53)

重组分回收率
$$\eta_2 = \frac{W(1-x_W)}{F(1-x_F)}$$
(5-54)

【例 5-2】 某苯-甲苯精馏塔的进料量为 1000kmol/h，苯的摩尔分数为 0.60，要求塔顶产品的浓度（摩尔分率，下同）不低于 0.95，塔底产品的浓度不高于 0.10。问：

(1) 当满足工艺要求时，塔顶、塔底产品的量各是多少？苯的回收率为多少？

(2) 塔顶每小时采出 650kmol 产品行吗？采出的极限量是多少？如果塔顶每小时采出 650kmol 产品，则产品能达到的最大浓度是多少？

解 已知 $F=1000$kmol/h、$x_F=0.60$、$x_D=0.95$、$x_W=0.10$

(1) 塔顶产品量 $D = \dfrac{X_F - X_W}{X_D - X_W}F = \dfrac{0.60-0.10}{0.95-0.10} \times 1000 = 588.235$(kmol/h)

塔底产品量 $W = F - D = 1000 - 588.235 = 411.765$(kmol/h)

苯的回收率 $\eta_1 = \dfrac{Dx_D}{Fx_F} = \dfrac{588.235 \times 0.95}{1000 \times 0.60} = 0.9314 = 93.14\%$

(2) 塔顶每小时采出 650kmol 产品是不行的。因为进料中的苯量为 600kmol/h，而采出 650kmol/h 的 D 中含苯量为 650kmol/h × 0.95 = 617.5kmol/h，即 $Dx_D > Fx_F$。

采出的极限量为 $D_{max} = \dfrac{Fx_F}{x_D} = \dfrac{1000 \times 0.60}{0.95} = 631.579$kmol/h。

如果塔顶每小时采出 650kmol 产品，则产品能达到的最大浓度是

$$x_{D,max} = \frac{Fx_F}{D} = \frac{1000 \times 0.60}{650} = 0.923$$

5.5.1.2 操作线方程

(1) 精馏段操作线方程 以图 5-13(a) 中虚线所划定的区域为衡算范围，作物料衡算有

总物料衡算
$$V = L + D$$
(5-55)

轻组分物料衡算
$$Vy_{n+1} = Lx_n + Dx_D$$
(5-56)

综合以上两式，即
$$y_{n+1} = \frac{L}{V}x_n + \frac{D}{V}x_D$$
(5-57)

式(5-57)表示了精馏段任意两块塔板之间，上升蒸气与下降液体的组成关系，称为**精馏段操作线方程**。

设精馏塔顶的冷凝器为全凝器，且为泡点回流。令 $L/D=R$，R 表示回流量与馏出液量的比值，称为回流比。则

$$L = RD$$
(5-58)

$$V = (R+1)D$$
(5-59)

代入式(5-57) 得

$$y_{n+1}=\frac{R}{R+1}x_n+\frac{1}{R+1}x_D \qquad (5\text{-}60)$$

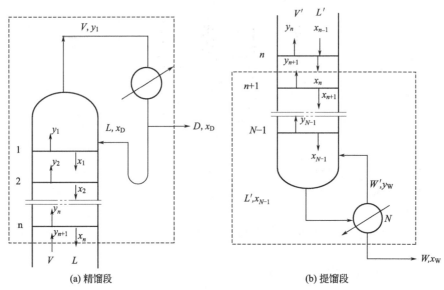

(a) 精馏段　　　　　　　　　　　(b) 提馏段

图 5-13　精馏段与提馏段的物料衡算

（2）提馏段操作线方程　同样，以图 5-13（b）中虚线所划定的区域为衡算范围，作物料衡算可得到

$$y_{n+1}=\frac{L'}{V'}x_n-\frac{W}{V'}x_W \qquad (5\text{-}61)$$

式(5-61) 表示了提馏段任意两块塔板之间，上升蒸气与下降液体的组成关系，称为**提馏段操作线方程**。

将式(5-58) 和式(5-59) 分别代入式(5-47) 和式(5-48) 可得

$$L'=RD+qF \qquad (5\text{-}62)$$
$$V'=(R+1)D-(1-q)F \qquad (5\text{-}63)$$

将式(5-62) 和式(5-63) 以及式(5-49) 代入式(5-61) 得

$$y_{n+1}=\frac{RD+qF}{(R+1)D-(1-q)F}x_n-\frac{F-D}{(R+1)D-(1-q)F}x_W \qquad (5\text{-}64)$$

可见，在一定的精馏过程中，进料的热状况参数 q 将影响提馏段的操作线。

（3）操作线图示　在 y-x 图上，精馏段操作线是一条过点 $a(x_D,x_D)$、截距为 $x_D/(R+1)$ 的直线，提馏段操作线是过点 $c(x_W,x_W)$、截距为 $-Wx_W/V'$ 的直线，如图 5-14 所示。精馏段和提馏段操作线的斜率分别为 L/V 和 L'/V'，即为各段的液气比。当物系和操作压力确定，即相平衡关系确定后，增大精馏段的液气比和减小提馏段的液气比，操作线向对角线靠拢，偏离平衡线，对分离是有利的。

5.5.1.3　料热状况的影响

在精馏塔的计算和分析中，当原料、分离要求和回流比已知时，由 R、x_D 可方便地确定精馏段的操作线方程；但提馏段操作线的确定较麻烦，需根据塔内两相的流率与 q 的关系，并结合全塔物料衡算才能确定，且不能在 y-x 图上直接反映出进料热状况参数的影响。通常采取寻找两条操作线交点轨迹方程的方法来解决上述问题。

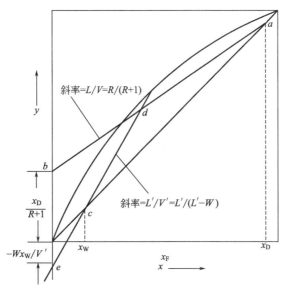

图 5-14　精馏段与提馏段的操作线

将式(5-57) 和式(5-61) 改写为

$$V y = L x + D x_D$$

$$V' y = L' x - W x_W$$

因在交点处两式中相同变量的值相等，故略去了两式代表板数的下标。上两式相减得

$$(V' - V) y = (L' - L) x - (W x_W + D x_D)$$

将式(5-47)、式(5-48) 和式(5-50) 代入上式，得

$$(q-1) F y = q F x - F x_F$$

得

$$y = \frac{q}{q-1} x - \frac{1}{q-1} x_F \tag{5-65}$$

式(5-65) 是精馏段和提馏段操作线交点 d 的轨迹方程，为一条过点 $f(x_F, x_F)$、斜率为 $q/(q-1)$ 的直线。该直线仅与进料的 q 和 x_F 有关，故称为加料线方程，简称 q 线方程。当 x_F、x_D、x_W、R 一定时，精馏段操作线确定，q 值的大小将直接影响到 d 点的位置，从而影响提馏段的操作线。五种进料状况下的 q 线、d 点和提馏段操作线的位置变化如图 5-15 所示。

5.5.1.4　塔顶冷凝器和塔底再沸器的热负荷

塔顶蒸气全部冷凝为泡点液体时，冷凝器的热负荷 Q_C 为

$$Q_C = V r_c = (R+1) D r_c \tag{5-66}$$

塔底再沸器的热负荷 Q_B 为

$$Q_B = V' r_b = [(R+1) D - (1-q) F] r_b \tag{5-67}$$

式中　r_c——组成为 x_D 的混合液的平均汽化热，kJ/kmol；

　　　r_b——组成为 x_W 的混合液的平均汽化热，kJ/kmol。

综上所述，描述双组分精馏塔精馏过程的方程有

总物料衡算　　　　　　　　$F = D + W$

轻组分物料衡算　　　　　　$F x_F = D x_D + W x_W$

精馏段操作线　　　　　　　$y_{n+1} = \dfrac{R}{R+1} x_n + \dfrac{1}{R+1} x_D$

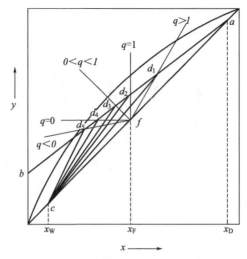

图 5-15 进料热状况参数对 q 线和提馏段操作线的影响

提馏段操作线 $\quad y_{n+1} = \dfrac{RD+qF}{(R+1)D-(1-q)F} x_n - \dfrac{F-D}{(R+1)D-(1-q)F} x_W$

q 线 $\qquad\qquad\qquad y = \dfrac{q}{q-1} x - \dfrac{1}{q-1} x_F$

相平衡关系 $\qquad\qquad\quad y_n = f(x_n)$

冷凝器的热负荷 $\qquad\quad Q_C = V r_c = (R+1) D r_c$

再沸器的热负荷 $\qquad\quad Q_B = V' r_b = [(R+1)D-(1-q)F] r_b$

【例 5-3】 对例 5-2 中的分离任务，如果采用泡点进料，全凝器泡点回流，且回流比为 2，塔底使用间接蒸汽加热的再沸器。操作条件下，物系的平均相对挥发度为 2.47。试确定精馏塔的操作线方程和加料线方程。

解： $F = 1000 \text{kmol/h}$、$x_F = 0.60$、$x_D = 0.95$、$x_W = 0.10$、$R = 2$、$q = 1$

精馏段操作线方程 $\quad y_{n+1} = \dfrac{R}{R+1} x_n + \dfrac{1}{R+1} x_D = \dfrac{2}{3} x_n + \dfrac{1}{3} \times 0.95$

馏出液的流率 $\quad D = 588.235 \text{kmol/h}$（见例 5-2）

$$\dfrac{RD+qF}{(R+1)D-(1-q)F} = \dfrac{2 \times 588.235 + 1 \times 1000}{3 \times 588.235} = 1.2333$$

$$\dfrac{F-D}{(R+1)D-(1-q)F} x_W = \dfrac{1000-588.235}{3 \times 588.235} \times 0.10 = 0.02333$$

提馏段操作线方程 $\qquad\qquad y_{n+1} = 1.2333 x_n - 0.02333$

泡点进料，q 线方程为 $\qquad\qquad x = x_F = 0.6$

5.5.2 双组分精馏塔的设计型计算

精馏塔的设计型计算是在分离任务（原料和分离要求）给定的情况下，设计一座完成分离任务的精馏塔。板式塔的设计型计算主要有如下内容。

① 确定进、出精馏装置各物流的流率与组成；

② 确定合适的操作压力、进料的热状况参数、回流比等操作参数；

③ 确定精馏塔所需的理论板数和合适的加料位置；

④ 选择塔板的类型，进行塔板的结构设计计算和流体力学验算，确定塔径和塔高；

⑤ 确定冷凝器和再沸器的热负荷，选择其类型和确定尺寸。

这里重点讨论理论板数的计算、加料位置的确定和回流比及进料的热状况参数的选择等问题。

分离要求是对塔顶和塔底产品质量和数量的规定，但在 x_D、x_W、D、W 四个量中只能规定其中两个，其余两个由物料衡算限定，不能再做规定。

5.5.2.1　理论板数的计算

对一定的分离任务，当操作压力 p、回流比 R 和进料的热状况参数 q 选定后，相平衡关系和精馏塔的操作线方程随之确定，利用相平衡方程和操作线方程就可计算所需的理论板数。对双组分简单精馏塔，通常采用逐板计算法和图解法计算理论板数。

（1）逐板计算法　对图 5-16 所示的塔顶使用全凝器，泡点回流，塔底使用再沸器的精馏塔，逐板计算过程如下：

① 根据给定的条件，列出相平衡方程、精馏段操作线方程和提馏段操作线方程。

② 求出两操作线的交点 $d(x_d, y_d)$。

③ 从塔顶开始逐板计算。对全凝器泡点回流，有 $y_1 = x_D$。使用相平衡方程和操作线方程交替进行计算。具体步骤为：

$$y_1 \xrightarrow{\text{相平衡方程}} x_1 \xrightarrow{\text{精馏操作线}} y_2 \xrightarrow{\text{相平衡方程}} x_2$$

$$\xrightarrow{\text{精馏操作线}} \cdots \xrightarrow{\text{相平衡方程}} x_n \leqslant x_d$$

$$x_n \xrightarrow{\text{相平衡方程}} y_{n+1} \xrightarrow{\text{提馏操作线}} \cdots \xrightarrow{\text{相平衡方程}}$$

$$x_{N-1} \xrightarrow{\text{提馏操作线}} y_N \xrightarrow{\text{相平衡方程}} x_W \leqslant x_W$$

先使用相平衡方程与精馏段操作线方程交替进行计算，当算至 $x_n \leqslant x_d$ 时，表明应该在第 n 板加料，精馏段的理论板数为 $n-1$ 块，以后应换成提馏段操作线方程与相平衡方程交替计算至 $x_N \leqslant x_W$ 时，表明已满足分离要求，终止计算。因第 N 块为塔釜再沸器，故塔内需要的总理论板数为 $N-1$ 块。

如果塔顶使用的是分凝器，如图 5-17 所示，则分凝器为第 1 块理论板，塔顶最上第一块板为第 2 块理论板，所以塔内需要的总理论板数为 $N-2$ 块。

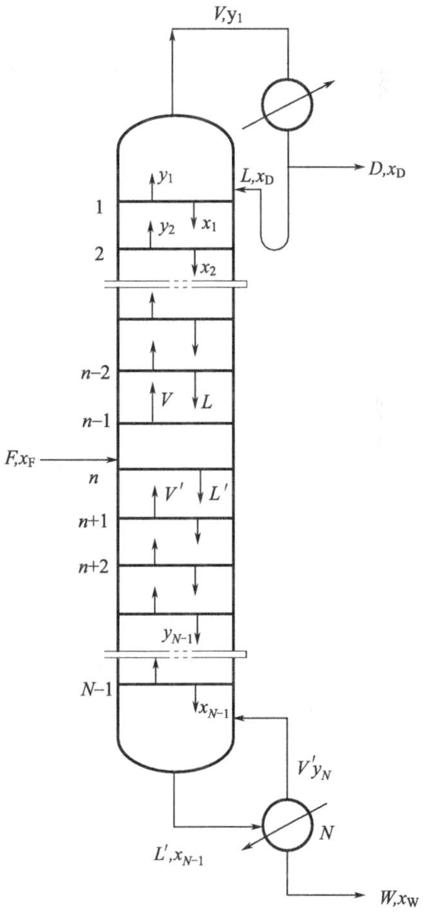

当然，逐板计算法也可以从塔底开始计算。

逐板计算法能够得到比较准确的结果，且同时获得各板上气、液两相的组成，但手算较烦琐，宜采用计算机计算。

图 5-16　精馏塔的逐板计算

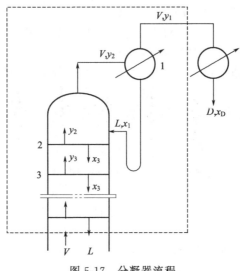

图 5-17　分凝器流程

【例 5-4】　对例 5-2 中的分离任务，采用例 5-3 的操作条件，计算完成分离任务所需的理论板数并确定加料位置。

解： 相平衡方程为 $y = \dfrac{\alpha x}{1 + (\alpha - 1)x}$

将相平衡方程改写为 $x_n = \dfrac{y_n}{\alpha - (\alpha - 1)y_n} = \dfrac{y_n}{2.47 - 1.47 y_n}$

联立精馏段操作线方程和 q 线方程，解得交点为 $y_d = 0.7167$、$x_d = 0.6$。利用相平衡方程求取 x_n，利用精馏段操作线方程（例 5-3）求取 y_{n+1}，则有

$y_1 = x_D = 0.95$

$\quad x_1 = \dfrac{y_1}{2.47 - 1.47 y_1} = \dfrac{0.95}{2.47 - 1.47 \times 0.95} = 0.885$

$y_2 = \dfrac{2}{3} x_1 + \dfrac{1}{3} \times 0.95 = \dfrac{2}{3} \times 0.885 + \dfrac{1}{3} \times 0.95$
$\quad = 0.9067$

$\quad x_2 = \dfrac{0.9067}{2.47 - 1.47 \times 0.9067} = 0.7973$

$y_3 = \dfrac{2}{3} \times 0.7973 + \dfrac{1}{3} \times 0.95 = 0.8482$

$\quad x_3 = \dfrac{0.8482}{2.47 - 1.47 \times 0.8482} = 0.6935$

$y_4 = \dfrac{2}{3} \times 0.6935 + \dfrac{1}{3} \times 0.95 = 0.7790$

$\quad x_4 = \dfrac{0.7790}{2.47 - 1.47 \times 0.7790} = 0.5880$

因为 $x_4 < x_d$，所以第 4 块板为加料板，第 5 块板开始改用提馏段操作线方程计算气相组成。

$y_5 = 1.2333 \times 0.5880 - 0.02333 = 0.7019$，$\quad x_5 = \dfrac{0.7019}{2.47 - 1.47 \times 0.7019} = 0.4880$

$y_6 = 1.2333 \times 0.4880 - 0.02333 = 0.5785$，$\quad x_6 = \dfrac{0.5785}{2.47 - 1.47 \times 0.5785} = 0.3572$

$y_7 = 1.2333 \times 0.3572 - 0.02333 = 0.4172$，$\quad x_7 = \dfrac{0.4172}{2.47 - 1.47 \times 0.4172} = 0.2247$

$y_8 = 1.2333 \times 0.2247 - 0.02333 = 0.2538$，$\quad x_8 = \dfrac{0.2538}{2.47 - 1.47 \times 0.2538} = 0.1210$

$y_9 = 1.2333 \times 0.1210 - 0.02333 = 0.1259$，$\quad x_9 = \dfrac{0.1259}{2.47 - 1.47 \times 0.1259} = 0.0551$

因为 $x_9 < x_W = 0.10$，所以停止计算，第 9 块板为再沸器，所以全塔需 8 块理论板，第 4 块板为加料板。

（2）图解法　图解法又称为麦卡勃-西勒（McCabe-Thiele）法，是将逐板计算过程在 y-x 图上用图解的形式进行。其主要步骤如下：

① 在 y-x 图上作出相平衡线、对角线。

② 在 x 轴上定出 $x = x_D$、x_F、x_W，依次通过这三点作垂线分别交对角线于点 a、f、c。

③ 在 y 轴上定出 $y_b = x_D/(R+1)$ 的点 b，连接 a、b 即为精馏段操作线。

④ 由进料热状况求出 q 线的斜率 $q/(q-1)$，过点 f 作出 q 线交精馏段操作线于点 d。

⑤ 连接点 d、c 得到提馏段操作线。

⑥ 从点 $a(x_D, x_D)$ 开始在平衡线与精馏段操作线之间画阶梯，当梯级刚跨过精馏段与提馏段的操作线的交点 d 时，改在平衡线与提馏段操作线之间画阶梯，直至梯级跨过点 $c(x_W, x_W)$ 为止，如图 5-18 所示。

⑦ 数出所画的总梯级数即为全塔所需的理论板数（包括再沸器），跨过 d 点的一块为加料板，其上的梯级数为精馏段的理论板数。图 5-18 中完成分离任务需 6 个理论板，第 4 个板为加料板，精馏段有 3 个理论板。

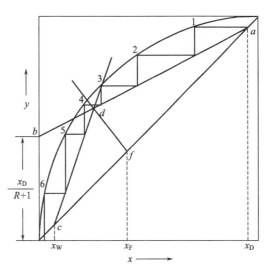

图 5-18　求解理论板数的图解法

5.5.2.2　最佳加料位置的确定

对于一定的分离任务，在相同的操作条件下，如果加料位置不同，则完成任务所需的理论板数也不同。对图 5-18，加料位置为第 4 块板，所需的理论板数为 6 块，如果在第 3 块或第 5 块加料，如图 5-19（a）和（b）所示，则所需的理论板数各为 7 块。

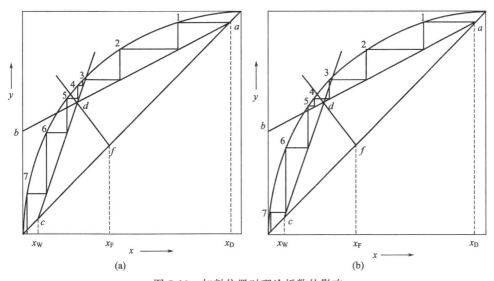

图 5-19　加料位置对理论板数的影响

加料位置与所需理论板数的关系如图 5-20 所示。最佳加料位置定义为完成分离任务所需总理论板最少的加料位置。图 5-20 中曲线最低处对应的加料位置就是最佳加料位置 N_F。

通常，在逐板计算法和图解法中，跨过 d 点的加料位置即为最佳加料位置。凡是偏离最佳加料位置的加料，要完成相同的分离任务，所需总理论板数必定增加，且偏离越远，总理论板数增加越多。

5.5.2.3 回流比的选择

对给定的分离任务，在一定的操作条件（压力 p、热状况参数 q）下，增大回流比 R，则加大了精馏段的液气比 L/V，同时减小提馏段的液气比 L'/V'，在 y-x 图上，精馏段操作线和提馏段操作线均向对角线靠拢，即偏离平衡线，有利于精馏过程的传质，使完成分离任务所需的理论板数减少，塔的设备费下降。但增大回流比 R，加大了冷凝器和再沸器的热负荷以及泵的动力消耗，操作费上升，相应也增大了冷凝器和再沸器的传热面积，传热设备费上升。回流比与设备费、操作费及总费用的关系如图 5-21 所示。

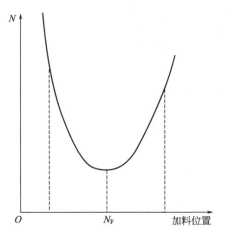

图 5-20　加料位置与所需理论板数的关系

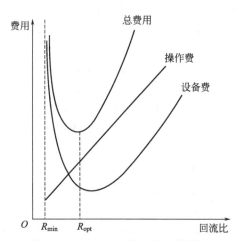

图 5-21　回流比对精馏费用的影响

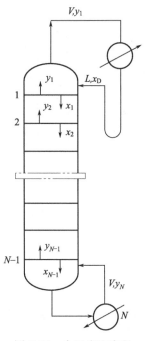

图 5-22　全回流比流程

因此，回流比的选择是一个经济上的优化问题，适宜的回流比应该是使精馏过程总费用最少的回流比。

从回流比的定义式 $R=L/D$ 来看，回流比的取值范围为 $0\sim\infty$，即在无回流和全回流之间。但从精馏原理可知：要达到一定的分离要求，必须提供回流，否则即使有无穷多理论板也不能达到一定的分离要求，即回流比有一个下限，称为最小回流比。最小回流比是技术上对回流比选择的限制，而不是经济问题。因此，回流比的选择范围在最小回流比和全回流之间。

（1）全回流与最少理论板数　全回流操作是将塔顶蒸气用冷凝器冷凝后，全部又引入塔顶作为回流液，塔顶无产品采出。全回流时，$D=0$，根据物料衡算有 $W=F$、$x_W=x_F$，即进料与出料完全相同，故全回流操作时，通常不进料也不出料，全塔无精馏段和提馏段之分，如图 5-22 所示。

由式（5-61）知，此时的操作线方程为

$$y_{n+1}=x_n \tag{5-68}$$

在 y-x 图上，操作线与对角线重合，即操作线离平衡线最远，达到一定的分离要求，所需的理论板数最少。

由式（5-68）可得，混合物中轻、重组分在气、液两相中的

摩尔比为

$$\left(\frac{y_A}{y_B}\right)_{n+1}=\left(\frac{x_A}{x_B}\right)_n \tag{5-69}$$

由相对挥发度的定义式，可得

$$\left(\frac{y_A}{y_B}\right)_n=\alpha_n\left(\frac{x_A}{x_B}\right)_n \tag{5-70}$$

根据全回流的特点，有 $\left(\dfrac{y_A}{y_B}\right)_1=\left(\dfrac{x_A}{x_B}\right)_D$，代入式(5-70)得

$$\left(\frac{x_A}{x_B}\right)_1=\frac{1}{\alpha_1}\left(\frac{y_A}{y_B}\right)_1=\frac{1}{\alpha_1}\left(\frac{x_A}{x_B}\right)_D$$

将上式代入式(5-69)得　　$\left(\dfrac{y_A}{y_B}\right)_2=\left(\dfrac{x_A}{x_B}\right)_1=\dfrac{1}{\alpha_1}\left(\dfrac{x_A}{x_B}\right)_D$

将上式代入式(5-70)得　$\left(\dfrac{x_A}{x_B}\right)_2=\dfrac{1}{\alpha_2}\left(\dfrac{y_A}{y_B}\right)_2=\dfrac{1}{\alpha_1\alpha_2}\left(\dfrac{x_A}{x_B}\right)_D$

如此类推，可得第 N 板（塔釜）的液体组成为

$$\left(\frac{x_A}{x_B}\right)_N=\frac{1}{\alpha_1\alpha_2\cdots\alpha_{N-1}\alpha_N}\left(\frac{x_A}{x_B}\right)_D \tag{5-71}$$

当 $\left(\dfrac{x_A}{x_B}\right)_N\leqslant\left(\dfrac{x_A}{x_B}\right)_W$ 时，此时的塔板数 N 即为全回流时所需的最少理论板数 $N_{\min}$。

若全塔的平均相对挥发度 α 取为

$$\alpha=\sqrt[N]{\alpha_1\alpha_2\cdots\alpha_{N-1}\alpha_N} \tag{5-72}$$

则得到全回流与最少理论板数

$$N_{\min}=\frac{\lg\left[\left(\dfrac{x_A}{x_B}\right)_D\bigg/\left(\dfrac{x_A}{x_B}\right)_W\right]}{\lg\alpha} \tag{5-73}$$

上式称为芬斯克（Fenske）方程。此式在推导过程中对组分数没有限制，因此也适用于多组分精馏计算。

对双组分精馏，$x_B=1-x_A$，式(5-73)变为

$$N_{\min}=\frac{\lg\left[\left(\dfrac{x_D}{1-x_D}\right)\left(\dfrac{1-x_W}{x_W}\right)\right]}{\lg\alpha} \tag{5-74}$$

全回流操作无塔顶产品，通常只用于设备开车、调试和实验研究。

（2）最小回流比　减小回流比 R，精馏段操作线向平衡线靠近，其与 q 线的交点 d 也向平衡线靠近，使提馏段操作线亦随之上移靠近平衡线，完成分离任务所需的全塔理论板数 N 增加。当 R 减小到一定程度，d 点将落在平衡线上，与精馏段操作线和平衡线的交点 e 重合，如图 5-23 所示。这时，无论画多少梯级都不能跨过 e 点，所需的塔板数为无穷多，此时的回流比称为最小回流比 $R_{\min}$，e 点称为"夹点"，附近的区域称为"恒浓区"或"夹紧区"。

最小回流比 $R_{\min}$ 的值与平衡线的形状有关。对于非理想物系，当回流比减小到某一值时，d 点尚未落在平衡线上，操作线就与平衡线相切于点 g，如图 5-24(a)、(b)所示，此时所需的塔板数也为无穷多，对应的回流比亦为最小回流比 $R_{\min}$。

由 d 点的坐标 (x_d,y_d) 可求出最小回流比 $R_{\min}$。

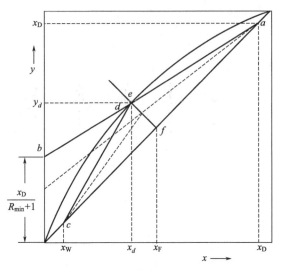

图 5-23　最小回流比

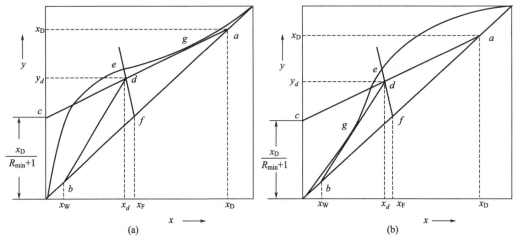

(a)　　　　　　　　　　　　　　(b)

图 5-24　非理想物系最小回流比

因为
$$\frac{R_{\min}}{R_{\min}+1}=\frac{x_D-y_d}{x_D-x_d}$$

所以
$$R_{\min}=\frac{x_D-y_d}{y_d-x_d} \tag{5-75}$$

对理想物系，将平衡线方程和 q 线方程联立，求出交点代入上式即可求出 $R_{\min}$。

泡点进料时
$$(R_{\min})_{q=1}=\frac{1}{\alpha-1}\left[\frac{x_D}{x_F}-\frac{\alpha(1-x_D)}{1-x_F}\right] \tag{5-76}$$

露点进料时
$$(R_{\min})_{q=0}=\frac{1}{\alpha-1}\left(\frac{\alpha x_D}{x_F}-\frac{1-x_D}{1-x_F}\right)-1 \tag{5-77}$$

从以上两式可清楚地看出最小回流比 $R_{\min}$ 取决于物系的相平衡和分离要求。

（3）适宜回流比的选择　使精馏过程总费用最低的回流比为最佳操作回流比。因此，最佳操作回流比的选择应对精馏过程作经济核算。但经济核算非常烦琐，且完整和准确的经济数据也难以获取。在精馏塔的设计中一般并不通过经济衡算来确定回流比，而是计算出达到分离要求的最小回流比 R_{min}，根据经验取 R_{min} 的某一倍数。

根据实验和生产经验，一般适宜回流比的范围为

$$R=(1.2\sim 2.0)R_{min} \qquad (5\text{-}78)$$

对难分离或分离要求高的物系，倍数可取大一些。

5.5.2.4　理论板数的简捷算法

在精馏塔的初步设计中，常利用最小回流比 R_{min} 和最少理论板数 N_{min} 的概念，使用如图 5-25 所示的吉利兰（Gilliland）关联图估算所需的理论板数。该图的使用条件为：组分数 $2\sim 11$；进料的热状况参数 $q=0.28\sim 1.42$；组分间的相对挥发度 $\alpha=1.26\sim 4.05$；最小回流比 $R_{min}=0.53\sim 7.0$；理论板数 $N=2.4\sim 43.1$。

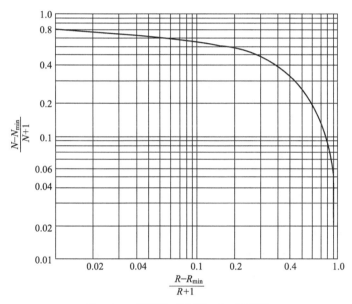

图 5-25　吉利兰（Gilliland）关联图

图 5-25 为双对数坐标图，横坐标为 $\dfrac{R-R_{min}}{R+1}$，纵坐标为 $\dfrac{N-N_{min}}{N+1}$，其中的 N、N_{min} 均包括再沸器。

吉利兰关联图可拟合成数学表达式用于计算，较准确的有

$$Y=0.75(1-X^{0.5668}) \qquad (X=0.08\sim 0.6) \qquad (5\text{-}79)$$

$$Y=1-\exp\left[\frac{(1+54.4X)(X-1)}{(11+117.2X)\sqrt{X}}\right] \qquad (5\text{-}80)$$

式中　　　　　　　　　$X=\dfrac{R-R_{min}}{R+1}$　　　　　$Y=\dfrac{N-N_{min}}{N+1}$

精馏段和全塔的理论板数之比 N_R/N 近似满足

$$\frac{N_R}{N}=\frac{N_{minR}}{N_{min}} \qquad (5\text{-}81)$$

式中，N_{minR} 为精馏段的最少理论板数，可用馏出液和进料浓度由芬斯克方程计算。

【例 5-5】 用简捷算法计算例 5-4 中精馏过程所需的理论板数。

解：泡点进料，最小回流比为

$$(R_{\min})_{q=1} = \frac{1}{\alpha-1}\left[\frac{x_D}{x_F} - \frac{\alpha(1-x_D)}{1-x_F}\right] = \frac{1}{2.47-1}\left[\frac{0.95}{0.60} - \frac{2.47\times(1-0.95)}{1-0.60}\right] = 0.867$$

全塔所需的最少理论板数为

$$N_{\min} = \frac{\lg\left[\left(\dfrac{x_D}{1-x_D}\right)\left(\dfrac{1-x_W}{x_W}\right)\right]}{\lg\alpha} = \frac{\lg\left[\left(\dfrac{0.95}{1-0.95}\right)\left(\dfrac{1-0.10}{0.10}\right)\right]}{\lg 2.47} = 5.686$$

精馏段的最少理论板数为

$$N_{\min R} = \frac{\lg\left[\left(\dfrac{x_D}{1-x_D}\right)\left(\dfrac{1-x_F}{x_F}\right)\right]}{\lg\alpha} = \frac{\lg\left[\left(\dfrac{0.95}{1-0.95}\right)\left(\dfrac{1-0.60}{0.60}\right)\right]}{\lg 2.47} = 2.808$$

$$X = \frac{R-R_{\min}}{R+1} = \frac{2-0.867}{2+1} = 0.3777$$

$$Y = \frac{N-N_{\min}}{N+1} = 0.75(1-X^{0.5668}) = 0.75\times(1-0.3777^{0.5668}) = 0.318$$

全塔所需的理论板数为 $\quad N = \dfrac{Y+N_{\min}}{1-Y} = \dfrac{0.318+5.686}{1-0.318} = 8.8$

精馏段所需的理论板数为 $N_R = \dfrac{N_{\min R}}{N_{\min}}N = \dfrac{2.808}{5.686}\times 8.8 = 4.3$

可见，和逐板计算法的结果相同。

5.5.2.5 加料热状况的选择

前面已述及精馏操作的进料情况有五种：过冷液体、饱和液体、气液混合物、饱和蒸气和过热蒸气。其热状况可用 q 值表征，对应五种进料的 q 值从大至小变化。

当 x_F、x_D、x_W、R 一定时，精馏段操作线已经确定，q 值的变化不改变精馏段操作线的位置，但明显改变提馏段操作线的位置，随着 q 值的减小，提馏段操作线向平衡线靠近，完成一定的分离任务所需的理论板数增多。因此，进料前原料经预热或部分汽化，对精馏分离过程反而不利。

但另一方面，提高进料的预热程度，则需要由再沸器提供的上升蒸气量 V' 下降，从而可减小再沸器的热负荷。特别是对一些因塔釜温度过高容易产生聚合或结焦的物料，采用较低的 q 值进料是有利的。

可见，进料热状况的选择是一个需要综合考虑的问题。一般而言，为使液相回流和气相回流在全塔发挥最大的效能，热量应尽可能在塔底输入，而冷量应尽可能在塔顶输入。

工业生产中通常采用泡点进料，除综合考虑上述因素外，还可避免季节变化引起料液温度变化而影响精馏塔的稳定性。

5.5.3 双组分精馏塔的操作型分析与计算

精馏塔的操作型问题是在塔设备（塔板数及加料位置）已定的情况下，分析和计算操作参数（如 F、x_F、q、R、Q_C、Q_B 等）的改变对分离结果的影响，从而提出为达到分离要求应采取的措施。

操作型计算所需的计算式与设计型计算一样，但馏出液和釜液的组成未知，操作线方程不能直接确定，且加料位置不一定在最佳位置，所以操作型计算通常需要试差迭代。

5.5.3.1　回流比 R 的影响

精馏塔给定，其他操作条件保持不变时，增大 R，精馏段的液气比 L/V 增大、提馏段的液气比 L'/V' 减小，两条操作线远离平衡线，传质推动力增大，使 x_D 增大、x_W 减小。

定量分析 R 对操作结果影响的计算过程如下：

① 给定精度 ε，假设塔釜浓度 x_W。

② 用全塔物料衡算式计算馏出液浓度 x_D。

③ 用精馏段操作线方程式和相平衡方程式计算离开精馏段各塔板的气、液相组成，直至加料板。

④ 用提馏段操作线方程式和相平衡方程式计算离开提馏段各塔板的气、液相组成，直至再沸器的液相组成 x_N。

⑤ 判断 $|x_N - x_W| \leqslant \varepsilon$ 是否成立。如不成立，重新假设 x_W 返回第②步继续迭代计算。如成立，则 x_D、x_W 即为所求。

⑥ 计算冷凝器和再沸器的热负荷 Q_C、Q_B。

从以上计算过程可知，操作型计算是一个比较烦琐的试差迭代过程。

在精馏操作中，常常通过调节回流比来保证或提高馏出液的浓度 x_D，但以增大 R 的方法来提高 x_D 会受到精馏塔分离能力（塔板数）、物料衡算及冷凝器和再沸器传热面积的限制。

5.5.3.2　进料组成 x_F 变化的影响

一个操作中的精馏塔，若进料的组成 x_F 下降为 x_F'，而回流比 R 和馏出液的采出率 D/F 保持不变，则馏出液和塔釜液的浓度都将从原来的 x_D、x_W 下降为 x_D'、x_W'。x_D'、x_W' 的值也可用迭代法计算。

此时，如果要维持馏出液的浓度 x_D 不变，一般可采用加大回流比 R 或减少采出率 D/F 的方法进行调节，当进料组成下降较大时，应将加料位置适当下移。通常精馏塔常备有几个加料位置，以保证进料状态改变后，仍能将其调节到适宜的位置加料。

上述分析了回流比和进料组成变化对操作结果的影响，其他操作参数变化的影响可用类似方法进行分析和计算。

【例 5-6】 有一操作中的常压连续精馏塔分离苯、甲苯混合液。

(1) 若保持加料位置、进料量 F、组成 x_F、热状况 q 和 D 不变，试分析增大操作回流比 R 后馏出液和釜液的组成 x_D、x_W 的变化趋势。

(2) 若保持加料位置、进料量 F、组成 x_F、热状况 q 和再沸器上升蒸气量 V' 不变，试分析增大操作回流比 R 后馏出液和釜液的流量 D、W 及组成 x_D、x_W 的变化趋势。

解：(1) 因为 $L/V = R/(R+1)$

R 增大 $\Rightarrow L/V$ 增大 $\Rightarrow$ 精馏段的分离能力增大，而 x_F 不变，精馏段的分离能力增大 $\Rightarrow x_D$ 增大

$V = (R+1)D$ 　　　　　　　　　　　　D 不变 $\Rightarrow V$ 增大

$V' = V + (1-q)F$ 　　　　　　　　　　F、q 不变，V 增大 $\Rightarrow V'$ 增大

$W = F - D$ 　　　　　　　　　　　　　F、D 不变 $\Rightarrow W$ 不变

$L'/V' = (V'+W)/V' = 1 + W/V'$ 　　　V' 增大、W 不变 $\Rightarrow L'/V'$ 减小

L'/V' 减小导致提馏段分离能力增大，而 x_F 不变，提馏段的分离能力增大使 x_W 减小。

"D 不变、W 不变；x_D 增大、x_W 减小" 的结论能够满足物料衡算 $Fx_F = Dx_D + Wx_W$，因此本题结论为：x_D 增大、x_W 减小。

本小题增大 R 的代价是增大塔釜再沸器和塔顶和冷凝器的热负荷。

(2)

$$L/V = R/(R+1) \qquad R\ 增大 \Rightarrow L/V\ 增大$$

$$V = V' + (1-q)\,F \qquad V'、F、q\ 不变 \Rightarrow V\ 不变$$

$$D = V/(R+1) \qquad V\ 不变、R\ 增大 \Rightarrow D\ 减小$$

$$W = F - D \qquad F\ 不变、D\ 减小 \Rightarrow W\ 增大$$

$$L = V - D \qquad V\ 不变、D\ 减小 \Rightarrow L\ 增大$$

V 不变，L 增大使 L/V 增大导致精馏段分离能力增大，因为 x_F 不变，所以 x_D 增大。

$L'/V' = (V'+W)/V' = 1 + W/V'$，$V'$ 不变，W 增大使 L'/V' 增大。

L'/V' 增大导致提馏段分离能力减小，因为 x_F 不变，所以 x_W 增大。

"D 减小，W 增大；x_D 增大、x_W 增大"的结论能够满足物料衡算 $Fx_F = Dx_D + Wx_W$，因此本题结论为：D 减小、W 增大、x_D 增大、x_W 增大。

本小题增大 R 的代价是减小 D。

【例 5-7】 现用一条具有 7 块理论板（包括再沸器）、加料位置为第 3 块（从塔顶往下编号）、塔顶使用全凝器的连续精馏塔，分离某含轻组分 0.4（摩尔分数，下同）的双组分混合物，泡点进料，泡点回流。已知操作条件下，物系的平均相对挥发度为 2.67。要求馏出液的组成为 0.9、回收率为 90%。求：

(1) 达到分离要求所需的回流比是多少？

(2) 如进料组成因故下降为 0.3，其他条件不变，则馏出液的组成和回收率有何变化？如果采用调节回流比的方法使馏出液的组成和回收率保持不变，则回流比应为多少？

解 (1) 该精馏过程的馏出液采出率为

$$\frac{D}{F} = \eta_1 \frac{x_F}{x_D} = 0.90 \times \frac{0.4}{0.9} = 0.4$$

塔釜液的组成为

$$x_W = \frac{x_F - Dx_D/F}{1 - D/F} = \frac{0.4 - 0.4 \times 0.9}{1 - 0.4} = 0.0667$$

假设回流比 $R = 3.0$，则

精馏段操作线方程为

$$y_{n+1} = \frac{R}{R+1} x_n + \frac{1}{R+1} x_D = 0.75 x_n + 0.225$$

提馏段操作线方程为

$$\begin{aligned}
y_{n+1} &= \frac{RD + qF}{(R+1)D - (1-q)F} x_n - \frac{F - D}{(R+1)D - (1-q)F} x_W \\
&= \frac{RD/F + q}{(R+1)D/F - (1-q)} x_n - \frac{1 - D/F}{(R+1)D/F - (1-q)} x_W \\
&= 1.375 x_n - 0.025
\end{aligned}$$

$$y_1 = x_D = 0.90 \qquad x_1 = \frac{y_1}{2.67 - 1.67 y_1} = \frac{0.90}{2.67 - 1.67 \times 0.90} = 0.7712$$

$$y_2 = 0.75 x_1 + 0.225 = 0.8034 \qquad x_2 = \frac{0.8034}{2.67 - 1.67 \times 0.8034} = 0.6048$$

$$y_3 = 0.75 x_2 + 0.225 = 0.6786 \qquad x_3 = \frac{0.6786}{2.67 - 1.67 \times 0.6786} = 0.4416$$

因为第 3 块板为加料板，第 4 块板开始改用提馏段操作线方程计算气相组成。

$$y_4 = 1.375 \times 0.4416 - 0.025 = 0.5822 \qquad x_4 = \frac{0.5822}{2.67 - 1.67 \times 0.5822} = 0.3429$$

$$y_5 = 1.375 \times 0.3429 - 0.025 = 0.4465 \qquad x_5 = \frac{0.4465}{2.67 - 1.67 \times 0.4465} = 0.2321$$

$$y_6 = 1.375 \times 0.2321 - 0.025 = 0.2941 \qquad x_6 = \frac{0.2941}{2.67 - 1.67 \times 0.2941} = 0.1350$$

$$y_7 = 1.375 \times 0.1350 - 0.025 = 0.1606 \qquad x_7 = \frac{0.1606}{2.67 - 1.67 \times 0.1606} = 0.0668$$

计算值 $x_7 = x_W$，假设回流比值有效，即达到分离要求所需的回流比 3。

(2) 假设馏出液的组成 $x_D = 0.725$，则

塔釜液的组成为 $\qquad x_W = \dfrac{x_F - Dx_D/F}{1 - D/F} = \dfrac{0.3 - 0.4 \times 0.725}{1 - 0.4} = 0.0167$

精馏段操作线方程为 $\qquad y_{n+1} = 0.75x_n + 0.18125$

提馏段操作线方程为 $\qquad y_{n+1} = 1.375x_n - 0.00625$

迭代计算过程同 (1)，计算结果为：

$y_1 = 0.725 \qquad x_1 = 0.49683$

$y_2 = 0.5539 \qquad x_2 = 0.3174$

$y_3 = 0.4193 \qquad x_3 = 0.2129$

$y_4 = 0.2864 \qquad x_4 = 0.1307$

$y_5 = 0.1734 \qquad x_5 = 0.07287$

$y_6 = 0.09395 \qquad x_6 = 0.03738$

$y_7 = 0.04515 \qquad x_7 = 0.0174$

计算值 $x_7 \approx x_W$，计算值与假设值相符，计算有效。此时塔顶产品的组成为 $x_D = 0.725$。

轻组分的回收率为 $\qquad \eta_1 = \dfrac{Dx_D}{Fx_F} = \dfrac{0.4 \times 0.725}{0.3} = 96.67\%$

计算结果表明：进料组成下降为 0.3，其他条件不变，则馏出液的组成下降，但回收率提高。

若保持 $x_D = 0.9$、$\eta_1 = 90\%$ 不变，则

馏出液的采出率为 $\qquad \dfrac{D}{F} = \eta_1 \dfrac{x_F}{x_D} = 0.90 \times \dfrac{0.3}{0.9} = 0.3$

塔釜液的组成为 $\qquad x_W = \dfrac{x_F - Dx_D/F}{1 - D/F} = \dfrac{0.3 - 0.3 \times 0.9}{1 - 0.3} = 0.0429$

假设回流比 $R = 6.2$，则

精馏段操作线方程为 $\qquad y_{n+1} = 0.861111x_n + 0.125$

提馏段操作线方程为 $\qquad y_{n+1} = 1.324074x_n - 0.0138889$

计算结果为：

$y_1 = 0.90 \qquad x_1 = 0.7712$

$y_2 = 0.7891 \qquad x_2 = 0.5836$

$y_3 = 0.6275 \qquad x_3 = 0.3869$

$y_4 = 0.4983 \qquad x_4 = 0.2712$

$y_5 = 0.3451 \qquad x_5 = 0.1649$

$y_6 = 0.2044 \qquad x_6 = 0.0878$

$y_7 = 0.1024 \qquad x_7 = 0.041$

计算值 $x_7 \approx x_W$，假设回流比值有效，即达到分离要求所需的回流比为 6.2。

显然，当料液组成降低后，如果要维持馏出液的浓度 x_D 不变，可采用加大回流比 R 的方法进行调节。

5.5.4 精馏塔的温度分布与灵敏板

从气、液相平衡一节可知，溶液的泡点与操作压力和组成有关。精馏塔内各板上物料的组成不同，塔顶至塔釜轻组分的浓度逐板下降，重组分的浓度逐板上升，且气相经过每一塔板都有一定的压降，因此，精馏塔内各板上的温度不同，从塔顶至塔底温度逐渐升高，形成某种温度分布，如图 5-26(a) 所示。在加压和常压精馏中，各板的总压差别不大，温度分布主要取决于各板上的组成。而在减压精馏中，各板上的组成和总压差别都是影响温度分布的重要原因。

正常操作的精馏塔一旦受到外界的干扰，如原料的变化、冷凝器或再沸器热负荷的变化，各板上的组成将发生变化，全塔温度分布也将随之发生相应的变化。故可以通过监测温度来预示塔内组成特别是塔顶或塔釜产品组成的变化。但在高纯度精馏分离中，塔顶和塔釜相当高的一个塔段内的温度变化很小，典型的温度分布如图 5-26(b) 所示。这样，当塔顶温度有了可觉察的变化时，馏出液的组成的变化早已超出了允许的波动范围。因此，直接监测塔顶或塔釜的温度来控制产品的质量是不行的。

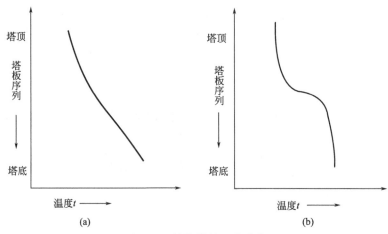

图 5-26　精馏塔的温度分布

仔细分析操作条件变化前后温度分布的变化，可发现某些塔板上的温度变化非常显著，或者说，这些塔板的温度对外界干扰因素的反映最灵敏，这些板称为灵敏板，通常灵敏板在加料板附近。因此，在精馏塔的操作中，以监测灵敏板的温度变化来监测全塔的操作状况，有利于对精馏塔进行预见性的调节，保证产品的质量。

5.6　其他类型的连续精馏和精馏塔

5.6.1　直接蒸汽加热的精馏塔

如果被分离的物系为某轻组分与水的混合物，如甲醇-水、乙醇-水，则可将水蒸气直接通入塔釜进行加热，这样的流程称为直接蒸汽加热流程，如图 5-27(a) 所示。与采用塔釜再沸器间接加热的精馏塔相比，其优点是可以用结构简单的塔釜鼓泡器代替造价高昂的再沸器，不足的是塔釜排出的废液较多。

设蒸汽的摩尔流率为 S，釜液的流率和组成分别为 W^*、x_W^*。全塔物料衡算有

总物料衡算 $\qquad\qquad\qquad F+S=D+W^* \qquad\qquad\qquad$ (5-82)

轻组分物料衡算 $$Fx_F = Dx_D + W^* x_W^*$$ (5-83)

直接蒸汽加热流程的釜液量大、浓度低。原因是进入塔釜的加热蒸气变为冷凝水直接从塔釜排出并稀释了釜液浓度。

可得到操作线方程为

精馏段操作线 $$y_{n+1} = \frac{L}{V} x_n + \frac{D}{V} x_D$$ (5-84)

提馏段操作线 $$y_{n+1} = \frac{L'}{V'} x_n - \frac{W^*}{V'} x_W^*$$ (5-85)

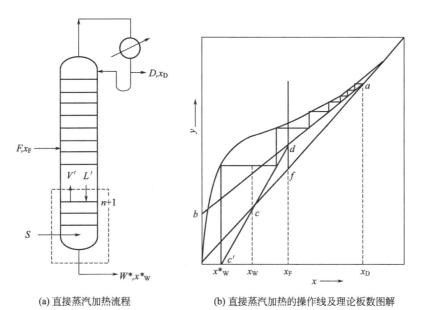

(a) 直接蒸汽加热流程　　　　　(b) 直接蒸汽加热的操作线及理论板数图解

图 5-27　直接蒸汽加热精馏

根据恒摩尔流假设，$V' = S$、$L' = W^*$，上式可写为

$$y_{n+1} = \frac{W^*}{S} x_n - \frac{W^*}{S} x_W^*$$ (5-86)

式(5-86) 表明提馏段操作线会过点 $c'(x_W^*, 0)$。因此，只需将再沸器间接加热的提馏段操作线 dc 延长到点 c' 即为直接蒸汽加热的提馏段操作线，如图 5-27(b) 所示。

由图可知，直接蒸汽加热流程比再沸器间接加热所需的理论板要多。但对于像乙醇-水这样相对挥发度很大的物系，理论板数增加得不多，采用直接蒸汽加热流程是相当合算的。

5.6.2　回收塔

回收塔是只有提馏段而没有精馏段的精馏塔，也称为提馏塔，其主要目的是回收稀溶液中的轻组分。通常用于物系在低浓度范围内，相对挥发度较大，对馏出液的浓度要求不高，或不用精馏段亦可达到馏出液的浓度要求的场合，如从稀氨水中回收氨。

回收塔可分为有回流和无回流两种操作情况，如果从塔顶加入的原料不是蒸气状态，原料液可提供所需的回流液，则可采取无回流操作，塔顶蒸气冷凝后全部作为产品，如图 5-28 所示。

如果进料的组成 x_F、釜液组成 x_W 及回收率 η_1 给定，与完整精馏塔一样，由全塔物料衡算可确定塔顶馏出液的组成 x_D 和采出率 D/F。

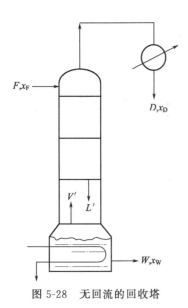

回收塔的提馏段的操作线方程也与完整精馏塔的提馏段的操作线方程一样，即

$$y_{n+1}=\frac{L'}{V'}x_n-\frac{W}{V'}x_W$$

无回流操作时，$R=0$，则 $V'=D-(1-q)F$、$L'=qF$，上式变为

$$y_{n+1}=\frac{qF}{D-(1-q)F}x_n-\frac{W}{D-(1-q)F}x_W \qquad (5-87)$$

式(5-87)和 q 线方程联立可解出提馏段的操作线与 q 线的交点 d 的坐标为

$$x_d=\frac{q-1}{q}x_D+x_F,\ y_d=x_D$$

泡点进料时，$q=1$，则交点坐标为 $x_d=x_F$，$y_d=x_D$。

连接点 d 和点 $c(x_W,x_W)$ 得到提馏段的操作线，从点 d 开始在平衡线与操作线之间画梯级至跨过点 c 可得所需的理论板数，如图 5-29(a) 所示。如果要提高塔顶馏出

图 5-28 无回流的回收塔

液的组成 x_D，必须减少蒸发量，增大操作线的斜率，所需的理论板数增加，当操作线上移至平衡线相交于点 e，点 e 对应的坐标 x_e 即为最大的馏出液组成 x_{Dmax}，如图 5-29(b) 所示。

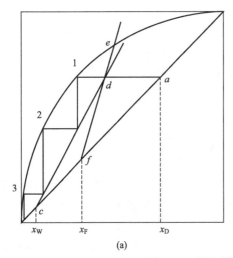

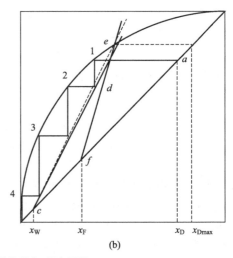

图 5-29 回流塔的操作线与理论板数

5.6.3 多股加料的精馏塔

对组分相同但浓度不同的原料可在同一精馏塔内进行分离，一般不采用将原料混合后再加入塔内精馏的方式，而是将原料在各自适宜的位置加入，顺序为浓度高的原料在上，浓度低的原料在下。因为混合是分离的逆过程，分离过程中的任何混合现象，都将带来能耗的增加。

图 5-30(a) 所示的是具有两股进料的精馏塔。设进料的流率、组成和热状况参数分别为 F_1、x_{F1}、q_1 和 F_2、x_{F2}、q_2。此时，精馏塔分为三段，由于各段内的气、液相流率不同，相应有三条操作线，两条 q 线，如图 5-30(b) 所示。其中，第 I 段和第 III 段与普通精馏塔

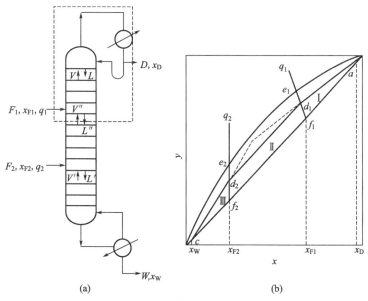

图 5-30 多股加料精馏塔及其操作线

的精馏段和提馏段相同，其操作线方程为

第 Ⅰ 段操作线
$$y_{n+1} = \frac{L}{V}x_n + \frac{D}{V}x_D$$

第 Ⅲ 段操作线
$$y_{n+1} = \frac{L'}{V'}x_n - \frac{W}{V'}x_W$$

对图 5-30(a) 中虚线所围的控制体作物料衡算，可得第 Ⅱ 段操作线为

$$y_{n+1} = \frac{L''}{V''}x_n + \frac{Dx_D - F_1 x_{F1}}{V''} \tag{5-88}$$

通常，三段操作线的斜率存在如下关系

$$L/V < L''/V'' < L'/V' \tag{5-89}$$

设塔顶的回流比为 R，则各段内的气、液相流率为

$$L = RD \qquad\qquad L'' = L + q_1 F_1 \qquad\qquad L' = L'' + q_2 F_2$$
$$V = (R+1)D \qquad V'' = V - (1-q_1)F_1 \qquad V' = V'' - (1-q_2)F_2$$

达到一定分离程度所需的全塔理论板数可由逐板计算法或图解法求出。跨过第 Ⅰ 段和第 Ⅱ 段操作线的交点 d_1 的塔板为进料 F_1 的最适宜加料位置，跨过第 Ⅱ 段和第 Ⅲ 段操作线的交点 d_2 的塔板为进料 F_2 的最适宜加料位置。从图 5-29(b) 可知，如两股原料混合后再进入塔内（图中的虚线所示），达到相同的分离要求，所需的全塔理论板数将增多。

当回流比减小时，三条操作线均向平衡线靠近，最小回流比由操作线与平衡线的夹点来确定，夹点可能是第 Ⅰ 段操作线与平衡线的交点 e_1，也可能是第 Ⅲ 段操作线与平衡线的交点 e_2，当平衡线有拐点时，夹点也可能是某一段操作线与平衡线的切点。对理想物系，可先求出点 e_1 和点 e_2 的坐标，分别求出各自的最小回流比，其中较大的一个即为全塔的最小回流比。理论板数的求解与普通精馏塔相同，如采用图解法，则跨过 d_1、d_2 的梯级分别为原料 F_1 和 F_2 的最佳加料位置。

5.6.4 侧线采出的精馏塔

如果要在一个精馏塔内获取不同组成的多个产品，可在塔内相应组成的塔板上采用侧线采出的方法，例如从原油精馏塔中采出汽油、煤油和柴油等产品。侧线采出的产品可以是板上的饱和液体，也可以是板间的饱和蒸汽。

图 5-31 所示的是有一个侧线采出的精馏塔。同样，精馏塔被分为三段。其中，第Ⅰ段和第Ⅲ段与普通精馏塔的精馏段和提馏段相同，其操作线方程也为式（5-57）和式（5-61），第Ⅱ段操作线可由相应的物料衡算得到。如果侧线采出产品为饱和液体，其流率和组成为 D'、x'_D，则第Ⅱ段操作线为

$$y_{n+1}=\frac{L''}{V''}x_n+\frac{Dx_D+D'x'_D}{V''} \qquad (5-90)$$

设塔顶的回流比为 R，则各段内的气、液相流率为

$$L=RD \qquad\qquad L''=L-D' \qquad L'=L''+qF$$
$$V=(R+1)D \qquad V''=V \qquad\qquad V'=V''-(1-q)F$$

图 5-32(a) 和 (b) 分别为饱和液体和饱和蒸汽侧线采出时的操作线示意图。侧线采出精馏塔的设计和操作计算与前述方法相同。

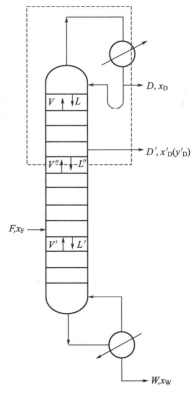

图 5-31 带一个侧线采出的精馏塔

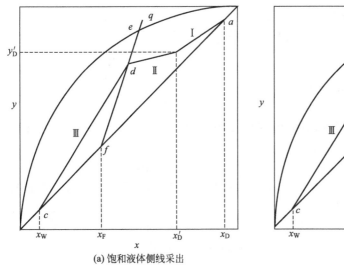

(a) 饱和液体侧线采出

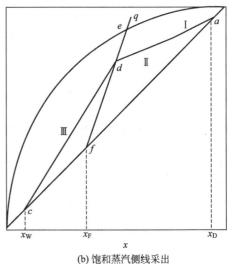

(b) 饱和蒸汽侧线采出

图 5-32 侧线采出精馏塔的操作线

5.7 间歇精馏过程

间歇精馏是将待分离原料液分批投入蒸馏釜中加热汽化，产生的蒸气从塔底上升，在塔板上与塔顶回流的液体接触，进行传热、传质后，经冷凝器冷凝，冷凝液一部分作为塔顶产

品采出，另一部分作为回流液返回塔内。操作终了时，釜液从釜内一次排出，从而完成一批料液的分离加工。间歇精馏过程如图 5-33 所示。

由此可以看出，间歇精馏过程有以下特点：

① 间歇精馏为非定态过程。随着过程的进行，釜液的量及轻组分的含量不断降低，釜液的温度将不断升高。因此，如果在操作时保持回流比 R 不变，馏出液组成 x_D 将不断下降；如果要维持塔顶馏出液组成 x_W 不变，则需不断加大回流比 R。

② 间歇精馏塔只有精馏段，没有提馏段。与普通精馏塔相比，如果要获得同样的塔顶、塔底组成的产品，能耗更大。因为，在间歇精馏操作的后期，釜液中的轻组分含量很低，为维持馏出液组成不变，需要很大的回流比，这必将导致塔底再沸器和塔顶冷凝器的热负荷增大，能耗增大。

③ 塔内板上的持液量对产品的质量和数量均有影响。当精馏结束时，塔釜残液中轻组分的组成 x_W 已经降到很低程度，但整个塔内存留的液体进入塔釜，导致残液量增加而浓度升高，从而降低了分离效果。为了减少塔中的持液量，间歇精馏过程通常采用填料塔。

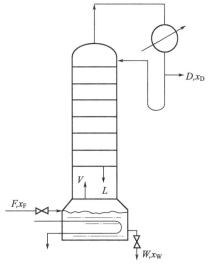

图 5-33　间歇精馏过程

间歇精馏过程特别适用于批量生产的原料液，以及料液品种或组成经常变化而分离要求又较高的情况。另外，间歇精馏过程可用于分离多组分体系，能在一个塔内同时完成 n 个组分的分离，而采用连续精馏一般需要 $(n-1)$ 个精馏塔才能完成分离要求。

间歇精馏的操作比较灵活，根据分离的目的和要求，可以采用不同的操作方式。其中常用的操作方式有两种：一是保持馏出液的组成 x_D 恒定，随釜液组成 x_W 下降不断增大回流比 R；二是保持回流比 R 恒定，让馏出液组成 x_D 随釜液组成 x_W 的降低而下降。在工厂实际操作中常联合使用上述两种操作方式，在操作初期逐步增大回流比 R 以维持馏出液的组成 x_D 基本恒定，得到合格的塔顶产品；当回流比增加到一定程度，为避免能耗过大，则保持回流比不变，将所得组成较低的馏出液作为次级产品，或将它们并入下一批原料液再次精馏。

不同操作方式的间歇精馏，其计算方法有所不同。本节主要介绍上述两种操作方式的间歇精馏过程的设计计算。为简化起见，以下计算中均忽略了塔板上的持液量对过程的影响，即假定持液量为零。

5.7.1　馏出液组成保持恒定的间歇精馏

此操作方式的设计计算是在投料量 F、料液组成 x_F、要求的馏出液组成 x_D、最终的釜液组成 x_W 或回收率 η 已知的情况下，确定回流比的变化范围和所需的理论板数。

5.7.1.1　馏出液和釜液量的确定

以一段时间为基准，在忽略塔板上的持液量的情况下，对全塔作物料衡算，即

$$D = \left(\frac{x_F - x_W}{x_D - x_W} \right) F \tag{5-91}$$

$$W = F - D \tag{5-92}$$

5.7.1.2　理论板数的确定

在保持馏出液组成 x_D 恒定的间歇精馏操作中，由于釜液组成不断下降，分离要求逐渐提高，而间歇精馏塔在操作过程中的塔板数为定值，所以设计的精馏塔应满足过程的最大分离要求。操作终了时 x_W 最低，分离要求最高，故理论板数的计算应以操作终了时的釜液组成 x_W 为基准。

图 5-34(a) 中显示了馏出液恒定时的间歇精馏塔的最小回流比。由图 5-34(a) 可知，一般情况下 R_{min} 为

$$R_{min} = \frac{x_D - y_W}{y_W - x_W} \tag{5-93}$$

式中，y_W 为与 x_W 成平衡的气相组成。

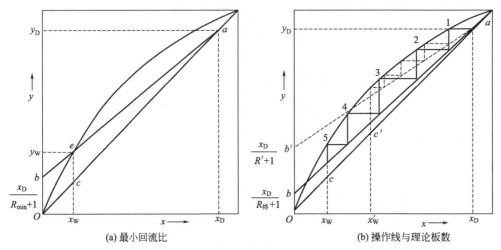

(a) 最小回流比　　　　　　　(b) 操作线与理论板数

图 5-34　馏出液恒定时的间歇精馏塔

操作终了时的实际回流比 $R_终$ 按经验取 R_{min} 的某一倍数，通常为

$$R_终 = (1.2 \sim 2.0)R_{min} \tag{5-94}$$

确定了 $R_终$ 后，就可确定操作线方程，然后用逐板计算法或图解法计算所需的理论板数，图解法如图 5-34(b) 所示，图中求得的理论板数为 5（包括再沸器）。

理论板数 N 确定后，操作过程中各时刻的回流比 R' 为釜液组成 x'_W 的函数，其关系由图 5-34(b) 中的虚线确定。

5.7.1.3　塔釜汽化量的确定

间歇精馏的汽化量决定了加热蒸汽的用量、精馏塔的直径和蒸馏釜的传热面积。为保持馏出液组成恒定，操作过程中需不断增大回流比，所以再沸器汽化量不是定值。

设在 $d\tau$ 时间内釜液的汽化量为 dV(kmol)、馏出液量为 dD(kmol)、回流比为 R'，则有

$$dV = (R' + 1)dD \tag{5-95}$$

由式(5-91) 得

$$dD = F \frac{x_F - x_D}{(x_D - x'_W)^2} dx'_W \tag{5-96}$$

将式(5-95) 代入上式得

$$dV = (R' + 1)F \frac{x_F - x_D}{(x_D - x'_W)^2} dx'_W \tag{5-97}$$

积分上式得釜液浓度从 x_{F} 降到 x_{W} 的总汽化量为

$$V = (x_{D} - x_{F})F \int_{x_{W}}^{x_{F}} \frac{R' + 1}{(x_{D} - x'_{W})^{2}} \mathrm{d}x'_{W} \tag{5-98}$$

5.7.2 回流比保持恒定的间歇精馏

此操作方式的设计计算是在投料量 F、料液组成 x_{F}、最终的釜液组成 x_{W}、馏出液的平均组成 x_{D} 已知的情况下，确定回流比和所需的理论板数。

由于塔板数和回流比不变，在操作过程中馏出液组成随釜液组成的降低而下降，所以只有让操作初期的馏出液组成适当提高，才能使整个馏出液的平均组成达到要求。

5.7.2.1 理论板数的确定

求解理论板数的计算过程如下：

① 假设馏出液的最初组成为 x_{D1}，确定所需的最小回流比 $R_{\min}$，见图 5-35(a)。

$$R_{\min} = \frac{x_{D1} - y_{F}}{y_{F} - x_{F}} \tag{5-99}$$

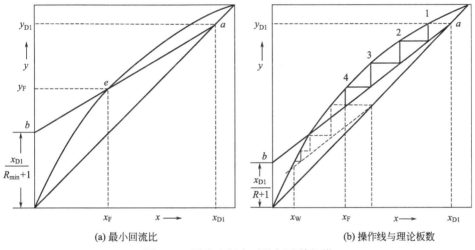

(a) 最小回流比　　　　　　　　　　(b) 操作线与理论板数

图 5-35　回流比恒定时的间歇精馏塔

将 x_{F} 代入相平衡方程即可求出 y_{F}。

② 根据经验，确定操作回流比 R。

③ 由逐板计算法或图解法计算所需的理论板数 N。图解法如图 5-34(b) 所示，图中求得的理论板数为 4（包括再沸器），虚线为操作终了时的情况。

④ 计算操作终了时的釜液量 W 和馏出液量 D。设某一时刻釜液量为 W'，组成为 x'_{W}，馏出液组成为 x'_{D}，经微元时间段 $\mathrm{d}\tau$ 后，蒸出的釜液量为 $\mathrm{d}W'$，釜液浓度变为 $(x'_{W} - \mathrm{d}x'_{W})$。对微元时间段作轻组分 A 的物料衡算可得

$$W'x'_{W} = (W' - \mathrm{d}W')(x'_{W} - \mathrm{d}x'_{W}) + x'_{D}\mathrm{d}W'$$

略去高阶微分项，整理得

$$\frac{\mathrm{d}W'}{W'} = \frac{\mathrm{d}x'_{W}}{x'_{D} - x'_{W}}$$

若精馏操作从初始的 F、x_{F} 变至终止时的 W、x_{W}，积分上式得

$$\ln \frac{F}{W} = \int_{x_W}^{x_F} \frac{dx'_W}{x'_D - x'_W} \tag{5-100}$$

可见，某一时刻的馏出液组成 x'_D 与同一刻釜液组成 x'_W、回流比 R 及塔板数 N 有关。因为回流比 R 及塔板数 N 为定值，故 x'_D 仅为 x'_W 的函数，所以通过图解或数值积分由上式求出操作终了时的釜液量 W。操作终了时的馏出液量 $D = F - W$。

⑤ 计算馏出液的平均组成 $\overline{x}_D$。

$$\overline{x}_D = \frac{F x_F - W x_W}{D} \tag{5-101}$$

⑥ 判断计算的有效性。若计算的馏出液的平均组成 $\overline{x}_D$ 等于或稍大于要求的平均组成 x_D，则计算有效，R 和 N 即为所求；否则，重新假定 $\overline{x}_{D1}$，返回第①步重新计算。

5.7.2.2 塔釜汽化量的确定

在回流比恒定的条件下，分离一批料液的总汽化量为

$$V = (R+1)D \tag{5-102}$$

由总汽化量可确定加热蒸汽的用量，再根据操作所需的时间，可确定单位时间的汽化量，并由此确定精馏塔的塔径与蒸馏釜的传热面积。

【**例 5-8**】 现欲用间歇精馏对含轻组分 0.40（摩尔分数，下同）的原料液进行分离，要求馏出液中轻组分的浓度为 0.90，操作终了时釜液中轻组分的浓度为 0.10，每批投料量为 15kmol。操作条件下，物系可视为理想溶液，平均相对挥发度为 2.16。

(1) 操作过程中维持馏出液的浓度恒定，操作回流比取终了时最小回流比的 1.325 倍，计算所需的理论板数和总汽化量；

(2) 若将 (1) 设计的精馏塔改为维持回流比恒定的操作，达到相同的分离要求，求操作回流比和总汽化量。

解： (1) 为间歇精馏过程的设计型计算

与操作终了时釜液组成平衡的气相组成为

$$y_W = \frac{\alpha x_W}{1 + (\alpha - 1) x_W} = \frac{2.16 \times 0.1}{1 + 1.16 \times 0.1} = 0.19355$$

最小回流比为 $\quad R_{min} = \dfrac{x_D - y_W}{y_W - x_W} = \dfrac{0.90 - 0.19355}{0.19355 - 0.10} = 7.5516$

操作终了时的回流比为 $\quad R = 1.325 \times 7.5516 = 10.0059 \approx 10$

操作线方程为 $\quad y_{n+1} = \dfrac{R}{R+1} x_n + \dfrac{x_D}{R+1} = 0.909 x_n + 0.0818$

相平衡方程为 $\quad y = \dfrac{\alpha x}{1 + (\alpha - 1) x}$

将相平衡方程改写为 $\quad x_n = \dfrac{y_n}{\alpha - (\alpha - 1) y_n} = \dfrac{y_n}{2.16 - 1.16 y_n}$

采用逐板计算法计算理论板数

$y_1 = x_D = 0.90 \rightarrow x_1 = 0.806 \rightarrow y_2 = 0.815 \rightarrow x_2 = 0.671 \rightarrow y_3 = 0.692 \rightarrow x_3 = 0.509$

$y_4 = 0.545 \rightarrow x_4 = 0.357 \rightarrow y_5 = 0.406 \rightarrow x_5 = 0.241 \rightarrow y_6 = 0.300 \rightarrow x_6 = 0.166$

$y_7 = 0.233 \rightarrow x_7 = 0.123 \rightarrow y_8 = 0.194 \rightarrow x_8 = 0.100 \leqslant x_W$

所以需要 8 块理论板。

釜液浓度从 x_F 降到 x_W 的总汽化量为

$$V = (x_D - x_F) F \int_{x_W}^{x_F} \frac{R'+1}{(x_D - x'_W)^2} dx'_W$$

先求 R' 与釜液组成 x'_W 的函数，求得其关系后代入上式用数值积分求取 V。

在 $0.1\sim0.4$ 之间取一系列的 x'_W，用逐板计算法或图解法求相应的回流比 R'，由于 R' 未知，故需迭代试差。

假设 R'，写出操作线方程与相平衡方程，从 $x_D=0.9$ 开始交替使用操作线方程和相平衡方程各 8 次，求出 x'_W，如果求出 x'_W 的与所取值一致，则 R' 为所求。

例如取 $x'_W=0.4$，假设 $R'=1.79$，则操作线方程为

$$y_{n+1}=\frac{R'}{R'+1}x_n+\frac{x_D}{R'+1}=0.64158x_n+0.32258$$

逐板计算过程为

$y_1=x_D=0.90\rightarrow x_1=0.80645\rightarrow y_2=0.83998\rightarrow x_2=0.70847\rightarrow$
$y_3=0.77690\rightarrow x_3=0.61718\rightarrow y_4=0.71855\rightarrow x_4=0.54170\rightarrow$
$y_5=0.67012\rightarrow x_5=0.48466\rightarrow y_6=0.63353\rightarrow x_6=0.44455\rightarrow$
$y_7=0.60780\rightarrow x_7=0.41774\rightarrow y_8=0.59060\rightarrow x_8=0.400=x'_W$

计算出的 x'_W 的与所取值一致，故 $R'=1.79$ 为所求。

同样方法计算其他 x'_W 时的回流比 R'，计算结果列于例 5-8 附表 1 中。

例 5-8 附表 1　计算结果

x'_W	R'	$\dfrac{R'+1}{x_D-x'_W}$
0.40	1.79	11.18
0.35	2.16	10.43
0.30	2.64	10.10
0.25	3.30	10.19
0.20	4.30	10.84
0.15	6.10	12.62
0.10	10.0	17.19

数值积分得

$$\int_{0.1}^{0.4}\frac{R'+1}{(x_D-x'_W)^2}dx'_W=3.39$$

总汽化量为

$$V=(x_D-x_F)F\int_{x_W}^{x_F}\frac{R'+1}{(x_D-x'_W)^2}dx'_W=(0.9-0.4)\times15\times3.39=25.43(\text{kmol})$$

(2) 为间歇精馏过程的操作型计算

假设馏出液的最初组成为 $x_{D1}=0.984$，操作回流比 $R=4.29$，则操作线方程为

$$y_{n+1}=\frac{R}{R+1}x_n+\frac{x_{D1}}{R+1}=0.81096x_n+0.18601$$

用操作线方程和相平衡方程交替计算 8 次，结果如下：

$y_1=x_{D1}=0.984\rightarrow x_1=0.96607\rightarrow y_2=0.96945\rightarrow x_2=0.93627\rightarrow$
$y_3=0.94529\rightarrow x_3=0.88888\rightarrow y_4=0.90686\rightarrow x_4=0.81843\rightarrow$
$y_5=0.84972\rightarrow x_5=0.72358\rightarrow y_6=0.77280\rightarrow x_6=0.61161\rightarrow$
$y_7=0.68200\rightarrow x_7=0.49822\rightarrow y_8=0.59005\rightarrow x_8=0.39987=x_F=0.4$

因为 $x_8=x_F$，所以假设的回流比正确，故操作回流比 $R=4.29$。以后操作维持此回流比不变。

检验假设值 x_{D1} 是否正确

在 $0.1\sim0.4$ 之间取一系列的 x'_W，用逐板计算法或图解法求相应的馏出液组成 x'_D，计算过程为：

假设 x'_D，写出操作线方程与相平衡方程，从 x'_D 开始交替使用操作线方程和相平衡方程各 8 次，求出 x'_W，如果求出的 x'_W 与所取值一致，则 x'_D 为所求。计算结果列于例 5-8 附表 2 中

例 5-8 附表 2　计算结果

x'_W	x'_D	$\dfrac{1}{x'_D - x'_W}$
0.40	0.984	1.71
0.35	0.978	1.59
0.30	0.968	1.50
0.25	0.947	1.43
0.20	4.898	1.43
0.15	0.782	1.58
0.10	0.580	2.06

由数值积分得
$$\ln\frac{F}{W} = \int_{x_W}^{x_F}\frac{\mathrm{d}x'_W}{x'_D - x'_W} = \int_{0.1}^{0.4}\frac{\mathrm{d}x'_W}{x'_D - x'_W} = 0.468$$

解出
$$W = F/\exp(0.468) = 15/1.6 = 9.375\,(\mathrm{kmol})$$

则馏出液量
$$D = F - W = 15 - 9.375 = 5.625\,(\mathrm{kmol})$$

馏出液的平均组成为
$$\overline{x_D} = \frac{Fx_F - Wx_W}{D} = \frac{15\times0.4 - 9.375\times0.1}{5.625} = 0.9$$

因为 $\overline{x_D}$ 与分离要求 x_D 一致，所以 x_{D1} 假设值正确，故操作回流比为 $R = 4.29$。

总汽化量为
$$V = (R+1)D = (4.29+1)\times5.625 = 29.76\,(\mathrm{kmol})。$$

比较两种操作方式可知，在相同条件下，采用维持馏出液组成恒定的操作方式消耗的加热蒸汽量较少。

5.8　特殊精馏

精馏过程的共同特点是向混合物体系加入能量（主要是热能，塔釜加入热量、塔顶加入冷量），利用混合物中各组分挥发度的差异将混合物分离。这种只加入能量分离剂的精馏过程称为普通精馏。但是在化工生产中经会遇到组分之间的相对挥发度接近于 1 或形成共沸物的体系的分离，如果应用普通精馏方法分离这种物系，需要的平衡级数很多，回流比也很大，在经济上是不合理的，或在技术上是不可能的。如果向这种溶液中加入一个新的组分，通过它对原溶液中各组分的不同作用，改变它们之间的相对挥发度，使系统变得易于分离，就能够使用精馏方法将混合物中的组分分开。向这种溶液中加入的新的组分称为质量分离剂。这类既加入能量分离剂又加入质量分离剂的精馏过程称为特殊精馏。

5.8.1　萃取精馏

向被分离的双组分混合液中加入第三组分 S。该组分或与原溶液中 A、B 两组分的分子作用力不同，能有选择性地改变 A、B 的蒸气压，从而增大它们的相对挥发度；或打破原恒沸体系，使精馏得以进行。但它不与原溶液中的组分形成恒沸物，且沸点比原溶液的组分高，精馏时从塔底排出。然后再对此三组分溶液进行精馏。这种形式的精馏称为萃取精馏，

添加的第三组分称为萃取剂。

萃取精馏主要用来分离组分间相对挥发度接近于 1，且相对含量又比较大的物系。例如在丁二烯和丙烯腈生产中都应用萃取精馏的方法来获得纯产品。在常压下，1-丁烯的沸点为 −6.3℃，丁二烯的沸点为 −4.5℃，1-丁烯对丁二烯的相对挥发度为 1.03。当进料组成为 50% 的 1-丁烯与丁二烯的混合液，要求塔顶得到 99% 的 1-丁烯、塔底得到 99% 的丁二烯，若采用普通精馏方法，则最少理论板数为 318 块。若以乙腈为萃取剂，当乙腈的浓度为 80% 时，1-丁烯对丁二烯的相对挥发度提高到 1.79，按上述分离要求，最少理论板数为 14.7 块。可见萃取精馏方法极大地提高了分离效率。

5.8.1.1 萃取精馏流程

典型的萃取精馏流程如图 5-36 所示。原料从萃取精馏塔的中部加入，萃取剂在靠近塔顶部的某个板加入，以使塔内各板上的液相中保持一定比例的量，塔顶得到很纯的轻组分 A，重组分 B 和萃取剂 S 的混合液从萃取精馏塔的塔底排出送入溶剂回收塔。溶剂回收塔就是普通精馏塔，它的作用是分离重组分 B 以及回收萃取剂 S，高纯度的重组分 B 从塔顶馏出，萃取剂 S 从塔釜排出，并与原料液换热冷却后返回萃取精馏塔循环使用。

萃取精馏塔有两股进料，属于复杂塔，两股进料将塔分为三段，加料板以下为提馏段，即图 5-36 中的第Ⅲ段；加料板至萃取剂入口处为精馏段，即图 5-36 中的第Ⅱ段；萃取剂入口至塔顶称为回收段，即图 5-36 中的第Ⅰ段。回收段的作用是避免萃取剂由塔顶带出，该段所需板数的多少取决于萃取剂沸点与原溶液组分沸点间的差异，该沸点差愈大，回收段的板数就愈少。

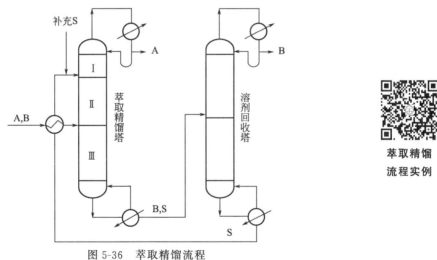

图 5-36 萃取精馏流程

5.8.1.2 萃取剂的作用

萃取剂的作用主要有两点：一是改变原溶液组分间的相互作用，形成较强偏差的非理想溶液；二是对原溶液起稀释作用，使原溶液组分的相互作用减弱。对一个具体的萃取精馏过程，上述两个作用同时存在，都对增大原溶液中组分的相对挥发度有贡献，哪个作用占主导地位随萃取剂的不同和原溶液的性质不同而异。

5.8.1.3 萃取剂的选择

萃取剂的选择对萃取精馏过程的效果影响极大，决定了萃取精馏的可行性和经济性。萃取精馏的关键是萃取剂的选择。对萃取剂的要求主要有以下四方面。

① 选择性高，加入少量萃取剂就能使原溶液中组分间的相对挥发度显著增大。萃取剂的选择性与萃取剂的性质、浓度及原溶液的性质有关。

② 溶解度大，能与任何浓度的原溶液互溶，以避免分层，否则难以充分发挥萃取精馏的作用。

③ 挥发性小，其沸点比混合液的其他组分高得多，且不与原有组分起化学反应，不形成恒沸物，以保证塔顶产品的质量，也易与另一组分分离，以便于分离回收。

④ 安全、无毒，对设备不腐蚀，热稳定性好，价格低廉，来源丰富等。

在上述要求中，②～④各项均属一般的工艺要求，最主要的是应符合第一项要求。为此，应对原系统的性质加以研究，然后再对可能的溶剂进行筛选。目前，萃取剂主要通过试验来进行选择。

5.8.2 共沸精馏

在被分离的物系中加入的新组分 S，它能与原溶液中的一个或者两个组分形成共沸物，增大原溶液组分之间的相对挥发度，然后再用精馏的方法进行分离，这种形式的精馏称为共沸精馏或恒沸精馏。其中所添加的新组分称为共沸剂或夹带剂。工业生产中较多的是形成最低共沸点的共沸物，共沸物从塔顶蒸出。在共沸精馏的操作中，若形成均相共沸物则称为均相共沸精馏；如果形成的共沸物为非均相共沸物则称为非均相共沸精馏。

5.8.2.1 共沸精馏流程

(1) 均相共沸精馏　典型的均相共沸精馏流程如图 5-37 所示。原料液（A、B）与一定量的补充共沸剂 S 一起进入共沸精馏塔 1，塔顶蒸出共沸物，塔釜排出含有少量共沸剂的重组分。由塔顶蒸出的共沸物蒸气在全凝器中冷凝，部分凝液作为回流返回塔 1，其余部分进入萃取塔 2 以分离共沸剂和轻组分。塔 2 的塔顶馏出液为轻组分产品 A，由萃取塔底部出来的萃取液，含萃取剂 S' 和共沸剂 S，到萃取剂分离塔 3 中精馏，分离萃取剂和共沸剂，萃取剂返回塔 2，共沸剂返回塔 1，循环使用。塔 1 排出的塔釜液，进入脱溶剂塔 4。塔 4 的釜液为重组分产品 B；塔顶蒸出的少量共沸剂，与进料混合后进入共沸精馏塔 1。共沸剂和萃取剂在系统内循环，只有少量损失需要补充。

工业上分离苯和环己烷混合物时就常采用这种流程，以丙酮作为共沸剂，以水作为萃取剂。

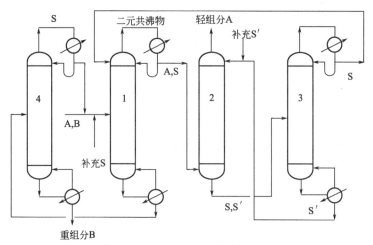

共沸精馏
流程实例

图 5-37　均相共沸精馏流程

1—共沸精馏塔；2—萃取塔；3—萃取剂分离塔；4—脱溶剂塔

（2）非均相共沸精馏 馏出液为非均相共沸物的共沸精馏流程如图 5-38 所示。共沸物蒸气由共沸精馏塔 1 的塔顶蒸出，在全凝器中冷凝后在分层器中分为两层，其中富含共沸剂层溶液作为塔 1 的回流，富含轻组分层溶液进入溶剂回收塔 2。塔 2 塔顶蒸出的蒸气与塔 1 蒸出的蒸气一起进入全凝器，塔 2 的釜液为轻组分产品 A。塔 1 的釜液富含重组分 B 及少量共沸剂，进入脱溶剂塔 3。塔 3 的釜液为重组分产品 B；塔顶蒸出的少量共沸剂 S，与进料混合后进入共沸精馏塔 1。为了保证塔 1 内共沸剂浓度恒定，可在进料和回流处补充共沸剂。用异丙醚作为共沸剂分离醋酸-水溶液就是采用这样的共沸精馏流程。

馏出液为非均相共沸物的共沸精馏的另一种情况是被分离组分形成共沸物在塔顶蒸出冷凝后分层。这种情况可不必另加共沸剂，利用图 5-38 所示的流程便可实现分离。正丁醇-水溶液的分离即属于这种情况。

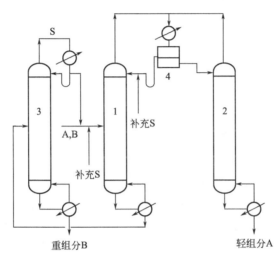

图 5-38 非均相共沸精馏流程
1—共沸精馏塔；2—溶剂回收塔；3—脱溶剂塔；4—分层器

上述两种流程中，形成一个二组分共沸物。此外，还有的系统会形成一个三组分共沸物、两个二组分共沸物或三组分共沸物，或同时有二组分共沸物和三组分共沸物等情况，但安排流程的原理是一样的，不过更为复杂一些。如以苯为夹带剂共沸精馏乙醇-水恒沸物制取无水乙醇，流程如图 5-39 所示。

由上述介绍的流程可见：若塔顶引出的是非均相恒沸物，分离比较简单，只要用一个简单的分层器，而均相恒沸物则需用萃取等方法来分离。为得到高纯度的共沸精馏塔的塔底产品，采用稍微过量的夹带剂，增加一座脱溶剂塔，是行之有效的办法。

5.8.2.2 共沸（夹带）剂的选择

决定共沸精馏可行性和经济性的关键是共沸剂的选择，对共沸剂的要求主要有：

① 能与被分离组分之一（或之二）形成最低恒沸物，其沸点与另一从塔底排出的组分要有足够大的差别，一般要求大于 10℃。

② 希望能与料液中含量较少的那个组分形成恒沸物，而且夹带组分的量要尽可能高，这样夹带剂用量较少，能耗较低。

③ 新形成的恒沸物要易于分离，以回收其中的夹带剂。

④ 安全、无毒，对设备不腐蚀，热稳定性好，价格低廉，来源丰富等。

5.8.2.3 共沸精馏与萃取精馏的比较

共沸精馏和萃取精馏都是在原溶液中加入溶剂，改变原溶液各组分的相对挥发度，使原来不能用精馏方法分离的溶液可以用精馏方法分离。

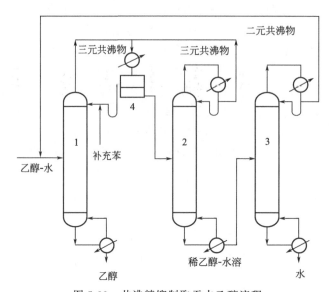

图 5-39　共沸精馏制取无水乙醇流程

1—共沸精馏塔；2—苯回收塔；3—乙醇回收塔；4—分层器

主要差别表现为以下 5 个方面：

① 共沸精馏使用的共沸剂必须与被分离组分形成恒沸物，而萃取精馏则无此限制，因此对特定的体系，萃取精馏萃取剂的选择范围较广。

② 通常共沸精馏的共沸剂由塔顶蒸出，而萃取精馏中的萃取剂则从塔釜排出。因此，一般情况下共沸精馏消耗的热量比萃取精馏多，在经济上不及萃取精馏合算。

③ 共沸精馏因为共沸物组成的限制，操作条件比较苛刻。在连续操作时萃取精馏可以在较大的范围内变化其过程参数，比较灵活。但是，共沸精馏可用于间歇操作，而萃取精馏则不宜用于间歇操作。

④ 共沸精馏的操作温度通常比萃取精馏低，故当有热敏性组分存在时，采用共沸精馏更合适。

⑤ 萃取精馏加入的萃取剂量大，塔内液相流量远大于气相，因而气、液两相接触较差，导致塔板效率降低，大约为普通精馏塔塔板效率的一半。

5.8.3　反应精馏

反应精馏是将化学反应过程和精馏分离过程耦合在一起，于同一个设备中，在进行反应的同时用精馏的方法分离产物的过程。对于非均相催化反应，如果将催化剂制成固定形状直接装填于精馏塔内，它同时起化学反应的催化剂和精馏填料的双重作用。这种将非均相催化反应和精馏分离耦合在一起的反应-精馏过程，特别称之为催化精馏。由于反应精馏能够使反应和分离效果都得以加强，从而使产品的质量和收率得到提高，并具有设备投资少，能耗低等一系列优点，日益受到人们的重视，在工业上得到了广泛的应用，已用于酯化、醚化、皂化、胺化、水解、异构化、烃化、卤化、脱水、乙酰化和硝化等多种反应过程。

5.8.3.1　反应精馏的类型

在反应精馏中，按照反应与精馏的关系可分为两种类型：一种是利用精馏分离促进化学反应；另一种是通过化学反应来促进精馏分离。

（1）利用精馏促进反应的反应精馏　此类反应精馏主要用于可逆反应和复合反应体系，目的是提高转化率和选择性。

对于可逆反应，利用产物和反应物相对挥发度的差异，通过精馏的分离作用，使产物离开反应区，从而打破原有的化学平衡，使反应向生成产物的方向移动，提高转化率。应用反应精馏技术，在一定程度上可以将可逆反应转化为不可逆反应，而且可得到很纯的产物。如 Estman 化学公司于 1983 年开发的以醋酸和甲醇生产醋酸甲酯的反应精馏工艺即是典型的例子。

对于串联反应，如 A→P→R，当中间产物 P 为目的产物时，利用反应精馏的分离作用，把产物 P 尽快移出反应区，避免副反应进行，可提高目的产物的选择性。如氯丙醇皂化生成环氧丙烷的反应精馏工艺。

（2）利用反应促进精馏的反应精馏　此类反应精馏主要用于近沸点混合物的分离，如异构体的分离。将第三组分反应添加剂 S 和混合物 A、B 加入第一个塔中，让 S 选择性地与混合物中的某一组分（如 B）发生可逆反应生成难挥发的化合物 C，不反应的组分 A 从塔顶馏出，过量的添加剂 S 和生成的难挥发化合物 C 从塔底排出；然后送入第二个塔进行产物的逆反应，通过精馏作用，塔顶采出组分 B，塔釜排出 S 返回第一个塔循环使用。例如在对二甲苯和间二甲苯的分离中，采用有机金属钠作为反应添加剂，钠优先与酸性较强的间二甲苯反应，使对二甲苯从第一个塔的塔顶馏出。

5.8.3.2　反应精馏的流程

反应精馏的流程根据反应类型和反应物、产物的相对挥发度关系有多种。

图 5-40 是甲醇和混合 C_4 合成甲基叔丁基醚（MTBE）的催化精馏过程。来自催化裂化的混合 C_4 馏分经水洗去除阳离子后，与甲醇一起进入预反应器 1 完成大部分反应。然后离开预反应器接近于化学平衡的反应物料进入催化精馏塔 2。在塔 2 的中部装填有催化剂捆扎包，构成反应段，使剩余的异丁烯完全反应，塔釜得到产品 MTBE，塔顶蒸出 C_4 馏分中的惰性组分和过量的甲醇，经冷凝后，一部分回流到塔 2，另一部分进入水洗塔 3。塔 3 顶部排出 C_4 馏分，塔底出来的甲醇-水溶液进入甲醇回收塔 4，塔顶馏出的甲醇返回预反应器 1 继续反应，塔釜排出的水返回塔 3 循环使用。

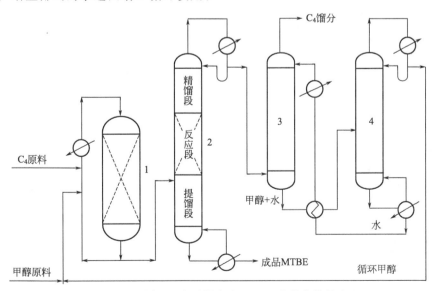

图 5-40　以混合 C_4 为原料合成 MTBE 的催化精馏流程

1—预反应器；2—催化精馏塔；3—水洗塔；4—甲醇回收塔

采用上述流程，当进料中甲醇与异丁烯的摩尔比大于 1 时，异丁烯几乎全部转化，塔釜得到纯度大于 95% 的 MTBE，催化精馏塔内反应放出的热量全部用于产物分离上，具有显著的节能效果，水、电、汽的消耗仅为非催化精馏工艺的 60%。并且该催化精馏工艺投资少，所以几乎所有新建的 MTBE 装置都采用催化精馏工艺。

反应精馏塔通常由精馏段、反应段和提馏段三段组成，其中精馏段和提馏段与普通精馏塔相同，可以用填料，也可以用塔板，反应段兼有反应和精馏的双重作用。图 5-40 中，甲醇和异丁烯在反应段中在催化剂的作用下进行化学反应生成 MTBE，同时通过该段的精馏分离作用将体系中挥发度最小的组分 MTBE 不断向下移走，从而使化学反应能够较完全地进行。提馏段的作用是从反应物中分离 MTBE，得到合格的产品，并使反应物返回反应段。精馏段的作用是从反应物料中分出 C_4 中的惰性组分和过量的甲醇，并使反应物料回流到反应段继续转化。

反应精馏塔的加料位置取决于系统的反应类型和气-液平衡关系，决定了塔内精馏段、反应段和提馏段的相互关系，并对塔内的浓度分布有强烈的影响。确定反应精馏塔进料位置的主要原则是：保证反应物与催化剂充分接触；保证一定的反应停留时间；保证达到预期的产物的分离。

通常，挥发度大的反应物在靠近塔的下部进料，挥发度小的反应物及催化剂在塔的上部进料。

5.8.3.3 反应精馏的特点

反应精馏过程的主要优点有：

① 转化率高 由于反应产物不断移出反应区，使可逆反应平衡正向移动，提高了转化率。

② 选择性高 对于复合反应体系，目的产物一旦生成即可移出反应区，从而抑制副反应，提高收率。

③ 产品纯度高 对于促进反应的反应精馏，在反应的同时也得到了较纯的产品；对沸点相近的物系，利用各组分反应性能的差异，采用反应精馏可获得高纯度产品。

④ 生产能力大 因为产物随时从反应区蒸出，故反应区内反应物含量始终较高，从而提高了反应速率，缩短了接触时间，提高了设备的生产能力。

⑤ 投资省、能耗低 由于将反应器和精馏塔合二为一，节省设备投资，简化流程。对放热反应，反应热可直接用于精馏，降低了精馏能耗；对吸热反应，因反应和精馏在同一塔内进行，集中供热也比分别供热节能，且减少了热损失。

⑥ 系统容易控制 可方便地改变塔的操作压力来改变液体混合物的泡点（即反应温度），从而改变反应速率和产品分布。

反应精馏的应用的局限性主要表现在以下两方面：

① 仅适用于那些反应条件和精馏分离条件（如温度）相同的物系。

② 只适用于所有产物的相对挥发度都大于或小于所有反应物的相对挥发度；或所有反应物的相对挥发度介于产物的相对挥发度之间的物系。

5.9 板式塔

作为气、液传质的主要设备之一，板式塔在工业上得到了广泛的应用。板式塔通常由圆柱形壳体、塔板、溢流堰、降液管及受液盘等部件构成，如图 5-41 所示。正常工作时，塔内液体在重力作用下由上层塔板的降液管流到下层塔板的受液盘，然后横向流过塔板，从另一侧的降液管流至下一层塔板，最后由塔底排出；气体由塔底进入，在压力差的推动下，自下而上穿过各层塔板的气体通道（泡罩、筛孔或浮阀等），分散成小股气流，鼓泡通过各层塔板的液层，由塔顶排出。塔板是气、液两相进行质量和热量传递的主要部件，气、液两相在塔板上的逐级接触，为传质过程提供了足够大且不断更新的相际接触表面，导致两相的组成沿塔高呈阶梯式变化。

通常情况下，对于单层塔板，气、液两相呈错流流动，即液体横向流过塔板，而气体垂直穿过液层；对全塔而言，气、液两相总体呈逆流流动；但对于特殊构造的塔板，也有两相在每层塔板上呈逆流流动的操作方式，如穿流筛板塔。在正常操作下，板式塔内液相为连续相，气相为分散相。

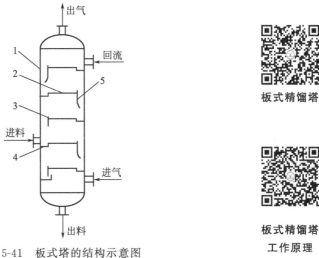

图 5-41　板式塔的结构示意图
1—塔壳体；2—塔板；3—溢流堰；4—受液盘；5—降液管

5.9.1　板式塔的类型

板式塔在工业上的应用由来已久，发展并演变出了很多类型。通常可以按照塔板有无降液管划分为有降液管式塔板（也称溢流式塔板或错流式塔板）及无降液管式塔板（也称穿流式塔板或逆流式塔板）两大类。其中，有降液管式塔板应用最为广泛，本节将以有降液管式塔板为主要讨论内容。

5.9.1.1　泡罩塔

泡罩塔在工业上的应用可以追溯到 19 世纪末，由于其操作性能稳定，在相当长的时间内占据了板式塔应用的主导地位，其塔板结构如图 5-42 所示。塔板上的泡罩、升气管是主要部件。泡罩分圆形和条形两种，以前者使用较广。泡罩下部周边开有很多齿缝，齿缝一般为三角形、矩形或梯形，齿缝浸没在板上液体中，并与板面保持一定距离。升气管是固定在塔板上的短管，其上口高于泡罩齿缝的上沿，泡罩安装在升气管的顶部。

操作时，液体横向流过塔板，靠溢流堰保持板上的液层厚度，上升气体先经过升气管进入泡罩内，再流经泡罩与升气管的环隙，然后从泡罩下齿缝进入液层，被分散成许多细小的气泡或流股，在板上形成鼓泡层，为气、液两相的传热和传质提供良好的接触机会。

泡罩的材质主要有碳钢、不锈钢、合金钢、铜、铝等，需要防腐的特殊条件下可用陶瓷制造，其形状可根据塔径的大小设计成不同样式。泡罩有 80mm、100mm、150mm 三种尺寸，在塔板上按正三角形排列，中心距为泡罩直径的 1.25～1.5 倍。

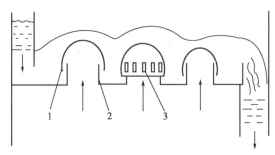

图 5-42　泡罩塔板结构示意图
1—泡罩；2—升气管；3—齿缝

泡罩塔操作稳定，操作弹性（能正常操作的最大负荷与最小负荷之比）大，塔板不易堵塞。但是其结构复杂，造价高，气相流道复杂，压力降大，生产能力和板效率较低，在新建塔设备中已很少采用。但是其在长期工业实践中积累的大量经验参数，对其他类型塔板仍具有重要价值。

5.9.1.2　筛板塔

筛板塔是继泡罩塔之后在工业上应用较广泛的传质设备。在塔板上开很多小直径孔——筛孔。操作时，气体通过筛孔分散成小股气流，鼓泡通过液层，气、液密切接触而进行传热和传质。

如图 5-43(a) 所示，在液体横向流过塔板的末端处设有溢流堰，溢流堰高度为 h_w，用以控制板上积液高度。h_w 值大，则板上液层厚，气液接触时间长，传质充分，但气体通过塔板的压强降会随之增大。常压操作时一般取 20～50mm，真空操作时取 10～20mm，加压操作时取 40～80mm。

降液管是液体自上一层塔板流入下一层塔板的通道，降液管下边缘在操作中必须浸没于液层内，以保证液封。降液管下边缘与下一块塔板的距离为 h_o，若 h_o 值过小，则液体流过降液管的阻力太大，一般为 20～25mm。为同时保证液封效果，要求 h_w 与 h_o 之差大于 6mm。

图 5-43(a) 中：h_{ow} 为溢流堰上液层高度，或称为堰液头；H_T 为塔板间距；H_d 与 H_d' 分别为塔板上清液层高度与泡沫层高度。一般情况下有

$$H_d' = \Phi H_d$$

式中，Φ 为泡沫液的相对密度，一般可取 0.5，对易起泡物料取 0.3～0.4，不易起泡物料可取为 0.6～0.7。降液管内的泡沫液高度 H_d' 应小于塔板间距 H_T 与堰高 h_w 之和，否则引起液泛。

筛板多用不锈钢和合金钢制成，筛孔孔径 d_0 一般为 3～8mm，板的厚度为孔径的 0.4～0.8 倍。筛孔在塔板上多为正三角形排列，孔心距为 t，见图 5-43(b)。若 t/d_0 值过小，开孔过密，塔板强度下降，同时易形成大气泡，导致传质面积减小；若 t/d_0 值过大，塔板上产生的气泡分布稀疏，塔板利用率较低。t/d_0 值一般采用 2.5～5，常取 3～4。

筛板结构简单、造价低，板上液面落差小，气体压降低。与泡罩塔比较，其生产能力、板效率约高 10%～15%。其缺点是筛孔孔径小，易堵塞，不宜处理易结焦、黏度大的物料。同时筛板塔的设计和操作精度要求较高，随着现代设计和控制水平的不断提高，筛板塔的应用日趋广泛。

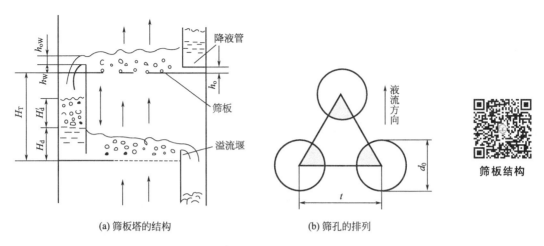

图 5-43　筛板塔的结构与筛孔的排列

5.9.1.3　浮阀塔

浮阀塔是 20 世纪 40～50 年代发展起来的，在一定程度上它兼具了泡罩塔和筛板塔的优点，已成为目前工业中应用最广泛的一种塔器。

浮阀塔板的结构特点是在塔板上开有若干个阀孔，每个阀孔装有一个可上下浮动的阀片。浮阀的类型很多，国内常用的有 F1 型、V-4 型及 T 型等。标准重量有两种：轻阀约 25g，重阀约 33g。为防止阀片与塔板生锈粘连，浮阀和塔板通常用不锈钢制成。图 5-44 所示为 F1 型浮阀。

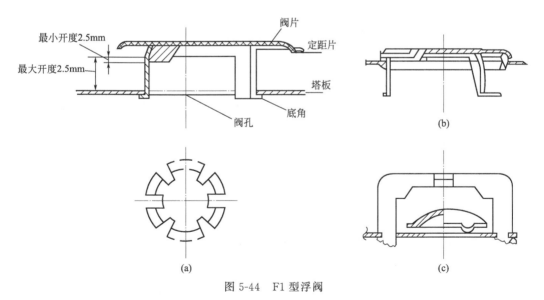

图 5-44　F1 型浮阀

操作时，由阀孔上升的气流经阀片与塔板间隙沿水平方向进入液层，使带出的液沫减少并增加了气、液接触时间。浮阀开度随气体负荷而变，在高气量时，阀片自动浮起，开度增大，使气速不致过大，同时阀腿可以限制阀片升起的最大高度，并防止阀片被气体吹走；在低气量时，开度较小，气体仍能以足够的气速通过缝隙，避免过多的漏液；如阀片落在板上，通过定距片的作用，仍与板面保持约 2.5mm 的通道距离。

基于上述结构特点，浮阀塔能适应气体流量在较大范围内的波动，具有较大的操作弹性，生产能力大，板效率高。其缺点是处理胶黏性和含固体颗粒物料时，易导致阀片与塔板黏结或被架起，同时在操作过程中可能会发生阀片脱落或卡死等现象，使塔板效率和操作弹性下降。

5.9.1.4 喷射板塔

上述三种塔板在操作过程中，气体都是以鼓泡或泡沫状态与液体接触，当气体垂直向上穿过液层时，分散形成的液滴或泡沫具有一定向上的初速度。若气速过高，会造成较为严重的液沫夹带，使塔板效率下降。喷射型塔板可克服这一缺点，现介绍其中的舌型塔板和浮舌塔板。

（1）舌型塔板 舌型塔板结构如图 5-45 所示，它是 20 世纪中叶发展起来的。塔板的特点是在平板上冲压出许多向上翻的舌型小片，构成舌孔，朝向塔板液体流出口一侧张开。舌片对板面成一定的角度，有 18°、20°、25° 三种（以 20° 最为常用）。舌片尺寸有 50mm×50mm 和 25mm×25mm 两种，舌孔通常按正三角形排列。舌型塔板上有降液管，但液体流出口侧不设溢流堰。操作时，自下一层塔板上升的气体沿舌片喷出，速度可达 20～30m/s。当液体流过每排舌孔时，即被喷出的气流强迫分散成液滴或液沫，使传质过程得到强化。由于喷射气流方向与液流相同，可消除塔板上的液面落差，有利于气流的均匀分布。舌型塔板生产能力大，塔板压降低，但由于气液接触时间较短，板效率不高，当气速小时，其喷射能力差，故操作弹性较小。

（2）浮舌塔板 浮舌塔板的结构特点是其舌片可上下浮动，如图 5-46 所示。这种构造是舌片与浮阀的结合，兼具了两种塔板的特点，可适应较大的负荷波动。因此，相对于舌型塔板，浮舌塔板具有处理能力大、压降低、操作弹性大等优点。

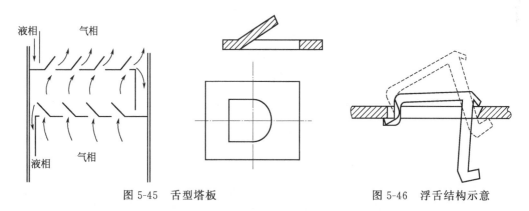

图 5-45　舌型塔板　　　　　　　　　图 5-46　浮舌结构示意

由上面分析可知，板式塔因塔板结构形式的不同而具有不同的特点。工业上研究开发和应用的塔板形式还很多，往往都是针对现有塔板在某些方面的缺点或结合不同形式塔板的优点或针对某些特殊场合的应用而进行改进，例如多降液管式塔板、斜孔筛板、填料复合塔板等。读者可参阅相关文献。

5.9.2　板式塔的流体力学性能

5.9.2.1　塔板上气、液两相的接触状态

塔板上气、液两相的接触状态是决定板上两相流流体力学性质及传质和传热规律的重要因素。液体流量一定，从严重漏液到液泛的整个操作范围内，随着气速的增加，可以出现四种不同的接触状态，如图 5-47 所示。

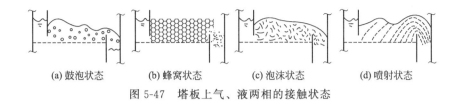

图 5-47 塔板上气、液两相的接触状态

(1) **鼓泡接触状态** 当气速较低时，气体被分散成断续的气泡通过板上的液层，液层比较平静并有着清晰的表面，气体为分散相，液体为连续相，气泡表面为两相的传质表面。在这种状态下，气、液两相间湍动程度低，传质面积小，传质效率差。

(2) **蜂窝状接触状态** 随着气速的增加，气泡的数量不断增加。当气泡的形成速度大于气泡的浮升速度时，气泡在液层中累积。气泡之间相互碰撞，形成各种多面体的大气泡，液体呈薄层状位于泡沫间。由于气泡不易破裂，表面得不到更新，泡沫层湍动程度低，故此种状态不利于传热和传质。

(3) **泡沫接触状态** 当气速继续增加，气泡数量急剧增加，气泡不断发生碰撞和破裂，此时板上液体大部分以液膜的形式存在于气泡之间，形成一些直径较小，扰动十分剧烈的动态泡沫，在板上只能看到较薄的一层液体。由于泡沫接触状态的表面积大，并不断更新，为两相传热与传质提供了良好的条件，是一种较好的接触状态。

(4) **喷射接触状态** 当气速继续增加，由于气体动能很大，使板上的液体向上破碎成大小不等的液滴。其中，直径较小的液滴可能随气流进到上一层塔板，这种现象称为液沫夹带。

直径较大的液滴在重力作用下落回到板上并重新被分散，液滴的反复形成和聚集，有利于传质表面的不断更新，促进传质和传热的进行，也是一种较好的接触状态。

喷射接触状态下，气体为连续相，液体为分散相。

如上所述，泡沫状态和喷射状态均是气、液两相在塔板上的优良接触状态。因喷射接触状态的气速高于泡沫接触状态，故喷射接触状态有较大的生产能力。但喷射状态液沫夹带较多，若控制不好，会破坏传质过程，所以多数塔均控制在泡沫接触状态下工作。

5.9.2.2 气体通过塔板的压力降

塔板压降是板式塔重要的水力学性能之一，是分析板式塔操作的重要因素。塔板压力降增大，则气、液两相的接触时间延长，板效率升高，完成同样的分离任务所需实际塔板数减少，设备费降低；但同时会造成塔底压力增高，塔釜温度随之升高，能耗增加，操作费增大。

因此，进行塔板设计时，应综合考虑，在保证较高效率的前提下，力求减小塔板压降，以降低能耗和改善塔的操作。

气体通过塔板的压力降（总压力降）h_t 是由两方面原因引起的：一是气体流经塔板上各部件时所产生的局部阻力 h_g，如流经筛孔或泡罩，亦称为干板压力降；二是气体通过板上泡沫层时所需要克服的静压力和液体的表面张力作用 h_s。塔板压降的计算一般都采用半经验关联式，不同类型的塔板计算式有差别，但所依据的原理相同，这里仅以筛板塔为例。读者可参阅相关专著和手册了解其他类型塔板的计算公式。

气体通过筛塔板的压力降计算式为

$$h_t = h_g + h_s \tag{5-103}$$

式中 h_t——总压力降，m（清液层）；

h_g——气体通过筛孔的压力降（干板压降），m（清液层）；

h_s——气体通过板上泡沫层的压力降，m（清液层）。

（1）气体通过筛孔的压力降 h_g h_g 是由于气体在流经筛孔时突然收缩和放大所产生的局部能量损失，类似于流体通过孔板流量计的孔口，依据流体力学原理有

$$h_g = \frac{1}{2g}\left(\frac{u_0}{C_V}\right)^2 \frac{\rho_G}{\rho_L} \tag{5-104}$$

式中 u_0——气体通过筛孔流速，m/s；

ρ_G、ρ_L——气体、液体的密度，kg/m³；

C_V——孔流系数。

C_V 可用休马克-奥康内尔关联图查得，如图 5-48 所示。图中横坐标为孔径与板厚之比 d_0/δ，纵坐标为 C_V。当孔径 $d_0 > 12$mm 时，图 5-48 查得的 C_V 需乘以系数 1.15。

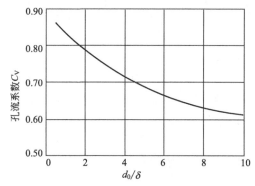

图 5-48 C_V 与 d_0/δ 关联图

（2）气体通过板上泡沫层的压力降 h_s 泡沫层压降由充气液层静压力、液体表面张力和塔板上液面落差 Δ 引起。略去形成气泡时克服表面张力而引起的压力降，h_s 可由下式计算

$$h_s = \beta\left(h_w + h_{ow} + \frac{\Delta}{2}\right) \tag{5-105}$$

式中 β——泡沫层充气因子；

h_w——堰高，m；

h_{ow}——溢流堰上液层高度（堰液头），m；

Δ——液面落差，m。

筛板塔液面落差较小时，Δ 的影响可以忽略，则

$$h_s = \beta(h_w + h_{ow}) \tag{5-105a}$$

泡沫层充气因子 β 可由图 5-49 查取。图中横坐标称为气体的动能因子，u_a 等于气体的体积流量与工作面面积（塔截面面积减去受液盘、降液管所占面积）之商，m/s；ρ_G 为气体的密度，kg/m³。

h_{ow} 与液流量和溢流堰长有关，对于平直堰（堰顶是平的）可用以下弗朗西斯（Francis）式计算

$$h_{ow} = \frac{2.84}{1000}E\left(\frac{V_L}{l_w}\right)^{\frac{2}{3}} \tag{5-106}$$

式中 V_L——液体体积流量，m³/h；

l_w——堰长，m；

E——液流收缩系数，可由图 5-50 查取。一般情况下，E 为 1.0（如圆形堰）。

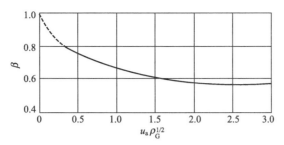

图 5-49　筛板上的充气因子 β

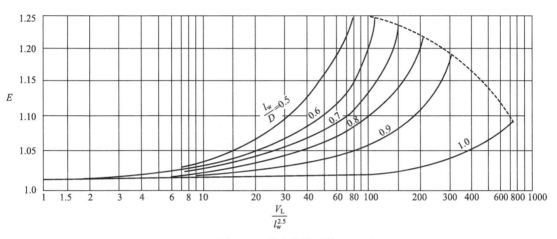

图 5-50　液流收缩系数

【例 5-9】 筛板塔的规格如下：塔径 $D=1.0\mathrm{m}$；塔板间距 $H_T=0.30\mathrm{m}$；堰长 $l_w=0.65\mathrm{m}$；堰高 $h_w=50\mathrm{mm}$；孔径 $d_0=4\mathrm{mm}$；板厚 $\delta=2\mathrm{mm}$；降液管截面积 A_j/塔截面积 $A=0.09$；降液管下沿与塔板间距 $h_0=30\mathrm{mm}$；孔总面积 A_k/塔板工作面积 $A_a=0.09$。操作条件如下：

气体：$V_G=0.77\mathrm{m^3/s}$；$\rho_G=2.8\mathrm{kg/m^3}$；

液体：$V_L=0.0017\mathrm{m^3/s}$；$\rho_L=940\mathrm{kg/m^3}$；$\mu=3.4\times10^{-3}\mathrm{Pa\cdot s}$；表面张力 $\sigma=3.2\times10^{-2}\mathrm{N/m}$。

试计算塔板压降 h_t。

解：(1) 干板压降 h_g

塔截面积 $\qquad A=\dfrac{\pi}{4}D^2=\dfrac{3.14}{4}\times1.0^2=0.785(\mathrm{m^2})$

塔板工作面积 $\quad A_a=A-2A_j=0.785\times(1-2\times0.09)=0.644(\mathrm{m^2})$

孔口流速 $\qquad u_0=\dfrac{V_G}{0.09A_a}=\dfrac{0.77}{0.09\times0.644}=13.29(\mathrm{m^2})$

$$u_a=\dfrac{V_G}{A_a}=\dfrac{0.77}{0.644}=1.196(\mathrm{m/s})$$

$d_0/\delta=4/2=2$，查图 5-48 得孔流系数 $C_V=0.78$，由式(5-104)

$$h_g=\dfrac{1}{2g}\left(\dfrac{u_0}{C_V}\right)^2\dfrac{\rho_G}{\rho_L}=0.0441(\mathrm{m})$$

(2) 气体通过板上泡沫层的压力降 h_s

$$u_a\rho_G^{\frac{1}{2}}=1.196\times2.8^{\frac{1}{2}}=2.0$$

查图 5-49，筛板上泡沫层充气因子 $\beta = 0.58$

$$\frac{V_L}{l_w^{2.5}} = \frac{0.0017 \times 3600}{0.65^{2.5}} = 18.0$$

$$\frac{l_w}{D} = \frac{0.65}{1.0} = 0.65$$

查图 5-50，得液流收缩系数 $E = 1.07$，由式（5-106）

$$h_{ow} = \frac{2.84}{1000} E \left(\frac{V_L}{l_w} \right)^{\frac{2}{3}} = 0.0135 \text{m}$$

代入式（5-105a）得

$$h_s = \beta(h_w + h_{ow}) = 0.58 \times (0.05 + 0.0135) = 0.0368 \text{(m)}$$

塔板压降 $\qquad h_t = h_g + h_s = 0.0441 + 0.0368 = 0.0809 \text{(m)}$

5.9.2.3 液泛

塔板正常操作时，在板上应维持一定厚度的液层，以和气体进行接触传质。如果由于某种原因，导致液体充满塔板之间的空间，使塔的正常操作受到破坏，这种现象称为液泛，亦称为淹塔。液泛是塔操作的重要极限条件之一。导致液泛的原因如下：

（1）溢流液泛　降液管内液面高度示意见图 5-51，由于气体穿过塔板和板上液层造成的压力降，以及液体流经降液管的压降，使得 $p_1 > p_2$，降液管中液柱高度 H_d 高出板上液面。随气体流量的增大，塔板压降增大；随液体流量的增大，板上液层加厚，降液管阻力增加，两者均使降液管中液面上升。当 H_d 大于 $H_T + h_w$ 时，液体不再通过降液管逐板下流，而是倒灌至上一板，产生了降液管溢流液泛。

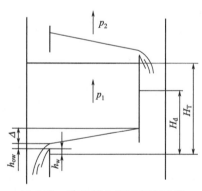

图 5-51　降液管内液层高度示意

（2）夹带液泛　在一定的液相流量条件下，随气体流量的增大，板上的泡沫层厚度增加，液沫夹带量增大。被气流带到上一层塔板的液沫，可使板上液层增厚，增厚的液层使液沫夹带量进一步增大。最终导致板上泡沫液积聚，产生液泛。

由上述分析可知，液泛的形成与气、液两相的流量相关。对一定的液体流量，气速过大会形成液泛；反之，对一定的气体流量，液量过大也可能发生液泛。液泛时的气速称为液泛气速，正常操作气速应控制在泛点气速之下。影响液泛的因素除气、液流量外，还与塔板的结构有关，如塔板间距等参数在设计中应特别注意。

板式塔设计中，通常是根据夹带液泛气速确定操作气速，由操作气速估算塔径，再核算液沫夹带量。

估算夹带液泛气速，通常以苏德斯-布朗方程为基础，方程是在对液滴进行受力平衡分析后得到的，表示如下

$$u_f = C \sqrt{\frac{\rho_L - \rho_G}{\rho_G}} \tag{5-107}$$

式中　u_f——液泛气速，m/s；

ρ_G、ρ_L——气体、液体的密度，kg/m³；

C——苏德斯-布朗参数，亦称为气体负荷因子，由试验确定。

图 5-52 为筛板塔气体负荷因子 C_{20} 的史密斯关联图。图中横坐标为气液流动参数，取决于气、液体积流量和密度；参变量为塔板间距 H_T；纵坐标 C_{20} 表示仅适用于表面张力为 20mN/m 的液体，若表面张力 σ（mN/m）为其他时，按下式进行校正

$$C_\sigma = C_{20}\left(\frac{\sigma}{20}\right)^{0.2} \tag{5-108}$$

实际操作气速 u 应小于液泛气速 u_f。对于一般液体 $u = (0.7 \sim 0.8)u_f$；对于易起泡的液体，$u = (0.5 \sim 0.6)u_f$。

对于其他类型塔板夹带液泛气速的计算，读者可参阅相关专著和文献。

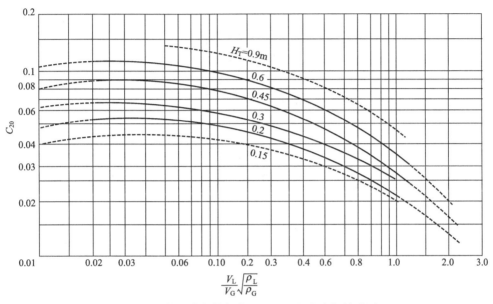

图 5-52　筛板塔气体负荷因子 C_{20} 的史密斯关联图

5.9.2.4　液沫夹带

液沫夹带是指细小液滴被上升气流从下一层塔板带到上一层塔板。它会降低塔板的塔板效率，蒸馏塔板的液沫夹带还会造成塔顶产品的污染，而过量液沫夹带是导致液泛的主要原因之一。

但板式塔的操作并不是完全不允许液沫夹带，这是因为液沫的生成能增大气、液两相的湍动程度和接触面积，对传质和传热有利。因此，生产中只是将液沫夹带控制在一定的限度内，一般允许的液沫夹带量 e_V 小于 0.1kg 液/kg 气。

液沫夹带可通过液沫夹带分数 ψ 表示如下

$$\psi = \frac{e}{L+e} = \frac{e_V}{\dfrac{L'}{G'} + e_V} \tag{5-109}$$

式中　e——液沫夹带量，kmol/h；

　　　e_V——液沫夹带量，kg(液)/kg(气)；

　　　L——液体流量，kmol/h；

L'、G'——液、气质量流量，kg/h。

正常操作时，液沫夹带分数 ψ 最高为 0.15，一般不宜超过 0.1。

影响液沫夹带量的因素很多，最主要的是空塔气速和塔板间距。空塔气速减小及塔板间

距增大，可使液沫夹带量减小。液沫夹带分数可由图 5-53 所示的费尔关联图估算。图中参变量液泛分率为操作气速与液泛气速之比。

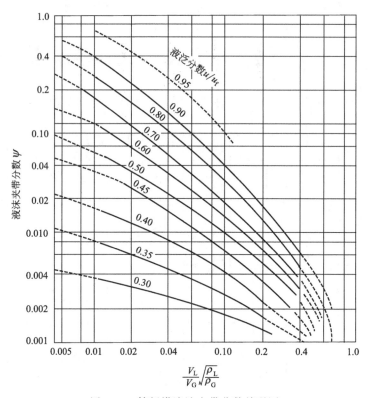

图 5-53　筛板塔液沫夹带分数关联图

筛板的液沫夹带量也可按下式计算

$$e_V = \frac{0.0057}{\sigma}\left[\frac{u_a}{H_T - 2.5(h_w + h_{ow})}\right]^{3.2} \tag{5-110}$$

式中　　u_a——气体通过工作面面积（塔截面积减去受液盘、降液管面积）的速度，m/s；

　　　　　σ——液体的表面张力，mN/m；

　　　　H_T——板间距，m；

$h_w + h_{ow}$——堰高与堰液头之和，表示板上清液层压头，m（清液柱）。

【例 5-10】试计算例 5-9 设计条件下的液泛气速和液沫夹带分数。

解：

$$\left(\frac{V_L}{V_G}\right)\sqrt{\frac{\rho_L}{\rho_G}} = \frac{0.0017}{0.77}\times\left(\frac{940}{2.8}\right)^{0.5} = 0.04$$

$H_T = 0.30$m，由图 5-52 查得 $C_{20} = 0.065$，由式（5-108）

$$C_\sigma = C_{20}\left(\frac{\sigma}{20}\right)^{0.2} = 0.065\times\left(\frac{32}{20}\right)^{0.2} = 0.071$$

由式（5-107）

$$u_f = C\sqrt{\frac{\rho_L - \rho_G}{\rho_G}} = 0.071\times\sqrt{\frac{940 - 2.8}{2.8}} = 1.30\,(\text{m/s})$$

设液泛分数为 0.70，查图 5-53 得液沫夹带分数 $\psi = 0.058$。

5.9.2.5 漏液

在正常操作的塔板上，液体横向流过塔板，然后经降液管流到下一层塔板。如果有相当量的液体连续地从板上的孔（筛孔、阀孔）流到下一层塔板，则称之为漏液。漏液的发生导致气液两相在塔板上的接触时间减少，塔板效率下降，严重时会使塔板不能积液而无法正常操作。

造成漏液的主要原因是气速太小和板面上液面落差所引起的气流分布不均匀。漏液是个复杂的现象，影响因素较多，板式塔设计中取漏液点气速为下限。所谓漏液点是指刚使液体从板上的孔流下时的气速。

当漏液量小于塔内液流量的 10% 时对塔板效率影响不大，故将漏液量等于塔内液流量的 10% 时的气速称为漏液点气速。漏液点气速是塔板操作气速的下限，用 $u_{0,\min}$ 表示。由于对漏液点的判断并无明确的准则，因此对漏液点气速的关联式较多。设计中可用下式计算

$$u_{0,\min}=4.4c_0\sqrt{(0.0056+0.13H_d-h_\sigma)\rho_L/\rho_G} \tag{5-111}$$

式中　c_0——干筛孔的流量系数；

　　　H_d——塔板上清液层高度，m；

　　　h_σ——克服液体表面张力的压头损失，m（清液柱）；

干筛孔的流量系数取决于筛孔直径 d_0 与塔板厚度 δ，可由图 5-54 查取。

上式中的 h_σ 可由下式计算

$$h_\sigma=\frac{4\times10^{-3}\sigma}{\rho_L g d_0} \tag{5-112}$$

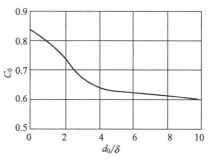

图 5-54　干筛孔的流量系数

实际操作时筛孔气速 u_0 与 $u_{0,\min}$ 的比值称为筛板的稳定系数 k，即

$$k=\frac{u_0}{u_{0,\min}} \tag{5-113}$$

要达到稳定操作，k 应在 $1.5\sim2.0$ 之间。

5.9.2.6 塔板上的液面落差

当液体横向流过塔板时，为克服板上的摩擦阻力和板上部件（如泡罩、浮阀等）的局部阻力，需要一定的液位差，则在板上形成由液体进入板面到离开板面的液面高差，称为液面落差，用符号 Δ 表示。

液面落差也是影响板式塔操作特性的重要因素，液面落差过大，将导致气流分布不均性，从而造成漏液，导致塔板的效率下降。因此，设计时应将液面落差控制在一定的范围内，在保证正常操作的前提下，以尽量减小液面落差为原则。一般应使液面落差不超过干板压降的一半，即

$$\Delta<\frac{h_g}{2} \tag{5-114}$$

液面落差的大小与塔板结构有关。泡罩塔板结构复杂，液体在板面上流动阻力大，故液面落差较大；筛板板面结构简单，液面落差较小。除此之外，液面落差还与塔径和液体流量有关，当塔径或流量很大时，也会造成较大的液面落差。

液面落差对计算关联式较多，读者可参阅相关的专著或设计手册。

5.9.2.7 降液管内液层高与液体停留时间

泡沫液在降液管内的停留时间 τ，对于一般的液体要大于 3s，对易起泡的液体要大于

5s，以保证泡沫液中夹带的气泡从液相中分离出来回到上一层塔板。停留时间 τ 用下式计算

$$\tau=\frac{H_\text{d}A_\text{j}}{V_\text{L}} \tag{5-115}$$

式中　τ——泡沫液在降液管内的停留时间，s；

　　　V_L——液体体积流量，m^3/s；

　　　A_j——降液管截面积，m^2。

降液管是相邻两塔板的液体通道，塔板正常操作时，降液管的液面高于塔板出口处的液面，液柱高差用以克服塔板压降 h_t 与液体流过降液管的阻力损失 h_c。

降液管液面 H_d，其值可用下式进行计算，即

$$H_\text{d}=h_\text{w}+h_\text{ow}+\Delta+h_\text{t}+h_\text{c} \tag{5-116}$$

式中，h_c 为液体流过降液管的阻力损失，m（清液柱）。液体通过降液管的阻力由下式计算：

$$h_\text{c}=0.153\left(\frac{V_\text{L}}{l_\text{w}h_0}\right)^2 \tag{5-117}$$

式中　h_0——降液管底端与塔板间距，m；

　　　l_w——堰长，m。

5.9.2.8　塔板负荷性能图

将气、液两相在各种流动条件下的上、下限组合绘在同一坐标图上，称为塔板的负荷性能图，典型的筛板塔负荷性能如图 5-55 所示。

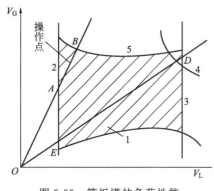

图 5-55　筛板塔的负荷性能

线 1 为漏液线。此线表示达到漏液点时气、液流量的关系。气液负荷点如位于线 1 下方，则表明漏液足以使板效率急剧下降，故其代表了不同液体流量时气速的下限。漏液线可根据漏液点气速关联式绘出。

线 2 为液体流量下限线。该线为一垂线，其位置可根据 $h_\text{ow}=6\text{mm}$ 确定。液体流量小于该线，板上液体流动严重不均，将导致板效率急剧降低。

线 3 为液体流量上限线。液体流量过大，超过此线，则降液管超负荷，降液管内停留时间不足，大量的气泡被带到下一层塔板（气泡夹带严重）。通常规定液体在降液管中的最短停留时间为 3～5s。

线 4 为溢流液泛线。气液负荷点位于该线的右上方时，塔内将出现溢流液泛，可据此确定溢流液泛产生的条件。

线 5 为过量液沫夹带线。该线通常表示液沫夹带量 $e_\text{V}=0.1\text{kg}$（液）$/\text{kg}$（气）时的数据。此线为气体负荷操作的上限。

图 5-55 中阴影部分为塔板的适宜操作区。操作时的气相负荷 V_G 与液相负荷 V_L 在负荷性能图上的坐标点称为操作点。板式塔设计时，应使操作点尽可能位于适宜操作区的中央，若操作点紧靠某一条边界线，则负荷稍有波动时，塔的正常操作即被破坏。

负荷性能图中通过原点的一条直线，表示某一气液比时气体流量与液体流量的关系，代表一定的操作条件。例如在连续精馏塔中，回流比为定值，故操作的气液比也为定值，操作线为一过原点的直线。操作线与负荷性能图上曲线的两个交点分别表示塔的上、下操作极限，两极限的气体流量之比称为塔板的操作弹性。如图 5-55 中的 OAB 代表气液比较大的操

作条件,与线 2、5 相交,表明操作的上、下限是由于过量液沫夹带和液体流量过小。同一塔内操作,若气液比不同,操作的上下限也可能不同,如图 5-55 中的 OED 线。

当分离物系和分离任务确定后,操作点的位置即固定,但负荷性能图中各条线的相应位置会随着塔板的结构尺寸而变。因此,在设计塔板时,根据操作点在负荷性能图中的位置,适当调整塔板结构参数,可改进负荷性能图,以满足所需的操作弹性。例如,加大板间距可使液泛线上移,减小塔板开孔率可使漏液线下移,增加降液管面积可使液相负荷上限线右移等。

5.9.3 筛板塔的设计

根据生产任务通过工艺计算,气、液负荷和塔板数不难求得。在此基础上,进行不同形式塔板的设计所遵循的基本原则是相同的。这里仅以筛板塔为例,介绍板式塔设计的流程和要领。筛板塔设计的主要内容包括以下几方面。

5.9.3.1 板间距的选择和塔径的初步确定

(1) 板间距的选择 板间距的选择与液泛和雾沫夹带有密切的关系。板间距选择大些,塔的可允许气流速度较高,生产任务一定时,塔径较小,同时对塔板效率、操作弹性及安装检修有利。但板间距增大以后,会增加塔身总高度,增加金属耗量,增加塔基、支座等的负荷,全塔造价增加。因此板间距的选择需要通过经济技术权衡,初选板间距时可参表 5-1 所列的推荐值。常用的板间距设计值有 300mm、450mm、500mm、600mm、800mm。

表 5-1 不同塔径的板间距参考值

塔径 D/m	0.3~0.5	0.5~0.8	0.8~1.6	1.6~2.0	2.0~2.4	＞2.4
塔板间距 H_T/mm	200~300	250~350	350~450	450~600	500~700	≥600

(2) 塔径 塔径根据气体负荷 V_G 和气体的空塔气速确定。空塔气速由液泛气速 u_f 关联,气体负荷取决于生产任务。塔径初步确定后,若在 1m 以内,其规格应圆整为以 100mm 递增计算;塔径超过 1m,则按 200mm 递增圆整。

5.9.3.2 塔板液流类型的选择

液体在板上的流动类型主要有:单流型、双流型、U 形流型和阶梯流型等,塔板上液流类型不同,其塔结构就不同。

单流型是最常用的类型,一般用于塔径和液流量不大的场合;当塔径较大(＞2m)和液体流量较大(＞100m³/h)时,采用双流型塔板;液体流量较低时(＜11m³/h)时,采用 U 形流型可延长流道,对提高塔板效率有利;大塔径和大液体流量时可采用阶梯流型。选择液流类型可参考表 5-2。

表 5-2 选择液流类型参考表

塔径/mm	液体流量/(m³/h)			
	U 形流型	单流型	双流型	阶梯流型
600	5 以下	5~25		
900	7 以下	7~50		
1000	7 以下	45 以下		
1200	9 以下	9~70		
1400	9 以下	70 以下		
1500	10 以下	70 以下		
2000	11 以下	90 以下	90~160	

塔径/mm	液体流量/(m³/h)			
	U形流型	单流型	双流型	阶梯流型
3000	11以下	110以下	110～200	200～300
4000	11以下	110以下	110～230	230～350
5000	11以下	110以下	110～250	250～400
6000	11以下	110以下	110～250	250～450

5.9.3.3 塔板结构设计

塔板的结构可根据经验选择适当的设计参数，筛板塔规格数据范围参考见表5-3。

(1) 溢流堰 溢流堰的作用是保持塔板上液层高度，维持液流的均匀稳定，为气、液两相的有效接触传质提供条件。液流堰通常为平直堰，当堰液头 $h_{ow} \leqslant 6mm$ 时应采用齿形堰。

(2) 降液管 降液管的主要形式有圆形、弓形两种。以弓形降液管应用最广，堰与塔壁之间的全部截面均作降液之用，塔截面利用率高，结构简单。

为保证塔板上的液封，降液管底部与塔板的间距 h_o 应小于堰高 h_w，但一般不应小于 $20\sim25mm$，以免堵塞。为使液体平稳进入塔板，防止液层冲击而漏液，大直径塔板可采用凹形受液盘。

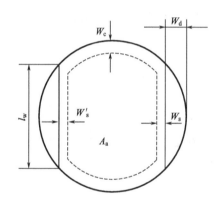

图 5-56 塔板板面区域示意

(3) 安定区和边缘区选择 塔板板面区域如图 5-56 所示，为防止液体入口处漏液而设计入口安定区，其宽度 W_s' 可取为 $50\sim100mm$，出口安定区宽度 W_s 一般等于 W_s'，但根据工业实践，目前多主张不设出口安定区。

边缘区宽度 W_c 与塔径有关，一般可取值 $25\sim50mm$。

筛板上筛孔、孔间距等的设计可参考表 5-3，或其他专著和设计手册。

(4) 塔板的校核 对初步设计的筛板必须进行校核，以判定设计工作点是否位于筛板的正常操作范围之内，塔板的压降是否可行等。如不能满足要求，需对设计参数进行修正。最后绘制塔板负荷性能图，全面了解塔板的操作性能。筛板塔水力学性能要求见表5-4。

表 5-3 筛板塔规格数据参考表

项目	单流型	双流型
塔径 D/mm	300～2500	2000～4000
孔径 d_0/mm	3～8	3～8
孔中心距/孔径	2.5～4	2.5～4
板厚 δ/mm	3～4(碳钢),2～2.5(合金钢)	同左
堰高 h_w/mm	25～75	25～75
堰长 l_w(两侧)/塔径 D	0.68～0.76	0.55～0.63
堰长 l_w(中央)/塔径 D	—	0.97
降液管截面积 A_j/塔截面积 A	0.08～0.12	0.08～0.12
孔总面积 A_k/塔截面积 A	0.06～0.12	0.06～0.12
塔板工作面积 A_a/塔截面积 A	0.84～0.76	0.84～0.76
塔板净面积 A_n/塔截面积 A	0.92～0.88	0.92～0.88

表 5-4 筛板塔水力学性能要求

项目	性能要求
液泛分数	一般液体为 0.7~0.8;对于易起泡的液体为 0.5~0.6
液沫夹带分数 ψ	不超过 0.15
液沫夹带量 e_V	<0.1kg 液/kg 干气
筛板的稳定系数 k	>1.5
降液管内泡沫液高度 H_d'	小于塔板间距 H_T 与堰高 h_w 之和
降液管内液体停留时间 t	一般的液体要大于 3s;对易起泡的液体要大于 5s,
堰液头 h_{ow}	大于 6mm

【例 5-11】 用一常压精馏塔分离苯-甲苯混合物,试按照该塔精馏段气、液两相流量和定性温度条件下的物性数据,设计一筛板。相关操作参数如下:

气相:$V_G=2.1\text{m}^3/\text{s}$;$\rho_G=2.69\text{kg/m}^3$;

液相:$V_L=0.0049\text{m}^3/\text{s}$;$\rho_L=793\text{kg/m}^3$;$\mu=3.4\times10^{-3}\text{Pa·s}$;表面张力 $\sigma=2.1\times10^{-2}\text{N/m}$。

解: (1)塔板初步设计

① 拟采用单流型塔板、弓形降液管和普通平底受液盘,取 $h_o=40\text{mm}$;取板间距 $H_T=450\text{mm}$。

② 塔径估算

$$\left(\frac{V_L}{V_G}\right)\sqrt{\frac{\rho_L}{\rho_G}}=\frac{0.0049}{2.1}\times\left(\frac{793}{2.69}\right)^{0.5}=0.04$$

$H_T=0.45\text{m}$,由图 5-52 查得 $C_{20}=0.085$,由式(5-108)

$$C_\sigma=C_{20}\left(\frac{\sigma}{20}\right)^{0.2}=0.085\times\left(\frac{21}{20}\right)^{0.2}=0.086$$

由式(5-106)计算液泛气速为

$$u_f=C\sqrt{\frac{\rho_L-\rho_G}{\rho_G}}=0.086\times\sqrt{\frac{793-2.69}{2.69}}=1.47(\text{m/s})$$

苯-甲苯不易起泡,取液泛分数为 0.8,可求出气体流通面积 A_n

$$A_n=\frac{2.1}{0.8\times1.47}=1.79(\text{m}^2)$$

参照表 5-3,取降液管截面积 A_j/A 为 0.09

$$\frac{A_j}{A}=\frac{A-A_n}{A}=0.09$$

$$A=\frac{A_n}{1-0.09}=1.97\text{m}^2$$

塔径为
$$D=\sqrt{\frac{4A}{\pi}}=1.58\text{m}$$

塔径圆整为 1.7m,则塔截面积

$$A=\frac{\pi}{4}D^2=2.27\text{m}^2$$

③ 参考表 5-3,确定筛板参数为

降液管截面积　$A_j=0.1A=0.227\text{m}^2$

塔板净截面积　$A_n=0.9A=2.043\text{m}^2$

塔板工作面积　$A_a=0.81A=1.84\text{m}^2$

孔总面积　$A_K=0.08A=0.182\text{m}^2$

孔径$d_0=5$mm

板厚$\delta=2.5$mm

堰高$h_w=40$mm

堰长$l_w=0.7$

(2) 塔板校核

① 塔板压降

a. 干板压降h_g

孔口流速 $\qquad u_0=\dfrac{V_G}{A_K}=11.54$m/s

$$u_a=\frac{V_G}{A_a}=1.14\text{m/s}$$

$d_0/\delta=5/2.5=2$，查图5-48得孔流系数$C_V=0.78$，由式(5-104)

$$h_g=\frac{1}{2g}\left(\frac{u_0}{C_V}\right)^2\frac{\rho_G}{\rho_L}=0.0378\text{m}$$

b. 气体通过板上泡沫层的压力降h_s

$$u_a\rho_G^{\frac{1}{2}}=1.14\times2.69^{\frac{1}{2}}=1.87$$

查图5-49，筛板上泡沫层充气因子$\beta=0.57$

$$\frac{V_L}{l_w^{2.5}}=\frac{0.0049\times3600}{0.7^{2.5}}=43.03$$

查图5-50，得液流收缩系数$E=1.13$，由式(5-106)

$$h_{ow}=\frac{2.84}{1000}E\left(\frac{V_L}{l_w}\right)^{\frac{2}{3}}=0.0276\text{m}$$

代入式(5-105a) 得

$$h_s=\beta(h_w+h_{ow})=0.57(0.04+0.0276)=0.0385(\text{m})$$

塔板压降 $\quad h_t=h_g+h_s=0.0378+0.0385=0.0763(\text{m})$

② 液沫夹带量

$$u=\frac{V_G}{A_n}=\frac{2.1}{2.043}=1.03(\text{m/s})$$

$$液泛分数=\frac{u}{u_f}=\frac{1.03}{1.47}=0.7$$

液泛分数为0.70，$(V_L/V_G)(\rho_L/\rho_G)^{1/2}=0.04$，查图5-53得液沫夹带分数$\psi=0.058$。

③ 溢流液泛校核

取$h_o=25$mm，液体通过降液管的阻力

$$h_c=0.153\left(\frac{V_L}{l_w h_o}\right)^2=0.0012\text{m}$$

降液管内清液柱高，筛板塔液面落差小，取$\Delta=0$

$$H_d=h_w+\Delta+h_{ow}+h_t+h_c=0.145\text{m}$$

降液液管内停留时间

$$t=\frac{H_d A_j}{V_L}=6.72\text{s}>3\text{s}$$

④ 漏液点校核

筛孔直径$d_0=5$mm，塔板厚度$\delta=2$mm，$d_0/\delta=2.5$，查图5-54，干筛孔的流量系数$c_0=0.66$。

由式(5-112) 计算克服液体表面张力的压头损失

$$h_\sigma = \frac{4\times10^{-3}\sigma}{\rho_L g d_0}$$

$$= \frac{4\times10^{-3}\times21}{793\times9.81\times0.005} = 0.0022(\text{m})$$

$\rho_G = 2.69\text{kg/m}^3$, $\rho_L = 793\text{kg/m}^3$。由式(5-111) 计算漏液点气速

$$u_{0,\min} = 4.4c_0\sqrt{(0.0056+0.13H_d-h_\sigma)\rho_L/\rho_G}$$

$$= 4.4\times0.66\sqrt{(0.0056+0.13\times0.145-0.0022)\times793/2.69} = 7.43(\text{m/s})$$

根据式(5-113)，筛板的稳定系数 k

$$k = \frac{u_0}{u_{0,\min}} = \frac{11.54}{7.43} = 1.55$$

筛板的稳定系数 k 大于 1.5m/s。

5.9.4 板效率

5.9.4.1 板效率的各种表示方法

（1）总板效率 E 总板效率定义为理论塔板数与实际塔板数的比值，在工艺计算中得到广泛应用。

$$E = \frac{N}{N_T} \tag{5-118}$$

式中，N 为完成工艺任务所需理论板数；N_T 为塔内实际塔板数。

（2）单板效率 E_m 单板效率又称为默弗里板效率，用以描述实际塔板的分离能力。图 5-57 表示了第 n 层塔板上气液两相对组成变化，该板的气相单板效率定义为

$$E_{mV,n} = \frac{y_n - y_{n+1}}{y_{ne} - y_{n+1}} \tag{5-119}$$

式中，y_{ne} 为与 x_n 成平衡的气相组成。上式表示经过第 n 层塔板气相组成的实际变化与理论变化的比值。该板的液相单板效率为

$$E_{mL,n} = \frac{x_{n-1} - x_n}{x_{n-1} - x_{ne}} \tag{5-120}$$

式中，x_{ne} 为与 y_n 成平衡的液相组成。

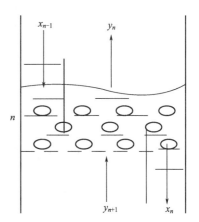

图 5-57 第 n 层塔板

通常 $E_{mV,n}$ 与 $E_{mL,n}$ 不会相等；由于气、液相组成和气体流速沿塔的变化，各层塔板的单板效率也不相同。

单板效率和总板效率概念的出发点不同。单板效率反映单独一层塔板上传质的优劣，根据单板效率的大小可考察不同塔板类型的传质效果，为塔板的选型提供依据。总板效率反映全塔的平均传质效果，便于从理论塔板数确定实际塔板数，为工艺设计提供依据。

（3）点效率 点效率是指塔板上各点的局部效率，定义为

$$E_{OG} = \frac{y'_n - y_{n-1}}{y'_{ne} - y_{n+1}} \tag{5-121}$$

式中，y'_n 代表从第 n 层板上某一局部上升的气相组成；y'_{ne} 代表与此局部液体相平衡的气相组成。点效率只反映塔板上局部位置的传质效果，以点效率为基础，可以和传质速率方程关联，从理论上开展塔板效率的研究工作，读者可参阅相关专著和文献。

5.9.4.2 塔板效率的影响因素

在板式塔中，将所有影响传质过程的动力学因素全部归结到了塔板效率中，因此塔板效率对板式塔的设计和操作都很重要。影响板效率的因素很多，主要有以下几个方面：

① 物性参数的影响，如气液两相的黏度、密度、表面张力、相对挥发度、扩散系数等。

② 塔板结构参数的影响，如塔径、板间距、堰高、开孔率、孔的排列方式等。

③ 操作条件的影响，如温度、压力、气体流速、气液比、回流比等。

由于影响因素众多，塔板效率从理论上计算十分困难，设计中所用到的板效率数据，多来源于实验数据或经验数据。

图 5-58 为蒸馏塔总板效率的奥康内尔（O'connel）关联图。图中横坐标为 $\alpha\mu_{av}$，其中 α 为塔底、塔顶平均温度下两组分的相对挥发度，若为多组分蒸馏，则取为轻、重关键组分；μ_{av} 为塔底、塔顶平均温度下，按进料摩尔分数加权的平均摩尔黏度，即

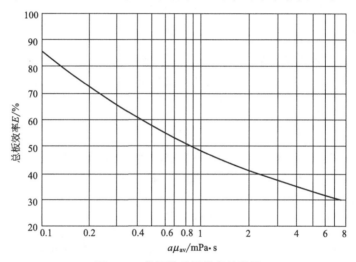

图 5-58 蒸馏塔总板效率关联图

$$\mu_{av} = \sum x_i \mu_i \tag{5-122}$$

式中，x_i 为 i 组分进料时的摩尔分数；μ_i 为 i 组分在塔底、塔顶平均温度下的黏度，mPa·s。

图 5-58 中曲线的回归方程为

$$E = 0.563 - 0.276 \lg(\alpha\mu_{av}) + 0.0815 [\lg(\alpha\mu_{av})]^2 \tag{5-123}$$

图 5-59 为吸收塔总板效率关联图。图中横坐标为 $Hp_{总}/\mu$，其中：H 为溶解度系数，kmol/(m³·kPa)；$p_{总}$ 为操作系统的总压，kPa；μ 为塔底、塔顶平均温度、平均浓度下液体的黏度，mPa·s。

图 5-59 中曲线的回归方程为

$$E = 0.176 + 0.134 \lg\left(\frac{Hp_{总}}{\mu}\right) + 0.0248\left[\lg\left(\frac{Hp_{总}}{\mu}\right)\right]^2 \tag{5-124}$$

奥康内尔关联图是根据工业泡罩塔为对象得出的，应用于其他类型塔板时可参照表 5-5 总板效率的相对值进行修正。

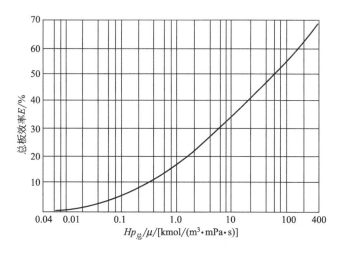

图 5-59 吸收塔总板效率关联图

表 5-5 总板效率的相对值

塔型	总板效率相对值	塔型	总板效率相对值
泡罩塔	1.0	筛板塔	1.1
浮阀塔	1.1~1.2	穿流筛孔塔(无降液管)	0.8

习　题

一、填空题

1.理想溶液的气、液相平衡关系遵循_____。

2.理想溶液是指各组分在全浓度范围内都服从_____的溶液。

3.蒸馏是用来分离_____的单元操作。

4.蒸馏操作是借助于液体混合物中各组分_____的差异而达到分离的目的。

5.理想溶液中各组分的挥发度等于其_____。

6.对于均相物系,必须造成一个两相物系才能将均相混合物分离。_____操作采用_____的办法(如加热和冷却)使混合物系内部产生出第二个物相(气相)。

7.溶液中各组分的_____可用它在蒸气中的分压和与之平衡的液相中的摩尔分数来表示,即_____。

8.溶液中易挥发组分的挥发度对难挥发组分的挥发度之比为_____。其表达式有:_____。

9.相对挥发度的大小反映了溶液用蒸馏方法分离的_____。

10.气、液两相呈_____状态时,气、液两相温度相同,但气相组成_____液相组成;若气液两相组成_____,则气相露点温度_____液相泡点温度。(填写大于、小于、相等)

11.当一定组成的液体混合物在一定总压下加热到某一温度,液体出现第一个气泡,此温度称为该液体在一定总压下的_____。

12.在一定总压下冷却气体混合物,当冷却到某一温度,产生第一个液滴,则此温度称为混合物在一定总压下的_____。

13.简单蒸馏过程中,釜内易挥发组分浓度_____,其沸点则_____。

14.已知 $q=1.3$,则加料中液体量与总加料量的比是_____。

15.精馏过程是利用_____和_____的原理进行的,精馏操作的依据是_____,实现精馏操作的必要条件包括_____和_____。精馏塔中各级塔板上的易挥发组分浓度_____。

16.精馏过程是利用部分冷凝和_____的原理而进行的。精馏设计中,回流比越大,所需理论板越少，操作能耗_____，随着回流比的逐渐增大，操作费和设备费的总和将呈现先降后升的变化过程。

17.相对挥发度 $\alpha = 1$，表示不能用_____分离，但能用_____。

18.在精馏操作中，回流比的操作上限是_____。

19.在精馏操作中，回流比的操作下限是_____。

20.表示进料热状况对理论板数的影响的物理量为_____。

21. q 值越大，达到分离要求所需的理论板数_____。

22.精馏塔的塔顶温度总是塔底温度，原因之一是_____；原因之二是_____。

23.当塔板中离开的气相与液相之间达到相平衡时，该塔板称为_____。

24.精馏过程中，_____的作用是提供一定量的上升蒸气流，_____的作用是提供塔顶液相产品及保证有适宜的液相回流。

25.进料板将精馏塔分为_____和_____。

26.精馏塔中温度由下而上沿塔高的变化趋势为_____。

27.当分离要求一定，回流比一定时，在五种进料状况中，_____进料的 q 值最大，此时，提馏段操作线与平衡线之间的距离_____，分离所需的总理论板数_____。

28.精馏设计中，当回流比增大时所需理论板数_____（增大、减小），同时蒸馏釜中所需加热蒸汽消耗量_____（增大、减小），塔顶冷凝器中冷却介质消耗量_____（增大、减小），所需塔径_____（增大、减小）。

29.某二元混合物，进料量为 100kmol/h，$x_F = 0.6$，要求得到塔顶 x_D 不小于 0.9，则塔顶最大产量为_____。

30.在一定操作条件下，提馏段内自任意第 m 层板下降的液相组成 x'_m 与其相邻的下一层板（第 $m+1$ 层板）上升蒸气相组成 y'_{m+1} 之间的关系为_____。L' 除与 L 有关外，还受_____的影响。

31.实际操作中，加入精馏塔的原料液可能有五种热状况：(1)_____；(2)_____；(3)_____；(4)_____；(5)_____。

32.精馏操作时，若 F、D、x_F、q、R、加料板位置都不变，将塔顶泡点回流改为冷回流，则塔顶产品组成 x_D _____。

33.在进行连续精馏操作过程中，随着进料过程中轻组分组成减小，塔顶温度_____，塔底釜液残液中轻组分组成_____。

34.操作中的精馏塔，若增大回流比，其他操作条件不变，则精馏段的液气比_____，塔顶馏出液组成_____。

35.精馏设计中，回流比_____，操作能耗_____，随着回流比逐渐增大，操作费和设备费的总和将呈现_____。

36.现设计一连续精馏塔，保持塔顶组成 x_D 和轻组分回收率不变，若采用较大的回流比，则理论塔板数将_____，而加热蒸汽的消耗量将_____；若进料中组成变轻，则进料位置应_____使 x_D 和轻组分回收率不变；若将进料物流焓增大，则理论塔板数将_____，塔底再沸器热负荷将_____。

37.某二元物系，相对挥发度 $\alpha = 2.5$，对 n、$n-1$ 两层理论塔板，在全回流条件下，已知 $x_n = 0.35$，则 $y_{n-1} = $ _____。

38.若某精馏过程需要 16 块理论塔板（包括再沸器）其填料的等板高度为 0.5m，则填料层有效高度为_____。

39.某精馏塔设计时，若将塔釜由原来间接蒸汽加热改为直接蒸汽加热，而保持 x_F、D/F、q、R、x_D 不变，则 W/F 将_____，x_W 将_____，提馏段操作线斜率将_____，理论板数将_____。

40.在精馏塔内任意一块理论塔板上，其液相的泡点温度_____（高于、低于、等于）气相的露点温度，其原因是_____。

二、选择题

1.理想溶液的特点是：相同分子间的作用力（　　）不同分子间作用力。

A. 大于　　　　　　　　B. 等于　　　　　　　　C. 小于　　　　　　　　D. 不能确定

2.关于理想溶液，下列说法中错误的是（　　）。

A. 理想溶液中相同分子与相异分子间的作用力相等

B. 理想溶液在混合过程中无容积效应

C. 理想溶液在混合过程中有热效应

D. 理想溶液符合拉乌尔定律

3. 实验表明，由两个完全互溶的挥发性组分所组成的理想溶液，其气、液平衡关系服从（　　）。

A. 亨利定律　　　　　　B. 费克定律　　　　　　C. 拉乌尔定律　　　　　　D. 牛顿黏性定律

4. 双组分理想溶液的 t-x-y 图中，下方曲线称为（　　）。

A. 饱和蒸气线　　　　　B. 饱和液体线　　　　　C. 饱和蒸气压线　　　　　D. 露点线

5. 下列关于相对挥发度的说法中正确的是（　　）。

A. 相对挥发度的大小，反映了溶液用蒸馏分离的难易程度

B. $\alpha = 1$ 的溶液称为恒沸物

C. α 越大，溶液越容易分离

D. α 越小，溶液越容易分离

6. 关于精馏原理的叙述错误的是（　　）。

A. 精馏过程是简单蒸馏的重复过程

B. 要维持精馏操作的高纯度分离，塔顶必须得设全凝器

C. 要维持精馏操作的高纯度分离，塔底必须得设再沸器

D. 有液相回流和气相回流，是精馏过程的主要特点

7. 间歇蒸馏和平衡蒸馏的主要区别在于（　　）。

A. 前者是一次部分汽化，后者是多次部分汽化　　　B. 前者是稳态过程，后者是不稳态过程

C. 前者是不稳态过程，后者是稳态过程　　　　　　D. 不能确定

8. 关于 x-y 图，下列说法中错误的是（　　）。

A. 平衡曲线偏离参考线愈远，表示该溶液愈容易分离

B. 平衡曲线总是位于参考线上方

C. 当总压变化不大时，外压对平衡曲线的影响可以忽略

D. 平衡曲线离参考线愈近，表示该溶液愈容易分离

9. 当增大操作压强时，精馏过程中物系的相对挥发度（　　）。

A. 增大　　　　　　　　B. 减小　　　　　　　　C. 不变　　　　　　　　D. 不能确定

10. 精馏中引入回流，下降的液相与上升的气相发生传质使上升的气相易挥发组分浓度提高，最恰当的说法是（　　）。

A. 液相中易挥发组分进入气相

B. 气相中难挥发组分进入液相

C. 液相中易挥发组分和难挥发组分同时进入气相，但其中易挥发组分较多

D. 液相中易挥发组分进入气相和气相中难挥发组分进入液相必定同时发生

11. 某二元混合物，其中 A 为易挥发组分，液相组成 $x_A = 0.6$，相应的泡点为 t_1，与之相平衡的气相组成 $y_A = 0.7$，相应的露点为 t_2，则（　　）。

A. $t_1 = t_2$　　　　　B. $t_1 < t_2$　　　　　C. $t_1 > t_2$　　　　　D. 不确定

12. 关于理论板下列说法错误的是（　　）。

A. 理论板可作为衡量实际塔板分离效率的依据和标准

B. 离开理论板的气、液两相互成平衡

C. 实际塔板即为理论板，二者之间无区别

D. 理论板为假想板，实际并不存在

13. 关于恒摩尔流假定，下列说法中正确的是（　　）。

A. 恒摩尔流假定在任何条件下均可成立

B. 恒摩尔汽化是指精馏段上升蒸气物质的量流量与提馏段上升物质的量流量相等

C. 恒摩尔流假定是指精馏段上升蒸气物质的量流量与下降液体物质的量流量相等

D. 由恒摩尔流假定可知，精馏段上升蒸气和下降液体有如下关系：$L_1=L_2=\cdots=L$，$V_1=V_2=\cdots=V$

14. 精馏的操作线是直线，主要基于以下原因（　　）。

　　A. 理论板假定　　　　　　B. 理想物系　　　　　　C. 塔顶泡点回流　　　　　　D. 恒摩尔流假设

15. 连续精馏塔的操作中若采用的回流比小于原回流比，则（　　）。

　　A. x_D 增大，x_W 增大　　B. x_D 减小，x_W 减小　　C. x_D 增大，x_W 减小　　D. x_D 减小，x_W 增大

16. 精馏操作中，若进料组成、流量和汽化率不变，增大回流比，则精馏段操作线方程的斜率（　　）

　　A. 增加　　　　　　　　　B. 减小　　　　　　　　C. 不变　　　　　　　　　D. 不能确定

17. 全回流时，理论塔板数为（　　）。

　　A. 0　　　　　　　　　　B. ∞　　　　　　　　C. N_{min}　　　　　　　　　D. 不能确定

18. 精馏塔的塔底温度总是（　　）塔顶温度。

　　A. 高于　　　　　　　　　B. 低于　　　　　　　　C. 等于　　　　　　　　　D. 小于等于 1

19. 操作中的精馏塔，保持进料量 F、进料组成 x_F、进料热状况参数 q、塔釜加热量 Q 不变，减少塔顶馏出量 D，则塔顶易挥发组分回收率 η（　　）。

　　A. 变大　　　　　　　　　B. 变小　　　　　　　　C. 不变　　　　　　　　　D. 不确定

20. 操作中的精馏塔，保持 F、x_F、q、D 不变，若采用的回流比 $R<R_{min}$，则 x_D（　　），x_W（　　）。

　　A. 变大　　　　　　　　　B. 变小　　　　　　　　C. 不变　　　　　　　　　D. 不确定

21. 已知 $q=1.1$，则加料中液体量与总加料量之比为（　　）。

　　A. 1.1:1　　　　　　　　B. 1:1.1　　　　　　　C. 1:1　　　　　　　　　D. 0.1:1

22. 某二元混合物，进料量为 100kmol/h，$x_F=0.6$，要求得到塔顶 x_D 不小于 0.9，则塔顶最大产量为（　　）。

　　A. 60kmol/h　　　　　　B. 66.7kmol/h　　　　　C. 90kmol/h　　　　　　　D. 不能确定

23. 在一二元连续精馏塔的操作中，进料量及组成不变，再沸器热负荷恒定，若回流比减少，则塔顶温度（　　），塔顶低沸点组分浓度（　　），塔底温度（　　），塔底低沸点组分浓度（　　）。

　　A. 升高　　　　　　　　　B. 下降　　　　　　　　C. 不变　　　　　　　　　D. 不确定

24. 某二元混合物，其中 A 为易挥发组分，液相组成 $x_A=0.4$，相应的泡点为 t_1，气相组成为 $y_A=0.4$，相应的露点组成为 t_2，则（　　）。

　　A. $t_1=t_2$　　　　　　　B. $t_1<t_2$　　　　　　C. $t_1>t_2$　　　　　　　D. 不能判断

25. 精馏塔设计时，若 F、x_F、x_D、x_W、V'（塔釜上升蒸气量）均为定值，将进料状况从 $q=1$ 改为 $q>1$，则理论板数（　　），塔顶冷凝器热负荷（　　），塔釜再沸器热负荷（　　）。

　　A. 减少　　　　　　　　　B. 不变　　　　　　　　C. 增加　　　　　　　　　D. 不确定

26. 某筛板精馏塔在操作一段时间后，分离效率降低，且全塔压降增加，其原因及应采取的措施是（　　）。

　　A. 塔板受腐蚀，孔径增大，产生漏液，应增加塔釜热负荷

　　B. 筛孔被堵塞，孔径减小，孔速增加，雾沫夹带严重，应降低负荷操作

　　C. 塔板脱落，理论板数减少，应停工检修

　　D. 降液管折断，气体短路，需更换降液管

27. 提馏段温控是指将灵敏板取在提馏段的某层塔板处，若灵敏板温度降低，则要使塔釜产品合格，应采取的调节手段为（　　）。

　　A. 适当增大回流比　　　　　　　　　　　B. 适当减小回流比

　　C. 适当增大再沸器的加热量　　　　　　　D. 适当减小再沸器的加热量

28. 在精馏操作中当进料量大于出料量时，会引起（　　）。

　　A. 淹塔　　　　　　　　　B. 塔釜蒸干　　　　　　C. 漏液　　　　　　　　　D. 返混

29. 关于恒沸精馏和萃取精馏下列说法错误的是（　　）。

　　A. 这两种方法都是在被分离的混合液中加入第三组分

　　B. 这两种方法都是分离相对挥发度 $\alpha=1$ 的恒沸物或相对挥发度过低的混合液

　　C. 这两种方法在被分离的混合液中加入第三组分后，都能形成有明显界面的两相

　　D. 所选取的第三组分的热稳定性较好

三、判断题

1. 在压强一定时，均相液体混合物具有恒定的沸点。（　　）
2. 在精馏操作中，减压对组分的分离有利。（　　）
3. 若某溶液气、液相平衡关系符合亨利定律，则说明该溶液是理想溶液。（　　）
4. 组分 A 和 B 的相对挥发度 $\alpha=1$ 的混合溶液不能用普通精馏的方法分离。（　　）
5. 间歇蒸馏为稳态生产过程。（　　）
6. 恒摩尔流假定在任何条件下都成立。（　　）
7. 根据恒摩尔流假定，精馏塔内气、液两相的物质的量流量一定相等。（　　）
8. 当分离要求和回流比一定时，进料的 q 值越大，所需总理论板数越多。（　　）
9. 用图解法求理论板数时，与下列参数有关：F、x_F、q、R、α、D、x_D。（　　）
10. 精馏操作时，操作流比为最小回流比时所需理论板数为无穷多。（　　）
11. 某连续精馏塔中，若精馏段操作线方程的截距等于零，则精馏段操作线斜率等于 1。（　　）
12. 全回流时，塔顶产品量 $D=\infty$。（　　）
13. 精馏塔的塔底温度总是低于塔顶温度。（　　）
14. 在精馏塔内任意一块理论板，其气相露点温度大于液相的泡点温度。（　　）
15. 若以过热蒸气进料时，q 线方程斜率>0。（　　）
16. 板式精馏塔液体中轻组分浓度分布特点为自下而上逐板降低。（　　）
17. 回流比相同时，塔顶回流液体的温度越高，分离效果越好。（　　）
18. 恒沸精馏和萃取精馏均采取加入第三组分的办法得以改变原物系的相对挥发度。（　　）
19. 精馏用板式塔，吸收用填料塔。（　　）

四、简答题

1. 压强对相平衡关系有何影响？精馏塔的操作压强增大，其他条件不变，塔顶、塔底的温度和组成如何变化？
2. 简单蒸馏与精馏有什么相同和不同？
3. 精馏塔中气相组成、液相组成以及温度沿塔高如何变化？
4. 恒摩尔流假定的主要内容是什么？简要说明其成立的条件。
5. 进料热状态有哪些？对应的 q 值分别是多少？
6. q 值的物理意义是什么？
7. 在进行精馏塔的设计时，若将塔釜间接蒸汽加热改为直接蒸汽加热，而保持进料组成及热状况、塔顶采出率、回流比及塔顶馏出液组成不变，则塔釜产品量和组成、提馏段操作线的斜率及所需的理论板数如何变化？
8. 什么叫理论板？说明理论板与实际塔板间的关系。
9. 在精馏生产中，将灵敏板取在精馏段某层塔板处，发现灵敏板温度升高，请说明此时会对塔顶产品产生什么影响？应采取什么手段进行调节？
10. 精馏塔在一定条件下操作时，将加料口向上移动两层塔板，试问此时塔顶和塔底产品组成将有何变化？为什么？
11. 精馏塔在一定条件下操作，试问：回流液由饱和液体改为冷液时，塔顶产品组成有何变化？为什么？
12. 精馏塔进料的热状况对提馏段操作线有何影响？
13. 精馏塔进料量对塔板层数有无影响？为什么？
14. 精馏操作中，加大回流比时，对塔顶产品有何影响？为什么？
15. 用一般的精馏方法，能否得到无水酒精？为什么？

五、计算题

1. 苯（A）和甲苯（B）在 92℃时的饱和蒸气压分别为 143.73kN/m² 和 57.6kN/m²。在 92℃下，当苯的摩尔分数为 0.4、甲苯的摩尔分数为 0.6 时，求混合液各组分的平衡分压、系统压力及平衡蒸气组成。此溶液可视为理想溶液。

2. 每小时将 15000kg 含苯 40%（质量分数，下同）和甲苯 60% 的溶液在连续精馏塔中进行分离，要求釜残液中含苯不高于 2%，塔顶馏出液中苯的回收率为 97.1%。求馏出液和釜残液的流量和组成，以物质的量流量和物质的量流率表示。（苯的分子量为 78，甲苯的分子量为 92。）

3. 一常压连续操作的精馏塔，用来分离苯和甲苯混合物。混合物含苯 0.6（摩尔分数），以 100kmol/h 流量进入精馏塔，进料状态为气液各占 50%（摩尔分数），操作回流比为 1.5；要求塔顶馏出液组成为 0.95（苯的摩尔分数，下同），塔底釜液组成为 0.05。试求：（1）塔顶和塔底产品量；（2）精馏段操作线方程。

4. 用连续精馏塔每小时处理 100kmol 含苯 40% 和甲苯 60% 的混合物，要求馏出液中含苯 90%，残液中含苯 1%（组成均以摩尔分数计）。试求：（1）馏出液量和残液量各为多少（kmol/h）？（2）饱和液体进料时，已估算出塔釜每小时汽化量为 132kmol，问回流比为多少？

5. 用常压精馏塔分离双组分理想混合物，泡点进料，进料量 100kmol/h，加料组成为 50%，塔顶产品组成 $x_D = 95\%$，产量 $D = 50$kmol/h，回流比 $R = 2R_{min}$。设全塔均为理论板，以上组成均为摩尔分数。相对挥发度 $\alpha = 3$。求：（1）R_{min}（最小回流比）；（2）精馏段和提馏段上升蒸气量；（3）列出该情况下的精馏段操作线方程。

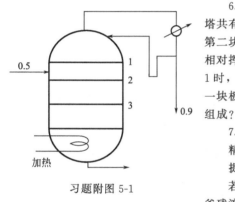

习题附图 5-1

6. 如习题附图 5-1 所示，某二元系统精馏塔在泡点下进料，全塔共有三块理论板及一个再沸器，塔顶采用全凝器，进料位置在第二块理论板上，塔顶产品组成 $x_D = 0.9$（摩尔分数），二元系统相对挥发度 $\alpha = 4$，进料组成为 $x_F = 0.5$（摩尔分数），回流比 $R = 1$ 时，求：（1）离开第一块板的液相组成 x_1 为多少？（2）进入第一块板的气相组成 y_2 为多少？（3）两操作线交点 d 的气、液组成？

7. 某连续精馏操作中，已知操作线方程为：

精馏段：$y = 0.723x + 0.263$

提馏段：$y = 1.25x - 0.0187$

若原料液于露点温度下进入精馏塔中，求原料液、馏出液和釜残液的组成及回流比。

8. 一常压连续操作的精馏塔，用来分离苯和甲苯混合物。混合物中苯的摩尔分数为 0.6，以 100kmol/h 流量进入精馏塔，进料状态为气液各占 50%（摩尔分数），操作回流比为最小回流比的 1.5 倍；要求塔顶馏出液组成为 0.95（苯的摩尔分数，下同），塔底釜液组成为 0.05。在操作条件下，苯和甲苯的相对挥发度为 2.5。试求：（1）塔顶和塔底产品量；（2）最小回流比；（3）精馏段操作线方程。

9. 已知某精馏塔进料组成 $x_F = 0.5$，塔顶馏出液组成 $x_D = 0.95$，平衡关系 $y = 0.8x + 0.2$，试求下列两种情况下的最小回流比 R_{min}：（1）饱和蒸气加料；（2）饱和溶液加料。

10. 如习题附图 5-2 所示，由一层理论板与塔釜组成的连续精馏塔，每小时向塔釜加入含甲醇 40%（摩尔分数）的甲醇水溶液 100kmol，要求塔顶馏出液组成 $x_D = 0.84$，塔顶采用全凝器，回流比 $R = 3$，在操作条件下的平衡关系为 $y = 0.45x + 0.55$。求：（1）塔釜组成 x_W；（2）每小时能获得的馏出液量 D 和塔釜液 W。

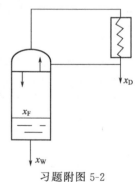

习题附图 5-2

11. 某厂用一连续精馏塔在常压下连续精馏从粗馏塔来的浓度为 0.282（摩尔分数）的乙醇饱和蒸气。要求精馏后得浓度为 92%（质量分数）的酒精 500kg/h，而废液中含酒精不能超过 0.004（摩尔分数）。采用间接蒸汽加热，操作回流比选用 3.5。试求：（1）进料量和残液量各为多少（kmol/h）？（2）塔顶进入冷凝器的酒精蒸气量为多少（kmol/h）？（3）列出该塔提馏段操作线方程；（4）列出 q 线方程。（乙醇分子量 46）

12. 在精馏塔中，精馏段操作线方程 $y = 0.75x + 0.2075$，q 线方程为 $y = -0.5x + 1.5x_F$。试求：（1）回流比 R；（2）馏出液组成 x_D；（3）进料液的 q 值；（4）判断进料状态；（5）当进料组成 $x_F = 0.44$ 时，精馏段操作线与提馏段操作线交点处 x_q 值为多少？

13.在常压精馏塔内分离某理想二元混合物，已知进料量为 100kmol/h，其组成为 0.55（摩尔分数）；釜残液流量为 45kmol/h，其组成为 0.05，进料为泡点进料；塔顶采用全凝器，泡点回流，操作回流比为最小回流比的 1.6 倍，物系的平均相对挥发度为 2.0。（1）计算塔顶轻组分的收率；（2）求出提馏段操作线方程；（3）若从塔顶第一块实际板下降的液相中重组分增浓了 0.02（摩尔分数），求该板的板效率 E_{mV}。

14.在连续精馏塔内分离某二元理想溶液，已知进料组成为 0.5（易挥发组分摩尔分数）泡点进料，进料量 100kmol/h，塔顶采用分凝器和全凝器。塔顶上升蒸气在分凝器部分冷凝后，液相作为塔顶回流液，其组成为 0.9；气相再经全凝器冷凝，作为塔顶产品，其组成为 0.95。易挥发组分在塔顶的回收率为 96%，离开塔顶第一层理论塔板的液相组成为 0.84。试求：（1）精馏段操作线方程；（2）操作回流比与最小回流比的比值 R/R_{min}；（3）塔釜液相组成 x_W。

15.常压板式精馏塔连续分离苯-甲苯溶液，塔顶全凝器，泡点回流，塔釜间接蒸汽加热，平均相对挥发度为 2.47，进料量为 150kmol/h，组成为 0.4（摩尔分数），饱和蒸气进料 $q=0$，操作回流比为 4，塔顶苯的回收率为 97%，塔底甲苯的回收率为 95%。求：（1）塔顶、塔底产品的浓度；（2）精馏段和提馏段操作线方程；（3）操作回流比与最小回流比。

16.进料组成 $x_F=0.2$，以饱和蒸气状态自精馏塔底部进料，塔底不再设再沸器，$x_D=0.95$，$x_W=0.11$，平均相对挥发度为 2.5。试求：（1）操作线方程；（2）若离开第一块板的实际液相组成为 0.85，则塔顶第一块板以气相表示的单板效率为多少？

17.在常压连续精馏塔内分离某二元理想溶液，料液浓度 $x_F=40\%$，进料为气液混合物，其摩尔比为气∶液$=2∶3$，要求塔顶产品中含轻组分 $x_D=97\%$，釜液浓度 $x_W=2\%$（以上浓度均为摩尔分数），该系统的相对挥发度为 $\alpha=2.0$，回流比为 $R=1.8R_{min}$。试求：（1）塔顶轻组分的回收率；（2）最小回流比；（3）提馏段操作线方程。

18.用一精馏塔分离二元液体混合物，进料量 100kmol/h，易挥发组分 $x_F=0.5$，泡点进料，得塔顶产品 $x_D=0.9$，塔底釜液 $x_W=0.05$（均为摩尔分数），操作回流比 $R=1.61$，该物系平均相对挥发度 $\alpha=2.25$，塔顶为全凝器。求：（1）塔顶和塔底的产品量（kmol/h）；（2）第一块塔板下降的液体组成 x_1 为多少；（3）提馏段操作线数值方程；（4）最小回流比。

19.一精馏塔，原料液组成为 0.5（摩尔分数），饱和蒸气进料，原料处理量为 100kmol/h，塔顶、塔底产品量各为 50kmol/h。已知精馏段操作线程为 $y=0.833x+0.15$，塔釜用间接蒸汽加热，塔顶全凝器，泡点回流。试求：（1）塔顶、塔底产品组成；（2）全凝器中每小时冷凝蒸气量；（3）蒸馏釜中每小时产生蒸气量。

20.在一常压精馏塔内分离苯和甲苯混合物，塔顶为全凝器，塔釜间接蒸汽加热，平均相对挥发度为 2.47，饱和蒸气进料。已知进料量为 150kmol/h，进料组成为 0.4（摩尔分数），回流比为 4，塔顶馏出液中苯的回收率为 0.97，塔釜采出液中甲苯的回收率为 0.95。试求：（1）塔顶馏出液及塔釜采出液组成；（2）精馏段操作线方程；（3）提馏段操作线方程；（4）回流比与最小回流比的比值。

21.在一常压精馏塔内分离苯和甲苯混合物，塔顶为全凝器，塔釜间接蒸汽加热。进料量为 1000kmol/h，含苯 0.4，要求塔顶馏出液中含苯 0.9（以上均为摩尔分数），苯的回收率不低于 90%，泡点进料，泡点回流。已知 $\alpha=2.5$，取回流比为最小回流比的 1.5 倍。试求：（1）塔顶产品量 D、塔底残液量 W 及组成 x_W；（2）最小回流比；（3）精馏段操作线方程；（4）提馏段操作线方程。

22.用常压精馏塔分离某二元混合物，其平均相对挥发度为 $\alpha=2$，原料液量 $F=10kmol/h$，饱和蒸气进料，进料浓度 $x_F=0.5$（摩尔分数，下同），馏出液浓度 $x_D=0.9$，易挥发组分的回收率为 90%，回流比 $R=2R_{min}$，塔顶为全凝器，塔底为间接蒸汽加热。求：（1）馏出液量及釜残液组成；（2）从第一块塔板下降的液体组成 x_1；（3）最小回流比；（4）精馏段各板上升的蒸气量（kmol/h）；（5）提馏段各板上升的蒸气量（kmol/h）。

23.在一常压精馏塔中分离某二元混合物，已知相对挥发度 $\alpha=3$，进料量 $F=1000kmol/h$，饱和蒸气进料，进料浓度为 50%，塔顶产品浓度为 90%（以上浓度均为易挥发组分的摩尔分数）。塔顶馏出液中能回收原料中 90% 的易挥发组分。塔顶装有全凝器，回流比 $R=3.2$，塔釜用间接蒸汽加热。试求：（1）精馏段和提馏段上升的蒸气量；（2）第二块理论板上升气体的浓度（理论板编号从塔顶往下）。

第 6 章

气体吸收

化工生产过程中，通常会遇到从气体的混合物中分离其中一种或者几种组分的单元操作，此时，可以采取气体吸收过程。气体吸收的基本原理是：利用混合气体中某一组分在某种液体中的溶解度与其他组分不同，或与该液体发生化学反应，实现气体混合物的分离。

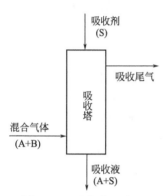

图 6-1 吸收操作示意图

图 6-1 为气体吸收操作示意图。在利用溶解度不同而进行的吸收操作中，所用的液体溶剂为吸收剂，用 S 表示；混合气体中，能够显著溶解于吸收剂的组分称为溶质，用 A 表示；而几乎不被溶剂溶解或者溶解量很少的组分统称为惰性组分或者载体，用 B 表示；所得到的溶液称为吸收液或者溶液，是溶质 A 在溶于溶剂 S 中形成的溶液，用 A+S 表示；被吸收后排出的气体称为吸收尾气，其主要成分为惰性气体 B，但仍然含有微量未被吸收的溶质 A。

气体吸收在化工生产中的应用非常广泛，大致可以分为以下几种：

① 制取某种气体的液体产品（或者溶液产品） 如用水吸收氨气制备氨水，用水吸收氯化氢气体制备盐酸等。

② 回收或者分离气体混合物中有用的物质来制取产品 如用液态烃处理石油裂解气以回收其中的乙烯和丙烯等。

③ 净化或者精制气体 如合成氨生产工艺中，采用碳酸丙烯酯脱除合成气中的二氧化碳，用碳酸钾除去合成气中的硫化氢等。

④ 除去工艺气体中的有害成分 通过这种方式，气体得到初步净化，为进一步深加工和处理做准备；或者去除工业尾气中对大气造成污染的有害气体。

吸收过程通常在吸收塔中进行。根据气、液两相的流动方式不同，可分为逆流操作和并流操作两大类，在工业生产中，常以逆流操作为主。

在吸收过程中，混合气中的溶质溶解于吸收剂中而得到一种溶液，但就溶质的存在形态而言，仍然是一种混合物，并没有得到纯度较高的气体溶质。在化工工业生产过程当中，除了以制取溶液产品为目的的吸收外，大都要将吸收液进行解吸（或者称为脱吸），以使溶质从吸收液中释放出来。得到纯净的溶质或者使吸收剂再生后，循环利用。因此，工业上的吸收操作流程通常包括吸收和解吸两部分。图 6-2 所示为含苯煤气的吸收与解吸流程示意图。

工业生产过程中产出的煤气常含有一定量的苯，不利于后续加工或直接应用，常利用煤气与苯在洗油中的溶解度的差异，通过吸收将苯（溶质）从煤气中分离出来，同时加以回收。含苯煤气在吸收塔内与从上方喷入的洗油（吸收剂）逆流接触传质，其中的苯溶解，从气相转移进入液相，分离出苯后的气体（脱苯煤气）从吸收塔顶引出。吸收了苯的混合溶液进入解析塔，利用苯在较高温度下溶解度大大降低的特点，使苯从洗油中汽化，经水冷却后得到副产品苯，使洗油得到再生而能循环利用。为了提高苯在洗油中的溶解度，所以吸收剂洗油在进入吸收塔前，应先将其冷却；为了降低苯在洗油中的溶解度以利于解吸分离，所以混合溶液进入解吸塔前，需要将其加热。

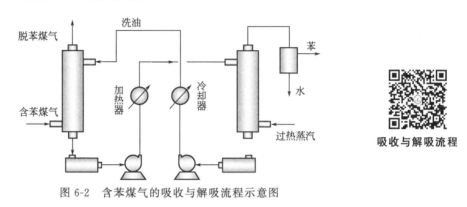

图 6-2　含苯煤气的吸收与解吸流程示意图

6.1　吸收基本概念

6.1.1　相组成表示法

对各种传质与分离过程，为了分析问题与设计计算的方便，通常采用不同的组成表示方法。

6.1.1.1　质量分数与摩尔分数

（1）质量分数　在混合物中某组分的质量占混合物总质量的分数。对于混合物中的 A 组分有

$$w_A = \frac{m_A}{m} \tag{6-1}$$

式中　w_A——组分 A 的质量分数；

m_A——混合物中组分 A 的质量，kg；

m——混合物总质量，kg。

$$w_A + w_B + \cdots + w_N = 1 \tag{6-2}$$

（2）摩尔分数　在混合物中某组分的物质的量 n_A 占混合物总物质的量 n 的分数。对于混合物中的 A 组分有

气相　　　　　　　　　　$$y_A = \frac{n_A}{n} \tag{6-3a}$$

液相　　　　　　　　　　$$x_A = \frac{n_A}{n} \tag{6-3b}$$

式中　y_A、x_A——组分 A 在气相和液相中的摩尔分数；

n_A——液相或气相中组分 A 的物质的量；

n——液相或气相的总物质的量。

$$y_A + y_B + \cdots + y_N = 1 \tag{6-4a}$$

$$x_A + x_B + \cdots + x_N = 1 \tag{6-4b}$$

质量分数与摩尔分数的关系为：

$$x_A = \frac{w_A/M_A}{w_A/M_A + w_B/M_B + \cdots + w_N/M_N} \tag{6-5}$$

式中，M_A、M_B 分别为组分 A、B 的摩尔质量，g/mol。

6.1.1.2 质量比与摩尔比

质量比是指混合物中某组分 A 的质量与惰性组分 B（不参加传质的组分）的质量之比，其定义式为

$$a_A = \frac{m_A}{m_B} \tag{6-6}$$

摩尔比是指混合物中某组分 A 的物质的量与惰性组分 B（不参加传质的组分）的物质的量之比，其定义式为

气相
$$Y_A = \frac{n_A}{n_B} \tag{6-7a}$$

液相
$$X_A = \frac{n_A}{n_B} \tag{6-7b}$$

质量分数与质量比的关系为

$$w_A = \frac{a_A}{1 + a_A} \tag{6-8a}$$

$$a_A = \frac{w_A}{1 - w_A} \tag{6-8b}$$

摩尔分数与摩尔比的关系为

$$x = \frac{X}{1+X} \qquad y = \frac{Y}{1+Y} \tag{6-9}$$

$$X = \frac{x}{1-x} \qquad Y = \frac{y}{1-y} \tag{6-10}$$

对于 A 组分则有

$$x_A = \frac{X_A}{1+X_A} \qquad y_A = \frac{Y_A}{1+Y_A} \tag{6-11}$$

$$X_A = \frac{x_A}{1-x_A} \qquad Y_A = \frac{y_A}{1-y_A} \tag{6-12}$$

6.1.1.3 质量浓度与物质的量浓度

质量浓度定义为单位体积混合物中某组分的质量，其定义式为

$$\rho_A = \frac{m_A}{V} \tag{6-13}$$

式中　ρ_A——组分 A 的质量浓度，kg/m^3；

　　　V——混合物的体积，m^3；

　　m_A——混合物中组分 A 的质量，kg。

物质的量浓度是指单位体积混合物中某组分的物质的量，其定义式为

$$c_A = \frac{n_A}{V}$$

式中　c_A——组分 A 的物质的量浓度，$kmol/m^3$；

n_A——混合物中组分 A 的物质的量，kmol。

质量浓度与质量分数的关系为

$$\rho_A = w_A \rho \tag{6-14}$$

式中，ρ 为混合物液相的密度，kg/m^3。

物质的量浓度与摩尔分数的关系为

$$c_A = x_A c_{\dot{\diamond}} \tag{6-15}$$

式中，$c_{\dot{\diamond}}$ 为混合物在液相中的总物质的量浓度，$kmol/m^3$。

6.1.1.4　理想气体混合物的总压与其中某组分的分压

总压与某组分的分压之间的关系为

$$p_A = p_{\dot{\diamond}} y_A \tag{6-16}$$

摩尔比与分压之间的关系为

$$Y_A = \frac{p_A}{p_{\dot{\diamond}} - p_A} \tag{6-17}$$

物质的量浓度与分压之间的关系为

$$c_A = \frac{n_A}{V} = \frac{p_A}{RT} \tag{6-18}$$

需要强调的是，当混合物为气液两相体系时，通常以 X 表示液相的摩尔比，Y 表示气相的摩尔比。

【例 6-1】　含乙醇（A）12%（质量分数）的水溶液，其密度为 $980kg/m^3$，试计算乙醇的摩尔分数、摩尔比及物质的量浓度。

解：乙醇的摩尔分数为

$$x_A = \frac{w_A/M_A}{\sum\limits_{i=1}^{N}(w_i/M_i)} = \frac{0.12/46}{0.12/46 + 0.88/18} = 0.0507$$

乙醇的摩尔比为

$$X_A = \frac{x_A}{1 - x_A} = \frac{0.0507}{1 - 0.0507} = 0.0534$$

溶液的平均摩尔质量为

$$M_m = 0.0507 \times 46 + 0.9493 \times 18 = 19.42(kg/kmol)$$

乙醇的物质的量浓度为

$$c_A = c_{\dot{\diamond}} x_A = x_A \frac{\rho_{\dot{\diamond}}}{M_m} = 0.0507 \times \frac{980}{19.42} = 2.558(kmol/m^3)$$

6.1.2　气体吸收的分类

通常而言，化工工业上遇到的气体混合物的分离情况比较复杂，所用到的吸收剂种类也是多种多样的，与之相适应的吸收与解析过程也不尽相同，因此，吸收过程具有不同的种类。通常工业上把气体的吸收过程按以下方法进行分类。

6.1.2.1　物理吸收与化学吸收

根据混合气体在进行吸收分离操作过程中，溶质与吸收剂之间是否发生化学反应可以分为化学吸收与物理吸收。如果在吸收过程中，气体溶质与液相溶剂之间不发生化学反应，可以把气体吸收过程看成是气体溶质单纯地溶解于液相溶剂的物理过程，则该过程称为物理吸收；相反，如果在气体吸收过程中，气体溶质与液相溶剂之间发生了化学反应，则称为化学吸收。

6.1.2.2　单组分吸收和多组分吸收

气体吸收过程中，根据被吸收组分的数目的不同，可以分为单组分吸收和多组分吸收。如果在气体吸收操作过程中，只有一个气相组分进入液相溶剂，其余组分不溶或者微溶于液体吸收剂，这种吸收过程称为单组分吸收；反之，若在吸收过程中，混合气体中进入液相的气体溶质不止一个组分，这样的吸收称为多组分吸收。

6.1.2.3　等温吸收与非等温吸收

气体溶解于液体时，通常由于溶解热或者化学反应热而产生热效应，热效应使得液相的温度升高，这种吸收称为非等温吸收；若吸收过程中热效应很小，或者虽然热效应比较大，但吸收设备的散热效果较好，能及时移除吸收过程中产生的各种热量，保持吸收过程中液相的温度基本不变，该过程称为等温吸收。

6.1.2.4　低浓度吸收和高浓度吸收

在吸收过程中，若溶质在气、液两相中的摩尔分数比较低（通常低于0.1），这种吸收称为低浓度吸收；反之，则称为高浓度吸收。

要指出的是，工业生产的吸收过程以低浓度吸收为主，本章重点讨论单组分低浓度等温物理吸收过程。

6.1.3　吸收剂的选择原则

吸收操作是气、液两相之间的接触传质过程，吸收操作的成功与否在很大程度上取决于所选吸收剂（溶剂）的性质，特别是溶剂与气体混合物之间的相平衡关系。结合物理化学中相关相平衡的知识，吸收剂的选取原则应该考虑以下几点：

（1）溶解度　溶剂应对混合气体中被分离组分（溶质）有较大的溶解度，或者说在一定的温度与浓度下，溶质有较低的平衡分压。这样从平衡的角度来说，处理一定量混合气体所需溶剂的用量较少，气体中溶质的极限残余浓度也可降低；就过程速率而言，溶质平衡分压越低，过程推动力越大，传质速率越快，所需设备尺寸越小。

（2）选择性　所选吸收剂应该对混合气体中其他组分的溶解度要小，即溶剂应该具有较高的选择性。如果溶剂的选择性不是很高，它将同时吸收气体混合物中的其他组分，这样的吸收操作只能实现某种气体在某种程度上的增浓而不能实现较为完全的分离。

（3）挥发度　在吸收过程中，吸收尾气往往被吸收剂蒸气所饱和，故在操作温度下，吸收剂的蒸气压要低些，即挥发度要小，以降低溶剂本身的损失，又可避免带入新的杂质。

（4）黏度　吸收剂应具有较低的黏度，且在吸收过程中不易产生泡沫，以实现吸收塔内良好的气、液接触和塔顶的气、液分离，通常可在溶剂中加入消泡剂。

（5）化学稳定性　所选取的吸收剂应具有良好的化学稳定性，以免在使用过程中发生反应，引入杂质。

（6）其他　所选溶剂应尽可能具备价廉、易得、无毒、不易燃易爆、无腐蚀性、不发泡、冰点低以及化学性质稳定等性质。

6.2　气、液相平衡关系与亨利定律

将吸收过程与传热过程做个比较，它们有很多相似之处。传热过程是冷热两流体间的热量传递，传递的是热量，其推动力为两流体之间的温度差，过程的极限是温度相等；吸收过程是气、液两相之间的传质过程，传递的是物质，但传递的推动力并非是两相的浓度差，过程的极限也并非是两相的浓度相等，这是由于气液之间的相平衡不同于冷热流体之间的热平衡。

6.2.1 气、液相平衡关系

气体吸收是典型的相际间的传质过程，气、液相平衡关系是研究气体吸收过程的基础，该关系通常用气体在液体中的溶解度以及亨利定律来表示。

6.2.1.1 气体在液体中的溶解度

在一定的温度下气、液两相充分接触后，两相会趋于平衡。此时，溶质在两相中的浓度服从某种确定的关系，即相平衡关系。这种相平衡关系可以用不同的方式表示。

在一定的温度和压力下，吸收剂和混合气体接触，气相当中的溶质就会向液相当中转移，直到液相中溶质组成达到饱和。此时，并非没有溶质分子进入液相，只是在任何时刻进入液相当中的溶质分子与从液相当中逸出的溶质分子恰好相等，这种状态称为相际动态平衡，简称相平衡。平衡状态下气相中的溶质分压称为平衡分压或者饱和分压，液相当中的溶质组成称为平衡组成或者饱和组成。气液两相处于平衡状态时，溶质在液相中的含量称为溶解度。溶质在液相当中的溶解度通常是由实验来测定的，它与温度、溶质在气相当中的分压有关。如果在一定的温度下将平衡时溶质在气相中的分压与液相当中的摩尔分数相关联，即得到溶解度曲线。

图 6-3～图 6-5 分别为 NH_3、SO_2、O_2 在水中的溶解度曲线。可以看出：不同气体在同一溶剂中溶解度有很大的差异。温度升高，气体的溶解度降低。

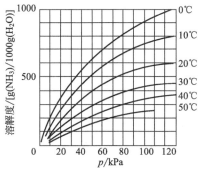

图 6-3 NH_3 在水中的溶解度

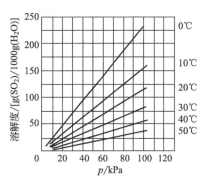

图 6-4 SO_2 在水中的溶解度

在相同的压力和温度下：NH_3 的溶解度最大，称为易溶气体；O_2 比较难溶，称为难溶气体；溶解度介于中间的 SO_2 称为溶解度适中的气体。

6.2.1.2 温度和压力对溶解度的影响

对于单组分物理吸收，由相律［式（5-6）］可知其自由度为

$$f = n - \varphi + 2 = 3 - 2 + 2 = 3$$

即

$$\begin{cases} c_A = f(T, p_{总}, p_A) \\ x_A = f(T, p_{总}, y_A) \end{cases}$$

在总压不高（$p_{总} < 5atm$）时，可以忽略总压的影响，则

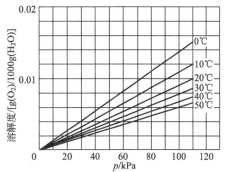

图 6-5 O_2 在水中的溶解度

$$\begin{cases} c_A = f(T, p_A) \\ x_A = f(T, y_A) \end{cases}$$

上式表明，一定温度下液相组成是气相组成的单值函数

$$c_A = f(p_A) \qquad x_A = f(y_A)$$

同理，对于气相

$$p_A = f'(c_A) \qquad y_A = f'(x_A)$$

通过上面三种物质在水中的溶解度曲线的分析，可以得出如下结果。

① 吸收剂、温度 T、压力 $p_{总}$ 一定时，不同物质的溶解度不同。

② 温度、溶液的浓度一定时，溶液上方分压越大的物质越难溶。

③ 对于同一种气体，分压一定时，温度 T 越高，溶解度越小。

④ 对于同一种气体，温度 T 一定时，分压 p_A 越大，溶解度越大。

由上面表述可知：加压和降温有利于溶解度的增大，因此，加压和降温有利于吸收操作；反之，减压和升高温度有利于解吸操作。

6.2.2 亨利定律

6.2.2.1 亨利定律表达式

亨利定律是亨利（Henry）于 1803 年提出的稀溶液的经验规律，即在一定的温度下，当系统总压比较低（通常在 500kPa 以下）时，互成平衡的气、液两相组成之间的关系。因为气、液两相的组成表示方法比较多，因此，亨利定律也有不同的表达形式。

（1）p 与 x 关系　当溶质在气相当中的组成以分压 p 表示，溶质在液相当中的组成以摩尔分数 x 表示，则亨利定律可以表示为如下形式

$$p^* = Ex \tag{6-19}$$

式中　p^*——溶质在气相中的平衡分压，kPa；

x——溶质在液相中的摩尔分数；

E——亨利系数，kPa。

对于一定的气体溶质和溶剂，亨利系数随温度而变化。通常来说，温度升高则 E 增大，这就表明了气体的溶解度随温度升高而减小的变化趋势。在同一溶剂中，难溶气体的 E 比较大，而易溶气体的 E 比较小。亨利系数数值的大小通过实验来测定，也可以从相关手册中查得。

（2）p 与 c 的关系　如果溶质在气相中的组成以分压 p 表示，在液相当中的组成以物质的量浓度 c 表示，此时，亨利定律可以写成如下形式。

$$p^* = \frac{c}{H} \tag{6-20}$$

式中　c——溶液中溶质的物质的量浓度，kmol/m^3；

p^*——气相中溶质的平衡分压，kPa；

H——溶解度系数，kmol/(m$^3 \cdot$ kPa)。

需要指出的是溶解度系数 H 也是温度的函数，对于一定的溶剂和溶质，H 随温度的升高而减小。对于易溶气体，其 H 比较大；对于难溶气体，其 H 较小。

（3）y 与 x 的关系　若溶质在气相中的组成以摩尔分数 y 表示，在液相当中的组成以摩尔分数 x 表示，则亨利定律可以写成下面的表达形式

$$y^* = mx \tag{6-21}$$

式中　x——表示液相中溶质的摩尔分数；

y^*——表示与液相成平衡的气相中溶质的摩尔分数；

m——相平衡常数，或者称为分配系数。

对于特定的物系，相平衡常数是温度和压力的函数，其数值大小可由实验来测定。m 越大，说明该气体的溶解度越小；反之，m 越小，说明溶解度越大。

（4）Y 与 X 的关系　吸收操作过程中，由于混合气体以及混合液体的总物质的量是变化的，因此，若用摩尔分数表示组成，会给计算带来很大的不方便，鉴于此，通常采用以惰性组分为基准的摩尔比来表示气、液相的组成。将式（6-9）代入式（6-21）可得

$$\frac{Y^*}{1+Y^*}=m\frac{X}{1+X}$$

整理可得

$$Y^*=\frac{mX}{1+(1-m)X} \tag{6-22}$$

对于低组成吸收，$(1-m)X \ll 1$，则上式可简化为

$$Y^*=mX \tag{6-23}$$

由上式可知，对于稀溶液，其平衡关系在 Y-X 图上为一条通过原点的直线，直线的斜率为 m。

值得指出的是，亨利定律的各种表达式所描述的都是互成平衡的气、液两相之间的平衡关系，它们既可以用来根据液相组成计算与之相平衡的气相组成，也可以根据气相组成来计算与之对应的互为平衡的液相组成。因此，上述亨利定律的表达形式可以改写为多种形式：$x^*=p/E$，$c^*=Hp$，$x^*=y/m$，$X^*=Y/m$。

6.2.2.2　各种系数之间的换算

（1）H 与 E 的关系　根据前面的公式推导可得 H 与 E 的关系为

$$H=\frac{\rho}{EM_S} \tag{6-24}$$

式中，ρ 为溶液密度，kg/m^3；M_S 为溶剂 S 的摩尔质量，$kg/kmol$。

在稀溶液中，有 $\rho \approx \rho_S$，所以可以将溶剂密度代入式（6-22）计算 H。

（2）E 与 m 的关系　根据以上公式推导可得 E 与 m 的关系为

$$m=\frac{E}{p_{总}} \tag{6-25}$$

式中，$p_{总}$ 为吸收系统的总压，kPa。

（3）m 与 H 的关系　由式（6-25）和式（6-24）可得与 m 与 H 的关系为

$$H=\frac{\rho}{mp_{总}M_S} \tag{6-26}$$

【例 6-2】　含有 8%（体积分数）C_2H_2 的某种混合气体与水充分接触，系统温度为 20℃，总压为 101.3kPa，试求达平衡时液相中 C_2H_2 的物质的量浓度。

解：混合气体按理想气体处理，则 C_2H_2 在气相中的分压 p_A^* 为

$$p_A^*=p_{总}y=101.3 \times 0.08=8.104(kPa)$$

C_2H_2 为难溶于水的气体，故气液平衡关系符合亨利定律，并且溶液的密度可按纯水的密度计算。

查得 20℃ 水的密度为 $\rho=998.2 kg/m^3$。由式（6-20）和式（6-24）可得

$$c^*=\frac{\rho p_A^*}{EM_S}$$

20℃时 C_2H_2 在水中的亨利系数 $E=1.23\times10^5$ kPa，所以

$$c^*=\frac{998.2\times8.104}{1.23\times10^5\times18}=3.654\times10^{-3}(\text{kmol/m}^3)$$

【例 6-3】 在常压及 20℃下，测得氨气在浓度为 $0.5\text{gNH}_3/100\text{gH}_2\text{O}$ 的稀氨水上方的平衡分压为 400Pa，在该浓度范围下相平衡关系可用亨利定律表示。试求亨利系数 E，溶解度系数 H，及相半衡常数 m。（氨水密度可取为 1000kg/m^3）

解： 依题意

$$x=\frac{0.5/17}{0.5/17+100/18}=0.00527$$

$$E=p_A^*/x=\frac{400}{0.00527}=7.59\times10^4(\text{Pa})=75.9(\text{kPa})$$

$y^*=p_A/p_{\text{总}}=400/1.01\times10^5=0.00396$，则相平衡系数

$$m=y^*/x=0.00396/0.00527=0.75$$

$$c=\frac{0.5/17}{(0.5+100)/1000}=0.293(\text{kmol/m}^3)$$

$$H=\frac{c}{p_A^*}=\frac{0.293}{400\times10^{-3}}=0.733[\text{kmol/(m}^3\cdot\text{kPa})]$$

6.2.3 相平衡关系在吸收过程中的应用

相平衡关系描述的是气、液传质过程中两相接触传质的极限过程，但在实际情况下，由于气、液两相在吸收塔中接触的时间有限，很难达到平衡状态。因此，将气、液两相传质过程中的实际组成与相应条件下的平衡组成进行比较，可以判断传质进行的方向、确定传质推动力的大小，并且可以指明传质过程所能达到的极限。

6.2.3.1 判别过程进行的方向

假设某一时刻在吸收塔的某一截面处，某一组分在气、液两相中的组成分别为 y 和 x，由气、液相平衡关系可以确定与实际组成相对应的相平衡条件下的组成（y^* 与 x^*）。两者作比较，如果 $y>y^*$ 或者 $x<x^*$，则此时溶液未达到饱和状态，因此，气相中的溶质必然向液相当中进行传质，即进行的是吸收过程；反之，如果 $y<y^*$ 或者 $x>x^*$，则此时溶液已达到饱和状态，因此，进行的是解吸过程。

【例 6-4】 在 101.3kPa，20℃下，稀氨水的气、液相平衡常数 m 为 0.94。（1）若含氨 0.094（摩尔分数）的混合气和组成为 0.05（摩尔分数）的氨水接触，判断过程进行的方向。（2）若气相中氨含量为 0.02（摩尔分数），氨水含量同前，判断过程进行的方向。

解：（1）依题意，$y=0.094$，则与实际气相组成相平衡的液相组成为

$$x^*=y/m=0.094/0.94=0.1$$

将其与实际组成比较：$x=0.05<x^*=0.1$。所以，气液相接触时，氨将从气相转入液相，发生吸收过程。

或者利用相平衡关系确定与实际液相组成相平衡的气相组成，并比较进行判断。

$$y^*=mx=0.94\times0.05=0.047$$

将其与实际组成比较：$y=0.094>y^*=0.047$。所以，氨将从气相转入液相，发生吸收过程。

（2）若含氨 0.02（摩尔分数）的混合气和 $x=0.05$ 的氨水接触，则

$$x^*=y/m=0.02/0.94=0.021, x=0.05>x^*=0.021$$

气液相接触时，氨由液相转入气相，发生解吸过程。

此外，用气、液相平衡曲线图也可判断两相接触时的传质方向，具体方法为：已知相互接触的气、液相的实际组成 y 和 x，在 x-y 坐标图中确定状态点，并根据相平衡系数 m 的值画出平衡线，若点在平衡曲线上方，则发生吸收过程；若点在平衡曲线下方，则发生解吸过程。

6.2.3.2　计算传质过程推动力

气、液相平衡是吸收过程的极限情况，只有互为不平衡的两相接触才会发生气体的吸收或者解吸。实际含量偏离平衡含量越远，过程推动力就越大，吸收速率或者传质速率也越快。在气体的吸收过程中，通常以实际含量与平衡含量的偏离程度来表示吸收的推动力。

以气相组成表示的推动力为

$$\Delta y=y-y^* \tag{6-27a}$$

以液相组成表示的推动力为

$$\Delta x=x^*-x \tag{6-27b}$$

6.2.3.3　判断传质进行的极限

气液传质过程的极限是平衡状态。假设在逆流吸收塔中，液相进、出吸收塔的组成分别为 x_1 和 x_2；气相进、出吸收塔的组成分别为 y_1 和 y_2，由气、液相平衡关系式(6-21) 可得出塔气相的最低组成为 $y_{2,\min}\gg mx_2$，出塔液相的最高组成为 $x_{1,\max}\ll x_1^*=y_1/m$。

6.3　单相传质

与热量传递中的导热和对流传热类似，质量传递的方式可分为分子传质（又叫作分子扩散，本章节主要讨论一维分子扩散）和对流传质（双流扩散）两类。

6.3.1　分子扩散

吸收过程涉及两相间的物质传递，包括三个步骤，即：溶质由气相主体传递到两相界面，即气相内的物质传递；溶质在相界面上的溶解，由气相转入液相，即界面上发生的溶解过程；溶质自界面被传递至液相主体，即液相内的物质传递。而单相内的传质过程依赖分子扩散与对流传质来进行。

6.3.1.1　分子扩散与费克定律

分子扩散又称为分子传质，简称扩散，是由于分子的无规则热运动形成的物质的传递现象。因此，分子传质是微观分子热运动的宏观结果。要指出的是，分子扩散无论在气体、液体还是固体当中，都能发生。

定义单位面积上在单位时间内通过扩散传递的物质的物质的量为扩散通量，用 J 表示，单位为 $kmol/(m^2 \cdot s)$。大量的实验表明：在二元混合物的分子扩散中，某组分的扩散通量与其浓度梯度成正比，该关系称为费克定律。费克定律是描述分子扩散过程的基本定律，其表达式为

$$J_A=-D_{AB}\frac{dc_A}{dz} \tag{6-28a}$$

$$J_B = -D_{BA}\frac{dc_B}{dz} \tag{6-28b}$$

式中　$\dfrac{dc_A}{dz}$、$\dfrac{dc_B}{dz}$——组分 A、B 在扩散方向的浓度梯度，$kmol/(m^3 \cdot m)$；

　　　　D_{AB}——组分 A 在组分 B 中的扩散系数，m^2/s；

　　　　D_{BA}——组分 B 在组分 A 中的扩散系数，m^2/s。

对于两组分扩散系统，在恒定的温度下，总的物质的量浓度是不变的，为一个常数，即

$$c_{总} = c_A + c_B = 常数$$

则有

$$J = J_A + J_B = 0 \tag{6-29}$$

对上式微分可得 $\dfrac{dc_A}{dz} + \dfrac{dc_B}{dz} = 0$，因此，可以得到

$$D_{AB} = D_{BA} \tag{6-30}$$

上式表明，两组分扩散系统中，组分 A 和组分 B 的相互扩散系数相等，因此后面的讨论分析中用 D 表示。

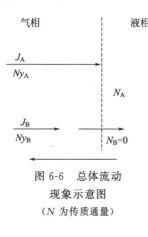

图 6-6　总体流动现象示意图

（N 为传质通量）

应该予以指出，费克定律仅适用于描述由于分子无规则热运动而引起的扩散过程。但在某种情况下，在进行分子扩散的同时，还伴有混合物的总体流动。现以用液体吸收气体混合物中溶质组分的过程为例，来说明总体流动的形成。如图 6-6 所示，设由 A、B 组成的二元气体混合物，其中 A 为溶质，可溶解于液体，而组分 B 不能在液体中溶解，这样组分 A 可以通过气液相界面进入液相，而组分 B 不能进入液相。由于 A 分子不断通过相界面进入液相，在相界面一侧会留下空穴。根据流体连续性原则，混合气体便会自动向界面递补，这样就发生了 A、B 两种分子并行向界面递补的运动，这种递补运动就形成了混合物的总体流动。很显然，通过气液相界面组分 A 的传质通量应该等于由于分子扩散所形成的扩散通量与由于总体流动所形成的总体流动通量之和。此时，由于组分 B 不能通过相界面，当组分 B 随总体流动运动到相界面后，又以分子扩散形式返回气相主体中，故组分 B 的传质通量为零。

由图 6-6 可以得出，如果在扩散的同时伴有混合物的总体流动，则传质通量应为分子扩散通量与总体流动通量之和。

对于组分 A，其传质通量为

$$N_A = J_A + Ny_A \tag{6-31a}$$

对于组分 B，其传质通量为

$$N_B = J_B + Ny_B = 0 \tag{6-31b}$$

即

$$J_B = -Ny_B \tag{6-32}$$

式中　N_A、N_B——组分 A、B 的传质通量，$kmol/(m^2 \cdot s)$；

　　　　N——混合物的总传质通量，$kmol/(m^2 \cdot s)$。

式(6-31a) 即为在伴有混合物总体流动的分子传质过程中，组分 A 的实际传质通量的计算式，通常称该式为费克定律的普遍表达形式。

6.3.1.2　气体中的定态分子扩散

传质单元操作过程中，分子扩散有两种形式，即双向扩散（反方向扩散）和单向扩散

（一组分通过另一停滞组分的扩散）。

（1）等分子（物质的量）反向扩散　设由 A、B 两组分组成的二元混合物中，组分 A、B 进行反方向扩散，若二者扩散的通量相等，则称为等分子反方向扩散。

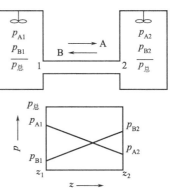

等分子反向扩散的情况通常在两组分的摩尔汽化潜热相等的蒸馏操作中遇到。如图 6-7 所示，用一段直径均匀的圆管将两个很大的容器连接，两容器内分别充有浓度不同的 A、B 两种气体，其中 $p_{A1} > p_{A2}$，$p_{B1} < p_{B2}$。设两容器内混合气体的温度及总压相等，两容器内均装有搅拌装置，用以保持各自浓度均匀。显然由于连通管两端存在浓度差，在连接管内将发生分子扩散现象，使组分 A 向右传递，而组分 B 向左传递。因两容器内总压相同，所以连通管内任意截面上，组分 A 的传质通量和组分 B 的传质通量相等，但传质方向相反，故称之为等分子反向扩散。

图 6-7　等分子反向扩散示意图

对于等分子反向扩散，有

$$N_A = -N_B$$

因此，可以得到

$$N = N_A + N_B = 0$$

则

$$N_A = J_A = -D_{AB} \frac{dc_A}{dz} \tag{6-33}$$

积分上式，边界条件为

$$z = z_1, c_A = c_{A1}（或 p_A = p_{A1}）$$
$$z = z_2, c_A = c_{A2}（或 p_A = p_{A2}）$$

代入上式并积分求解可得

$$N_A = J_A = \frac{D}{\Delta z}(c_{A1} - c_{A2}) \tag{6-34}$$

式中

$$\Delta z = z_2 - z_1$$

当扩散系统处于低压时，可按理想气体混合物来处理，因此可用式（6-18）计算 c_A，代入式（6-34）可得

$$N_A = J_A = \frac{D}{RT\Delta z}(p_{A1} - p_{A2}) \tag{6-35}$$

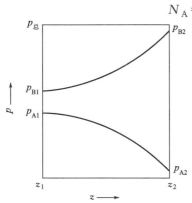

式（6-34）与式（6-35）即为 A、B 两组分作等分子反向定态扩散时的传质通量的表达式，通过这两个公式可以计算出组分 A 的传质通量。

（2）一组分通过另一停滞组分的扩散　一组分通过另一停滞组分扩散的情况在吸收过程中经常遇到（如图 6-8 所示）。设两组分组成的二元混合物中，组分 A 为扩散组分，组分 B 为不扩散组分（称为停滞组分），组分 A 通过停滞组分 B 进行扩散。

由于组分 B 为不扩散组分，$N_B = 0$，因此得 $N = N_A + N_B = N_A$，与式（6-28a）一起代入式（6-31a）得

图 6-8　一组分通过另一停滞组分的扩散

$$N_A = -D\frac{dc_A}{dz} + y_A N_A = -D\frac{dc_A}{dz} + \frac{c_A}{c_{总}}N_A$$

整理得

$$N_A = -\frac{Dc_{总}}{c_{总}-c_A} \times \frac{dc_A}{dz}$$

积分边界条件为

$$z = z_1, c_A = c_{A1}(或\ p_A = p_{A1})$$
$$z = z_2, c_A = c_{A2}(或\ p_A = p_{A2})$$

积分可得

$$N_A = \frac{Dc_{总}}{\Delta z}\ln\frac{c_{总}-c_{A2}}{c_{总}-c_{A1}} \tag{6-36}$$

或者

$$N_A = \frac{Dp_{总}}{RT\Delta z}\ln\frac{p_{总}-p_{A2}}{p_{总}-p_{A1}} \tag{6-37}$$

式(6-36) 和式(6-37) 即为组分 A 通过停滞组分 B 定态扩散时的传质通量表达式,通过这两个公式可计算组分 A 的传质通量。

由于扩散过程中的总压不变,因此有 $p_{B1} = p_{总} - p_{A1}$、$p_{B2} = p_{总} - p_{A2}$,则

$$p_{B2} - p_{B1} = p_{A1} - p_{A2}$$

代入式(6-37) 中可得

$$N_A = \frac{Dp_{总}}{RT\Delta z} \times \frac{p_{A1}-p_{A2}}{p_{B2}-p_{B1}}\ln\frac{p_{B2}}{p_{B1}}$$

令 $p_{Bm} = \dfrac{p_{B2}-p_{B1}}{\ln\dfrac{p_{B2}}{p_{B1}}}$,则

$$N_A = \frac{D}{RT\Delta z} \times \frac{p_{总}}{p_{Bm}}(p_{A1}-p_{A2}) \tag{6-38}$$

式中,p_{Bm} 为组分 B 的对数平均分压。

通过式(6-35) 和式(6-38) 的比较,可得组分 A 通过停滞组分 B 扩散的传质通量较组分 A、B 进行等分子反向扩散的传质通量相差 $p_{总}/p_{Bm}$ 倍。前者是有总体流动的扩散过程,后者总体流动为零,因此,$p_{总}/p_{Bm}$ 反映了总体流动对传质速率的影响,称为"漂流因数"。因为 $p_{总} > p_{Bm}$,所以,漂流因数总是大于 1,这表明由于有流体流动而使物质 A 的传递速率较之单纯的分子扩散要大一些。

【例 6-5】 有两个大容器,中间用一根内径为 25mm,长为 150mm 的圆管连接。在两个容器中,分别装有组成不同的 N_2 和 CO_2 混合气体。在第一个容器中,N_2 的摩尔分数为 0.82;在第二个容器中,N_2 的摩尔分数为 0.26。两容器中的压力均为常压,温度为 298K。在常压和 298K 的条件下,N_2 在 CO_2 中的扩散系数为 $0.167 \times 10^{-4}\,m^2/s$,试计算每小时从第一个容器扩散进入第二个容器的 N_2 的量。

解:本例为组分 $A(N_2)$ 与组分 $B(CO_2)$ 的等分子反方向定态扩散过程,由公式(6-35) 可计算 N_2 的传质通量。

$$N_A = J_A = \frac{D}{RT\Delta z}(p_{A1}-p_{A2})$$

$$p_{A1} = y_{A1}p_{总} = 0.82 \times 1.013 \times 10^5 = 8.307 \times 10^4(Pa)$$

$$p_{A2} = y_{A2} p_{总} = 0.26 \times 1.013 \times 10^5 = 2.634 \times 10^4 (\text{Pa})$$

$$N_A = \frac{0.167 \times 10^{-4}}{8.314 \times 298 \times 0.15}(8.307 \times 10^4 - 2.634 \times 10^4) = 2.549 \times 10^{-3} [\text{mol}/(\text{m}^2 \cdot \text{s})]$$

可计算 N_2 的传质通量

$$G_A = N_A M_A \frac{\pi}{4} d^2 = 2.549 \times 10^{-3} \times 28 \times \frac{3.14}{4} \times 0.025^2 = 3.502 \times 10^{-5} (\text{g/s}) = 1.261 \times 10^{-4} (\text{kg/h})$$

6.3.1.3　液体中的定态分子扩散

液体中的分子扩散相对于气体而言比较复杂，对其扩散规律的研究不及气体的充分，只能效仿气体中的速率关系式写出液体中的相应关系式。液体中的分子扩散与气体中的相似，也分为双向扩散（反方向扩散）和单向扩散（一组分通过另一停滞组分的扩散）两种形式。

液相中发生等分子反向扩散的机会很少，而一组分通过另一停滞组分的扩散较为多见，比如，溶质 A 通过停滞组分溶剂 S 而扩散，就是吸收操作中发生于气-液界面附近液相内的典型情况。定义溶质 A 在液相扩散两界面处的浓度分别为 c_{A1}、c_{A2}，扩散系数为 D'，仿照式(6-38)可以写出组分 A 在液相中的传质通量关系式，即

$$N'_A = \frac{D'}{\Delta z} \times \frac{c_{总}}{c_{Sm}}(c_{A1} - c_{A2}) \tag{6-39}$$

式中　N'_A——溶质 A 在液相中的传质通量，$\text{kmol}/(\text{m}^2 \cdot \text{s})$；

D'——溶质 A 在溶剂 S 中的扩散系数，m^2/s；

$c_{总}$——溶质的总浓度，kmol/m^3；

Δz——1、2 截面间的距离，m；

c_{A1}、c_{A2}——1、2 截面的溶质浓度，kmol/m^3；

c_{Sm}——溶剂 S 在扩散两界面处的对数平均浓度，kmol/m^3。

$$c_{Sm} = \frac{c_{S2} - c_{S1}}{\ln \dfrac{c_{S2}}{c_{S1}}}$$

式(6-39)中的 $c_{总}/c_{Sm}$ 也称为漂流因数。

6.3.2　分子扩散系数

分子扩散系数简称扩散系数，扩散系数本质上是单位浓度梯度下的扩散通量，即

$$D = \frac{J_A}{\dfrac{dc_A}{dz}} \tag{6-40}$$

扩散系数是物质的特性常数之一，是计算分子扩散通量的关键。扩散系数反映了某组分在一定介质（气相或液相）中的扩散能力，其值随物系种类、温度、浓度或总压的不同而变化。

6.3.2.1　气体中的扩散系数

一般情况下，扩散系数与系统的温度、压力、浓度以及物质的性质有关。对于双组分气体混合物，组分的扩散系数在低压下与浓度无关，只是温度及压力的函数。气体扩散系数可从有关资料中查得，其值一般在 $1 \times 10^{-4} \sim 1 \times 10^{-5} \text{m}^2/\text{s}$ 范围内。

需要说明的是，气体扩散系数通常是在特定的条件下测得的，目前相关数据有限。因此，许多气体的扩散系数需要估算求得。用于估算气体扩散系数的公式比较多，其中较为简单常用的是福勒（Fuller）提出的公式，其表达式如下

$$D_{AB} = \frac{1.013 \times 10^5 T^{1.75} \left(\frac{1}{M_A} + \frac{1}{M_B} \right)^{0.5}}{p_{总} \left[(\sum v_A)^{1/3} + (\sum v_B)^{1/3} \right]^2} \tag{6-41}$$

式中　　$p_{总}$——总压力，kPa；

　　M_A、M_B——组分 A、B 的摩尔质量，kg/kmol；

　　$\sum v_A$、$\sum v_B$——组分 A、B 的分子扩散体积，cm^3/mol。

对一些简单的物质（如氧、氢、空气等）可直接采用其分子扩散体积的值；对一般有机化合物的蒸气可按其分子式由相应的原子扩散体积相加求得。一般情况下，气体扩散系数与 $T^{1.75}$ 成正比、与总压 $p_{总}$ 成反比。某些简单分子的扩散体积和某些原子的扩散体积列于表 6-1 与表 6-2。

表 6-1　简单分子的扩散体积

物质	$\sum v/(cm^3/mol)$	物质	$\sum v/(cm^3/mol)$
H_2	7.07	CO	18.90
D_2	6.70	CO_2	26.90
He	2.88	N_2O	35.90
N_2	17.90	NH_3	14.90
O_2	16.60	H_2O	12.70
空气	20.10	(CCl_2F_2)	114.80
Ar	16.10	(SF_6)	69.70

表 6-2　原子的扩散体积

元素或结构	$\sum v/(cm^3/mol)$	元素或结构	$\sum v/(cm^3/mol)$
C	16.50	Cl	19.5
H	1.98	S	17.0
O	5.48	芳香环	−20.2
N	5.69	杂环	−20.2

6.3.2.2　液体中的扩散系数

液体中溶质的扩散系数不仅与物系的种类、温度有关，而且随溶质的浓度而变。液体中的扩散系数可从有关资料中查得，其值一般在 $1 \times 10^{-9} \sim 1 \times 10^{-10} m^2/s$ 范围内。

液体扩散系数的计算也通常采用公式进行估算，通常用威尔基（Wilke）公式计算。

$$D_{AB} = 7.4 \times 10^{-8} (\Phi M_B)^{0.5} \frac{T}{\mu_B v_A^{0.6}} \tag{6-42}$$

式中　M_B——溶剂 B 的摩尔质量，kg/kmol；

　　μ_B——溶剂 B 的黏度，mPa·s；

　　Φ——溶剂 B 的缔合因子；

　　v_A——溶质 A 在正常沸点下的分子体积，cm^3/mol；

　　T——热力学温度，K。

常见溶剂的缔合因子见表 6-3；某些物质正常沸点下的分子体积见表 6-4。对于其他物质，则根据分子式中所含原子的种类和数目，由原子体积相加而得，具体可查阅相关书籍和文献。

表 6-3　常见溶剂的缔合因子

溶剂名称	水	甲醇	乙醇	苯	非缔合溶剂
缔合因子	2.6	1.9	1.5	1.0	1.0

表 6-4　某些物质在正常沸点下的分子体积

物质	分子体积/(cm^3/mol)	物质	分子体积/(cm^3/mol)
空气	29.9	H_2O	18.9
H_2	14.3	H_2S	32.9
O_2	25.6	NH_3	25.8
N_2	31.2	NO	23.6
Br_2	53.2	N_2O	36.4
Cl_2	48.4	SO_2	44.8
CO	30.7	I_2	71.5
CO_2	34.0		

6.3.3　单相对流传质机理

6.3.3.1　涡流扩散

分子扩散只有在固体、静止或者层流流动的流体内才会发生。在湍流流体中，由于存在大大小小的旋涡运动，引起各部位流体间的剧烈混合，在有浓度差存在的条件下，物质便朝着浓度降低的方向进行传递。这种凭借流体质点的湍动和旋涡来传递物质的现象，称为涡流扩散。此时扩散通量可用下式表达

$$J_A = -(D + D_e)\frac{dc_A}{dz} \tag{6-43}$$

式中，D_e 称为涡流扩散系数，m^2/s。涡流扩散系数与分子扩散系数不同，D_e 不是物性常数，其值与流体流动状态及所处的位置有关。

在湍流流体中，虽然有强烈的涡流扩散，但是分子扩散是时刻存在的。当涡流扩散的通量远大于分子扩散的通量，一般忽略分子扩散的影响。

6.3.3.2　对流传质及机理

运动流体与固体表面之间，或两个有限互溶的运动流体之间的质量传递过程称为对流传质，是相际间传质的基础。

研究对流处传质问题，要搞清楚对流传质的机理。这里以流体湍流流过固体壁面时的传质过程为例，讨论传质过程的机理。对于有固定相界面的相际间传质，其传质机理相似。

流体以湍流的形式流过固体壁面时，在与壁面垂直的方向上，可分为三层，分别为层流内层、缓冲层、湍流中心。在层流内层中，流体沿着固体表面流动，在与流向相垂直的方向上，只有分子的无规则热运动，故壁面与流体之间的传质是以分子扩散的形式进行的。在缓冲层中，流体既有沿壁面方向的层流流动，又有一些旋涡运动，故该层内的传质既有分子扩散又有涡流扩散，因此，必须得同时考虑。在湍流中心，发生强烈的旋涡运动，因此，该层内的传质主要为涡流扩散。

在吸收设备内，吸收剂自上而下沿固体壁面流动，混合气体自下而上流过液体表面，这两股逆向流动的流体在气、液两相界面处接触传质。在靠近界面的层流内层，由于仅仅依靠分子的扩散传质，因此，浓度梯度比较大，浓度分布曲线也很陡，为一条直线；在远离界面的湍流中心，由于旋涡进行强烈的混合，其中的浓度梯度比较小，浓度分布曲线较为平坦；而在缓冲层内，既有分子扩散又有涡流扩散，其浓度梯度介于层流内层与湍流中心之间，浓

度分布曲线也介于二者之间。因此可以认为扩散的阻力主要集中在层流内层，可以写出溶质 A 气相主体至相界面的对流传质速率关系式，即

$$N_A = \frac{D}{RTz_G} \times \frac{p_{总}}{p_{Bm}}(p_A - p_{Ai}) \tag{6-44a}$$

式中　z_G——气相层流内层厚度，m；

p_{Ai}——界面处溶质 A 的分压，kPa。

同理，相界面液相一侧，溶质 A 的传质速率可以用下式表示，即

$$N_A = \frac{D}{z_L} \times \frac{c_{总}}{c_{Sm}}(c_{Ai} - c_A) \tag{6-44b}$$

式中　z_L——液相一侧层流内层厚度，m；

c_A——液相主体中溶质 A 的浓度，$kmol/m^3$；

c_{Ai}——界面处溶质 A 的浓度，$kmol/m^3$。

6.4　相际对流传质及总传质速率方程

6.4.1　相际间的对流传质过程

根据前面所述，对流传质按照流体的作用方式可分为两类：一类是流体作用于固体表面，即流体与固体壁面间的传质，如水流过可溶性固体壁面，溶质自固体壁面向水中传递；另一类是一种流体作用于另一种流体，两种流体通过相界面进行传质，即相际间的传质，如用水吸收空气中的氨气，氨气向水中传递。在化工传质单元操作过程中，相际间的传质最多，也最常见。

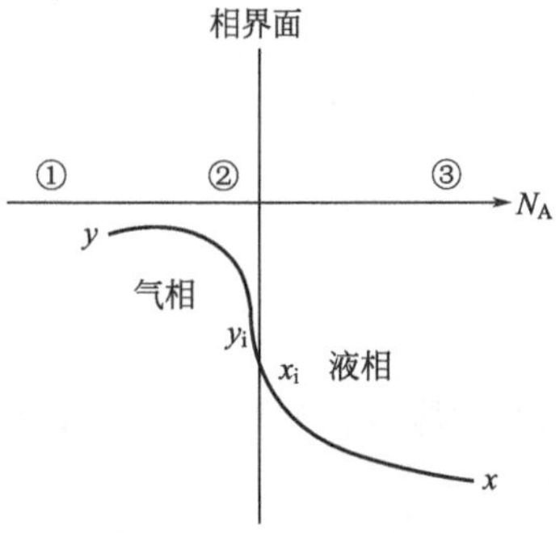

图 6-9 相际间传质过程

图 6-9 为相际间传质过程示意图，设组分 A 从气相传递到液相（如吸收），该过程由以下 3 步串联而成：

① 组分 A 由气相主体扩散到相界面；

② 在相界面上组分 A 由气相转移到液相；

③ 组分 A 由相界面扩散到液相主体。

一般来说，相界面上组分 A 从气相转入液相的过程很快，相界面传质阻力可以忽略。因此，相际间传质的阻力主要集中在气相和液相中。若其中液相传质阻力较气相大得多，则气相传质阻力可以忽略，此种传质过程即称之为"液相控制"，反之为"气相控制"。

6.4.1.1　双膜模型

对于相际间的对流传质问题，其机理往往是很复杂的，为了使问题得到简化，通常对传质过程做一些假设，即所谓的传质模型。一直以来，一些学者对传质机理做了很多的研究工作，也提出了多种传质模型，其中最具有代表性的是双膜模型、溶质渗透模型和表面更新模型，这里仅介绍双膜模型。

双膜模型又称为停滞膜模型，由惠特曼（Whiteman）于 1923 年首次提出，是最早提出的一种传质模型。该模型将两流体间的对流传质过程设想成为图 6-10 模式，其基本要点如下：

① 当气、液两相相互接触时，在气、液两相间存在着稳定的相界面，界面的两侧各有一个很薄的停滞膜，即气膜和液膜，溶质 A 经过两膜层的传质方式为分子扩散。

② 在气、液相界面处，气、液两相处于平衡状态，无传质阻力。

③ 在气膜、液膜以外的气、液两相主体中，因流体强烈湍动，各处浓度均匀一致，无传质阻力。

由此可见，双膜模型把复杂的相际传质过程归结为两种流体停滞膜层内的分子扩散过程。在此模型中，在相界面处以及两相主体中均无传质阻力的存在。因此，整个传质过程的阻力全部集中在两个停滞膜层内。因此，双膜模型又称为双阻力模型。

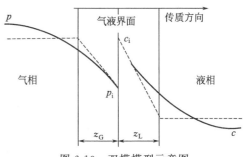

图 6-10 双模模型示意图

依据双膜模型，组分 A 通过气膜和液膜的扩散通量方程分别为

$$N_A = \frac{D}{RTz_G} \times \frac{p_{总}}{p_{Bm}} (p_A - p_{Ai}) \tag{6-45}$$

$$N_A = \frac{D'}{z_L} \times \frac{c_{总}}{c_{Bm}} (c_{Ai} - c_A) \tag{6-46}$$

令 $\dfrac{D}{RTz_G} \times \dfrac{p_{总}}{p_{Bm}} = k_G$、$\dfrac{D'}{z_L} \times \dfrac{c_{总}}{c_{Bm}} = k_L$，则对流传质速率方程可分别表示为

$$N_A = k_G (p_A - p_{Ai}) \tag{6-47}$$

$$N_A = k_L (c_{Ai} - c_A) \tag{6-48}$$

式中　k_G——气膜对流传质系数，$kmol/(m^2 \cdot s \cdot kPa)$；

　　　k_L——液膜对流传质系数，m/s。

双膜模型为传质模型奠定了初步的基础，用该模型描述具有固定相界面的系统及速率不高的两流体间的传质过程，与实际情况大体相符，按此模型所确定的传质速率关系，至今仍是传质设备设计的主要依据。但是该模型对传质机理的假定过于简单。因此，对许多传质设备（如填料塔等），双膜模型并不能反映出传质的真实情况。

在不造成混淆的情况下，为了方便，常略去表示溶质 A 的标注，如气相中溶质 A 组成分别用分压、摩尔分数与摩尔比表示，则可写出以下三个气相一侧对流传质速率方程，即

$$N_A = k_G (p - p_i) \tag{6-49}$$

$$N_A = k_y (y - y_i) \tag{6-50}$$

$$N_A = k_Y (Y - Y_i) \tag{6-51}$$

式中　　k_G——以气相分压差表示推动力的气相传质系数，$kmol/(m^2 \cdot s \cdot kPa)$；

　　　　k_y——以气相摩尔分数差表示推动力的气相传质系数，$kmol/(m^2 \cdot s)$；

　　　　k_Y——以气相摩尔比差表示推动力的气相传质系数，$kmol/(m^2 \cdot s)$；

　p、y、Y——分别为溶质在气相主体中的分压、摩尔分数和摩尔比；

p_i、y_i、Y_i——分别为溶质在相界面处的分压、摩尔分数和摩尔比。

各气相传质系数之间的关系可通过组成表示法间的关系推导。例如，当气相总压不太高时，气体按理想气体处理，根据道尔顿分压定律可知

$$p = p_{总} y \qquad p_i = p_{总} y_i$$

代入式(6-49) 并与式(6-50) 比较得

$$k_y = p_{总} k_G \tag{6-52}$$

同理导出低浓度气体吸收时，$k_Y = p_总 k_G$ （6-53）

同样，如液相中溶质 A 组成分别用物质的量浓度、摩尔分数与摩尔比表示，则

$$N_A = k_L(c_i - c) \tag{6-54}$$

$$N_A = k_x(x_i - x) \tag{6-55}$$

$$N_A = k_X(X_i - X) \tag{6-56}$$

式中　　k_L——以液相物质的量浓度差表示推动力的液相对流传质系数，m/s；

　　　　k_x——以液相摩尔分数差表示推动力的液相传质系数，$kmol/(m^2 \cdot s)$；

　　　　k_X——以液相摩尔比差表示推动力的液相传质系数，$kmol/(m^2 \cdot s)$；

　c、x、X——分别为溶质在液相主体中的物质的量浓度、摩尔分数及摩尔比；

c_i、x_i、X_i——分别为溶质在界面处的物质的量浓度、摩尔分数及摩尔比。

液相传质系数之间的关系：　　　　$k_x = c_总 k_L$ （6-57）

当吸收后所得溶液为稀溶液时：　　$k_X = c_总 k_L$ （6-58）

6.4.1.2　界面组成的确定

上面所述的各传质速率方程均与界面组成相关，因此，使用上述方程计算传质速率，必须首先要确定界面的组成。根据双膜模型，界面处的气液组成是符合相平衡关系的，并且在定态下，气、液两膜中的传质速率相等，可得

$$N_A = k_G(p - p_i) = k_L(c_i - c)$$

因此有

$$p - p_i = -\frac{k_L}{k_G}(c - c_i) \tag{6-59}$$

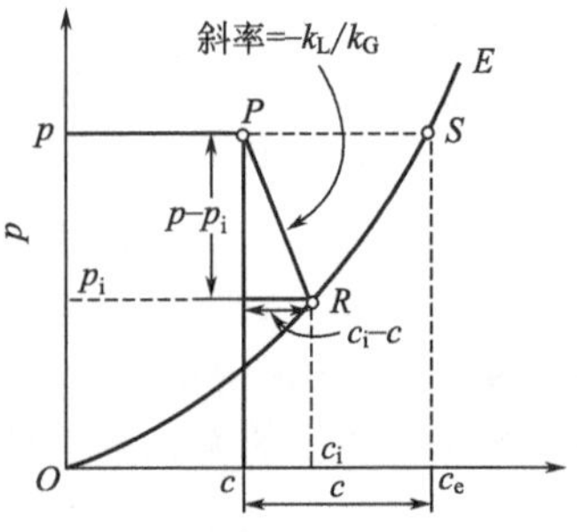

图 6-11　界面组成的确定

上式表明在直角坐标系中，$p_i - c_i$ 的关系是一条通过定点 $A(c, p)$，斜率为 $-k_L/k_G$ 的直线，该直线与平衡线 OE 交点的横、纵坐标便分别是界面上液相物质的量浓度 c_i 和气相分压 p_i，相关界面组成如图 6-11 所示。

6.4.2　吸收过程的总传质速率方程

吸收过程的速率关系是研究气体吸收过程的基础，吸收速率是指单位相际传质面积上在单位时间内所吸收溶质的量，描述吸收速率与吸收推动力之间关系的数学表达式称为吸收速率方程。与传热等传递过程一样，吸收过程的速率关系也可以表示为吸收速率等于吸收推动力与吸收阻力的比值，其中推动力指的是组成差，吸收系数的倒数称为过程阻力。因此，吸收速率的关系式可以表示成"吸收速率＝推动力×吸收系数"。

采用两相主体组成的某种差值来表示总推动力，从而写出相应的总吸收速率方程。吸收过程之所以能自发进行，就是因为两相主体组成尚未达到平衡，一旦任何一项主体组成与另一项主体组成达到了平衡，此时推动力为零。因此，吸收过程的总推动力应该用任何一项的主体组成与其平衡组成的差值来表示。

6.4.2.1　以 $(p - p^*)$ 表示总推动力的吸收速率方程

令 p^* 为液相主体中溶质 A 的浓度 c 成平衡的气相分压，p 为溶质在气相主体中的分压，如果吸收系统服从亨利定律或者平衡关系在吸收过程中所涉及的组成范围为直线，则

$$p^* = \frac{c}{H}$$

根据双膜模型，相界面上两相互成平衡，则

$$p_i = \frac{c_i}{H}$$

将以上两式代入液相吸收速率方程 $N_A = k_L(c_i - c)$，得

$$\frac{N_A}{H k_L} = p_i - p^*$$

同样，气相吸收速率方程 $N_A = k_G(p - p_i)$，可以写成

$$\frac{N_A}{k_G} = p - p_i$$

上两式相加，可得

$$N_A \left(\frac{1}{H k_L} + \frac{1}{k_G} \right) = p - p^*$$

令

$$\frac{1}{K_G} = \frac{1}{H k_L} + \frac{1}{k_G} \qquad (6\text{-}60)$$

则

$$N_A = K_G(p - p^*) \qquad (6\text{-}61)$$

式中，K_G 称为气相总吸收系数，$kmol/(m^2 \cdot s \cdot kPa)$。

上式为以（$p - p^*$）为总推动力的吸收速率方程，也称为气相总吸收速率方程。总吸收系数的倒数 $1/K_G$ 为两膜总阻力，此时，总阻力是由气膜阻力 $1/k_G$ 和液膜阻力 $1/H k_L$ 两部分组成的。

对于易溶气体，H 值很大，在 k_G、k_L 数量级相同或者接近的情况下存在如下的关系

$$\frac{1}{H k_L} \ll \frac{1}{k_G}$$

此时，传质总阻力的绝大部分存在于气膜之中，液膜阻力可以忽略，因此，式(6-60)可以简化为

$$\frac{1}{K_G} \approx \frac{1}{k_G} \text{或} \frac{1}{K_G} = \frac{1}{k_G}$$

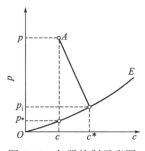

图 6-12 气膜控制示意图

上式表明气膜阻力控制着整个吸收过程的速率，吸收的总推动力主要用来克服气膜阻力，这种情况称为"气膜控制"（图 6-12），如水吸收氨可视为气膜控制的吸收过程。

由气膜控制示意图 6-12 看出，对于气膜控制过程，有以下关系，即

$$p - p^* \approx p - p_i$$

6.4.2.2 以（$c^* - c$）表示总推动力的吸收速率方程

令 c^* 为与气相中溶质 A 的分压 p 成平衡的液相组成，若吸收系统服从亨利定律或平衡关系在过程所涉及的浓度范围内为直线，同时根据双膜模型，相界面上两相互成平衡，则

$$p = \frac{c^*}{H} \qquad p_i = \frac{c_i}{H}$$

由此得

$$N_A = k_G(p - p_i) = k_G/H(c^* - c_i)$$

整理得

$$\frac{N_A H}{k_G} = (c^* - c_i)$$

由 $N_A = k_L(c_i - c)$，可推导出 $\frac{N_A}{k_L} = (c_i - c)$

上两式相加得

$$N_A \left(\frac{1}{k_L} + \frac{H}{k_G}\right) = c^* - c$$

令

$$\frac{1}{K_L} = \frac{H}{k_G} + \frac{1}{k_L} \tag{6-62}$$

得

$$N_A = K_L(c^* - c) \tag{6-63}$$

上式为以 $(c^* - c)$ 为总推动力的吸收速率方程，也称为液相总吸收速率方程。上两式中 K_L 称为液相总吸收系数，m/s。

总吸收系数的倒数 $1/K_L$ 为两膜总阻力，此总阻力是由气膜阻力 H/k_G 和液膜阻力 $1/k_L$ 两部分构成的。

对于难溶气体，H 值很小，因此有

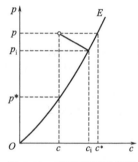
图 6-13　液膜控制示意图

$$\frac{H}{k_G} \ll \frac{1}{k_L}$$

此时，传质阻力的绝大部分存在于液膜之中，气膜阻力可以忽略不计，因此，可以简化为

$$\frac{1}{K_L} \approx \frac{1}{k_L} \quad \text{或} \quad \frac{1}{K_L} = \frac{1}{k_L}$$

该式表明，液膜阻力控制着整个吸收过程的速率，吸收总推动力的绝大部分用于克服液膜阻力，这种情况称为"液膜控制"（图 6-13），如用水吸收 CO_2 可视为液膜控制的吸收过程。

对于液膜控制，由图 6-13 可得

$$c - c^* \approx c - c_i$$

用式(6-60)除以式(6-62)，整理后可得

$$\frac{K_L}{K_G} = \frac{1}{H} \tag{6-64}$$

此式表明了 K_L、K_G、H 三者间的关系。

6.4.2.3　以 $(y - y^*)$、$(x^* - x)$ 表示总推动力的吸收速率方程

如果气、液平衡关系符合亨利定律，则有

$$x = \frac{y^*}{m}$$

根据双膜模型，界面处气液相组成也成平衡，可得

$$x_i = \frac{y_i}{m}$$

结合前面推导，整理得

$$N_A \frac{m}{k_x} = y_i - y \qquad \frac{N_A}{k_y} = y - y_i$$

将以上两式相加可得

$$N_A \left(\frac{m}{k_x} + \frac{1}{k_y} \right) = y - y_i$$

令

$$\frac{1}{K_y} = \frac{m}{k_x} + \frac{1}{k_y} \tag{6-65}$$

则

$$N_A = K_y (y - y^*) \tag{6-66}$$

式中　K_y——气相总吸收系数，$kmol/(m^2 \cdot s)$；

　　　y^*——与液相主体摩尔分数成平衡的气相摩尔分数。

式(6-66)是以 $(y - y^*)$ 为总推动力的吸收速率方程。式中总吸收系数的倒数 $1/K_y$ 为吸收总阻力，即两膜阻力之和。

同理，可以推出以 $(x^* - x)$ 为总推动力的吸收速率方程，即

$$N_A = K_x (x^* - x) \tag{6-67}$$

其中

$$\frac{1}{K_x} = \frac{1}{k_x} + \frac{1}{m k_y} \tag{6-68}$$

式中　K_x——液相总吸收系数，$kmol/(m^2 \cdot s)$；

　　　x^*——与气相主体摩尔分数成平衡的液相摩尔分数。

由以上可以推导出，K_x 与 K_y 的关系，即

$$K_x = m K_y \tag{6-69}$$

6.4.2.4　以 $(Y - Y^*)$、$(X^* - X)$ 表示总推动力的吸收速率方程

在吸收计算中，当溶质含量较低时，通常采用摩尔比表示气液组成较为方便，因此，常用 $(Y - Y^*)$、$(X^* - X)$ 来表示总推动力，吸收速率方程为

$$N_A = K_Y (Y - Y^*) \tag{6-70}$$

式中　K_Y——气相总吸收系数，$kmol/(m^2 \cdot s)$；

　　　Y^*——与液相主体组成平衡的气相组成。

上式即为以 $(Y - Y^*)$ 为总推动力的吸收速率方程，式中总吸收系数的倒数 $1/K_Y$ 为两膜总阻力。

对于低浓度的吸收，Y 和 Y^* 都很小，因此有 $K_Y \approx K_y = p_总 K_G$

同理，得出以 $(X^* - X)$ 为总推动力的吸收速率方程

$$N_A = K_X (X^* - X) \tag{6-71}$$

式中　K_X——液相总吸收系数，$kmol/(m^2 \cdot s)$；

　　　X^*——与气相主体组成平衡的液相组成。

上式即为以 $(X^* - X)$ 表示总推动力的吸收速率方程，式中总吸收系数的倒数 $1/K_X$ 为两膜总阻力。

同样，对于低浓度的吸收，X 和 X^* 都很小，因此有

$$K_X \approx K_x = K_L c_总 \tag{6-72}$$

吸收速率方程小结

前面讨论了各种形式的吸收速率方程，为便于比较，将它们列于表 6-5 中。使用吸收速率方程应注意以下几点：

① 各种形式的吸收速率方程是等效的，采用任何吸收速率方程均可计算吸收过程的速率。

② 各种形式的吸收速率方程，都是以气液组成保持不变为前提的，因此只适合于描述

定态操作的吸收塔内任一横截面上的速率关系，而不能直接用来描述全塔的吸收速率。

③ 任何吸收系数的单位都是 $kmol/(m^2 \cdot s \cdot$ 推动力单位$)$。当推动力以量纲为一的摩尔数或摩尔比表示时，吸收系数的单位简化为 $kmol/(m^2 \cdot s)$，即与吸收速率的单位相同。

④ 必须注意各吸收速率方程中的吸收系数与吸收推动力的正确搭配及其单位的一致性，吸收系数的倒数即表示吸收过程的阻力，阻力的表达形式也必须与推动力的表达形式相对应。

⑤ 在使用与总吸收系数相对应的吸收速率方程时，在整个过程所涉及的组成范围内，平衡关系须为直线。

表 6-5　吸收速率方程一览表

吸收速率方程	推动力		吸收系数	
	表达式	单位	符号	单位
$N_A = k_G(p - p_i)$	$p - p_i$	kPa	k_G	$kmol/(m^2 \cdot s \cdot kPa)$
$N_A = k_L(c_i - c)$	$c_i - c$	$kmol/m^3$	k_L	m/s
$N_A = k_x(x_i - x)$	$x_i - x$		k_x	$kmol/(m^2 \cdot s)$
$N_A = k_y(y - y_i)$	$y - y_i$		k_y	$kmol/(m^2 \cdot s)$
$N_A = K_L(c^* - c)$	$c^* - c$	$kmol/m^3$	K_L	m/s
$N_A = K_G(p - p^*)$	$p - p^*$	kPa	K_G	$kmol/(m^2 \cdot s \cdot kPa)$
$N_A = K_x(x^* - x)$	$x^* - x$		K_x	$kmol/(m^2 \cdot s)$
$N_A = K_y(y - y^*)$	$y - y^*$		K_y	$kmol/(m^2 \cdot s)$
$N_A = K_X(X^* - X)$	$X^* - X$		K_X	$kmol/(m^2 \cdot s)$
$N_A = K_Y(Y - Y^*)$	$Y - Y^*$		K_Y	$kmol/(m^2 \cdot s)$

总吸收系数与液膜和气膜吸收系数是有机联系在一起的，各个吸收系数之间的换算如表 6-6 所示。

表 6-6　吸收系数的表达式以及吸收系数的换算

总吸收系数表达式	$\dfrac{1}{K_G} = \dfrac{1}{k_G} + \dfrac{1}{Hk_L}$，$\dfrac{1}{K_y} = \dfrac{1}{k_y} + \dfrac{m}{k_x}$，$\dfrac{1}{K_L} = \dfrac{H}{k_G} + \dfrac{1}{k_L}$，$\dfrac{1}{K_x} = \dfrac{1}{mk_y} + \dfrac{1}{k_x}$
膜吸收系数表达式	$k_x = c_{总} k_L$，$k_y = p_{总} k_G$
总吸收系数的换算	$K_x = mK_y$，$K_Y \approx K_y = p_{总} K_G$，$K_X \approx K_x = K_L c_{总}$

【**例 6-6**】　在总压为 100kPa、温度为 30℃时，用清水吸收混合气体中的氨，气相传质系数 $k_G = 3.84 \times 10^{-6} kmol/(m^2 \cdot s \cdot kPa)$，液相传质系数 $k_L = 1.83 \times 10^{-4} m/s$，假设此操作条件下的平衡关系服从亨利定律，测得液相溶质摩尔分数为 0.05，其气相平衡分压为 6.7kPa。求当塔内某截面上气、液组成分别为 $y = 0.05$，$x = 0.01$ 时：

(1) 以 $p_A - p_A^*$、$c_A^* - c_A$ 表示的传质总推动力及相应的传质速率、总传质系数；

(2) 分析该过程的控制因素。

解：(1) 根据亨利定律 $E = \dfrac{p_A^*}{x} = \dfrac{6.7}{0.05} = 134$（kPa）

相平衡常数
$$m = \frac{E}{p_{总}} = \frac{134}{100} = 1.34$$

溶解度常数 $\qquad H=\dfrac{\rho_s}{EM_s}=\dfrac{1000}{134\times18}=0.4146$

$$p_A-p_A^*=100\times0.05-134\times0.01=3.66(\text{kPa})$$

$$\frac{1}{K_G}=\frac{1}{Hk_L}+\frac{1}{k_G}=\frac{1}{0.4146\times1.83\times10^{-4}}+\frac{1}{3.84\times10^{-6}}=13180+260417=273597(\text{m}^2\cdot\text{s}\cdot\text{kPa/kmol})$$

$$K_G=3.66\times10^{-6}\text{kmol}/(\text{m}^2\cdot\text{s}\cdot\text{kPa})$$

$$N_A=K_G(p_A-p_A^*)=3.66\times10^{-6}\times3.66=1.34\times10^{-5}[\text{kmol}/(\text{m}^2\cdot\text{s})]$$

$$c_A=\frac{0.01\times1/1000}{0.99\times18+0.01\times17}=0.56(\text{kmol/m}^3)$$

$$c_A^*-c_A=Hp-c_A=0.4146\times100\times0.05-0.56=1.513(\text{kmol/m}^3)$$

$$K_L=\frac{K_G}{H}=\frac{3.66\times10^{-6}}{0.4146}=8.83\times10^{-6}(\text{m/s})$$

$$N_A=K_L(c_A^*-c_A)=8.83\times10^{-6}\times1.513=1.336\times10^{-5}[\text{kmol}/(\text{m}^2\cdot\text{s})]$$

(2) 与 $p_A-p_A^*$ 表示的传质总推动力相应的传质阻力 $\dfrac{1}{K_G}=273597\text{m}^2\cdot\text{s}\cdot\text{kPa/kmol}$；

其中，气相阻力为 $\dfrac{1}{k_G}=260417\text{m}^2\cdot\text{s}\cdot\text{kPa/kmol}$；

液相阻力 $\dfrac{1}{Hk_L}=13180\text{m}^2\cdot\text{s}\cdot\text{kPa/kmol}$；

气相阻力占总阻力的百分数为

$$\frac{260417}{273597}\times100\%=95.2\%$$

故该传质过程为气膜控制过程。

6.5 吸收塔的计算

吸收操作大多采用塔式设备，既可采用气、液两相在塔内逐级接触的板式塔，也可采用气液两相在塔内连续接触的填料塔。在工业生产中，主要以填料塔为主，故本节对于吸收过程计算的讨论以填料塔为主。吸收计算按给定条件、任务和要求的不同，可分为设计型计算和操作型（校核型）计算。前者是按给定的生产任务和工艺条件，来设计计算满足任务要求的吸收塔；后者则是根据已知的设备参数和工艺条件来求算所能完成的任务。两种计算所遵循的基本原理及所用关系式都是相同的，只是具体的计算方法和步骤有些不同而已。本节将以低组成气体吸收过程为对象，讨论吸收塔的设计型计算问题。

吸收塔的设计型计算，一般的已知条件是：
① 气体混合物中溶质 A 的组成以及流量；
② 吸收剂的种类及一定 T、p 下的相平衡关系；
③ 出塔的气体组成。
需要计算并确定：
① 吸收剂的用量；
② 塔的工艺尺寸、塔径和填料层高度。
设计型和操作型计算的依据：气液平衡关系、物料衡算、吸收速率方程。

图 6-14 吸收塔物料衡算

6.5.1 物料衡算和操作线方程

6.5.1.1 全塔物料衡算

图 6-14 为一连续逆流接触式吸收塔。为了计算方便，用下标"1"表示塔底截面，下标"2"表示塔顶截面。在定态操作条件下，单位时间内进、出塔的溶质的质量可以通过全塔的物料衡算来确定。

以单位时间为基准，在全塔范围内，对溶质 A 作物料衡算，有

$$VY_1 + LX_2 = VY_2 + LX_1 \tag{6-73}$$

式中　V——单位时间通过吸收塔的惰性气体（B）的量，kmol/s；

　　　L——单位时间通过任一塔截面的纯吸收剂的量，kmol/s；

　　　Y——任一截面上混合气体中溶质的摩尔比；

　　　X——任一截面上吸收剂中溶质的摩尔比。

在一般的设计型计算中，进塔混合气的组成与流量是由吸收任务决定的，吸收剂的初始组成和流量往往是根据生产工艺要求决定的。假如吸收任务又规定了溶质回收率 η，其定义为

$$\eta = \frac{\text{被吸收的溶质 A 的量}}{\text{进塔混合气体中溶质 A 的量}} \tag{6-74}$$

则气体出塔时的组成 Y_2 可表示为

$$Y_2 = Y_1(1-\eta) \tag{6-75}$$

式中，η 为溶质 A 的吸收率或回收率。

结合全塔物料衡算式就可以求得塔底排出吸收液的组成 X_1。

6.5.1.2 操作线方程与操作线

在逆流吸收的操作塔内，气、液两相组成沿塔高呈连续性变化。气体自下而上，其组成由 Y_1 逐渐降至 Y_2，液体自上而下，其组成由 X_2 逐渐增至 X_1。在吸收塔内任取一截面 $m\text{-}m$，其气、液组成分别为 Y、X，它们之间的关系称为操作关系，描述该关系的方程称为操作线方程，操作线方程可通过对组分 A 进行物料衡算而得。

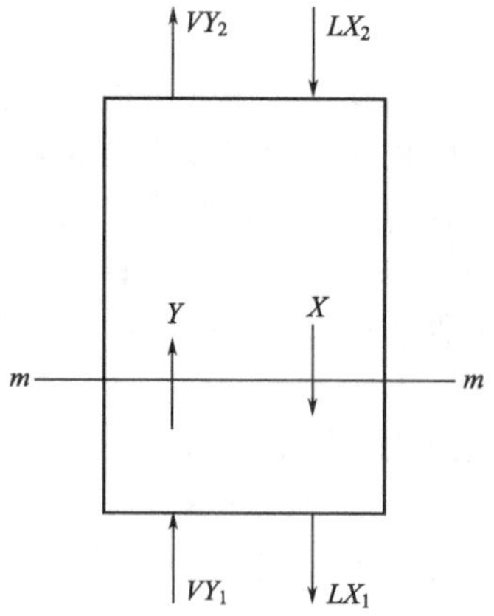

如图 6-15 所示，在 $m\text{-}m$ 截面与塔顶截面之间对组分 A 进行物料衡算，可得

$$VY + LX_2 = VY_2 + LX$$

或

$$Y = \frac{L}{V}X + \left(Y_2 - \frac{L}{V}X_2\right) \tag{6-76a}$$

若在塔底与塔内截面 $m\text{-}m$ 间对溶质 A 作物料衡算，则得到

$$VY_1 + LX = VY + LX_1$$

或

$$Y = \frac{L}{V}X + \left(Y_1 - \frac{L}{V}X_1\right) \tag{6-76b}$$

图 6-15 操作线方程推导示意图

上两式统称为逆流连续接触式吸收塔的操作线方程。

由操作线方程可知，在 Y-X 坐标系中，塔内任意截面上气相组成 Y 与液相组成 X 呈线性关系，直线的斜率为 L/V，通常称为液气比。该直线通过填料层底部端点 $B(X_1, Y_1)$，以及填料层顶部端点 $T(X_2, Y_2)$。在端点 B 处，气液组成具有最大值，因此，称为"浓端"；在端点 T 处，气液组成具有最小值，因此，称为"稀端"。连端点 BT 的连线即为逆流连续接触式吸收塔的操作线，如图 6-16 所示，操作线上任意一点 A 的坐标 (X, Y) 代表塔内相应截面上液、气组成 X、Y。

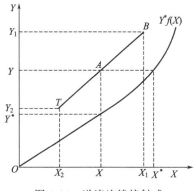

图 6-16　逆流连续接触式吸收塔的操作线

图 6-16 中的曲线为相平衡曲线 $Y^* = f(X)$。当进行吸收操作时，在塔内任一截面上，溶质在气相中的实际组成 Y 总是高于与其相接触的液相平衡组成 Y^*，所以吸收操作线 BT 总是位于平衡线的上方。反之，如果操作线位于相平衡曲线的下方，则进行解吸过程。

应予指出，以上的讨论都是针对逆流操作而言的。对于气、液并流操作的情况，吸收塔的操作线方程及操作线可采用同样的办法求得。无论是逆流操作还是并流操作的吸收塔，其操作线方程及操作线都是由物料衡算求得的，与吸收系统的平衡关系、操作条件以及设备的结构形式等均无任何关系。

6.5.2　吸收剂用量与最小液气比

确定合适的吸收剂用量是吸收塔设计计算的首要任务。在气量 V 一定的情况下，确定吸收剂的用量也即确定液气比 L/V。通常液气比的确定方法是，可先求出吸收过程的最小液气比，然后再根据工程经验，确定适宜（操作）液气比。

6.5.2.1　最小液气比

如图 6-17(a) 所示，在 Y_1、Y_2 及 X_2 已知的情况下，操作线的端点 T 已固定，另一端点 B 则可在 $Y = Y_1$ 的水平线上移动，B 点的横坐标将取决于操作线的斜率 L/V。在 V 值一定的情况下，随着吸收剂用量 L 减小，操作线斜率也将变小，点 B 便沿水平线 $Y = Y_1$ 向右移动，其结果是使出塔吸收液的组成 X_1 增大，但此时吸收推动力也相应减小。

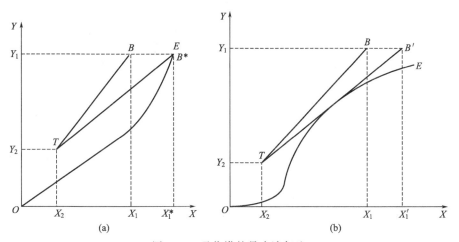

图 6-17　吸收塔的最小液气比

当吸收剂用量减小到恰使点 B 移至水平线 $Y=Y_1$ 与平衡线的交点 B^* 时，$X_1=X_1^*$，即塔底流出液组成与刚进塔的混合气组成达到平衡。这是理论上吸收液所能达到的最高组成，但此时吸收过程的推动力已变为零，因而需要无限大的相际接触面积，即吸收塔需要无限高的填料层。这在工程上是不能实现的，只能用来表示一种极限的情况。此种状况下吸收操作线 TB 的斜率称为最小液气比，以 $(L/V)_{min}$ 表示；相应的吸收剂用量即为最小吸收剂用量以 L_{min} 表示。

6.5.2.2 最小液气比与吸收剂用量

最小液气比的求法可由图 6-17(a) 求得，即

$$\left(\frac{L}{V}\right)_{min}=\frac{Y_1-Y_2}{X_1^*-X_2}=\frac{Y_1-Y_2}{\dfrac{Y_1}{m}-X_2} \tag{6-77}$$

由上式可得吸收剂最小用量

$$L_{min}=\frac{Y_1-Y_2}{X_1^*-X_2}V \tag{6-78}$$

如果平衡曲线呈现如图 6-17(b) 所示的不规则形状，则应该过 T 作平衡曲线的切线，找到水平线 $Y=Y_1$ 与此切线的交点 B'，从而读出点 B' 的横坐标 X_1' 的数值，然后按下式计算最小液气比，即

$$\left(\frac{L}{V}\right)_{min}=\frac{Y_1-Y_2}{X_1'-X_2} \tag{6-79}$$

通过上式可得此时吸收剂最小用量

$$L_{min}=\frac{Y_1-Y_2}{X_1'-X_2}V \tag{6-80}$$

吸收任务一定的情况下，吸收剂用量增大，吸收过程的推动力也增大，所需的填料层的高度及塔高降低，从而设备费减少，但溶剂的消耗、输送及回收等操作费用随之增加。因此，吸收剂用量的多少应该从设备费用与操作费用两方面进行综合考虑，选择适宜的液气比，使两种费用之和最小。根据生产实践经验，一般适宜的液气比范围为

$$\frac{L}{V}=(1.1\sim2.0)\left(\frac{L}{V}\right)_{min} \tag{6-81}$$

则可计算出适宜的吸收剂用量为

$$L=(1.1\sim2.0)L_{min} \tag{6-82}$$

需要指出的是，在填料吸收塔中，填料表面必须被液体润湿，才能起到传质作用。因此，为了保证填料表面能够被液体完全润湿，液体量不得小于某一最低允许值。如果按式(6-78) 和式(6-80) 算出的吸收剂用量不能满足充分润湿填料的起码要求，则应采用较大的液气比。

【例 6-7】 某矿石焙烧炉排出含 SO_2 的混合气体，除 SO_2 外其余组分可看作惰性气体。冷却后送入填料吸收塔中，用清水洗涤以除去其中的 SO_2。吸收塔的操作温度为 20℃，压力为 101.3kPa。混合气的流量为 1000m³/h，其中含 SO_2 体积分数为 9%，要求 SO_2 的回收率为 90%。若吸收剂用量为理论最小用量的 1.2 倍，试计算：

(1) 吸收剂用量及塔底吸收液的组成 X_1；

(2) 当用含 SO_2 0.0003（摩尔比）的水溶液作吸收剂时，保持二氧化硫回收率不变，吸收剂用量比原情况增加还是减少？塔底吸收液组成变为多少？

已知 101.3kPa，20℃条件下 SO_2 在水中的平衡数据如例 6-7 附表所示。

例 6-7 附表　SO₂ 气液平衡组成表

SO₂ 溶液浓度 X	气相中 SO₂ 平衡浓度 Y	SO₂ 溶液浓度 X	气相中 SO₂ 平衡浓度 Y
0.0000562	0.00066	0.00084	0.019
0.00014	0.00158	0.0014	0.035
0.00028	0.0042	0.00197	0.054
0.00042	0.0077	0.0028	0.084
0.00056	0.0113	0.0042	0.138

解： 按题意进行组成换算，进塔气体中 SO_2 的组成为

$$Y_1 = \frac{y_1}{1-y_1} = \frac{0.09}{1-0.09} = 0.099$$

出塔气体中 SO_2 的组成为

$$Y_2 = Y_1(1-\eta) = 0.099 \times (1-0.90) = 0.0099$$

进吸收塔惰性气体的摩尔流量为

$$V = \frac{1000}{22.4} \times \frac{273}{273+20} \times (1-0.90) = 37.8 (\text{kmol/h})$$

利用例 6-7 附表中 X-Y 数据，采用内插法得到与气相进口组成 Y_1 相平衡的液相组成 $X_1^* = 0.0032$。

（1）吸收剂最小用量

$$L_{\min} = \frac{Y_1-Y_2}{X_1^*-X_2} V = \frac{0.099-0.0099}{0.0032} \times 37.8 = 1052 (\text{kmol/h})$$

实际吸收剂用量 $L = 1.2 \times 1052 = 1262$（kmol/h）

塔底吸收液的组成 X_1 由全塔物料衡算求得 X_1

$$X_1 = X_2 + V(Y_1-Y_2)/L = 0 + \frac{37.8 \times (0.099-0.0099)}{1262} = 0.00267$$

（2）吸收率不变，即出塔气体中 SO_2 的组成 Y_2 不变，$Y_2 = 0.0099$，而 $X_2 = 0.0003$

所以

$$L_{\min} = V \frac{Y_1-Y_2}{X_1^*-X_2} = \frac{37.8 \times (0.099-0.0099)}{0.0032-0.0003} = 1161 (\text{kmol/h})$$

实际吸收剂用量 $L = 1.2 L_{\min} = 1.2 \times 1161 = 1393$（kmol/h）

塔底吸收液的组成 X_1 由全塔物料衡算求得

$$X_1 = X_2 + V(Y_1-Y_2)/L = 0.0003 + \frac{37.8 \times (0.099-0.0099)}{1393} = 0.00272$$

由例 6-7 计算结果可见，当保持溶质回收率不变，吸收剂所含溶质溶解度越低，所需溶剂量越小，塔底吸收液浓度越低。

6.5.3　吸收塔塔径的计算

工业上所用的吸收塔通常都为圆柱形，因此，吸收塔的直径可根据圆形管道内的流量公式推出，即

$$D = \sqrt{\frac{4q_V}{\pi u}} \tag{6-83}$$

式中 D——吸收塔的直径，m；

    q_V——操作条件下混合气体的体积流量，m^3/s；

    u——空塔气速，即按空塔截面计算的混合气体的线速度，m/s。

在计算塔径时，应注意以下两点：

① 在吸收过程中，由于溶质不断进入液相，故混合气体流量由塔底至塔顶逐渐减小。在计算塔径时，一般应以塔底的气量为依据。

② 由式(6-83)计算出塔径后，还应按塔径系列标准进行圆整，工业上常用的标准塔径为400mm、500mm、600mm、700mm、800mm、1000mm、1200mm、1400mm、1600mm、2000mm等。

由式(6-83)可知，计算塔径的关键在于确定适宜的空塔气速 u。适宜空塔气速的确定方法将在后面讨论。

6.5.4 吸收塔填料层高度的计算

在填料吸收塔中，气液两相的传质过程是在填层内进行的。故吸收塔的有效高度是指填料层的高度。填料层高度的计算通常采用传质单元数法，又称传质速率模型法。该法依据传质速率、物料衡算和相平衡关系来计算填料层高度。

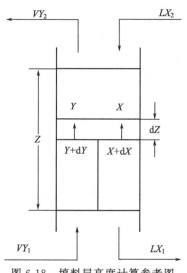

图 6-18 填料层高度计算参考图

6.5.4.1 塔高计算基本关系式

在填料塔内任一截面上的气、液两相组成和吸收的推动力均沿塔高连续变化，所以不同截面上的传质速率各不相同。从分析填料层内某一微元 dZ 内的溶质吸收过程入手，对其进行研究。

在图 6-18 所示的填料层内，厚度为 dZ 微元的传质面积 dA 为

$$dA = a\Omega dZ$$

式中，a 为单位体积填料所具有的相际传质面积，m^2/m^3；Ω 为填料塔的塔截面积，m^2。

定态吸收时，由物料衡算可知，气相中溶质减少的量等于液相中溶质增加的量，即单位时间由气相转移到液相的溶质 A 的量可用下式表达：

$$dG_A = VdY = LdX \tag{6-84}$$

根据吸收速率定义，dZ 段内吸收溶质的量为

$$dG_A = N_A dA = N_A a\Omega dZ \tag{6-85}$$

式中，G_A 为单位时间吸收溶质的量，kmol/s；N_A 为微元填料层内溶质的传质速率，$kmol/(m^2 \cdot s)$。

将吸收速率方程式(6-70)代入上式得

$$dG_A = K_Y(Y - Y^*)a\Omega dZ \tag{6-86}$$

将式(6-84)与式(6-86)联立得

$$dZ = \frac{V}{K_Y a\Omega} \times \frac{dY}{Y - Y^*} \tag{6-87}$$

当吸收塔定态操作时，V、L、Ω、a 皆不随时间而变化，也不随截面位置变化。对于低浓度吸收，在全塔范围内气液相的物性变化都较小，通常 K_Y、K_X 可视为常数，将式(6-87)在全塔范围内积分得

$$Z = \int_{Y_2}^{Y_1} \frac{V \mathrm{d}Y}{K_Y a \Omega (Y - Y^*)} = \frac{V}{K_Y a \Omega} \int_{Y_2}^{Y_1} \frac{\mathrm{d}Y}{Y - Y^*} \tag{6-88}$$

上式即为低浓度定态吸收填料层高度计算基本公式。

公式中单位体积填料所具有的相际传质面积的值与填料的类型、形状、尺寸、填充情况有关，还随流体物性、流动状况而变化，其数值不易直接测定，通常将它与传质系数的乘积作为一个物理量，称为体积传质系数。如 $K_Y a$ 为气相总体积传质系数，单位为 $\mathrm{kmol/(m^3 \cdot s)}$。

体积传质系数的物理意义：在单位推动力下，单位时间、单位体积填料层内吸收的溶质量。在低浓度吸收的情况下，体积传质系数在全塔范围内为常数，可取平均值。

6.5.4.2　传质单元数与传质单元高度

（1）气相总传质单元高度　式（6-88）中 $\dfrac{V}{K_Y a \Omega}$ 的单位为 m，可以理解为过程条件所决定的某种单元高度，故将其称为气相总传质单元高度，以 H_{OG} 表示，即

$$H_{OG} = \frac{V}{K_Y a \Omega} \tag{6-89}$$

（2）气相总传质单元数　式（6-88）中定积分 $\displaystyle\int_{Y_2}^{Y_1} \frac{\mathrm{d}Y}{Y - Y^*}$ 是一无量纲的数值，可以认为它代表所需填料层高度 Z 相当于气相总传质单元高度 H_{OG} 的倍数，因此工程上以 N_{OG} 表示，称为气相总传质单元数。即

$$N_{OG} = \int_{Y_2}^{Y_1} \frac{\mathrm{d}Y}{Y - Y^*} \tag{6-90}$$

因此，填料层高度可写成如下形式：

$$Z = N_{OG} H_{OG} \tag{6-91}$$

（3）填料层高度计算通式　通过以上分析可知，吸收塔填料层高度可用传质单元高度与传质单元数的乘积进行计算。

若式（6-91）用液相总传质系数及气、液相传质系数对应的吸收速率方程计算，可得：

$$Z = N_{OL} H_{OL} \tag{6-92}$$
$$Z = N_G H_G \tag{6-93}$$
$$Z = N_L H_L \tag{6-94}$$

式中，$H_{OL} = \dfrac{L}{K_X a \Omega}$、$H_G = \dfrac{V}{k_Y a \Omega}$、$H_L = \dfrac{L}{k_X a \Omega}$ 分别为液相总传质单元高度及气相、液相传质单元高度，m；$N_{OL} = \displaystyle\int_{X_2}^{X_1} \frac{\mathrm{d}X}{X^* - X}$、$N_G = \displaystyle\int_{Y_2}^{Y_1} \frac{\mathrm{d}Y}{Y - Y_i}$、$N_L = \displaystyle\int_{X_2}^{X_1} \frac{\mathrm{d}X}{X_i - X}$ 分别为液相总传质单元数及气相、液相传质单元数。

（4）传质单元数意义　N_{OG}、N_{OL}、N_G、N_L 计算式中的分子为气相或液相组成变化，即分离效果（分离要求）；分母为吸收过程的推动力。吸收要求愈高，吸收的推动力愈小，传质单元数就愈大。所以传质单元数反映了吸收过程的难易程度。当吸收要求一定时，欲减少传质单元数，则应设法增大吸收推动力。

（5）传质单元的意义　以 N_{OG} 为例，由积分中值定理得知

$$N_{OG} = \int_{Y_2}^{Y_1} \frac{\mathrm{d}Y}{Y - Y^*} = \frac{Y_1 - Y_2}{(Y - Y^*)_m}$$

当气体流经一段填料，其气相中溶质组成变化 $(Y_a - Y_b)$ 等于该段填料平均吸收推动力 $(Y - Y^*)_m$，即 $N_{OG} = 1$ 时，该段填料为一个传质单元。

（6）传质单元高度意义　以 H_{OG} 为例，由式（6-91）可以看出，$N_{OG}=1$ 时，$Z=H_{OG}$。故传质单元高度的物理意义为完成一个传质单元分离效果所需的填料层高度。因在式（6-89）中，$\dfrac{1}{K_Y a}$ 为传质阻力。体积传质系数 $K_Y a$ 与填料性能和填料润湿情况有关。故传质单元高度的数值反映了吸收设备传质效能的高低，H_{OG} 愈小，吸收设备传质效能愈高，完成一定分离任务所需填料层高度愈小。H_{OG} 与物系性质、操作条件及传质设备结构参数有关。为减少填料层高度，应减少传质阻力，降低传质单元高度。

（7）体积总传质系数与传质单元高度的关系　体积总传质系数与传质单元高度同样反映了设备分离效能，但体积总传质系数随流体流量的变化较大，通常 $K_y a \propto V^{0.7 \sim 0.8}$，而传质单元高度受流体流量变化的影响很小，$H_{OG}=\dfrac{V}{K_y a} \propto G^{0.3 \sim 0.2}$，通常 H_{OG} 的变化在 0.15～1.5m 范围内，具体数值通过实验确定，故工程上常采用传质单元高度反映设备的分离效能。

（8）各种传质单元高度之间的关系　当气液平衡线斜率为 m 时，将式 $\dfrac{1}{K_Y}=\dfrac{1}{k_Y}+\dfrac{m}{k_X}$ 各项乘以 $\dfrac{V}{a\Omega}$ 得

$$\frac{V}{K_Y a \Omega}=\frac{V}{k_Y a \Omega}+\frac{mV}{k_X a \Omega} \times \frac{L}{L}$$

$$H_{OG}=H_G+\frac{mV}{L}H_L \tag{6-95}$$

同理由式 $\dfrac{1}{K_X}=\dfrac{1}{k_X}+\dfrac{1}{mk_Y}$ 可以导出

$$H_{OL}=H_L+\frac{L}{mV}H_G \tag{6-96}$$

式（6-95）与式（6-96）相除得

$$H_{OG}=\frac{mV}{L}H_{OL} \tag{6-97}$$

式中，$\dfrac{mV}{L}$ 常用 S 表示，称为解吸因数（或脱吸因数）；其倒数 $\dfrac{L}{mV}$，常用 A 表示称为吸收因数。从以上分析可以看出吸收因数实际上为吸收操作线的斜率与平衡线斜率的比。

6.5.4.3 传质单元数的计算

根据物系平衡关系的不同，传质单元数的求解有对数平均推动力法、吸收因数法、图解积分法等。

（1）对数平均推动力法　对数平均推动力法是用塔顶、塔底两端面上推动力的平均值来计算总传质单元数。因为

$$S=m\frac{V}{L}=\frac{Y_1^* - Y_2^*}{X_1 - X_2}\left(\frac{X_1 - X_2}{Y_1 - Y_2}\right)=\frac{Y_1^* - Y_2^*}{Y_1 - Y_2}$$

所以

$$1-S=\frac{(Y_1 - Y_1^*)-(Y_2 - Y_2^*)}{Y_1 - Y_2}=\frac{\Delta Y_1 - \Delta Y_2}{Y_1 - Y_2}$$

可导出

$$N_{OG} = \frac{Y_1 - Y_2}{\Delta Y_1 - \Delta Y_2} \ln \frac{\Delta Y_1}{\Delta Y_2}$$

令上式中

$$\frac{\Delta Y_1 - \Delta Y_2}{\ln \dfrac{\Delta Y_1}{\Delta Y_2}} = \Delta Y_m$$

因此有

$$N_{OG} = \frac{Y_1 - Y_2}{\Delta Y_m} \tag{6-98}$$

式中，ΔY_m 是塔顶与塔底两截面上吸收推动力的对数平均值，称为对数平均推动力，同理，可导出液相总传质单元数 N_{OL} 的计算式，即

$$N_{OL} = \frac{X_1 - X_2}{\Delta X_m} \tag{6-99}$$

其中

$$\Delta X_m = \frac{\Delta X_1 - \Delta X_2}{\ln \dfrac{\Delta X_1}{\Delta X_2}} = \frac{(X_1^* - X_1) - (X_2^* - X_2)}{\ln \dfrac{X_1^* - X_1}{X_2^* - X_2}}$$

对数平均推动力法也适用于在吸收过程所涉及的组成范围内平衡关系为直线的情况。

当 $\dfrac{\Delta Y_1}{\Delta Y_2} < 2$、$\dfrac{\Delta X_1}{\Delta X_2} < 2$ 时，对数平均推动力可用算术平均推动力替代，产生的误差小于 4%，这是工程允许的。

当平衡线与操作线平行，即 $S = 1$ 时，$Y - Y^* = Y_1 - Y_1^* = Y_2 - Y_2^*$ 为常数，则

$$N_{OG} = \frac{Y_1 - Y_2}{Y_1 - Y_1^*} = \frac{Y_1 - Y_2}{Y_2 - Y_2^*} \tag{6-100}$$

（2）**吸收因数法**　若气、液平衡关系在吸收过程所涉及的组成范围内服从亨利定律，即平衡线为通过原点的直线，根据传质单元数的定义式可导出其解析式，从而计算传质单元数。

$$N_{OG} = \frac{1}{1 - S} \ln \left[(1 - S) \frac{Y_1 - mX_2}{Y_2 - mX_2} + S \right] \tag{6-101}$$

由式(6-101)可以看出，N_{OG} 的数值与解吸因数 S、$\dfrac{Y_1 - mX_2}{Y_2 - mX_2}$ 有关。为方便计算，以 S 为参数，$\dfrac{Y_1 - mX_2}{Y_2 - mX_2}$ 为横坐标，N_{OG} 为纵坐标，在半对数坐标上标绘式(6-101)的函数关系，得到图 6-19 所示的曲线。此图可方便地查出 N_{OG} 值。

$\dfrac{Y_1 - mX_2}{Y_2 - mX_2}$ 值的大小反映了溶质吸收率的高低。当物系及气、液相进口浓度一定时，吸收率愈高，Y_2 愈小，$\dfrac{Y_1 - mX_2}{Y_2 - mX_2}$ 愈大，则对应于一定 S 的 N_{OG} 就愈大，所

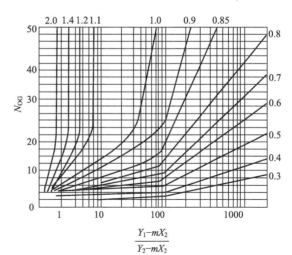

图 6-19　吸收因数法算图

需填料层高度愈高。当 $X_2=0$ 时，$\dfrac{Y_1-mX_2}{Y_2-mX_2}=\dfrac{Y_1}{Y_2}=\dfrac{1}{1-\eta}$。

S 反映了吸收过程推动力的大小，其值为平衡线斜率与吸收操作线斜率的比值。当溶质的吸收率和气、液相进出口浓度一定时，S 越大，吸收操作线越靠近平衡线，则吸收过程的推动力越小，N_{OG} 值增大。反之，若 S 减小，则 N_{OG} 值必减小。

当操作条件、物系一定时，S 减少，通常是靠增大吸收剂流量实现的，而吸收剂流量增大会使吸收操作费用及再生负荷加大，所以一般情况下，S 取 $0.7\sim0.8$ 是经济合适的。

同理，液相总传质单元数也可用吸收因数法计算，其计算式为

$$N_{OL}=\frac{1}{1-A}\ln\left[(1-A)\frac{Y_1-mX_2}{Y_1-mX_1}+A\right] \tag{6-102}$$

【例 6-8】 在一塔径为 0.8m 的填料塔内，用清水逆流吸收空气中的氨，要求氨的吸收率为 99.5%。已知空气和氨的混合气质量流量为 1400kg/h，气体总压为 101.3kPa，其中氨的分压为 1.333kPa。若实际吸收剂用量为最小用量的 1.4 倍，操作温度（293K）下的气液相平衡关系为 $Y^*=0.75X$，气相总体积吸收系数为 $0.088\text{kmol}/(\text{m}^3\cdot\text{s})$，试求：

(1) 每小时用水量；

(2) 用平均推动力法求出所需填料层高度。

解： (1)　　　$y_1=\dfrac{1.333}{101.3}=0.0132$　　$Y_1=\dfrac{y_1}{1-y_1}=\dfrac{0.0132}{1-0.0132}=0.0134$

$$Y_2=Y_1(1-\eta)=0.0134\times(1-0.995)=0.000067$$

$$X_2=0$$

因混合气中氨含量很少，故 $\overline{M}\approx29\text{kg/kmol}$，所以

$$V=\frac{1400}{29}(1-0.0132)=47.6(\text{kmol/h})$$

$$\Omega=\frac{\pi}{4}D^2=\frac{3.14}{4}\times0.8^2=0.5(\text{m}^2)$$

所以，$L_{\min}=V\dfrac{Y_1-Y_2}{X_1^*-X_2}=\dfrac{47.6(0.0134-0.000067)}{\dfrac{0.0134}{0.75}-0}=35.5(\text{kmol/h})$

实际吸收剂用量 $L=1.4L_{\min}=1.4\times35.5=49.7(\text{kmol/h})$

(2)　　　$X_1=X_2+V(Y_1-Y_2)/L=0+\dfrac{47.6\times(0.0134-0.000067)}{49.7}=0.0128$

$$Y_1^*=0.75X_1=0.75\times0.0128=0.0096,\ Y_2^*=0$$

$$\Delta Y_1=Y_1-Y_1^*=0.0134-0.0096=0.0038$$

$$\Delta Y_2=Y_2-Y_2^*=0.000067-0=0.000067$$

$$\Delta Y_m=\frac{\Delta Y_1-\Delta Y_2}{\ln\dfrac{\Delta Y_1}{\Delta Y_2}}=\frac{0.0038-0.000067}{\ln\dfrac{0.0038}{0.000067}}=0.000924$$

$$N_{OG}=\frac{Y_1-Y_2}{\Delta Y_m}=\frac{0.0134-0.000067}{0.000924}=14.25$$

$$H_{OG}=\frac{V}{K_Ya\Omega}=\frac{47.6/3600}{0.088\times0.5}=0.30(\text{m})$$

$$Z=N_{OG}H_{OG}=14.25\times0.30=4.275(\text{m})$$

【例 6-9】 空气中含丙酮2%（体积分数）的混合气以 $0.024kmol/(m^2 \cdot s)$ 的流速进入一填料塔，今用流速为 $0.065kmol/(m^2 \cdot s)$ 的清水逆流吸收混合气中的丙酮，要求丙酮的回收率为 98.8%。已知操作压力为 $100kPa$，操作温度下的亨利系数为 $177kPa$，气相总体积吸收系数为 $0.0231kmol/(m^3 \cdot s)$，试用解吸因数法求填料层高度。

解：

已知

$$Y_1 = \frac{2}{100-2} = 0.0204$$

$$Y_2 = Y_1(1-\eta) = 0.0204(1-0.988) = 0.000250, X_2 = 0$$

$$m = \frac{E}{p_\text{总}} = \frac{177}{100} = 1.77$$

因此时为低浓度吸收，故

$$\frac{V}{\Omega} \approx 0.024 kmol/(m^2 \cdot s)$$

$$S = \frac{mV}{L} = \frac{1.77 \times 0.024}{0.065} = 0.654$$

$$\frac{Y_1 - mX_2}{Y_2 - mX_2} = \frac{Y_1}{Y_2} = \frac{1}{1-\eta} = \frac{1}{1-0.988} = 83.3$$

$$N_{OG} = \frac{1}{1-S} \ln\left[(1-S)\frac{Y_1 - mX_2}{Y_2 - mX_2} + S\right]$$

$$= \frac{1}{1-0.654} \ln[(1-0.654) \times 83.3 + 0.654] = 9.78$$

$$H_{OG} = \frac{V}{K_Y a \Omega} = \frac{0.024}{0.0231} = 1.04(m)$$

所以

$$Z = N_{OG} H_{OG} = 9.78 \times 1.04 = 10.17(m)$$

（3）图解积分法 当平衡线为曲线时，传质单元数一般通过式(6-90)，用图解积分法求取。

图解积分法的步骤如下：

① 由平衡线和操作线求出若干个点 $(Y, Y-Y^*)$，如图 6-20(a) 所示；

② 在 Y_2 到 Y_1 范围内作 $Y \text{-} \dfrac{1}{Y-Y^*}$ 曲线，如图 6-20(b) 所示；

③ 在 Y_2 与 Y_1 之间，$Y \text{-} \dfrac{1}{Y-Y^*}$ 曲线和横坐标所包围的面积为传质单元数，即图 6-20(b) 所示的阴影部分面积。

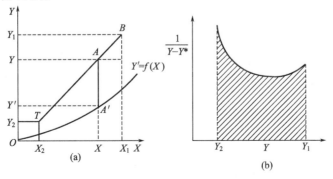

图 6-20 图解积分法求传质单元数

6.5.5 吸收塔的设计型计算

吸收塔的计算包括设计型和操作型两类。设计型计算通常是在物系、操作条件一定的情况下，计算达到指定分离要求所需的吸收塔塔高。

当吸收的目的是除去有害物质时，一般要规定离开吸收塔混合气中溶质的残余浓度 Y_2；当以回收有用物质为目的时，一般要规定溶质的回收率 η。

吸收塔设计的优劣与吸收流程、吸收剂进口浓度、吸收剂流量等参数密切相关。

6.5.5.1 流向的选择

逆流：气体由塔底通入，从塔顶排出，而液体则靠自重由上而流下；

并流：气液同向。

在逆流操作与并流操作的气、液两相进、出口组成相等的条件下，逆流操作的优点在于：

① 逆流操作可获得较大的吸收推动力，从而提高吸收过程的传质速率；

② 逆流操作吸收液从塔底流出之前与入塔气接触，可得到浓度较高的吸收液；

③ 逆流操作吸收后的气体从塔顶排出之前与刚入塔的吸收剂接触，可使出塔气体中溶质的含量降低，提高溶质的吸收率。

所以工业上多采用逆流吸收操作。

但在逆流操作过程中，液体在向下流动时受到上升气体的曳力。这种曳力过大时会妨碍液体顺利流下，因而限制了吸收塔的液体流量和气体流量。

6.5.5.2 吸收剂进口浓度的选择

当气、液两相流量及溶质吸收率一定时，若吸收剂进口浓度过高，吸收过程的推动力减小，则吸收塔的塔高将增加，使设备投资增加；若吸收剂进口浓度太低，则吸收剂再生费用增加。所以吸收剂进口浓度的选择是一个总费用的优化问题，通常 X_2 往往结合解吸过程确定。

【例 6-10】 在一填料塔中用清水吸收氨-空气中的低浓氨气，若清水量适量加大，其余操作条件不变，则 Y_2、X_1 如何变化？（已知体积传质系数随气量变化关系为 $k_Y a \propto V^{0.8}$）

解： 用水吸收混合气中的氨为气膜控制过程，故 $K_Y a \approx k_Y a = V^{0.8}$。

因气体流量 V 不变，所以 $k_Y a$ 近似不变。由于 $K_Y a \approx k_Y a \propto V^{0.8}$，$K_Y a$ 不变，所以 H_{OG} 不变。

因塔高不变，故根据 $Z = N_{OG} H_{OG}$ 可知 N_{OG} 不变。

当清水量加大时，因 $S = \dfrac{m}{L/V}$，故 S 降低，$\dfrac{Y_1 - mX_2}{Y_2 - mX_2}$ 会增大，故 Y_2 将下降。

根据物料衡算 $L(X_1 - X_2) = V(Y_1 - Y_2) \approx V Y_1$ 可推出 X_1 将下降。

【例 6-11】 某填料吸收塔在 101.3kPa、293K 下用清水逆流吸收丙酮与空气混合气中的丙酮，操作液气比为 2.0，丙酮的回收率为 95%。已知该吸收为低浓度吸收，操作条件下气液平衡关系为 $Y = 1.18X^*$，吸收过程为气膜控制，气相总体积吸收系数 $K_Y a$ 与气体流率的 0.8 次方成正比（塔截面积为 1m^2）。

(1) 若气体流量增加 15%，而液体流量及气、液进口组成不变，试求丙酮的回收率有何变化？

(2) 若丙酮回收率由 95% 提高到 98%，而气体流量，气、液进口组成，吸收塔的操作温度和压力皆不变，试求吸收剂用量提高到原来的多少倍。

解：（1）设操作条件变化前为原工况

$$S = \frac{m}{L/V} = \frac{1.18}{2.0} = 0.59$$

$$X_2 = 0, \frac{Y_1 - mX_2}{Y_2 - mX_2} = \frac{Y_1}{Y_2} = \frac{1}{1-\eta} = \frac{1}{1-0.95} = 20$$

$$N_{OG} = \frac{1}{1-S} \ln \left[(1-S) \frac{Y_1 - mX_2}{Y_2 - mX_2} + S \right] = \frac{1}{1-0.59} \ln [(1-0.59) \times 20 + 0.59] = 5.301$$

设气量增加 15% 时为新工况

因
$$H_{OG} = \frac{V}{K_Y a \Omega}, K_Y a \propto V^{0.8}$$

所以
$$H_{OG} \propto \frac{V}{V^{0.8}} = V^{0.2}$$

故新工况下
$$H'_{OG} = H_{OG} \left(\frac{V'}{V} \right)^{0.2} = H_{OG} 1.15^{0.2} = 1.028 H_{OG}$$

因塔高未变，故
$$N_{OG} H_{OG} = N'_{OG} H'_{OG}$$

$$N'_{OG} = \frac{N_{OG} H_{OG}}{H'_{OG}} = \frac{N_{OG} H_{OG}}{1.028 H_{OG}} = \frac{5.301}{1.028} = 5.157$$

因为
$$S = \frac{mV}{L}, S' = \frac{mV'}{L}$$

所以
$$S' = \frac{V'}{V} S = 1.15 \times 0.59 = 0.679$$

新工况下

$$N'_{OG} = \frac{1}{1-S'} \ln \left[(1-S') \frac{Y_1 - mX_2}{Y'_2 - mX_2} + S' \right]$$

$$5.157 = \frac{1}{1-0.679} \ln \left[(1-0.679) \frac{Y_1}{Y'_2} + 0.679 \right]$$

$$5.157 = \frac{1}{1-0.679} \ln \left[(1-0.679) \frac{1}{1-\eta'} + 0.679 \right]$$

解得丙酮吸收率 η 变为 92.95%。

（2）当气体流量不变时，对于气膜控制的吸收过程，H_{OG} 不变，故吸收塔塔高不变时，N_{OG} 也不变化，即将丙酮回收率由 95% 提高到 98%，提高吸收剂用量时，新工况下 $N''_{OG} = N_{OG} = 5.301$。

$$S'' = \frac{mV}{L''}, \eta'' = 0.98$$

$$N''_{OG} = \frac{1}{1-S''} \ln \left[(1-S'') \frac{1}{\eta''} + S'' \right]$$

$$5.301 = \frac{1}{1-S''} \ln \left[(1-S'') \frac{1}{1-0.98} + S'' \right]$$

用试差法解得 $S'' = 0.338$。

$$\frac{S}{S''} = \frac{L''}{L} = \frac{0.59}{0.338} = 1.746$$

所以吸收剂用量应提高到原来的 1.746 倍。

6.5.6 强化吸收过程的措施

吸收速率正比于吸收推动力，反比于吸收阻力，所以，强化吸收过程即提高吸收速率，强化吸收过程从以下两个方面考虑：提高吸收过程的推动力与降低吸收过程的阻力。

6.5.6.1 提高吸收过程的推动力

（1）采用逆流操作 在逆流与并流的气、液两相进口组成相等及操作条件相同的情况下，逆流操作可获得较高的吸收液浓度及较大的吸收推动力。

（2）提高吸收剂的流量 通常混合气体入口条件由前一工序决定，即气体流量 V、气体入塔浓度一定，如果吸收操作采用的吸收剂流量 L 提高，即液气比提高，则吸收的操作线上扬，气体出口浓度下降，吸收程度加大，吸收推动力提高，因而提高了吸收速率。

（3）降低吸收剂入口温度 当吸收过程其他条件不变，吸收剂温度降低时，相平衡常数将增加，吸收的操作线远离平衡线，吸收推动力增加，从而导致吸收速率加快。

（4）降低吸收剂入口溶质的浓度 当吸收剂入口浓度降低时，液相入口处吸收的推动力增加，从而使全塔的吸收推动力增加。

6.5.6.2 降低吸收过程的传质阻力

（1）提高流体流动的湍动程度 吸收的总阻力包括三方面，即气相与界面的对流传质阻力、溶质组分在界面处的溶解阻力、液相与界面的对流传质阻力。

通常界面处溶解阻力很小，故总吸收阻力由两相传质阻力的大小决定。若一相阻力远远大于另一相阻力，则阻力大的一相传质过程为整个吸收过程的控制步骤，只有降低控制步骤的传质阻力，才能有效地降低总阻力。降低吸收过程传质阻力的具体有效措施包括以下两方面。

① 若气相传质阻力大，提高气相的湍动程度，如加大气体的流速，可有效地降低吸收阻力。

② 若液相传质阻力大，提高液相的湍动程度，如加大液体的流速，可有效地降低吸收阻力。

（2）改善填料的性能 因吸收总传质阻力可用 $1/K_Ya$ 表示，所以通过采用新型填料，改善填料性能，提高填料的相际传质面积 a，也可降低吸收的总阻力。

【例 6-12】 在一填料吸收塔内，用含溶质为 0.0099（摩尔比）的吸收剂逆流吸收混合气中溶质的 85%，进塔气体中溶质浓度为 0.091（摩尔比），操作液气比为 0.9，已知操作条件下系统的平衡关系为 $Y^* = 0.86X$，假设体积传质系数与流动方式无关。试求

（1）逆流操作改为并流操作后所得吸收液的浓度；

（2）逆流操作与并流操作平均吸收推动力的比。

解： 逆流吸收时，已知 $Y_1 = 0.091$，$X_2 = 0.0099$。

所以

$$Y_2 = Y_1(1-\eta) = 0.091(1-0.85) = 0.01365$$

$$X_1 = X_2 + V(Y_1-Y_2)/L = 0.0099 + \frac{(0.091-0.01365)}{0.9} = 0.09584$$

$$Y_1^* = 0.86X_1 = 0.86 \times 0.09584 = 0.0824$$

$$Y_2^* = 0.86X_2 = 0.86 \times 0.0099 = 0.008514$$

$$\Delta Y_1 = Y_1 - Y_1^* = 0.091 - 0.0824 = 0.0086$$

$$\Delta Y_2 = Y_2 - Y_2^* = 0.01365 - 0.008514 = 0.005136$$

$$\Delta Y_m = \frac{\Delta Y_1 - \Delta Y_2}{\ln \dfrac{\Delta Y_1}{\Delta Y_2}} = \frac{0.0086 - 0.005136}{\ln \dfrac{0.0086}{0.005136}} = 0.00672$$

$$N_{OG} = \frac{Y_1 - Y_2}{\Delta Y_m} = \frac{0.091 - 0.01365}{0.00672} = 11.51$$

改为并流吸收后，设出塔气、液相组成为 Y_1'、X_1'，进塔气、液相组成为 Y_2、X_2。

物料衡算：
$$(X_1' - X_2)L = V(Y_2 - Y_1')$$

$$N_{OG} = \frac{Y_2 - Y_1'}{\dfrac{(Y_2 - mX_2) - (Y_1' - mX_1')}{\ln \dfrac{Y_2 - mX_2}{Y_1' - mX_1'}}} = \frac{Y_2 - Y_1'}{\dfrac{(Y_2 - Y_1') + m(X_1' - X_2)}{\ln \dfrac{Y_2 - mX_2}{Y_1' - mX_1'}}}$$

将物料衡算式代入 N_{OG} 中整理得：

$$N_{OG} = \frac{1}{1 + \dfrac{mV}{L}} \ln \frac{Y_2 - mX_2}{Y_1' - mX_1'}$$

逆流改为并流后，因 $k_Y a$ 不变，即传质单元高度 H_{OG} 不变，故 N_{OG} 不变。

所以
$$11.51 = \frac{1}{1 + \dfrac{0.86}{0.9}} \ln \frac{0.091 - 0.86 \times 0.0099}{Y_1' - 0.86 X_1'}$$

$$Y_1' - 0.86 X_1' = 1.38 \times 10^{-11}$$

由物料衡算式得：
$$Y_1' + 0.9 X_1' = 0.0999$$

将此两式联立解得：
$$X_1' = 0.0568$$
$$Y_1' = 0.0488$$

$$\Delta Y_m' = \frac{Y_2 - Y_1'}{N_{OG}} = \frac{0.091 - 0.0488}{11.51} = 0.00367$$

$$\frac{\Delta Y_m}{\Delta Y_m'} = \frac{0.00672}{0.00367} = 1.83$$

6.6 填料塔

填料塔是以塔内的填料作为气、液两相间接触构件的传质设备。填料塔以填料作为气、液接触和传质的基本构件，液体在填料表面呈膜状自上而下流动，气体呈连续相自下而上与液体作逆向流动，并进行气、液两相间的传质和传热。两相的组分浓度和温度沿塔高连续变化。填料塔属于微分接触型的气、液传质设备。

填料塔主要由圆柱形的塔体和堆放在塔内的填料（各种形状的固体物，用于增加两相流体间的面积，增强两相间的传质）等组成。

填料塔的塔身是一直立式圆筒（如图 6-21 所示），填料塔底部装有填料支承板，填料以乱堆或整砌的方式放置在支承板上。填料的上方安装填料压板，以防被上升气流吹动。液体从塔顶经液体分布器喷淋到填料上，并沿填料表面流下。气体从塔底送入，经气体分布装置（小直径塔一般不设气体分布装置）分布后，与液体呈逆流连续通过填料层的空隙，在填料表面上，气、液两相密切接触进行传质。填料塔属于连续接触式气液传质设备，两相组成沿塔高连续变化，在正常操作状态下，气相为连续相，液相为分散相。

当液体沿填料层向下流动时，有逐渐向塔壁集中的趋势，使得塔壁附近的液流量逐渐增大，这种现象称为壁流。壁流效应造成气、液两相在填料层中分布不均，从而使传质效率下

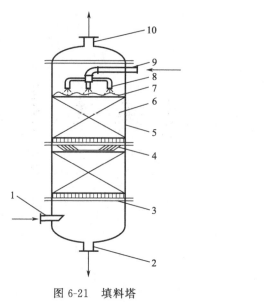

图 6-21　填料塔

1—气体进口；2—液体出口；3—填料支承板；4—液体再分布器；5—塔体；6—填料层；
7—填料压板；8—液体分布器；9—液体进口；10—气体出口

降。因此，当填料层较高时，需要进行分段，中间设置再分布装置。液体再分布装置包括液体收集器和液体再分布器两部分，上层填料流下的液体经液体收集器收集后，送到液体再分布器，经重新分布后喷淋到下层填料上。

　　填料塔具有生产能力大、分离效率高、压降小、持液量小、操作弹性大等优点。填料塔也有一些不足之处：填料造价高；当液体负荷较小时不能有效地润湿填料表面，使传质效率降低；不能直接用于有悬浮物或容易聚合的物料；对侧线进料和出料等复杂精馏不太适合等。

6.6.1　填料与类型

　　填料是填充于填料塔的材料，它是填料塔的主要内构件，其作用是增加气、液两相的接触面积，并加大液体的湍动程度以利于传质、传热的进行。因此填料应能使气、液接触面积大、传质系数高，同时要通量大、阻力小。

6.6.1.1　填料的类型

　　根据填料装填方式的不同，通常将填料分为散装填料（或乱堆填料）和规整填料（或整砌填料）两类。

　　(1) 散装填料　散装填料是把具有一定几何形状和尺寸的颗粒体，以随机的方式堆积在塔内。散装填料根据其颗粒结构特点的不同，又可分为环形填料、鞍形填料、环鞍形填料及球形填料等。现介绍几种较为典型的散装填料。

　　① 拉西环填料　拉西环填料是由拉西（F. Rashching）于 1914 年发明的，这也是使用最早的工业填料。该填料颗粒的结构为外径与高度相等的圆筒，如图 6-22(a) 所示。拉西环填料的气、液分布性能比较差，传质效率比较低，阻力大，传质通量小，目前工业上已很少应用。

　　② 鲍尔环填料　鲍尔环填料是在拉西环填料的基础上改进而成的，如图 6-22(b) 所示。在拉西环的侧壁上开出两排长方形的窗孔，被切开的环壁的一侧仍与壁面相连，另一侧向环内弯曲，形成内伸的舌叶，诸舌叶的侧边在环中心相搭，即形成鲍尔环填料。鲍尔环由于环

壁开孔，大大提高了环内空间及环内表面的利用率，气流阻力小，液体分布比较均匀。与拉西环相比，鲍尔环的气体通量可增加 50％以上，传质效率提高 30％左右，是一种应用较广的填料。

(a) 拉西环　　　　　(b) 鲍尔环　　　　　(c) 阶梯环

典型填料

图 6-22　几种典型的散装填料

③ 阶梯环填料　阶梯环填料是在鲍尔环填料的基础上进行改进而成的。与鲍尔环相比，阶梯环高度减少了一半并在一端增加了一个锥形翻边，如图 6-22(c) 所示。由于高径比减少，使得气体绕填料外壁的平均路径大为缩短，减少了气体通过填料层的阻力。锥形翻边不仅增加了填料的机械强度，而且使填料之间由线接触为主变成以点接触为主，这样不但增加了填料间的空隙，而且成为液体沿填料表面流动的汇集分散点，可以促进液膜的表面更新，有利于传质效率的提高。阶梯环的综合性能大大优于鲍尔环，成为目前所使用的环形填料中最为优良的一种填料。

④ 弧鞍填料　弧鞍填料是最早提出的一种鞍形填料，其形状如同马鞍，如图 6-23(a) 所示。该填料的特点是表面全部散开，不分内外，液体在表面两侧均匀流动，表面利用率比较高；流道呈弧形，减小了流动阻力。其缺点是装填时容易发生套叠，致使一部分填料表面被重合，导致传质效率降低。弧鞍填料一般采用瓷质材料制成，强度较差，易破碎，目前工业中已很少采用。

⑤ 矩鞍填料　为克服弧鞍填料易发生套叠的缺点，将其两端的弧形面改为矩形面，且两面大小不等，即成为矩鞍填料。矩鞍填料堆积时不会套叠，液体分布较均匀。矩鞍填料一般采用瓷质材料制成，其性能优于拉西环。因此，过去绝大多数应用瓷拉西环的场合，现在已经被瓷矩鞍填料所取代。

⑥ 金属环矩鞍填料　环矩鞍填料（国外称为 Intalox）是兼顾环形和鞍形结构特点而设计出的一种新型填料，该填料一般由金属材料制成，故又称为金属环矩鞍填料，如图 6-23(b) 所示。环矩鞍填料将环形填料和鞍形填料两者的优点集于一体，其综合性能优于鲍尔环和阶梯环，因此，在散装填料中应用较多。

(a) 弧鞍填料　　　　　　(b) 金属环矩鞍填料

图 6-23　弧鞍填料与金属环矩鞍填料

⑦ 球形填料　球形填料是散装填料的一类，其外形为球状，一般采用塑料注塑或陶瓷烧结而成，具有多种构形，是由许多板片构成的塑料多面球填料。球形填料的特点是球体为空心，可以允许气体液体从其内部通过、由于球体结构的对称性，填料装填密度均匀，不易产生空穴和架桥，所以气液分散性能好。球形填料一般只适用于某些特定的场合，工业上应用较少。

除上述几种较典型的散装填料外，近年来随着化工技术的发展，不断有构形独特的新型填料被研制开发出来，如共轭环填料、海尔环填料、纳特环填料等。

（2）规整填料　规整填料是按一定的几何构形排列，整齐堆砌的填料。规整填料种类很多，根据其结构特点可分为波敏填料、脉冲填料等。

① 格栅填料　工业上应用最早的规整填料是格栅填料。它是由条状单元体经一定规则组合而成的，具有多种结构形式，其中格里奇格栅填料最具代表性。格栅填料的比表面积较低，主要用于要求压降小、负荷大及防堵等场合。

② 波纹填料　波纹填料是一类新型规整填料，目前工业上应用的规整填料绝大部分属于此类。波纹填料是由许多波纹薄板组成的圆盘状填料，波纹与塔轴的倾角有 30° 和 45° 两种。各盘填料垂直装于塔内，相邻的两盘填料间交错 90° 排列，波纹填料按结构可分为网波纹填料和板波纹填料 ［如图 6-24(a) 所示］两大类，其材质又有金属、塑料和陶瓷之分。

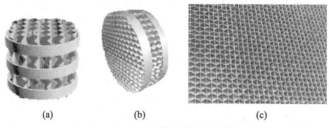

(a)　　　　　　(b)　　　　　　(c)

图 6-24　几种典型的规整填料

金属丝网波纹填料是网波纹填料的主要形式，它是由金属丝网制成的，如图 6-24(b) 所示，金属丝网波纹填料具有压降低、分离效率高等特点，特别适用于精密精馏及真空精馏装置，为难分离物系、热敏性物系的精馏提供了有效的手段。尽管其造价高，但因其性能优良仍得到了广泛应用。

金属孔板波纹填料是板波纹填料的主要形式，如图 6-24(c) 所示。在金属板波纹填料的波纹板片上冲压有许多 5mm 左右的小孔，可起到粗分配板片上的液体、加强横向混合的作用。波纹板片上轧成细小沟纹，可起到细分配板片上的液体，增强表面润湿性能的作用。金属孔板波纹填料具有强度高、压降低、分离效率较高等特点，特别适用于大直径塔及气液负荷较大的场合。

一般而论，波纹填料的优点是结构紧凑、阻力小、传质效率高、处理能力大、比表面积大。其缺点是不适于处理黏度大、易聚合或有悬浮物的物料，且装卸、清理困难，造价较高。

③ 脉冲填料　脉冲填料是一种新型规整填料，它是由带缩颈的中空棱柱形个体按一定方式拼装而成。脉冲填料组装后，会形成带缩颈的多孔菱形通道，其纵面流道交替收缩和扩大，气、液两相通过时产生强烈的湍动。在收缩段，气速最高，湍动剧烈，从而强化传质；在扩大段，气速减到最小，实现两相的分离。流道收缩扩大交替重复，实现了"脉冲"传质过程。

脉冲填料的特点是处理量大，压降小，是真空精馏的理想填料。但脉冲填料制作较为麻烦、造价高，故工业上很少应用。

6.6.1.2 填料的特性参数

（1）比表面积 a　填料的表面是填料塔内传质表面的基础。显然，填料应具有尽可能大的表面积。填料所能提供的表面，通常以比表面积来表征，即单位堆积体积所具有的表面积，用符号 a 表示，其单位是 m^2/m^3 或 m^{-1}。

（2）空隙率 ε　填料间的空隙是流体在塔内的流动通道。流体通过填料层的阻力与空隙率 ε 密切相关。为减少气体的流动阻力，提高填料塔的允许气速（处理能力），填料层应有尽可能大的空隙率。对于各向同性的填料层，空隙率等于填料塔的自由截面百分数。

（3）单位堆积体积内的填料数目 n　对于同一种填料，单位堆积体积内所填充的填料的个数由填料尺寸决定。减少填料尺寸，填料的数目增加，填料层的比表面积增大而空隙率减小，气体的流动阻力相应增加，若填料尺寸过小，还会使填料的造价提高。反之，若填料尺寸过大，在靠近塔壁处，填料层空隙很大，将有大量气体由此短路通过。为控制这种气流分布不均的现象，填料尺寸一般不应大于塔径的 1/8。

（4）堆积密度 ρ　填料的堆积密度是指单位体积填料的质量，单位为 kg/m^3。

在机械强度允许的范围内，填料的壁面愈薄，堆积密度 ρ 值愈小，同时可降低填料生产的材料成本。

（5）干填料因子及填料因子　干填料因子为 a/ε^3，是由填料的比表面积 a 和空隙率 ε 所组成的复合量。当气体通过干填料层时其流动特性往往用干填料因子进行关联。干填料因子值由实验测定。

当有液体通过填料层时，由于部分空隙被液体所占据，故填料的空隙率减小，比表面积也随之发生变化，所以气体通过湿填料表面时其流动特性可用一个相应的湿填料因子来关联。湿填料因子简称为填料因子，用符号 φ 表示，单位为 m^{-1}，其值由实验测定。

（6）机械强度及化学稳定性　填料要有足够的机械强度，以防压碎，同时还需对所处理的物料具有化学稳定性。

此外，性能优良的填料还必须满足制造容易、造价低廉等多方面的要求。几种常用填料的特性数据见表 6-7。

表 6-7　几种常用填料的特性数据

类型	尺寸 /mm	材质及堆积方式	a /(m²/m³)	ε	n	$\rho/(kg/m^3)$	(a/ε^3) /m⁻¹	φ/m^{-1}
拉西环	$10\times10\times1.5$	瓷质乱堆	440	0.70	72×10^4	700	1280	1500
	$10\times10\times0.5$	钢质乱堆	500	0.88	84×10^5	960	740	1000
	$25\times25\times2.5$	瓷质乱堆	190	0.78	49×10^3	505	400	450
	$25\times25\times0.8$	钢质乱堆	220	0.92	55×10^3	640	290	260
	$50\times50\times4.5$	瓷质乱堆	93	0.81	6×10^3	457	177	205
	$50\times50\times4.5$	瓷质乱堆	124	0.72	8.8×10^3	673	339	—
	$50\times50\times1$	钢质乱堆	110	0.95	7×10^3	430	130	175
	$80\times80\times9.5$	瓷质乱堆	76	0.68	1.9×10^3	714	243	280
	$76\times76\times1.5$	钢质乱堆	68	0.95	$1.9 10^3$	400	80	105
鲍尔环	25×25	瓷质乱堆	220	0.76	48×10^3	505		300
	$25\times25\times0.6$	钢质乱堆	209	0.94	61×10^3	480		160
	25	塑料乱堆	209	0.90	51×10^3	72.6		170
	$50\times50\times4.5$	瓷质乱堆	110	0.81	6×10^3	457		130
	$50\times50\times0.9$	钢质乱堆	103	0.95	62×10^2	355		66
阶梯环	$25\times12.5\times1.4$	塑料乱堆	223	0.90	82×10^3	97.8		172
	$33.5\times19\times1.0$	塑料乱堆	132.5	0.91	27×10^3	57.5		115

续表

类型	尺寸/mm	材质及堆积方式	a/(m²/m³)	ε	n	ρ/(kg/m³)	(a/ε^3)/m⁻¹	φ/m⁻¹
弧鞍环	25	瓷质	252	0.69	78×10^3	725		360
	25	钢质	280	0.83	89×10^3	1400		
	50	钢质	106	0.72	8.9×10^3	645		148
矩鞍形	25×3.3	瓷质	258	0.775	85×10^3	548		320
	50×7	瓷质	120	0.79	9.4×10^3	532		130
θ网环	8×8	镀锌铁丝网	1030	0.936	21×10^5	490		
鞍形环	10		1100	0.91	46×10^5	340		

6.6.1.3 填料选择原则

（1）填料用材的选择　当设备操作温度较低时，塑料能长期操作而不出现变形，在此情况下如果体系对塑料无溶胀时可考虑使用塑料，因其价格低、性能良好。塑料填料的操作温度一般不超过100℃，玻璃纤维增强的聚丙烯填料可达120℃左右。塑料除浓硫酸、浓硝酸等强酸外，有较好的耐腐蚀性，但塑料表面对水溶液的润湿性差。而陶瓷填料一般用于腐蚀性介质，尤其是高温时，但对HF和高温下的H_3PO_4与碱不能使用。金属材料一般耐高温，但不耐腐蚀。不锈钢可耐一般的酸碱腐蚀（含Cl^-酸除外），但价格昂贵。

（2）填料类型的选择　首先取决于工艺要求，如所需理论级数、生产能力（气量）、容许压降、物料特性（液体黏度、气相和液相中是否有悬浮物或生产过程中的聚合等）等，然后结合填料特性来选择，要求所选填料能满足工艺要求，技术经济指标先进，易安装和维修。

由于规则填料气、液分布较均匀，放大效应小，技术指标优于乱堆填料，故近年来规则填料的应用日趋广泛，尤其是大型塔和要求压降低的塔，但装卸清洗较为困难。

对于生产能力（塔径）大，或分离要求较高，压降有限制的塔，选用孔板波纹填料较适宜，如苯乙烯-乙苯精馏塔、润滑油减压塔等。

对于一些要求持液量较高的吸收体系，一般用乱堆填料。乱堆填料中，综合技术性能较优越的是金属鞍环、阶梯环，其次是鲍尔环，再次是矩鞍填料。

（3）填料尺寸的选择　一般，填料尺寸（直径、波峰高）大，则比表面小，通量（容许气速）大、压降低，但效率（每米填料的理论板数）也低，故多用于生产能力（处理气量）大的塔。一般塔径$D<300$mm时，填料直径$d=20\sim25$mm；$D=300\sim900$mm时，$d=25\sim38$mm；$D>900$mm时，$d=50\sim70$mm。由于D/d太小时，壁效应较严重，故一般要求$D/d\geqslant10$，对鞍形填料$D/d\geqslant15$，规整填料则无此限制。

大型工业用规整填料塔常用波峰高12mm左右的板波填料（比表面约为250m²/m³）。

对于易结垢或易沉淀的物料通常用大尺寸的栅板（格栅）填料，并在较高气速下操作。

6.6.2 填料塔的流体力学性能与操作特性

6.6.2.1 填料塔的流体力学性能

填料塔的流体力学性能主要包括填料层的持液量、填料层的压降等。

（1）填料层的持液量　填料层的持液量是指在一定操作条件下，在单位体积填料层内所积存的液体体积，通常以m³（液体）/m³（填料）表示，有时也采用百分数表示。持液量可分为：动持液量，用H_d表示；静持液量，用H_s表示；以及总持液量，用H_t表示。动持液量是指填料塔停止气、液两相进料时流出的液体量，它与填料、液体特性及气液负荷有关。静持液量是指当停止气、液两相进料，并经排液至无滴液流出时存留于填料层中的液体量，其取决于填料和流体的特性，与气液负荷无关。总持液量是指在一定操作条件下存留于填料层中的液体总量。显然，总持液量为动持液量和静持液量之和。

填料层的持液量可由实验测出，也可由经验公式计算，一般来说，适当的持液量对填料操作的稳定性和传质是有益的，但持液量过大，将减少填料层的空隙和气相流通截面，使压降增大，处理能力下降。

（2）填料层的压降　在逆流操作的填料塔内，液体依靠重力作用沿填料表面呈膜状流下，液膜与填料表面的摩擦及液膜与上升气体的摩擦构成了流动阻力，形成了填料层的压降，显然，填料层压降与液体喷淋量及气速有关，在一定的气速下，液体喷淋量越大，压降越大；在一定的液体喷淋量下，气速越大，压降也越大。将不同液体喷淋量下的单位填料层高度的压降 $\Delta p/Z$ 与空塔气速 u 的关系标绘在对数坐标纸上，可得到如图 6-25 的曲线，图中直线 0 表示无液体喷淋时干填料的 $\Delta p/Z$-u 的关系，称为干填料压降线；曲线 1、2 和 3 表示不同液体喷淋量下的填料的层的 $\Delta p/Z$-u 的关系，称为填料操作压降线。

从图 6-25 中可看出，在一定的喷淋量下，压降随空塔气速的变化曲线大致可分为三段：当气速低于 A 点时，上升气流对液膜的曳力很小，液体流动不受气流的影响。此时，填料表面上覆盖的液膜厚度基本不变，因而填料层的持液量不变，该区域称为恒持液量区。当气速超过 A 点时，上升气流对液膜的曳力较大，对液膜流动产生阻滞作用，致使液膜增厚，填料层的持液量随气速的增加而增大，此现象称为拦液。开始发生拦液现象时的空塔气速称为载点气速，曲线上的转折点 A 称为载点。若气速继续增大，到达图中 B 点时，由于液体不能顺利向下流动，使填料层的持液量不断增大，填料层内几乎充满液体。气速增加很小便会引起压降的剧增，此现象称为液泛。开始发生

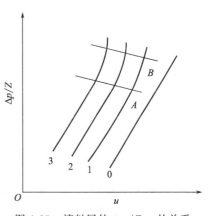

图 6-25　填料层的 $\Delta p/Z$-u 的关系

液泛现象时的气速称为泛点气速，以 u_F 表示，曲线上的点 B 称为泛点。从载点到泛点的区域称为载液区，泛点以上的区域称为液泛区。

应予指出，填料层压降是填料塔设计中的重要参数，它决定了填料塔的动力消耗。填料层压降可通过实验测得，也可由经验公式计算。对于散装填料，其填料层压降还可采用埃克脱（Eckert）通用关联图计算。

6.6.2.2　填料塔的操作特性

（1）填料塔内的气、液分布　在填料塔内，气、液两相的传质是依靠在填料表面展开的液膜与气体的充分接触而实现的。若气、液两相分布不均，将使传质的平均推动力减小，传质效率下降。因此，气、液两相的均匀分布是填料设计与操作中十分重要的问题。

气、液两相的分布通常分为初始分布和动态分布。初始分布是指进塔的气、液两相通过分布装置所进行的强制分布；动态分布是指在一定的操作条件下，气、液两相在填料层内，依靠自身性质与流动状态所进行的随机分布。通常初始分布主要取决于分布装置的设计，而动态分布则与操作条件、填料的类型与规格、填料充填的均匀程度、塔安装的垂直度、塔的直径等密切相关。研究表明，气、液两相的初始分布较动态分布更为重要，往往是决定填料塔分离效果的关键。

（2）液体喷淋密度与填料表面的润湿

① 液体喷淋密度　液体喷淋密度是指单位塔截面积上，单位时间内喷淋的液体体积，

以 U 表示，其定义式为

$$U = \frac{3600 q_V}{\Omega} \tag{6-103}$$

式中 U——液体喷淋密度，$m^3/(m^2 \cdot h)$；

q_V——液体的体积流量，m^3/s；

Ω——填料塔的截面积，m^2。

② 填料表面的润湿 填料塔中气液两相间的传质主要是在填料表面流动的液膜上进行的。要形成液膜，填料表面必须被液体充分润湿，而填料表面的润湿状况取决于塔内的液体喷淋密度及填料材质的表面润湿性能。

为保证填料层的充分润湿，必须保证液体喷淋密度大于某一极限值，该极限值称为最小喷淋密度，以 U_{min} 表示。最小喷淋密度通常采用下式计算，即

$$U_{min} = L_{w,min} a \tag{6-104}$$

式中 U_{min}——最小喷淋密度，$m^3/(m^2 \cdot h)$；

$L_{w,min}$——最小润湿速率，$m^3/(m \cdot h)$；

a——填料的比表面积，m^2/m^3。

最小润湿速率是指在塔的截面上，单位长度的填料周边的最小液体体积流量，其值可由经验公式计算，也可采用经验值。通常对于直径不超过 75mm 的散装填料，最小润湿速率可取为 $0.08m^3/(m \cdot h)$；对于直径大于 75mm 的散装填料，可取为 $0.12m^3/(m \cdot h)$。

应予指出，实际操作时采用的液体喷淋密度应大于最小喷淋密度。若喷淋密度过小，可采用液体再循环的方法加大液体流量，以保证填料表面的充分润湿；也可采用减小塔径的方式予以补偿；对于金属、塑料材质的填料，可采用表面处理方法，改善其表面的润湿性能。

(3) 填料塔的液泛 填料塔的液泛现象如上所述，当空塔气速超过泛点气速时将发生液泛现象。此时，液相充满塔内，液相由分散相变为连续相；气体则呈气泡形式通过液层，由连续相变为分散相。在液泛状态下，气流出现脉动，液体被大量带出塔顶，塔的操作极不稳定，甚至会被破坏。填料塔在操作中，应避免液泛现象的发生。影响液泛的因素很多，主要有填料特性及流体物理性质等。

填料特性的影响集中体现在填料因子上。填料的比表面积越小，空隙率越大，则填料因子越小，故泛点气速越大，越不易发生液泛现象。

流体的物理性质的影响体现在气体的密度、液体的密度和黏度上。气体的密度越小，液体的密度越大、黏度越小，则泛点气速越大，越不易发生液泛现象。

液气比愈大，则在一定气速下液体喷淋量愈大，填料层的持液量增加而空隙率减小，故泛点气速愈小，愈易发生液泛现象。

填料塔工作时，为保证填料塔的正常操作，其操作气速应低于泛点气速，操作气速 u 与泛点气速 u_F 的比值称为泛点率，根据工程经验，填料塔的泛点率选择范围如下：

对于散装填料 $u/u_F = 0.5 \sim 0.85$

对于规整填料 $u/u_F = 0.6 \sim 0.95$

应予指出，泛点率的选择应考虑以下两方面的因素：一是物系的发泡情况，对易起泡沫的物系泛点率应取低限值，而无泡沫的物系可取较高的泛点率；二是填料塔的操作压力，对于加压操作的塔应取较高的泛点率，对于减压操作的塔应取较低的泛点率。

(4) 泛点气速的计算 泛点气速是确定填料塔的操作气速以及计算填料塔塔径的关键，

泛点气速通常采用贝恩 (Bain)-霍根 (Hougen) 关联式进行计算，即

$$\lg \left[\frac{u_F}{g} \left(\frac{a\rho_V}{\epsilon^3 \rho_L} \right) \mu^{0.2} \right] = A - K \left(\frac{L}{V} \right)^{0.25} \left(\frac{\rho_V}{\rho_L} \right)^{0.125} \tag{6-105}$$

式中，g 为重力加速度，m/s^2；ρ_V、ρ_L 为气相、液相密度，kg/m^3；A、K 为关联常数。

上式中，常数 A 和 K 与填料的形状及材质有关，不同类型填料的 A、K 值列于表 6-8 中。

表 6-8　式(6-105) 中常数 A 和 K 的值

填料类型	A	K	填料类型	A	K
塑料鲍尔环填料	0.0942	1.75	金属丝网波纹填料	0.30	1.75
金属鲍尔环填料	0.1	1.75	塑料丝网波纹填料	0.4201	1.75
金属环矩鞍填料	0.06225	1.75	金属网孔波纹填料	0.155	1.47
金属阶梯环填料	0.106	1.75	金属孔板波纹填料	0.291	1.75
塑料阶梯环填料	0.204	1.75	塑料孔板波纹填料	0.291	1.563
瓷矩鞍填料	0.176	1.75			

6.6.3　填料塔的内件

　　填料塔的内件包括填料支承装置、填料压紧装置、液体分布装置、液体收集及再分布装置等。合理地选择和设计塔内件，对保证填料塔的正常操作及优良的传质性能十分重要。

　　填料塔的附属结构包括填料支承板、液体分布器、液体再分布器、气体和液体的进口及出口装置等。

6.6.3.1　支承板

　　支承板用于支承塔内的填料及填料上的持液量，同时又能保证气液两相顺利通过，应有足够的机械强度和耐腐蚀能力。支承板若设计不当，填料塔的液泛可能首先在支承板上发生。对于普通填料，支承板的自由截面积应不低于全塔截面积的 50%，并且要大于填料层的自由截面积。常用的支承板有栅板和各种具有升气管结构的支承板。栅板式支承装置是由竖立的扁钢条焊接而成，扁钢条的间距应为填料外径的 0.6～0.7 倍。升气管式支承装置多是为了适应高空隙率填料的要求，气体由升气管上升，通过气道顶部的孔及侧面的齿缝进入填料层，液体则由支承装置底板上的诸多小孔中流下，气、液分道流动。

6.6.3.2　液体分布器

　　液体分布器对填料塔的性能影响颇大。若分布器设计不当，液体预分布不均，填料层内的有效润湿面积减小而偏流现象和沟流现象增大，影响传质效果。

　　（1）管式喷淋器　管式喷淋器主要有弯管式、缺口式、多孔式等。弯管式、缺口式一般用于直径在 300mm 以下的填料塔。所谓多孔是在管下侧开 2～4 排直径 3～6mm 的小孔，小孔的总截面积与进液管截面积大致相等。多孔直管式喷淋器适用于直径 600mm 以下的塔，多孔盘管式喷淋器适用于直径 1.2m 以下的填料塔。多环多孔盘管式喷淋器可用于直径更大的塔设备。

　　（2）莲蓬式喷淋器　莲蓬头的直径约为塔径的 1/4 左右，莲蓬球面上开有许多 3～10mm 的小孔，喷洒角 $\alpha \leqslant 80°$。莲蓬式喷淋器只适用于直径小于 600mm 的填料塔。

　　（3）盘式喷淋器　盘式喷淋器的分布盘上开有许多筛孔或装有溢流管，通过筛孔或溢流管将液体均布在整个塔截面上。这种喷淋器可用于直径大于 0.8m 的填料塔。

　　（4）齿槽式分布器　也称槽式溢流分布器，液体先由上层的主齿槽向下层的分齿槽作预分布，然后再向填料层喷洒。齿槽式分布器自由截面积很大，不易堵塞，对气体的阻力小，故特别适用于大直径的塔设备。但是这种分布器的安装水平要求较高。

6.6.3.3 液体再分布器

液体再分布器的作用是将流到塔壁附近的液体重新聚集并引向中央区域。为改善向壁偏流效应造成的液体分布不均匀。可在填料层内部每隔一定高度设置一个液体再分布器。每段填料层的高度因填料种类而异，偏流效应越严重的填料，每段高度应越小。

液体再分布器的形式有盘式、槽式及截锥式等，而常用的液体再分布器为截锥式。如考虑分段卸出填料，再分布器之上可另设支承板。

6.6.3.4 其他

为避免操作中因气速波动而使填料被冲松动及损坏，常需在填料层顶部设置填料压紧和限位装置，用于阻止填料的流化和松动。前者为直接压在填料之上的填料压圈或压板，后者为固定于塔壁的填料限位圈。规整填料一般不会发生流化，但在大塔中，分块组装的填料会移动，因此也需安装由平行扁钢构造的填料限制圈。否则有可能使填料层结构及塔的性能急剧恶化，破碎的填料也可能被带入气、液出口管路而造成阻塞。

当塔内气速较高，液沫夹带较严重时，在塔顶气体出口处需设置除沫装置。常用的除沫装置有折流式除沫器、丝网除沫器等，见图 6-26。折流式除沫器阻力较小（50~100Pa），但只能除去 $50\mu m$ 以上的液滴。丝网除沫器造价较高，可除去 $5\mu m$ 的液滴，但压降较大（约 250Pa）。

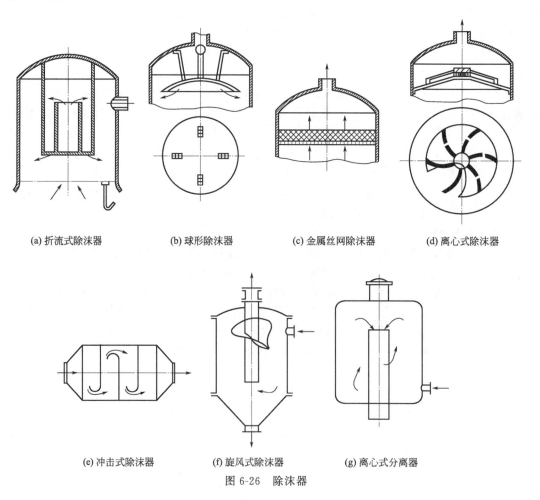

(a) 折流式除沫器　　(b) 球形除沫器　　(c) 金属丝网除沫器　　(d) 离心式除沫器

(e) 冲击式除沫器　　(f) 旋风式除沫器　　(g) 离心式分离器

图 6-26　除沫器

习　题

一、填空题

1.物理吸收操作属于传质过程。物理吸收操作是一组分通过另一停滞组分的_____扩散。

2.操作中的吸收塔，若使用液气比小于设计时的最小液气比，则其操作结果是_____。

3.若吸收剂入塔浓度 X_2 降低，其他操作条件不变，吸收结果将使吸收率_____。

4.若吸收剂入塔浓度 X_2 降低，其他操作条件不变，则出口气体浓度_____。

5.含 SO_2 为 10%（体积分数）的气体混合物与浓度 c 为 $0.02kmol/m^3$ 的 SO_2 水溶液在一个大气压下相接触。操作条件下两相的平衡关系为 $p^* = 1.62c$（大气压），则 SO_2 将从_____向_____转移。

6.亨利定律的表达式之一为 $p^* = Ex$，若某气体在水中的亨利系数 E 值很大，说明该气体为_____气体。

7.亨利定律的表达式之一为 $p^* = Ex$，若某气体在水中的亨利系数 E 值很小，说明该气体为_____气体。

8.含 SO_2 为 10%（体积分数）的气体混合物与浓度 c 为 $0.02kmol/m^3$ 的 SO_2 水溶液在一个大气压下相接触。操作条件下两相的平衡关系为 $p^* = 1.62c$（大气压），以气相组成表示的传质总推动力为_____大气压。

9.总传质系数与分传质系数之间的关系为 $1/K_L = 1/k_L + H/k_G$，其中 $1/k_L$ 为_____。

10.总传质系数与分传质系数之间的关系为 $1/K_L = 1/k_L + H/k_G$，_____项可忽略时，表示该吸收过程为液膜控制。

11.低浓度气体吸收中，已知平衡关系 $y^* = 2x$，$k_x a = 0.2kmol/(m^3 \cdot s)$，$k_y a = 2 \times 10^{-4} kmol/(m^3 \cdot s)$，则此体系属_____控制。

12.压力_____，温度_____，将有利于吸收的进行。

13.易溶气体溶液上方的分压_____，难溶气体溶液上方的分压_____，只要组分在气相中的分压_____液相中该组分的平衡分压，吸收就会继续进行。

14.对于低浓度气体吸收，其气、液相平衡关系服从_____。

15.若某气体在水中的亨利系数 E 值很大，说明该气体为_____气体，该吸收过程为_____过程。

16.分子扩散中菲克定律的表达式为_____，气相中的分子扩散系数 D 随温度升高而_____（增大、减小），随压力增加而_____（增大、减小）。

17.单向扩散中漂流因数_____ 1。漂流因数反映_____。

18.一般来说，两组分的等分子反相扩散体现在精馏单元操作中，而 A 组分通过 B 组分的单相扩散体现在_____操作中。

19.根据双膜理论，两相间的传质阻力主要集中在_____，增加气、液两相主体的湍动程度，传质速率将_____。

20.吸收过程物料衡算时的基本假定是：（1）_____；（2）_____。

21.如果一个低浓度气体吸收塔的气相总传质单元数 $N_{OG} = 1$，则此塔的进出口浓度差（$Y_1 - Y_2$）将等于_____。

22.吸收塔的操作线斜率为_____，斜率越大，操作线越_____平衡线，则各截面上吸收推动力_____。

23.在低浓度的难溶气体的逆流吸收塔中，若其他条件不变而入塔液体量增加，则此塔的液相传质单元数 N_{OL} 将_____，而气相总传质单元数 N_{OG} 将_____，气体出口浓度 y_2 将_____。

24.含低浓度的难溶气体的混合气体，在逆流填料吸收塔内进行吸收操作，传质阻力主要存在于_____中；若增大液相湍动程度，则气相总体积吸收系数 $K_y a$ 值将_____；若增加吸收剂的用量，其他操作条件不变，则气体出塔浓度 Y_2 将_____；溶质 A 的吸收率将_____；若系统的总压强升高，则亨利系数将_____，相平衡常数将_____。

25.用逆流操作的吸收塔处理低浓度易溶溶质的气体混合物，其他条件均不变，而入口气体浓度增加，则此塔的液相总传质单元数_____，出口气体组成_____，出口液相组成_____。

26.在吸收操作过程中，保持气液相流量、气相进口组成不变，若液相进口浓度降低，则塔内平均传质推动力将_____，气相出口浓度将_____。

27.某操作中的吸收塔，用清水逆流吸收气体混合物中 A 组分。若 y_1 下降，L、V、p、T 等不变，则回收率_____。

28.某操作中的吸收塔，用清水逆流吸收气体混合物中 A 组分。若 L 增加，其余操作条件不变，则出塔液体浓度_____。

29.吸收因数 A 在 Y-X 图上的几何意义是_____。

30.脱吸因数 S 可表示为 mV/L，吸收因数 A 可表示为_____。

31.脱吸因数 S 在 Y-X 图上的几何意义是_____。

32.在逆流解吸塔操作时，若气液入口组成及温度、压力均不变，而气量与液量同比例减少，对液膜控制系统，气体出口组成将_____。

33.在逆流解吸塔操作时，若气液入口组成及温度、压力均不变，而气量与液量同比例减少，对液膜控制系统，液体出口组成将_____。

34.在气体流量、气体进出口压力和组成不变时，若减少吸收剂用量，则传质推动力将_____。

35.在气体流量、气体进出口压力和组成不变时，若减少吸收剂用量，则操作线将_____平衡线。

36.在气体流量、气体进出口压力和组成不变时，若减少吸收剂用量，则设备费用将_____。

37.对一定操作条件下的填料塔，如将填料层增高一些，则塔的 H_{OG} 将_____。

38.对一定操作条件下的填料塔，如将填料层增高一些，则塔的 N_{OG} 将_____。

39.气体吸收计算中，表示设备（填料）效能高低的一个量是_____，而表示传质任务难易程度的一个量是_____。

40.板式塔的类型有 _____、_____、_____（说出三种）；板式塔从总体上看气、液两相呈_____接触，在板上气、液两相呈_____接触。

二、选择题

1.用纯溶剂吸收混合气中的溶质。逆流操作，平衡关系满足亨利定律。当入塔气体浓度 y_1 上升，而其他入塔条件不变，则气体出塔浓度 y_2 和吸收率 φ 的变化为（　　）。

A. y_2 上升，φ 下降 　　　　　　　　B. y_2 下降，φ 上升

C. y_2 上升，φ 不变 　　　　　　　　D. y_2 上升，φ 变化不确定

2.已知 SO_2 水溶液在三种温度 t_1、t_2、t_3 下的亨利系数分别为 $E_1 = 0.0035atm$、$E_2 = 0.011atm$、$E_3 = 0.00625atm$，则（　　）。

A. $t_1 < t_2$ 　　　　　B. $t_3 > t_2$ 　　　　　C. $t_1 > t_2$ 　　　　　D. $t_3 < t_1$

3.下述说法中正确的是（　　）。

A.用水吸收氨属于难溶气体的吸收，为液膜阻力控制

B.常压下用水吸收二氧化碳属难溶气体的吸收，为气膜阻力控制

C.用水吸收氧属于难溶吸收，为气膜阻力控制

D.用水吸收二氧化硫为具有中等溶解度的气体吸收，气膜阻力和液膜阻力都不可忽略

4.在吸收传质过程中，它的方向和限度取决于吸收质在气液两相的平衡关系，若要进行吸收操作，则应控制（　　）。

A. $p_A > p_A^*$ 　　　　　B. $p_A = p_A^*$ 　　　　　C. $p_A < p_A^*$ 　　　　　D. $p_A \leqslant p_A^*$

5.吸收速率方程中，吸收系数为 K_Y 时，其对应的传质推动力为（　　）。

A. $Y - Y^*$ 　　　　　B. $y - y^*$ 　　　　　C. $p - p^*$ 　　　　　D. $c - c^*$

6.某吸收过程，已知 $k_y = 4 \times 10^{-1} kmol/(m^2 \cdot s)$，$k_x = 8 \times 10^{-4} kmol/(m^2 \cdot s)$，由此可知该过程为（　　）。

A. 液膜控制 　　　　B. 气膜控制 　　　　C. 判断依据不足 　　　　D. 液膜阻力和气膜阻力相差不大

7.在吸收操作中，若 $c^* - c \approx c_i - c$，则该过程为（　　）。

A. 液膜控制 　　　　B. 气膜控制 　　　　C. 双膜控制 　　　　D. 不能确定

8. 为使脱吸操作易于进行，通常可采用（　　）的措施。

A. 升温、减压 　　　　B. 升温、加压 　　　　C. 降温、减压 　　　　D. 降温、加压

9. 在下列吸收操作中，属于气膜控制的是（　　）。

A. 用水吸收 CO_2 　　B. 用水吸收 H_2 　　C. 用水吸收氨气 　　D. 用水吸收 O_2

10. 吸收过程相际传质的极限是（　　）。

A. 相互接触的两相之间浓度相等 　　　　　　B. 相互接触的两相之间压强相等

C. 相互接触的两相之间温度相等 　　　　　　D. 相互接触的两相之间达到相平衡的状态

11. 在吸收操作中，吸收的推动力是（　　）。

A. 温度差 　　　　　　B. 浓度差 　　　　　　C. 气液相平衡关系 　　D. 压力差

12. 根据双膜理论，在气液接触的相界面处（　　）。

A. 气相组成大于液相组成 　　　　　　　　　B. 气相组成小于液相组成

C. 气相组成等于液相组成 　　　　　　　　　D. 气相组成与液相组成大小不定

13. 根据双膜理论，当被吸收组分在液相中溶解度很小时，以液相浓度表示的总传质系数（　　）。

A. 大于液相传质分系数 　　　　　　　　　　B. 近似等于液相传质分系数

C. 小于气相传质分系数 　　　　　　　　　　D. 近似等于气相传质分系数

14. 单向扩散中漂流因数（　　）。

A. >1 　　　　　　　　B. <1 　　　　　　　　C. =1 　　　　　　　　D. 不一定

15. 逆流填料吸收塔，当吸收因数 $A<1$ 且填料为无穷高时，气液两相将在（　　）达到平衡。

A. 塔顶 　　　　　　　B. 塔底 　　　　　　　C. 塔中部 　　　　　　D. 塔外部

16. 低浓度的气膜控制系统，在逆流吸收操作中，若其他条件不变，但入口液体组成增高时，则气相出口组成将（　　）。

A. 增加 　　　　　　　B. 少 　　　　　　　　C. 不变 　　　　　　　D. 不定

17. 低浓度的气膜控制系统，在逆流吸收操作中，若其他条件不变，但入口液体组成增高时，则液相出口组成将（　　）。

A. 增加 　　　　　　　B. 减少 　　　　　　　C. 不变 　　　　　　　D. 不定

18. 正常操作下的逆流吸收塔，若因某种原因使液体量减少以至液气比小于原定的最小液气比时，下列（　　）情况将发生。

A. 出塔液体浓度增加，回收率增加 　　　　　B. 出塔气体浓度增加，但出塔液体浓度不变

C. 出塔气体浓度与出塔液体浓度均增加 　　　D. 在塔下部将发生解吸现象

19. 最大吸收率与（　　）无关。

A. 液气比 　　　　　　B. 液体入塔浓度 　　　C. 相平衡常数 　　　　D. 吸收塔形式

20. 某低浓度逆流吸收塔在正常操作一段时间后，发现气体出口含量 y_2 增大，原因可能是（　　）。

A. 气体进口含量 y_1 下降 　　　　　　　　　B. 吸收剂温度降低

C. 入塔的吸收剂量减少 　　　　　　　　　　D. 前述三个原因都有

21. 在填料塔中，低浓度难溶气体逆流吸收时，若其他条件不变，但入口气量增加，则气相总传质单元数（　　）。

A. 增加 　　　　　　　B. 减少 　　　　　　　C. 不变 　　　　　　　D. 不定

22. 在填料塔中，低浓度难溶气体逆流吸收时，若其他条件不变，但入口气量增加，则出口气体组成将（　　）。

A. 增加 　　　　　　　B. 减少 　　　　　　　C. 不变 　　　　　　　D. 不定

23. 在填料塔中，低浓度难溶气体逆流吸收时，若其他条件不变，但入口气量增加，则出口液体组成（　　）。

A. 增加 　　　　　　　B. 减少 　　　　　　　C. 不变 　　　　　　　D. 不定

24. 低浓度的气膜控制系统，在逆流吸收操作中，若其他条件不变，但入口液体组成增高时，则气相总传质单元数将（　　）。

A. 增加 　　　　　　　B. 减少 　　　　　　　C. 不变 　　　　　　　D. 不定

322 | 化工原理 |

25.低浓度的气膜控制系统,在逆流吸收操作中,若其他条件不变,但入口液体组成增高时,则气相总传质单元高度将( )。

    A.增加   B.减少   C.不变   D.不能确定

26.常压下用水逆流吸收空气中的 CO_2,若增加水的用量,则出口气体中 CO_2 的浓度将( )。

    A.增大   B.减小   C.不变   D.不能确定

27.对一定操作条件下的填料吸收塔,如将填料层增高一些,则塔的 H_{OG} 将( ), N_{OG} 将( )。

    A.增大   B.减小   C.不变   D.不能判断

28.吸收塔的设计中,若填料性质及处理量(气体)一定,液气比增加,则传质推动力( ),传质单元数( ),传质单元高度( ),所需填料层高度( )。

    A.增大   B.减小   C.不变   D.不能判断

29.料塔中用清水吸收混合气中 NH_3,当水泵发生故障上水量减少时,气相总传质单元数 N_{OG}( )。

    A.增加   B.减少   C.不变   D.不确定

三、判断题

1.溶解度系数 H 值很大的气体,为易溶气体。( )

2.吸收操作线方程的斜率是 L/V。( )

3.脱吸因数 S 的表达式为 L/mV。( )

4.用水吸收 H_2 属于液膜吸收。( )

5.吸收过程中,当吸收操作线与平衡线相切或相交时,吸收剂用量最少,吸收推动力最大。( )

6.高温有利于吸收操作。( )

7.高压有利于解吸操作。( )

8.亨利定律中亨利系数 E 与 m 间的关系是 $E = m/p_{总}$。( )

9.费克定律描述的是分子扩散速率基本规律。( )

10.等分子反向扩散适合于描述吸收过程中的传质速率关系。( )

11.当填料层高度等于传质单元高度 H_{OG} 时,则该段填料层的传质单元数 $N_{OG} = 1$。( )

12.当气体处理量及初、终浓度已被确定,若减少吸收剂用量,操作线斜率不变。( )

13.漂流因数反映分子扩散对传质速率的影响。( )

14.对流扩散就是涡流扩散。( )

15.计算填料吸收塔时,其 N_{OG} 的含意是传质单元高度。( )

16.工业上的吸收是在吸收塔中进行的,逆流操作有利于吸收完全并可获得较大的传质推动力。( )

17.吸收操作时,在 Y-X 图上吸收操作线的位置总是位于平衡线的上方。( )

18.对于逆流操作的填料吸收塔,当气速一定时,增大吸收剂的用量,则出塔溶液浓度降低,吸收推动力增大。( )

四、简答题

1.吸收传质中双膜理论的基本论点有哪些?

2.吸收速率方程有哪些表达方式?(以总吸收系数表示)

3.请写出亨利定律的几种表达形式,并说明它们的适用场合。

4.提高吸收速率应采取哪些措施?

5.列出你所知道的填料种类。

6.什么叫液泛现象?

7.请说明填料吸收塔中设置液体再分布器的作用。

8.求取最小液气比有何意义?适宜液气比如何选择?增大液气比对操作线有何影响?

9.吸收与解吸在什么情况下发生?从平衡线与操作线的位置加以说明。

10.试说明填料吸收塔由哪几个主要部分组成?并指出气、液的流向。

11.欲提高填料吸收塔的回收率,你认为应从哪些方面着手?

五、计算题

1. 在总压 $p_{总} = 500kN/m^2$、温度 $t = 27℃$ 下使含 CO_2 3.0%（体积分数）的气体与含 CO_2 370g/m³ 的水相接触，试判断是发生吸收还是解吸？并计算以 CO_2 的分压差表示的总传质推动力。已知：在操作条件下，亨利系数 $E = 1.73 \times 10^5 kN/m^2$，水溶液的密度可取 $1000kg/m^3$，CO_2 的分子量为 44。

2. 某填料塔用水吸收混合气中丙酮蒸气。混合气流速为 $V = 16kmol/(h \cdot m^2)$，操作压力 $p = 101.3kPa$。已知体积传质系数 $k_y a = 64.6kmol/(h \cdot m^3)$，$k_L a = 16.6kmol/(h \cdot m^3)$，相平衡关系为 $p_A = 4.62c_A$（式中气相分压 p_A 的单位是 kPa，平衡浓度单位是 $kmol/m^3$）。求：体积总传质系数 $K_y a$ 及传质单元高度 H_{OG}。

3. 某填料吸收塔用含溶质 $x_2 = 0.0002$ 的溶剂逆流吸收混合气中的可溶组分，采用液气比 $L/V = 3$，气体入口质量分数 $y_1 = 0.01$，回收率可达 $\eta = 0.90$。已知物系的平衡关系为 $y = 2x$。今因解吸不良使吸收剂入口摩尔分数升至 0.00035，试求：（1）可溶组分的回收率下降至多少？（2）液相出塔摩尔分数升高至多少？

4. 一逆流操作的常压填料吸收塔，拟用清水吸收混合气所含的少量溶质。入塔气体中含溶质 1%（体积分数），经吸收后要求溶质被回收 80%，此时水的用量为最小用量的 1.5 倍，平衡线的关系为 $y = x$，气相总传质单元高度为 1.2m，试求所需填料层高度。

5. 有一填料吸收塔，在 28℃ 及 101.3kPa，用清水吸收 200m³/h 氨−空气混合气中的氨，使其含量由 5% 降低到 0.04%（均为摩尔分数）。填料塔直径为 0.8m，填料层体积为 3m³，平衡关系为 $Y = 1.4X$，已知 $K_y a = 38.5kmol/h$。问：（1）出塔氨水浓度为出口最大浓度的 80% 时，该塔能否使用？（2）若在上述操作条件下，将吸收剂用量增大 10%，该塔能否使用？（注：在此条件下不会发生液泛）

6. 一填料塔用清水逆流吸收混合气中的有害组分 A。已知操作条件下气相总传质单元高度为 1.5m，进塔混合气组成为 0.04（A 的摩尔分数，下同），出塔尾气组成为 0.0053，出塔水溶液浓度为 0.0128，操作条件下平衡关系为 $Y = 2.5X$。试求：（1）液气比为最小液气比的多少倍？（2）所需填料层高度？（3）若气液流量和初始组成不变，要求尾气浓度降至 0.0033，求此时填料层高度为多少米？

7. 某厂吸收塔填料层高度为 4m，用水吸收尾气中的有害组分 A，已知平衡关系为 $Y = 1.5X$，塔顶 $X_2 = 0$、$Y_2 = 0.004$，塔底 $X_1 = 0.008$、$Y_1 = 0.02$。求：（1）气相总传质单元高度。（2）操作液气比为最小液气比的多少倍？（3）由于法定排放浓度 Y_2 必须小于 0.002，所以拟将填料层加高，若液气流量不变，传质单元高度的变化亦可忽略不计，问填料层应加高多少？

8. 在常压逆流操作的填料吸收塔中用清水吸收空气中某溶质，进塔气体中溶质的含量为 8%（体积分数），吸收率为 98%，操作条件下的平衡关系为 $y = 2.5x$，取吸收剂用量为最小用量的 1.2 倍。试求：（1）水溶液的出塔浓度；（2）若气体总传质单元高度为 0.8m，现有一填料层高度为 9m 的塔，问该塔是否合用？

9. 某填料吸收塔，用清水除去气体混合物中有害物质，若进塔气中含有害物质 5%（体积分数），要求吸收率为 90%，气体流率 32kmol/(m²·h)，液体流率为 24kmol/(m²·h)，此液体流率为最小流率的 1.5 倍。如果物系服从亨利定律，并已知液相传质单元高度 H_L 为 0.44m，气相体积分传质系数 $k_y a = 0.06kmol/(m^3 \cdot s \cdot \Delta y)$，该塔在常温下逆流等温操作。试求：（1）塔底排出液的组成；（2）所需填料层高度。

10. 已知某填料吸收塔直径为 1m，填料层高度 4m。用清水逆流吸收空气混合物中某可溶组分，该组分进口浓度为 8%，出口为 1%（均为摩尔分数），混合气流率 30kmol/h，操作液气比为 2，相平衡关系为 $y = 2x$。试求：（1）气相总体积传质系数 $K_y a$；（2）塔高为 2m 处气相浓度；（3）若塔高不受限制，最大吸收率为多少？

11. 在填料层高度为 4m 的常压逆流吸收塔内。用清水吸收空气中的氨，已知入塔空气含氨 5%（体积分数），回收率为 90%，实际液气比为 0.98，又已知在该塔操作条件下，氨水系统的平衡关系为 $y = mx$（m 为常数；x、y 分别为液气相中的摩尔分数）且测得与含氨 1.77%（体积分数）的混合气充分接触后的水中氨的浓度为 18.89g（氨）/1000g（水）。求：（1）该填料塔的气相总传质单元高度（m）。（2）水温上升，其他操作条件不变，试分析气、液相出塔浓度如何变化？

12. 现有一逆流操作的填料吸收塔，塔径为 1.2m，用清水脱除原料气中的甲醇，已知原料气处理量为 2000m³/h（标准状态下），原料气中含甲醇的摩尔分数为 0.08，现在塔 A、B 两点分别采出气液两相的进样分析得：A 点 $x_A = 0.0216$，$y_A = 0.05$；B 点 $x_B = 0.0104$，$y_B = 0.02484$。取样点 A 与 B 间填料层高度

$\Delta z = 1.14$m，并已知 Δz 填料层高度相当一块理论板，若果全塔性能近似相同。

试求：(1) 塔操作气液比及水的用量；(2) 塔内气液间总的体积传质系数 $K_y a$；(3) 如何在操作条件下，使甲醇脱除率达 98%。

13.在逆流调料吸收塔中，用清水吸收含氨 5%（体积分数）的空气-氨混合气中的氨，已知混合气量为 2826m³/h（标准状态），气体空塔速度为 1m/s（标准状态），平衡关系 $y = 1.2x$，气相总体积传质系数 $K_y a$ 为 180.0kmol/(m³·h)，吸收剂用量为最小用量的 1.5 倍，要求吸收率为 98%。

试求：(1) 溶液出口的浓度；(2) 若吸收剂改为含氨 0.0015 的水溶液，问能否达到吸收率 98%的要求？为什么（可改变填料层的高度）？

14.某一逆流操作的填料塔，用水吸收空气中的氨气，已知塔底气体进塔浓度为 0.026（摩尔比，下同），塔顶气相浓度为 0.0026，填料高度为 1.2m，吸收过程中亨利系数为 0.5atm，操作压力为 0.95atm，平衡关系和操作关系（以比物质的量浓度表示）均为直线关系。水用量为 0.1m³/h，混合气中空气含量为 100m³/h（标准状态）。

试求：(1) 气相总体积传质系数；(2) 操作液气比为最小液气比的多少倍；(3) 由于法定排放浓度必须小于 0.001，所以拟将填料层加高，若液气比不变，问填料层应加高多少？

第 **7** 章

蒸发

7.1 概述

7.1.1 蒸发操作及其在工业中的应用

将含有不挥发性溶质的溶液加热至沸腾状态，使其部分溶剂汽化为蒸气的单元操作称为蒸发。蒸发操作广泛应用于化工、轻工、食品、医药等工业领域，其主要目的有以下几个方面。

① 浓缩稀溶液直接制取产品或将浓溶液再处理（如冷却结晶）制取固体产品，例如电解烧碱液的浓缩、食糖水溶液的浓缩及各种果汁的浓缩等；

② 同时浓缩溶液和回收溶剂，例如有机磷农药苯溶液的浓缩脱苯，中药生产中酒精浸出液的蒸发等。

③ 为了获得纯净的溶剂，例如海水淡化等。

图 7-1 为一典型的蒸发装置示意图。图中蒸发器由加热室 1 和蒸发室 2 两部分组成。加热室为列管式换热器，加热蒸汽在加热室的管间冷凝，放出的热量通过管壁传给列管内的溶

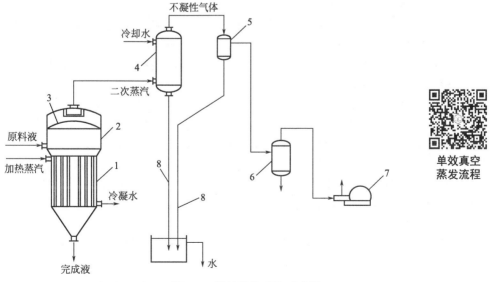

图 7-1 单效蒸发系统示意图

1—加热室；2—蒸发室；3—除沫器；4—混合冷凝器；5—分离器；6—缓冲罐；7—真空泵；8—大气腿

液，使其沸腾并汽化，气、液混合物则在分离室中分离，其中液体又落回加热室，当浓缩到规定浓度后排出蒸发器。分离室分离出的蒸汽（又称二次蒸汽，以区别于加热蒸汽或生蒸汽），先经顶部除沫器 3 除液，再进入混合冷凝器 4 与冷水相混，被直接冷凝后，通过大气腿 8 排出。不凝性气体经分离器 5 和缓冲罐 6 由真空泵 7 排出。

7.1.2 蒸发操作的特点

工程上，蒸发过程只是从溶液中分离出部分溶剂，而溶质仍留在溶液中，因此，蒸发操作是一个使溶液中的挥发性溶剂与不挥发性溶质分离的过程。由于溶剂的汽化速率取决于传热速率，故蒸发操作属传热过程，蒸发设备为传热设备。如图 7-1 所示的加热室即为一侧是蒸汽冷凝、另一侧为溶液沸腾的间壁式列管换热器。此种蒸发过程即是间壁两侧恒温的传热过程。但是，蒸发操作与一般传热过程比较，有以下特点。

（1）溶液沸点升高　由于溶液含有不挥发性溶质，因此，在相同温度下，溶液的蒸气压比纯溶剂的小。也就是说，在相同压力下，溶液的沸点比纯溶剂的高。溶液浓度越高，这种影响越显著。这在设计和操作蒸发器时是必须要考虑的。

（2）物料及工艺特性　物料在浓缩过程中，溶质或杂质常在加热表面沉积、析出结晶而形成垢层，影响传热；有些溶质是热敏性的，在高温下停留时间过长易变质；有些物料具有较大的腐蚀性或较高的黏度等。因此，在设计和选用蒸发器时，必须认真考虑这些特性。

（3）能量回收　蒸发过程是溶剂汽化过程。由于常用溶剂（水）汽化潜热很大，所以蒸发过程是一个大能耗单元操作。因此，节能是蒸发操作应予以考虑的重要问题。

7.1.3 蒸发操作的分类

蒸发操作的分类方法较多，不同的探究场合与对象，分类方法不同，但一般可按蒸发方式、操作压力、蒸发模式、蒸发效数等进行分类。

按蒸发方式分为自然蒸发与沸腾蒸发。自然蒸发，即溶液在低于沸点温度下蒸发，如海水晒盐，这种情况下，因溶剂仅在溶液表面汽化，溶剂汽化速率低。沸腾蒸发是将溶液加热至沸点，使之在沸腾状态下蒸发，该方法与自然蒸发相比，溶剂汽化速率高、蒸发速度快。工业上的蒸发操作基本上皆是此类。

按照加热方式可分为直接热源加热与间接热源加热。直接热源加热蒸发是将燃料与空气混合，使其燃烧产生高温火焰和烟气，经喷嘴直接喷入被蒸发的溶液中来加热溶液、使溶剂汽化的蒸发过程；间接热源加热是将热量通过容器间壁传给被蒸发的溶液而使溶剂蒸发的过程，即在间壁式换热器中进行的传热过程。

按操作压力可分为常压、加压和减压（真空）蒸发操作，即在常压（大气压）下、高于或低于大气压下操作。很显然，对于热敏性物料，如抗生素溶液、果汁等应在减压下进行；而高黏度物料就应采用加压高温热源加热（如导热油、熔盐等）进行蒸发。

按蒸发的效数分类，可分为单效与多效蒸发。若蒸发产生的二次蒸汽直接冷凝不再利用，称为单效蒸发，图 7-1 所示即为单效真空蒸发；若将二次蒸汽作为下一效加热蒸汽，并将多个蒸发器串联，此蒸发过程即为多效蒸发。多效蒸发相对比较节能、成本较低，但设备投资较大。

按蒸发模式分类，可分为间歇蒸发与连续蒸发。工业上大规模的生产过程通常采用的是连续蒸发。

由于工业上被蒸发的溶液大多为水溶液，故本章仅讨论水溶液的蒸发。但其基本原理和设备对于非水溶液的蒸发，原则上也适用或可作参考。

7.2　单效蒸发与真空蒸发

7.2.1　单效蒸发设计计算

单效蒸发设计计算内容有确定水的蒸发量、加热蒸汽消耗量及蒸发器所需传热面积。在给定生产任务和操作条件，如进料量、温度和浓度，完成液的浓度，加热蒸汽的压力和冷凝器操作压力的情况下，上述任务可通过物料衡算、热量衡算和传热速率方程求解。

7.2.1.1　蒸发水量的计算

蒸发过程为：组成为 x_0（**质量分数，全章同**）、流量为 F 的溶液通过加热室加热至沸腾，进入蒸发室，蒸发部分溶剂（水），形成二次蒸汽，离开系统，溶液（完成液）组成提高至 x_1，离开系统；加热蒸汽进入加热室，加热溶液，同时，自身被冷凝为液态水（冷凝液）离开加热室。蒸发系统衡算示意图见图 7-2。

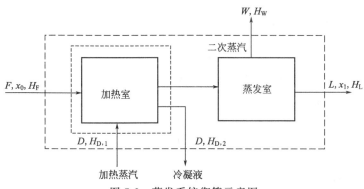

图 7-2　蒸发系统衡算示意图

对蒸发器进行溶质的物料衡算，可得

$$Fx_0 = (F-W)x_1 \tag{7-1}$$

可以求得蒸发水量 W 及完成液浓度 x_1，即

$$W = F\left(1 - \frac{x_0}{x_1}\right) \tag{7-2a}$$

$$x_1 = \frac{Fx_0}{F-W} \tag{7-2b}$$

7.2.1.2　加热蒸汽消耗量的计算

加热蒸汽用量可通过热量衡算求得。对图 7-2 作热量衡算

$$DH_{D,1} + FH_F = (F-W)H_L + WH_W + DH_{D,2} + Q_L$$

$$D = \frac{(F-W)H_L + WH_W - FH_F + Q_L}{H_{D,1} - H_{D,2}} \tag{7-3}$$

式中　　　　　D——加热蒸汽的消耗量，kg/h；

$H_{D,1}$、$H_{D,2}$——加热蒸汽与冷凝液的焓，kJ/kg；

H_F、H_L、H_W——原料液、完成液、二次蒸汽的焓，kJ/kg；

Q_L——热损失，kJ/h。

通过式(7-1)与式(7-3)，可以求解出 D/W。

D/W 称为单位蒸汽消耗量，它表示加热蒸汽的利用程度，也称蒸汽的经济性。

工程上，为了强化传热，一般是加热蒸汽在蒸发系统中被冷凝为同温度的水离开，则

$$H_{D,1} - H_{D,2} = r$$

式中，r 为加热蒸汽的冷凝热，kJ/kg。则式(7-3) 可写为

$$D = \frac{(F-W)H_L + WH_W - FH_F + Q_L}{r} \tag{7-4}$$

7.2.1.3　传热面积的计算

蒸发器的传热面积可通过传热速率方程求得，即：

$$Q = KA\Delta t_m \tag{7-5}$$

或

$$A = \frac{Q}{K\Delta t_m} \tag{7-6}$$

式中　A——蒸发器的传热面积，m^2；

　　　K——蒸发器的总传热系数，$W/(m^2 \cdot K)$ 或 $W/(m^2 \cdot ℃)$；

　　　Δt_m——传热平均温度差，$℃$；

　　　Q——蒸发器的热负荷，W。

式(7-5) 中，Q 可通过对加热室作热量衡算求得。若忽略热损失，同时冷凝液与加热蒸汽温度相同，Q 即为加热蒸汽冷凝放出的热量，即

$$Q = D(H_{D,1} - H_{D,2}) = Dr \tag{7-7}$$

但在确定 Δt_m 和 K 时，却有别于一般换热器的计算方法。

(1) 传热平均温度差 Δt_m 的确定　在蒸发操作中，蒸发器加热室的管壁一侧是蒸汽冷凝，另一侧为液体沸腾，因此其传热平均温度差应为

$$\Delta t_m = T - t_1 \tag{7-8}$$

式中　T——加热蒸汽的温度，$℃$；

　　　t_1——操作条件下溶液的沸点，$℃$。

应该指出，溶液的沸点，不仅受蒸发器内液面压力影响，而且受溶液浓度、液位深度等因素影响。因此，在计算 Δt_m 时需考虑这些因素。下面分别予以介绍。

① 溶液浓度的影响　溶液中由于有溶质存在，因此其蒸气压比纯水的低。换言之，一定压强下水溶液的沸点比纯水高，它们的差值称为溶液的沸点升高，以 Δ' 表示。影响 Δ' 的主要因素为溶液的性质及其浓度。一般，有机物溶液的 Δ' 较小；无机物溶液的 Δ' 较大；稀溶液的 Δ' 不大，但随浓度增高，Δ' 值增高较大。例如，7.4% 的 NaOH 溶液在 101.33kPa 下沸点为 102℃，Δ' 仅为 2℃；而在 48.3℃ 时沸点为 140℃，Δ' 值达 40℃ 之多。

各种溶液的沸点由实验确定，一些液体的沸点可由手册或本书附录 3 查取。

② 压强的影响　当蒸发操作在加压或减压条件下进行时，若缺乏实验数据，则拟按下式估算 Δ'，即

$$\Delta' = f\Delta'_{常} \tag{7-9}$$

式中　Δ'——操作条件下的溶液沸点升高，$℃$；

　　　$\Delta'_{常}$——常压下的溶液沸点升高，$℃$；

　　　f——校正系数，无量纲，其值可由下式计算

$$f = 0.0162 \times \frac{(t'+273)^2}{r'} \tag{7-10}$$

式中　t'——操作压力下二次蒸汽的饱和温度，$℃$；

　　　r'——操作压力下二次蒸汽的冷凝潜热，kJ/kg。

③ 液柱静压头的影响　通常，蒸发器操作需维持一定液位，这样液面下的压力比液面

上的压力（蒸发室中的压力）高，即液面下的沸点比液面上的高，二者之差称为液柱静压头引起的温度差损失，以 Δ'' 表示。为简便计，以液层中部（料液一半）处的压力进行计算。根据流体静力学方程，液层中部的压力 p_{av} 为：

$$p_{av} = p' + \frac{\rho_{av} g h}{2} \tag{7-11}$$

式中　p'——溶液表面的压力，即蒸发器蒸发室的压力，Pa；

ρ_{av}——溶液的平均密度，kg/m^3；

h——液层高度，m。

则由液柱静压引起的沸点升高 Δ'' 为

$$\Delta'' = t_{av} - t_b \tag{7-12}$$

式中　t_{av}——液层中部 p_{av} 压力下溶液的沸点，℃；

t_b——蒸发室压力下溶液的沸点，℃。

近似计算时，式(7-12)中的 t_{av} 和 t_b 可分别用相应压力下水的沸点代替。

④ 管道阻力的影响　倘若设计计算中温度以另一侧的冷凝器的压力（即饱和温度）为基准，则还需考虑二次蒸汽从蒸发室到冷凝器之间的压降所造成的温度差损失，以 Δ''' 表示。显然，Δ''' 值与二次蒸汽的速度、管道尺寸以及除沫器的阻力有关。由于此值难于计算，一般取经验值为 1℃。

考虑了上述因素后，操作条件下溶液的沸点 t_1，即可用下式求取

$$t_1 = t_c' + \Delta \tag{7-13}$$
$$\Delta = \Delta' + \Delta'' + \Delta''' \tag{7-13a}$$

式中　t_c'——冷凝器操作压力下的饱和水蒸气温度，℃；

Δ——总温度差损失，℃。

（2）总传热系数 K 的确定　蒸发器的总传热系数可按下式计算

$$K = \frac{1}{\dfrac{1}{\alpha_i} + R_i + \dfrac{b}{\lambda} + R_o + \dfrac{1}{\alpha_o}} \tag{7-14}$$

式中　α_i——管内溶液沸腾的对流传热系数，$W/(m^2 \cdot ℃)$；

a_o——管外蒸汽冷凝的对流传热系数，$W/(m^2 \cdot ℃)$；

R_i——管内污垢热阻，$m^2 \cdot ℃/W$；

R_o——管外污垢热阻，$m^2 \cdot ℃/W$；

$\dfrac{b}{\lambda}$——管壁热阻，$m^2 \cdot ℃/W$。

R_i 和 α_i 是蒸发设计计算和操作中的主要问题。

由于蒸发过程中，加热面处溶液中的水分汽化，浓度上升，因此溶液很易超过饱和状态，溶质析出并包裹固体杂质，附着于表面，形成污垢，所以 R_i 往往是蒸发器总热阻的主要部分。为降低污垢热阻，工程中常采用的措施有：加快溶液循环速度，在溶液中加入晶种和微量的阻垢剂等。设计时，污垢热阻 R_i 目前仍需根据经验数据确定。

管内溶液沸腾对流传热系数 α_i 也是影响总传热系数的主要因素。影响 α_i 的因素很多，如溶液的性质、沸腾传热的状况、操作条件和蒸发器的结构等。目前虽然对管内沸腾做过不少研究，但其所推荐的经验关联式并不大可靠，再加上管内污垢热阻变化较大，因此，目前蒸发器的总传热系数仍主要靠现场实测，以作为设计计算的依据。表 7-1 中列出了常用蒸发器总传热系数的大致范围，供设计计算参考。

表 7-1　常用蒸发器总传热系数 K 的经验值

蒸发器形式	总传热系数/[W/(m² ·K)]	蒸发器形式	总传热系数/[W/(m² ·K)]
中央循环管式	580～3000	升膜式	580～5800
带搅拌的中央循环管式	1200～5800	降膜式	1200～3500
悬筐式	580～3500	刮膜式（黏度 1mPa·s）	2000
自然循环	1000～3000	刮膜式（黏度 100～10000mPa·s）	200～1200
强制循环	1200～3000		

【例 7-1】　采用单效真空蒸发装置，连续蒸发 NaOH 水溶液。已知进料量为 2000kg/h，进料浓度为 10%（质量分数），沸点进料，完成液浓度为 48.3%（质量分数）。NaOH 溶液密度为 1500kg/m³，沸点为 140℃。加热蒸汽压强为 0.3MPa（表压），冷凝器的真空度为 51kPa，加热室管内液层高度为 3m。试求蒸发水量、加热蒸汽消耗量和蒸发器传热面积。已知总传热系数为 1500W/(m²·℃)，蒸发器的热损失为加热蒸汽放出热量的 5%，当地大气压为 101kPa。

解：（1）水分蒸发量 W

$$W = F\left(1 - \frac{x_1}{x_2}\right) = 2000 \times \left(1 - \frac{0.1}{0.483}\right) = 1586 (\text{kg/h})$$

（2）加热蒸汽消耗量

沸点进料下有

$$Dr = Wr' + Q_L$$

所以

$$D = \frac{Wr' + Q_L}{r}$$

因为 $Q_L = 0.05Dr$，所以

$$D = \frac{Wr'}{0.95r}$$

查本书附录 6，当 p 为 0.3MPa（表）时，水蒸气温度为 133.3℃，冷凝热为 2168.1kJ/kg。当冷凝器真空度为 51kPa 时，水蒸气温度为 81.2℃，冷凝热为 2304kJ/kg。所以

$$D = \frac{1586 \times 2304}{0.95 \times 2168} = 1774 (\text{kg/h})$$

$$\frac{D}{W} = \frac{1800}{1586} = 1.13$$

（3）传热面积 A

① 确定溶液沸点

a. 计算 Δ'

已查知 $p_c = 51$kPa（真空度）下，冷凝器中二次蒸汽的饱和温度 $T_c' = 81.2$℃。所以

$$\Delta'_{常} = 140 - 100 = 40℃$$

因二次蒸汽的真空度为 51kPa，故 $\Delta'_{常}$ 需校正，即

$$f = 0.0162 \times \frac{(T' + 273)^2}{r'} = 0.0162 \times \frac{(81.2 + 273)^2}{2304.5} = 0.88$$

$$\Delta' = 0.88 \times 40 = 35.2(℃)$$

b. 计算 Δ''

由于二次蒸汽流动的压降较少，故蒸发室压力可视为冷凝器的压力。则

$$p_{av} = p' + \frac{\rho_{av}gh}{2} = 50 \times 10^3 + \frac{1500 \times 9.81 \times 3}{2} = 72072.5(\text{Pa}) \approx 72(\text{kPa})$$

依据附录 6,采用内插法得 72kPa 下对应水的沸点为 90.4℃,则

$$\Delta'' = 90.4 - 81.2 = 9.2(\text{℃})$$

c.$\Delta''' = 1$℃,则溶液的沸点

$$t = T_c' + \Delta' + \Delta'' + \Delta''' = 81.2 + 35.2 + 9.2 + 1 = 126.6(\text{℃})$$

② 总传热系数

已知　$K = 1500 \text{W}/(\text{m}^2 \cdot \text{℃})$

③ 传热面积

$$A = \frac{Q}{K\Delta t_m} = \frac{Dr}{K(T - t_1)} = \frac{1586 \times 2168.1 \times 10^3}{3600 \times 1500 \times (133.3 - 126.6)} = 95(\text{m}^2)$$

7.2.2　蒸发器的生产能力与生产强度

7.2.2.1　蒸发器的生产能力

蒸发器的生产能力可用单位时间内蒸发的水分量来表示。由于蒸发水分量取决于传热量的大小,因此其生产能力也可表示为

$$Q = KA(T - t_1) \tag{7-15}$$

式中,T 为加热蒸汽的温度,℃;t_1 为操作条件下溶液的沸点,℃。

7.2.2.2　蒸发器的生产强度

由上式可以看出蒸发器的生产能力仅反映蒸发器生产量的大小,而引入蒸发强度的概念却可反映蒸发器的优劣。蒸发器的生产强度简称蒸发强度,是指单位时间单位传热面积上所蒸发的水量,即

$$u = \frac{W}{A} \tag{7-16}$$

式中,u 为蒸发强度,$\text{kg}/(\text{m}^2 \cdot \text{h})$。

蒸发强度通常可用于评价蒸发器的优劣。对于一定的蒸发任务而言,蒸发强度越大,则所需的传热面积越小,即设备的投资就越低。

若不计热损失和浓缩热,料液为沸点进料时,则有

$$u = \frac{W}{A} = \frac{K\Delta t_m}{r} \tag{7-17}$$

由此式可知,提高蒸发强度的主要途径是提高总传热系数 K 和传热温度差 Δt_m。

7.2.2.3　提高蒸发强度的途径

(1) 提高传热温度差　提高传热温度差可从提高热源的温度或降低溶液的沸点等角度考虑,工程上通常采用下列措施来实现。

① 真空蒸发　真空蒸发可以降低溶液沸点,增大传热推动力,提高蒸发器的生产强度;同时由于沸点较低,可减少或防止热敏性物料的分解。另外,真空蒸发可降低对加热热源的要求,即可利用低温位的水蒸气作热源。但是,应该指出,溶液沸点降低,其黏度会增高,并使总传热系数 K 下降。当然,真空蒸发要增加真空设备,包括真空泵,并增加动力消耗。其中真空泵的主要作用是抽吸由于设备、管道等接口处泄漏的空气及物料中溶解的不凝性气体等。

② 提高加热蒸汽温度　提高 Δt_m 的另一个措施是提高加热蒸汽的温度,即提高蒸汽压力,但这时要对蒸发器的设计和操作提出严格要求。一般加热蒸汽压力应不超过 0.8MPa。对于某些物料如果加压蒸汽仍不能满足要求,则可选用高温导热油、熔盐或改用电加热,以

增大传热推动力。

（2）提高总传热系数　蒸发器的总传热系数主要取决于溶液的性质、沸腾状况、操作条件以及蒸发器的结构等，这些已在前面论述。因此，合理设计蒸发器以实现良好的溶液循环流动，及时排除加热室中不凝性气体，定期清洗蒸发器（加热室内管），均是提高和保持蒸发器在高强度下操作的重要措施。

7.3 多效蒸发

7.3.1 多效蒸发流程

多效蒸发是将第一蒸发器汽化的二次蒸汽作为热源，通入第二蒸发器的加热室作加热用，这称为双效蒸发。如果再将第二效的二次蒸汽通入第三效加热室作为热源，并依次进行多个串接，则称为多效蒸发。

采用多效蒸发时，由于生产给定的总蒸发水量 W 分配于各个蒸发器中，而只有第一效才使用加热蒸汽，故加热蒸汽的经济性大大提高。

为了合理利用有效温差，并结合处理物料的性质，通常多效蒸发有下列三种操作流程。

7.3.1.1 并流流程

图 7-3 为并流加料三效蒸发流程。这种流程的优点为：料液可凭借相邻二效的压强差自动流入后一效，而不需用泵输送，同时，由于前一效的沸点比后一效的高，因此当物料进入后一效时，会产生自蒸发，这可多蒸出一部分水汽。这种流程的操作也较简便，易于稳定。但其主要缺点是传热系数会下降，这是因为后序各效的浓度会逐渐增高，但沸点反而逐渐降低，导致溶液黏度逐渐增大。

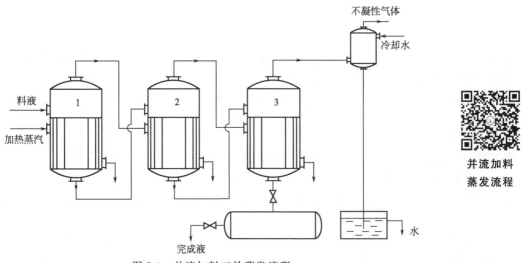

并流加料
蒸发流程

图 7-3　并流加料三效蒸发流程

7.3.1.2 逆流流程

图 7-4 为逆流加料三效蒸发流程。其优点是：各效浓度和温度对溶液的黏度的影响大致相抵消，各效的传热条件大致相同，即传热系数大致相同。缺点是：料液输送必须用泵，另外，进料也没有自蒸发。一般这种流程只有在溶液黏度随温度变化较大的场合才被采用。

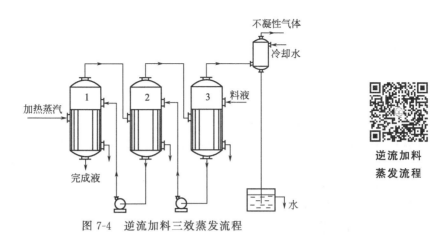

图 7-4　逆流加料三效蒸发流程

7.3.1.3　平流流程

平流加料三效蒸发流程，见图 7-5。其特点是蒸汽的走向与并流相同，但原料液和完成液则分别从各效加入和排出。这种流程适用于处理易结晶物料，例如食盐水溶液等的蒸发。

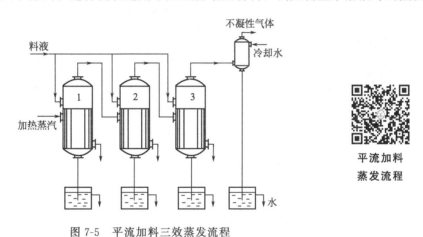

图 7-5　平流加料三效蒸发流程

7.3.2　多效蒸发的计算

多效蒸发计算常涉及的内容有各效蒸发水量、加热蒸汽消耗量及传热面积等的计算。由于多效蒸发的效数多，计算中未知数量也多，所以计算远较单效蒸发复杂。因此目前常借助于电子计算机进行计算。但基本依据和原理仍然是物料衡算、热量衡算及传热速率方程。由于计算中会出现未知参数，因此计算时常采用试差法，其步骤如下：

① 根据物料衡算求出总蒸发量。

② 根据经验设定各效蒸发量，再估算各效溶液浓度。通常各效蒸发量可按各效蒸发量相等的原则设定，即

$$W_1 = W_2 = \cdots = W_n \tag{7-18}$$

并流加料的蒸发过程，由于有自蒸发现象，则可按如下比例设定

若为两效　　　　　　　　　$W_1 : W_2 = 1 : 1.1 \tag{7-19}$

若为三效　　　　　　$W_1 : W_2 : W_3 = 1 : 1.1 : 1.2 \tag{7-20}$

根据设定得到各效蒸发量后，即可通过物料衡算求出各完成液的浓度。

③ 设定各效操作压力以求各效溶液的沸点。

通常按各效等压降原则设定，即相邻两效间的压差为

$$\Delta p = \frac{p_1 - p_c}{n} \tag{7-21}$$

式中，p_1 为加热蒸汽的压力，Pa；p_c 为冷凝器中的压力，Pa；n 为效数。

④ 应用热量衡算求出各效的加热蒸汽用量和蒸发水量。

⑤ 按照各效传热面积相等的原则分配各效的有效温度差，并根据传热效率方程求出各效的传热面积。

⑥ 校验各效传热面积是否相等，若不等，则还需重新分配各效的有效温度差，重新计算，直到相等或相近时为止。

7.3.2.1 物料衡算和热量衡算

现以并流加料为例（见图 7-6）进行讨论，计算中所用符号的意义和单位与单效蒸发相同。

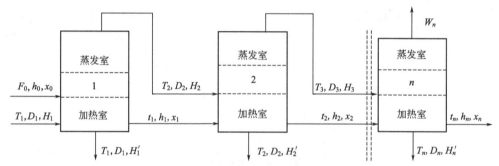

图 7-6　并流加料多效蒸发衡算示意图

总蒸发水量 W 为各效蒸发水量之和，即

$$W = W_1 + W_2 + \cdots + W_n \tag{7-22}$$

如图 7-6 所示，上式中，$W_1 = D_2$，$W_2 = D_3$，以此类推。

对全系统的溶质作物料衡算，即

$$F_0 x_0 = (F_0 - W) x_n$$

$$W = \frac{F_0 (x_n - x_0)}{x_n} = F_0 \left(1 - \frac{x_0}{x_n} \right) \tag{7-23}$$

对任一第 i 效的溶质作物料衡算，有

$$F x_0 = (F - W_1 - W_2 - \cdots - W_i) x_i$$

或

$$x_i = \frac{F x_0}{F - W_1 - W_2 - \cdots - W_i} \tag{7-24}$$

通常原料液浓度 x_0，完成液浓度 x_n 为已知值，而中间各效浓度未知，因此从上述关系只能求出总蒸发水量和各效的平均水分蒸发量（W/n），而各效蒸发量和浓度需根据物料衡算和热量衡算来确定。

对第一效作热量衡算，若忽略热损失，则得

$$F_0 h_0 + D_1 H_1 = D_1 H_1' + W_1 H_2 + (F_0 - W_1) h_1$$

令 $H_1 - H_1' = r_1$，即该温度下蒸汽的冷凝热，则

$$D_1 = \frac{W_1 (H_2 - h_1) + F_0 (h_1 - h_0)}{r_1}$$

则可以计算出第一效加热室的传热量

$$Q_1 = D_1 r_1 = W_1(H_2 - h_1) + F_0(h_1 - h_0) \tag{7-25}$$

同理，仿照以上步骤可以计算出第 2、3 至第 n 效蒸发器的传热量。

如果考虑蒸发器稀释热和蒸发系统的热损失，则实际传热量还应乘以热利用系数 η。热利用系数值根据经验选取，一般为 $0.96 \sim 0.98$；对于浓缩热较大的物料，例如 NaOH 水溶液，可取 $\eta = 0.98 - 0.7\Delta x$。这里 Δx 为该效溶液浓度的变化（质量分数）。

7.3.2.2 传热面积和有效温度差

求得各效蒸发量后，即可利用传热速率方程，计算各效的传热面积，即

$$A_i = \frac{Q_i}{K_i \Delta t_i} \tag{7-26}$$

式中　A_i——第 i 效的传热面积，m^2；

　　　K_i——第 i 效的传热系数，$W/(m^2 \cdot ℃)$；

　　　Δt_i——第 i 效的有效温度差，℃；

　　　Q_i——第 i 效的传热量，kJ/kg。

现以三效蒸发为例来讨论，可以写出各效传热面积，即

$$A_1 = \frac{Q_1}{K_1 \Delta t_1} \tag{7-26a}$$

$$A_2 = \frac{Q_2}{K_2 \Delta t_2} \tag{7-26b}$$

$$A_3 = \frac{Q_3}{K_3 \Delta t_3} \tag{7-26c}$$

同时，也可写出各效的有效温度差的关系式

$$\Delta t_1 : \Delta t_2 : \Delta t_3 = \frac{Q_1}{K_1 A_1} : \frac{Q_2}{K_2 A_2} : \frac{Q_3}{K_3 A_3} \tag{7-27}$$

若取 $A_1 = A_2 = A_3 = A$，则分配在各效中的有效温度差分别为

$$\Delta t_1 = \frac{\sum \Delta t \dfrac{Q_1}{K_1}}{\sum \dfrac{Q}{K}} \qquad \Delta t_2 = \frac{\sum \Delta t \dfrac{Q_2}{K_2}}{\sum \dfrac{Q}{K}} \qquad \Delta t_3 = \frac{\sum \Delta t \dfrac{Q_3}{K_3}}{\sum \dfrac{Q}{K}} \tag{7-28}$$

式中，$\sum \Delta t$ 为蒸发系统的有效总温度差，℃。

$$\sum \frac{Q}{K} = \frac{Q_1}{K_1} + \frac{Q_2}{K_2} + \frac{Q_3}{K_3}$$

则，三效总温度差损失为

$$\sum \Delta t = \Delta t_1 + \Delta t_2 + \Delta t_3 \tag{7-29}$$

推广至 n 效蒸发时，任一效的有效温度差为

$$\Delta t_i = \frac{\displaystyle\sum_{i=1}^{n} \Delta t_i \frac{Q_i}{K_i}}{\displaystyle\sum_{i=1}^{n} \frac{Q_i}{K_i}} \tag{7-30}$$

式中，$\displaystyle\sum_{i=1}^{n} \Delta t_i$ 为各效的有效温度差之和。第一效加热蒸汽压力 p 和冷凝器压力 p_c 确定后（其对应的温度为 T 和 T_c'），理论上的传热总温差，即为 $\Delta T_{理} = T - T_c'$。实际上，多效蒸发与单效蒸发一样，均存在传热的温度差损失 $\sum \Delta$，这样，多效蒸发中传热的有效温度差为

$$\sum_{i=1}^{n} \Delta t_i = \Delta T_{理} - \sum_{i=1}^{n} \Delta_i \tag{7-31}$$

式中，$\sum_{i=1}^{n} \Delta_i$ 为各效总温度差损失，它等于各效温度差损失之和，即

$$\sum_{i=1}^{n} \Delta_i = \sum_{i=1}^{n} \Delta'_i + \sum_{i=1}^{n} \Delta''_i + \sum_{i=1}^{n} \Delta'''_i \tag{7-32}$$

式中，Δ'、Δ''、Δ''' 的含义和计算方法与单效蒸发相同。因此，$\sum_{i=1}^{n} \Delta_i$、$\sum_{i=1}^{n} \Delta t$ 和 Q_i 均可求出。

若各效的传热系数 K_i 已知或可求，则可求出各效的传热面积。若计算出的各效传热面积不相等，则应重新调整有效温度差的分配，直至相等或相近为止。因蒸发器传热面积不等，会给制造、安装等带来不便。

【例 7-2】 设计一连续操作并流加料的双效蒸发装置，将原料浓度为 10％ 的 NaOH 水溶液浓缩到 50％（均为质量分数）。已知原料液量为 10000kg/h，沸点加料，加热蒸汽采用 500kPa（绝压）的饱和水蒸气，冷凝器的操作压力为 15kPa（绝压）。1、2 效的传热系数分别为 1170W/(m²·℃) 和 700W/(m²·℃)。原料液的比热容为 3.77kJ/(kg·℃)。两效中溶液的平均密度分别为 1120kg/m³ 和 1460kg/m³，估计蒸发器中溶液的液层高度为 1.2m，各效冷凝液均在饱和温度下排出。试求：

(1) 总蒸发量和各效蒸发量。

(2) 加热蒸汽量。

(3) 各效蒸发器所需传热面积（各效传热面积相等）。

解： (1) 总蒸发量

$$W = F\left(1 - \frac{x_0}{x_n}\right) = 10000\left(1 - \frac{0.1}{0.5}\right) = 8000(\text{kg/h})$$

(2) 设各效蒸发量的初值，当两效并流操作时有 $W_1 : W_2 = 1 : 1.1$，同时有 $W = W_1 + W_2$，故

$$W_1 = \frac{8000}{2.1} = 3810 \ (\text{kg/h})$$

则第 2 效蒸发量为

$$W_2 = 4190\text{kg/h}$$

对第 1 效作物料衡算，有

$$x_1 = \frac{Fx_0}{F - W_1} = \frac{10000 \times 0.1}{10000 - 3810} = 0.162$$

由题意，$x_2 = 0.5$。

(3) 设定各效压力，以求各效溶液沸点。按各效等压降原则，即每效压差为

$$\Delta p = \frac{500 - 15}{2} = 242.5 \ (\text{kPa})$$

故　　　　　　　　$p_1 = 500 - 242.8 = 257.5 \ (\text{kPa})$，$p_2 = 15\text{kPa}$

① 对第 1 效而言

a. 查《化学化工物性数据手册：无机卷》（青岛化工学院组织编写，化学工业出版社出版，2002 年 4 月）得常压下浓度为 16.2％ 的 NaOH 溶液的沸点为 $t_A = 105.9℃$，所以

$$\Delta'_{常} = 105.9 - 100 = 5.9(℃)$$

利用附录 6，采用内插法得到二次蒸汽在 257.5kPa 下的饱和温度为 $T_1'=127.9℃$，$r=2183$kJ/kg，所以 $\Delta_常'$ 需校正，即 $\Delta'=f\Delta_常'$。

$$\Delta'=0.0162\frac{(127.9+273)^2}{2183}\times5.9=1.2\times5.9=7(℃)$$

b. 液层的平均压力为

$$p_{av,1}=257.5+\frac{1120\times9.81\times1.2}{2\times10^3}=264(kPa)$$

同样利用附录 6，采用内插法得到在此压力下水的沸点为 128.9℃，所以

$$\Delta''=128.9-127.9=1.0(℃)$$

c. 取 Δ''' 为 1℃，因此，第 1 效中溶液的沸点为

$$t_1=T_1'+\Delta'+\Delta''+\Delta'''=127.9+7+1.0+1=136.9(℃)$$

② 对于第 2 效而言

a. 查《化学化工物性数据手册：无机卷》（青岛化工学院组织编写，化学工业出版社出版，2002 年 4 月）得到常压下 50% NaOH 溶液的沸点为 $t_B=142.8℃$。又查取 $p_2'=15$kPa 下，水的沸点为 $T_2'=53.3℃$，$r_2'=2370$kJ/kg。所以

$$\Delta_{2常}'=142.8-100=42.8(℃)$$

则

$$\Delta_2'=f\Delta_{2常}'=0.0162\frac{(53.3+273)^2}{2370}\times42.8=31.15(℃)$$

b. 液层的平均压力为

$$p_{av,2}=15+\frac{1460\times9.81\times1.2}{2\times10^3}=23.6(kPa)$$

利用附录 6，采用内插法得到在此压力下水的沸点为 63.6℃，故

$$\Delta_2''=63.6-53.3=10.3(℃)$$

c. Δ'' 取 1℃，故第 2 效中溶液的沸点为

$$t_2=T_2'+\Delta_2=53.3+31.15+10.3+1=95.8(℃)$$

（4）加热量、汽量及各效蒸发量

① 对于第 1 效，因为沸点加料，所以

$T_0=t_1=136.9℃$，则热利用系数为

$$\eta_1=0.98-0.7\times(0.162-0.1)=0.937$$

查附录 6 可知，压力为 500kPa 时加热蒸汽的饱和温度 T_1 为 151.7℃，汽化热 $r_1=2113.2$kJ/kg；而压力为 257.5kPa 下，汽化热 $r_1'=2183$kJ/kg。则

$$W_1=\eta_1D_1\frac{r_1}{r_1'}=0.937\times\frac{2113.2}{2183}\times D_1=0.907D_1 \tag{1}$$

② 对于第 2 效，热利用系数为

$$\eta_2=0.98-0.7\times(0.5-0.162)=0.743$$

同时有 $r_2\approx r_1'=2183$kJ/kg。

第 2 效中溶液的沸点 t_2 为 95.8℃，用附录 6，采用内插法得到此沸点相应二次蒸汽的汽化热 $r_2'=2269$kJ/kg。查《化学化工物性数据手册：无机卷》（青岛化工学院组织编写，化学工业出版社出版，2002 年 4 月）得到 16.2% 氢氧化钠溶液的比热容为 4.187kJ/(kg·℃)。则

$$W_2=\eta_2\left[W_1\frac{r_2}{r_2'}+(Fc_{p0}-W_1c_{pW})\frac{t_1-t_2}{r_2'}\right]$$

$$=0.743\left[W_1\frac{2183}{2269}+(10000\times3.77-4.187W_1)\frac{136.9-95.8}{2269}\right]$$

$$=0.743(0.96W_1+682.9-0.076W_1) \tag{2}$$
$$=0.637W_1+507.4$$

又 $$W_1+W_2=8000\text{kg/h} \tag{3}$$

由式（1）、（2）、（3）可解得

$$W_1=4577\text{kg/h} \qquad W_2=3423\text{kg/h} \qquad D_1=5046\text{kg/h}$$

（5）各效的传热面积

$$A_1=\frac{Q_1}{K_1\Delta t_1}=\frac{D_1r_1}{K_1(T_1-t_1)}=\frac{5046\times2113.2\times10^3}{1170\times(151.7-136.9)\times3600}=285.7(\text{m}^2)$$

$$A_2=\frac{Q_2}{K_2\Delta t_2}=\frac{W_1r_1'}{K_2(T_1'-t_2)}=\frac{4577\times2183\times10^3}{700\times(127.9-95.8)\times3600}=123.5(\text{m}^2)$$

7.3.3 蒸汽的经济性与效数选择

7.3.3.1 蒸汽的经济性

蒸发过程是一个能耗较大的单元操作，通常把能耗也作为评价其优劣的另一个重要评价指标，或称为加热蒸汽的经济性。它的定义为 1kg 蒸汽可蒸发的水分量，即

$$E=\frac{W}{D} \tag{7-33}$$

（1）采用多效蒸发　不难看出，采用多效蒸发时，由于生产给定的总蒸发水量 W 分配于各个蒸发器中，而只有第一效才使用加热蒸汽，故加热蒸汽的经济性大大提高。

（2）二次蒸汽利用　将蒸发器中蒸出的二次蒸汽引出（或部分引出），作为其他加热设备的热源，例如用来加热原料液等，可大大提高加热蒸汽的经济性，同时还降低了冷凝器的负荷，减少了冷却水用量。

（3）采用热泵蒸发技术　热泵蒸发是指将蒸发器蒸出的二次蒸汽用压缩机压缩，提高其压力，使其饱和温度超过溶液的沸点，然后送回蒸发器的加热室作为加热蒸汽。此种方法称为热泵蒸发。采用热泵蒸发只需在蒸发器开工阶段供应加热蒸汽，当操作达到稳定后，不再需要加热蒸汽，只需提供使二次蒸汽升压所需要的功，因而节省了大量的生蒸汽。热泵蒸发器工作原理是二次蒸汽与生蒸汽的焓差并不大，只是二次蒸汽的压力和温度比较低，采用加压提高二次蒸汽的压力，则二次蒸汽中的热能可得到反复应用，而此过程需要的外加能量远小于由此可收回的可利用能量，从而达到节能的目的。一般情况下，采用带一个热泵的双效蒸发系统，蒸发 1kg 水，仅需生蒸汽 0.44kg，与三效蒸发的效果接近。

（4）冷凝水显热的利用　蒸发器加热室排出大量高温冷凝水，这些水理应返回锅炉房重新使用，这样既节省能源又节省水源。但应用这种方法时，应注意水质监测，避免因蒸发器损坏或阀门泄漏，污染锅炉补水系统。当然高温冷凝水还可用于其他加热或需工业用水的场合。

7.3.3.2 多效蒸发效数的限制

单效和多效蒸发过程中均存在温度差损失。若单效和多效蒸发的操作条件相同，即二者加热蒸汽压力相同，则多效蒸发的温度差损失较单效时的大。图 7-7 为单效、双效及三效蒸发的有效温

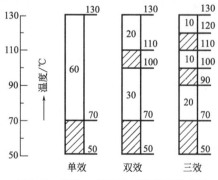

图 7-7　单效、双效及三效蒸发的有效温差及温度差损失

差及温度差损失的变化情况。图中，总高代表加热蒸汽温度与冷凝器中蒸汽温度之差，即 $130-50=80℃$，阴影部分代表由于各种原因引起的温度损失，空白部分代表有效温度差（即传热推动力）。由图 7-7 可见，多效蒸发中的温度差损失较单效大。不难理解，效数越多，温度差损失将越大。

表 7-2 列出了不同效数蒸发的单位蒸汽消耗量。由表 7-2 并综合前述情况后可知，随着效数的增加：单位蒸汽的消耗量会减少，即操作费用降低；但是有效温度差也会减少（即温度差损失增大），使设备投资费用增大。因此必须合理选取蒸发效数，使操作费和设备费之和为最少。

表 7-2　不同效数蒸发的单位蒸汽消耗量

效数	$(D/W)_{min}$ 的理论值	$(D/W)_{min}$ 的实测值
单效	1	1.1
双效	0.5	0.57
三效	0.33	0.4
四效	0.25	0.3
五效	0.2	0.27

7.4　蒸发器

蒸发器是通过加热使溶液浓缩或从溶液中析出晶粒的设备。主要由加热室和蒸发室两个部分组成。加热室是用蒸汽将溶液加热并使之沸腾的部分，但有些设备则另有沸腾室。蒸发室又称分离室，是使气、液分离的部分。加热室（或沸腾室）中沸腾所产生的蒸气带有大量的液沫，到了空间较大的分离室，液沫由于自身凝聚或室内的捕沫器等的作用而得以与蒸气分离。蒸气常用真空泵抽引到冷凝器进行凝缩，冷凝液由器底排出。根据溶液在加热室内的流动情况，蒸发器可分为循环型和单程型两类。

7.4.1　循环型蒸发器

循环型蒸发器的特点是溶液在蒸发器内作循环流动。根据造成液体循环的原理的不同，又可将其分为自然循环和强制循环两种类型。前者是借助在加热室不同位置上溶液的受热程度不同，使溶液产生密度差而引起的自然循环；后者是依靠外加动力使溶液进行强制循环。目前常用的循环型蒸发器有中央循环管式蒸发器、悬筐式蒸发器、外热式蒸发器、列文蒸发器、强制循环蒸发器等。

7.4.1.1　中央循环管式蒸发器

中央循环管式蒸发器的结构见图 7-8，其加热室由一组垂直的加热管束（沸腾管束）构成。在管束中央有一根直径较大的管子，称为中央循环管，其截面积一般为加热管束总截面积的 $40\%\sim100\%$。当加热介质通入管间加热时，由于加热管内单位体积液体的受热面积大于中央循环管内液体的受热面积，因此加热管内液体的相对密度小，从而造成加热管与中央循环管内液体之间的密度差，这种密度差使得溶液形成自中央循环管下降、再由加热管上升的自然循环流动。溶液的循环速度取决于溶液产生的密度差以及管的长度，其密度差越大、管子越长，溶液的循环速度越大。但这类蒸发器由于受总高度限制，加热管长度较短，一般为 $1\sim2m$，直径为 $25\sim75mm$，长径比为 $20\sim40$。

中央循环管蒸发器具有结构紧凑、制造方便、操作可靠等优点，故在工业上的应用十分广泛，有所谓"标准蒸发器"之称。但实际上，由于结构上的限制，其循环速度较低（一般在 0.5m/s 以下）；而且由于溶液在加热管内不断循环，使其浓度始终接近完成液的浓度，因而溶液的沸点高、有效温度差减小。此外，设备的清洗和检修也不够方便。

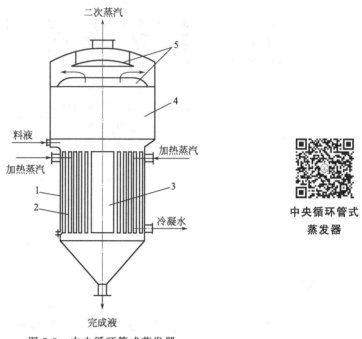

图 7-8 中央循环管式蒸发器
1—外壳；2—加热室；3—中央循环管；4—蒸发室；5—除沫器

中央循环管式
蒸发器

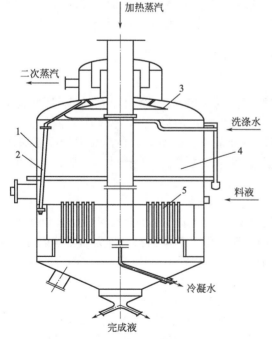

图 7-9 悬筐式蒸发器
1—外壳；2—液沫回流管；3—除沫器；
4—蒸发室；5—加热室

7.4.1.2 悬筐式蒸发器

悬筐式蒸发器的结构如图 7-9 所示，是中央循环管蒸发器的改进。其加热室像个悬筐，悬挂在蒸发器壳体的下部，可由顶部取出，便于清洗与更换。加热介质由中央蒸汽管进入加热室，而在加热室外壁与蒸发器壳体的内壁之间有环隙通道，其作用类似于中央循环管。操作时，溶液沿环隙下降而沿加热管上升，形成自然循环。一般环隙截面积约为加热管总面积的 100%～150%，因而溶液循环速度较高（约为 1～1.5m/s）。由于与蒸发器外壳接触的是温度较低的沸腾液体，故其热损失较小。

悬筐式蒸发器适用于蒸发易结垢或有晶体析出的溶液。它的缺点是结构复杂，单位传热面需要的设备材料量较大。

7.4.1.3 外热式蒸发器

外热式蒸发器的结构特点是加热室与分离室分开，这样不仅便于清洗与更换，而且可以降低蒸发器的总高度,见图 7-10。因其加热管较长(管长与管径之比为 50～100),同时由于循环管内的溶液不被加热,故溶液的循环速度大,可达 1.5m/s。

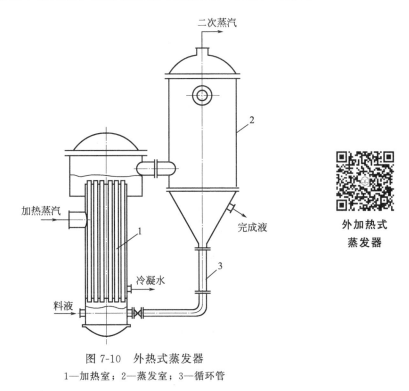

图 7-10 外热式蒸发器
1—加热室;2—蒸发室;3—循环管

7.4.1.4 列文蒸发器

如图 7-11 所示,列文蒸发器的结构特点是在加热室的上部增设一沸腾室。这样,加热室内的溶液由于受到这一段附加液柱的作用,只有上升到沸腾室时才能汽化。在沸腾室上方装有纵向隔板,其作用是防止气泡长大。此外,因循环管不被加热,使溶液循环的推动力较大。循环管的高度一般为 7～8m,其截面积约为加热管总截面积的 200%～350%。因而循环管内的流动阻力较小,循环速度可高达 2～3m/s。

列文蒸发器的优点是循环速度大;传热效果好;由于溶液在加热管中不沸腾,可以避免在加热管中析出晶体,故适用于处理有晶体析出或易结垢的溶液。其缺点是设备庞大,需要的厂房高。此外,由于液层静压力大,故要求加热蒸汽的压力较高。

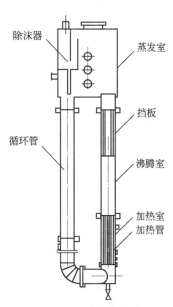

图 7-11 列文蒸发器

7.4.1.5 强制循环式蒸发器

上述的中央循环管式蒸发器、悬筐式蒸发器、外热式蒸发器、列文蒸发器均为自然循环式蒸发器,即靠加热管与循环管内溶液的密度差引起溶液的循环,循环速度一般都比较低,不宜处理黏度大、易结垢及有大量析出结晶的溶液。对于这类溶液的蒸发,可采用强制循环式蒸发器。

循环泵工作时,溶液在设备内的循环主要依靠外加动力所产生的强制流动。循环速度一般可达 1.5～3.5m/s。传热效率和生产能力较大。原料液由循环泵自下而上打入，沿加热室的管内向上流动。蒸汽和液沫混合物进入蒸发室后分开，二次蒸汽由上部排出，流体受阻落下，经圆锥形底部被循环泵吸入，再进入加热管，继续循环，见图 7-12。

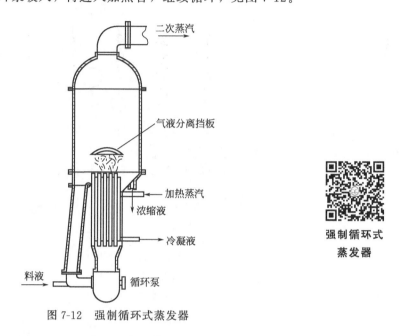

图 7-12　强制循环式蒸发器

强制循环式蒸发器应避免在加热面上沸腾而形成结垢或产生结晶。为此，管中的流动速度必须高。当循环液体流过热交换器时被加热，然后在分离器的压力降低时部分蒸发，从而将液体冷却至对应压力下的沸点温度。由于循环泵的原因，蒸发器的操作与温差基本无关。物料的再循环速度可以精确调节，蒸发速率可设定在一定的范围内。

强制循环式蒸发器，适用于有结垢性、结晶性、热敏性（低温）、高浓度、高黏度并且含不溶性固形物等化工、食品、制药、环保工程、废液蒸发回收等行业的蒸发浓缩。

强制循环式蒸发器优点：传热系数大、抗盐析、抗结垢、适应性强、易于清洗。缺点：消耗动能较大，溶液停留时间长；造价及维修费用稍高。

7.4.2　单程型蒸发器

循环型蒸发器有一个共同的缺点，即蒸发器内溶液的滞留量大，物料在高温下停留时间长，这对处理热敏性物料甚为不利。在单程型蒸发器中，物料沿加热管壁呈膜状流动，一次通过加热器即达浓缩要求，其停留时间仅数秒或十几秒，而离开加热器的物料又得到及时冷却，因此特别适用于热敏性物料的蒸发。但由于溶液一次通过加热器就要达到浓缩要求，因此对设计和操作的要求较高。由于这类蒸发器的加热管上的物料呈膜状流动，故又称膜式蒸发器。根据物料在蒸发器内的流动方向和成膜原因不同，它可分为升膜蒸发器、降膜蒸发器、升-降膜蒸发器、刮板薄膜蒸发器等。

7.4.2.1　升膜蒸发器

升膜蒸发器如图 7-13 所示。升膜蒸发器的加热室由一根或数根垂直长管组成，通常加热管直径为 25～50mm，管长与管径之比为 100～150。原料液经预热后由蒸发器的底部进入，加热蒸汽在管外冷凝。当溶液受热沸腾后迅速汽化，所生成的二次蒸汽在管内高速上升，带动液体沿管内壁呈膜状向上流动，上升的液膜因受热而继续蒸发。故溶液在自蒸发器底部上升至顶部的过程中逐渐被蒸浓，浓溶液进入分离室与二次蒸汽分离后由分离器底部排出。常压下加热管出口处的二次蒸汽速度不应小于 10m/s，一般为 20～50m/s，减压操作时，有时可达 100～160m/s 或更高。

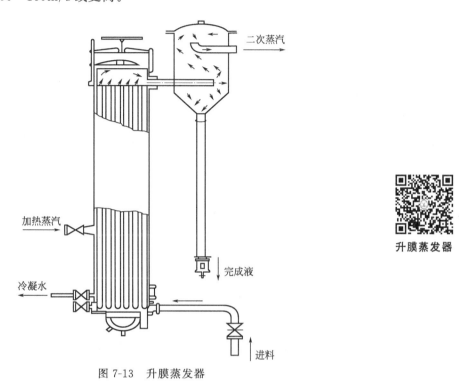

图 7-13　升膜蒸发器

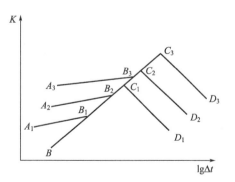

升膜蒸发器

升膜蒸发器适用于蒸发量较大（即稀溶液）、热敏性及易起泡沫的溶液，但不适于高黏度、有晶体析出或易结垢的溶液。

图 7-14 为不同流量下，升膜蒸发器传热系数随温差的变化关系，横坐标为传热温度差的对数，纵坐标为不同流量下的传热系数。图中 $A_1B_1C_1D_1$ 和 $A_2B_2C_2D_2$、$A_3B_3C_3D_3$ 是流量不同的升膜蒸发传热系数曲线。由图 7-14 可以看出，$B_1B_2C_1B_3C_2C_3$ 与一般的核沸腾传热曲线完全重合。在温差较小的 $A(A_1、A_2、A_3)$ B 范围内，升膜蒸发器的传热系数高于一般的核沸腾传热系数，且随进料量的增加而增加，如 A_1B_1、A_2B_2、A_3B_3 所示。此时的传热系数随温差的变化不太剧烈，约和温差的 0.53 次方成正比。当温差逐渐增大到 $BC(C_1、C_2、C_3)$ 范围时，传热系数就和一般

图 7-14　升膜蒸发器传热系数关系曲线

的核沸腾传热曲线完全重合。此时传热系数和流量无关，而仅随温差的增加而增加，约和温差的 2.2 次方成正比。同时流量越大，和核沸腾传热曲线重合时的温差也就越大。当温差进一步增加到 $C(C_1、C_2、C_3)$ $D(D_1、D_2、D_3)$ 范围时，由于管壁开始被一层汽膜包围，传热系数迅速下降。

同时可以看出，在 BC 线左面的 AB 范围内，升膜蒸发的传热系数高于沸腾传热系数，

此时升膜蒸发器优于普通蒸发器。在 BC 线上，升膜蒸发和沸腾的传热系数是相同的。

7.4.2.2 降膜蒸发器

降膜蒸发器（图 7-15）与升膜蒸发器的区别在于原料液由加热管的顶部加入。溶液在自身重力作用下沿管内壁呈膜状下流，并被蒸发浓缩，气、液混合物由加热管底部进入分离室，经气、液分离后，完成液由分离器的底部排出。

料液分布器是降膜蒸发器的关键部件。降膜蒸发器的热交换强度和生产能力实质上取决于料液沿换热管分布的均匀程度。所谓均匀分布不仅是指液体要均匀地分配到每一根管子中，还要沿每根管的全部周边均匀分布，并在整个管子的长度上保持其均匀性。当料液不能均匀地湿润全部加热管的内表面时，缺液或少液表面就可能因蒸干而结垢，结垢表面反过来又阻滞了液膜的流动从而使邻近区域的传热条件进一步恶化。

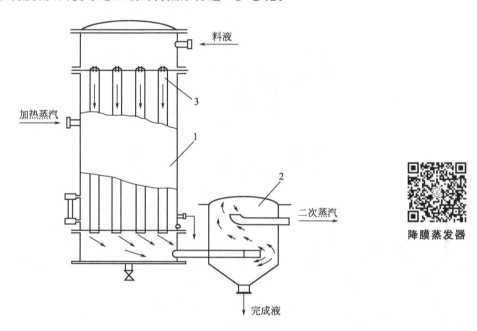

图 7-15 降膜蒸发器
1—蒸发器；2—分离器；3—液体分布器

降膜蒸发系统具有以下特点：

① 降膜式蒸发器的料液是从蒸发器的顶部加入，在重力作用下沿管壁呈膜状下降，并在此过程中蒸发增浓，在其底部得到浓缩液。降膜式蒸发器可以蒸发浓度较高、黏度较大物料。

② 由于溶液在单程型蒸发器中呈膜状流动，传热系数较高。

③ 停留时间短，不易引起物料变质，适于处理热敏性物料。

④ 液体滞留量小。降膜蒸发器可以根据能量供应、真空度、进料量、浓度等的变化而采取快速运作。

⑤ 由于工艺流体仅在重力作用下流动，而不是靠高温差来推动，可以使用低温差蒸发。

⑥ 降膜蒸发器适用于发泡性物料蒸发浓缩。料液在加热管内呈膜状蒸发，形成气、液分离；同时在效体底部，料液大部分即被抽走，只有少部分料液与所有二次蒸汽进入分离器强化分离。料液在整个流动过程中没有形成太大冲击，避免了泡沫的形成。

降膜式蒸发器广泛用于医药、食品、化工、轻工等行业的水或有机溶剂溶液的蒸发浓缩，并可广泛用于以上行业的废液处理，尤其是适用于热敏性物料。该设备在真空低温条件下进行连续操作，具有蒸发能力高、节能降耗、运行费用低的特点，且能保证物料在蒸发过程中不变性。

7.4.2.3　升-降膜蒸发器

升-降膜蒸发器是由升膜管束和降膜管束组合而成。蒸发器的底部封头内有一隔板，将加热管束均分为二。原料液在预热器中加热达到或接近沸点后，引入升膜加热管束的底部，气、液混合物经管束由顶部流入降膜加热管束，然后转入分离器，完成液由分离器底部取出。溶液在升膜和降膜管束内的布膜及操作情况分别与前述的升膜及降膜蒸发器内的情况完全相同。

升-降膜蒸发器一般用于浓缩过程中黏度变化大的溶液，或厂房高度有一定限制的场合。若蒸发过程溶液的黏度变化大，一般采用常压操作。

7.4.2.4　刮板薄膜蒸发器

刮板薄膜蒸发器是一种适应性很强的新型蒸发器，例如对高黏度、热敏性和易结晶、结垢的物料都适用。它主要由加热夹套和刮板组成，夹套内通加热蒸汽，刮板装在可旋转的轴上，刮板和加热夹套内壁保持很小间隙，通常为 $0.5 \sim 1.5 \text{mm}$。料液经预热后由蒸发器上部沿切线方向加入，在重力和旋转刮板的作用下，分布在内壁形成下旋薄膜，并在下降过程中不断被蒸发浓缩，完成液由底部排出，二次蒸汽由顶部逸出。在某些场合下，这种蒸发器可将溶液蒸干，在底部直接得到固体产品。

这类蒸发器的缺点是结构复杂（制造、安装和维修工作量大）加热面积不大，且动力消耗大。

刮板薄膜蒸发器具有以下性能特点：

① 真空压降小　物料汽化气体从加热面送到外置的冷凝器，存在一定的压差。在一般的蒸发器中，这种压力降（Δp）通常是比较高的。刮板式薄膜蒸发器有较大的气体穿越空间，蒸发器内压力能看成与冷凝器中的压力几乎相等，因此，压力降很小，真空度可达 5mmHg（666.61Pa）。

② 操作温度低　上述特性使得蒸发过程可以保持在较高真空度条件下进行。由于真空度的提高，与之相应的物料沸点迅速降低，因此，操作可以在较低温度下进行，降低了产品的热分解。

③ 停留时间短　由于刮板式薄膜蒸发器的独特结构，刮膜器具有泵送作用，使得物料在蒸发器内的停留时间很短；另外，在加热的蒸发器上由于薄膜的高速湍流使得产品不会滞留在蒸发器表面，因此，特别适用于热敏性物料的蒸发。

④ 蒸发强度高　物料沸点的降低，增大了同热介质的温度差。刮膜器的功能，减小了呈现湍流状态的液膜厚度，降低了热阻，同时抑制物料在加热面结壁、结垢，并伴有良好的热交换，因此，提高了刮板式薄膜蒸发器的总传热系数。

⑤ 操作弹性大　刮板式薄膜蒸发器独有的性能，使其在处理热敏性和要求平稳蒸发的、高黏度的及随浓度提高黏度急剧增加的物料时，蒸发过程也能平稳进行。它还能成功地应用于含固颗粒、结晶、聚合、结垢等情况物料的蒸发和蒸馏。

7.4.3　蒸发器的选型与附件

7.4.3.1　蒸发器的选型

蒸发器的结构形式较多，选用和设计时，要在满足生产任务要求，保证产品质量的前提下，尽可能兼顾生产能力大，结构简单，维修方便及经济性好等因素。

选定蒸发器类型时应考虑：①溶液的组成，溶液的初始浓度和温度；②处理量和生产能力；③完成液的终点温度和产品要求；④物料的热稳定性；⑤溶液的沸点升高；⑥溶液的发泡性、表面张力、液体黏度等；⑦可利用的热源（水蒸气、电力等）；⑧可利用的冷却水的水温、水量、水质和一年内的温度变化；⑨物料的化学稳定性、腐蚀特性及其对接触设备、部件材质的要求；⑩技术条件、现场条件、投资限额与操作方式（间歇或连续）及操作费用等。

表 7-3 列出了常见蒸发器的一些重要性能，可供选型时参考。

表 7-3　常见蒸发器的性能

性能		外热式	列文式	强制循环	升膜式	降膜式	刮板式
造价		廉	高	高	廉	廉	最高
总传热系数	稀溶液	高	高	高	高	良好	高
	高黏度	良好	良好	高	良好	高	良好
溶液流速/(m/s)		0.4~1.5	1.5~2.5	2.0~3.5	0.4~1.0	0.4~1.0	—
停留时间		较长	较长	—	短	短	短
浓度能否恒定		能	能	能	较难	尚能	尚能
浓缩比		良好	良好	较高	高	高	高
处理量		较大	较大	大	大	大	较小
对溶液性质的适应性	稀溶液	适	适	适	适	较适	较适
	高黏度	尚适	尚适	好	尚适	好	好
	易生泡沫	较好	较好	好	好	适	较好
	易结垢	尚适	尚适	适	尚适	不适	不适
	热敏性	尚适	尚适	尚适	良好	良好	良好
	有结晶析出	稍适	稍适	适	不适	不适	不适

7.4.3.2　蒸发装置的附属部件

蒸发装置的附属设备和机械主要有除尘器、冷凝器和真空泵。

（1）气、液分离器　蒸发操作时产生的二次蒸汽，在分离室与液体分离后，仍夹带大量液滴，尤其是处理易产生泡沫的液体，夹带更为严重。为了防止产品损失或冷却水被污染，常在蒸发器内（或外）设气、液分离器。

（2）冷凝器　冷凝器的作用是冷凝二次蒸汽。冷凝器有间壁式和直接接触式两种。倘若二次蒸汽为需回收的有价值物料或会严重污染水源，则应采用间壁式冷凝器；否则通常采用直接接触式冷凝器。后一种冷凝器一般均在负压下操作，这时为将混合冷凝后的水排出，冷凝器必须设置得足够高，冷凝器底部的长管称为大气腿。

（3）真空装置　当蒸发器在负压下操作时，无论采用哪一种冷凝器，均需在冷凝器后安装真空装置。需要指出的是，蒸发器中的负压主要是由于二次蒸汽冷凝所致，而真空装置仅是抽吸蒸发系统泄漏的空气、物料及冷却水中溶解的不凝性气体和冷却水饱和温度下的水蒸气等，冷凝器后必须安真空装置才能维持蒸发操作的真空度。常用的真空装置有喷射泵、水环式真空泵、往复式或旋转式真空泵等。

（4）除沫器　在蒸发操作时，二次蒸汽中夹带大量的液体，虽然在分离室中进行了分离，但是为了防止损失有用的产品或污染冷凝液体，还需设法减少夹带的液沫，因此在蒸汽出口附近设置除沫装置，即除沫器。除沫器的形式很多，经常采用的形式是直接安装在蒸发器的顶部，不常采用安装在蒸发器外部的形式。

蒸发过程中，常采用丝网除沫器。当带有雾沫的气体以一定速度上升通过除沫器丝网时，由于雾沫上升的惯性作用，雾沫与丝网细丝相碰撞而被附着在细丝表面上。细丝表面上雾沫的扩散、雾沫的重力沉降，使雾沫形成较大的液滴沿着细丝流至两根丝的交接点。细丝的可润湿性、液体的表面张力及细丝的毛细管作用，使得液滴越来越大，直到聚集的液滴大到其自身产生的重力超过气体的上升力与液体表面张力的合力时，液滴就从细丝上分离下落。气体通过丝网除沫器后，基本上不含雾沫。分离气体中雾沫的目的是：改善操作条件，优化工艺指标，减少设备腐蚀，延长设备使用寿命，增加处理量及回收有价值的物料，保护环境，减少大气污染等。除沫器结构简单、体积小，除沫效率高，阻力小、重量轻，安装与操作、维修方便。丝网除沫器对粒径≥3～5μm的雾沫，捕集效率达98%～99.8%，而气体通过除沫器的压力降却很小，只有250～500Pa，有利于提高设备的生产效率。

7.4.4 蒸发过程的强化

蒸发过程的强化主要从采用先进新型的蒸发设备、改善蒸发器内液体的流动状况、改进溶液的性质、优化设计和操作条件等方面入手。

（1）采用新型高效蒸发器 这方面工作主要从改进加热管表面形状等思路出发来提高传热效率。

板式蒸发器是近年发展起来的一种新型高效节能蒸发设备，用金属板代替圆管作为传热元件的蒸发装置。这种蒸发器价格便宜、板上的垢层容易去除，但板的刚度与强度远低于圆管。为提高金属板的刚度与强度，出现了各种不同结构的加热元件，如螺旋板加热元件、充胀板加热元件等。其传热效率高，传热系数值一般为3500～5800W/(m²·K)，比管壳式蒸发器高2～4倍，因而在同等条件下所需传热面积小；结构紧凑、体积小，特别适用于老厂改造、技术改造等，可充分利用原有设备，克服空间不足的局限；质量轻、传热板薄、耗用金属量少；加热物料在加热器中停留时间短、内部死角少、适用于热敏性物料的加热；操作灵活，设备余量大，可以根据需要增加或减少板片的数量以改变其加热面积，或改变工作条件，设备规格调整的幅度很大。

如采用MVR蒸发器。MVR蒸发器不同于普通单效降膜或多效降膜蒸发器，MVR为单体蒸发器，集多效、降膜蒸发器于一身。根据所需产品浓度不同采取分段式蒸发，即产品在第一次经过效体后不能达到所需浓度时，产品在离开效体后通过效体下部的真空泵将产品通过效体外部管路抽到效体上部再次通过效体，然后利用这种反复通过效体的过程达到所需浓度。

效体内部为排列的细管，管内部为产品，外部为蒸汽。在产品由上而下的流动过程中由于管内面积增大而使产品呈膜状流动，以增加受热面积，通过真空泵在效体内形成负压，降低产品中水的沸点，从而达到浓缩，产品蒸发温度为60℃左右。产品经效体加热蒸发后产生的冷凝水、部分蒸汽和给效体加热后残余的蒸汽一起通过分离器进行分离，冷凝水由分离器下部流出用于预热进入效体的产品，蒸汽通过风扇增压器进行增压（蒸汽压力越大温度越高），而后经增压的蒸汽通过管路汇合一次蒸汽再次通过效体。

MVR蒸发器具有低能耗、低运行费用，占地面积小，公用工程配套少，工程总投资少，运行平稳，自动化程度高，无需原生蒸汽，工艺简单，实用性强，操作成本低，可以在40℃以下蒸发而无需冷冻设备等特点，特别适合于热敏性物料。

（2）改善蒸发器内液体的流动状况 这方面的工作主要有：①设法提高蒸发器循环速度；②在蒸发器管内装入多种形式的湍流元件。前者的重要性在于它不仅能提高沸腾传热系数，同时还能降低单程汽化率，从而减轻加热壁面的结垢现象。后者的出发点，则是使液体增加湍动，以提高传热系数。还有资料报道通过向蒸发器管内通入适量不凝性气体，增加湍动，以提高传热系数。

（3）改进溶液的性质　近年来，通过改进溶液性质来改善蒸发效果的研究报道也不少。例如，加入适量表面活性剂，消除或减少泡沫，以提高传热系数；也有报道加入适量阻垢剂可以减少结垢，以提高传热效率和生产能力；在醋酸蒸发器溶液表面，喷入少量水，可提高生产能力和减少加热管的腐蚀；用磁场处理水溶液提高蒸发效率等。

（4）优化设计和操作　许多研究者从节省投资、降低能耗等方面着眼，对蒸发装置优化设计进行了深入研究。他们分别考虑了蒸汽压力、冷凝器真空度、各效有效传热温差、冷凝水闪蒸、热损失等综合因素的影响，建立了多效蒸发系统优化设计的数学模型。应该指出，在装置中采用先进的计算机测控技术，使装置在优化条件下进行操作的重要措施。

由上可以看出，近年来蒸发过程的强化，不仅涉及化学工程、流体力学、传热方面的研究与技术支持，同时还涉及物理化学、计算机优化和测控技术、新型设备和材料等方面的综合知识与技术。这种不同单元操作、不同专业和学科之间的渗透和耦合，已经成为过程和设备结合的新思路。

习　题

一、选择题

1. 在蒸发操作中，溶液的沸点升高 Δ'（　　）。
A. 与溶液类别有关，与浓度无关　　　　　　B. 与浓度有关，与溶液类别、压强无关
C. 与压强有关，与溶液类别、浓度无关　　　D. 与溶液类别、浓度及压强都有关

2. 一般来说，减少蒸发器传热表面积的主要途径是（　　）。
A. 增大传热速率　　B. 减小有效温度差　　C. 增大总传热系数　　D. 减小总传热系数

3. 蒸发室内溶液的沸点（　　）二次蒸汽的温度。
A. 等于　　　　　　B. 高于　　　　　　C. 低于

4. 提高蒸发器生产强度的主要途径是增大（　　）。
A. 传热温度差　　B. 加热蒸汽压力　　C. 传热系数　　D. 传热面积

5. 蒸发装置中，效数越多，温度差损失（　　）。
A. 越少　　　　　　B. 越大　　　　　　C. 不变

6. 多效蒸发可以提高加热蒸汽的经济程度，所以多效蒸发的操作费用是随着效数的增加而（　　）。
A. 减少　　　　　　B. 不变　　　　　　C. 增加

7. 下列说法错误的是（　　）。
A. 多效蒸发时，后一效的压力一定比前一效的低
B. 多效蒸发时效数越多，单位蒸汽消耗量越少
C. 多效蒸发时效数越多越好
D. 大规模连续生产场合均采用多效蒸发

8. 多效蒸发流程中不宜处理黏度随浓度的增加而迅速增大的溶液是（　　）。
A. 顺流加料　　B. 逆流加料　　C. 平流加料　　D. 错流加料

9. 多效蒸发流程中主要用在蒸发过程中有固体析出场合的是（　　）。
A. 顺流加料　　B. 逆流加料　　C. 平流加料　　D. 错流加料

10. 将加热室安在蒸发室外面的是（　　）蒸发器。
A. 中央循环管式　　B. 悬筐式　　C. 列文式　　D. 强制循环式

11. 膜式蒸发器中，适用于易结晶、结垢物料的是（　　）。

A. 升膜式　　　　　　B. 降膜式　　　　　　C. 升降膜式　　　　　　D. 回转式

12. 下列结构最简单的是（　　）蒸发器。

A. 标准式　　　　　　B. 悬筐式　　　　　　C. 列文式　　　　　　D. 强制循环式

13. 下列说法中正确的是（　　）。

A. 单效蒸发比多效蒸发应用广　　　　　　B. 减压蒸发可减少设备费用

C. 二次蒸汽即第二效蒸发的蒸汽　　　　　　D. 采用多效蒸发的目的是降低单位蒸汽消耗量

14. 在多效蒸发的三种流程中（　　）。

A. 加热蒸汽流向不相同

B. 后一效的压力不一定比前一效低

C. 逆流进料能处理黏度随浓度的增加而迅速加大的溶液

D. 同一效中加热蒸汽的压力可能低于二次蒸汽的压力

15. 热敏性物料宜采用（　　）蒸发器。

A. 自然循环式　　　B. 强制循环式　　　C. 膜式　　　　　　D. 都可以

16. 蒸发操作中，下列措施中不能显著提高传热系数 K 的是（　　）。

A. 　及时排除加热蒸汽中的不凝性气体　　　B. 定期清洗除垢

C. 提高加热蒸汽的湍流速度　　　　　　D. 提高溶液的速度和湍流程度

17. 运行时溶液循环速度最快的是（　　）蒸发器。

A. 标准式　　　　　　B. 悬筐式　　　　　　C. 列文式　　　　　　D. 强制循环式

二、填空题

1. 蒸发是_____的单元操作。

2. 单位加热蒸汽消耗量是指_____，单位为_____。

3. 为了保证蒸发操作能顺利进行，必须不断地向溶液供给_____，并随时排除汽化出来的_____。

4. 按溶液在加热室中运动的情况，可将蒸发器分为_____和_____两大类。

5. 生蒸汽是指_____。

6. 单效蒸发是指_____。

7. 溶液因蒸气压下降而引起的沸点升高与温度差损失的数值_____。

8. 按加料方式不同，常见的多效蒸发操作流程有：_____、_____和_____三种。

9. 对于蒸发同样任务来说，单效蒸发的经济效益_____多效的，单效蒸发的生产能力和多效的_____，而单效的生产强度为多效的_____。

10. 蒸发器的主体由_____和_____组成。

11. 控制蒸发操作的总传热系数 K 的主要因素是_____。在蒸发器的设计和操作中，必须考虑蒸汽中_____，否则蒸汽冷凝传热系数会_____。

12. 在同条件下蒸发同样任务的溶液时，多效蒸发的总温度差损失_____单效的，且效数越多，温度差损失_____。

13. 蒸发操作中，加热蒸气放出的热量主要用于：（1）_____；（2）_____；（3）_____。

三、判断题

1. 二次蒸汽又称为生蒸汽，以区别于新鲜的加热蒸汽。（　　）

2. 蒸发器有用直接热源和间接热源加热的，而工业上经常采用的是间接蒸汽加热的蒸发器。（　　）

3. 若单效蒸发器的传热表面积与多效中单台的传热表面积相等，对蒸发同样多的水分，则多效的生产强度为单效的 n 倍。（　　）

4. 多效蒸发的目的是为了提高产量。（　　）

5. 蒸发生产的目的，一是浓缩溶液，二是除去结晶盐。（　　）

6. 溶液在自然蒸发器中的循环的方向是：在加热室列管中下降，而在循环管中上升。（　　）

7. 在标准蒸发器加热室中，管程走蒸汽，壳程走溶液。（　　）

8. 对蒸发装置而言，加热蒸汽压力越高越好。（　　）

9. 蒸发的效数是指蒸发装置中蒸发器的个数。（　　）

10.对强制循环蒸发器来说，由于利用外部动力来克服循环阻力，形成循环的推动力大，故循环速度可达 2~3m/s。（　　）

11.蒸发的效数是指蒸汽利用的次数。（　　）

12.蒸发器的有效温度差是指加热蒸汽的温度与被加热溶液的沸点温度之差。（　　）

13.蒸发过程中，加热蒸汽所提供的热量主要消耗于原料液的预热、水的蒸发、设备的热损失。（　　）

14.蒸发器的蒸发能力越大，则蒸发强度也越大。（　　）

四、简答题

1.何谓多效蒸发？

2.简述蒸发操作有何自身特点？

3.蒸发操作中使用真空泵的目的是什么？常用的真空泵有哪些？

4.简述蒸发操作中引起温度差损失的原因？

5.简述蒸发操作节能的主要措施。

五、计算题

1. 在单效蒸发器内，将 10%NaOH 水溶液浓缩到 25%，分离室绝对压强为 15kPa，求溶液的沸点和溶质引起的沸点升高值。

2.用连续操作的真空蒸发器将固体质量分数为 4.0% 的番茄汁浓缩至 30%，加热管内液柱的深度为 2.0m，冷凝器的操作压力为 8kPa，溶液的平均密度为 1160kg/m^3，常压下溶质存在引起的沸点升高 $\Delta'_a = 1℃$，试求溶液的沸点 t_B。

3.需要将 350kg/h 的某溶液从 15% 蒸浓至 35%，现有一传热面积为 10m^2 的小型蒸发器可供利用，冷凝器可维持 79kPa 的真空度。估计操作条件下的温度差损失为 8℃，总传热系数可达 930W/(m^2·℃)。若溶液在沸点下进料，试求加热蒸汽压强至少应为多少才能满足需要？

4.在单效真空蒸发器中将牛奶从 15% 浓缩至 50%（质量分数），原料液流量为 $F = 1500kg/h$，其平均比热容 $c_p = 3.90kJ/(kg·℃)$，进料温度为 30℃。操作压力下，溶液的沸点为 65℃，加热蒸汽压力为 10^{5}Pa（表压）。当地大气压为 101.3kPa。蒸发器的总传热系数 $K_0 = 1160W/(m^2·℃)$，其热损失为 8kW。试求：（1）产品的流量；（2）加热蒸汽消耗量；（3）蒸发器的传热面积。

5.在一单效蒸发器中于常压下蒸发某种水溶液。原料液在沸点 105℃ 下加入蒸发器中。若加热蒸汽压强为 245.25kPa（绝压）时，处理的原料液量为 1200kg/h。当加热蒸汽压强变为 343.35kPa（绝压）时，则能蒸发的原料液量为多少？假设 K_0 及 x_1 均不变化，热损失及浓缩热可忽略不计。

第 **8** 章

干燥

干燥是指在化学工业中，借热能使物料中水分（或溶剂）汽化，并由惰性气体带走，从而降低物料中湿分（水或其他溶剂）的过程。干燥可分为自然干燥和人工干燥两种，工程上普遍采用人工干燥。如在日常生活中将潮湿物料置于阳光下曝晒以除去水分，工业上用硅胶、石灰、浓硫酸等脱除工业气体或有机液体中的水分。在化工生产中，干燥通常指用热空气、烟道气以及红外线等加热湿固体物料，使其中所含的水分或溶剂汽化而除去，是一种属于热质传递过程的单元操作。干燥的目的是使物料便于贮存、运输和使用，或满足进一步加工的需要。当其干燥到含水率为 0.2%～0.5% 时，物料不易结块使用比较方便。例如谷物、蔬菜经干燥后可长期贮存；合成树脂干燥后用于加工，可防止塑料制品中出现气泡或云纹；纸张经干燥后便于使用和贮存。干燥操作广泛应用于化工、食品、轻工、纺织、煤炭、农林产品加工和建材等各部门。

8.1 概述

8.1.1 物料的去湿方法

化工产品加工过程中使用的固体原料，产生的半成品或产品，一般均含有一定量的水分或其他溶剂液体（称为湿分），为便于进一步的加工、运输、贮存和使用，常常需要将其中所含的湿分（水或有机溶剂）去除至规定指标（比如产品标准），这种操作简称为"去湿"。去湿的方法可分为三类：机械去湿、吸附去湿、热能去湿（即干燥）。

去湿方法中较为常用的方法是干燥。干燥过程就是利用热能除去固体湿物料中湿分的单元操作。干燥过程的本质：被除去的湿分从固相转移到气相中（固相为被干燥的物料，气相为干燥介质）。在干燥过程中，湿分发生相变、耗能大、费用高，但湿分去除较为彻底。

8.1.2 干燥过程的分类

干燥操作可按不同原则进行分类。按操作压力分可分为常压干燥和真空干燥，后者适用于处理热敏性、易氧化或要求产品含湿量很低的物料。按操作方式分可分为连续式干燥和间歇式干燥，前者的特点是生产能力大、产品质量均匀、热效率高及劳动条件好，后者的特点是干燥过程易于控制，较适用于小批量、多品种或要求干燥时间较长的物料干燥。按热能传给湿物料的方式分可分为传导干燥、对流干燥、辐射干燥、介电加热干燥及由上述两种或多种方式组合的联合干燥。目前化工生产中使用最广泛的是对流干燥，故本章以对流干燥为主要讨论内容。

8.1.3 对流干燥

对流干燥是在湿物料干燥过程中，利用热气体作为热源去除湿物料所产生蒸气的干燥方法。对流干燥器以其结构简单、操作方便、适应性强而得到普遍使用，是目前生产中使用最多的一种干燥设备。但对流干燥器的热效率较低，这主要是由于干燥过程废气的直接排空，因废气带走余热造成能量的浪费。目前工程研究中，围绕尾气余热综合利用开展了大量研究，部分研究成果已经应用于工程实际，产生了明显的经济与社会效益。

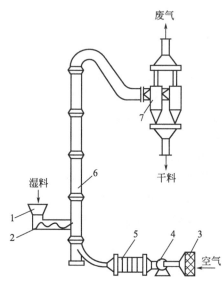

图 8-1 对流干燥流程示意
1—料斗；2—螺旋加料器；3—空气过滤器；
4—风机；5—预热器；6—干燥器；
7—旋风分离器

图 8-1 所示为对流干燥流程示意。将惰性气体（一般使用空气，对于在空气中不稳定的物料，可采用氮气等）压缩至预热器中加热到一定温度，然后使其进入干燥器与湿物料接触传热传质，气体中的热量以对流方式传给湿物料，使其湿分汽化，而汽化的湿分又被气体带走。

在上述干燥过程中，气体将热量传给物料，为传热过程；物料将湿分传给气体，为传质过程。因此，对流干燥过程兼有热、质传递的过程。干燥过程的速率与传热和传质速率有关，进行干燥过程的必要条件是物料表面所产生的湿分（如水汽）分压大于气体中湿分的分压，两者的分压差愈大，干燥进行得愈快。干燥过程中气体及时将汽化的湿分带走是为了保持一定的传质推动力。所以，干燥是传热、传质同时进行的过程，但传递方向不同。

干燥过程中的气体称为干燥介质，干燥介质既是载热体（带来热量），又是载湿体（带走湿分）。工业上最常用的干燥介质是空气，高温干燥时，可用烟道气作为干燥介质。本章所讨论的范围只限于以空气作为干燥介质，以水分为被除去的湿分。

干燥若为连续过程，物料被连续地加入与排出，物料与气流接触可以是并流、逆流或其他方式。若为间歇过程，湿物料被成批放入干燥器内，达到一定的要求后再取出。

确定干燥过程所需空气用量、热量消耗及干燥时间等问题均与湿空气的性质有关。为此，以下介绍湿空气的性质。

8.2 湿空气的性质与湿度图

8.2.1 湿空气的性质

普通的空气为绝干空气和水汽的混合物，称为湿空气。在对流干燥过程中，湿空气预热后与湿物料发生热量和质量交换，湿空气的水汽含量、温度及焓都会发生变化。因此，在讨论干燥器的物料与热量衡算之前，应首先了解表示湿空气性质或状态的参数及它们相互之间的关系。

作为干燥介质的湿空气是不饱和的，即空气中的水汽分压低于同温度下水的饱和蒸气压，此时，湿空气中的水汽呈过热状态。因干燥过程操作压强一般较低，故可将湿空气按理想气体处理。

在干燥过程中，湿空气中的水汽含量是不断变化的，而其中绝干空气作为载体，其质量流量是不变的。为了计算方便，下列湿空气的各项参量都以单位质量绝干空气为基准，湿空气具有以下的一些主要性质。

8.2.1.1　空气湿度的表示方法

空气中的水汽含量表示方法常用的有湿度及相对湿度。

（1）湿度 H　湿度表示湿空气中水汽含量的参量，又称湿含量或绝对湿度，其定义为湿空气中单位质量绝干空气所含有的水汽质量，即

$$H = \frac{湿空气中水汽质量}{湿空气中绝干空气质量} = \frac{M_w n_w}{M_n n_n} = 0.622 \frac{n_w}{n_n} \tag{8-1}$$

式中　H——空气的湿度，kg（水汽）/kg（绝干空气）；

　　　M_w——水的摩尔质量，kg/kmol；

　　　M_n——空气的摩尔质量，kg/kmol；

　　　n_w——水汽的物质的量，kmol；

　　　n_n——绝干空气的物质的量，kmol。

也可以用分压来定义湿度，设湿空气的总压为 p，其中水汽分压为 p_w，由道尔顿分压定律可知，气体混合物中各组分的摩尔比应等于其分压之比，则式(8-1)可表示为

$$H = 0.622 \frac{p_w}{p - p_w} \tag{8-2}$$

上式表明，空气的湿度与湿空气的总压及其中的水汽分压有关，当总压一定时，湿度仅与水汽分压有关。

（2）相对湿度 φ　在一定的总压下，湿空气中水蒸气分压 p_w 与同温度下湿空气中水汽分压可能达到的最大值（饱和状态下的压力，即饱和蒸气压）之比为相对湿度。

当总压为 0.1MPa，空气温度低于 100℃时，空气中水汽分压的最大值应为同温度下水汽的饱和蒸气压 p_s，如 p_s 小于（或等于）湿空气的总压 p，则

$$\varphi = \frac{p_w}{p_s} \times 100\% \tag{8-3a}$$

如果空气温度较高，该温度下的饱和水蒸气压 p_s 大于湿空气的总压 p，但空气总压已给定，水汽分压的最大值等于总压，于是

$$\varphi = \frac{p_w}{p} \times 100\% \tag{8-3b}$$

下面只讨论 p_s 小于湿空气的总压 p 的情况，当 $\varphi = 100\%$ 时，湿空气中的水汽达到饱和，传质推动力为 0，没有除湿能力，此时水汽分压为同温度下水的饱和蒸气压。若相对湿度 φ 值愈小，即表示该湿空气偏离饱和程度愈远，容纳水汽能力愈强。可见，湿度 H 只能表示湿空气中水汽含量的绝对值，而相对湿度才表示湿空气中水汽含量与最大水汽含量相比的相对值，反映了湿空气干燥能力的大小。

由式(8-3b)可知，在总压一定时，相对湿度随着湿空气中水汽分压及温度而变。将以上三式联立，可以得到湿度 H 与相对湿度 φ 的关系，即

$$H = 0.622 \frac{\varphi p_s}{p - \varphi p_s} \tag{8-4}$$

上式表明，总压 p 一定时，空气的湿度 H 随着空气的相对湿度及温度而变，因为饱和

蒸气压本身就是温度的函数。

以上介绍的是表示湿空气中水分含量的两种方法，下面介绍与热量衡算有关的内容。

8.2.1.2 湿空气的焓 I

湿空气的焓为单位质量干空气的焓和水蒸气的焓之和。以每千克干空气为基准计算，湿空气的焓为

$$I = I_a + HI_v \tag{8-5}$$

式中 I——湿空气的焓，kJ/kg（干空气）；

I_a——绝干空气的焓，kJ/kg（干空气）；

I_v——水蒸气的焓，kJ/kg（水汽）。

设定 0℃ 的绝干空气及液态水的焓为零，则绝干空气的焓就是其显热，而水汽的焓为由 0℃ 的水经汽化为 0℃ 的水汽所需的潜热及水汽在 0℃ 以上的显热之和，则对温度为 t、湿度为 H 的湿空气，其焓值的计算式为

$$
\begin{aligned}
I &= c_{pa}t + H(r_0 + c_{pv}t) \\
&= (c_{pa} + Hc_{pv})t + r_0 H \\
&= c_{pH}t + r_0 H = (1.01 + 1.88H)t + 2500H
\end{aligned} \tag{8-6}
$$

式中 c_{pa}——绝干空气的比热容，其值为 1.01kJ/[kg（干空气）·℃]；

c_{pv}——水汽的比热容，其值为 1.88kJ/[kg（水汽）·℃]；

c_{pH}——湿空气的比热容，kJ/[kg（干空气）·℃]；

r_0——0℃ 时水的汽化潜热，其值约为 2500kJ/kg（水）。

由式(8-6)可知，湿空气的焓随空气的温度及湿度而变。

8.2.1.3 湿空气的比体积 v_H

定义每单位质量绝干空气中所具有的空气和水蒸气的总体积为湿空气的比体积 v_H 或称为湿空气的比容，单位为 m³/kg（干空气）。根据定义有

$$v_H = v_a + v_w H \tag{8-7}$$

式中 v_a——绝干空气的比体积，m³/kg（干空气）；

v_w——水汽的比体积，m³/kg（水汽）。

将绝干空气视为理想气体，在温度 t 下，其比体积 v_a 为

$$v_a = \frac{22.4}{29} \times \frac{273+t}{273} \times \frac{1.013 \times 10^5}{p}$$

同样，水汽的比体积为

$$v_w = \frac{22.4}{18} \times \frac{273+t}{273} \times \frac{1.013 \times 10^5}{p}$$

将以上两式代入湿空气的比体积 v_H 定义式(8-7)，得到温度为 t(℃)、压力为 p(Pa)、湿度为 H 的湿空气的比体积 v_H

$$v_H = (0.772 + 1.244H) \frac{273+t}{273} \times \frac{1.013 \times 10^5}{p} \tag{8-8}$$

根据比体积的数值，可将绝干空气的质量流量换算成湿空气的体积流量，以此作为输送机械选型的依据之一。由式(8-8)可知，在总压一定时，湿空气的比体积随空气温度和湿度而变，即随其温度和湿度的增加而增大。

8.2.1.4 干球温度与露点及湿球温度

（1）干球温度 t 在湿空气中放置一支普通温度计，所测得空气的温度为 t，相对于湿

球温度而言，此温度称为空气的干球温度。

（2）露点 t_d　在总压 p 及湿度 H 保持不变的情况下，将不饱和空气冷却至达到饱和状时的温度称为该不饱和空气的露点温度 t_d，简称露点。当达到露点时，空气的相对湿度 φ 等于 100％，此时，湿度定义式（8-2）可以写为

$$H = 0.622\frac{p_s}{p-p_s} \tag{8-9}$$

由上式可算出露点时水的饱和蒸气压 p_s，亦即

$$p_s = \frac{Hp}{0.622+H} \tag{8-10}$$

显然，当空气的总压一定时，露点 t_d 仅与空气湿度 H 有关。如已知空气的总压和露点，由露点查得该温度下的水蒸气压 p_s，据式（8-9）可算得空气的湿度。此即露点法测定空气湿度的依据。

（3）湿球温度 t_w　如图 8-2 所示的两只温度计，左边一只温度计的感温球暴露在空气中，这只温度计称为干球温度计，所测得的温度为空气的干球温度 t。另一只温度计的感温球用纱布包裹，纱布下端浸在水中，由于毛细管作用，纱布完全被水润湿，这只温度计称为湿球温度计。在避免热辐射影响条件下，它在空气中所达到的平衡温度称为空气的湿球温度 t_w。

将湿球温度计置于具有一定线速度（大于 4m/s）的空气中，若空气是大量且不饱和的，湿纱布中水分就要汽化到空气中去。水分汽化所需热量首先来源于湿纱布中水的显热，因而会导致水温下降，当水温低于空气的干球温度时，空气以对流气流方式把热量传递给湿纱布，其传热

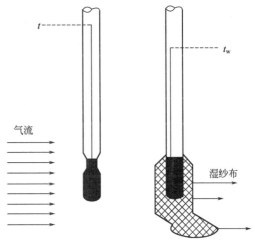

图 8-2　干、湿球温度计

速率随着两者温差的增大而提高，即随着水温继续下降，对流传热量增加。最后，当空气传给湿纱布的热量恰好等于湿纱布表面汽化水分所需的热量时，湿纱布中的水分温度不再下降，达到一个稳定的温度，这个稳定或平衡的温度就是空气的湿球温度 t_w。湿球温度是表明空气状态或性质的参量，并不代表空气的真实温度。

以上分析，是基于如下近似：认为大量不饱和空气与少量水接触过程中，空气的干球温度与湿球温度保持不变。根据牛顿冷却定律，当达到平衡时空气向纱布表面传递的热量为

$$Q = \alpha A(t-t_w) \tag{8-11}$$

式中　Q——传热速率，W；

　　　α——空气对湿纱布的对流传热系数，W/（m²·K）；

　　　A——空气与纱布接触的表面积，m²；

　　　t——空气的干球温度，℃；

　　　t_w——空气的湿球温度，℃。

在干燥过程中还涉及一类单元操作，就是传质。湿纱布中的水分向空气汽化，其传质速率 N 为

$$N = k_H A(H_{s,w}-H) \tag{8-12}$$

式中　N——传质速率，kg/s；

k_H——以湿度差为推动力的传质系数，kg/(m²·s)；

$H_{s,w}$——空气在湿球温度下的饱和湿度，kg(水汽)/kg(干空气)。

在系统达到稳定状态（即平衡）后，联立以上两式，可以得到湿纱布与空气间进行的传质、传热过程关联式，即

$$\alpha A(t-t_w)=k_H A(H_{s,w}-H)r_w \tag{8-13}$$

式中，r_w 为湿球温度下水的汽化潜热，kJ/kg。整理上式，则空气的湿球温度 t_w

$$t_w=t-\frac{k_H r_w}{\alpha}(H_{s,w}-H) \tag{8-14}$$

式中，$\dfrac{k_H}{\alpha}$ 为同一气膜传质系数与对流传热系数之比，凡能改变气膜厚度的任何因素，都会引起这两个系数以相同比例变化。当流速足够大时，热、质传递均以对流为主，且 k_H 及 α 都与空气速度的 0.8 次幂成正比，一般在气速为 3.8～10.2m/s 的范围内，比值 $\dfrac{k_H}{\alpha}$ 近似为一常数，对于空气和水系统，$\dfrac{k_H}{\alpha}=1.09$kJ/(kg·℃)，所以，湿球温度是空气干球温度和湿度的函数。

8.2.1.5　绝热饱和温度 t_{as}

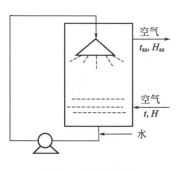

图 8-3　绝热饱和器

图 8-3 所示为一绝热饱和器。湿度为 H 和温度为 t 的不饱和空气由塔底引入；水由塔底经循环泵送往塔顶，喷淋而下，与空气呈逆流接触，然后回到塔底再循环使用。在该过程中，水量很大，达到稳定后，全塔的水温相同，设为 t_{as}。

气、液在逆流接触中，由于空气处于不饱和状态，水分不断汽化进入空气。又由于系统与外界无热量交换，水分汽化所需汽化潜热只能取自空气的显热，于是气体沿塔上升时，不断地冷却和增湿。若塔足够高，使得气、液有充足的接触时间，气体到塔顶后将与液体趋于平衡，达到过程的极限。此时，空气已被水分所饱和，液体不再汽化，气体的温度也不再降低，达到气体在绝热增湿过程后的极限温度，其值与水温 t_{as} 相同，即为该空气的绝热饱和温度。

此时气体的湿度为 t_{as} 下的饱和湿度 H_{as}。塔内底部的湿度差和温度差最大，顶部为零。除非进口气体是饱和湿空气，否则，绝热饱和温度总是低于气体进口温度，即 $t_{as}<t$。由于循环水不断汽化至空气中，所以须向塔内补充一部分温度为 t_{as} 的水。

设进入和离开绝热饱和塔的湿空气的焓分别为 I_1、I_2，则

$$I_1=c_{pH}t+Hr_0=(1.01+1.88H)t+Hr_0 \tag{8-15}$$

$$I_2=c_{pHas}t+H_{as}r_0=(1.01+1.88H_{as})t_{as}+H_{as}r_0 \tag{8-16}$$

在绝热条件下，空气放出的显热全部变为水分汽化的潜热返回气体中，对 1kg 空气来说，水分汽化的量等于其湿度差。由于这些水分汽化时，除潜热外，还将温度为 t_{as} 的显热也带至气体中，所以，绝热饱和过程终了时，气体的焓比原来增加了 $4.187t_{as}(H_{as}-H)$。但此值和气体的焓相比很小，可忽略不计，故绝热饱和过程又可当作等焓过程处理。

因为 H 和 H_{as} 与 I 相比都很小，故可认为 c_{pH} 及 c_{pHas} 均不随湿度而变化，$c_{pH}=c_{pHas}$。同时该过程可看作为等焓过程，则 $I_1=I_2$，则通过式(8-15) 与式(8-16)，得到绝热饱和温度 t_{as}

$$t_{as} = t - \frac{r_0}{c_{pH}}(H_{as} - H) \tag{8-17}$$

由上式可知，空气的绝热饱和温度 t_{as} 随着空气的干球温度和湿度不同而变化，是湿空气的状态参数，也是湿空气的性质。当 t、t_{as} 已知时，可用上式来确定空气的湿度 H。

通过以上分析可以看出，湿球温度和绝热饱和温度都不是湿气体本身的温度，但都和湿气体的温度 t 和湿度 H 有关，且都表达了气体入口状态已确定时与之接触的液体温度的变化极限。对于空气和水的系统，湿球温度可视为等于绝热饱和温度，因为在绝热条件下，用湿空气干燥湿物料的过程中，气体温度的变化是趋向于绝热饱和温度 t_{as} 的。如果湿物料足够润湿，则其表面温度也就是湿空气的绝热饱和温度 t_{as}，亦即湿球温度 t_w。湿球温度是很容易测定的，因此湿空气在等焓过程中的其他参数的确定就比较容易了。

湿球温度 t_w 与绝热饱和温度 t_{as} 的不同点表现在以下几方面：

① t_{as} 是由热量衡算得出的，是空气的热力学性质；t_w 则取决于气、液两相间的动力学因素即传递速率。

② t_{as} 是大量水与空气接触，最终达到两相平衡时的温度，过程中气体的温度和湿度都是变化的；t_w 是少量的水与大量的连续气流接触，传热、传质达到稳态时的温度，过程中气体的温度和湿度是不变的。

③ 绝热饱和过程中，气、液间的传递推动力由大变小，最终趋近于零；测量湿球温度时，稳定后的气、液间的传递推动力不变。

④ 对于水蒸气-空气系统，表示湿空气的四种温度，干球温度 t、湿球温度 t_w、绝热饱和温度 t_{as} 与露点 t_d 比较有：

不饱和湿空气 $t > t_w(t_{as}) > t_d$

饱和湿空气 $t = t_w(t_{as}) = t_d$

【例 8-1】 常压下湿空气的温度为 30℃、湿度为 0.02403kg（水汽）/kg（干空气），0℃时水的汽化热 $r_0 = 2490$kJ/kg。计算湿空气的相关性质，即计算分压 p_w、露点 t_d、绝热饱和温度 t_{as}、湿球温度 t_w。

解：（1）分压 p_w 将 H、p 的值代入式(8-2) 得

$$0.02403 = 0.622 \frac{p_w}{p - p_w} = 0.622 \frac{p_w}{1.013 \times 10^5 - p_w}$$

解得，$p_w = 3768$Pa

（2）露点 t_d 将湿空气等湿冷却到饱和状态时的温度即为露点。由以上计算出的蒸气压 $p_w = 3768$Pa，利用附录 5，采用内插法得到此时对应的温度为 27.5℃，则露点 $t_d = 27.5$℃。

（3）绝热饱和温度 t_{as} 由公式(8-17) 计算该条件下的绝热饱和温度，即

$$t_{as} = t - \frac{r_0}{c_{pH}}(H_{as} - H)$$

上式中，H_{as} 与 t_{as} 同时未知，且相互关联，所以计算绝热饱和温度 t_{as} 只能采用试差法。

① 设 $t_{as} = 28.3$℃。

② 由设定的 t_{as} 根据式(8-2) 求该温度下的饱和湿度 H_{as}

$$H_{as} = \frac{0.622 p_{as}}{p - p_{as}}$$

利用附录 5，采用内插法得到 28.3℃ 时水的饱和蒸气压为 3881Pa，故

$$H_{as} = \frac{0.622 \times 3881}{1.013 \times 10^5 - 3881} = 0.02478 \ [\text{kg(水汽)/kg(干空气)}]$$

③ 求 c_{pH}

$$c_{pH} = 1.01 + 1.88H = 1.01 + 1.88 \times 0.02403 = 1.055 [kJ/(kg \cdot K)]$$

④ 用式(8-17)对结果进行核算，验证设定值是否合适。

0℃时水的汽化热 r_0 为 2490kJ/kg，则

$$t_w = 30 - \frac{2490}{1.055}(0.02478 - 0.02403) = 28.23(℃)$$

该计算值与设定值 28.3℃ 接近，可以接受。则绝热饱和温度 $t_{as} = 28.3℃$。

(4) 湿球温度 t_w 对于水蒸气-空气系统，湿球温度 t_w 等于绝热饱和温度 $t_{as} = 28.3℃$，即

$$t_w = t_{as} = 28.3℃$$

8.2.2 湿空气的湿度图及其应用

8.2.2.1 湿度图

理论上，只要知道湿空气两个相互独立的参数，湿空气的状态就确定了，湿空气的其他参数均可计算求出。但从例 8-1 的计算过程看出，计算湿空气的某些状态参数时，需要用试差法。工程上为了避免烦琐的试差计算，将湿空气各种参数间的关系标绘在坐标图上，只要知道湿空气任意两个独立参数，即可从该图上迅速查出其他相关参数。常用的图有湿度-焓（H-I）图、温度-湿度（t-H）图，这里仅介绍湿度-焓（H-I）图，见图 8-4。

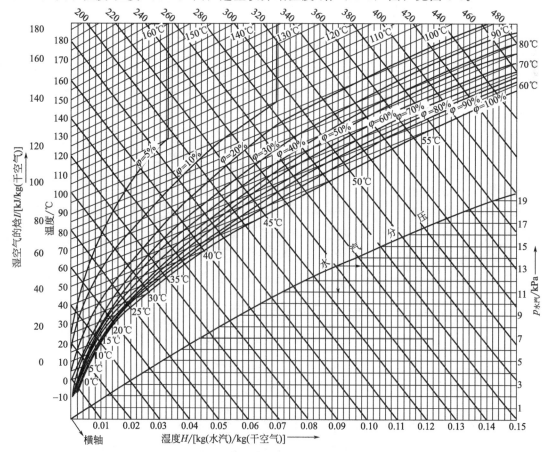

图 8-4 湿空气的 H-I 图

一般常用的湿度图都是针对一定的总压而绘制的。如图 8-4 所示为在总压 101.3kPa 下绘制的湿度-焓（H-I）图，若系统总压偏离常压较远，则不能用此图。

为了使各种关系曲线分散开，采用两个坐标夹角为 135°的坐标图，以提高读数的准确性。同时为了便于读数及节省图的幅面，将斜轴（图中没有将斜轴全部画出）上的数值投影在辅助水平轴上。由图 8-4 可见，湿空气的 H-I 图由以下诸线群组成。

① 等湿度线（等 H 线）群　等湿度线是平行于纵轴的线群，图 8-4 中 H 的读数范围为 0～0.2kg(水汽)/kg(干空气)。

② 等焓线（等 I 线）群　等焓线是平行于斜轴的线群，图 8-4 中 I 的读数范围为 0～680kJ/kg(干空气)。

③ 等干球温度线（等 t 线）群　在固定的总压下，将任意规定温度 t_1 值，代入式(8-6)，按此式算出若干组 I 与 H 的对应关系，并标绘于 H-I 坐标图中，关系线即为等 t_1 线。如此设定一系列的温度值，可得到等 t 线群。式(8-6)为线性方程，在此坐标系中，斜率为 $1.88t+2500$，是温度的函数，故各等 t 线是不平行的。

④ 等相对湿度线（等 φ 线）群　根据式(8-4)可标绘等相对湿度线。当总压一定时，任意设定相对湿度 φ_1 值，将式(8-4)简化为 H 与 p_s 的关系式，而 p_s 又是温度的函数。按式(8-4)算出若干组 H 与 p_s 的对应关系，并标绘于 H-I 坐标图中，关系线即为等 φ_1 线，再规定一系列的 φ 值，可得等 φ 线群。

⑤ 蒸汽分压线　式(8-10)表明了总压一定时，水汽分压 p_s 与湿度 H 间的关系。因 H 远小于 0.622，故式(8-10)可近似视为线性方程。按此式算出若干组 p 与 H 的对应关系，并标绘于 H-I 图上，得到蒸汽分压线。为了保持图面清晰，蒸汽分压线标绘在 $\varphi=10\%$ 曲线的下方。

应指出，在有些湿空气的性质图上，还绘出比热容 c_{pH} 与湿度 H、绝干空气比体积 υ_a 与温度 t、饱和空气比体积与温度 t 之间的关系曲线，便于工程计算与应用。

8.2.2.2　湿度图的应用

根据空气的任意两个独立参数，先在 H-I 图上确定该空气的状态点，然后即可查出空气的其他性质。但不是所有参数都是独立的，例如 t_d-H、p-H、t_d-p、t_w-I、t_{as}-I 等组的两个参数都不是独立的，它们不是在同一条等 H 线上就是在同一条等 I 线上，因此仅依靠上述各组数据不能在 H-I 图上确定空气状态点。

干球温度 t、露点 t_d 和湿球温度 t_w（或绝热饱和温度 t_{as}）都是由等 t 线确定的。露点是在湿空气湿度 H 不变的条件下冷却至饱和时的温度。因此通过等 H 线与 $\varphi=10\%$ 的饱和空气线交点的等 t 线所示的温度即为露点。对水蒸气-空气系统，湿球温度 t_w 与绝热饱和温度 t_{as} 近似相等，因此由通过空气状态点的等 I 线与 $\varphi=100\%$ 的饱和空气线交点的等 t 线所示的温度即为 t_w 或 t_{as}。

8.3　干燥过程的物料衡算与热量衡算

对流干燥过程中，常温下的空气先通过预热器加热到一定温度后再进入干燥器。干燥过程是热、质同时传递的过程。进行干燥计算，通常已知湿物料的处理量、湿物料在干燥前后的含水量及湿空气的初始状态，要求计算水分蒸发量、空气用量以及干燥过程所需的热量，为此必须要对干燥器进行物料衡算和热量衡算。

8.3.1　湿物料中的含水量

湿物料中的含水量有两种表示方法。

(1) 湿基含水量 w[kg(水)/kg(湿料)]

$$w = \frac{湿物料中水分的质量}{湿物料总质量} \tag{8-18}$$

(2) 干基含水量 X[kg(水)/kg(绝干物料)]

$$X = \frac{湿物料中水分的质量}{湿物料中绝干物料的质量} \tag{8-19}$$

通过以上定义，可以求得二者关系，即

$$w = \frac{X}{1+X} \qquad X = \frac{w}{1-w} \tag{8-20}$$

上式说明，干燥过程中，湿物料的质量是变化的，而绝干物料的质量是不变的。因此，用干基含水量计算较为方便。

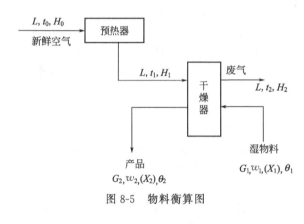

图 8-5　物料衡算图

8.3.2　干燥过程的物料衡算

温度为 t_0、流量为 L[kg(干空气)/h]的新鲜空气进入预热器，预热器将其温度加热至 t_1，进入干燥器与流量为 G_1、温度为 θ_1、湿基含水量 w_1 的湿物料接触，进行传热传质；物料经干燥后以流量为 G_2、温度为 θ_2、湿基含水量 w_2 的状态离开干燥系统，蒸发出的蒸汽与空气（废气）在温度 t_2 下引出系统，见图 8-5。

通过干燥过程的物料衡算，可确定出将湿物料干燥到指定的含水量所需除去的水分量及所需的空气量，从而确定在给定干燥任务下所用的干燥器尺寸，并配备合适的风机。

8.3.2.1　湿物料的水分减少量 W

通过干燥器的湿空气中绝干空气量是不变的，又因为湿物料中蒸发出的水分被空气带走。故湿物料中水分的减少量 W[kg(水)/h]等于湿物料中水分汽化量，也等于湿空气中水分增加量。即

$$G_1 - G_2 = G_1 w_1 - G_2 w_2 = G(X_1 - X_2) = W = L(H_2 - H_1) \tag{8-21}$$

所以

$$W = G_1 \frac{w_1 - w_2}{1 - w_2} = G_2 \frac{w_1 - w_2}{1 - w_2}$$

8.3.2.2　干空气用量 L

由于 $W = L(H_2 - H_1)$，所以 $L = \dfrac{W}{H_2 - H_1}$

令

$$l = \frac{L}{W} = \frac{1}{H_2 - H_1}$$

式中，l 称为比空气用量，即每汽化 1kg 的水所需干空气的量，kg(干空气)/kg(水)。因为空气在预热器中为等湿加热，所以 $H_1 = H_0$，则

$$l = \frac{1}{H_2 - H_1} = \frac{1}{H_2 - H_0} \tag{8-22}$$

因此比空气用量 l 只与空气的初、终湿度有关，而与路径无关，是状态函数。

同样可以求出湿空气用量 L'[kg(湿空气)/h]与湿空气体积 V_s[m³(湿空气)/h]，即

$$L' = L(1 + H_0) \quad 及 \quad V_s = L\upsilon_H$$

8.3.3　干燥系统热量衡算与热效率

通过干燥器的热量衡算，可以确定物料干燥所消耗的热量或干燥器排出空气的状态。作为计算空气预热器和加热器的传热面积、加热剂的用量、干燥器的尺寸或热效率的依据。

流量为 L、温度为 t_0、湿度为 H_0、焓为 I_0 的新鲜空气，经加热后的状态变为 t_1、H_1、I_1，进入干燥器与湿物料接触，增湿降温，离开干燥器时状态变为 t_2、H_2、I_2，固体物料进、出干燥器的流量分别为 G_1、G_2，温度为 θ_1、θ_2，含水量为 X_1、X_2，见图 8-6。通过衡算图可知，整个干燥过程需外加热量有两处，预热器内加入热量 Q_p，干燥器内加入热量 Q_d，干燥器损失的热量为 Q_L，则外加总热量 $Q = Q_p + Q_d$。将 Q 折合为汽化 1kg 水分所需热量 q

$$q = \frac{Q}{W} = \frac{Q_p + Q_d}{W} \tag{8-23}$$

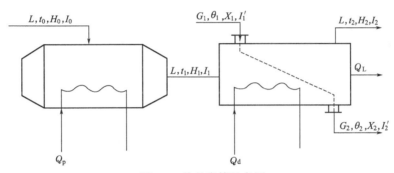

图 8-6　热量衡算示意图

干燥系统总热量消耗于加热空气、蒸发水分、加热湿物料与热量损失。

8.3.3.1　热量衡算

(1) 预热器消耗的热量 Q_p　若忽略热损失，以 1s 为基准，对图 8-6 的预热器进行物料衡算，则

$$L I_0 + Q_p = I_1 L$$

所以，预热器在单位时间内消耗的热量为

$$Q_p = L(I_1 - I_0) \tag{8-24}$$

结合式(8-6)，上式可改写为

$$Q_p = L(1.01 + 1.88 H_0) \times (t_1 - t_0) \tag{8-25}$$

工程上，可根据上式计算结果，进一步计算传热面积与加热介质用量，从而设计预热器。

(2) 向干燥器补充的热量 Q_d　定义绝干物料质量流量为 G，单位为 kg(绝干料)/s，同样对干燥器作热量衡算，则

$$L I_1 + G I_1' + Q_d = L I_2 + G I_2' + Q_L \tag{8-26}$$

所以，单位时间内向干燥器补充的热量为

$$Q_d = L(I_2 - I_1) + G(I_2' - I_1') + Q_L \tag{8-27}$$

(3) 干燥系统消耗的总热量　干燥系统消耗的总热量 Q 为预热器消耗的热量 Q_p 与向干燥器补充的热量 Q_d 之和，即

$$Q = Q_p + Q_d = L(I_2 - I_0) + G(I_2' - I_1') + Q_L \tag{8-28}$$

原湿物料流量应为干燥产品 G_2 与蒸发出水分流量 W 之和，其中干燥产品 G_2 从温度 θ_1 被加热到 θ_2 后离开干燥器，所消耗的热量为 $Gc_{p2}(\theta_2 - \theta_1)$；水分 W 由液态温度 θ_1 被加热并汽化，在温度 t_2 下以气态形式离开干燥器，这一过程所需热量为 $(2490 + 1.88t_2 - 4.187\theta_1)W$，则

$$Q = Q_p + Q_d = L(1.01 + 1.88H_0) \times (t_2 - t_0) + Gc_{p2}(\theta_2 - \theta_1) +$$
$$W(2490 + 1.88t_2 - 4.187\theta_1) + Q_L \tag{8-29}$$

式中，c_{p2} 为绝干物料的比热容，$kJ/[kg(绝干料)\cdot℃]$。若忽略空气中水汽进出干燥系统的焓变化及湿物料中水分带入系统的焓，则上式可简化为

$$Q = 1.01L(t_2 - t_0) + W(2490 + 1.88t_2) + Gc_{p2}(\theta_2 - \theta_1) + Q_L \tag{8-29a}$$

8.3.3.2　干燥系统的热效率

将干燥系统的热效率 η 定义为

$$\eta = \frac{蒸发水分所需的热量}{干燥系统输入的总热量} \times 100\% \tag{8-30}$$

蒸发水分所需的热量为水蒸气带走的热量减去湿物料中水分所代入的热量，水蒸气带走的热量等于 $(W \times 2490 + 1.88t_2)$，湿物料中水分所代入的热量为 4.187θ，所以蒸发水分所需的热量为 $Q_V = (2490 + 1.88t_2 - 4.187\theta_1)W$。若忽略湿物料中水分所代入的热量，则蒸发水分所需的热量为 $Q_V = (2490 + 1.88t_2)W$。则热效率为

$$\eta = \frac{W(2490 + 1.88t_2)}{Q} \times 100\% \tag{8-31}$$

热效率反映了干燥系统热利用情况，η 越高表示干燥系统热利用率越好。

提高热效率、减少空气消耗量的主要途径有提高离开干燥器的空气（废气）的湿度与降低离开燥器的空气的温度，进而减少输送空气的动力消耗。但这样会降低干燥过程的传热、传质推动力，降低干燥速率。特别是对于吸水性物料的干燥，空气出口温度应高些，而湿度则应低些，即相对湿度要低些。在实际干燥操作中，空气离开干燥器的温度 t_2 需比进入干燥器时的绝热饱和温度高 $20\sim50℃$，这样才能保证在干燥系统后面的设备内不致析出水滴，而使干燥产品返潮，同时避免造成管路的堵塞和设备材料的腐蚀。

此外，工程中，可利用废气来预热冷空气或冷物料以回收废气中的热量，或采用二级干燥、利用内换热器、加强干燥设备的保温、减少系统热损失等措施降低能耗，提高干燥器的热效率。

8.4　干燥速率与干燥时间

通过干燥器的物料衡算及热量衡算可以计算出完成一定干燥任务所需的空气量及热量。但需要多大尺寸的干燥器以及干燥时间长短等问题，则必须通过干燥速率计算方可解决。物料的去湿过程经历了两步，首先是水分从物料内部迁移至表面，然后再由表面汽化而进入空气主体。故干燥速率不仅取决于空气的性质及干燥操作条件，而且还与物料中所含水分的性质有关。

根据在一定干燥条件下能否用干燥的方法除去来划分，可将物料中所含水分分为平衡水分与自由水分见图 8-7。当某种物料与一定温度及湿度的空气相接触时，物料将会失去水或吸收水分，直至物料表面所产生的水蒸气压与空气中的水汽分压平衡，此时，物料中的水分将不再因与空气接触时间的延长而有所变化。在此空气状态下，物料中所含的水分称为该物料的平衡

水分。平衡水分随物料种类不同而有很大差别;对于同一种物料,又因所接触的空气状态不同而异。非吸水性物料,如黄沙、陶瓷等,其平衡水分接近于零;吸水性物料,如烟草、木材、纸张与皮革等,其平衡水分则较大,且主要取决于所接触空气的相对湿度。物料中所含的水分大于平衡水分的那一部分,称为自由水分。自由水分是能被干燥方法除去的水分。

根据物料中水分除去的难易来划分,物料中的水分可分为结合水分水分和非结合水分(图 8-7)。结合水分包括物料细胞壁内的水分、物料内可溶固体物溶液中的水分及物料内毛细管中的水分等。由于这种水分与物料的结合力强,其蒸气压低于同温度下纯水饱和蒸气压,致使干燥过程中水分去除的传质推动力降低,故除去物料内结合水分较除去物料表面附着的水分困难。非结合水分包括物料中附着的水分和较大孔隙中的水分,它主要是以机械方式与物料结合,故结合力较弱,蒸气压与同温度纯水的饱和蒸气压相同,因此,除去非结合水分比去结合水分容易。

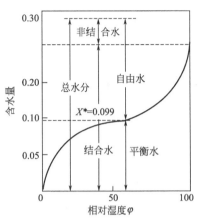

图 8-7 固体物料所含水分种类

平衡水分与自由水分,结合水分与非结合水分,是两种概念不同的区分方法。自由水分是在干燥中可以除去的水分,而平衡水分是不能除去的,自由水分和平衡水分的划分除与物料有关外,还决定于空气的状态。非结合水分是在干燥中容易除去的水分,而结合水分较难除去。是结合水还是非结合水仅决定于固体物料本身的性质,与空气状态无关。

如图 8-7 所示,在一定温度下,实验测得某物料的平衡曲线,与 $\varphi = 100\%$ 的轴线交点以下的水分即为该物料的结合水分,而大于这交点的物料中的水分则为非结合水分。因此在一定温度下,物料中结合水分和非结合水分的划分,只取决于物料本身的特性,而与空气的状态无关。物料中平衡水分和自由水分的划分不仅与物料性质有关,而且还取决于空气的状态。对同一种物料而言,若空气状态不同,则其平衡水分和自由水分的值也不相同。

8.4.1 恒定干燥条件下的干燥速率

干燥速率的大小直接影响到物料干燥所需要的时间,所以干燥速率是影响干燥操作的重要条件。

8.4.1.1 干燥速率

干燥速率是指在每平方米干燥表面积上,每小时蒸发的水分量,单位为 kg(水)/(h·m²),有时也将每千克无水物料每小时蒸发出的水量称为质量干燥速率,单位为 kg(水)/[h·kg(干物料)]。根据定义,可以得到干燥速率与相关参量之间的关系,即

$$u = \frac{\mathrm{d}W}{A\mathrm{d}\tau} = \frac{\mathrm{d}G(X_1 - X_2)}{A\mathrm{d}\tau} = -\frac{G\mathrm{d}X}{A\mathrm{d}\tau} \tag{8-32}$$

式中,u 为干燥速率;W 为蒸发出的水分量,kg;A 为干燥面积,m²;τ 为干燥时间,h。

影响干燥速率的因素有传热速率、扩散传质速率,工程中一般可以通过提高干燥介质温度、增加传热面积及提高对流传热系数等措施来提高干燥速率。

物料的干燥速率可由干燥实验测得。为了简化影响因素,设干燥实验在恒定的条件下进行,即干燥介质的温度、湿度、流速及与物料的接触方式在整个干燥过程中保持不变。采用大量空气干燥少量的湿物料时可接近恒定干燥条件。

8.4.1.2 干燥曲线与干燥速率曲线

干燥曲线表明在相同的干燥条件下将某物料干燥至某一含水量时所需的干燥时间及干燥过程中物料表面温度的变化情况。将特定物料在上述恒定干燥条件下干燥，可以测定干燥曲线及干燥速率曲线。

在实验过程中，将每一时间间隔 $\Delta\tau$ 内物料的质量减少量 ΔW 及物料表面温度 θ 记录下来，实验进行至物料恒重为止，此时物料中所含水分即为该条件下物料的平衡水分。实验结束后取出物料并测出物料与空气的接触面积 A，再将物料放入电烘箱内烘干至恒重（烘箱温度应低于物料的分解温度），即可测得绝干物料的质量 G。

将上述实验数据经整理，可绘制如图 8-8 所示的物料含水量 X 及物料表面温度与干燥间 τ 的关系曲线，即为该物料的干燥曲线。

由图 8-8 可见，图中 A 点表示物料初始含水量为 X_1，温度为 θ_1，当物料与热空气接触后，物料表面温度由 θ_1 升高至 θ'，物料含水量下降至 X'，AB 段内，干燥速率逐渐增大。BC 段内物料含水量继续下降，X 与 τ 的关系基本呈线性，物料表面温度为空气的湿球温度 t_w，在该段内，热空气传递给物料的显热等于水分从物料中汽化所需的潜热。在 CDE 段内，物料温度逐渐升高，热空气传给物料的热量一部分用于加热物料使其温度由 t_w 升至 θ_2，一部分用于水分汽化。该段内干燥速率趋于平坦，直至物料含水量降低至平衡水分 X^*。

干燥速率与物料含水量之间的关系符合式(8-32)，将所得的各组数据制成曲线图，此曲线就称为干燥速率曲线，见图 8-9。由图可见，干燥速率曲线分为 AB、BC 和 CDE 三段。AB 段为物料预热段，此段所需干燥时间极短，通常归入 BC 段处理。BC 段内干燥速率保持恒定，基本上不随物料含水量变化而变化，称此段为恒速干燥阶段。在该阶段物料的表面温度为 t_w，除去的水分为非结合水，干燥速率只与空气的状态有关，而与物料的种类无关。

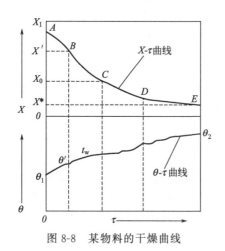

图 8-8　某物料的干燥曲线

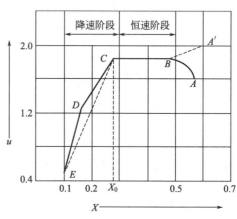

图 8-9　某物料的干燥速率曲线

若要维持恒速干燥，必须使物料表面维持润湿状态，水分从湿物料到空气中实际经历两步：首先由物料内部迁移至表面，然后再从表面汽化到空气中。若水分由物料内部迁移至表面的速率大于或等于水分从表面汽化的速率，则物料表面保持完全润湿。由于此阶段汽化的是非结合水分，故恒速干燥阶段的干燥速率的大小取决于物料表面水分的汽化速率。因此，恒速干燥阶段又可称为表面控制阶段。

CDE 段内干燥速率随物料含水量的减少而降低，称其为降速干燥阶段。图 8-9 中 C 点是恒速和降速阶段的分界点，称为临界点，该点的干燥速率仍等于恒速阶段的干燥速率 u_0，

该点的物料含水量 X_0 称为临界含水量。

物料在干燥过程中经历了预热、恒速、降速干燥阶段，用临界含水量 X_0 加以区分，X_0 越大，越早地进入降速阶段，使完成相同的干燥任务所需的时间越长。X_0 的大小不仅与干燥速率和时间的计算有关，同时由于影响两个阶段的因素不同，因此确定 X_0 值对强化干燥过程也有重要意义。

随着干燥过程的进行，物料内部水分迁移到表面的速率已经小于表面水分的汽化速率。物料表面不能再维持全部润湿，而出现部分"干区"，即实际汽化表面减少。因此，以物料总面积为基准的干燥速率下降。去除的水分为结合、非结合水分。

当物料全部表面都成为干区后，水分的汽化面逐渐向物料内部移动，传热是由空气穿过干料到汽化表面，汽化的水分又从湿表面穿过干料到空气中，因此该阶段又称为物料内部迁移控制阶段。显然，固体内部的热、质传递途径加长，阻力加大，造成干燥速率下降，即为图中的 DE 段。在此过程中，空气传给湿物料的热量大于水分汽化所需要的热量，故物料表面的温度升高。随着干燥时间的延长，干基含水量 X 减小，干燥速率降低；物料表面温度大于湿球温度；除去的水分为非结合、结合水分。降速干燥阶段的干燥速率与物料种类、结构、形状及尺寸有关，而与空气状态关系不大。

需要指出的是，干燥曲线或干燥速率曲线是在恒定的空气条件下获得的，对指定的物料，空气的温度、湿度不同，速率曲线的位置也不同。

8.4.2　恒定干燥条件下干燥时间 τ

由于干燥分为两个阶段，即恒速干燥阶段与降速干燥阶段，则恒定干燥条件下物料总干燥时间应为两阶段干燥时间之和，即 $\tau = \tau_1 + \tau_2$。

8.4.2.1　恒速阶段干燥时间 τ_1

恒速干燥阶段的干燥速率为常量，等于临界点的干燥速率 u_0，物料从初始含水量 X_1 降低到临界含水量 X_0 所需要的时间 τ_1，可用下式计算

$$\tau_1 = \int_0^{\tau_1} \mathrm{d}\tau = -\frac{G}{Au_0} \int_{X_1}^{X_0} \mathrm{d}X = \frac{G(X_1 - X_0)}{Au_0} \tag{8-33}$$

8.4.2.2　降速阶段干燥时间 τ_2

降速阶段干燥时间 τ_2 的计算，可采用图解积分法或解析法进行计算。

降速阶段干燥物料含水量由 X_0 下降至 X_2 所需时间 τ_2，可用下式计算，即

$$\tau_2 = \int_0^{\tau_2} \mathrm{d}\tau = -\frac{G}{A} \int_{X_0}^{X_2} \frac{\mathrm{d}X}{u} = \frac{G}{A} \int_{X_2}^{X_0} \frac{\mathrm{d}X}{u} \tag{8-34}$$

由于降速干燥阶段，干燥速率 u 是变量，可采用图解积分发求解。以 X 为横坐标，$1/u$ 为纵坐标对相应的含水量 X 进行标绘，干燥时间 τ_2 的值就是由 $X = X_0$、$X = X_2$、横轴及绘制的曲线所围成的图形的面积。

用图解积分法求解的干燥时间结果较为准确，但计算烦琐，工作量较大。当将干燥速率曲线中降速干燥阶段 CE 视为直线时，就可采用解析法进行近似求解，即

$$u = -\frac{G\,\mathrm{d}X}{A\,\mathrm{d}\tau} = K(X - X^*) \tag{8-35}$$

式中，X^* 为平衡含水量，kg(水)/kg(干料)；K 为比例系数，$\mathrm{kg/(m^2 \cdot s)}$。由于将此段干燥速率曲线视为直线，$K$ 实际上就是这段直线的斜率，所以

$$K = \frac{u_0}{X_0 - X^*} \tag{8-36}$$

整理并积分，得到降速阶段干燥时间 τ_2

$$\tau_2 = -\frac{G}{AK}\int_{x_0}^{x_2}\frac{\mathrm{d}X}{X-X^*} = \frac{G}{AK}\ln\frac{X_0-X^*}{X_2-X^*} = \frac{G(X_0-X^*)}{Au_0}\ln\frac{X_0-X^*}{X_2-X^*} \qquad (8\text{-}37)$$

【例 8-2】 在恒定干燥条件下将含水量为 0.4kg（水）/kg（干料）的某物料中的水分降低 80%，共需 6h，已知该物料的临界含水量为 0.15kg（水）/kg（干料），平衡含水量 0.04kg（水）/kg（干料），若将降速阶段的干燥速率曲线可作为直线处理。试求：

(1) 恒速干燥阶段所需时间及降速阶段所需时间；

(2) 若在同样条件下继续将物料干燥至 0.05kg（水）/kg（干料），还需多少时间？

解：(1) 物料含水量 X 由 0.4kg（水）/kg（干料）降低 80% 水分即降至 0.08kg（水）/kg（干料），根据题意，$X_0 = 0.15$kg（水）/kg（干料），$X_1 = 0.4$kg（水）/kg（干料），$X^* = 0.04$kg（水）/kg（干料），干燥过程经历两个阶段，第一阶段为恒速干燥，所需时间为

$$\tau_1 = -\frac{G}{Au_0}\int_{x_1}^{x_0}\mathrm{d}X = \frac{G(X_1-X_0)}{Au_0}$$

第二阶段为降速干燥，所需时间为

$$\tau_2 = -\frac{G}{AK}\int_{x_0}^{x_2}\frac{\mathrm{d}X}{X-X^*} = \frac{G}{AK}\ln\frac{X_0-X^*}{X_2-X^*} = \frac{G(X_0-X^*)}{Au_0}\ln\frac{X_0-X^*}{X_2-X^*}$$

将以上两式联立，得到

$$\frac{\tau_1}{\tau_2} = \frac{X_1-X_0}{(X_0-X^*)\ln\dfrac{X_0-X^*}{X_2-X^*}} = \frac{0.4-0.15}{(0.15-0.04)\ln\dfrac{0.15-0.04}{0.08-0.04}} = 2.247$$

所以 $\tau_1 = 4.15$h，$\tau_2 = (6-4.15)$h $= 1.85$h

(2) 继续将物料干燥至 0.05kg（水）/kg（干料），所需时间

设从临界含水量 $X_0 = 0.15$kg（水）/kg（干料）降至 $X_3 = 0.05$kg（水）/kg（干料）所需时间为 τ_3，则

$$\frac{\tau_3}{\tau_2} = \frac{\ln\dfrac{X_0-X^*}{X_3-X^*}}{\ln\dfrac{X_0-X^*}{X_2-X^*}} = \frac{\ln\dfrac{0.15-0.04}{0.05-0.04}}{\ln\dfrac{0.15-0.04}{0.08-0.04}} = 2.37$$

所以，继续干燥所需时间为

$$\tau_3 - \tau_2 = 1.37\tau_2 = 1.37 \times 1.85 = 2.53 \ (\text{h})$$

【例 8-3】 在恒定干燥条件下的箱式干燥器内，将湿染料由湿基含水量 45% 干燥到 3%，湿物料的处理量为 8000kg 湿染料，实验测得：临界湿含量为 30%，平衡湿含量为 1%，总干燥时间为 28h。试计算在恒速阶段和降速阶段平均每小时所蒸发的水分量。

解：$w_1 = 0.45$，则

$$X_1 = \frac{w_1}{1-w_1} = \frac{0.45}{1-0.45} = 0.818[\text{kg（水）/kg（干料）}]$$

$w_2 = 0.03$，则

$$X_2 = \frac{w_2}{1-w_2} = \frac{0.03}{1-0.03} = 0.031[\text{kg（水）/kg（干料）}]$$

同样可以计算出，$X_0 = 0.429$kg（水）/kg（干料），由题意知，$X^* = 0.01$kg（水）/kg（干料），$\tau = 28$h

$$\tau_1 = \frac{G}{Au_0}(X_1 - X_0)$$

$$\tau_2 = \frac{G(X_0 - X^*)}{Au_0}\ln\frac{X_0 - X^*}{X_2 - X^*}$$

所以，

$$\frac{\tau_1}{\tau_2} = \frac{X_1 - X_0}{(X_0 - X^*)\ln\dfrac{X_0 - X^*}{X_2 - X^*}} = \frac{0.818 - 0.429}{(0.429 - 0.01)\ln\dfrac{0.429 - 0.01}{0.031 - 0.01}} = 0.31$$

因为，$\tau_1 + \tau_2 = 28h$，所以，$\tau_1 = 6.6h$，$\tau_2 = 21.4h$。

原料中所含绝干物料量为

$$G = 8000 \times (1 - 0.45) = 4400(kg)$$

则第一阶段每小时蒸发的水分为

$$\frac{G(X_1 - X_0)}{\tau_1} = \frac{4400 \times (0.818 - 0.429)}{6.6} = 259.3(kg/h)$$

则第二阶段每小时蒸发的水分为

$$\frac{G(X_0 - X_2)}{\tau_2} = \frac{4400 \times (0.429 - 0.031)}{21.4} = 81.8(kg/h)$$

8.5　干燥器

干燥器是通过加热使物料中的湿分（一般指水分或其他可挥发性液体成分）汽化逸出，以获得规定湿含量的固体物料的机械设备，从而实现物料的干燥。

远古以来，人类就习惯于用天然热源和自然通风来干燥物料，完全受自然条件制约，生产能力低下。随生产力的发展，它们逐渐被人工可控制的热源和机械通风除湿手段所代替。

近代干燥器，开始使用的是间歇操作的固定床式干燥器。19 世纪中叶，洞道式干燥器的使用，标志着干燥器由间歇操作向连续操作方向的发展。回转圆筒干燥器则较好地实现了颗粒物料的搅动，干燥能力和强度得以提高。一些行业则分别发展了适应本行业要求的连续操作干燥器，如纺织、造纸行业的滚筒干燥器。

20 世纪初期，乳品行业最先开始应用喷雾干燥器，为大规模干燥液态物料提供了有力的工具。20 世纪 40 年代开始，随着流化技术的发展，高强度、高生产率的沸腾床和气流式干燥器相继出现。而冷冻升华、辐射和介电式干燥器则为满足特殊要求提供了新的手段。60年代开始发展了远红外和微波干燥器等先进干燥设备。

8.5.1　干燥器的基本要求

干燥器的种类繁多，形式各样，但作为干燥设备必须满足下面三个方面的要求。

（1）物料的适应性　湿物料的外表形态很不相同，从大块整体物件到粉粒体，从黏稠溶液或糊状团块到薄膜涂层。物料的化学、物理性质也有很大差别。比如硅酸盐、氧化物等能经受高温处理，能保持其物理化学性质稳定；药物、食品、合成树脂等有机物则易于氧化受热变质；有的物料干燥过程中还会发生物理化学变化导致产品硬化、开裂、收缩等，影响其外观和使用价值。能够适应被干燥物料的外观性状、产品标准等是对干燥器的基本要求，也是选用干燥器的首要条件。

（2）设备的生产能力　设备的生产能力取决于物料达到指定干燥程度所需的时间。物料在降速阶段的干燥速率缓慢，费时较多。可以通过降低物料的临界含水量，使更多的水分在速率较高的恒速阶段除去或者将物料尽可能地分散，达到缩短干燥时间、提高设备生产能力的目的。围绕这方面，出现许多新型的干燥器，如气流式、流化床、喷雾式干燥器等。

（3）能耗的经济性　干燥是一种耗能较大的一种单元操作，设法提高干燥过程的热效率是至关重要的。在对流干燥中，提高热效率的主要途径是减少废气带热。干燥器结构应能提供有利的气固接触，在物料耐热允许的条件下应使用尽可能高的入口气温，或在干燥器内设置加热面进行中间加热。这两者均可降低干燥介质的用量，减少废气的带热损失。

在恒速干燥阶段，干燥速率与介质流速有关，减少介质用量会使设备容积增大；但在降速阶段，干燥速率几乎与介质流速无关。这样，物料的恒速与降速干燥在同一设备、相同流速下进行，在经济上并不合理。为提高热效率，物料在不同的干燥阶段可采用不同类型的干燥器加以组合。

此外，在相同的进、出口温度下，逆流操作可以获得较大的传热、传质推动力，设备容积较小。换言之，在设备容积和产品含水量相同的条件下，逆流操作介质用量较少，热效率较高。但对于热敏性物料，并流操作可采用较高的预热温度，并流操作将优于逆流操作。

8.5.2　干燥器的分类

干燥器可按操作过程、操作压力、加热方式、湿物料运动方式或干燥器结构等不同特征分类。

按操作过程，干燥器分为间歇式（分批操作）和连续式两类。

按操作压力，干燥器分为常压干燥器和真空干燥器两类。在真空下操作可降低空间的湿分蒸汽分压而加速干燥过程，且可降低湿分沸点和物料干燥温度，蒸汽不易外泄。所以，真空干燥器适用于干燥热敏性、易氧化、易爆和有毒物料，以及湿分蒸汽需要回收的场合。

按加热方式，干燥器分为对流式、传导式、辐射式、介电式等类型。对流式干燥器又称直接干燥器，是利用热的干燥介质与湿物料直接接触，以对流方式传递热量，并将生成的蒸汽带走。传导式干燥器又称间接式干燥器，是利用传导方式由热源通过金属间壁向湿物料传递热量，生成的湿分蒸汽可用减压抽吸、通入少量吹扫气或在单独设置的低温表面冷凝器冷凝等方法移去。这类干燥器不使用干燥介质，热效率较高，产品不受污染，但干燥能力受金属壁传热面积的限制，结构也较复杂，常在真空下操作。辐射式干燥器是利用各种辐射器辐射出一定波长范围的电磁波，被湿物料表面有选择地吸收后转变为热量进行干燥。介电式干燥器是利用高频电场作用，使湿物料内部发生热效应进行干燥。本节重点介绍对流式干燥器。

对流式干燥器属于应用最广的一类干燥器，包括厢式干燥器、气流干燥器、喷雾干燥器、流化床干燥器、滚筒干燥机等。此类干燥器的主要特点是：①热气流和固体直接接触，热量以对流传热方式由热气流传给湿固体，所产生的水汽由气流带走；②热气流温度可提高到普通金属材料所能耐受的最高温度（约 730℃），在高温下辐射传热将成为主要的传热方式，并可达到很高的热量利用率；③气流的湿度对干燥速率和产品的最终含水量有影响；④使用低温气流时，通常需对气流先作减湿处理；⑤汽化单位质量水分的能耗较传导式干燥器高，最终产品含水量较低时尤甚；⑥需要大量热气流以保证水分汽化所需的热量，如果被干燥物料的粒径很小，则除尘装置庞大而耗资较多。

8.5.3　常用的对流式干燥器

8.5.3.1　厢式干燥器

箱式干燥器是古老的、应用广泛的干燥器，有平行流式箱式干燥器、穿流式箱式干燥器、真空箱式干燥器、热风循环烘箱四种。平行流式箱式干燥器，箱内设有风扇、空气加热器，料盘置于小车上，小车可方便地推进推出，盘中物料填装厚度为 $20\sim30mm$，平行流风速一般为 $0.5\sim3m/s$。干燥强度一般为 $0.12\sim1.5kg/(h\cdot m^2)$。穿流式箱式干燥器与平行流式不同之处在于：料盘底部为金属网（孔板）结构。热气流强制均匀地穿过堆积的料层，其风速在 $0.6\sim1.2m/s$，料层高度可以达到 $50\sim70mm$。对于特别疏松的物料，填装高度可更高，其干燥速度为平行流式的 $3\sim10$ 倍，干燥强度可达到为 $24kg/(h\cdot m^2)$。

箱式干燥器可广泛应用于颜料、燃料、医药品、催化剂、铁酸盐、树脂、食品等生产过程，其主要特点是适宜于小规模生产、允许物料在干燥器内停留较长时间等。

8.5.3.2　气流干燥器

气流干燥适合于处理粒径小、干燥过程主要由表面汽化控制的物料。对于粒径小于 $0.5\sim0.7mm$ 的物料，不论初始含水量如何，一般都能将含水量降为 $0.3\%\sim0.5\%$。但由于物料在气流干燥器内的停留时间很短（一般只有几秒），不易得到含水量更低的干燥产品。

气流干燥器主要由干燥管、旋风分离器和风机等部分组成（图 8-10）。湿物料经加料器连续加至干燥管下部，被高速热气流分散，在气固并流流动的过程中，进行热量传递和质量传递，使物料得以干燥。干燥后的固体物料随气流进入旋风分离器，分离后收集起来，废气经风机排出。由于物料刚进入干燥管时上升速度为零，此时气体与颗粒之间的相对速度最大，颗粒密集程度也最高，故体积传热系数最高。在物料入口段（高度为 $1\sim3m$），气体传给物料的热量可达总传热量的 $1/2\sim3/4$。在入口段以上，颗粒与气流之间的相对速度等于颗粒的沉降速度，传热系数不很大。因此，入口段是整个气流干燥器中最有效的区段。

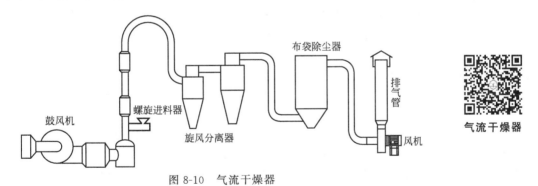

图 8-10　气流干燥器

气流干燥在我国是一种应用最广泛、最久远的干燥方法。随着不同新型气流干燥器的开发成功，气流干燥在我国干燥领域方兴未艾。由于干燥时间短，适合受高温易变质物料的干燥；不适合黏性大的物料干燥。管道较长，一般超过 20m。

气流干燥器的主要缺点在于干燥管太高。为降低其高度，近年来出现了几种新型的气流干燥器：

① 多级气流干燥器　将几个较短的干燥管串联使用，每个干燥管都单独设置旋风分离器和风机，从而增加了入口段的总长度。

② 脉冲式气流干燥器　采用直径交替缩小和扩大的干燥管（脉冲管），由于管内气速交替变化，从而增大了气流与颗粒的相对速度。

③ 旋风式气流干燥器 使携带物料颗粒的气流,从切线方向进入旋风干燥室,以增大气体与颗粒之间的相对速度,也降低了气流干燥器的高度。

在气流干燥器中,主要除去湿物料表面水分,物料的停留时间短,温升不高,所以适宜于处理热敏性、易氧化、易燃烧的细粒物料。但不能用于处理不允许损伤晶粒的物料。目前,气流干燥在制药、塑料、食品、化肥和染料等工业中应用较广。

气流干燥器的特点主要表现在以下几方面:

① 干燥强度大 由于气流速度高,粒子在气相中分散良好,可以把粒子的全部表面积作为干燥的有效面积,因此,干燥的有效面积大大增加。同时,由于干燥时的分散和搅拌作用,使汽化表面不断更新,因此,干燥的传热、传质过程强度较大。

② 干燥时间短 气、固两相的接触时间极短,干燥时间一般在 0.5~2s,最长 5s。由于物料的热变性一般是温度和时间的函数,因此,对于热敏性或低熔点物料不会造成过热或分解而影响其质量。

③ 热效率高 气流干燥采用气、固相并流操作。在表面汽化阶段,物料始终处于与其接触的气体的湿球温度,一般不超过 60~65℃;在干燥末期物料温度上升的阶段,气体温度已大大降低,产品温度不会超过 70~90℃。因此,可以使用高温气体作为热源。

④ 处理量大 一根直径为 0.7m、长为 10~15m 的气流干燥管,每小时可处理 25t 煤或 15t 硫酸铵。

⑤ 设备简单 气流干燥设备简单,占地小,投资省。同时,可以把干燥、粉碎、筛分、输送等单元过程联合操作,不但流程简化,而且操作易于自动控制。

但由于气流速度较高,粒子有一定的磨损和粉碎,对于要求有一定形状的颗粒产品不宜采用。对于易于粘壁的、非常黏稠的物料以及需要干燥至临界湿含量以下的物料也不宜采用。在干燥时要产生毒气的物料,以及所需的分量比较大的情况下也不宜采用气流干燥。

8.5.3.3 喷雾干燥器

喷雾干燥器是使液态物料经过喷嘴雾化成微细的雾状液滴,在干燥塔内与热介质接触,被干燥成为粉料的热力过程。进料可以是溶液、悬浮液或糊状物,雾化可以通过旋转式喷雾器、压力式雾化喷嘴和气流式雾化喷嘴实现,操作条件和干燥设备的设计可根据产品所需的干燥特性和粉粒的规格选择。

喷雾干燥器适用于连续大规模生产,干燥速度快,主要适用于热敏性物料、生物制品和药物制品。

喷雾干燥器因其可直接由溶液或悬浮体干燥为成分均匀的粉状产品的特殊优点,目前在化工、轻工、食品等工业中有广泛的应用,化学工业中以染料行业应用最为普遍。经过近20 年来广大工程技术人员的努力,喷雾干燥技术已比较成熟,塔尺寸的确定也有成功的计算方法。采用的雾化器主要有压力式、离心式和气流式三种。近几年来离心喷雾干燥机的应用呈上升趋势。对于真溶液喷雾干燥,值得注意的是,不同亲水性溶质要求的干燥介质温度不同。如无机盐类是强亲水性物质,其水溶液蒸发脱水主要在溶液沸点下进行,出塔气体温度低于 130℃就难以操作。我国虽然和国外相比还有明显的差距,但喷雾干燥机装置的制造和操作水平也都有较大幅度的提高。

在干燥塔顶部导入热风,同时将料液送至塔顶部,通过喷雾器喷成雾状液滴。这些液滴群的表面积很大,与高温热风接触后水分迅速蒸发,在极短的时间内便成为干燥产品,从干燥塔底排出。热风与液滴接触后温度显著降低,湿度增大,作为废气由排风机抽出,废气中夹带的微粒用分离装置回收 (图 8-11)。

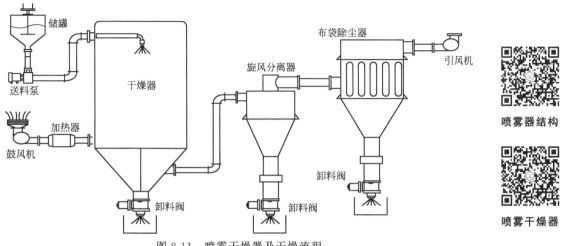

图 8-11 喷雾干燥器及干燥流程

喷雾干燥技术和设备的改进和革新主要有以下几个方面：

① 解决粘壁问题 粘壁现象迄今仍然是妨碍喷雾干燥机正常操作的一个突出问题。一般说来，增大直径可以减轻粘壁；但为此目的而采用非常大的设备直径显然也不经济。国外专家研究了干燥过程中的粘壁和结块问题，认为造成粘壁的主要宏观因素是壁温。他们研究出了一些对策措施，并实践应用，有一定效果。另外，塔内壁抛光也可以减轻粘壁。

② 改善产品物性 科学技术发展和生活水平的提高对喷雾干燥产品的物理性质提出了越来越高的要求。例如，有的要求堆密度特别大或特别小，部分粉体如食品、中药冲剂等则往往要求速溶性。一般说来，改变雾化的分散度以及适当改变操作条件以控制干燥速率，可以制得具有不同堆密度的产品，但变化的幅度是有限的。在改善物性方面值得一提的是泡沫喷雾干燥，即将进料液体先泡沫化后再行喷雾干燥。该方法最初是为提高热效率而提出的，后来用以调整产品的物性。现已证明，泡沫喷雾干燥制得的奶粉等产品粒径大、多孔、多凹陷、表面粗糙，具有良好的速溶性。

喷雾干燥机、离心喷雾干燥机和多喷嘴喷雾干燥机是三种典型的喷雾干燥设备。离心喷雾和多喷嘴喷雾的喷雾方向为水平或垂直方向（轴线方向）。水平方向时，为了使热风和液滴很好地接触，提高干燥效率，让热风形成涡流，这样易产生附着现象，附着沉积的物料会产生热变性和清洗困难等问题。而热风的速度沿着干燥塔轴线方向时，热风流线常会整体发生偏移，热风不能很好地与料液混合，效率低且有部分附着现象。

为了避免热风涡流和轴流的缺点，设置了热风整流室。在整流室的吹出口装有蜂窝状类似转桨式水轮机导向叶轮的固定叶片，热风由固定叶片的半径方向流出，进一步改变热风方向，吹向干燥塔。这样由固定叶片把涡流的热风转变为干燥塔的轴向供给，达到了整流的目的，对于解决干燥塔内的产品附着问题效果非常明显。而且整流后防止了热风回转，使雾下降时，受热均匀，使成品的热变化可以维持在最小限度内，因此提高了成品的质量。

为了满足市场需要，提高产品溶解性、冲调性和包装性能，有的喷雾干燥设备增加了造粒的设备，但它会增加制品的热变性和芳香物质的损失。MD 型喷雾干燥机有效地解决了干燥塔、分离室和冷却室的一体化问题。在喷雾干燥的降速干燥阶段，随着水分的降低，粉末的温度上升。以乳品为例，干燥塔下部的干燥空气温度为 90~100℃ 时，粉末的温度为 60℃ 左右，为防止热变性，希望干燥终了时迅速冷却。对此 MD 型喷雾干燥机在干燥塔的下部安装了流动冷却室，这个系统有旋风分离的微粉末，用空气输送到分离室下部的流动冷却室，与在分离室被重力分离出的粉末一起冷却到 30℃左右，然后排出，其结果对热变性有很好的控制作用。

喷雾干燥器是干燥领域发展最快、应用范围最广的一种形式，适用于溶液、乳浊液和可泵送的悬浮液等液体原料生成粉状、颗粒状或块状固体产品。被干燥物料热敏性、黏度、流动性等不同的干燥特性，和产品的颗粒大小、粒度分布、残留水分含量、堆积密度、颗粒形状等不同的质量要求，决定了采用不同的雾化器、气流运动方式和干燥室的结构形式。

干燥料浆后的气体中含有汽化后的溶剂和少量的微小粉尘，该气体被压力风机首先送到旋风分离器，对其中的粉尘进行初步分离，然后再送至冷凝-淋洗塔。在淋洗塔内，气体得到进充分的洗涤，而气体中含有的溶剂气体被冷凝出来，在淋洗塔底部进行收集。经洗涤后的气体又被送到油-气热交换器进行加热，得到重复使用。运行过程中系统保持微正压状态，靠一个送气阀和一个排气阀自动控制。

喷雾干燥器主要应用于以下行业或领域：

① 催化剂的干燥　如丙烯腈催化剂、轻油转化催化剂、中温变换催化剂、高压甲醇催化剂及低压甲醇催化剂等。

② 洗涤剂的干燥　如合成洗衣粉、十二醇硫酸钠及皂基等。

③ 染料和颜料的干燥　如活性翠蓝、咔叽绿 B、增白剂及铬黄等。

④ 化学肥料的干燥　如尿素及氮磷钾复合肥料等。

⑤ 聚合物的干燥　如聚氯乙烯醋酸酯、聚乙烯醇、尿素-甲醛树脂、三聚氰胺-甲醛树脂、苯酚-甲醛树脂、聚丙烯酸酯、聚碳酸酯、苯乙烯-丁二烯树脂及聚甲醛等。

⑥ 陶瓷原料的干燥　如铁氧体、碳化钨、皂石、高岭土、氧化铝及钛酸盐等。

⑦ 矿物的干燥　如铜精矿、镍精矿、铂精矿、氧化铜精矿、铝精矿、锌精矿、锡精矿、沉淀铜、沉淀氢氧化铝、沉淀碳酸镍、贵重金属泥、皂土、冰晶石及磷酸盐等。

⑧ 农药的干燥　如除草剂、杀虫剂及杀菌剂等。

⑨ 药品干燥　如维生素、抗生素、酶、糊精、肝精、培养基及中草药植物抽取液等。

⑩ 速溶食品的干燥　如全脂奶粉、脱脂奶粉、麦乳精、可溶性鱼粉、鱼浆及鱼蛋白质等。

8.5.3.4　流化床干燥器

又称为沸腾床干燥器。流化床干燥技术是近年来发展起来的一种新型干燥技术，其过程是散状物料被置于孔板上，并由其下部输送气体，引起物料颗粒在气体分布板上运动，在气流中呈悬浮状态，产生物料颗粒与气体的混合底层，犹如液体沸腾一样。在流化床干燥器中物料颗粒在此混合底层中与气体充分接触，进行物料与气体之间的热传递与水分传递。目前被广泛用于化工、食品、陶瓷、药物、聚合物等行业。

如果气体通过一个颗粒床层，该床层随着气流速度的变化会呈现不同的状态。在流速较低时，气流仅是在静止颗粒的缝隙中流过，这时称为固定床。当气流速度增大到一定值时，所有的颗粒被上升的气流悬浮起来，此时气体对颗粒的作用力与颗粒的重力相平衡，床层达到起始流态化，这时的气流速度称为最小流化速度。当气流速度超过这个值，高到超过颗粒的终端速度（最大流化速度）时，床层上界面消失并出现夹带现象，固体颗粒随流体从床层中带出，这种情况就是气力输送固体颗粒现象，或称分散相流化床。

流化床干燥具有较高的传热和传质速率，具有干燥速率高，热效率高，结构紧凑，基本投资和维修费用低，便于操作等优点。

典型的流化床干燥器（图 8-12）有一个锥形反应室，热空气从底部进入，通过物料层，再从顶部排出。

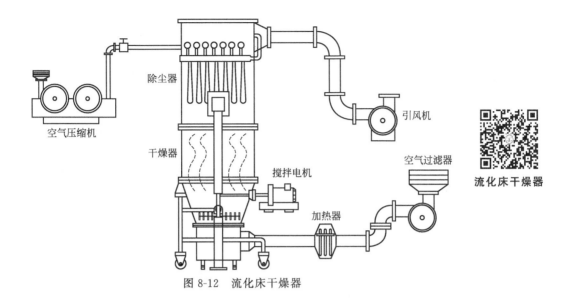

图 8-12　流化床干燥器

　　工程上在普通流化床干燥器的基础上进行改型，研制开发了振动流化床干燥机、搅拌流化床干燥器、离心流化床干燥机等，扩大了流态化干燥的范围，改善了流化质量，提高了热质传递的强度。

　　① 振动流化床干燥机　振动流化床就是在普通流化床上施加振动而成。在输料板上放上一层物料（粉状、粒状、条状等），对输料板施以振动，当振动加速度大于重力加速度时，料层开始膨胀，出现所谓的振动流态化状态。这时放在输料板上的物料产生强烈的混合，并且很容易做水平和倾斜移动。在此条件下，利用对流、传导、辐射向料层供给热量，即可达到干燥的目的。

　　由于床层的强烈振动，传热和传质的阻力减小，提高了振动流化床的干燥速率，同时使不易流化或流化时易产生大量夹带的块团性或高分散物料也能顺利干燥，克服了普通流化床易产生返混、沟流、粘壁等现象的缺点。振动流化床现在广泛应用于医药、食品、食盐、化工，饲料工业的干燥、冷却、造粒生产上。

　　② 搅拌流化床干燥器　搅拌流化床干燥器是在流化床内装设搅拌器，使某些湿颗粒物料或易凝聚成团的物料也能采用流化干燥。可用于硫酸铵、氨基酸、酐酪素、聚丙烯树脂等物料的干燥。

　　搅拌流化床干燥器具有下列优点：首先，扩大了流态化干燥技术的应用范围，适合于湿含量较大、在热气流中不易分散的物料或者在干燥脱水过程中可能结块的物料的干燥；其次，可以有效避免沟流、腾涌和死床现象，获得均匀的流化状态，改善了流化质量，从而提高了热质传递强度。近年来随着搅拌流化床在药物、食品、化工产品的造粒、涂层等过程中得到了相当广泛的应用。

　　③ 离心流化床干燥机　离心流化床是在离心力场中进行流化干燥的一种新型干燥设备，由于离心力场的存在离心加速度可以是重力加速度的几倍到几十倍，因此与普通重力流化床相比较，强化了湿分在物料内部的迁移过程，干燥时间短，传热、传质速率高，能够有效地抑制气泡的生成及物料的夹带，对于在重力流化床中难以干燥的低密度、热敏性、易黏结的固体物料都可以有效地干燥。离心式流化床的应用比较广泛，目前已在水果、蔬菜、米饭等食品的干燥方面取得较好效果。

　　④ 脉冲流化床干燥器　脉冲流化床干燥是改变传统流化床的恒定送风为周期性送风，

通过调节气流的脉冲频率或脉冲气流导通率，使通过孔板的气体流量或流化区发生周期性变化，对物料进行干燥。常见的脉冲流化床干燥器有二位蝶阀脉冲流化床、气流移位式脉冲流化床及旋转脉冲流化床等几种类型。

脉冲流化床用于不易流化的物料和有特殊要求的物料。其最早被用来干燥粉末状物料，能有效克服沟流、死区和局部过热等传统流化床常见的弊端，因而可用于处理黏性强、易结团和热敏性物料。

⑤ 热泵流化床干燥器　热泵式流化床干燥装置是采用干燥介质的密闭循环方式，利用热泵的除湿-加热循环，提供 40～80℃的较温和的干燥热风进行加热。与干燥介质采用热风炉或蒸汽加热的流化床干燥装置相比，热泵式流化床干燥装置加热干燥空气的费用仅为传统直接加热方式的一半，而食品的干燥质量则可明显提高，从而对提高食品生产企业的竞争力具有重要价值。热泵干燥具有热效率高、节能、干燥温度低、卫生安全、环境友好等特点，特别适合于谷物、种子及食品原料等热敏性物料的干燥。

8.5.3.5　滚筒干燥机

滚筒干燥机（又称转鼓干燥器、回转干燥机等）是一种接触式内加热传导型的干燥机械，见图 8-13。在干燥过程中，热量由滚筒的内壁传到其外壁，穿过附在滚筒外壁面上被干燥的食品物料，把物料上的水分蒸发。滚筒干燥机是一种连续式干燥的生产机械。

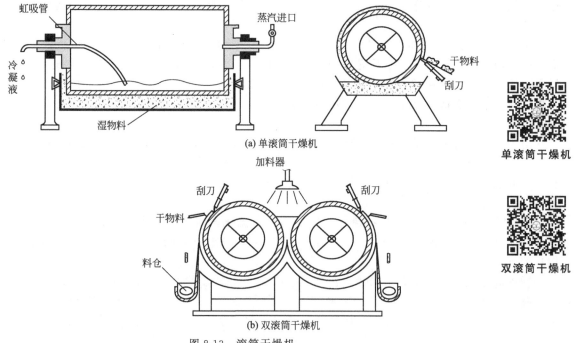

图 8-13　滚筒干燥机

滚筒干燥机的转筒是略带倾斜并能回转的圆筒体，湿物料从一端上部进入，干物料从另一端下部收集。热风从进料端或出料端进入，从另一端上部排出。筒内装有顺向抄板，使物料在筒体回转过程中不断抄起又洒下，使其充分与热气流接触，以提高干燥效率并使物料向前移动。干燥物料热源一般为热空气、高温烟道气、水蒸气等。

滚筒干燥机工作时将需要待干燥处理的物料由高位料仓进入滚筒干燥机的受料槽内，由布膜装置使物料薄薄地（膜状）附在滚筒表面。滚筒内通有供热介质，压力一般在 0.2～6MPa，温度在 120～150℃之间。物料在滚筒转动中由筒壁传热使其湿分汽化。滚筒在一个转动周期中完成布膜、汽化、脱水等过程。干燥后的物料由刮刀刮下，经螺旋输送器输送至成品贮存槽，最后进行粉碎或直接包装。在传热中蒸发出的水分，视其性质可通过密闭罩，引入到相应的处理装置内进行捕集粉尘或排放。

按滚筒的数量可分为单滚筒、双滚筒和多滚筒干燥机；按操作压力可分为常压式和真空式两种；按布膜形式可分为顶部进料、浸液式和喷溅式干燥机等。

(1) 单滚筒干燥机　是指干燥机由一只滚筒完成干燥操作的机械，其组成如上所述。干燥机的重要组成部分是滚筒。滚筒为一中空的金属圆筒，筒体用铸铁或钢板焊制，用于食品生产的滚筒一般用不锈钢钢板焊制。滚筒直径在 0.6～1.6m 范围，长径比 (L/D)=0.8～2。布料形式可视物料的物性而使用顶部入料或用浸液式、喷溅式上料等方法，附在滚筒上的料膜厚度为 0.5～1.5mm。加热的介质大部分采用蒸汽，蒸汽的压力为 200～600kPa，滚筒外壁的温度为 120～150℃。驱动滚筒运转的传动机构为无级调速机构，滚筒的转速一般在 4～10r/min。物料被干燥后，由刮料装置将其从滚筒刮下。刮刀的位置视物料的进口位置而定，一般在滚筒断面的Ⅲ、Ⅳ象限，与水平轴线交角 30°～45°。滚筒内供热介质的进出口，采用聚四氟乙烯密封圈密封。滚筒内的冷凝水，采取虹吸管并利用滚筒蒸汽的压力与疏水阀之间的压差，使之连续地排出筒外。

(2) 双滚筒干燥机　是指干燥机由两只滚筒同时完成干燥操作的机械。干燥机的两个滚筒由同一套减速传动装置，经相同模数和齿数的一对齿轮啮合，使两组相同直径的滚筒相对转动而操作。双滚筒干燥机按布料位置的不同，可以分为对滚式和同槽式两类。

① 对滚式双滚筒干燥机　料液存在两滚筒中部的凹槽区域内，四周设有堰板挡料。两筒的间隙，由一对节圆直径与筒体外径一致或相近的啮合轮控制，一般在 0.5～1mm 范围，不允许料液泄漏。对滚的转动方向，可根据料液的实际和装置布置的要求确定。滚筒转动时咬入角位于料液端时，料膜的厚度由两筒之间的空隙控制。咬入角若处于反向时，两筒之间的料膜厚度，由设置在筒体长度方向上的堰板与筒体之间的间隙控制。该形式的干燥器，适用于有沉淀的浆状物料或黏度大物料的干燥。

② 同槽式双滚筒干燥机　它的两组滚筒之间的间隙较大，相对啮合的齿轮的节圆直径大于筒体外径。上料时，两筒在同一料槽中浸液布膜，相对转动，互不干扰。适用于溶液、乳浊液等物料干燥。

双滚筒式干燥机的滚筒直径一般为 0.5～2m；长径比 (L/D)=1.5～2。转速、滚筒内蒸汽压力等操作条件与单滚筒干燥机的设计相同，但传动功率为单滚筒的 2 倍左右。双滚筒式干燥机的出料方式与单滚筒干燥机有所不同，若为上部进料，由料堰控制料膜的厚度的两滚筒干燥器，可在干燥器底部的中间位置，设置一台螺旋输送器，集中出料。下部进料的对滚式双滚筒干燥机，则分别在两组滚筒的侧面单独设置出料装置。

(3) 真空式滚筒干燥机　是将滚筒全密封在真空室内，出料方式采取储斗料封的形式间隙出料。滚筒干燥机在真空状态下，可大大提高传热系数，例如在滚筒内温度为 121℃（即 0.2MPa 蒸气压），870kPa 的真空条件下操作，传热系数是在常压操作下的 2～2.5 倍。但由于真空式滚筒干燥机的结构较复杂，干燥成本高，故一般只限用于如果汁、酵母、婴儿食品之类热敏性较高的物料的干燥。

滚筒干燥机能操作连续，能够得到均匀的干燥产品；干燥时间短，一般约为 7～30s，干燥的产品没有处于高温的危险，适用于热敏性物料的干燥，但壁面也有可能产生过热。不论干燥的物料浆液黏度高或低均能对其进行干燥；热效率高；因干燥机内不会剩残留产品，少量物料也可以干燥。滚筒干燥机的操作参数调整范围广，并易于调整。滚筒干燥机内易于清理，改变用途容易；废气不带走物料，因此不需要用除尘设备等干燥机配件。滚筒干燥机较广泛地应用于浆状物料的干燥，像干燥酵母、抗生素、乳糖、淀粉浆、亚硝酸钠、染料、碳酸钙及蒸馏废液等均能进行干燥处理。

习　题

一、填空题

1. 普通温度计的感温球露在空气中，所测得的温度为空气的_____。

2. 在101.33kPa的总压下，在间壁式换热器中将温度为293K、相对湿度为80%的空气加热，则该空气下列状态参数的变化趋势是：湿度_____，相对湿度_____，露点 t_d _____。

3. 常压下，空气中水汽分压为20mmHg时，其湿度 $H=$ _____。

4. 已知 $t=50℃$、$p_总=1atm$ 时空气中水蒸气分压 $p_w=55.3mmHg$，则该空气的湿含量 $H=$ _____；相对湿度 $\varphi=$ _____。（50℃时，水的饱和蒸气压为92.51mmHg）

5. 相对湿度 φ 值可以反映湿空气吸收水汽能力的大小，当 φ 值大时表示该湿空气的吸收水汽的能力_____；当 $\varphi=0$ 时表示该空气为_____。

6. 干燥进行的条件是被干燥物料表面所产生的水蒸气分压_____干燥介质中水蒸气分压。

7. 在101.33kPa的总压下，将饱和空气的温度从 t_1 降至 t_2，则该空气下列状态参数的变化趋势是：湿度_____，相对湿度_____，露点 t_d _____。

8. 测定空气中的水汽分压的实验方法是测量_____。

9. 在实际的干燥操作中，常常用_____来测量空气的湿度。

10. 对于不饱和空气，表示该空气的三个温度，即干球温度 t、湿球温度 t_w 和露点 t_d 间的关系是_____。

11. 对于不饱和空气（空气-水蒸气系统）t _____ $t_湿$ _____ $t_绝$ _____ $t_露$。

12. 干燥过程中，使用预热器的目的是_____。

13. 作为干燥介质的湿空气，其预热的目的是_____。

14. 在一定空气状态下干燥某物料，能用干燥方法除去的水分为_____；首先除去的水分为_____；不能用干燥方法除去的水分为_____。

15. 物料中的水分按能否用干燥方法除去分，可分为_____和_____。

16. 物料中的水分按除去的难、易程度分，可分为_____和_____。

17. 在一定干燥条件下，物料厚度增加，物料的临界含水量会_____，而干燥所需的时间会_____。

18. 用对流干燥方法干燥湿物料的时候，不能除去的水分为_____。

19. 固体物料的干燥，一般分为_____两个阶段。

20. 干燥速率的一般表达式为_____。在表面汽化控制阶段，则可将干燥速率表达为_____。

21. 干燥速率曲线是在恒定干燥条件下测定的，其恒定干燥条件是指_____均恒定。

22. 空气进入干燥器之前一般都要预热，其目的是_____。

23. 干燥速率曲线一般分为_____、_____和_____三个阶段。

24. 恒定的干燥条件是指空气的_____、_____、_____以及_____都不变。

25. 影响恒速干燥速率的因素主要为_____、_____等，影响降速干燥速率的因素主要有_____、_____、_____等。

26. 以空气作为湿物料的干燥介质当所用空气的相对湿度较大时，湿物料的平衡水分相应_____，自由水分相应_____。

27. 去除水分时固体收缩最严重的影响是_____，因而降低了干燥速率。

28. 湿空气经预热，相对湿度 φ _____，对易龟裂物料，常采用_____方法来控制进干燥器的 φ 值。

29. 降低废气出口温度可以提高干燥器的热效率，但废气出口温度不能过低，否则可能会出现_____的现象。

30. 流化床干燥器适宜于处理_____物料。流化床干燥器中的适宜气体速度应在_____速度与_____速度之间。

31. 在对流干燥器中最常用的干燥介质是_____，它既是_____又是_____。

32. 对高温下不太敏感的块状和散粒状的物料的干燥，通常可采用_____干燥器，当干燥液状或浆状的物料时，常采用_____干燥器。

33. 在常压下，常温不饱和湿空气经预热器间接加热后，该空气的下列状态参数有何变化？湿度 H _____，相对湿度 φ _____，湿球温度 t_w _____，露点 t_d _____，焓 I _____。（升高，降低，不变，不确定）

二、选择题

1. 干燥是（　　）过程。

A. 传质　　　　　　　B. 传热　　　　　　　C. 传热和传质

2. 在一定的总压下，空气的湿含量一定时，其温度愈高，则它的相对湿度（　　）。

A. 愈低　　　　　　　B. 愈高　　　　　　　C. 不变　　　　　　　D. 两者没有关系

3. 下列各组参数中，哪一组的两个参数是相对独立的（　　）。

A. H、p　　　　　　B. H、t_d　　　　　　C. I、t_w　　　　　　D. t_w、t_d

4. 当空气的 $t = t_w = t_d$ 时，说明空气的相对湿度 φ（　　）。

A. $= 100\%$　　　　　B. $> 100\%$　　　　　C. $< 100\%$　　　　　D. 无法判断

5. 作为干燥介质的热空气，一般应是（　　）的空气。

A. 饱和　　　　　　　B. 不饱和　　　　　　C. 过饱和

6. 在一定空气状态下，用对流干燥方法干燥湿物料时，能除去的水分为（　　），不能除去水分为（　　）。

A. 结合水分　　　B. 非结合水分　　　C. 平衡水分　　　D. 自由水分

7. 恒速干燥阶段，物料的表面温度等于空气的（　　）。

A. 干球温度　　　　　B. 湿球温度　　　　　C. 露点

8. 影响恒速干燥速率的主要因素是（　　）。

A. 物料的性质　　　　B. 物料的含水量　　　C. 空气的状态

9. 将不饱和的空气在总压和湿度不变的情况下进行冷却而达到饱和时的温度，称为湿空气的（　　）。

A. 湿球温度　　　　　B. 绝热饱和温度　　　C. 露点

10. 在干燥流程中，湿空气经预热器预热后，其温度（　　），相对湿度（　　）。

A. 升高　　　　　　　B. 降低　　　　　　　C. 不变

11. 物料中非结合水分的特点之一是其产生的水蒸气压（　　）同温度下纯水的饱和蒸气压。

A. 大于　　　　　　　B. 小于　　　　　　　C. 等于

12. 实验结果表明：对于空气-水蒸气系统，当空气流速较大时，其绝热饱和温度（　　）湿球温度。

A. 大于　　　　　　　B. 等于　　　　　　　C. 小于　　　　　　　D. 近似等于

13. 当空气的相对湿度 $\varphi = 60\%$ 时，则其三个温度 t（干球温度）、t_w（湿球温度）、t_d（露点）之间的关系为（　　）。

A. $t = t_w = t_d$　　　　B. $t > t_w > t_d$　　　　C. $t < t_w < t_d$　　　　D. $t > t_w = t_d$

14. 空气的干球温度为 t，湿球温度为 t_w，露点为 t_d，当空气的相对湿度 $\varphi = 98\%$ 时，则（　　）。

A. $t = t_w = t_d$　　　　B. $t > t_w > t_d$　　　　C. $t < t_w < t_d$　　　　D. $t > t_w = t_d$

15. 以下关于对流干燥过程的特点，哪种说法不正确（　　）。

A. 对流干燥过程是气固两相热、质同时传递的过程

B. 对流干燥过程中气体传热给固体

C. 对流干燥过程中湿物料的水被汽化进入气相

D. 对流干燥过程湿物料表面温度始终恒定于空气的湿球温度

16. 同一种物料在一定干燥速率下，物料愈厚，则其临界含水量愈（　　）。

A. 低　　　　　　　　B. 不变　　　　　　　C. 高　　　　　　　　D. 不定

17. 在恒定条件下干燥某种湿物料：（1）临界含水量是结合水与非结合水的分界点；（2）平衡水分是区

分可除去水分与不可除去水分的分界点。以下正确的是（　　　）。

  A. 两种提法都对 B. 两种提法都不对 C.（1）对，（2）不对 D.（2）对，（1）不对

  18.在等速干燥阶段，用同一种热空气以相同的流速吹过不同种类的物料表面，则对干燥速率的正确的判断是（　　　）。

  A. 随物料种类不同而有极大差别   B. 随物料种类不同可能会有差别

  C. 各种不同种类物料的干燥速率是相同 D. 不好判断

  19.利用空气作介质干燥热敏性物料，且干燥处于降速阶段，欲缩短干燥时间，则可采取的最有效措施是（　　　）。

  A. 提高干燥介质的温度   B. 增大干燥面积，减薄物料厚度

  C. 降低干燥介质相对湿度   D. 提高空气的流速

  20.在下列条件下可以接近恒定干燥条件：（1）大量的空气干燥少量的湿物料；（2）工业上连续操作的干燥过程。以下判断正确的是：

  A. 都正确   B. 都不正确   C.（1）对，（2）不对 D.（2）对，（1）不对

  21.下列关于湿物料中水分的表述不正确的是（　　　）。

  A. 平衡水分是不能除去的结合水分

  B. 自由水分全部分为非结合水分

  C. 非结合水分一定是自由水分

  D. 临界含水量是湿物料中非结合水分和结合水分划分的界限

  22.物料的平衡水分一定是（　　　）。

  A. 结合水分   B. 非结合水分   C. 临界水分   D. 自由水分

  23.在一定空气状态下，用对流干燥方法干燥湿物料时，能除去的水分为（　　　），不能除去水分为（　　　）。

  A. 结合水分   B. 非结合水分   C. 平衡水分   D. 自由水分

  24.若需从牛奶料液直接得到奶粉制品，选用（　　　）。

  A. 沸腾床干燥器 B. 气流干燥器 C. 转筒干燥器   D. 喷雾干燥器

  25.欲从液体料浆直接获得固体产品，则最适宜的干燥器是（　　　）。

  A. 气流干燥器   B. 流化床干燥器   C. 喷雾干燥器   D. 厢式干燥器

  26. 气流干燥器的干燥作用主要发生在干燥管的（　　　）。

  A. 进口段   B. 出口段   C. 中间段   D. 整个干燥管内

三、判断题

  1.若相对湿度为零，说明空气中水汽含量为零。 （　　　）

  2.干燥过程既是传热过程又是传质过程。（　　　）

  3.若以湿空气作为干燥介质，由于夏季的气温高，则湿空气用量就少。（　　　）

  4.干燥操作的目的是将物料中的含水量降至规定的指标以上。（　　　）

  5.空气的干球温度和湿球温度相差越大，说明该空气偏移饱和程度就越大。（　　　）

  6.一定状态下湿空气经过加热，则其湿度 H 不变，相对湿度减小。（　　　）

  7.干燥操作中，当相对湿度为100%时，表明湿空气中水蒸气含量已达到饱和状态。（　　　）

  8.湿空气温度一定时，相对湿度越低，湿球温度也越低。（　　　）

  9.相对湿度越低，则距饱和程度越远，表明该湿空气的吸收水汽的能力越弱。（　　　）

  10.改变湿物料物料层的厚薄将对降速干燥阶段干燥速率有较大影响，而对等速干燥阶段基本没有影响。（　　　）

四、简答题

  1.何谓干燥操作？干燥过程得以进行的条件是什么？

  2.湿空气的性能参数有哪些？（写出其单位）

  3.为什么湿空气不能直接进入干燥器，而要经预热器预热？

  4.何谓干燥速率？受哪些因素的影响？

5.通常物料除湿的方法有哪些？

6.干燥器出口空气的湿度增大（或温度降低）对干燥操作和产品质量有何影响？

五、计算题

1.已知空气的干燥温度为 60℃，湿球温度为 30℃，试计算空气的湿含量 H、相对湿度 φ、焓 I 和露点温度 t_d。

2.湿度为 0.018kg(水)/kg(干空气)的湿空气在预热器中加热到 128℃后进入常压等焓干燥器中，离开干燥器时空气的温度为 49℃，求离开干燥器时露点温度。

3.已知湿空气的总压强为 50kPa，温度为 60℃，相对湿度 40％。试求：（1）湿空气中水汽的分压；（2）湿度；（3）湿空气的密度。

4.干球温度为 20℃，湿度为 0.009kg/kg(绝干物料)的湿空气通过预热器加热到 50℃，再送往常压干燥器中，离开干燥器时空气的相对湿度为 80％。若空气在干燥器中经历等焓干燥过程，试求：（1）$1m^3$ 原湿空气在预热器过程中焓的变化；（2）$1m^3$ 原湿空气在干燥器中获得的水分量。

5.采用废气循环干燥流程干燥某物料，温度 t_0 为 20℃、相对湿度 φ_0 为 70％的新鲜空气，与干燥器出来的温度 t_2 为 50℃、相对湿度 φ_2 为 80％的部分废气混合后进入预热器，循环的废气量为离开干燥器废空气量的 80％。混合气升高温度后再进入并流操作的常压干燥器中，离开干燥器的废气除部分循环使用外，其余放空。湿物料经干燥后湿基含水量从 47％降至 5％，湿物料流量为 $1.5×10^3$ kg/h，设干燥过程为绝热过程，预热器的热损失可忽略不计。试求：（1）新鲜空气的流量；（2）整个干燥系统所需热量；（3）进入预热器湿空气的温度。

6.实验测得某物料干燥速率与其所含水分直线关系。即 $-\dfrac{dX}{dr}=K_xX$。在某干燥条件下，湿物料从 60kg 减到 50kg 所需干燥时间 60min。已知绝干物料量为 45kg，平衡含水量为零。试问将此物料在相同干燥条件下，从初始含水量干燥至初始含水量的 20％需要多长时间？

7.某干燥器冬季的空气状态为 $t_0=5℃$、$\varphi=30％$，夏季空气状态为 $t_0=30℃$、$\varphi=65％$。如果空气离开干燥器时的状态均为 $t_2=40℃$、$\varphi=80％$。试分别计算该干燥器在冬、夏季的单位空气消耗量。

8.在常压连续干燥器中，将某物料从含水量 10％干燥至 0.5％（均为湿基），绝干物料比热容为 1.8kJ/(kg·℃)，干燥器的生产能力为 3600kg(绝干物料)/h，物料进、出干燥器的温度分别为 20℃和 70℃。热空气进入干燥器的温度为 130℃，湿度为 0.005kg(水)/kg(绝干空气)，离开时温度为 80℃。热损失忽略不计，试确定干空气的消耗量及空气离开干燥器时的温度。

9.在常压连续干燥器中，将某物料从含水量 5％干燥至 0.2％（均为湿基），绝干物料比热容为 1.9kJ/(kg·℃)，干燥器的生产能力为 7200kg(湿物料)/h，空气进入预热器的干、湿球温度分别为 25℃和 20℃。离开预热器的温度为 100℃，离开干燥器的温度为 60℃，湿物料进入干燥器时温度为 25℃，离开干燥器为 35℃，干燥器的热损失为 580kJ/kg(汽化水分)。试求产品量、空气消耗量和干燥器热效率。

10.在恒定干燥条件下的箱式干燥器内，将湿染料由湿基含水量 45％干燥到 3％，湿物料的处理量为 8000kg(湿染料)。实验测得：临界湿含量为 30％，平衡湿含量为 1％，总干燥时间为 28h。试计算在恒速阶段和降速阶段平均每小时所蒸发的水分量。

附录

附录1 常见物理量的单位和量纲

1.一些物理量在三种单位制中的单位和量纲

物理量	SI			CGS 单位制		工程单位制	
	单位中文符号	单位英文符号	量纲	单位英文符号	量纲	单位英文符号	量纲
长度	米	m	L	cm	L	m	L
时间	秒	s	T	s	T	s	T
质量	千克	kg	M	g	M	$kgf·s^2/m$	$L^{-1}FT^2$
力	牛顿或 千克·米/秒^2	N 或 $kg·m/s^2$	LMT^{-2}	dyn 或 $g·cm/s^2$	LMT^{-2}	kgf	F
速度	米/秒	m/s	LT^{-1}	cm/s	LT^{-1}	m/s	LT^{-1}
加速度	米/秒^2	m/s^2	LT^{-2}	cm/s^2	LT^{-2}	m/s^2	LT^{-2}
密度	千克/米^3	kg/m^3	$L^{-3}M$	g/cm^3	$L^{-3}M$	$kgf·s^2/m^4$	$L^{-4}FT^2$
压强	帕斯卡或 牛顿/米^2	Pa 或 N/m^2	$L^{-1}MT^{-2}$	dyn/cm^2	$L^{-1}MT^{-2}$	kgf/m^2	$L^{-2}F$
能或功	焦耳或 千克·米^2/秒^2	J 或 $kg·m^2/s^2$	ML^2T^{-2}	erg 或 $g·cm^2/s^2$	L^2MT^{-2}	kgf·m	LF
功率	瓦特或 千克·米^2/秒^3	W 或 $kg·m^2/s^3$	L^2MT^{-3}	erg/s	L^2MT^{-3}	kgf·m/s	LFT^{-1}
动力黏度	帕斯卡秒	Pa·s	$L^{-1}MT^{-1}$	P 或 $g/(cm·s)$	$L^{-1}MT^{-1}$	$kgf·s/m^2$	$L^{-2}FT$
运动黏度	米^2/秒	m^2/s	L^2T^{-1}	St 或 cm^2/s	L^2T^{-1}	m^2/s	L^2T^{-1}
表面张力	牛顿/米	N/m	MT^{-2}	dyn/cm	MT^{-2}	kgf/m	FL^{-1}
扩散系数	米^2/秒	m^2/s	L^2T^{-1}	m^2/s	L^2T^{-1}	m^2/s	L^2T^{-1}

2.单位换算

（1）质量

kg	t(吨)	lb(磅)
1	0.001	2.20462
1000	1	2204.62
0.4536	$4.536×10^{-4}$	1

（2）长度

m	in(英寸)	ft(英尺)	yd(码)
1	39.3701	3.2808	1.09361
0.025400	1	0.083333	0.02778
0.30480	12	1	0.33333
0.9144	36	3	1

（3）力

N	kgf	lbf	dyn
1	0.102	0.2248	1×10^5
9.80665	1	2.2046	9.80665×10^5
4.448	0.4536	1	4.448×10^5
1×10^{-5}	1.02×10^{-6}	2.248×10^{-6}	1

（4）流量

L/s	m^3/s	gal/min(美)	ft^3/s
1	0.001	15850	0.3531
1000	1	1.5850×10^{-4}	35.31
0.06309	6.309×10^{-5}	1	0.002228
28.32	0.02832	448.8	1

（5）压强

Pa	bar	kgf/cm^2	atm	mH_2O	mmHg	lbf/in^2
1	1×10^{-5}	1.02×10^{-5}	0.99×10^{-5}	0.102	0.0075	14.5×10^{-5}
10^5	1	1.0197	0.9869	10197	750.1	14.50
9.807×10^4	0.9807	1	0.9678	10^4	735.56	14.22
1.01325×10^5	1.0133	1.0332	1	1.0133×10^4	760	14.697
9.807	9.807×10^{-5}	0.0001	0.09678×10^{-4}	1	0.0736	1.423×10^{-3}
133.32	1.333×10^{-3}	0.136×10^{-2}	0.00132	13.61	1	0.01934
6894.8	0.06895	0.703	0.068	703	51.71	1

（6）功、能和热

J(N·m)	kgf·m	kW·h	英制马力·h	kcal	英热单位	ft·lbf
1	0.102	2.778	3.725	2.39	9.485	0.7377
9.8067	1	2.724×10^{-6}	3.653×10^{-6}	2.342×10^{-3}	9.296×10^{-3}	7.233
3.6×10^6	3.671×10^5	1	1.3410	860.0	3413	2.655×10^6
2.685×10^6	273.8×10^3	0.7457	1	641.33	2544	1.981×10^6
4.1868×10^3	426.9	1.1622×10^{-3}	1.5576×10^{-3}	1	3.968	3087
1.055×10^3	107.58	2.930×10^{-4}	3.926×10^{-4}	0.2520	1	778.1
1.3558	0.1383	0.3766×10^{-6}	0.5051×10^{-6}	3.239×10^{-4}	1.285×10^{-3}	1

注：$1erg = 1dyn·cm = 10^{-7}N·m$

（7）动力黏度（通称黏度）

Pa·s	P	cP	lbf/(ft·s)	kgf·s/m^2
1	10	1000	0.6720	0.102
1×10^{-1}	1	100	0.06720	0.0102
1×10^{-3}	0.01	1	6.720×10^{-4}	0.102×10^{-3}
1.4881	14.881	1488.1	1	0.1519
9.81	98.1	9810	6.59	1

（8）运动黏度

m^2/s	cm^2/s	ft^2/s
1	1×10^4	10.76
10^{-4}	1	1.076×10^{-3}
9.29×10^{-2}	929	1

（9）功率

W	kgf·m/s	ft·lbf/s	hp(马力)	kcal/s	英热单位/s
1	0.10197	0.7376	1.341×10^{-3}	0.2389×10^{-3}	0.9486×10^{-3}
9.8067	1	7.23314	0.01315	0.002342	0.009293
1.3558	0.13825	1	0.0018182	0.0003289	0.0012851
745.69	76.0375	550	1	0.17803	0.70675
4186.8	426.85	3087.44	5.6135	1	3.9683
1055	107.58	778.168	1.4148	0.251996	1

（10）比热容

kJ/(kg·K)	kcal/(kg·℃)	英热单位/(lb·°F)
1	0.2389	0.2389
4.186	1	1

（11）热导率

W/(m·K)	J/(cm·s·℃)	cal/(cm·s·℃)	kcal/(m·h·℃)	英热单位/(ft^2·h·°F)
1	1×10^{-3}	2.389×10^{-3}	0.8598	0.578
10^2	1	0.2389	86.00	57.79
418.6	4.186	1	360	241.9
1.163	0.1163	0.002778	1	0.6720
1.73	0.01730	0.004134	1.488	1

（12）传热系数

W/(m^2·K)	kcal/(m^2·h·℃)	cal/(cm^2·s·℃)	英热单位/(ft^2·h·°F)
1	0.86	2.389	0.176
1.163	1	2.778×10^{-5}	0.2048
4.186×10^4	3.6×10^4	1	7374
5.678	4.882	1.3562×10^{-4}	1

（13）表面张力

N/m	kgf/m	dyn/cm	lbf/ft
1	6.854	10^3	6.854×10^{-2}
9.807	1	9807	0.6720
10^{-3}	1.020×10^{-4}	1	6.854×10^{-5}
14.592	1.488	14592	1

（14）分子扩散系数

m^2/s	cm^2/s	m^2/h	ft^2/h	in^2/s
1	10^4	3600	3.875×10^4	1550
10^{-4}	1	0.360	3.875	0.1550
2.778×10^{-4}	2.778	1	10.764	0.4306
0.2581×10^{-4}	0.2581	0.09290	1	0.040
6.452×10^{-4}	6.452	2.323	25.000	1

附录2　某些气体的重要物理性质

名称	分子式	密度 /(kg/m³)	比热容 /[kJ/(kg·℃)]	黏度 $\mu \times 10^{-5}$ /Pa·s	沸点 /℃	汽化热 /(kJ/kg)	临界点		热导率 /[W/(m·℃)]
							温度 /℃	压力 /kPa	
空气	—	1.293	1.009	1.73	−195	197	−140.7	3768.4	0.0244
氧气	O_2	1.429	0.653	2.03	−132.98	213	−118.82	5036.6	0.0240
氮气	N_2	1.251	0.745	1.70	−195.78	199.2	−147.13	3392.5	0.0228
氢气	H_2	0.0899	10.13	0.842	−252.75	454.2	−239.9	1296.6	0.163
氦气	He	0.1785	3.18	1.88	−268.95	19.5	−267.96	228.94	0.144
氩气	Ar	1.7820	0.322	2.09	−185.87	163	−122.44	4862.4	0.0173
氯气	Cl_2	3.217	0.355	1.29	−33.8	305	144.0	7708.9	0.0072
氨气	NH_3	0.711	0.67	0.918	−33.4	1373	132.4	11295	0.0215
一氧化碳	CO	1.250	0.754	1.66	−191.48	211	−140.2	3497.9	0.0226
二氧化碳	CO_2	1.976	0.653	1.37	−78.2	574	31.1	7384.8	0.0137
硫化氢	H_2S	1.539	0.804	1.166	−60.2	548	100.4	19136	0.0131
甲烷	CH_4	0.717	1.70	1.03	−161.58	511	−82.15	4619.3	0.0300
乙烷	C_2H_6	1.357	1.44	0.850	−88.50	486	32.1	4948.5	0.0180
丙烷	C_3H_8	2.020	1.65	0.795	−42.1	427	95.6	4355.9	0.0148
正丁烷	C_4H_{10}	2.673	1.73	0.810	−0.5	386	152	3798.8	0.0135
正戊烷	C_5H_{12}	—	1.57	0.874	−36.08	151	197.1	3342.9	0.0128
乙烯	C_2H_4	1.261	1.222	0.935	−103.9	481	9.7	5135.9	0.0164
丙烯	C_3H_6	1.914	1.436	0.835	−47.7	440	91.4	4599.0	—
乙炔	C_2H_2	1.171	1.352	0.935	−83.66	829	35.7	6240.0	0.0184
一氯甲烷	CH_3C_1	2.308	0.582	0.989	−24.1	406	148	6685.8	0.0085
苯	C_6H_6	—	1.139	0.72	80.2	394	288.5	4832.0	0.0088
二氧化硫	SO_2	2.927	0.502	1.17	−10.8	394	157.5	7879.1	0.0077
二氧化氮	NO_2	—	0.615	—	21.2	712	158.2	10130	0.0400

注：未指定温度及压力均为0℃与101.3kPa。

附录 3　某些液体的重要物理性质

名称	分子式	密度 （20℃） /(kg/m³)	沸点 /℃	汽化热 /(kJ/kg)	比热容 /[kJ /(kg·℃)]	黏度 （20℃） /mPa·s	热导率 （20℃） [W/(m·K)]	体积膨胀 系数 /(10⁻⁴ ℃⁻¹)	表面张力 （20℃） /(10⁻³N/m)
水	H_2O	998.3	100	2258	4.184	1.005	0.599	1.82	72.8
氯化钠 盐水（25%）	—	1186 （25℃）	107	—	3.39	2.3	0.57 （30℃）	(4.4)	—
氯化钙 盐水（25%）	—	1228	107	—	2.89	2.5	0.57	(3.4)	—
硫酸	H_2SO_4	1834	340(分解)	—	1.47	23	0.38	5.7	—
硝酸	HNO_3	1512	86	481.1	—	1.17(10℃)	—	12.4	—
盐酸	HCl	1149	—	—	2.55	2(31.5%)	0.42	—	—
乙醇	C_2H_5OH	789.2	78.37	1912	2.47	1.17	0.1844	11.0	22.27
甲醇	CH_3OH	791.3	64.65	1109	2.50	0.5945	0.2108	11.9	22.70
氯仿	$CHCl_3$	1490	61.2	253.7	0.992	0.58	0.138 （30℃）	12.8	28.5 （10℃）
四氯化碳	CCl_4	1594	76.8	195	0.850	1.0	0.12	12.2	26.8
1,2-二氯乙烷	$C_2H_4Cl_2$	1253	83.6	324	1.260	0.83	0.14 （50℃）	—	30.8
苯	C_7H_8	879	80.20	393.9	1.704	0.737	0.148	12.4	28.6
甲苯	C_6H_6	866	110.63	363	1.70	0.675	0.138	10.8	27.9
邻二甲苯	C_8H_{10}	880	144.42	347	1.74	0.811	0.142	—	30.2
间二甲苯	C_8H_{10}	864	139.10	343	1.70	0.611	0.167	10.	29.0
对二甲苯	C_8H_{10}	891	138.35	340	1.704	0.643	0.129	—	28.0
苯乙烯	C_8H_9	911 （15.6℃）	145.2	(352)	1.733	0.72	—	—	—
氯苯	C_6H_5Cl	1106	131.8	325	1.298	0.85	1.14(30℃)	—	32
硝基苯	$C_6H_5NO_2$	1203	210.9	396	1.47	2.1	0.15	—	41
苯胺	$C_6H_5NH_2$	1022	184.4	448	2.07	4.3	0.17	8.5	42.9
苯酚	C_6H_5OH	1050 （50℃）	181.89 (熔点 40.9℃)	511	—	3.4 （50℃）	—	—	—
萘	$C_{16}H_8$	1145	217.9 (熔点 80.2℃)	314	1.80 （100℃）	0.59 （100℃）	—	—	—
甲醇	CH_3OH	791	64.7	1101	2.48	0.6	0.212	12.2	22.6
乙醇	C_2H_5OH	789	78.3	846	2.39	1.15	0.172	11.6	22.8
乙醇（95%）	—	804	78.2	—	—	1.4	—	—	—
乙二醇	$C_2H_4(OH)_2$	1113	197.6	780	2.35	23	—	—	47.7
甘油	$C_3H_5(OH)_3$	1261	290(分解)	—	—	1499	0.59	53	63
乙醚	$(C_2H_5)_2O$	714	34.6	360	2.34	0.24	0.14	16.3	18
乙醛	CH_3CHO	783(18℃)	20.2	574	1.9	1.3(18℃)	—	—	21.2
糠醛	$C_5H_4O_2$	1168	161.7	452	1.6	1.15(℃)	—	—	43.5
丙酮	CH_3COCH_3	792	56.2	523	2.35	0.32	0.17	—	23.7
甲酸	$HCOOH$	1220	100.7	494	2.17	1.9	0.26	—	27.8
醋酸	CH_3COOH	1049	118.1	406	1.99	1.3	0.17	10.7	23.9
醋酸乙酯	$CH_3COOC_2H_5$	901	77.1	368	1.92	0.48	0.14(10℃)	—	—
煤油	—	780~820	—	—	—	3	0.15	10.0	—
汽油	—	680~800	—	—	—	0.7~0.8	0.19(30℃)	12.5	—

附录 4 干空气的物理性质（101.3MPa）

温度 $t/℃$	密度 ρ /(kg/m³)	比热容 c_p /[kJ/(kg·℃)]	热导率 λ /[×10^{-2}W/(m·K)]	黏度 μ /(×10^{-5}Pa·s)	运动黏度 ν /(×10^{-5}m²/s)	普朗特数 Pr
−50	1.584	1.013	2.035	1.46	9.23	0.728
−40	1.515	1.013	2.117	1.52	10.04	0.728
−30	1.453	1.013	2.198	1.57	10.80	0.723
−20	1.395	1.009	2.278	1.62	11.60	0.716
−10	1.342	1.009	2.359	1.67	12.43	0.712
0	1.293	1.005	2.440	1.72	13.28	0.707
10	1.247	1.005	2.510	1.77	14.16	0.705
20	1.205	1.005	2.591	1.81	15.06	0.703
30	1.165	1.005	2.673	1.85	16.00	0.701
40	1.128	1.005	2.754	1.91	16.96	0.699
50	1.093	1.005	2.824	1.96	17.95	0.698
60	1.060	1.005	2.893	2.01	18.97	0.696
70	1.029	1.009	2.963	2.06	20.02	0.694
80	1.000	1.009	3.044	2.11	21.09	0.692
90	0.972	1.009	3.126	2.15	22.10	0.690
100	0.946	1.009	3.207	2.19	23.13	0.688
120	0.898	1.009	3.335	2.29	25.45	0.686
140	0.854	1.013	3.186	2.37	27.80	0.684
160	0.815	1.017	3.637	2.45	30.09	0.682
180	0.779	1.022	3.777	2.53	32.49	0.681
200	0.746	1.026	3.928	2.60	34.85	0.680
250	0.674	1.038	4.625	2.74	40.61	0.677
300	0.615	1.047	4.602	2.97	48.33	0.674
350	0.556	1.059	4.904	3.14	55.46	0.676
400	0.524	1.068	5.206	3.31	63.09	0.678
500	0.456	1.093	5.740	3.62	79.38	0.687
600	0.404	1.114	6.217	3.91	96.89	0.699
700	0.362	1.135	6.700	4.18	115.4	0.706
800	0.329	1.156	7.170	4.43	134.8	0.713
900	0.301	1.172	7.623	4.67	155.1	0.717
1000	0.277	1.185	8.064	4.90	177.1	0.719
1100	0.257	1.197	8.494	5.12	199.3	0.722
1200	0.239	1.210	9.145	5.35	233.7	0.724

附录 5 水的物理性质

温度 /℃	饱和蒸气压 /kPa	密度 /(kg/m³)	焓 /(kJ/kg)	比热容 /[kJ/(kg·℃)]	热导率 λ/[W/(m·K)]	黏度 μ /(×10^{-5} Pa·s)	体积膨胀系数 /(10^{-4}℃$^{-1}$)	表面张力 σ /(10^3N/m)	普朗特数 Pr
0.0	0.6082	999.9	0	4.212	0.5508	178.78	−0.63	75.61	13.66
10.0	1.2262	999.7	42.04	4.191	0.5741	130.53	0.70	74.14	9.52
20.0	2.3346	998.2	83.90	4.183	0.5985	100.42	1.82	72.67	7.01
30.0	4.2474	995.7	125.69	4.174	0.6171	80.12	3.21	71.20	5.42
40.0	7.3766	992.2	167.51	4.174	0.6333	65.32	3.87	69.63	4.30

续表

温度 /℃	饱和蒸气压 /kPa	密度 /(kg/m³)	焓 /(kJ/kg)	比热容 /[kJ/(kg·℃)]	热导率 λ/[W/(m·K)]	黏度 μ /(×10⁻⁵ Pa·s)	体积膨胀系数 /(10⁻⁴℃⁻¹)	表面张力 σ /(10³N/m)	普朗特数 Pr
50.0	12.34	988.1	209.30	4.174	0.6473	54.92	4.49	67.67	3.54
60.0	19.923	983.2	251.12	4.178	0.6589	46.98	5.11	66.20	2.98
70.0	31.164	977.8	292.99	4.167	0.6670	40.60	5.70	64.33	2.53
80.0	47.379	971.8	334.94	4.195	0.6740	35.50	6.32	62.57	2.21
90.0	70.136	965.3	376.98	4.208	0.6798	31.48	6.95	60.71	1.95
100.0	101.33	958.4	419.10	4.220	0.6821	28.24	7.52	58.84	1.75
110.0	143.31	951.0	461.34	4.233	0.6844	25.89	8.08	56.88	1.60
120.0	198.64	943.1	503.67	4.250	0.6856	23.73	8.64	54.82	1.47
130.0	270.25	934.8	546.38	4.266	0.6856	21.77	9.17	52.86	1.36
140.0	361.47	926.1	589.08	4.287	0.6844	20.10	9.72	50.70	1.26
150.0	476.24	917.0	632.20	4.312	0.6833	18.63	10.3	48.64	1.18
160.0	618.28	907.4	675.33	4.346	0.6821	17.36	10.7	46.58	1.11
170.0	792.59	897.3	719.29	4.379	0.6786	16.28	11.3	44.33	1.05
180.0	1003.5	886.9	763.25	4.417	0.6740	15.30	11.9	42.27	1.00
190.0	1255.6	876.0	807.63	4.460	0.6693	14.42	12.6	40.01	0.96
200.0	1554.77	863.0	852.43	4.505	0.6624	13.63	13.3	37.66	0.93
210.0	1917.72	852.8	897.65	4.555	0.6548	13.04	14.1	35.40	0.91
220.0	2320.88	840.3	943.70	4.614	0.6649	12.46	14.8	33.15	0.89
230.0	2798.59	827.3	990.18	4.681	0.6368	11.97	15.9	30.99	0.88
240.0	3347.91	813.6	1037.49	4.756	0.6275	11.47	16.8	28.54	0.87
250.0	3977.67	799.0	1085.64	4.844	0.6271	10.98	18.1	26.19	0.86
260.0	4693.75	784.0	1135.04	4.949	0.6043	10.59	19.7	23.73	0.87
270.0	5503.99	767.9	1185.28	5.070	0.5892	10.21	21.6	21.48	0.88
280.0	6417.24	750.7	1236.28	5.229	0.5741	9.81	23.7	19.12	0.89
290.0	7443.29	732.3	1289.95	5.485	0.5578	9.42	26.2	16.87	0.93
300.0	8592.94	712.5	1344.80	5.736	0.5392	9.12	29.2	14.42	0.97
310.0	9877.6	691.1	1402.16	6.071	0.5229	8.83	32.9	12.06	1.02
320.0	11300.3	667.1	1462.03	6.573	0.5055	8.53	38.2	9.81	1.11
330.0	12879.6	640.2	1526.19	7.243	0.4834	8.14	43.3	7.67	1.22
340.0	14615.8	610.1	1594.75	8.164	0.4567	7.75	53.4	5.67	1.38
350.0	16538.5	574.4	1671.37	9.504	0.4300	7.26	66.8	3.82	1.60
360.0	18667.1	528.0	1761.39	13.984	0.3951	6.67	109	2.02	2.36
370.0	21040.9	450.5	1892.43	40.319	0.3370	5.69	264	0.47	6.80

附录6 饱和水蒸气表

绝对压强/kPa	温度 t/℃	密度 /(kg/m³)	焓/(kJ/kg)		相变焓 /(kJ/kg)
			液体	蒸汽	
1.0	6.3	0.00773	26.48	2503.1	2476.8
1.5	12.5	0.01133	52.26	2515.3	2463.0
2.0	17.0	0.01486	71.21	2524.2	2452.9
2.5	20.9	0.01836	87.45	2531.8	2444.3
3.0	23.5	0.02179	98.38	2536.8	2438.4
3.5	26.1	0.02523	109.30	2541.8	2432.5
4.0	28.7	0.02867	120.23	2546.8	2426.6

绝对压强/kPa	温度 $t/℃$	密度 $/(kg/m^3)$	焓/(kJ/kg)		相变焓 $/(kJ/kg)$
			液体	蒸汽	
4.5	30.8	0.03205	129.00	2550.9	2421.9
5.0	32.4	0.03537	135.69	2554.0	2418.3
6.0	35.6	0.04200	149.06	2560.1	2411.0
7.0	38.8	0.04864	162.44	2566.3	2403.8
8.0	41.3	0.05514	172.73	2571.0	2398.2
9.0	43.3	0.06156	181.16	2574.8	2393.6
10.0	45.3	0.06798	189.59	2578.5	2388.9
15.0	53.3	0.09956	224.03	2594.0	2370.0
20.0	60.1	0.13068	251.51	2606.4	2354.9
30.0	66.5	0.19093	288.77	2622.4	2333.7
40.0	75.0	0.24975	315.93	2634.4	2312.2
50.0	81.2	0.30799	339.80	2644.3	2304.5
60.0	85.6	0.36514	358.21	2652.1	2293.9
70.0	89.9	0.42229	376.61	2659.8	2283.2
80.0	93.2	0.47807	390.08	2665.3	2275.3
90.0	96.4	0.53384	403.49	2670.8	2267.4
100.0	99.6	0.58961	416.90	2676.3	2259.5
120.0	104.5	0.69868	437.51	2684.3	2246.8
140.0	109.2	0.80758	560.38	2692.1	2234.4
160.0	113.0	0.82981	583.76	2698.1	2224.2
180.0	116.6	1.0209	603.61	2703.7	2214.3
200.0	120.2	1.1273	622.42	2709.2	2204.6
250.0	127.2	1.3904	639.59	2719.7	2185.4
300.0	133.3	1.6501	560.38	2728.5	2168.1
350.0	138.8	1.9074	583.76	2736.1	2152.3
400.0	143.4	2.1618	603.61	2742.1	2138.5
450.0	147.7	2.4152	622.42	2747.8	2125.4
500.0	151.7	2.6673	639.59	2752.8	2113.2
600.0	158.7	3.1686	670.22	2761.4	2091.1
700.0	164.7	3.6657	696.27	2767.8	2071.5
800.0	170.4	4.1614	720.96	2737.7	2052.7
900.0	175.1	4.6525	741.82	2778.1	2036.2
$1×10^3$	179.9	5.1432	762.68	2782.5	2019.7
$1.1×10^3$	180.2	5.6339	780.34	2785.5	2005.1
$1.2×10^3$	187.8	6.1241	797.92	2788.5	1990.6
$1.3×10^3$	191.5	6.6141	814.25	2790.9	1976.7
$1.4×10^3$	194.8	7.1038	829.06	2792.4	1963.7
$1.5×10^3$	198.2	7.5935	843.86	2794.5	1950.7
$1.6×10^3$	201.3	8.0814	857.77	2796.0	1938.2
$1.7×10^3$	204.1	8.5674	870.58	2797.1	1926.5
$1.8×10^3$	206.9	9.0533	883.39	2798.1	1914.8
$1.9×10^3$	209.8	9.5392	896.21	2799.2	1903.0
$2×10^3$	212.2	10.0338	907.32	2799.7	1892.4
$3×10^3$	233.7	15.0075	1005.4	2798.9	1793.5
$4×10^3$	250.3	20.0969	1082.9	2789.8	1706.8
$5×10^3$	263.8	25.3663	1146.9	2776.2	1629.2
$6×10^3$	275.4	30.8494	1203.2	2759.5	1556.3
$7×10^3$	285.7	36.5744	1253.2	2740.8	1487.6

续表

绝对压强/kPa	温度 t/℃	密度 /(kg/m³)	焓/(kJ/kg) 液体	蒸汽	相变焓 /(kJ/kg)
8×10^3	294.8	42.5768	1299.2	2720.5	1403.7
9×10^3	303.2	48.8945	1343.5	2699.1	1356.6
10×10^3	310.9	55.5407	1394.0	2677.1	1293.1
12×10^3	324.5	70.3075	1463.4	2631.2	1167.7
14×10^3	336.5	87.3020	1567.9	2583.2	1043.4
16×10^3	347.2	107.8010	1615.8	2531.1	915.4
18×10^3	356.9	134.4813	1699.8	2466.0	766.1
20×10^3	365.6	176.5961	1817.8	2364.2	544.9

附录 7　某些液体的热导率

液体		温度/℃	热导率 /[W/(m·℃)]	液体		温度/℃	热导率 /[W/(m·℃)]
乙酸	100%	20	0.171	三氯甲烷		30	0.138
乙酸	50%	20	0.35	乙酸乙酯		20	0.175
丙酮		30	0.177	乙醇	100%	20	0.182
		75	0.161		80%	20	0.237
丙烯醇		25~30	0.180		60%	20	0.305
氨		25~30	0.50		40%	20	0.388
氨水溶液		20	0.45		20%	20	0.486
		60	0.50	乙苯		30	0.149
正戊烷		30	0.163	氯化钾溶液 15%		32	0.58
		100	0.154	氢氧化钾溶液 21%		32	0.58
异戊烷		30	0.152	正辛烷		60	0.14
		75	0.151			0	0.138~0.156
苯胺		0~20	0.173	石油		20	0.180
苯		30	0.159	蓖麻油		20	0.168
		60	0.151	正戊烷		30	0.135
正丁醇		30	0.168			75	0.128
		75	0.164	乙苯		60	0.142
异丁醇		10	0.157	乙醚		30	0.133
氯化钙 溶液	30%	32	0.55			75	0.135
	15%	30	0.59	汽油		30	0.135
二硫化碳		30	0.162	三元醇	100%	20	0.284
		75	0.151		80%	20	0.327
四氯化碳		0	0.185		60%	20	0.381
		68	0.163		40%	20	0.448
氯苯		10	0.144		20%	20	0.481

续表

液体		温度/℃	热导率/[W/(m·℃)]	液体		温度/℃	热导率/[W/(m·℃)]
正庚烷		30	0.140	甲醇	80%	20	0.267
		60	0.137		60%	20	0.329
正己烷		30	0.138		40%	20	0.405
		60	0.135		20%	20	0.492
硫酸钾 10%		32	0.60	氯甲烷		−15	0.192
松节油		15	0.128			30	0.154
正己醇		30	0.164	正丙醇		30	0.171
		75	0.156			75	0.164
煤油		20	0.149	异丙醇		30	0.175
		75	0.140			60	0.164
盐酸	12.5%	32	0.52	氯化钠溶液	25%	30	0.57
	25%	32	0.48		12.5%	30	0.59
	38%	32	0.44	硫酸	90%	30	0.36
水银		28	0.36		60%	30	0.43
甲醇	100%	20	0.215		30%	30	0.52

附录 8　某些固体材料的热导率

1. 常用金属热导率

金属	不同温度下的热导率/[W/(m·℃)]				
	0℃	100℃	200℃	300℃	400℃
铝	227.95	227.95	227.95	227.95	227.95
铜	383.79	379.14	372.16	367.51	362.86
铁	73.27	67.45	61.64	54.66	48.85
铅	35.12	33.38	31.40	29.77	—
镁	172.12	167.47	162.82	158.17	—
镍	93.04	82.57	73.27	63.97	59.31
银	414.03	409.38	373.32	361.69	359.37
碳钢	112.81	109.90	105.83	401.18	93.04
锌	52.34	48.85	44.19	41.87	34.89
不锈钢	16.28	17.45	17.45	18.49	—

2. 常用非金属材料的热导率

材料	温度/℃	热导率/[W/(m·K)]	材料	温度/℃	热导率/[W/(m·K)]
软木	30	0.04303	泡沫塑料	—	0.04652
玻璃棉	—	0.03489~0.06978	木材(横向)	—	0.1396~0.145
保温灰	—	0.06978	(纵向)	—	0.3838
锯屑	20	0.04652~0.05815	耐火砖	230	0.8723
棉花	100	0.06978		1200	1.6398

续表

材料	温度/℃	热导率/[W/(m·K)]	材料	温度/℃	热导率/[W/(m·K)]
厚纸	20	0.1369~0.3489	混凝土	—	1.2793
玻璃	30	1.0932	绒毛毡	—	0.0465
	-20	0.7560	85%氧化镁粉	0~100	0.06978
搪瓷	—	0.8723~1.163	聚氯乙烯	—	0.1163~0.1745
云母	50	0.4303	酚醛加玻璃纤维		0.2593
泥土	20	0.6978~0.9304	酚醛加石棉纤维		0.2942
冰	0	2.326	聚酯加玻璃纤维		0.2594
软橡胶	—	0.1297~0.1593	聚碳酸酯		0.1907
硬橡胶	0	0.1500	聚苯乙烯泡沫	25	0.4187
聚四氟乙烯	—	0.2419		-150	0.001745
泡沫玻璃	-15	0.004885	聚乙烯	—	0.3291
	-80	0.03489	石墨	—	139.56

附录 9　常用固体材料的密度和比热容

名称	密度/(kg/m³)	比热容/[kJ/(kg·K)]	名称	密度/(kg/m³)	比热容/[kJ/(kg·K)]
钢	7850	0.4605	高压聚乙烯	920	2.2190
不锈钢	7900	0.5024	干砂	1500~1700	0.7955
铸铁	7220	0.5024	黏土	1600~1800	0.7536(-20~20℃)
铜	8800	0.4062	黏土砖	1600~1900	0.9211
青铜	8000	0.3810	耐火砖	1840	0.8792~1.0048
黄铜	8600	0.3768	混凝土	2000~2400	0.8374
铝	2670	0.9211	松木	500~600	2.7214(0~100℃)
镍	9000	0.4605	软木	100~300	0.9630
铅	11400	0.1298	石棉板	770	0.8164
酚醛	1250~1300	1.2560~1.6747	玻璃	2500	0.6699
脲醛	1400~1500	1.2560~1.6747	耐酸砖和板	2100~2400	0.7536~0.7955
聚氯乙烯	1380~1400	1.8422	耐酸搪瓷	2300~2700	0.8374~1.2560
聚苯乙烯	1050~1070	1.3398	有机玻璃	1180~190	—
低压聚乙烯	940	2.5539			

附录 10　壁面污垢热阻（污垢系数）

1. 冷却水

			加热液体温度/℃	115 以下		115~205	
			水的温度/℃	25 以下		25 以上	
			水的流速/(m/s)	1 以下	1 以上	1 以下	1 以上
热阻 /(m²·K /W)		海水		0.8598×10⁻⁴	0.8598×10⁻⁴	1.7197×10⁻⁴	1.7197×10⁻⁴
		自来水、井水、潮水、软化锅炉水		1.7197×10⁻⁴	1.7197×10⁻⁴	3.4394×10⁻⁴	3.4394×10⁻⁴
		蒸馏水		0.8598×10⁻⁴	0.8598×10⁻⁴	0.8598×10⁻⁴	0.8598×10⁻⁴

续表

热阻 /(m²·K /W)	硬水	5.1590×10^{-4}	5.1590×10^{-4}	8.5980×10^{-4}	8.5980×10^{-4}
	河水	5.1590×10^{-4}	3.4394×10^{-4}	6.8788×10^{-4}	5.1590×10^{-4}

2. 工业用气体

气体名称	热阻/(m²·K/W)	气体名称	热阻/(m²·K/W)
有机化合物	0.8598×10^{-4}	溶剂蒸气	1.7197×10^{-4}
水蒸气	0.8598×10^{-4}	天然气	1.7197×10^{-4}
空气	3.4394×10^{-4}	焦炉气	1.7197×10^{-4}

附录 11　液体与气体黏度共线图

1. 液体黏度共线图

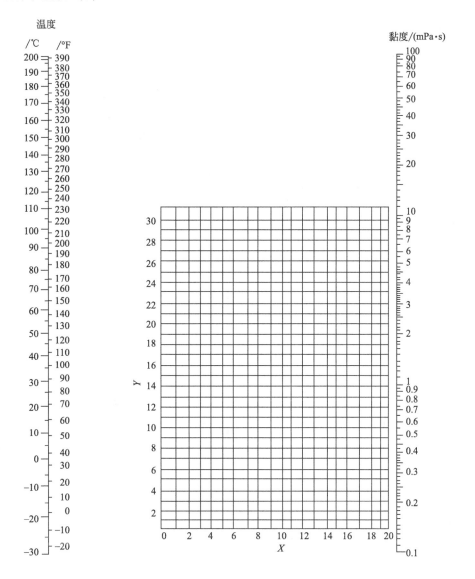

液体黏度共线图的坐标值

序号	名 称	X	Y	序号	名 称	X	Y
1	水	10.2	13.0	31	乙苯	13.2	11.5
2	盐水(25% NaCl)	10.2	16.6	32	氯苯	12.3	12.4
3	盐水(25% CaCl₂)	6.6	15.9	33	硝基苯	10.6	16.2
4	氨	12.6	2.2	34	苯胺	8.1	18.7
5	氨水(26%)	10.1	13.9	35	酚	6.9	20.8
6	二氧化碳	11.6	0.3	36	联苯	12.0	18.3
7	二氧化硫	15.2	7.1	37	萘	7.9	18.1
8	二硫化碳	16.1	7.5	38	甲醇(100%)	12.4	10.5
9	溴	14.2	18.2	39	甲醇(90%)	12.3	11.8
10	汞	18.4	16.4	40	甲醇(40%)	7.8	15.5
11	硫酸(110%)	7.2	27.4	41	乙醇(100%)	10.5	13.8
12	硫酸(100%)	8.0	25.1	42	乙醇(95%)	9.8	14.3
13	硫酸(98%)	7.0	24.8	43	乙醇(40%)	6.5	16.6
14	硫酸(60%)	10.2	21.3	44	乙二醇	6.0	23.6
15	硝酸(95%)	12.8	13.8	45	甘油(100%)	2.0	30.0
16	硝酸(60%)	10.8	17.0	46	甘油(50%)	6.9	19.6
17	盐酸(31.5%)	13.0	16.6	47	乙醚	14.5	5.3
18	氢氧化钠(50%)	3.2	25.8	48	乙醛	15.2	14.8
19	戊烷	14.9	5.2	49	丙酮	14.5	7.2
20	己烷	14.7	7.0	50	甲酸	10.7	15.8
21	庚烷	14.1	8.4	51	醋酸(100%)	12.1	14.2
22	辛烷	13.7	10.0	52	醋酸(70%)	9.5	17.0
23	三氯甲烷	14.4	10.2	53	醋酸酐	12.7	12.8
24	四氯化碳	12.7	13.1	54	醋酸乙酯	13.7	9.1
25	二氯乙烷	13.2	12.2	55	醋酸戊酯	11.8	12.5
26	苯	12.5	10.9	56	氟里昂-11	14.4	9.0
27	甲苯	13.7	10.4	57	氟里昂-12	16.8	5.6
28	邻二甲苯	13.5	12.1	58	氟里昂-21	15.7	7.5
29	间二甲苯	13.9	10.6	59	氟里昂-22	17.2	4.7
30	对二甲苯	13.9	10.9	60	煤油	10.2	16.9

用法举例：求苯在 60℃时的黏度，从本表序号 26 查得苯的 $X=12.5$，$Y=10.9$。把这两个数值标在前页共线图的 X-Y 坐标上得一点，把这点与图中左方温度标尺上 60℃的点取成一直线，延长，与右方黏度标尺相交，由此交点定出 60℃苯的黏度为 0.42mPa·s。

2. 气体黏度共线图

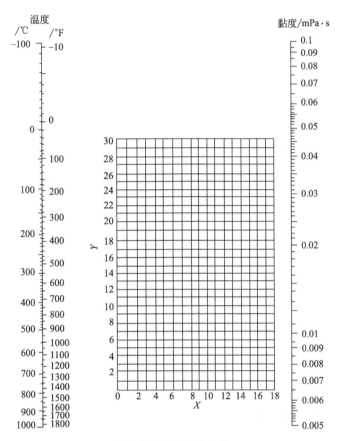

气体黏度共线图坐标值

序号	名　称	X	Y	序号	名　称	X	Y
1	空气	11.0	20.0	22	丙烷	9.7	12.9
2	氧	11.0	21.3	23	丙烯	9.0	13.8
3	氮	10.6	20.0	24	丁烯	9.2	13.7
4	氢	11.2	12.4	25	戊烷	7.0	12.8
5	$2H_2+1N_2$	11.2	17.2	26	己烷	8.6	11.8
6	水蒸气	8.0	16.0	27	三氯甲烷	8.9	15.7
7	二氧化碳	9.5	18.7	28	苯	8.5	13.2
8	一氧化碳	11.0	20.0	29	甲苯	8.6	12.4
9	氨	8.4	16.0	30	甲醇	8.5	15.6
10	硫化氢	8.6	18.0	31	乙醇	9.2	14.2
11	二氧化硫	9.6	17.0	32	丙醇	8.4	13.4
12	二硫化碳	8.0	16.0	33	醋酸	7.7	14.3
13	一氧化二氮	8.8	19.0	34	丙酮	8.9	13.0
14	一氧化氮	10.9	20.5	35	乙醚	8.9	13.0
15	氟	7.3	23.8	36	醋酸乙酯	8.5	13.2
16	氯	9.0	18.4	37	氟里昂-11	10.6	15.1
17	氯化氢	8.8	18.7	38	氟里昂-12	11.1	16.0
18	甲烷	9.9	15.5	39	氟里昂-21	10.8	15.3
19	乙烷	9.1	14.5	40	氟里昂-22	10.1	17.0
20	乙烯	9.5	15.1				
21	乙炔	9.8	14.9				

附录 12　气体热导率共线图（101. 3kPa）

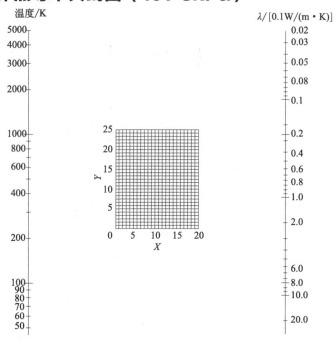

气体热导率共线图坐标值（101.3kPa）

附录 13　液体比热容共线图

1. 液体比热容共线图

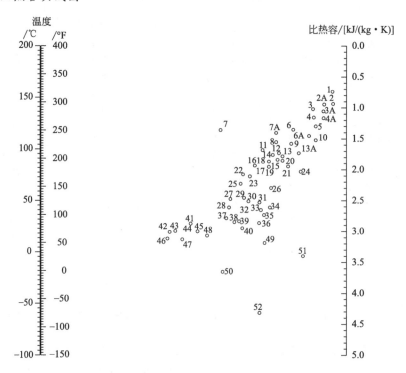

2.液体比热容共线图中的编号

编号	名称	温度范围/℃	编号	名称	温度范围/℃
1	溴乙烷	5～25	23	甲苯	0～60
2	二氧化碳	−100～25	24	醋酸乙酯	−50～25
2A	氟利昂－11	−20～70	25	乙苯	0～100
3	过氯乙烯	−30～140	26	醋酸戊酯	0～100
3	四氯化碳	10～60	27	苯甲醇	−20～30
3A	氟利昂－113	−20～70	28	庚烷	0～60
4	三氯甲烷	0～50	29	醋酸	0～80
4A	氟利昂－21	−20～70	30	苯胺	0～130
5	二氯甲烷	−40～50	31	异丙醚	−80～200
6	氟利昂－12	−40～15	32	丙酮	20～50
6A	二氯乙烷	−30～60	33	辛烷	−50～25
7	碘乙烷	0～100	34	壬烷	−50～25
7A	氟利昂－22	−20～60	35	己烷	−80～20
8	氯苯	0～100	36	乙醚	−100～25
9	硫酸(98%)	10～45	37	戊醇	−50～25
10	苯甲基氯	−30～30	38	甘油	−40～20
11	二氧化硫	−20～100	39	乙二醇	−40～200
12	硝基苯	0～100	40	甲醇	−40～20
13	氯乙烷	−30～40	41	异戊醇	10～100
13A	氯甲烷	−80～20	42	乙醇(100%)	30～80
14	萘	90～200	43	异丁醇	0～100
15	联苯	80～120	44	丁醇	0～100
16	联苯醚	0～200	45	丙醇	−20～100
16	联苯－联苯醚	0～200	46	乙醇(95%)	20～80
17	对二甲苯	0～100	47	异丙醇	20～50
18	间二甲苯	0～100	48	盐酸(30%)	20～100
19	邻二甲苯	0～100	49	盐水(25%CaCl₂)	−40～20
20	吡啶	−50～25	50	乙醇(50%)	20～80
21	癸烷	−80～25	51	盐水(25%NaCl)	−40～20
22	二苯基甲烷	30～100	52	氨	−70～50
23	苯	10～80	53	水	10～200

附录 14 离心泵规格（摘录）

1. IS 型单级单吸离心泵性能

型号	转速 n /(r/min)	流量 /(m³/h)	流量 /(L/s)	扬程 H /m	效率 η /%	功率/kW 轴功率	功率/kW 电动机功率	汽蚀余量 Δh /m	质量 /kg
IS50-32-125	2900	7.5	2.08	22	47	0.96		2.0	
		12.5	3.47	20	60	1.13	2.2	2.0	32/46
		15	4.17	18.5	60	1.26		2.5	
	1400	3.75	1.04	5.4	43	0.13		2.0	
		6.3	1.74	5	54	0.16	0.55	2.0	32/38
		7.5	2.08	4.6	55	0.17		2.5	
IS50-32-160	2900	7.5	2.08	34.3	44	1.59		2.0	
		12.5	3.47	32	54	2.02	3	2.0	50/46
		15	4.17	29.6	56	2.16		2.5	
	1400	3.75	1.04	13.1	35	0.25		2.0	
		6.3	1.74	12.5	48	0.29	0.55	2.0	50/38
		7.5	2.08	12	49	0.31		2.5	
IS50-32-200	2900	7.5	2.08	82	38	2.82		2.0	
		12.5	3.47	80	48	3.54	5.5	2.0	52/66
		15	4.17	78.5	51	3.95		2.5	
	1400	3.75	1.04	20.5	33	0.41		2.0	
		6.3	1.74	20	42	0.51	0.75	2.0	52/38
		7.5	2.08	19.5	44	0.56		2.5	
IS50-32-250	2900	7.5	2.08	21.8	23.5	5.87		2.0	
		12.5	3.47	20	38	7.16	11	2.0	88/110
		15	4.17	18.5	41	7.83		2.5	
	1400	3.75	1.04	5.35	23	0.91		2.0	
		6.3	1.74	5	32	1.07	1.5	2.0	88/64
		7.5	2.08	4.7	35	1.14		2.5	
IS65-50-125	2900	7.5	4.17	35	58	1.54		2.0	
		12.5	6.94	32	69	1.97	3	2.0	50/41
		15	8.33	30	68	2.22		2.5	
	1400	3.75	2.08	8.8	53	0.21		2.0	
		6.3	3.47	8.0	64	0.27	0.55	2.0	50/38
		7.5	4.17	7.2	65	0.30		2.5	
IS65-50-160	2900	15	4.17	53	54	2.65		2.0	
		25	6.94	50	65	3.35	5.5	2.0	51/66
		30	8.33	47	66	3.71		2.5	
	1400	7.5	2.08	13.2	50	0.36		2.0	
		12.5	3.47	12.5	60	0.45	0.75	2.0	51/38
		15	4.17	11.8	60	0.49		2.5	
IS65-40-200	2900	15	4.17	53	49	4.42		2.0	
		25	6.94	50	60	5.67	7.5	2.0	62/66
		30	8.33	47	61	6.29		2.5	
	1450	7.5	2.08	13.2	43	0.63		2.0	
		12.5	3.47	12.5	55	0.77	1.1	2.0	62/46
		15	4.17	11.8	57	0.85		2.5	

续表

型号	转速 n /(r/min)	流量		扬程 H /m	效率 η /%	功率/kW		汽蚀余量 Δh /m	质量 /kg
		/(m²/h)	/(L/s)			轴功率	电动机功率		
IS65-40-250	2900	15	4.17	82	37	9.05	15	2.0	82/110
		25	6.94	80	50	10.89		2.0	
		30	8.33	78	53	12.02		2.5	
	1450	7.5	2.08	21	35	1.23	2.2	2.0	82/67
		12.5	3.47	20	46	1.48		2.0	
		15	4.17	19.4	48	1.65		2.5	
IS65-40-315	2900	15	4.17	127	28	18.5	30	2.5	152/110
		25	6.94	125	40	21.3		2.5	
		30	8.33	123	44	22.8		3.0	
	1450	7.5	2.08	32.2	25	6.63	4	2.5	152/67
		12.5	3.47	32.0	37	2.94		2.5	
		15	4.17	31.7	41	3.16		3.0	
IS80-65-125	2900	30	8.33	22.5	64	2.87	5.5	3.0	44/46
		50	13.9	20	75	3.63		3.0	
		60	16.7	18	74	3.98		3.5	
	1450	15	4.17	5.6	55	0.42	0.75	2.5	44/38
		25	6.94	5	71	0.48		2.5	
		30	8.33	4.5	72	0.51		3.0	
IS80-65-160	2900	30	8.33	36	61	4.82	7.5	2.5	48/66
		50	13.0	32	73	5.97		2.5	
		60	16.7	29	72	6.59		3.0	
	1450	15	4.17	9	55	0.67	1.5	2.5	48/46
		25	6.94	8	69	0.79		2.5	
		30	8.33	7.2	68	0.86		3.0	
IS80-50-200	2900	30	8.33	53	55	7.87	15	2.5	64/124
		50	13.9	50	69	9.87		2.5	
		60	16.7	47	71	10.8		3.0	
	1450	15	4.17	13.2	51	1.06	2.2	2.5	64/46
		25	6.94	12.5	65	1.31		2.5	
		30	8.33	11.8	67	1.44		3.0	
IS80-50-250	2900	30	8.33	84	52	13.2	22	2.5	90/110
		50	13.9	80	63	17.3		2.5	
		60	16.7	75	64	19.2		3.0	
	1450	15	4.17	21	49	1.75	3	2.5	90/64
		25	6.94	20	60	2.22		2.5	
		30	8.33	18.8	61	2.52		3.0	
IS100-50-315	2900	30	8.33	128	41	25.5	37	2.5	125/160
		50	13.9	125	54	31.5		2.5	
		60	16.7	123	57	35.3		3.0	
	1450	15	4.17	32.5	39	3.4	5.5	2.5	125/60
		25	6.94	32	52	4.19		2.5	
		30	8.33	31.5	56	4.6		3.0	
IS100-80-125	2900	60	16.7	24	67	5.86	11	4.0	49/64
		100	27.8	20	78	7.00		4.5	
		120	33.3	16.5	74	7.28		5.0	
	1450	30	8.33	6	64	0.77	1	2.5	49/46
		50	13.9	5	75	0.91		2.5	
		60	16.7	4	71	0.92		3.0	

续表

型号	转速 n /(r/min)	流量		扬程 H /m	效率 η /%	功率/kW		汽蚀余量 Δh /m	质量 /kg
		/(m²/h)	/(L/s)			轴功率	电动机功率		
IS100-80-160	2900	60	16.7	36	70	8.42	15	3.5	69/110
		100	27.8	32	78	11.2		4.0	
		120	33.3	28	75	12.2		5.0	
	1450	30	8.33	9.2	67	1.12	2.2	2.0	69/64
		50	13.9	8.0	75	1.45		2.5	
		60	16.7	6.8	71	1.57		3.5	
IS100-65-200	2900	60	16.7	54	65	13.6	22	3.0	81/110
		100	27.8	50	76	17.6		3.6	
		120	33.3	47	77	19.9		4.8	
	1450	30	8.33	13.5	60	1.84	4	2.0	81/64
		50	13.9	12.5	73	2.33		2.0	
		60	16.7	11.8	74	2.61		2.5	
IS100-65-250	2900	60	16.7	87	61	23.4	37	3.5	90/160
		100	27.8	80	72	30.0		3.8	
		120	33.3	74.5	73	33.3		4.8	
	1450	30	8.33	21.3	55	3.16	5.5	2.0	90/66
		50	13.9	20	68	4.00		2.0	
		60	16.7	19	70	4.44		3.5	
IS100-65-315	2900	60	16.7	133	55	39.6	75	3.0	180/295
		100	27.8	125	66	51.6		3.6	
		120	33.3	118	67	57.5		4.2	
	1450	30	8.33	34	51	5.44	11	2.0	180/112
		50	13.9	32	63	6.92		2.0	
		60	16.7	30	64	7.67		2.5	

2. AY 型离心油泵性能

型号	流量 Q /(m³/h)	扬程 H /m	转速 n /(r/min)	汽蚀余量 Δh /m	效率 η /%	功率/kW		口径/mm	
						轴功率	电动机功率	吸入	排出
32AY40	3	40	2950	2.5	20	1.63	2.2	32	25
32AY40×2	3	80	2950	2.7	18	3.63	5.5	32	25
40AY40	6	40	2950	2.5	32	2.04	3	40	25
50AY80	12.5	80	2950	3.1	32	8.17	11	50	40
50AY80×2	12.5	160	2950	2.8	30	17.4	22	50	40
65AY60	25	60	2950	3	52	7.9	11	50	40
80AY60	50	60	2950	3.2	52	13.2	22	65	50
100AY60	100	63	2950	4	72	23.8	37	100	80
150AY150×2	180	300	2950	3.6	67	219.0	315	150	125
150AY150×2A	167	258	2950	3.2	65	180.5	250	150	125
150AY150×2B	155	222	2950	3	62	151.5	220	150	125
150AY150×2C	140	181	2950	2.9	60	115	160	150	125
200AYS150	315	150	2950	6	58.5	220	315	200	100

续表

型号	流量 Q /(m³/h)	扬程 H /m	转速 n /(r/min)	汽蚀余量 Δh /m	效率 η /%	功率/kW		口径/mm	
						轴功率	电动机功率	吸入	排出
200AYS150A	285	130	2950	6	57	177	250	200	100
200AYS150B	265	115	2950	6	56	148	220	200	100
300AYS320	960	320	2950	12	72.3	1157	1600	300	250
250AYRS76	1280	76	1480	5	85	311.7	400	350	300

附录 15 4-72 型离心通风机规格（摘录）

机号	转速 /(r/min)	全压 /Pa	风量 /(m³/h)	出风口方向 /(°)	电动机		传动方式	质量 /kg
					型号	功率 /kW		
2.8	2900	994 606	1131 2356	0~225 间隔 45	Y90S-2 (B35)	1.5	A	24.5
3.2	2900	1300 792	1688 3517	0~225 间隔 22.5	Y90L-2 (B35)	2.2	A	31.3
3.6	2900	1578	2664	0~225 间隔 22.5	Y100L-2 (B35)	3	A	44.3
	1450	393	1332		Y90S-4 (B35)	1.1		
4	2900	2014	4012	0~225 间隔 22.5	Y132S1-2 (B35)	5.5	A	61.9
4.5	2900	2554	5712	0~225 间隔 22.5	Y132S2-2 (B35)	7.5	A	82
5	2900	3187	7728	0~225 间隔 22.5	Y160S2-2 (B35)	15	A	90
6	2240	2734	10314	0~225 间隔 22.5	Y160L-4	15	C	132
	1800	1760	8288		Y132M-4	7.5	C	
	1450	1139	6677		Y112M-4	4	A	
	1250	846	5756		Y100L2-4	3	C	
	960	498	4420		Y100L-6 (B35)	1.5	A	
	800	346	3684		Y90S-4	1.1	C	
8	1800	3143	19646	0~225 间隔 45	Y200L1-2	30	C	609
10	1450	3202	40441	0~225 间隔 45	Y250M-4	55	D	817
12	1120	2746	53978	0~225 间隔 45	Y280S-4	75	C	1244
16	900	3157	102810	0,90,180	Y315L2-6	132	B	2523
20	710	3069	158410	0,90,180	Y335-8	220	B	3756

附录 16　管壳式换热器总传热系数 K 的推荐值

1. 管壳式换热器用作冷却器时的 K 值范围

高温流体	低温流体	总传热系数范围/[W/(m² · ℃)]	备注
水	水	1400～2840	污垢系数 0.52m² · ℃/kW
甲醇、氨	水	1400～2840	
有机物黏度 $0.5×10^{-3}$Pa·s 以下[①]	水	430～850	
有机物黏度 $0.5×10^{-3}$Pa·s 以下[①]	冷冻盐水	220～570	
有机物黏度 $0.5～1.0×10^{-3}$Pa·s[②]	水	280～710	
有机物黏度 $1×10^{-3}$Pa·s 以上[③]	水	28～430	
气体	水	12～280	
水	冷冻盐水	570～1200	传热面为塑料衬里
水	冷冻盐水	230～580	
硫酸	水	870	传热面为不透性石墨,两侧对流 传热系数均为2440W/(m² · ℃)
四氯化碳	氯化钙溶液	76	管内流速 0.0052～0.011m/s
氯化氢气(冷却除水)	盐水	35～175	传热面为不透性石墨
氯气(冷却除水)	水	35～175	传热面为不透性石墨
焙烧 SO_2 气体	水	230～465	传热面为不透性石墨
氨	水	66	计算值
水	水	410～1160	传热面为塑料衬里
20%～40%硫酸	水 $t=60～30℃$	465～1050	冷却洗涤用硫酸的冷却
20%盐酸	水 $t=110～25℃$	580～1160	
有机溶剂	盐水	175～510	

① 为苯、甲苯、丙酮、乙醇、丁酮、汽油、轻煤油、石脑油等有机物;
② 为煤油、热柴油、热吸油、原油馏分等有机物;
③ 为冷柴油、燃料油、原油、焦油、沥青等有机物。

2. 管壳式换热器用作冷凝器时的 K 值范围

高温流体	低温流体	总传热系数范围/[W/(m² · ℃)]	备注
有机质蒸气	水	230～930	传热面为塑料衬里
有机质蒸气	水	290～1160	传热面为不透性石墨
饱和有机质蒸气(大气压力下)	盐水	570～1140	
饱和有机质蒸气(减压下且含有少量不凝性气体)	盐水	280～570	
低沸点碳氢化合物(大气压力下)	水	450～1140	
高沸点碳氢化合物(减压下)	水	60～175	
21%盐酸蒸气	水	110～1750	传热面为不透性石墨
氨蒸气	水	870～2330	水流速 1～1.5m/s
有机溶剂蒸气和水蒸气混合物	水	350～1160	传热面为塑料衬里
有机质蒸气(减压下且含有大量不凝性气体)	水	60～280	
有机质蒸气(大气压力下且含有大量不凝性气体)	盐水	115～450	
氟里昂液蒸气	水	870～990	水流速 1.2m/s
汽油蒸气	水	520	水流速 1.5m/s
汽油蒸气	原油	115～175	原油流速 0.6m/s
煤油蒸气	水	290	水流速 1m/s
水蒸气(加压下)	水	1990～4260	
水蒸气(减压下)	水	1700～3440	
氯乙醛(管外)	水	165	直立式,传热面为搪瓷玻璃

高温流体	低温流体	总传热系数范围 /[W/(m² · ℃)]	备注
甲醇(管内)	水	640	直立式
四氯化碳(管内)	水	360	直立式
缩醛(管内)	水	460	直立式
糠醛(管外)(有不凝性气体)	水	125～220	直立式
水蒸气(管外)	水	610	卧式

3. 管壳式换热器用作加热器时的 K 值范围

高温流体	低温流体	总传热系数范围 /[W/(m² · ℃)]	备注
水蒸气	水	1150～4000	污垢系数 0.18m² · ℃/kW
水蒸气	甲醇、氨	1150～4000	污垢系数 0.18m² · ℃/kW
水蒸气	水溶液黏度 0.002Pa·s 以下	1150～4000	
水蒸气	水溶液黏度 0.002Pa·s 以上	570～2800	污垢系数 0.18m² · ℃/kW
水蒸气	有机物黏度 0.0005Pa·s 以下[①]	570～1150	
水蒸气	有机物黏度(0.5～1)×10⁻³Pa·s[②]	280～570	
水蒸气		35～340	
水蒸气	有机物黏度 0.001 Pa·s 以上[③]	28～280	
水蒸气	气体	2270～4500	水流速 1.2～1.5m/s
水蒸气	水	350～580	传热面为塑料衬里
水蒸气	盐酸或硫酸	700～1500	传热面为不透性石墨
水蒸气	饱和盐水	930～1500	传热面为不透性石墨
水蒸气	硫酸铜溶液	50	空气流速 3m/s
	空气		
水蒸气(或热水)	不凝性气体	23～29	传热面为不透性石墨,不凝性气体流速 4.5～7.5m/s
水蒸气	不凝性气体	35～46	传热面材料同上,不凝性气体流速 9.0～12.0m/s
水	水	400～1150	
热水	碳氢化合物	230～500	管外为水
温水	稀硫酸溶液	580～1150	传热面为石墨
熔融盐	油	290～450	
导热油蒸气	重油	45～350	
导热油蒸气	气体	23～230	

①～③见 "管壳式换热器用作冷却器时的 K 值范围"。

参 考 文 献

[1] 管国锋，赵汝溥.化工原理［M］.第 4 版.北京：化学工业出版社，2015.

[2] 陈敏恒，从德滋，方图南，齐鸣斋.化工原理［M］.第 4 版.北京：化学工业出版社，2015.

[3] 杨祖荣.化工原理［M］.第 2 版.北京：化学工业出版社，2009.

[4] 丁忠伟，刘丽英，刘伟.化工原理（上，下）［M］.北京：高等教育出版社，2014.

[5] 夏清，贾绍义.化工原理（上，下）［M］.第 2 版.天津：天津大学出版社，2012.

[6] 谭天恩，窦梅.化工原理（上，下）［M］.第 4 版.北京：化学工业出版社，2013.

[7] 柴诚敬，张国亮.化工流体流动与传热［M］.第 2 版.北京：化学工业出版社，2007.

[8] 贾绍义.化工传质与分离过程［M］.第 2 版.北京：化学工业出版社，2007.

[9] 丁忠伟.化工原理学习指导［M］.第 2 版.北京：化学工业出版社，2014.

[10] 杨祖荣.化工原理［M］.第 3 版.北京：高等教育出版社，2014.

[11] 邹华生，黄少列.化工原理［M］.北京：高等教育出版社，2016.

[12] 贾绍义，柴诚敬.化工原理［M］.北京：高等教育出版社，2013.

[13] McCabe W L，Smith J C，Harriott P. Unit Operations of Chemical Engineering［M］.6th ed. New York：McGraw Hill，2003.

[14] 中石化上海工程有限公司.化工工艺设计手册（上册，下册）［M］.第 5 版.北京：化学工业出版社，2018.

电子教学课件和习题解答获取方式

请扫描下方二维码关注化学工业出版社"化工帮 CIP"微信公众号，在对话页面输入"化工原理电子教学课件"发送至公众号获取电子教学课件下载链接；在对话页面输入"化工原理习题解答"发送至公众号获取习题解答下载链接。